江西省科技工作者状况调查报告

邹　慧　杨兴峰　王怿超／著

Investigation Report on the Status of Science
and Technology Workers in Jiangxi Province

科学出版社

北　京

内 容 简 介

本书全面调查分析了江西省科技工作者队伍在工作、生活、科研活动、职业发展、学习交流、认知评价、社会参与等方面的状况，并且根据调查结果中呈现的需求和问题提出了针对性的意见与建议。

本书可供从事人才工作的政府机关与各级科协组织工作人员阅读，对于完善科技人才引育政策、优化创新创业激励政策、提升科协组织凝聚力和影响力具有重要参考价值。

图书在版编目（CIP）数据

江西省科技工作者状况调查报告/邹慧，杨兴峰，王怿超著. —北京：科学出版社，2023.10
ISBN 978-7-03-076246-7

Ⅰ．①江…　Ⅱ．①邹…　②杨…　③王…　Ⅲ．①科学工作者–调查研究–江西　Ⅳ．①G322.756

中国国家版本馆CIP数据核字（2023）第160049号

责任编辑：朱萍萍　李嘉佳 / 责任校对：韩　杨
责任印制：师艳茹 / 封面设计：有道文化

科 学 出 版 社 出版
北京东黄城根北街16号
邮政编码：100717
http://www.sciencep.com

北京建宏印刷有限公司 印刷
科学出版社发行　各地新华书店经销
*
2023年10月第　一　版　开本：720×1000　1/16
2023年10月第一次印刷　印张：36
字数：532 000

定价：268.00元
（如有印装质量问题，我社负责调换）

　　党的十八大以来，以习近平同志为核心的党中央将创新摆在党和国家事业发展全局的核心位置，提出了一系列新思想、新论断、新要求。2020年10月，习近平总书记在党的十九届五中全会中指出，"坚持创新在我国现代化建设全局中的核心地位，把科技自立自强作为国家发展的战略支撑，面向世界科技前沿、面向经济主战场、面向国家重大需求、面向人民生命健康，深入实施科教兴国战略、人才强国战略、创新驱动发展战略，完善国家创新体系，加快建设科技强国"①。人才是实现民族振兴、赢得国际竞争主动的战略资源。2021年5月，习近平总书记在中国科学院第二十次院士大会、中国工程院第十五次院士大会、中国科协第十次全国代表大会讲话中强调，"我国要实现高水平科技自立自强，归根结底要靠高水平创新人才"②。同年9月，在中央人才工作会议上，习近平总书记再次强调，"人才是衡量一个国家综合国力的重要指标。国家发展靠人才，民族振兴靠人才"③。科技人才作为支撑经济社会高质量发展的中坚力量，其实际生活、工作和思想现状直接影响着科技活动的过程、质量与效果。

---

① 中国共产党第十九届中央委员会第五次全体会议公报.http://www.xinhuanet.com/politics/2020-10/29/c_1126674147.htm[2022-03-23].

② 习近平：在中国科学院第二十次院士大会、中国工程院第十五次院士大会、中国科协第十次全国代表大会上的讲话.http://www.xinhuanet.com/politics/leaders/2021-05/28/c_1127505377.htm[2022-03-23].

③ 习近平出席中央人才工作会议并发表重要讲话.http://www.gov.cn/xinwen/2021-09/28/content_5639868.htm[2022-03-23].

因此，明确新形势下江西省科技人才队伍的新需求，对于更好地调动科技人才创新创业积极性和主动性，实现江西省迈入创新型省份行列并向更高水平迈进的战略目标具有重要意义。

本书是江西省科学院科技战略研究所课题组承担的中国科协创新战略研究院科研项目"江西省科技工作者状况调查"的研究成果。作者团队从当前江西省的经济社会发展状况和科技工作者队伍发展的实际出发，全面分析了江西省科技工作者在职业发展、科研活动、学习交流、生活待遇、社会参与、观念态度等方面的状况和问题，并提出针对性的意见建议，对于江西省完善科技人才引育政策、优化创新创业激励政策、提升科协组织凝聚力和影响力具有重要参考价值。同时，书中反映了不同区域、不同单位、不同类型的科技工作者的特点和差异，为长期跟踪与研究江西省科技工作者的状况和变化规律积累了宝贵的历史资料。

全书由综合篇、群体篇和数据篇构成。其中，综合篇反映了现阶段江西省科技工作者队伍在生活、科研活动、学术交流与进修、社会参与、思想等方面的情况和问题；群体篇呈现了青年（35岁以下）、女性、高校、科研院所、企业等科技工作者群体的变化；数据篇展示了相关指标的具体情况。

本书由邹慧设计框架、制作总体要求，杨兴峰设计数据分析策略和进行数据分析，王怿超协助统计分析。全书的具体编写分工如下：绪论由邹慧、杨兴峰执笔，第一章至第六章由杨兴峰、王怿超执笔，第七章至第八章由王怿超执笔，第九章至第十一章由杨兴峰执笔。数据篇由邹慧、杨兴峰制表。全书由邹慧、杨兴峰统稿，王怿超校对。本书的撰写得到江西省科协系统的大力帮助及广大科技工作者的积极配合。在此，我们由衷感谢关心、支持、指导、参与此次江西省科技工作者状况调查的各级领导和广大科技工作者。

由于水平有限，疏漏与不足之处在所难免，我们诚挚希望社会各界人士批评指正。

江西省科学院科技战略研究所

2022年12月

目录
CONTENTS

数　据　篇

综 合 篇

绪　　论

一、背景与意义

党的十九届五中全会明确提出，要"坚持创新在我国现代化建设全局中的核心地位"。创新在经济社会发展中起着至关重要的作用，科技工作者作为创新活动的主体，其参与科技创新的积极性得到充分激发、面临的问题与困难得到及时解决是创新发展的根本保证。习近平总书记在主持召开科学家座谈会并发表重要讲话时提到，"人才是第一资源。国家科技创新力的根本源泉在于人""要尊重人才成长规律和科研活动自身规律，培养造就一批具有国际水平的战略科技人才、科技领军人才、创新团队"[①]。这一重要论述深刻阐明了科技人才的重要作用，为科技人才成长和科技队伍建设指明了方向。为充分激发科技人才的创新积极性，营造人才发挥聪明才智、优秀人才脱颖而出的创新生态环境，更好地服务科技工作者，首先需要了解科技工作者，准确把握他们的基本状况和迫切需求。

据统计，截至 2020 年，江西省研究与试验发展（R&D）人员为 18 万人，其中硕士研究生及以上学历的人数占比为 14.48%，远低于全国除港澳台地区以外的 31 个省（区、市）的 R&D 人员平均数量（24 万人）和硕士研究生及以上学历的占比（23.14%）。此外，2020 年度江西省 R&D 经费内部支出为

---

① 习近平：在科学家座谈会上的讲话. http://www.xinhuanet.com/politics/leaders/2020-09/11/c_112648
　3997.htm[2022-07-01].

431亿元，同样与全国平均水平（787亿元）有较大差距。可见，江西省的科技创新力量仍较薄弱，科技创新活力仍处于有待加强的阶段。

为促进江西省科技工作者队伍建设、提升江西省科技创新活力和实力，作者团队从江西省科技工作者的状况出发开展相关调查，以充分了解江西省科技工作者的状况，准确把握他们的基本状况、需求、意见和建议，为各级管理部门制定实施针对性、科学性的科技和人才政策提供切实可行的决策依据。

二、调查对象的界定

本次调查对象的范围包括江西省内的研究与开发机构、高等院校、医疗卫生机构、企业和其他事业单位的科技工作者。本次调查中的科技工作者主要包括：在自然科学领域，掌握相关专业的系统知识，从事科学技术的研究、开发、传播、推广、应用及专门从事科技管理等方面工作的人员，主要涵盖工程技术人员、卫生技术（医、药、护、技）人员、农业技术人员、智库研究人员、自然科学研究人员（含实验技术人员）、自然科学教学人员及实际从事系统性科学技术知识创造、开发、普及推广和应用活动的其他人员①。具体的界定如下。

（1）工程技术人员。主要指从事工程技术和工程技术管理工作的自然科学技术专业人员，包括高级工程师、工程师、助理工程师、技术员和未评定职称的技术人员。

（2）卫生技术人员。主要指从事卫生医务工作的自然科学技术专业人员，包括正副主任医师、主治医师、医师、护士和未评定职称的技术人员。

（3）农业技术人员。主要指从事农业技术工作的自然科学技术专业人员，包括高级农艺师、农艺师、助理农艺师、技术员和未评定职称的技术人员。

（4）智库研究人员。主要指在智库机构从事科学技术领域的咨询研究工作的专业技术人员，包括研究员、副研究员、助理研究员、实习研究员和未

---

① 在本次调查中，科技工作者的调查范围与《中国科协办公厅关于开展第五次全国科技工作者状况调查的通知》中明确的调查范围相比，增加了智库研究人员。这样安排，主要是考虑近年来智库研究机构的快速发展，参与智库研究的科技工作者已经成为科技工作者群体中的重要组成，因此本次调查中将智库研究人员纳入调查范围。

评定职称的技术人员。

（5）自然科学研究人员。主要指在科研部门从事科学技术活动的自然科学技术专业人员，包括研究员、副研究员、助理研究员、实习研究员、技术员和未评定职称的技术人员。

（6）自然科学教学人员。主要指从事自然科学技术教学活动的专业人员，包括正副教授、讲师、助教、教师和在中学从事自然科学技术教学活动的人员。

三、调查情况说明

本次调查采用问卷调查的方式开展，对江西省科技工作者的工作、生活、科研活动、学术交流与进修、思想及社会参与六个方面的状况进行调查。通过对这六个方面的调查，可以呈现科技工作者在不同维度的状态。其中，科技工作者投身于科技创新事业的积极性与其在工作和生活中面临的困难、需求等情况息息相关，且科研情况能直接反映江西省科技创新活动的现状与存在的问题；进一步分析外部环境后发现，调查江西省科技工作者的学习机会及对科技创新环境的评价，能准确掌握江西省在科技人才政策制度环境等方面的基本情况；科技工作者作为经济社会发展中的中坚力量，应承担起用专业科学知识技能为科技决策献计献策的责任，因而了解其社会参与状况十分必要。

本次调查有效涵盖了江西省各地区的科研院所、高校、企业、医疗卫生机构和县域基层单位的科技工作者群体，共发放调查问卷6000余份，收回问卷5018份，筛选出有效问卷4731份。

调查的结果除了综合反映江西省科技工作者群体的整体情况外，还反映了其中的重点科技工作者群体的状况。一是青年科技工作者群体，青年科技工作者群体是江西省建设科技强省的骨干力量，了解他们的各方面现状和需求对于充分发挥其创新积极性、增强创新使命感具有重要意义；二是女性科技工作者群体，女性科技工作者群体作为科技界的"半边天"，在科技创新中的重要性不容忽视；三是高校科技工作者群体，高校是知识创造、传承和应用的综合载体，高校科技工作者群体的所想、所盼对于科技人才培养和科技成果创造具有重要价值；四是科研院所科技工作者群体，科研院所的科技人才是科学研究和成果转化应用等活动的重要主体，了解其各方面的情况有利于完善科研政策制度、促进产学研结合；五是企业科技工作者群体，了解和分析企业科技工作者群体的状况，有利于进一步完善江西省科技创新体系，充分发挥企业在科技创新中的主体作用。因此，书中对青年、女性、高校、科研院所、企业的科技工作者群体的状况分别进行了分析和呈现。

对有效问卷的基本情况进行分析后发现，本次调查的样本分布基本合理，可以较好地代表江西省科技工作者群体的整体状况。从性别的角度看，男性科技工作者的人数占比为64.98%，女性科技工作者的人数占比为35.02%；从年龄的角度看，35岁以下的科技工作者的人数占比为45.44%，35~44岁的科技工作者的人数占比为34.08%，45~54岁的科技工作者的人数占比为17.14%，55~65岁的科技工作者的人数占比为3.29%，65岁以上的科技工作者的人数占比为0.05%；从政治面貌方面看，中国共产党党员的人数占比为54.91%，共青团员的人数占比为13.25%，无党派人士的人数占比为27.91%，民主党派成员的人数占比为3.93%；从学历方面看，高中/中专/技校学历的科技工作者的人数占比为3.17%，大专学历的科技工作者的人数占比为10.97%，大学本科学历的科技工作者的人数占比为38.28%，硕士研究生学历的科技工作者的人数占比为27.58%，博士研究生学历的科技工作者的人数占比为19.76%，其他学历的科技工作者的人数占比为0.24%；从所学专业背景方面看，工学专业的科技工作者的人数占比为38.93%，医学专业的科技工作者的人数占比为14.65%，理学专业的科技工作者的人数占比为14.20%，农学专业的科技工作者的人数占比为8.52%，管理学专业的科技工作者的人数占比为6.95%，其他专业（哲学、经济学、法学、教育学、文学、历史学、军事学等）的科技工作者的人数占比为16.75%；从地域分布方面看，赣北区域（包括南昌、上饶、鹰潭、景德镇、九江、抚州6个设区市）的科技工作者的人数占比为69.39%，赣南区域（包括宜春、新余、萍乡、吉安、赣州5个设区市）的科技工作者的人数占比为30.61%；从所在单位类型方面看，科研院所（公益事业性质省属科研机构、公益事业性质市属科研机构、新型研发机构）的科技工作者的人数占比为 17.21%，高校的科技工作者的人数占比为 23.69%，大中型企业的科技工作者的人数占比为 28.22%，科技中小企业的科技工作者的人数占比为 6.15%，医疗卫生机构的科技工作者的人数占比为 13.04%，其他单位（农业服务机构、普通中学 / 中专 / 技校等）的科技工作者的人数占比为 11.69%；从职业划分方面看，科学家 / 科学研究人员的人数占比为 8.07%，大学教师的人数占比为 21.83%，工程师 / 工程技术人员的人数占比为 29.04%，医生 / 医务工作者的人数占比为 13.55%，推广人员 / 科普工作者的人数占比为 3.34%，中专 / 中学教师的人数占比为 5.05%，科技管理人员的人数占比为 6.02%，科研 / 教学辅助人员的人数占比为 5.45%，其他职业（智库研究人员等）人员的人数占比为 7.65%；从职称级别方面看，正高级职称的人数占比为 6.81%，副高级职称的人数占比为 21.31%，中级职称的人数占比为 39.36%，初级职称的人数占比为 17.52%，无职称的人数占比为 15.00%。

四、科技工作者队伍的特征

江西省的科技工作者队伍有明显的年轻化特征。在本次调查样本中，35 岁以下的科技工作者的人数占比为 45.44%，35～44 岁的科技工作者的人数占比为 34.08%。与 2013 年的调查结果（44.99%、31.02%）[①] 对比后可以看出，江西省的科技工作者队伍保持了年龄结构年轻化的特征。

并且，江西省的科技工作者队伍的高学历化趋势明显。在本次调查样本中，本科学历的科技工作者的人数占比达 38.28%，硕士研究生学历的科技工作者的人数占比为 27.58%，较 2013 年的占比分别增长了 26.55 个、8.46 个百分点。高校和科研院所中硕士研究生及以上学历的科技工作者的人数占比分别为 88.58% 和 62.89%，高学历化趋势尤为明显。

五、科技工作者的科研活动

近年来，江西省深入推进创新驱动发展战略，科技创新水平与创新发展

[①]　绪论部分中涉及的 2013 年的调查结果来自江西高校出版社于 2017 年出版的《江西省科技工作者状况调查》。

环境得到不断提升与优化，但在科技工作者科研活动方面仍然存在一些问题，具体呈现以下几个特点。

（一）承担和／或参与研究项目的人数占比不高

近三年[①]，58.91% 的科技工作者承担和／或参与了研究项目，其中近一半的科技工作者承担和／或参与了 1～3 项研究项目，而参与 7 项及以上研究项目的科技工作者仅占 3.80%。另外，在承担和／或参与过研究项目的科技工作者中，有 42.59% 的科技工作者没有参与过产学研合作项目，产学研合作亟待推进。

（二）科技成果产出仍然不足、产出形式较为单一

一方面，江西省科技工作者展现科研成果的主要形式仍然是论文，有 60.96% 的科技工作者近三年发表了学术论文；另一方面，科技工作者的科技成果产出水平仍然不高，23.53% 的科技工作者近三年获得了应用技术成果，远低于 2013 年（47.73%）的水平。

（三）科技成果与市场脱节问题仍然存在

近三年，仅 20.90% 的科技工作者将科研成果转化为产品或应用于生活，较 2013 年减少了 9 个百分点；同时，有 56.98% 的科技工作者认为当前研发和成果转移转化效率不高的问题突出，与 2013 年的调查结果（56.84%）相比，问题仍然突出。另外，近一半的科技工作者反映科技成果转化的最大障碍是找不到技术需求市场。

（四）科研项目管理机制仍然有待完善

相比 2013 年，反映江西省科研项目管理方面存在的问题的人数占比有了一定下降，如审批程序不透明（24.31%）、申报周期过长（32.28%）、申报手续复杂（29.93%）、招标信息不公开（16.23%）等，与 2013 年的调查数据相比，反映这些问题的科技工作者的人数占比分别下降 6.6 个、9.11 个、8.14 个、8.61 个百分点。但反映成果不具有转化或应用价值

---

① 本书中，近三年指 2018 年 1 月 1 日～2020 年 12 月 31 日。

（29.74%）、基础研究不受重视（35.83%）等问题的人数增多，与 2013 年的调查数据相比，反映这些问题的科技工作者的人数占比分别增加 6.16 个、8.24 个百分点。

六、科技工作者的职业评价和流动意愿

（一）超时工作情况加剧，工作压力较大

从科技工作者的加班情况看，88.80% 的科技工作者需要加班，且 33.08% 的科技工作者平均每天的加班时长在 3 小时以上，与 2013 年的调查结果（55.87%、12.88%）相比，科技工作者的加班人数占比明显增加。从科技工作者工作压力的来源看，科技工作者在工作中面临"缺乏业务/学习交流""知识更新和技能提高条件不足""工作强度太大/加班太多""晋升空间不大"等困扰的人数占比分别为 47.14%、53.86%、29.06%、34.77%，与 2013 年的调查结果（32.00%、31.14%、10.25%、28.68%）相比，占比均明显增加，表明江西省科技工作者在工作中面临的困扰较多，压力较大。

（二）高层次人才职业流动意愿较强

科技工作者的流动意愿是影响科技工作者队伍稳定性的重要因素之一。调查数据显示，34.66% 的科技工作者有更换单位或职业的意愿，特别是从学历方面进一步分析发现，博士研究生学历的科技工作者想换单位或职业的人数占比（40.64%）明显高于大专学历的科技工作者（32.37%），表明高学历的科技工作者的流动意愿明显更强。

（三）创业意愿不强、渠道不畅

70.62% 的科技工作者没有考虑过创业，与 2013 年的调查结果（31.82%）相比，科技工作者创业意愿明显降低。另外，从科技工作者在创业过程中面临的障碍情况看，70.14% 的科技工作者表示"缺乏资金来源与融资渠道"，50.72% 的科技工作者表示"缺乏好的项目"，43.02% 的科技工作者表示"缺乏管理经验"等，与 2013 年的调查结果（58.61%、45.05%、26.10%）相比，

科技工作者感觉在创业过程中面临的阻碍越发明显。

（四）继续教育意愿强烈

65.67% 的科技工作者认为自己的学术交流机会不多或极度缺乏，表明科技工作者获得继续教育的机会仍然不够。同时，45.34% 的科技工作者认为自己非常需要得到进修或学习的机会，与 2013 年的调查数据（22.78%）相比，科技工作者希望得到进修或学习机会的迫切程度明显增加。

（五）参与科普活动的积极性不高

2020 年，科技工作者从事为企业提供科技咨询或服务（40.67%）、举办科普讲座或培训（37.56%）、为科普场馆提供服务（27.31%）等科普活动的人数占比均未达到 50%，而 2013 年的调查结果显示，科技工作者参与各类科普活动的人数占比为 54.72%，由此表明，江西省科技工作者参与科普活动的积极性有所降低，社会责任履行仍然不足。

七、科技工作者的收入待遇和生活状况

（一）生活幸福感有所增强

从身心健康状况看，51.13% 的科技工作者认为自己的身体比较健康，比 2013 年高 10 个百分点。从定期体检制度落实情况看，61.85% 的科技工作者所在单位每年至少组织一次体检，占比超过 2013 年（40.24%）。从生活幸福的感知情况看，46.90% 的科技工作者感觉生活很幸福或比较幸福，高出 2013 年 4 个百分点。总体进一步分析发现，江西省科技工作者的生活保障明显增强，幸福感明显增加。

（二）收入增加但收入满意度不高

2020 年，江西省科技工作者年收入达 6 万～12 万元的人数占比为 38.64%，相较 2013 年的 24.90%，收入明显增加。但科技工作者对自己的收入在当地相对地位的判断呈现下降趋势，8.22% 的科技工作者认为自己的收入在当地属于中上等或上等，占比比 2013 年下降 10.44 个百分点。

（三）生活困扰仍然较多

科技工作者在生活中面临的主要困扰是"收入低"（61.23%）、"工作忙、不能照顾家庭"（49.88%）、"照顾老人有困难"（32.57%）、"住房困难"（22.02%）、"上下班交通不便"（20.06%）、"就医看病难"（9.89%）、"找对象难"（9.32%）等。与 2013 年的调查结果对比发现，科技工作者认为"住房困难""找对象难""就医看病难""上下班交通不便"的人数占比分别增加了 2.21 个、4.68 个、4.39 个、6.09 个百分点。

八、科技工作者对科研环境的整体评价

（一）创新自信明显提升

2020 年，与国内外其他地区的科技工作者相比，50.94% 的科技工作者认为科研能力有点落后，21.35% 的科技工作者认为总体上差不多，15.56% 的科技工作者认为落后很多，4.63% 的科技工作者认为更好，7.52% 的科技工作者认为说不清。与 2013 年的调查数据相比，认为落后很多的人数占比下降 7.68 个百分点，认为总体上差不多、更好的人数占比分别增加 9.73 个、3.66 个百分点。

（二）对江西省创新政策的认知程度不高

调查数据显示，44.26% 的科技工作者表示了解江西省的科技创新政策，其中非常了解的科技工作者的人数占 8.45%，比较了解的科技工作者的人数占 35.81%。另外，还有 49.57% 的科技工作者表示不太了解江西省的科技创新政策，6.17% 的科技工作者表示完全不了解江西省的科技创新政策。

（三）最看重同行认可

对于公众、政府、产业和同行四类评价主体，60.52% 的科技工作者更看重同行认可，44.60% 的科技工作者看重产业界认可，23.34% 的科技工作者看重政府部门认可，13.57% 的科技工作者重视公众知名度。

（四）科研创新环境不断优化

与 2013 年的调查数据相比，江西省科技领域存在的原创性科技成果少、产学研结合不紧密、关键技术自给率低、科技人员的积极性、创造性没有得到充分发挥等问题均得到一定改善。例如，在被调查的科技工作者中，60.31% 的科技工作者认为原创性科技成果少的问题突出，比 2013 年下降了 5.06 个百分点；59.31% 的科技工作者认为关键技术自给率低，57.11% 的科技工作者认为科技人员的积极性、创造性没有得到充分发挥，与 2013 年相比均有所改善，分别下降了 3.83 个、4.82 个百分点。

（五）科研诚信状况有所改善但仍需加强

虽然相比 2013 年（48.32%），江西省科技领域存在的科研诚信和创新文化建设薄弱问题得到一定的改善，但仍有 46.33% 的科技工作者表示科研诚信和创新文化建设薄弱等问题突出。而造成此类问题的主要原因是研究者自律不够（54.11%）和监督机制不健全（51.53%）等。

九、对策建议

基于上述调查结果，本书提出以下针对性对策建议。

（一）重视人才队伍建设，促进科研能力提升

1. 完善人才评价机制

健全人才考核评价标准，破除"四唯"（唯学历、唯资历、唯论文、唯奖项）倾向，建立以品德、专业性、创新性和履职绩效等为核心的评价标准；完善人才分类评价体系，依据职业属性和岗位需求分类制定评价标准，实施分类评价；改革科技奖励制度，精简人才"帽子"，优化评审内容，引导人才心无旁骛、潜心研究；突出简政放权，建立科学的评价系统，注重定性与定量评价相结合，推行同行评议、团队考核等评价制度，促进人才评价方式由"单一化"向"多元化"发展；积极推行科技人才评价改革试点示范，在实践中不断完善人才评价机制，形成可供复制的评价改革经验。

2. 优化收入分配机制

建立适应科研活动规律的收入分配体系，坚持绩效优先、兼顾公平的原则，按照高校、科研院所等单位的职能定位和发展方向，实行以增加知识价值为导向的分配政策，加强科技成果产权或长期使用权对科研人员的长期激励；给予省属科研院所"一类事业单位保障，二类事业单位管理机制"，调整科研院所科技工作者收入水平上限；持续推动高校建立需求导向的应用研发模式，通过调整高校对教师"指挥棒"的指向，促进高校教师主动参与产学研合作，提高自己的收入水平；探索科技成果混合制改革，以权力与责任对等、贡献与回报匹配为原则，加快推进高校、科研院所、医疗卫生机构、科技型企业与发明人对知识产权分割确权和共同申请制度试点，探索深化科技成果"先确权、后转化"的有效模式。

3. 加大人才引育力度

持续深化引进人才奖补政策，引导高校、科研院所、企业加大人才引进力度；加快布局江西"海智计划"工作站，坚持建管并重，推动工作站实施柔性的人才引进策略，以项目制形式，凝聚海外"高精尖缺"专家，共同进行科研技术攻关和研究；深化省院合作，以中国科学院江西产业技术创新与育成中心、中国工程科技发展战略江西研究院为纽带，柔性引进全国院士专家智慧，为江西省科技创新和高质量发展服务；以科技部人才推进计划为总揽，以江西省科技创新人才项目为基础，采取"人才＋项目"形式，探索构建"苗子＋青年＋领军人才"的梯次科技人才队伍建设培育体系；深入实施科技特派员制度，通过下派历练，提升人才综合能力；引导院士工作站、重点实验室、产业技术创新联盟等平台机构积极举办各类学术论坛，给予科技人才更多学习机会。

（二）重视创新基础建设，提供良好发展空间

1. 拓展科研经费投入渠道

合理确定纳入压减范围的政府一般性支出，做大科技专项资金池体量；推动省属大型企业健全研发投入稳定增长的刚性约束机制和研发准备金制度，加大研发创新投入；深入推行研发投入后补助政策，对研发投入持续增长的企业，按增长额度一定人数占比给予财政资金后补助支持；充分发挥科技金融联席会议制度作用，优先向银行业金融机构推荐科技企业、科技项目，鼓励和支持银行机构、担保机构、保险机构和创新投资机构创新金融产品；对科技型中小企业贷款进行贴息，支持其通过发行债券、上市等方式开展直接融资；深入落实高新技术企业税收优惠、企业研发费用税前加计扣除、技术转让税收优惠等促进企业技术创新的税收支持政策，激励企业持续开展创新活动；持续加大高校和科研院所支持力度，扩大高校、科研院所在内部机构设置、科研项目与经费管理、薪酬分配、科技成果转化等方面的自主权，鼓励其加大研发投入，开展科研活动。

2. 加强高水平科研平台建设

聚焦高端创新平台，通过项目资助、后补助、公共私营合作制（PPP）等方式，大力扶持各类企业建设省级实验室、技术中心，并支持有条件的企业积极创建国家级"一室一中心"；充分发挥"江西智库峰会暨国家级大院大所产业技术及高端人才进江西"等品牌活动的社会效应，吸引国内外高端创新资源到江西省与省内高校、科研院所、企业共建协同创新平台；完善创新平台建设运营考核机制，在对新设立创新平台给予一次性资金奖励的基础上，优化创新平台评估奖励体系，依据考核结果和评估结果给予创新平台后续支持，引导高水平创新平台有效运营，发挥服务区域经济社会发展的作用。

3. 深化创业孵化服务平台建设

加大专业孵化器布局力度，鼓励行业龙头企业围绕主营业务建设专业型孵化器，引导高校、科研院所与新型研发机构等围绕优势专业领域建设专业孵化器，促进产学研用深度融合，加快科技成果转移转化；拓宽孵化活动范围，大力支持发展"企业内生孵化、外延孵化"，推动科技企业孵化器、众创空间向专业化、资本化、国际化发展，孵化培育一批高成长企业；加大高水平中试平台建设支持力度，通过在科技平台建设、科技项目分配等方面制定倾斜政策，鼓励行业龙头企业牵头建设设施齐全、水平一流的中试平台，满足行业科技成果中试多样性需求，实现科技成果与生产转化的顺畅衔接，助推产学研更好结合，大幅提升科技成果向产业化转化率。

（三）重视科协组织建设，提高综合服务效率

1. 拓展社会参与渠道

政府部门应积极构建及时更新的小型专家库，根据科技工作者专长与工作成果，通过委托项目、购买服务等形式，进行问题导向、专业导向的政策讨论与咨询；广泛运用官方微信、微博、网站等新媒体形式，建立科技工作者专用通道，倾听科技工作者提出的涉及公共事务的意见建议；提高科技工作者增选人大代表、政协委员的人数占比，引导科技工作者通过正式渠道关注公共问题、提出解决问题的办法与建议；加大宣传力度，在全社会倡导爱国精神、奉献精神，强化科技工作者责任担当意识，引导科技工作者主动参与到服务经济社会发展的公共事务中。

2. 健全社团组织职责

建立以需求为导向的社团会员管理方式，制定科学合理的会员入会制度，推行会员状况和服务需求备案工作制度，以满足不同类型会员需求为目标，开展专业化服务活动，实现精准化、精细化服务；坚持以创新为驱动的会员服务方式，通过搭建会员服务网络平台，提供远程培训、在线技术咨询、在线科技沙龙、电子期刊等服务，打造专业化服务知名度；培育以发展为原则的人才工作思路，做好专业化管理人才引进工作，从绝对数量和相对人数占比上壮大社团专业化管理人才队伍；建立可持续的资金运营模式，避免过度依靠政府部门和挂靠单位的资金扶持，积极参与社会竞争，通过收入方式的多元化，有效解决活动和发展资金短缺问题，保障科技社团可持续发展。

3. 提升科协组织能力

鼓励各级科协组织，特别是赣南地区科协组织，积极举办国际国内学术交流研讨会、科技知识竞赛、大学生学术报告会、科技嘉年华、大学生科技作品展等科技活动，提高科技工作者的创新能力，激发创新意识；深入推进科技工作者评选表彰工作机制，减少推荐评审环节的行政干预，将推荐权力

赋予省科协所属各学会、协会、研究会与各科研院所、高校与企业科协，使奖励更具学术性和权威性；建立和完善宣传工作制度，通过新闻媒体采访、报道等方式，大力宣传成绩突出的科技工作者、青年科创人才、科普带头人，营造尊重、崇尚科技工作者的良好氛围；健全、完善科协代表、委员、常委、兼挂职副主席的履职服务平台，鼓励其广泛参与科学知识普及、科技咨询服务、科技人才培训、科技决策论证、科技推广应用等活动，促进科技工作者发挥作用；探索基层科协"四长"（医院院长、农科站站长、学校校长、科技型企业家）制，在纳入医院院长、农技站站长、学校校长的基础上，将科技型企业家纳入"四长"，依靠"四长"组织科技工作者开展各类科普活动、健康咨询、技术推广等，有效提升基层科协的组织力、凝聚力。

（四）重视科研环境建设，营造良好创新氛围

1.加强科研诚信建设

强化制度建设，明确科研诚信管理内涵和责任主体定位，设定诚信评价等级，修订记分规则；强化监督管理，在项目指南编制、立项评审、过程管理、结题验收、监督评估等全过程中融入科研诚信管理要求，全面推行诚信监督员制度和诚信承诺制度，同时引入第三方专业机构，对科研诚信的动态监督、痕迹记录、分类评估、核查处理等实施管理，保证评估结果的公平公正；强化结果运用，明确将科研诚信评价结果作为科技监督、绩效评价等的重要参考指标，并纳入全省社会信用管理，实施联合惩戒，营造守信激励的社会氛围。

2.加大科技政策宣讲力度

坚持"应解读、尽解读"原则，明确政策宣传解读范围，特别是涉及减税降费、科技创新、人才引育、金融支持、体制机制改革等领域的重要政策性文件，应着重开展宣传解读工作；按照"谁起草、谁解读，谁解读、谁负责"原则，明确政策宣传解读流程，政策发布与解读工作要同步实施；规范政策宣传解读内容，做到内容全面、通俗易懂、便于人才理解查阅；充分发挥媒体融合优势，拓宽宣传解读渠道，通过撰写解读评论文章、政策问答、

在线访谈、媒体专访、答记者问、新闻发布会等形式，进行全方位立体式解读与宣传，切实提高科技人才对重大政策的认知度。

3.优化科研项目分配管理机制

加大对赣南区域科研院所、高校的科研项目经费的分配倾斜力度，加快赣南等原中央苏区科技创新发展；积极探索实施科研经费"包干制"试点，简化项目经费预决算管理，实行项目经费定额包干，快速形成可供复制的改革经验并在全省推广运用；完善科研项目验收标准体系，将"成果是否具有转化或应用价值"作为重大研发项目结题验收的重要指标；进一步确立和强化高校科技源头创新地位，推动全省基础研究计划项目向高校倾斜，充分发挥高校的科技资源优势，积极培育自主创新成果源；探索推行科研项目第三方管理机制，授权项目管理专业机构对相关科技计划项目实施专业化管理，负责受理项目申请、组织项目评审、过程管理、结题验收、绩效评估等工作；深入推行信息公开制度，除涉密及法律法规另有规定外，应及时向社会公开项目立项、验收结果等信息，接受社会监督。

第一章

工作基本情况

　　为了解科技工作者当前的工作状况和面临的困扰等，本章主要从入职情况、岗位情况、工作内容、工作强度、科普活动、工作环境、流动意愿、职业理想八个方面对调查结果进行描述分析[①]。调查发现，科技工作者在择业时更加注重专业技能发挥和工作稳定性，且当前的工作强度较大，大部分科技工作者表示会加班。然而，尽管加班率较高，收入不高和缺乏知识技能提升条件却是科技工作者在工作中面临的最主要困扰。但由于家庭因素等原因，大部分科技工作者没有考虑过更换单位或职业；同时由于缺乏资金等原因，同样没有考虑过创业。由此可见，科技工作者在工作方面受稳定性的影响较大，大部分科技工作者考虑到家庭和职业流动可能会存在的不确定性，对于创业的热情和积极性也不是很高。

---

① 本书调查数据的时间为 2020 年。

第一节 入职情况

一、入职单位类型

参与本次调查的科技工作者的入职单位类型主要有大中型企业、高等院校、医疗卫生机构、公益事业性质省属科研机构、科技中小企业、普通中学 / 中专 / 技校等。其中，入职大中型企业的科技工作者的人数占比最高，为 28.22%；入职农业服务机构与新型研发机构的科技工作者的人数占比较低，分别为 2.07% 和 1.82%（图 1-1）。

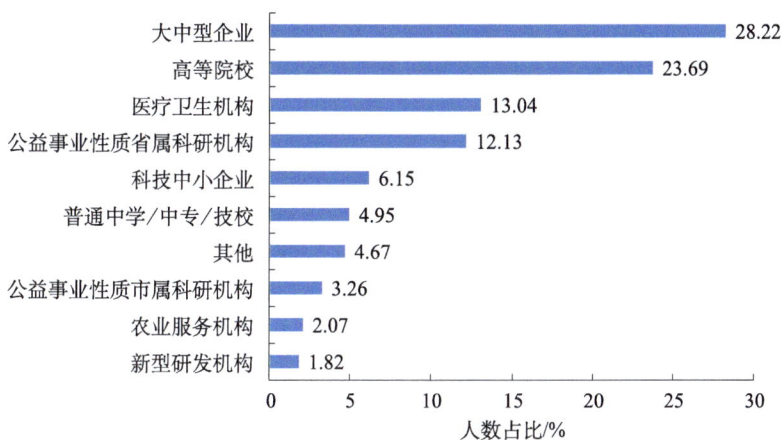

图 1-1　科技工作者入职各单位类型的人数分布情况

二、在现职单位的工作年限与所在区域

调查结果显示，科技工作者在现职单位的平均工作年限为 10.87 年。其中，青年科技工作者在现职单位的平均工作年限为 4.55 年，女性科技工作者在现职单位的平均工作年限为 10.51 年。这说明，科技工作者在现职单位的工作较稳定。其中，青年科技工作者的流动性较强，女性科技工作者倾向于稳定。此外，入职不同类型单位的科技工作者的平均工作年限有一定的差

异。除入职科技中小企业的科技工作者的平均工作年限少于 8 年外，入职其他单位类型的科技工作者的平均工作年限均达到 9 年以上，最高者超过 17 年。这表明，入职科技中小企业的科技工作者的流动性相对更强。进一步分析不同学历的科技工作者的平均工作年限情况后发现，学历越高的科技工作者的流动性越强（图 1-2）。

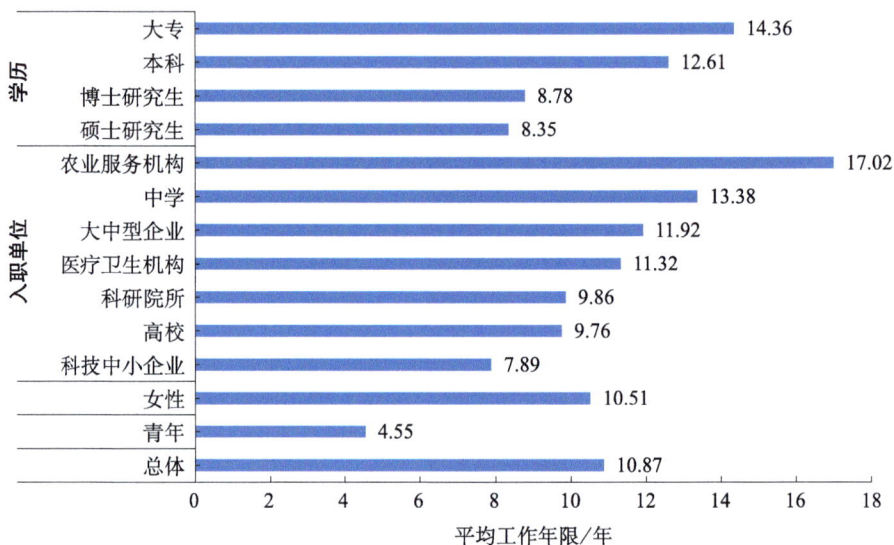

图 1-2　不同科技工作者群体在现职单位的平均工作年限^①

进一步分析科技工作者所在区域的情况后发现，69.39% 的科技工作者在赣北区域（包括南昌、上饶、鹰潭、景德镇、九江、抚州 6 个设区市）工作和生活，30.61% 的科技工作者在赣南区域（包括宜春、新余、萍乡、吉安、赣州 5 个设区市）工作和生活。从不同单位、学历类型的科技工作者情况看，仅有入职中学和科技中小企业的科技工作者工作和生活在赣北的占比比赣南略少，以及入职农业服务机构的科技工作者工作和生活在赣南、赣北的区域分布相当，入职其他单位类型的科技工作者大多工作和生活在赣北区域（图 1-3）。

————————

① 本书涉及入职单位群体的统计分析遵循以下原则：高校代表的是高等院校，中学代表的是普通中学、中专、技校，科研院所代表的是公益事业性质省属科研机构、公益事业性质市属科研机构、新型研发机构。

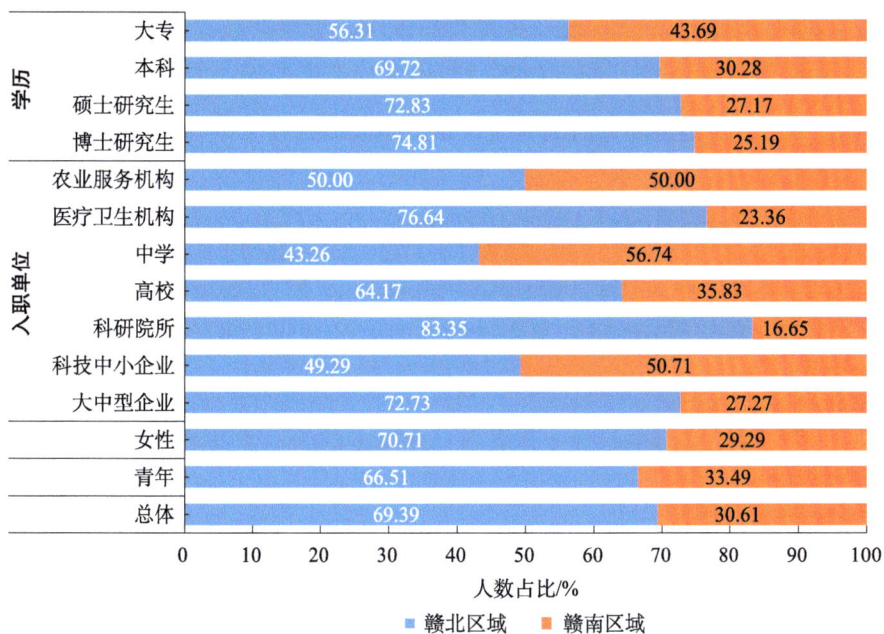

图 1-3　不同科技工作者群体工作和生活所在区域分布情况

三、择业主要考虑因素

调查数据显示，有 62.16% 的科技工作者选择当前工作的主要考虑因素是"专业对口"，其他考虑因素依次为"工作稳定"（58.57%）、"离家近"（39.51%）、"工资待遇/经济收入"（36.06%）、"符合个人兴趣"（29.80%）、"行业发展前景好"（26.68%）、"工作环境好"（19.66%）等（图 1-4）。

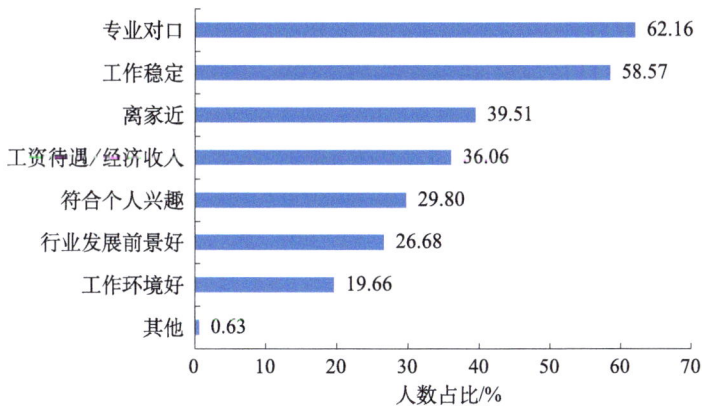

图 1-4　科技工作者选择当前职业的主要考虑因素

根据性别和年龄进行进一步分析后发现，青年科技工作者择业最关注"专业对口"这个因素，而女性科技工作者择业最关注"工作稳定"这个因素。从学历方面进一步分析后发现，学历越高的科技工作者在择业时越注重"专业对口"与"符合个人兴趣"。博士研究生和硕士研究生学历的科技工作者中，分别有 71.34% 和 68.97% 的人在选择当前职业时主要考虑了"专业对口"这个因素，分别有 47.06% 和 33.49% 的人主要考虑了"符合个人兴趣"这个因素。大专学历的科技工作者在择业时的首要考虑因素则是"工作稳定"（56.45%）与"离家近"（47.01%）。从区域差别方面进一步分析后发现，赣北区域与赣南区域的科技工作者在择业时考虑的主要因素基本一致，唯一的区别是赣南区域的科技工作者更关注"离家近"这一因素（表 1-1）。

表 1-1　不同科技工作者群体选择目前职业的原因

考虑因素	人数占比 / %							
	年龄	性别	学历				区域	
	青年	女性	博士研究生	硕士研究生	本科	大专	赣北区域	赣南区域
专业对口	61.06	56.85	71.34	68.97	62.18	40.27	65.33	56.21
工作稳定	57.50	65.00	57.11	60.92	58.20	56.45	59.60	56.78
离家近	46.19	38.32	31.02	41.38	39.54	47.01	34.95	50.14
工资待遇 / 经济收入	39.13	33.01	35.40	40.00	34.40	35.26	36.07	36.02
行业发展前景好	29.08	24.68	23.85	30.04	25.90	26.78	27.01	26.55
符合个人兴趣	28.85	28.67	47.06	33.49	21.98	21.19	30.59	28.88
工作环境好	20.76	22.03	23.96	21.53	16.90	18.30	19.75	19.35
其他	0.42	0.66	0.53	0.92	0.39	0.58	0.69	0.49

第二节　岗位情况

一、职业分布

本次被调查的科技工作者主要包括工程师 / 工程技术人员、医生 / 医务工作者、科学家/科学研究人员、大学教师、中专/中学教师、推广人员/科普工作者、科研/教学辅助人员、科技管理人员、智库研究人员等。其中，工程师/工程技术人员的人数占比最大，为29.04%；科研/教学辅助人员、中专/中学教师、推广人员/科普工作者、智库研究人员等的人数占比较低，均低于6%（图1-5）。

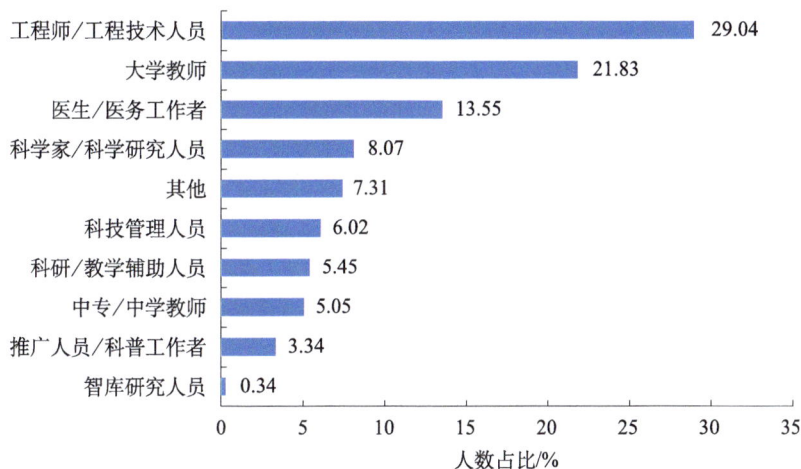

图 1-5　科技工作者各职业的人数占比情况

二、职称分布

对科技工作者的职称分布进行分析后发现，正高级职称的科技工作者的人数占比为6.81%，副高级职称的科技工作者的人数占比为21.31%，中级职称的科技工作者的人数占比为39.36%，初级职称的科技工作者的人数占比为17.52%，无职称的科技工作者的人数占比为15.00%。在不同单位类型中，入职高校、科研院所及医疗卫生机构的高级职称的科技工作者的人数占比较高，均超过30%；入职科技中小企业、大中型企业的科技工作者中高级职称的人数占比略低，均低于20%。从科技工作者工作和生活的区域分布方面进一步分析后发现，工作和生活在赣北区域的科技工作者的高级职称人数占比达32.53%，比工作和生活在赣南区域的科技工作者的高级职称人数占比高13.60个百分点（图1-6）。

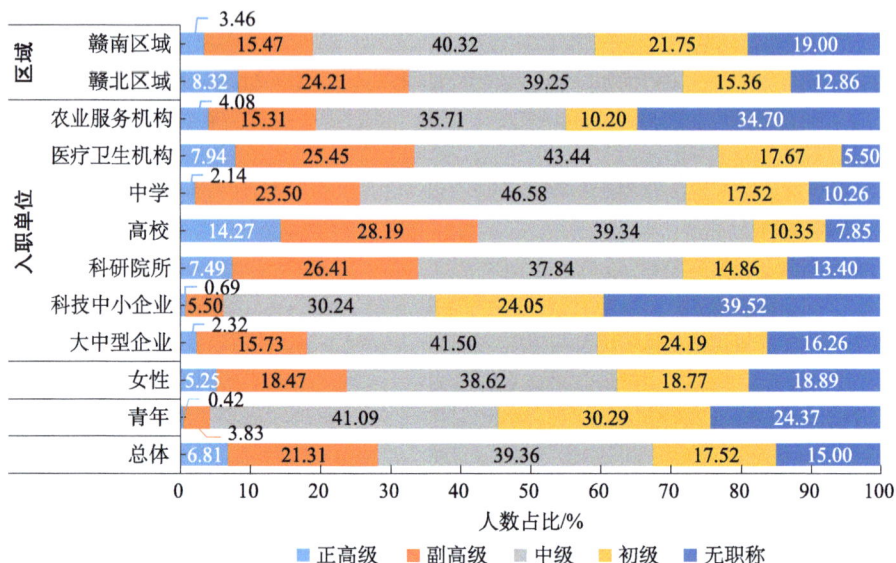

图 1-6　不同科技工作者群体的职称分布情况

第三节　工 作 内 容

一、从事的工作内容

调查数据显示，研究和教学是科技工作者最常见的工作内容。从事"基础研究"的科技工作者的人数占比为28.13%，从事"教学"的科技工作者的人数占比为27.18%，从事"应用/开发研究"的科技工作者的人数占比为24.69%（图1-7）。

从性别、年龄方面进一步分析后发现，在青年科技工作者中，工作内容为"基础研究"和"应用/开发研究"的青年科技工作者人数占比最高，分别为29.27%和23.94%，女性青年科技工作者工作内容主要偏向于"教学"（31.02%）；从学历方面进一步分析后发现，博士研究生学历与硕士研究生学历青年科技工作者的工作内容主要倾向于"基础研究"、"教学"和"应用/开发研究"，大专学历青年科技工作者以"生产运行/工程应用"和"一般行

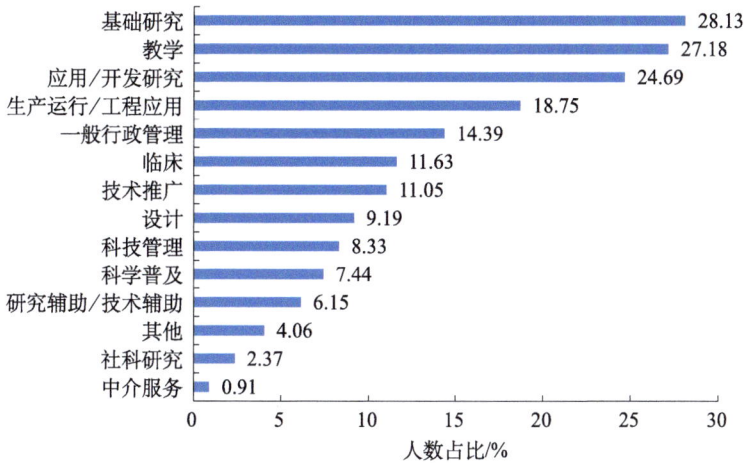

图 1-7 科技工作者从事不同工作内容的分布情况

政管理"为主；从区域分布方面进一步分析发现，赣北区域青年科技工作者的工作以"基础研究""应用/开发研究"和"教学"为主，赣南区域青年科技工作者以"教学"和"基础研究"为主（表 1-2）。

表 1-2 不同青年科技工作者群体的工作内容调查

类别		人数占比/%												
		基础研究	应用/开发研究	设计	生产运行/工程应用	技术推广	中介服务	科学普及	研究辅助/技术辅助	临床	教学	科技管理	一般行政管理	社科研究	其他
年龄	青年	29.27	23.94	11.41	20.62	8.88	0.65	5.47	9.54	10.05	22.63	7.25	13.88	1.78	4.82
性别	女性	22.81	15.15	6.64	8.39	8.09	1.33	8.63	5.07	14.42	31.02	7.79	19.98	2.29	5.49
学历	博士研究生	68.13	46.74	2.03	2.57	10.37	0.11	3.42	1.82	11.66	51.98	2.99	4.17	6.63	0.43
	硕士研究生	28.05	29.58	8.58	10.50	10.57	0.54	6.44	7.05	18.31	34.41	8.89	12.80	2.45	1.53
	本科	14.69	16.62	13.69	27.17	10.49	0.99	9.33	7.68	9.61	17.01	11.71	17.67	0.83	4.03
	大专	8.86	6.74	10.40	33.53	12.14	2.12	10.21	7.32	5.39	7.90	5.97	22.93	0.39	12.72
区域	赣北区域	27.98	27.01	8.91	19.81	11.62	0.69	6.14	6.51	13.05	22.71	9.00	14.14	2.71	3.40
	赣南区域	29.31	20.13	9.96	16.45	9.75	1.41	10.03	5.51	8.69	37.22	6.99	14.90	1.69	5.51

二、从事工作与所学专业的相关性

调查显示，40.54%的科技工作者认为自己从事的工作与所学专业具有很强的相关性，32.51%的科技工作者认为具有较强相关性，仅有4.15%的科技工作者认为完全无关（图1-8）。

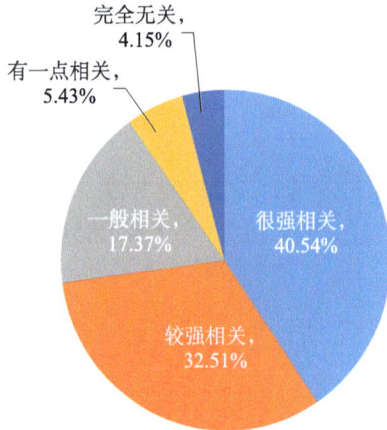

图1-8 科技工作者从事的工作与所学专业的相关度

图中数据为人数占比（%），后同

从学历方面进一步分析后发现，科技工作者的学历越高，目前工作与所学专业的相关度也越高。博士研究生学历的科技工作者中认为工作与所学专业相关性很强的人数占比达到61.07%，而大专学历的该项占比仅有18.69%（图1-9）。从职业方面进一步分析后发现，医务工作者、大学教师、中学教师、科学研究人员等认为工作与所学专业相关性很强的人数占比较高，均达到40%以上，科技管理人员、推广人员/科普工作者的人数占比则相对较低，

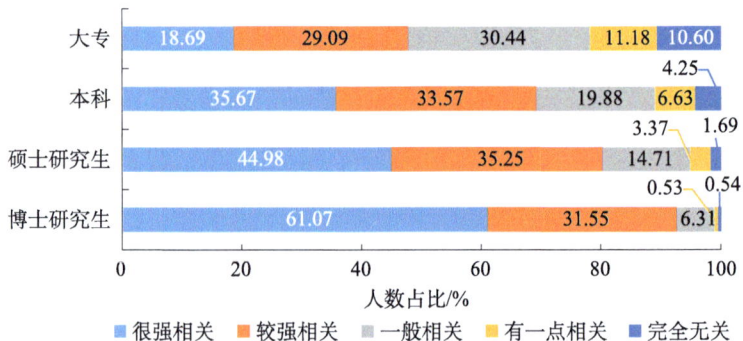

图1-9 不同学历科技工作者从事工作与所学专业的相关度

人数占比均低于 15%（图 1-10）。

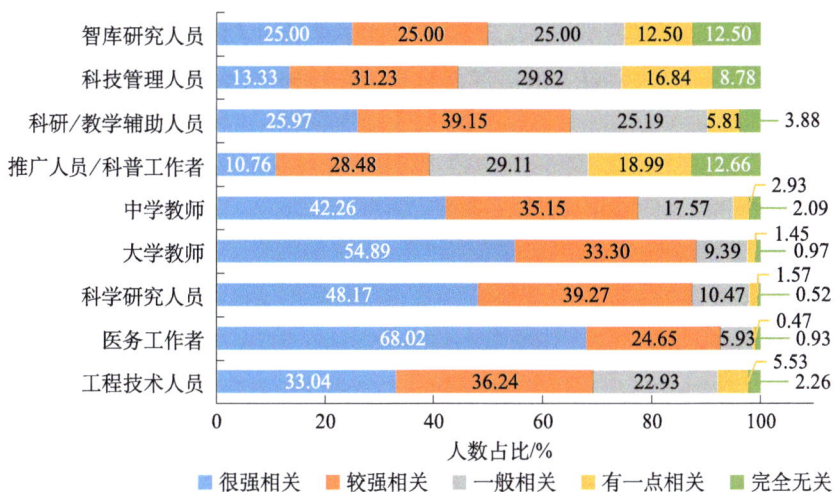

图 1-10 不同职业类型的科技工作者从事工作与所学专业的相关度

第四节 工作强度

调查数据显示，仅有 11.20% 的科技工作者不需要加班，分别有 55.72%、22.68% 和 10.40% 的科技工作者平均每天的加班时间在 2 小时以内、3～4 小时和 5 小时以上（图 1-11）。

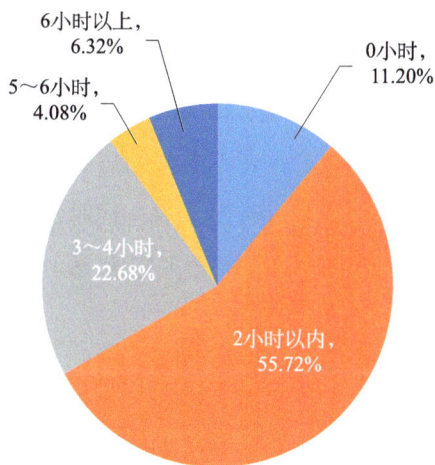

图 1-11 科技工作者平均每天加班时间情况

从职业方面进一步分析后发现，智库研究人员、科学研究人员、教师、医务工作者等加班的需求较大，需要加班的人数占比均达到90%以上，推广人员/科普工作者的加班需求最低，人数占比仅为75.95%。中学教师是平均每天加班时长最多的职业，平均每天加班6小时以上的人数占比达到12.56%（图1-12）。

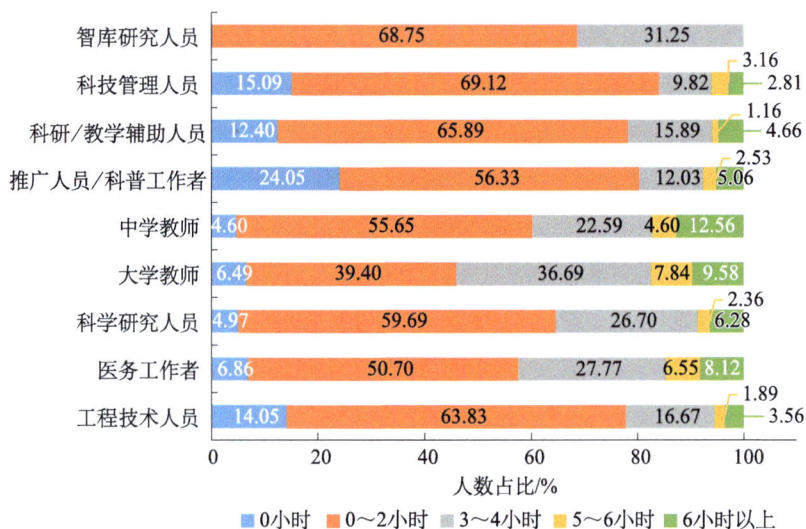

图 1-12　不同职业类型的科技工作者平均每天加班时间情况 ①

从学历与职称方面进一步分析后发现，学历与职称越高，加班需求与时长也越高。博士研究生学历的科技工作者中，有加班需求的人数占比达到96.47%，与大专学历的科技工作者相比高15.35个百分点；平均每天加班时长超过6小时的人数占比达11.23%，而大专学历的科技工作者的此项占比仅有3.28%。正高级职称的科技工作者不需要加班的人数占比仅为7.76%，而无职称的科技工作者的此项占比达到23.24%。同时，正高级职称的科技工作者平均每天加班时间在5小时以上的人数占比达16.15%，而无职称的科技工作者的此项占比仅为8.17%（图1-13）。

---

① 本书职业类型的统计分析遵循以下原则：中学教师指的是中专/中学教师，科学研究人员指的是科学家/科学研究人员，医务工作者指的是医生/医务工作者，工程技术人员指的是工程师/工程技术人员。

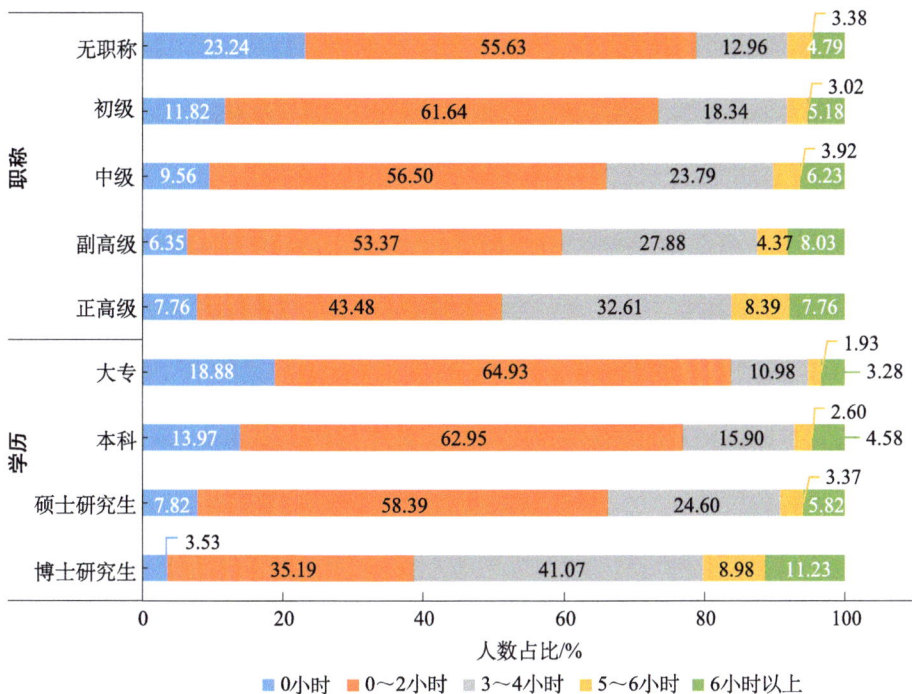

图 1-13 不同职称、学历类型的科技工作者平均每天加班时间情况

第五节 科普活动

一、参与科普活动的经历与途径

调查数据显示，样本中参与科普活动的科技工作者人数占比达 72.23%，女性科技工作者中参与科普活动的人数占比为 71.64%，青年科技工作者中参与科普活动的人数占比为 69.66%，都低于总体的人数占比。这表明，女性科技工作者、青年科技工作者参与科普活动的积极性分别低于男性与除青年外其他年龄段的科技工作者。从职称方面进一步分析后发现，职称较高的科技工作者参与科普活动的人数占比明显高于职称较低的科技工作者。从职业方面进一步分析后发现，推广人员 / 科普工作者、医务工作者参与科普活动的

人数占比较高，分别为 87.97%、83.46%；大学教师、中学教师和工程技术人员的人数占比相对较低，分别为 69.22%、71.13% 和 65.87%。从区域分布方面进一步分析后发现，赣北区域的科技工作者参与科普活动的人数占比高于赣南区域，但相差不大（图 1-14）。

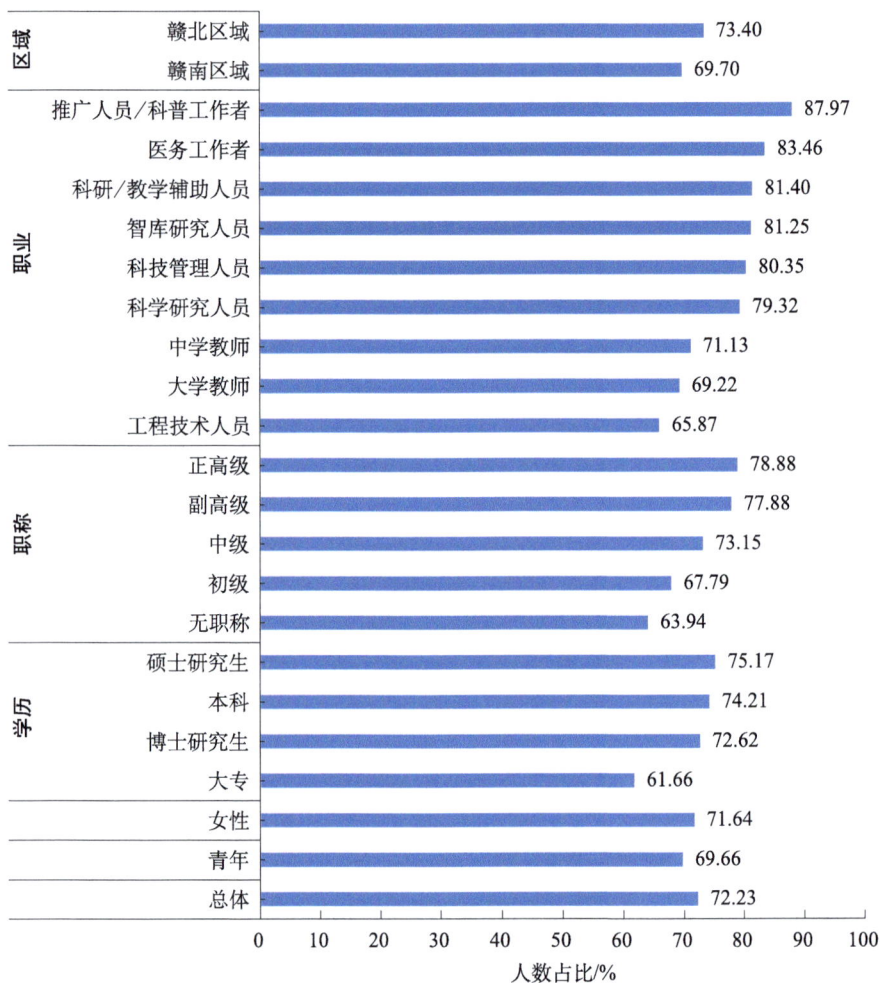

图 1-14　不同科技工作者群体参与科普活动的人数占比

样本数据显示，44.18% 的科技工作者参与科普活动的途径是单位组织，其次是个人参与（14.10%），通过学会等科技社团组织、组织单位邀请等途径参与科普活动的科技工作者人数占比相对偏低，分别为 7.63%、6.11%（图 1-15）。

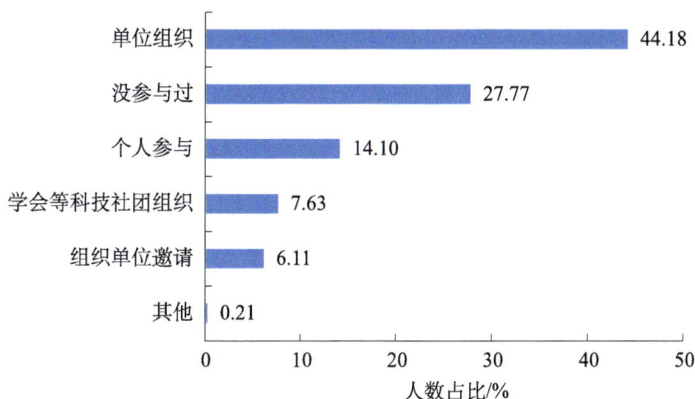

图 1-15　科技工作者参与科普活动的主要途径

二、参与科普活动的主要方式与频次

调查数据显示，分别有 40.67%、37.56%、32.38%、27.31%、22.24%、15.49% 的科技工作者通过"为企业提供科技咨询或服务""举办科普讲座或培训""下乡（利用专业知识为农村、农民服务）""为科普场馆提供服务""利用专业知识为政府部门提供决策咨询""就科技问题接受大众媒体采访"等方式参与科普活动（图 1-16）。从年龄、性别方面进一步分析后发现，青年、女性科技工作者参与科普活动的主要方式为"举办科普讲座或培训"和"为企业提供科技咨询或服务"。从区域分布方面进一步分析后发现，赣南区域与赣北区域科技工作者参与科普活动的方式基本一致。从职业方面进一步分

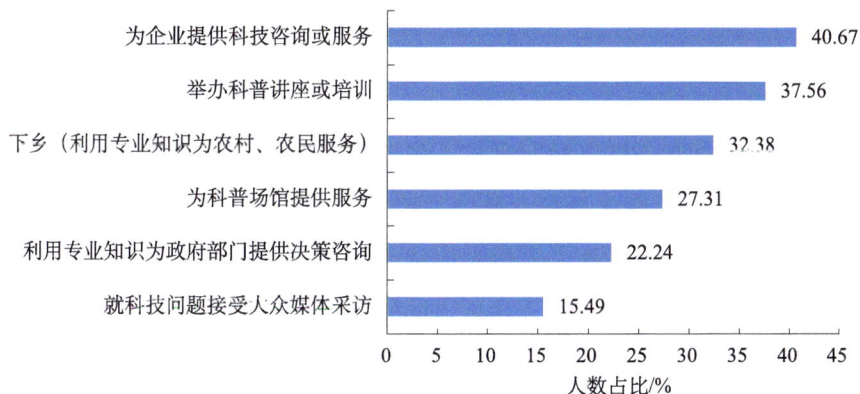

图 1-16　科技工作者参与各类科普活动的情况

析后发现，科学研究人员参与科普活动的方式以"为企业提供科技咨询或服务"和"下乡（利用专业知识为农村、农民服务）"为主；大学教师以"为企业提供科技咨询或服务"和"举办科普讲座或培训"为主；推广人员 / 科普工作者参与科普活动的类型更加多元化（表 1-3）。

表 1-3　不同科技工作者群体参与各类科普活动的情况

类别		人数占比 / %					
		为科普场馆提供服务	举办科普讲座或培训	为企业提供科技咨询或服务	就科技问题接受大众媒体采访	下乡（利用专业知识为农村、农民服务）	利用专业知识为政府部门提供决策咨询
年龄	青年	23.47	30.53	33.19	12.95	26.51	17.86
性别	女性	26.49	36.39	35.00	14.48	29.93	19.25
职业	工程技术人员	17.76	26.13	31.95	8.37	13.90	13.76
	医务工作者	39.78	57.25	33.23	26.52	53.67	24.18
	科学研究人员	34.03	49.48	73.56	20.42	66.49	32.46
	大学教师	25.36	38.14	45.79	15.39	29.24	25.36
	中学教师	26.78	29.71	16.74	16.32	20.08	15.90
	推广人员 / 科普工作者	60.76	62.03	61.39	27.22	63.29	40.51
	科研 / 教学辅助人员	28.68	36.82	55.04	16.28	50.00	30.62
	科技管理人员	32.98	37.89	51.58	17.54	34.04	30.88
	智库研究人员	37.50	50.00	56.25	31.25	25.00	56.25
区域	赣北区域	26.85	38.69	41.56	15.70	31.59	22.40
	赣南区域	27.05	34.25	38.21	13.98	33.40	21.40

通过样本数据分析可知，科技工作者参与"下乡（利用专业知识为农村、农民服务）"的频次最高，参与"下乡（利用专业知识为农村、农民服务）"4 次以上的科技工作者人数占比达 11.09%；其次是"为企业提供科技咨询或服务"，参与该项服务 4 次以上的科技工作者人数占比为 10.48%；而"就科技问题接受大众媒体采访"的频次相对较少，参与该项服务 4 次以上的科技工作者人数占比仅为 2.85%（图 1-17）。

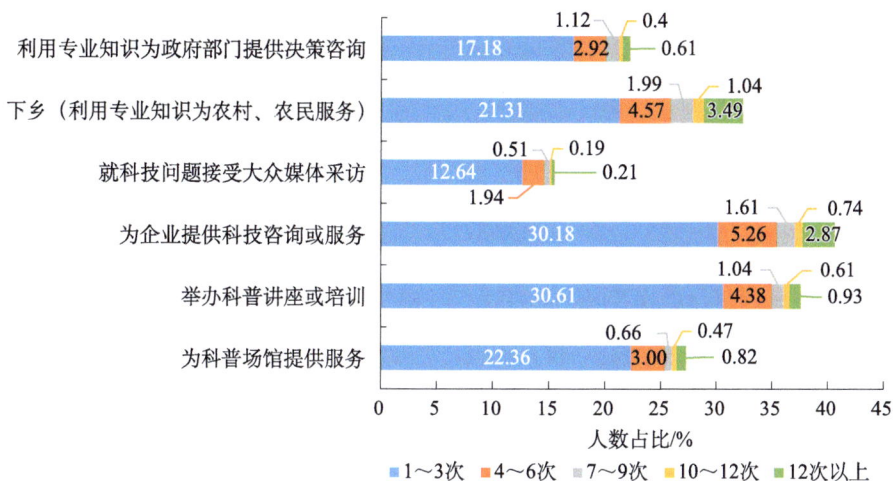

利用专业知识为政府部门提供决策咨询　1.12　0.4
17.18　2.92　0.61
下乡（利用专业知识为农村、农民服务）　1.99　1.04
21.31　4.57　3.49
就科技问题接受大众媒体采访　0.51　0.19
12.64　0.21
1.94
为企业提供科技咨询或服务　1.61　0.74
30.18　5.26　2.87
举办科普讲座或培训　1.04　0.61
30.61　4.38　0.93
为科普场馆提供服务　0.66　0.47
22.36　3.00　0.82

人数占比/%

■1～3次　■4～6次　■7～9次　■10～12次　■12次以上

图 1-17　科技工作者参与各类科普活动的频次

三、参与科普活动的主要障碍

科技工作者参与科普活动仍面临诸多障碍。其中分别有 50.73%、41.64% 和 37.37% 的科技工作者认为 "没有时间/精力" "缺乏相关渠道" "缺乏相关训练" 是科技工作者面临的主要障碍。另外，"缺乏经费"（28.56%）、"缺乏激励"（17.23%）、"没有科普能力"（17.08%）、"缺乏科普设施"（15.41%）、"单位不重视"（13.42%）、"公众缺乏兴趣"（12.47%）等因素也在一定程度上阻碍着科技工作者参与科普活动的热情（图 1-18）。

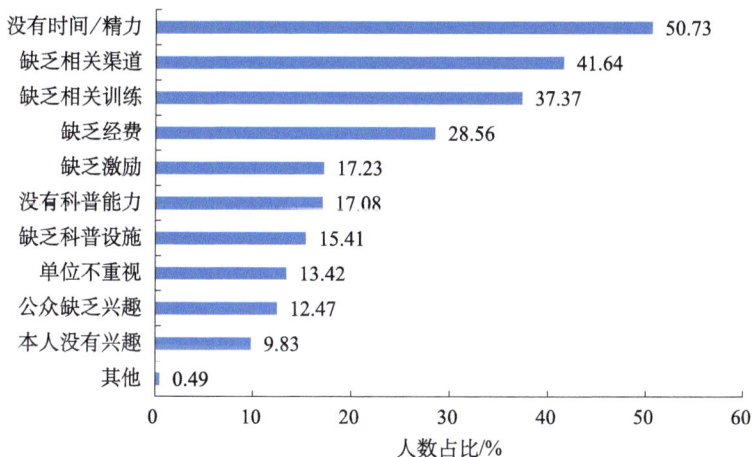

没有时间/精力　50.73
缺乏相关渠道　41.64
缺乏相关训练　37.37
缺乏经费　28.56
缺乏激励　17.23
没有科普能力　17.08
缺乏科普设施　15.41
单位不重视　13.42
公众缺乏兴趣　12.47
本人没有兴趣　9.83
其他　0.49

人数占比/%

图 1-18　科技工作者参与科普活动时面临的主要障碍

第六节 工作环境

一、工作中面临的主要困扰

调查数据显示，分别有 54.01%、53.86% 和 47.14% 的科技工作者认为在工作中面临的主要困扰是"收入不高""知识更新和技能提高条件不足""缺乏业务/学习交流"。其次，"晋升空间不大"（34.77%）和"工作强度太大/加班太多"（29.06%）等因素也在一定程度上困扰着科技工作者（图 1-19）。

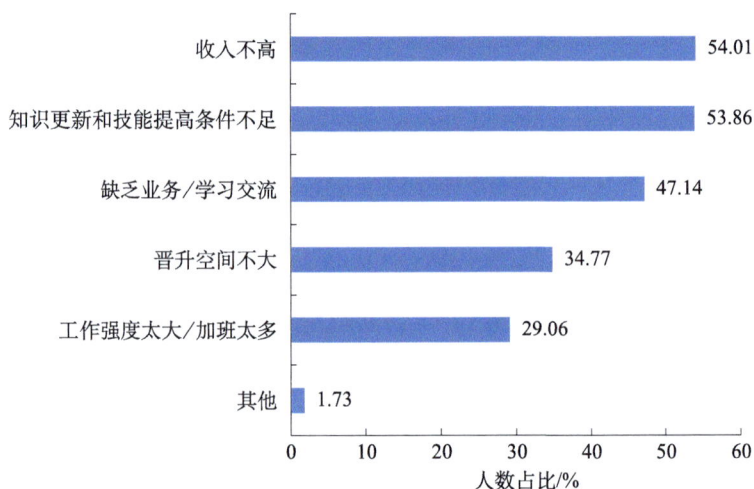

图 1-19 科技工作者在工作中面临的主要困扰

不同科技工作者群体在工作中面临的主要困扰存在差异。从职业方面进一步分析后发现，工程技术人员、医务工作者、推广人员/科普工作者、科技管理人员认为"知识更新和技能提高条件不足"是在工作中面临的最主要困扰；科学研究人员、大学教师、中学教师、科研/教学辅助人员则认为"收入不高"是在工作中最主要的困扰。从区域分布方面进一步分析后发现，赣南区域科技工作者反映"收入不高"的人数占比最高，为 55.65%，赣北区域科技工作者反映"知识更新和技能提高条件不足"的人数占比最高，为 54.55%（表 1-4）。

表 1-4　不同科技工作者群体反映在工作中面临的主要困扰

类别		人数占比 / %		
		缺乏业务 / 学习交流	知识更新和技能提高条件不足	收入不高
职业	工程技术人员	50.00	59.10	49.56
	医务工作者	40.87	54.91	53.98
	科学研究人员	45.03	55.24	64.92
	大学教师	49.76	50.44	56.73
	中学教师	43.10	46.03	59.00
	推广人员 / 科普工作者	39.87	58.86	51.27
	科研 / 教学辅助人员	50.78	58.14	60.08
	科技管理人员	52.63	58.25	40.35
	智库研究人员	50.00	43.75	50.00
区域	赣北区域	46.07	54.55	53.52
	赣南区域	49.15	53.18	55.65

二、工作条件和保障方面需要的支持

调查数据显示，分别有 69.33%、38.53% 和 36.23% 的科技工作者反映在工作条件和保障方面需要的支持为"提高收入""经费支持""职务提拔或职称晋升"。另外，在"改善工作条件"（31.18%）、"改善科研条件"（26.44%）、"组建团队"（15.35%）、"增加研究生指标"（6.95%）等方面，科技工作者也需要得到有力支持（图 1-20）。

从单位类型方面进一步分析后发现，"提高收入"仍为各单位类型的科技工作者最迫切需要的支持；科研院所、高校、农业服务机构的科技工作者认为"经费支持"比"职务提拔或职称晋升"更重要，而企业、中学、医疗卫生机构的科技工作者则认为"职务提拔或职称晋升"的重要性强于"经费支持"。从区域分布方面进一步分析后发现，赣南区域与赣北区域科技工作者在工作中最需要获得的支持方面并不存在差异，需要"提高收入"和"经费支持"的科技工作者人数占比均排在前列（表 1-5）。

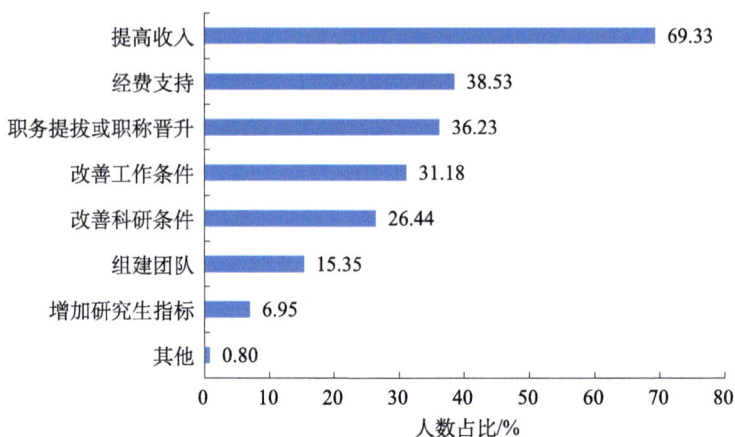

图 1-20　科技工作者在工作条件和保障方面需要的支持

表 1-5　不同科技工作者群体在工作条件和保障方面需要的支持

类别		人数占比 / %		
		经费支持	提高收入	职务提拔或职称晋升
入职单位	大中型企业	22.55	77.15	39.63
	科技中小企业	23.02	73.88	26.12
	科研院所	55.65	71.25	32.43
	高校	54.95	59.23	37.11
	中学	23.08	71.79	35.04
	医疗卫生机构	36.63	65.96	37.93
	农业服务机构	36.73	63.27	25.51
区域	赣北区域	39.53	69.38	36.85
	赣南区域	36.65	69.56	34.96

第七节　流动意愿

一、科技工作者更换单位或职业的意愿

调查数据显示，34.66% 的科技工作者表示曾经考虑过更换目前的工作单位或职业，其中 15.58% 的科技工作者想换单位，7.14% 的科技工作者想换职业，11.94% 的科技工作者单位和职业都想换（图 1-21）。

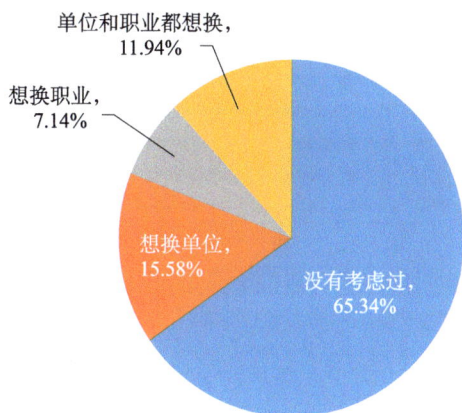

图 1-21　科技工作者更换工作单位的意愿

从年龄方面进一步分析后发现，青年科技工作者中曾考虑更换单位或职业的人数占比为 36.75%，高于样本整体的该项占比（34.66%），表明青年科技工作者的流动意愿较高。从性别方面进一步分析后发现，女性科技工作者想换单位或职业的人数占比（33.01%）低于样本整体的该项占比（34.66%），表明女性科技工作者的流动意愿要低于男性。从学历方面进一步分析后发现，学历越高，流动意愿也越强，博士研究生学历的科技工作者中想换单位或职业的人数占比（40.64%）明显高于大专科技工作者的人数占比（32.37%）。从职业方面进一步分析后发现，智库研究人员、医务工作者、科学研究人员的流动意愿较强，想换单位或职业的人数超过或接近 40%；推广人员/科普工作者、科技管理人员的流动意愿较低，人数占比低于 25%。从

区域分布方面进一步分析后发现，赣南区域与赣北区域科技工作者的流动意愿基本一致，无明显差别（图 1-22）。

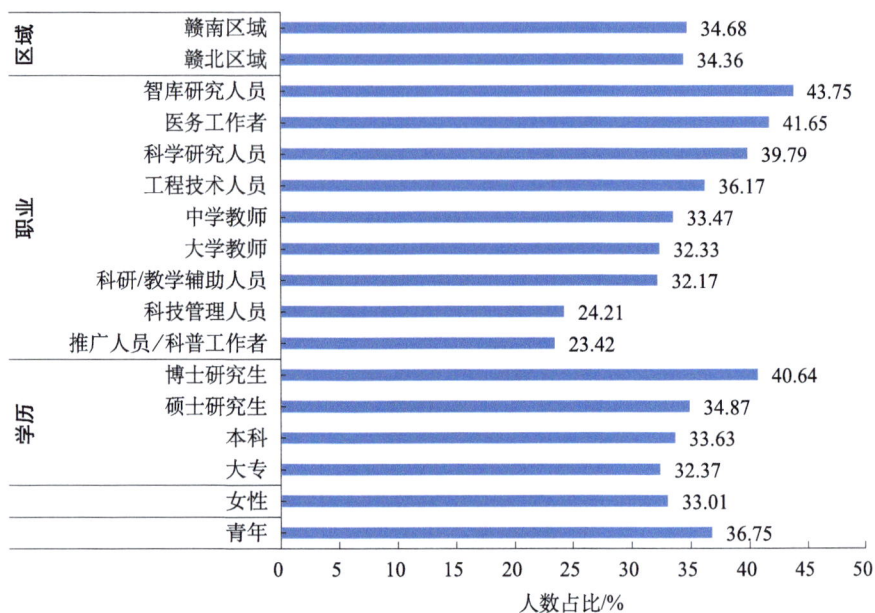

图 1-22　不同科技工作者群体曾考虑更换单位或职业的人数占比

二、想换单位或职业的主要原因

在有流动意愿的科技工作者中，想换单位或职业的原因为"收入待遇太差""工作平台不高""工作太辛苦 / 压力大""职称 / 职务晋升困难"的人数占比较高，分别为 54.70%、32.01%、30.49% 和 30.30%。其他影响科技工作者流动意愿的原因还包括"缺乏成就感"（27.26%）、"没有发展前途"（26.95%）、"不能发挥专业特长"（14.02%）、"不方便照顾家庭"（10.91%）等（图 1-23）。

从不同科技工作者群体角度分析后发现，青年、女性科技工作者仍然将"收入待遇太差""工作太辛苦 / 压力大"作为其更换单位或职业的主要原因；博士研究生学历的科技工作者中因"收入待遇太差"而想换工作的人数占比（61.32%）明显高于其他学历的科技工作者，表明学历越高对收入的期待越

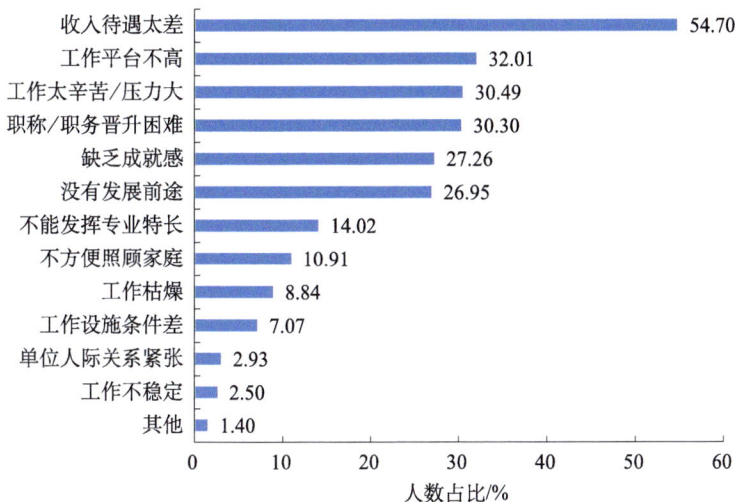

图 1-23　科技工作者想换单位或职业的原因

高；医务工作者因"工作太辛苦/压力大"而想换工作的人数占比（49.44%）相对较高，大学教师因"工作平台不高"而想换工作的人数占比（45.21%）相对较高；赣南区域科技工作者因"工作平台不高"想换工作的人数占比（35.64%）高于赣北区域的科技工作者，表明赣南区域科研平台建设与完善仍需加强（表 1-6）。

表 1-6　不同科技工作者群体想换单位或职业的主要原因

类别		人数占比 / %			
		收入待遇太差	工作平台不高	工作太辛苦 / 压力大	职称 / 职务晋升困难
年龄	青年	55.73	28.88	29.52	26.84
性别	女性	50.09	29.80	33.82	30.53
学历	博士研究生	61.32	52.89	20.00	33.16
	硕士研究生	54.95	25.27	33.19	38.02
	本科	51.56	25.78	32.84	26.11
	大专	48.21	27.98	34.52	21.43
职业	工程技术人员	51.11	24.14	29.38	24.55
	医务工作者	62.55	34.08	49.44	27.34
	科学研究人员	64.47	34.21	19.74	41.45

续表

类别		人数占比 / %			
		收入待遇太差	工作平台不高	工作太辛苦 / 压力大	职称 / 职务晋升困难
职业	大学教师	56.59	45.21	22.75	37.72
	中学教师	46.25	28.75	38.75	35.00
	推广人员 / 科普工作者	51.35	43.24	29.73	21.62
	科研 / 教学辅助人员	59.04	28.92	21.69	27.71
	科技管理人员	34.78	30.43	30.43	27.54
	智库研究人员	42.86	42.86	0	14.29
区域	赣北区域	54.76	30.73	31.19	30.46
	赣南区域	55.80	35.64	28.72	29.33

三、职业流动存在的主要障碍

调查数据显示，在有职业流动意愿的科技工作者中，84.51% 的科技工作者认为在更换工作方面存在障碍或困难。其中，"家庭因素"是阻碍科技工作者职业流动的最主要原因（40.73%），"人事档案制度"（28.11%）、"职称评审制度"（22.68%）、"缺乏求职信息"（20.06%）、"单位领导不放"（19.51%）等因素也很大程度地影响了科技工作者的职业流动（图 1-24）。

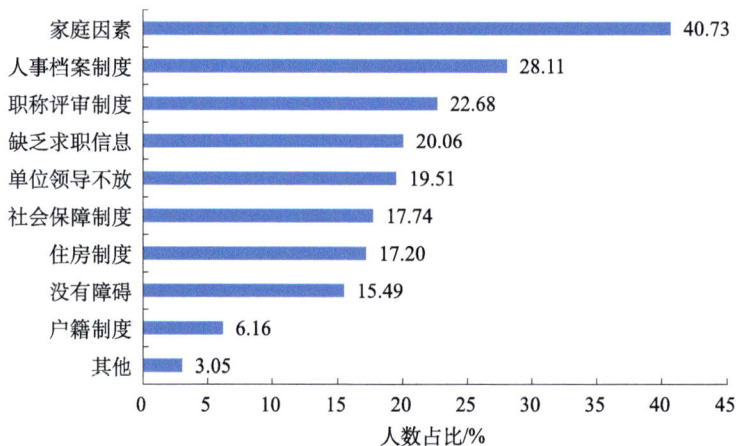

图 1-24　科技工作者对影响职业流动主要障碍的反映

四、职业流动意向区域

调查数据显示，在将江西省外作为职业流动意向区域的科技工作者中，40.89% 的科技工作者想去珠三角地区，38.66% 的科技工作者想去长三角地区，6.07% 的科技工作者想去京津冀地区，6.23% 的科技工作者想去西南地区，想去西北地区、东北地区的科技工作者较少，分别为 1.60%、1.12%（图 1-25）。

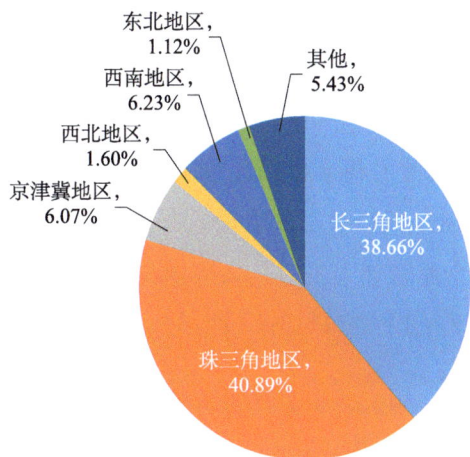

图 1-25　科技工作者对职业流动意向区域的反映

从区域分布方面进一步分析发现，赣北区域的科技工作者想去长三角地区的人数占比为 43.19%，明显高于赣南区域的 28.95%；赣南区域的科技工作者想去珠三角地区的人数占比为 59.47%，明显高于赣北区域（图 1-26）。

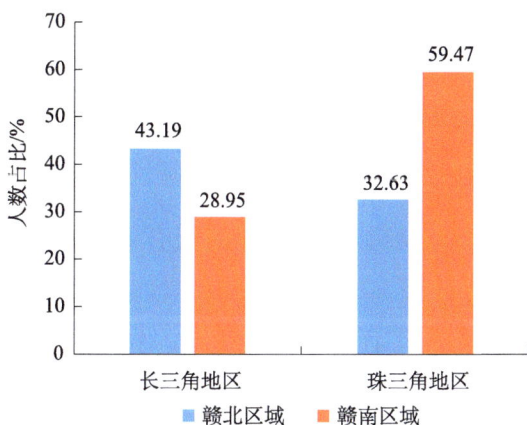

图 1-26　不同区域科技工作者职业流动意向区域的情况

由此表明，赣北地区的科技工作者更倾向于流动至长三角地区，赣南区域的科技工作者则更倾向于流动至珠三角地区。

第八节　职业理想

一、科技工作者最青睐的职业

调查数据显示，如果有机会重新选择，37.88% 的科技工作者表示会仍从事目前的职业，16.68% 的科技工作者会选择大学教师，11.84% 的科技工作者会选择公务员，企业管理人员等其余职业受科技工作者的青睐程度不高，选择这些职业的人数占比均低于 10%（图 1-27）。

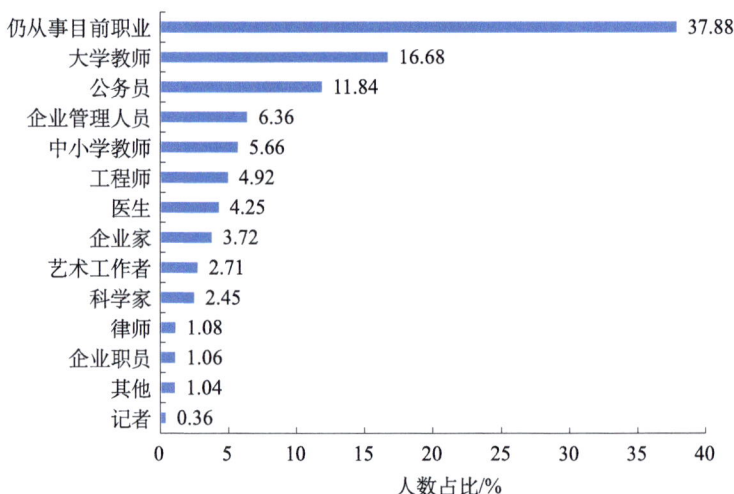

图 1-27　科技工作者最青睐的职业情况

从职业方面进一步分析后发现，如果有机会重新选择，大学教师中仍会选择当前职业的人数占比最高，为 56.63%，其次是科学研究人员（41.88%）、推广人员/科普工作者（41.77%）、医务工作者（37.29%）、中学教师（36.82%）、科研/教学辅助人员（35.66%）、科技管理人员（29.47%）、工程技术人员（27.29%）、智库研究人员（18.75%）（图 1-28）。

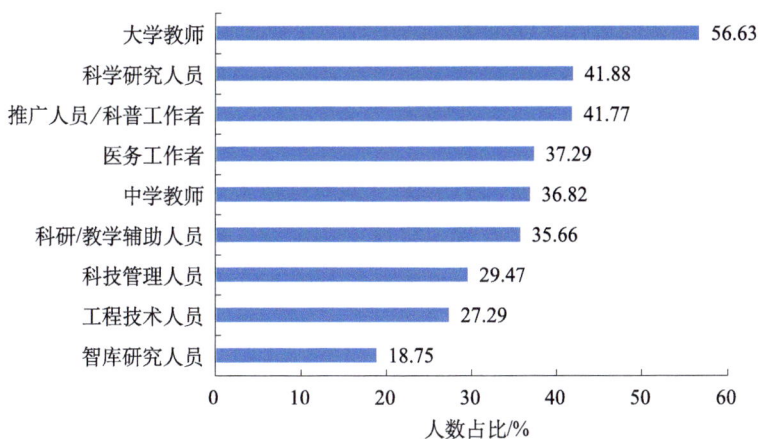

图 1-28 不同职业类型的科技工作者愿意从事当前职业的情况

二、科技工作者的创业意愿

调查数据显示，29.38%的科技工作者近三年考虑过自己创业，其中27.73%的科技工作者有初步的创业想法，1.65%的科技工作者已经开始创业（图 1-29）。

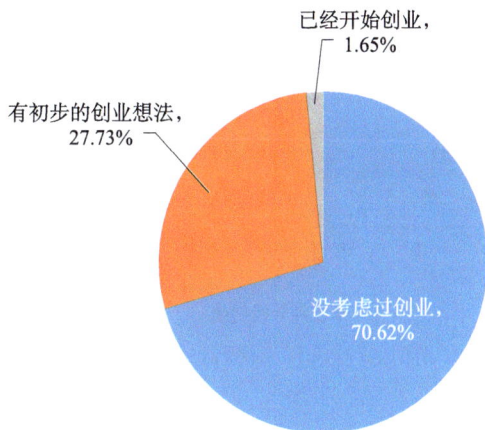

图 1-29 科技工作者的创业意愿情况

不同科技工作者群体在创业意愿方面存在差异。从年龄方面进一步分析后发现，青年科技工作者中近三年有创业意愿的人数占比为31.88%，比整体人数占比高，表明青年科技工作者的创业意愿相对较强。从性别方面进一步分析后发现，女性科技工作者中近三年有创业意愿的人数占比为 25.05%，低于整体人数占比，表明女性科技工作者的创业意愿低于男性科技工作者。从学历方面进一步分析后发现，大专学历的科技工作者的创业意愿（32.56%）高于其他学历的科技工作者，表明学历低的科技工作者的创业意愿较强。从单位类型方面进一步分析后发现，科技中小企业、高校、农业服务机构的科技工作者的创业意愿较强，有创业意愿的人数占比均在 30% 以上。从区域分布方面进一步分析后发现，赣南区域的科技工作者有创业意愿的人数占比达 32.42%，明显高于赣北区域（图 1-30）。

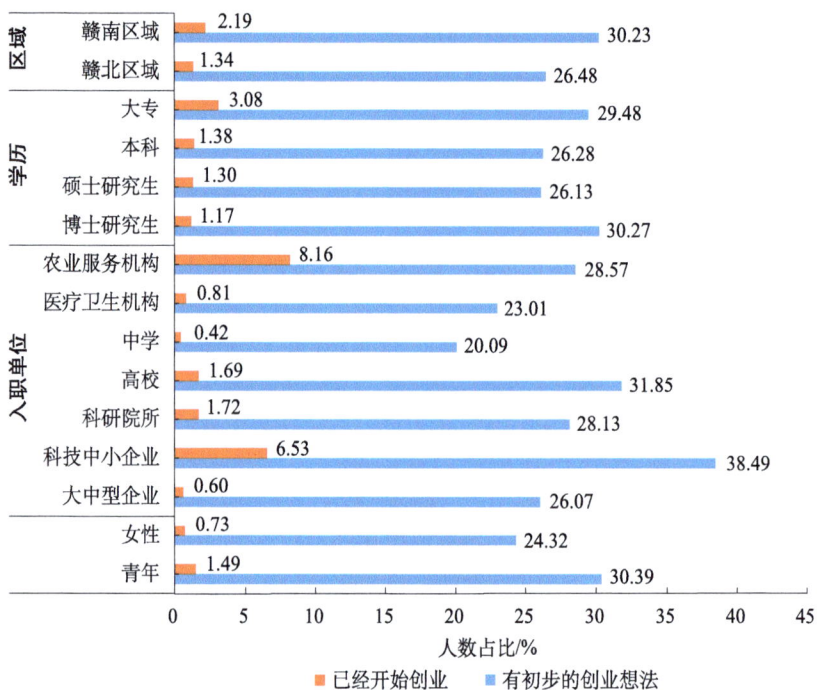

图 1-30　不同科技工作者群体有创业意愿或已开始创业的情况

三、科技工作者创业面临的主要障碍

调查数据显示，有创业意愿的科技工作者在创业过程中面临着诸多困难，分别有 70.14%、50.72%、43.02%、37.19%、23.02%、20.29% 和 20.22% 的科技工作者反映"缺乏资金来源与融资渠道""缺乏好的项目""缺乏管理经验""风险大/没有安全感""缺乏市场""缺乏创业孵化服务保障""缺乏人才"等困难（图1-31）。从区域分布方面进一步分析发现，赣北、赣南区域有创业意愿的科技工作者均认为"缺乏资金来源与融资渠道""缺乏好的项目""缺乏管理经验"等为创业过程中面临的最主要困难（图1-32）。

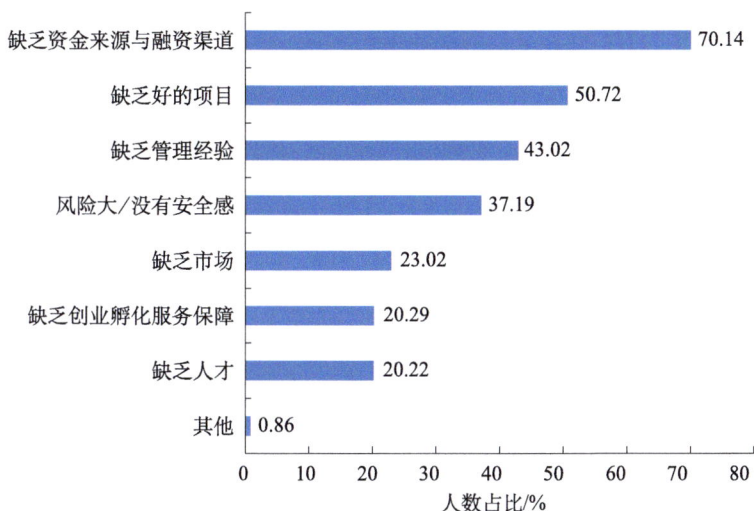

图 1-31　有创业意愿的科技工作者创业面临的困难

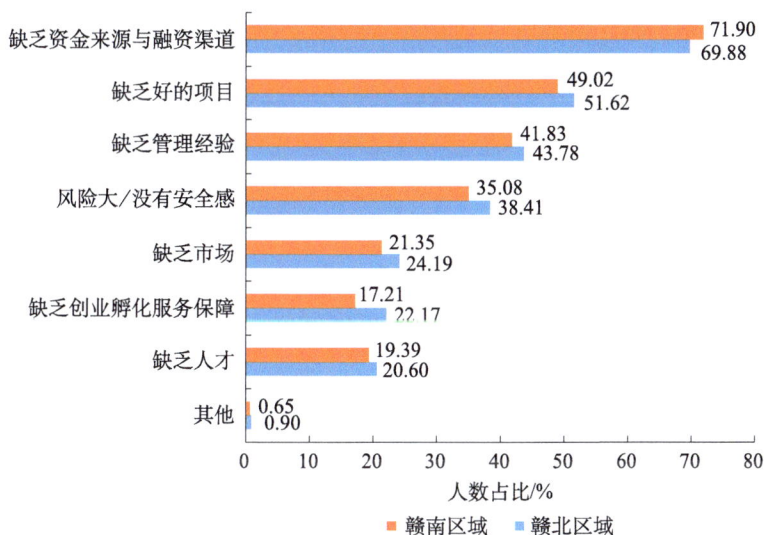

图 1-32　不同区域科技工作者对创业面临困难的反映

第二章
生活状况

　　科技工作者的生活和身心健康状况对其开展科研和创新创业活动有重要影响，为了解当前江西省科技工作者的生活水平和状况，本章从科技工作者的收入情况、福利及保障、健康情况、生活获得感等方面，对调查得到的结果进行描述分析。调查发现，大部分科技工作者认为自己的收入在当地属于中等或中下等。对于科技工作者而言，学历和职称对于其收入的影响较大，且赣北区域的科技工作者的收入优势较明显。科技工作者的身心健康状况不佳给其工作和生活带来负面影响，从调查结果方面进一步分析发现，收入不高和没有时间照顾家庭和老人是科技工作者在生活中面临的主要困难，对科技工作者的生活幸福感影响较大。

第一节　收入情况

一、科技工作者的月收入情况

　　从科技工作者每月的工资收入情况看，每月税后实发工资在 3000 元以下的科技工作者人数占 11.73%，每月税后实发工资在 3000～5000 元的科技工作者人数占 39.34%，每月税后实发工资在 5001～10 000 元的科技工作者人数占 38.64%，每月税后实发工资在 10 001～15 000 元的科技工作者人数占 7.46%，每月税后实发工资在 15 000 元以上的科技工作者人数占 2.83%。从性别、年龄方面进一步分析后发现，青年、女性科技工作者中每月税后实发工资在 5001 元以下的人数占比分别达 63.02%、64.21%，比整体人数占比高，表明青年科技工作者与女性科技工作者的月工资收入水平相对较低。从学历、职称方面进一步分析后发现，学历、职称越高，工资收入也相对越高。从入职单位类型方面进一步分析后发现，医疗卫生机构、大中型企业的科技工作者中每月税后实发工资在 10 000 元以上的人数占比分别为 15.55%、14.09%，表明医疗卫生机构与大中型企业的科技工作者月工资收入水平相对较高。从区域分布方面进一步分析后发现，赣北区域的科技工作者中每月税后实发工资在 5000 元以上的人数占比达 53.33%，明显高于赣南区域的 40.25%（图 2-1）。

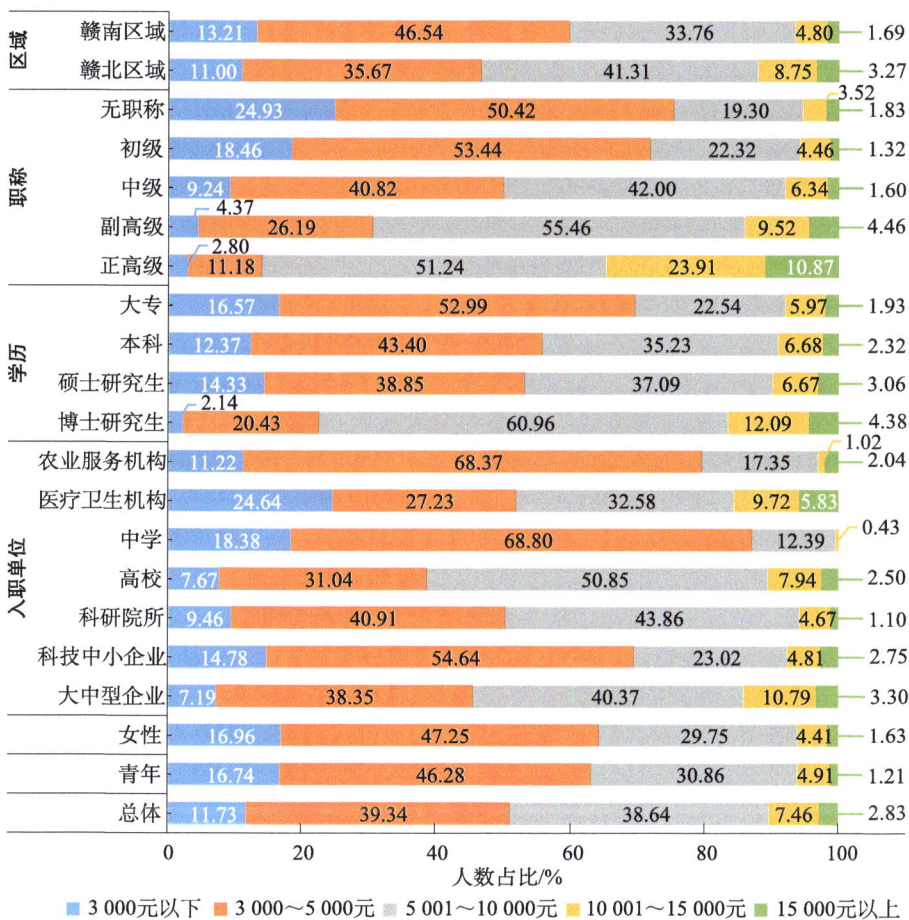

图 2-1　不同科技工作者群体每月税后实发工资情况

从科技工作者每月其他收入（如稿费、劳务费、年终奖、兼职收入等）情况看，其他收入在3000元以下的科技工作者人数占67.47%，在3000～5000元的科技工作者人数占16.80%，在5 001～10 000元的科技工作者人数占9.49%，在10 001～15 000元的科技工作者人数占2.75%，在15 000元以上的科技工作者人数占3.49%。从性别、年龄方面进一步分析后发现，青年、女性科技工作者中每月其他收入在5001元以下的人数占比高于整体人数占比。从学历、职称方面进一步分析后发现，学历、职称越高，其他收入水平也越高。从单位类型方面进一步分析发现，医疗卫生机构的科技工作者中每月其他收入在5000元以上的人数占比为27.23%，明显高于其他单位（图2-2）。

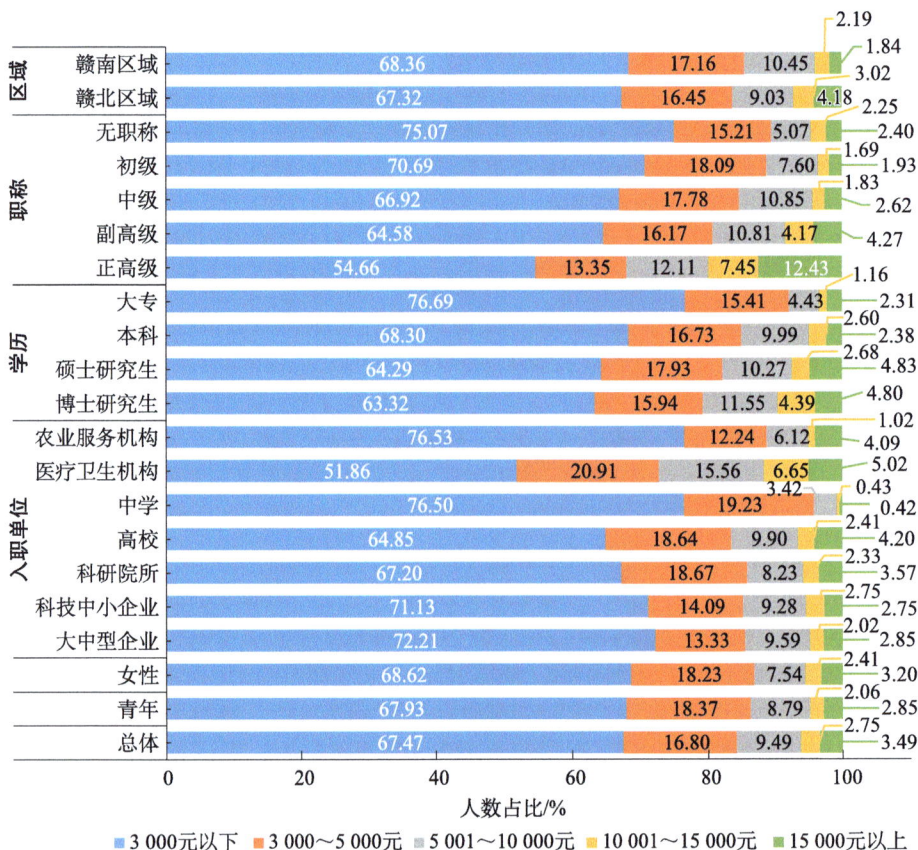

图 2-2 不同科技工作者群体每月其他收入
（如稿费、劳务费、年终奖、兼职收入等）情况

二、科技工作者自评收入水平

调查数据显示，10.80% 的科技工作者认为自己的收入水平在当地属于下等，35.11% 的科技工作者认为自己的收入水平属于中下等，38.70% 的科技工作者认为自己的收入水平属于中等，7.88% 的科技工作者认为自己的收入水平属于中上等，仅有 0.34% 的科技工作者认为自己的收入水平属于上等（图 2-3）。

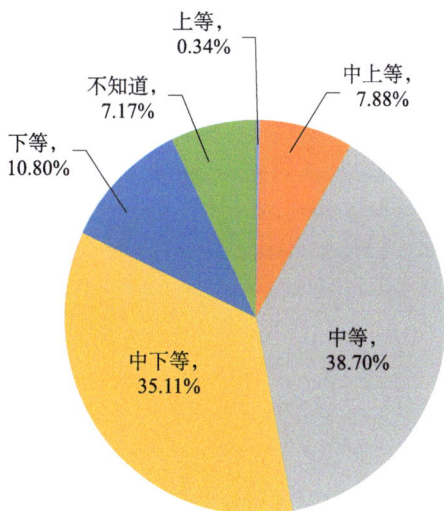

图 2-3　科技工作者自评收入水平情况

三、科技工作者的兼职收入情况

调查数据显示，5.62% 的科技工作者有兼职收入。从年龄、性别方面进一步分析后发现，青年科技工作者中拥有兼职收入的人数占比为 6.12%，女性科技工作者中拥有兼职收入的人数占比为 5.01%。从职称方面进一步分析后发现，正高级职称、无职称的科技工作者中拥有兼职收入的人数占比较高，分别为 7.76%、7.61%，高于副高级（4.37%）、中级（5.53%）、初级职称（4.83%）的科技工作者中拥有兼职收入的人数占比。从职业方面进一步分析后发现，推广人员/科普工作者中在外兼职的人数占比较高，达 8.23%，其次是大学教师（7.36%）（图 2-4）。

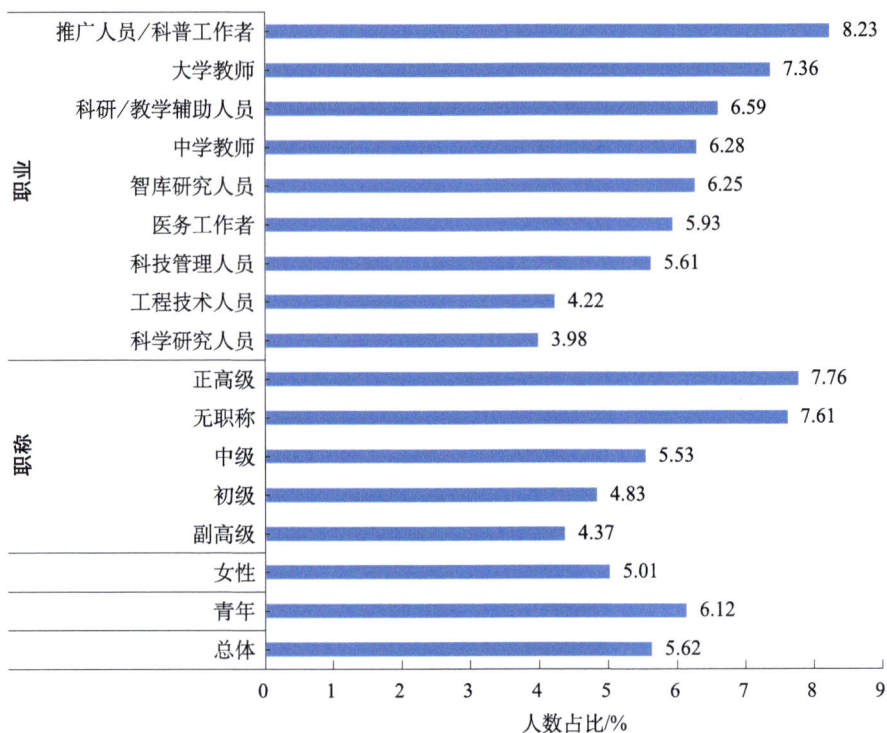

图 2-4　不同科技工作者群体拥有其他有收入的兼职工作情况

第二节　福利及保障

一、科技工作者的带薪休假情况

调查数据显示，享受带薪假期的科技工作者平均每年有 17.03 天的假期，而实际仅平均休假 12.41 天/年。从职业方面进一步分析后发现，除教师外，实际休假天数最多的是推广人员/科普工作者（12.57 天/年），科学研究人员、智库研究人员的实际休假天数较少，分别仅有 5.76 天/年与 2.14 天/年。从区域分布方面进一步分析后发现，赣北区域、赣南区域的科技工作者每年实际休假天数分别为 10.95 天、18.15 天（图 2-5）。

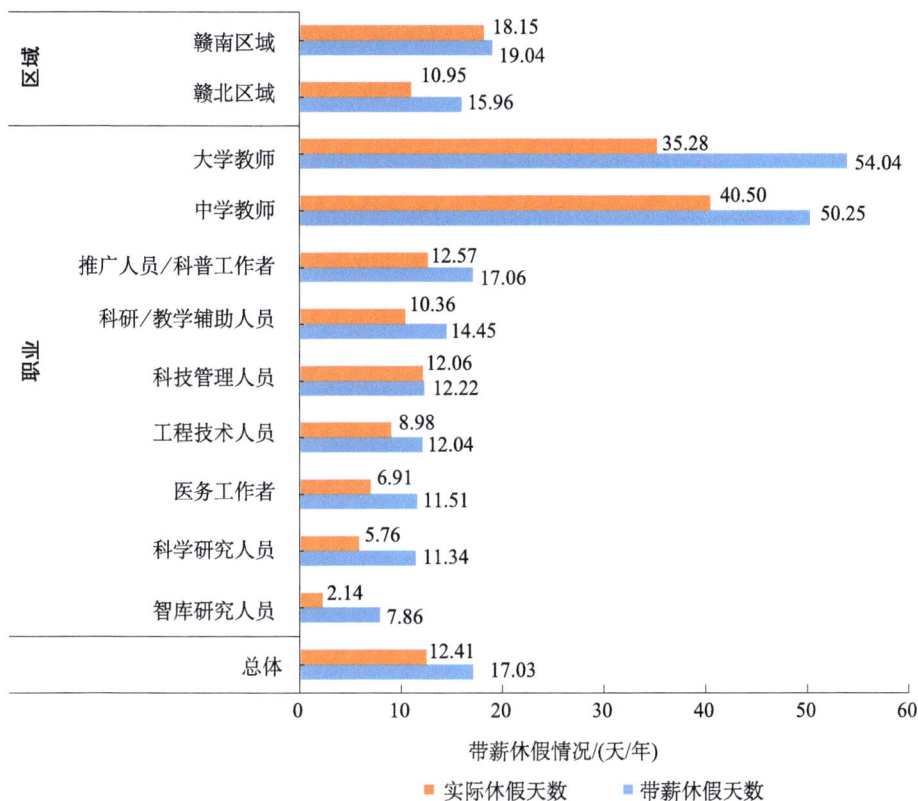

图 2-5　不同科技工作者群体的带薪休假情况

二、科技工作者的劳动合同签订情况

调查数据显示，75.08%的科技工作者与单位签订了劳动合同，其中签订有固定期限合同的人数占比为41.63%，签订无固定期限合同的人数占比为33.45%。从年龄方面进一步分析后发现，青年科技工作者与单位签订合同的人数占比为79.43%，受保障情况好于其他年龄段的科技工作者。从性别方面进一步分析后发现，女性科技工作者与单位签订合同的人数占比小于整体人数占比，表明女性科技工作者的劳动者权益未受到充分保障。从单位类型方面进一步分析后发现，企业科技工作者签订合同的人数占比相对较高，94.76%的就职于大中型企业和85.57%的就职于科技中小企业的科技工作者都与单位签订了劳动合同（图2-6）。

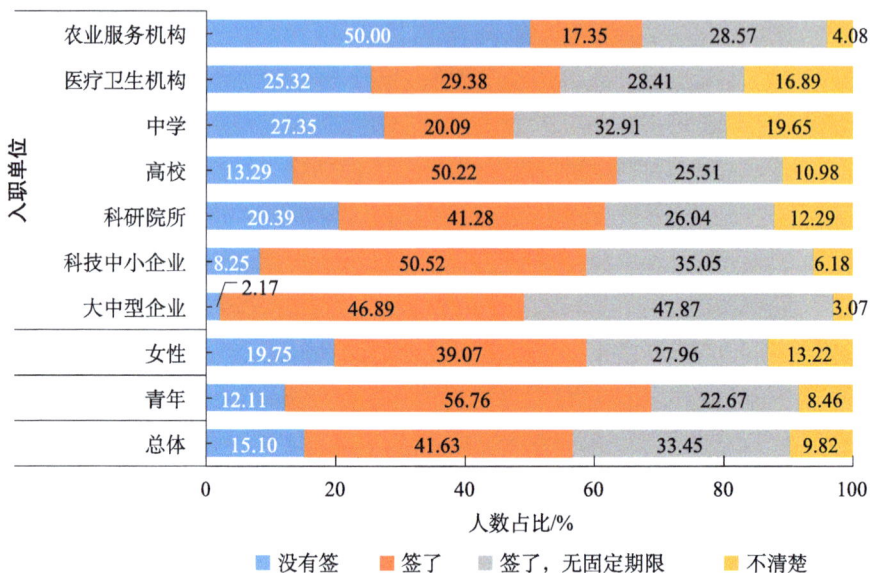

图 2-6　不同科技工作者群体与单位签订合同情况

三、科技工作者的社会保障情况

调查数据显示，大多数科技工作者拥有各种类型的社会保障，分别有 89.35%、86.51%、61.13% 和 14.69% 的科技工作者拥有企事业单位养老保险、企事业单位医疗保险、社会失业保险、商业保险等（图 2-7）。

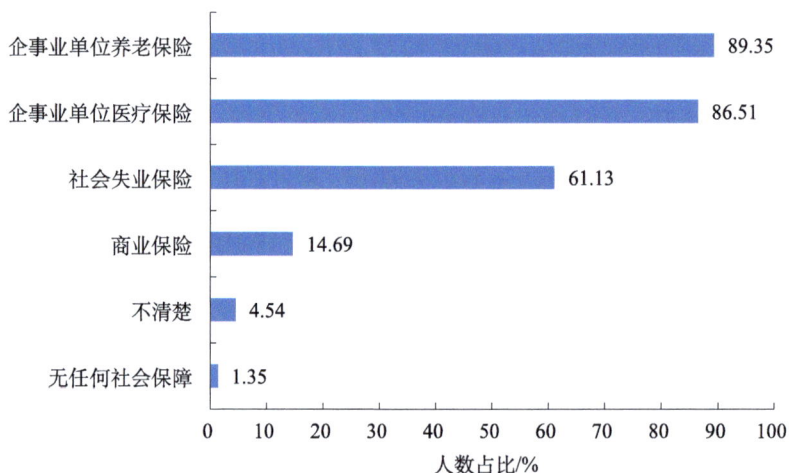

图 2-7　科技工作者拥有的社会保障情况

第三节 健康情况

一、科技工作者所在单位组织体检的情况

调查数据显示，91.65%的科技工作者所在单位会定期或不定期地组织体检，其中，反映一年至少组织一次的科技工作者人数占61.85%，反映两年组织一次的科技工作者人数占21.96%，反映三年组织一次的科技工作者人数占1.37%，反映不定期组织的科技工作者人数占6.47%（图2-8）。从单位类型方面进一步分析发现，科技中小企业的科

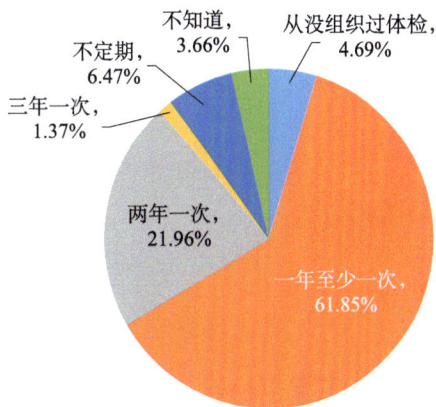

图 2-8 科技工作者所在单位组织体检情况

技工作者中反映从没组织过体检的人数占比为15.81%，表示不知道的人数占比6.18%，占比达到21.99%，远远高于其他单位的科技工作者的该占比（图2-9）。

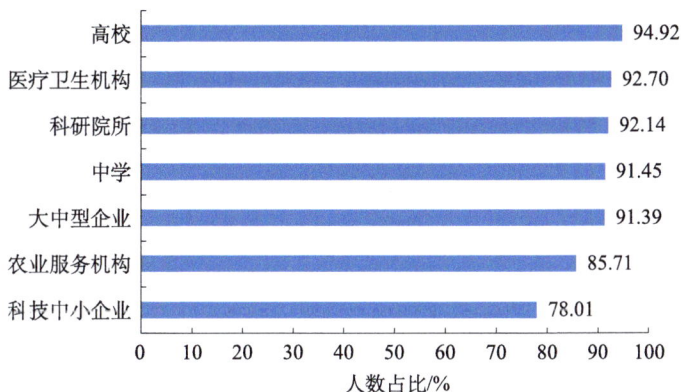

图 2-9 不同单位类型的科技工作者所在单位组织体检情况

二、科技工作者的自评健康状况

数据显示，12.45%的科技工作者认为自己非常健康，51.13%的科技工

作者认为自己比较健康，27.58% 的科技工作者认为自己的健康状况一般，8.35% 的科技工作者认为自己不太健康，仅有 0.49% 的科技工作者认为自己非常不健康（图 2-10）。

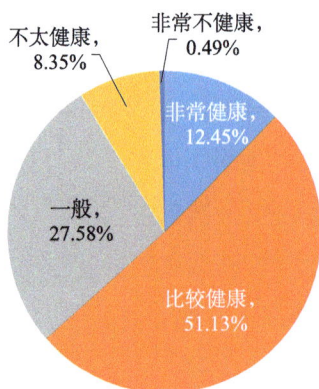

图 2-10　科技工作者的自评健康状况

三、科技工作者的身心健康对工作和生活的影响程度

调查数据显示，33.63% 的科技工作者表示过去一年会由身体健康原因导致工作或生活受影响，其中有时受影响的科技工作者人数占 27.82%，经常受影响的占 4.46%，总是受影响的占 1.35%；44.93% 的科技工作者表示过去一年会由于心情抑郁或情绪不好而使工作或生活受影响，其中有时受影响的占 35.15%，经常受影响的占 7.33%，总是受影响的占 2.45%（图 2-11）。

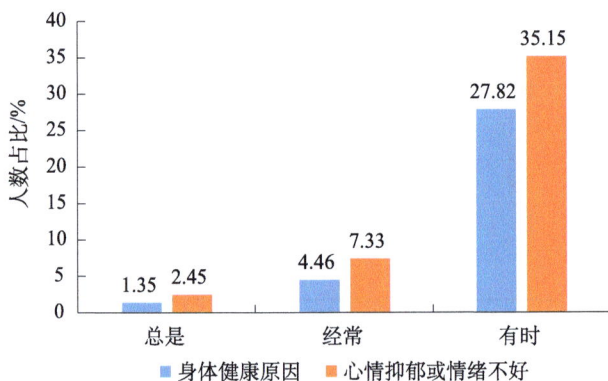

图 2-11　科技工作者身心健康问题影响工作或生活的情况

从职业方面进一步分析后发现，智库研究人员、医务工作者、推广人员 /
科普工作者中总是或经常因为身心问题导致工作或生活受影响的人数占比较
高，表明这类科技工作者的身心健康存在巨大隐忧（图 2-12）。

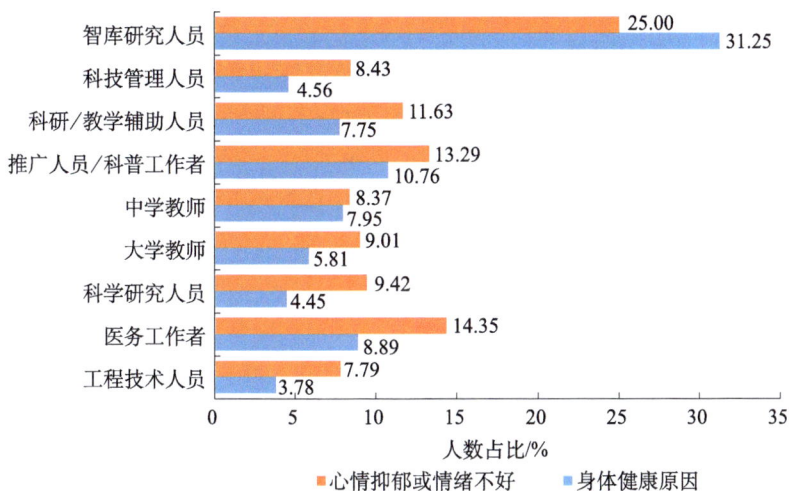

图 2-12　不同职业类型的科技工作者总是或经常因为
身心健康问题影响工作或生活的情况

第四节　生活获得感

一、科技工作者在生活中面临的主要困难

调查数据显示，61.23% 的科技工作者反映"收入低"是在生活中面临
的主要困难，其他依次为"工作忙、不能照顾家庭"（49.88%）、"照顾老人
有困难"（32.57%）、"住房困难（22.02%）"、"上下班交通不便（20.06%）"、
"子女入学难"（15.20%）等（图 2-13）。从年龄、性别方面进一步分析后发
现，"收入低"是青年、女性科技工作者在生活中面临的最主要困难。从职业
方面进一步分析后发现，工程技术人员、科学研究人员、推广人员 / 科普工
作者、科研 / 教学辅助人员、智库研究人员等科技工作者群体中反映主要困
难为"收入低"的人数占比均在 60% 以上；医务工作者认为"工作忙、不能

照顾家庭"是在生活中面临的最主要困难。从区域分布方面进一步分析后发现，赣南区域的科技工作者对"收入低"这一困难的反映多于赣北区域的科技工作者（表 2-1）。

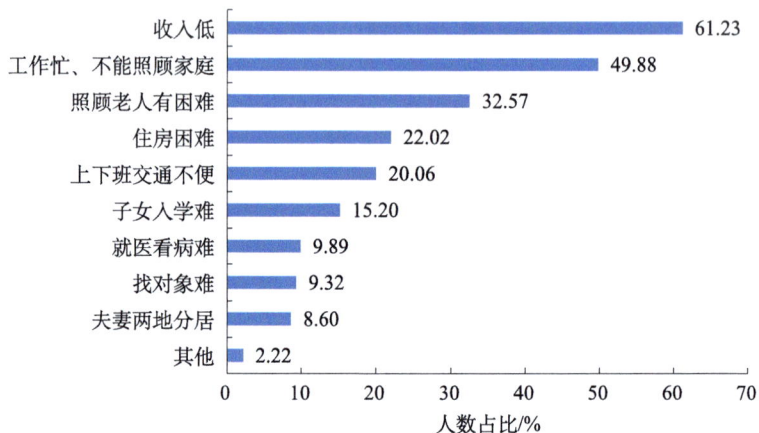

图 2-13　科技工作者在生活中面临的困难情况

表 2-1　不同科技工作者群体在生活中面临的主要困难

类别		人数占比 / %				
		收入低	住房困难	上下班交通不便	工作忙、不能照顾家庭	照顾老人有困难
年龄	青年	69.52	30.72	22.02	43.62	24.40
性别	女性	61.13	18.04	25.65	46.29	24.98
职业	工程技术人员	61.57	22.85	17.76	52.26	38.36
	医务工作者	52.11	19.34	24.65	64.90	28.55
	科学研究人员	68.85	30.10	20.68	41.88	37.43
	大学教师	59.63	19.07	18.39	48.79	30.49
	中学教师	59.83	20.92	29.29	54.39	25.94
	推广人员 / 科普工作者	70.25	17.72	20.89	44.30	27.22
	科研 / 教学辅助人员	67.44	36.05	22.87	32.56	32.56
	科技管理人员	52.28	18.95	21.05	42.81	35.44
	智库研究人员	68.75	31.25	25.00	31.25	12.50
区域	赣北区域	59.07	23.18	21.56	50.40	33.80
	赣南区域	66.38	19.63	16.81	49.15	29.80

二、科技工作者的生活幸福感

调查数据显示，46.90%的科技工作者认为自己的生活很幸福或比较幸福，46.08%的科技工作者认为一般，7.02%的科技工作者认为不太幸福或很不幸福（图2-14）。

从年龄方面进一步分析后发现，青年科技工作者中感到生活很幸福或比较幸福的人数占比为43.76%，低于整体人数占比，表明青年科技工作者的整体幸福感较其他年龄段的科技工作者低。从性别方面进一步分析后发现，女性科技工作者中感到生活幸福的人数占比高于整体人数占比，表明女性科技工作者的生活幸福感高于男性。从单位类型方面进一步分析后发现，农业服务机构的科技工作者中感到生活很幸福或比较幸福的人数占比相对较高，为64.29%；而医疗卫生机构、科技中小企业的科技工作者中该占比相对偏低，分别为42.14%、41.58%。从区域分布方面进一步分析后发现，赣南区域的科技工作者中感到生活很幸福或比较幸福的人数占比较高（图2-15）。

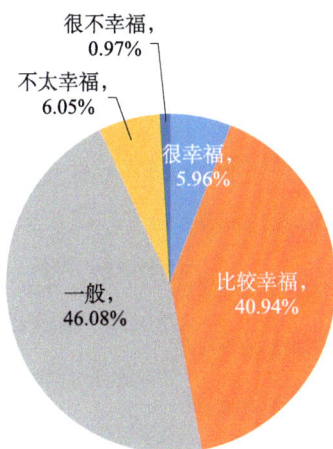

图2-14　科技工作者生活幸福感情况

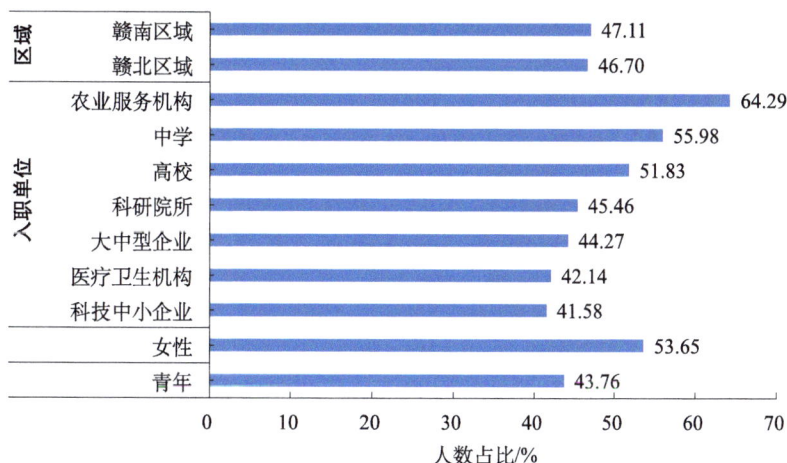

图2-15　不同科技工作者群体感到生活很幸福或比较幸福的人数占比

三、影响生活幸福的主要因素

影响科技工作者生活幸福的因素有许多，反映"父母身体健康""收入稳步上升""事业成功""子女懂事听话""有知心爱人""有真挚的朋友"等为主要因素的科技工作者人数占比分别为81.97%、73.87%、64.89%、59.73%、59.42%和45.89%（图2-16）。

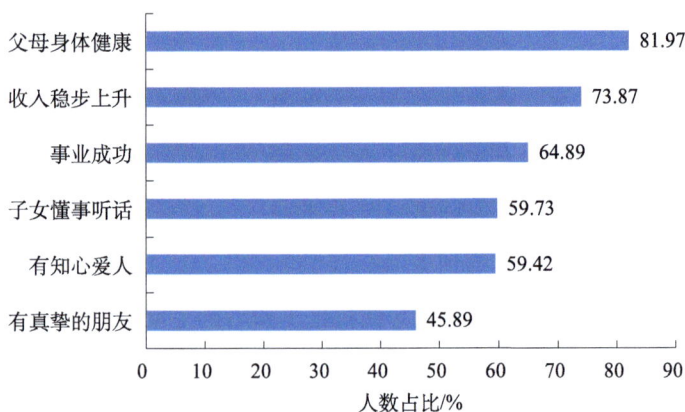

图 2-16　影响科技工作者生活幸福的主要因素

四、科技工作者对过去与未来生活的态度

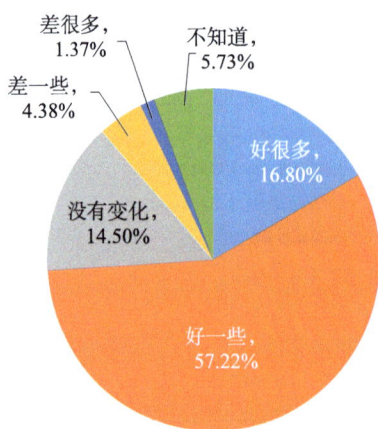

图 2-17　科技工作者对过去五年生活的回顾

调查数据显示，16.80%的科技工作者反映现在的生活比五年前好很多，57.22%的科技工作者反映比五年前好一些，14.50%的科技工作者反映没变化，4.38%的科技工作者反映比五年前差一些，1.37%的科技工作者反映比五年前差很多（图2-17）。在展望未来生活时，19.93%的科技工作者认为未来五年的生活会比现在好很多，55.80%的科技工作者认为会比现在好一些，9.96%的科技工作者认为没

有变化，2.73% 的科技工作者认为会比现在差一些，0.82% 的科技工作者认为会比现在差很多（图 2-18）。

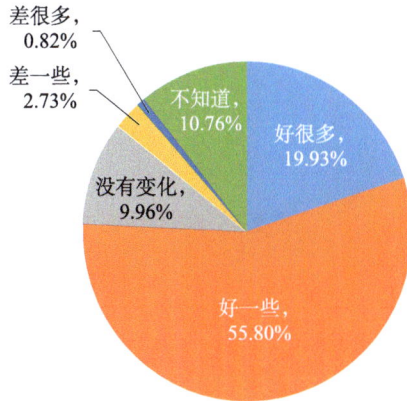

图 2-18　科技工作者对未来五年生活的展望

第三章

科研活动情况

开展科研活动是科技工作者工作的重要组成部分，是科技创新的基础来源。为了解江西省科技工作者开展科研活动的基本情况，本章从科技工作者承担项目情况、科研项目管理存在问题的情况及科研成果情况等方面，对调查结果进行描述分析。调查发现，科学研究人员和智库研究人员与大学教师相对于其他职业的科技工作者而言，主持参与研究项目的活跃度更高，且自己研究水平有限和缺乏经费是其在承担科研工作中遇到的最大困难。尽管科技工作者由于缺乏技术市场和转化中介等原因，科研成果转化率较低，但获益率较高，有六成科技工作者通过科研成果转化获得收益。此外，科技工作者反映在财政支持的科研项目管理中存在科研经费报销手续繁杂和申报周期过长等问题。

第一节　承担项目情况

一、近三年承担和 / 或参与的研究项目情况

调查数据显示，58.91% 的科技工作者近三年承担和 / 或参与了研究项目，其中，承担和 / 或参与 1～3 项的占 44.71%，承担和 / 或参与 4～6 项的占 10.40%，承担和 / 或参与 7 项及以上的占 3.80%。从年龄、性别方面进一

步分析后发现，青年、女性科技工作者中近三年承担和／或参与研究项目的人数占比分别为 52.83%、52.87%，均低于整体人数占比。从学历、职称方面进一步分析后发现，学历与职称越高，承担和／或参与研究项目的数量也越多。从职业方面进一步分析后发现，科学研究人员、大学教师、智库研究人员近三年承担和／或参与的研究项目相对较多，中学教师相对较少。从区域分布方面进一步分析后发现，赣北区域的科技工作者近三年承担和／或参与研究项目的人数占比为 61.12%，高于赣南区域科技工作者的该占比（54.66%）（图 3-1）。

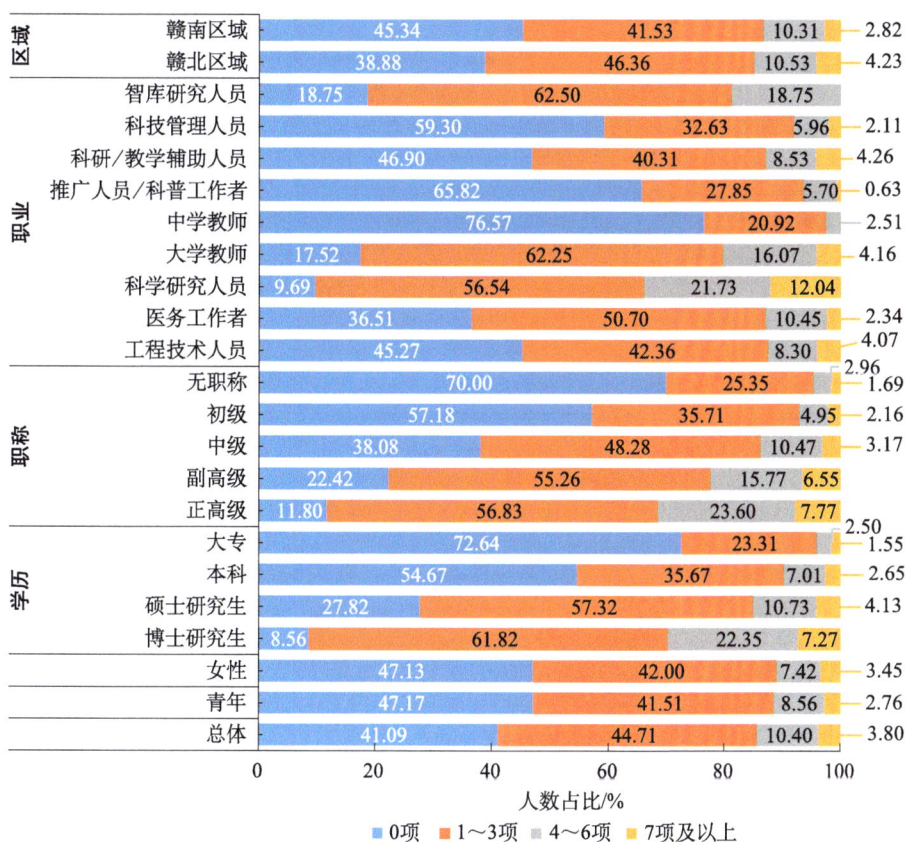

图 3-1 不同科技工作者群体近三年承担和／或参与的研究项目情况

二、近三年主持参与的产学研合作项目情况

调查数据显示，近三年承担和／或参与过研究项目的科技工作者中，

57.41% 参与过产学研合作项目。从年龄、女性方面进一步分析后发现，青年科技工作者中主持或参与过产学研合作项目的人数占比为 58.58%，女性科技工作者中主持或参与过产学研合作项目的人数占比为 53.31%。从入职单位类型方面进一步分析后发现，农业服务机构（75.00%）、科研院所（71.43%）、大中型企业（68.74%）、科技中小企业（65.60%）的科技工作者中主持参与过产学研合作项目的人数占比相对较高。从区域方面进一步分析后发现，赣北区域的科技工作者中主持参与过产学研合作项目的人数占比为 58.82%，赣南区域的该项占比为 52.71%（图 3-2）。

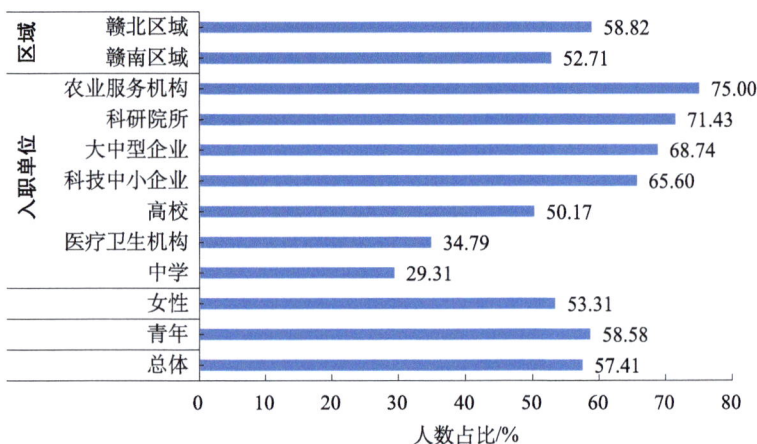

图 3-2　不同科技工作者群体主持或参与产学研合作项目的人数占比

从产学研合作项目的合作对象看，大学、科研院所、民营企业是不同科技工作者群体最主要的合作对象，如大中型企业、科技中小企业中分别有 42.26% 和 41.60% 的科技工作者表示合作对象是大学，34.93% 和 26.40% 的科技工作者表示合作对象是科研院所；农业服务机构中有 42.86% 的科技工作者表示合作对象是民营企业等（表 3-1）。

表 3-1　不同科技工作者群体主持参与产学研合作项目的合作对象

类别		人数占比 / %						
		大学	科研院所	国有企业	海外机构	民营企业	外资企业	社会组织及团体
总体		31.40	26.48	15.68	2.12	20.99	1.90	4.52
年龄	青年	33.36	27.79	18.50	2.74	18.58	1.95	3.63

续表

类别		人数占比 / %						
		大学	科研院所	国有企业	海外机构	民营企业	外资企业	社会组织及团体
性别	女性	31.05	23.17	13.01	2.17	18.15	2.63	4.68
入职单位	大中型企业	42.26	34.93	29.35	0.80	18.34	1.75	2.07
	科技中小企业	41.60	26.40	20.00	2.40	25.60	4.80	2.40
	科研院所	33.45	41.68	14.79	2.69	35.46	2.02	6.72
	高校	26.35	16.87	11.47	2.43	19.96	1.43	4.08
	中学	17.24	8.62	3.45	1.72	8.62	3.45	8.62
	医疗卫生机构	22.42	13.14	5.41	2.84	4.12	1.55	3.61
	农业服务机构	35.71	32.14	21.43	3.57	42.86	10.71	35.71
区域	赣北区域	31.35	28.44	17.18	2.24	20.44	1.48	4.23
	赣南区域	31.01	21.96	11.63	1.55	22.09	2.45	5.04

三、承担科研工作遇到的最大困难

调查数据显示，分别有 36.61%、21.90%、10.65%、10.17% 和 7.65% 的科技工作者反映在科研工作中面临的主要困难为"自己研究水平有限""缺乏经费支持""行政事务繁忙""研究辅助人员太少""难以跟踪科学前沿进展"等（图 3-3）。

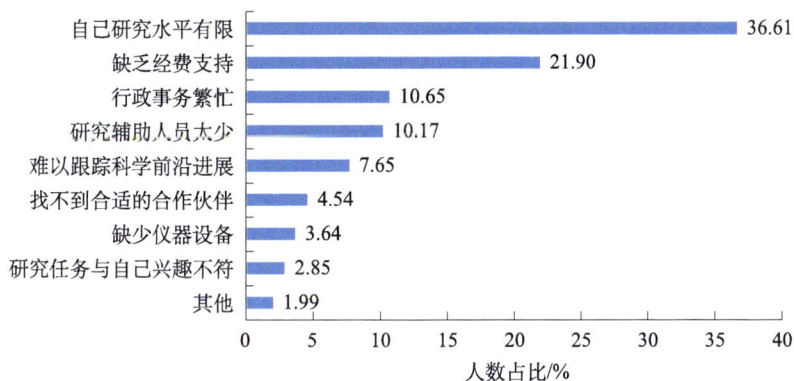

图 3-3　科技工作者反映的科研工作主要困难情况

从性别、年龄、区域分布方面进一步分析后发现，"自己研究水平有限"是青年、女性、赣南区域、赣北区域科技工作者中反映的面临的最突出问题。从职业方面进一步分析后发现，工程技术人员、医务工作者、中学教师、推广人员／科普工作者、科研／教学辅助人员、科技管理人员中反映在科研工作中面临的最大困难是"自己研究水平有限"的人数占比较高，科学研究人员、智库研究人员中反映"缺乏经费支持"问题的人数占比较高（表3-2）。

表 3-2 不同科技工作者群体对科研工作主要困难的反映

类别		人数占比 / %				
		缺乏经费支持	自己研究水平有限	研究辅助人员太少	行政事务繁忙	难以跟踪科学前沿进展
年龄	青年	21.13	38.90	7.99	10.05	7.34
性别	女性	17.98	43.09	8.69	10.44	8.09
职业	工程技术人员	17.10	40.39	7.57	9.68	12.08
	医务工作者	19.34	45.55	9.98	10.45	5.15
	科学研究人员	32.98	16.49	25.92	6.02	5.24
	大学教师	26.43	29.24	10.36	13.26	6.10
	中学教师	17.57	48.95	9.62	3.77	5.02
	推广人员／科普工作者	23.42	48.73	5.06	7.59	3.80
	科研／教学辅助人员	24.42	36.43	13.57	11.63	6.59
	科技管理人员	19.65	41.40	9.12	15.44	6.67
	智库研究人员	37.50	12.50	18.75	18.75	0
区域	赣北区域	21.93	35.92	10.59	10.69	8.04
	赣南区域	21.75	37.71	9.18	10.95	6.92

四、承担科研项目对科技工作者工作和生活的改善作用

调查数据显示，在承担过科研项目的科技工作者中，认为承担项目对"提升研究水平""完成业绩考核""职务／职称晋升"等作用非常大或比较大的人数占比分别为88.63%、88.69%和88.86%。另外，科技工作者认

为承担项目在"发表科研成果"（87.62%）、"获得同行认可"（86.24%）、"获得科技奖励"（84.19%）、"提高学术声望"（83.03%）等方面发挥了积极作用。然而，科技工作者对"提高经济收入"方面的作用认可度最低，32.66%的科技工作者认为承担科研项目对"提高经济收入"基本没有作用（图3-4）。

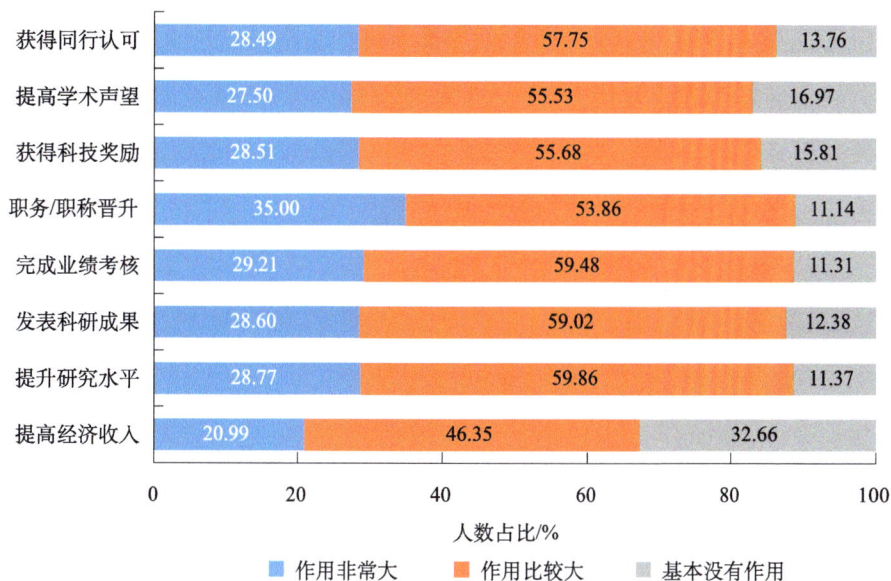

	作用非常大	作用比较大	基本没有作用
获得同行认可	28.49	57.75	13.76
提高学术声望	27.50	55.53	16.97
获得科技奖励	28.51	55.68	15.81
职务/职称晋升	35.00	53.86	11.14
完成业绩考核	29.21	59.48	11.31
发表科研成果	28.60	59.02	12.38
提升研究水平	28.77	59.86	11.37
提高经济收入	20.99	46.35	32.66

人数占比/%

图 3-4　承担科研项目对科技工作者工作和生活的改善作用

从单位类型方面进一步分析发现，大中型企业科技工作者中认为承担项目在"职务/职称晋升"和"提升研究水平"方面起到非常大作用的占比分别为25.54%和25.17%，科技中小企业科技工作者认为承担项目在"获得同行认可"（23.71%）、"提升研究水平"（23.71%）方面的作用非常大，科研院所科技工作者认为在"职务/职称晋升"（38.45%）、"获得科技奖励"（32.92%）方面作用非常大，高校科技工作者认为在"职务/职称晋升"（44.96%）、"完成业绩考核"（39.16%）方面的作用非常大，中学科技工作者认为在"获得同行认可"（35.47%）、"职务/职称晋升"（35.04%）方面的作用非常大，医疗卫生机构与农业服务机构的科技工作者认为在"职务/职称晋升""获得科技奖励"方面的作用非常大（表3-3）。

表 3-3　不同单位类型的科技工作者认为承担项目对工作、
生活起到非常大作用的人数占比　　　单位：%

单位类型	提高经济收入	提升研究水平	发表科研成果	完成业绩考核	职务/职称晋升	获得科技奖励	提高学术声望	获得同行认可
大中型企业	20.45	25.17	22.85	22.62	25.54	23.15	22.77	23.30
科技中小企业	22.34	23.71	21.31	20.62	22.34	20.27	18.90	23.71
科研院所	18.43	30.96	32.56	30.96	38.45	32.92	28.26	29.61
高校	21.05	32.92	35.59	39.16	44.96	31.76	32.74	33.27
中学	29.06	33.33	32.48	33.33	35.04	31.20	31.62	35.47
医疗卫生机构	17.18	24.47	23.34	24.15	40.03	27.23	26.74	26.74
农业服务机构	32.65	37.76	33.67	36.73	41.84	43.88	35.71	35.71

第二节　科研项目管理存在问题的情况

一、财政支持的科研项目管理存在的主要问题

调查数据显示，分别有 37.71%、35.83% 和 32.28% 的科技工作者认为在财政支持的科研项目中存在的主要问题为"科研经费报销手续烦琐""基础研究不受重视""申报周期过长"。其他问题依次为"申报手续复杂"（29.93%）、"成果不具有转化或应用的价值"（29.74%）、"项目限定的人员费比例太低"（27.46%）、"审批程序不透明"（24.31%）、"评审时拉关系、走后门"（23.86%）、"结项验收走形式、走过场"（22.85%）、"资金到位不及时"（22.38%）、"企业申报财政项目受歧视"（16.40%）、"招标信息不公开"（16.23%）和"项目经费的违规使用、挪用"（13.65%）等（图 3-5）。从区域分布方面进一步分析发现，赣北区域的科技工作者中反映财政支持项目中存在问题的人数占比均高于赣南区域中科技工作者的相应人数占比（图 3-6）。

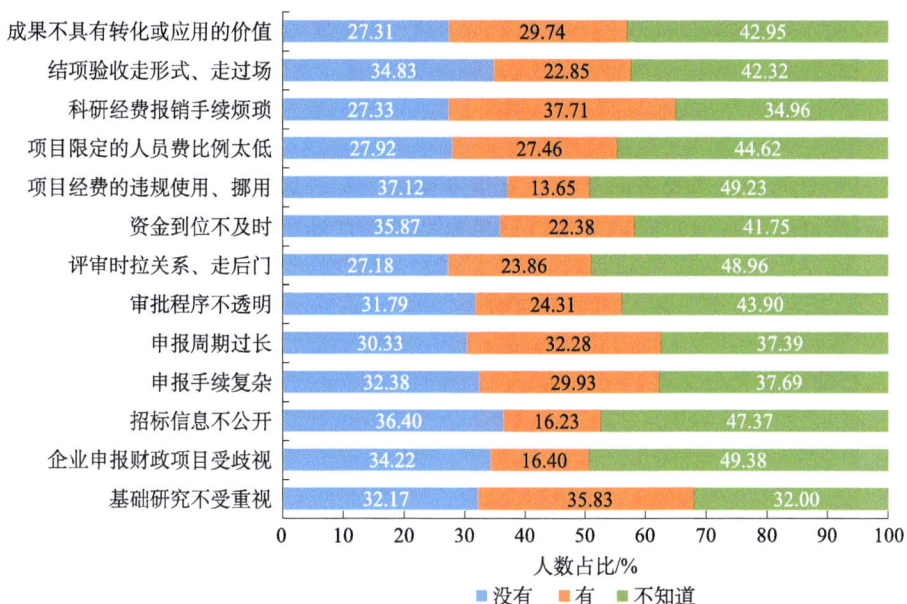

图 3-5　科技工作者认为财政支持项目中存在问题的人数占比

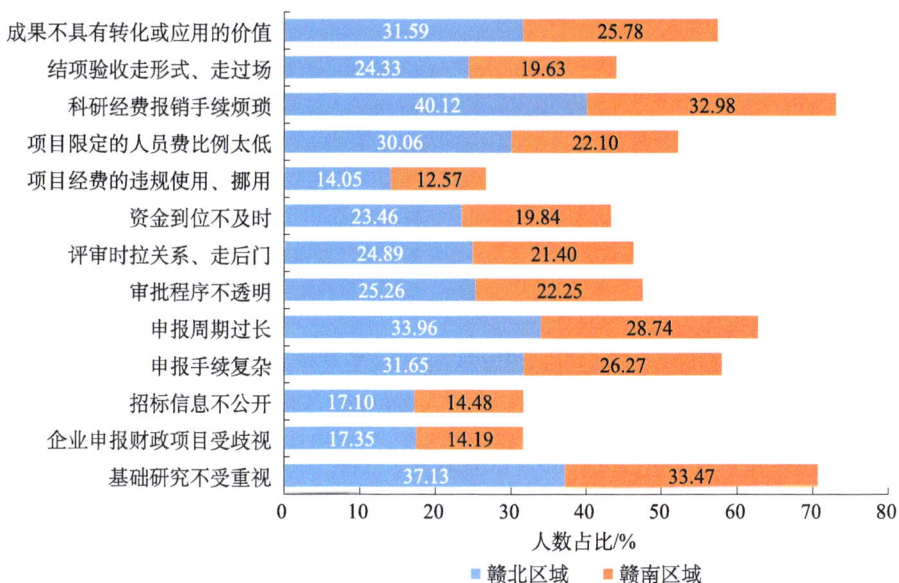

图 3-6　不同区域科技工作者认为财政支持项目中存在问题的人数占比

二、对政府科技资源分配的看法

从科技工作者对政府科技资源分配结果公平性的反映方面进一步分析

后发现，43.88%的科技工作者认为政府科技资源分配结果是公平的，其中43.62%的青年科技工作者与42.25%的女性科技工作者同意此看法。从学历、职称方面进一步分析后发现，学历、职称越高，认为政府科技资源分配结果是公平的人数占比越低。从区域分布方面进一步分析后发现，赣南区域的科技工作者中对政府科技资源分配结果是公平的反映人数占比相对较高，比赣北区域的科技工作者中的该项占比多5.44%（图3-7）。

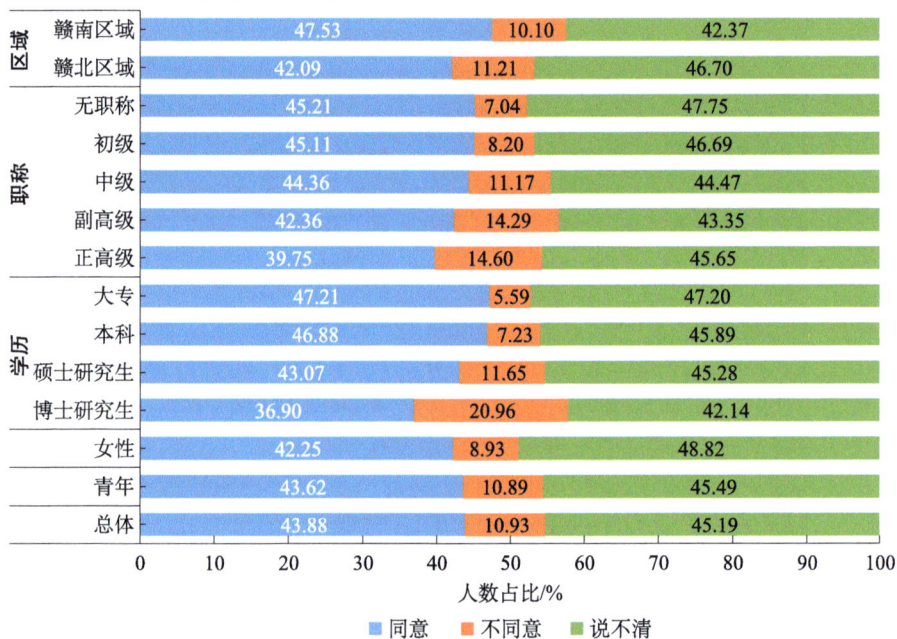

图 3-7　不同科技工作者群体对政府科技资源分配结果公平性的判断

从科技工作者对政府科技资源分配过程公平性的反映方面进一步分析后发现，44.37%的科技工作者认为政府科技资源分配过程是公平的，其中44.60%的青年科技工作者与42.85%的女性科技工作者同意此看法。从学历、职称方面进一步分析后发现，学历、职称越高，认为政府科技资源分配过程是公平的人数占比越低。从区域分布方面进一步分析后发现，赣南区域的科技工作者中对政府科技资源分配过程是公平的反映人数占比相对较高（图3-8）。

从科技工作者对政府科技资源使用有效率的态度看，44.22%的科技工作者认为政府科技资源使用是有效率的，其中44.09%的青年科技工作者与44.42%的女性科技工作者同意此看法。从学历、职称方面进一步分析后发现，学历、职称越高，认为政府科技资源使用是有效率的人数占比越低。从区域分布方面进一步分析后发现，赣北区域的科技工作者中对政府科技资源使用无效率的反映人数占比相对较高（图3-9）。

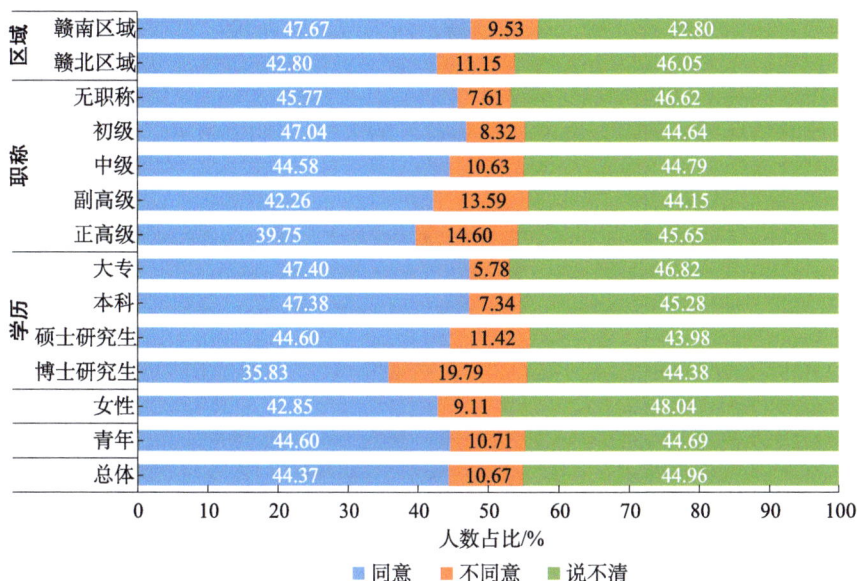

图 3-8 不同科技工作者群体对政府科技资源分配过程公平性的判断

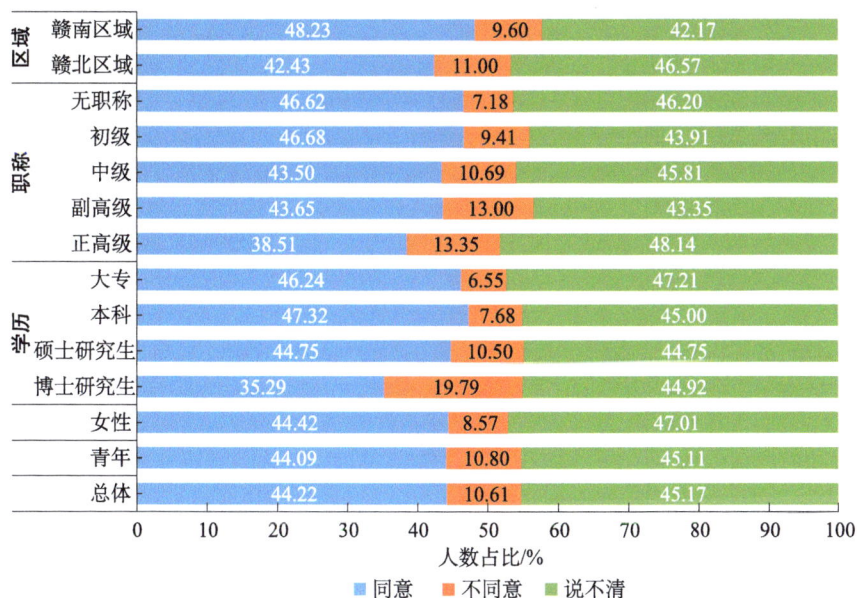

图 3-9 不同科技工作者群体对政府科技资源使用有效率的态度

从科技工作者对政府科研激励制度较完善、执行较好的态度看，42.38%的科技工作者认为政府科研激励制度较完善、执行较好，其中42.31%的青年科技工作者与42.00%的女性科技工作者同意此看法。从学历、职称方面进一步分析后发现，学历、职称越高，认为政府科研激励制度较完善、执行较好的人数占比越低。从区域分布方面进一步分析发现，赣南科技工作者中认为政府科研激励制度较完善、执行较好的人数占比为46.40%，明显高于赣北区域科技工作者中的该项占比（图3-10）。

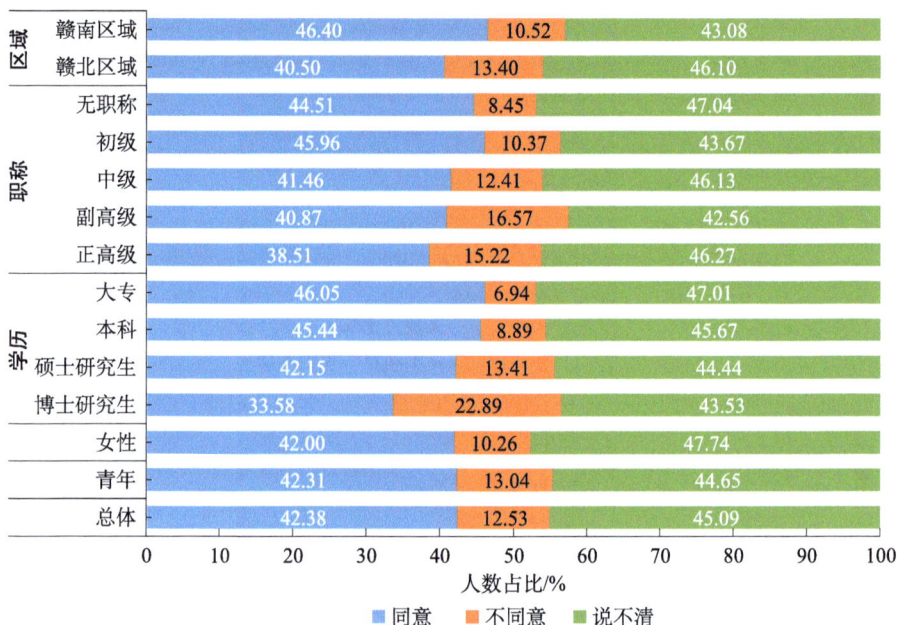

图3-10　不同科技工作者群体对政府科研激励制度较完善、执行较好的态度

第三节　科研成果情况

一、科技工作者展现科研成果的主要形式

从科技工作者近三年发表学术论文的情况方面进一步分析后发现，60.96%的科技工作者近三年发表了学术论文，其中发表1～3篇的人数占41.56%，发表4～6篇的人数占12.45%，发表7篇及以上的人数占6.95%。

从性别、年龄方面进一步分析后发现，青年、女性科技工作者中近三年发表学术论文的人数占比均低于整体人数占比。从单位类型方面进一步分析后发现，84.92%的高校科技工作者发表过学术论文，其次为科研院所科技工作者（76.54%）。从职业方面进一步分析后发现，91.88%的科学研究人员发表过学术论文，其次为大学教师（86.93%）。从区域分布方面进一步分析后发现，赣北区域的科技工作者中近三年发表过学术论文的人数占比为65.58%，赣南区域仅为51.91%（图3-11）。

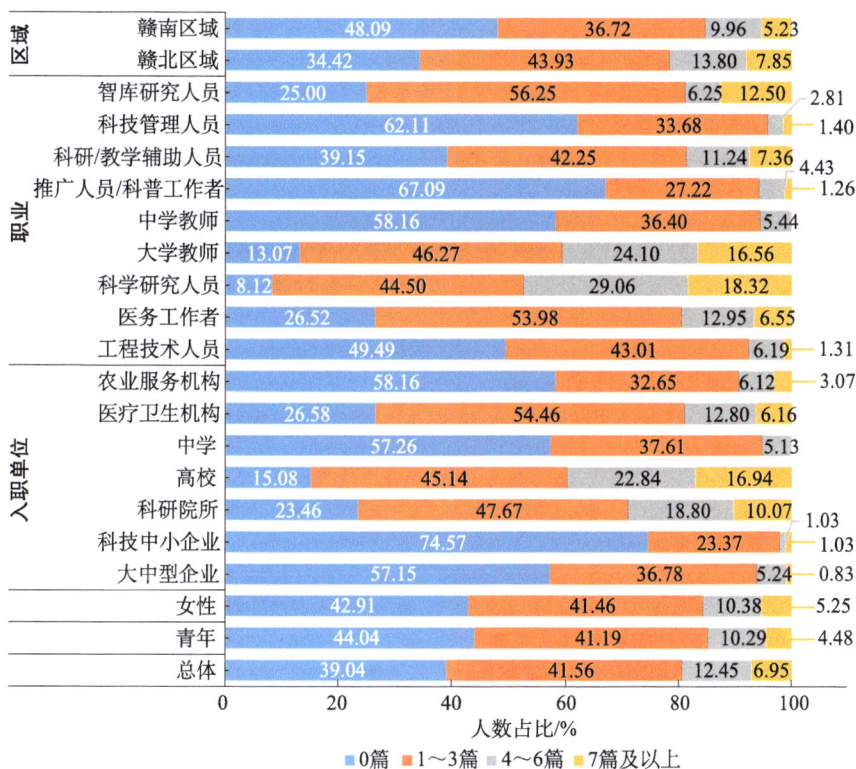

图3-11 不同科技工作者群体近三年学术论文发表情况

从科技工作者近三年获得专利的情况方面进一步分析后发现，29.25%的科技工作者近三年获得过专利，其中获得1~3件的人数占22.81%，获得4~6件的人数占4.21%，获得7件及以上的人数占2.23%。从年龄、性别方面进一步分析后发现，青年、女性科技工作者近三年获得过专利的人数占比低于整体人数占比。从入职单位类型方面进一步分析后发现，42.14%的科研院所科技工作者获得过专利，其次为高校（39.88%）。从职业方面进一步分析后发现，科学研究人员中近三年获得过专利的人数占比最高，为55.76%。从区域分布方面进一步分析后发现，赣北区域科技工作者中获得过专利的人数占比相对较高，为30.84%（图3-12）。

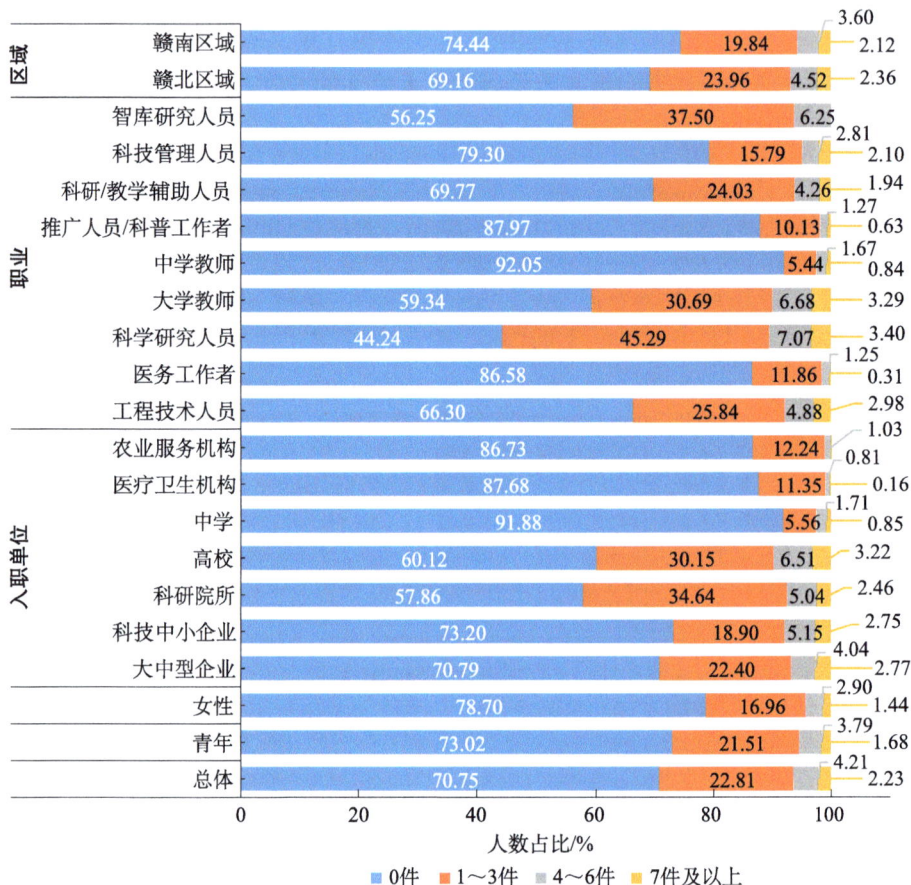

分类	类别	0件	1~3件	4~6件	7件及以上
区域	赣南区域	74.44	19.84	2.12	3.60
	赣北区域	69.16	23.96	4.52	2.36
职业	智库研究人员	56.25	37.50	6.25	2.81
	科技管理人员	79.30	15.79	2.10	
	科研/教学辅助人员	69.77	24.03	4.26	1.94
	推广人员/科普工作者	87.97	10.13	0.63	1.27
	中学教师	92.05	5.44	0.84	1.67
	大学教师	59.34	30.69	6.68	3.29
	科学研究人员	44.24	45.29	7.07	3.40
	医务工作者	86.58	11.86	0.31	1.25
	工程技术人员	66.30	25.84	4.88	2.98
入职单位	农业服务机构	86.73	12.24	0.81	1.03
	医疗卫生机构	87.68	11.35	0.16	0.81
	中学	91.88	5.56	0.85	1.71
	高校	60.12	30.15	6.51	3.22
	科研院所	57.86	34.64	5.04	2.46
	科技中小企业	73.20	18.90	5.15	2.75
	大中型企业	70.79	22.40	2.77	4.04
	女性	78.70	16.96	1.44	2.90
	青年	73.02	21.51	1.68	3.79
	总体	70.75	22.81	2.23	4.21

人数占比/%

■ 0件　■ 1~3件　■ 4~6件　■ 7件及以上

图3-12　不同科技工作者群体近三年获得专利的情况

　　从科技工作者近三年获得应用技术成果的情况看，23.53%的科技工作者获得过应用技术成果，其中获得1~3项的人数占20.25%，获得4项及以上的人数占3.28%。从年龄、性别方面进一步分析后发现，青年、女性科技工作者近三年获得过应用技术成果的人数占比分别为19.92%和16.23%。从入职单位类型方面进一步分析后发现，科研院所科技工作者中获得过应用技术成果的人数占比最高，为36.49%。从职业方面进一步分析后发现，科学研究人员获得过应用技术成果的人数占比为 45.55%，相比其他职业的科技工作者中的该项占比最高。从区域分布方面进一步分析后发现，赣北区域的科技工作者获得过应用技术成果的人数占比为 25.73%，赣南区域为 18.64%（图 3-13）。

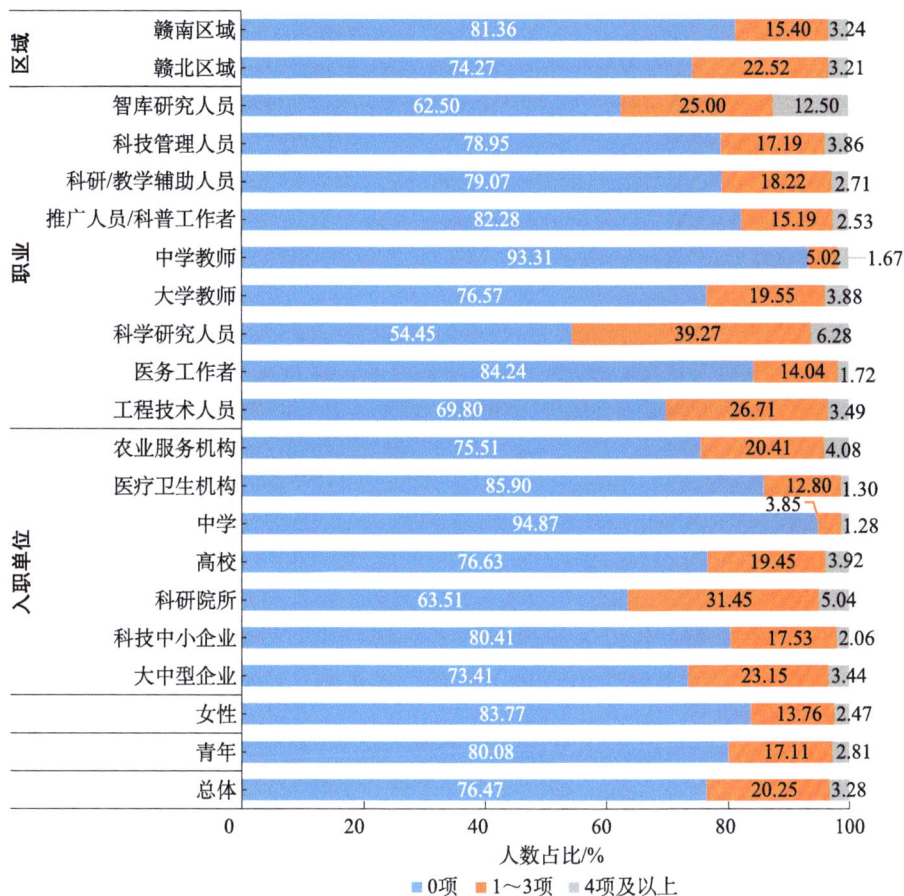

图 3-13　不同科技工作者群体近三年获得应用技术成果的情况

二、科研成果转化情况

近三年，20.90% 的科技工作者将科研成果转化为产品或应用于生活。从年龄、性别方面进一步分析后发现，19.26% 的青年科技工作者与 12.49% 的女性科技工作者的科研成果实现了转化。从入职单位类型方面进一步分析后发现，近三年，大中型企业的科技工作者中的科研成果实现转化的人数占比最高，为 31.61%，其次为科技中小企业（29.90%）、科研院所（23.59%）、高校（15.17%）的科技工作者。从区域分布方面进一步分析后发现，赣北区域的科技工作者中的科研成果实现转化的人数占比相对较高，为 21.81%，比赣南区域高 2.74 个百分点（图 3-14）。

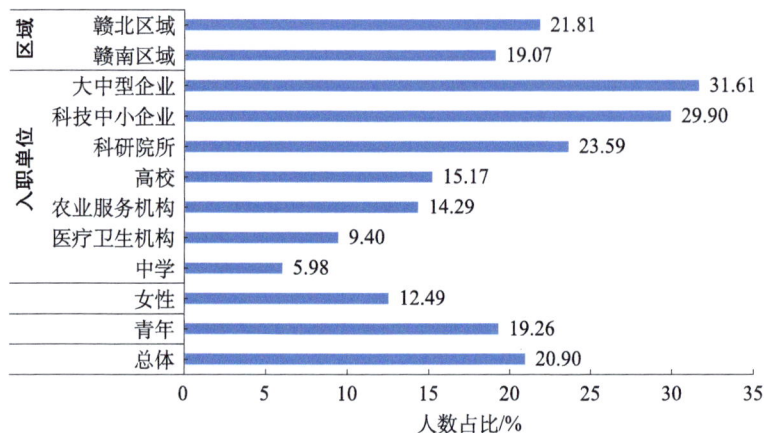

图 3-14 不同科技工作者群体近三年科研成果转化率

三、成果转化获益情况

调查数据显示，在近三年科研成果实现转化的科技工作者中，62.99% 的科技工作者从成果转化中获得了收益。从年龄、性别方面进一步分析后发现，青年、女性科技工作者从成果获得了收益的人数占比分别为 61.41%、57.97%，均低于整体人数占比，表明青年科技工作者成果获益率较其他年龄段的科技工作者偏低，女性科技工作者的成果获益率低于男性科技工作者。从入职单位类型方面进一步分析后发现，高校科技工作者从成果获得了收益的人数占比最高，为 74.12%。从区域分布方面进一步分析后发现，赣北区域的科技工作者从成果获得了收益的人数占比相对较高，为 63.29%（图 3-15）。

在成果转化获取收益的科技工作者中，分别有 38.93%、18.40%、11.12%、11.12% 和 5.76% 的科技工作者反映收益形式为"奖金""社会声誉""技术入股""出售专利或技术""期权"。从年龄、性别方面进一步分析后发现，青年、女性的科技工作者从成果转化获益的主要形式为"奖金"的人数占比分别为 40.78%、28.50%。从入职单位类型方面进一步分析后发现，

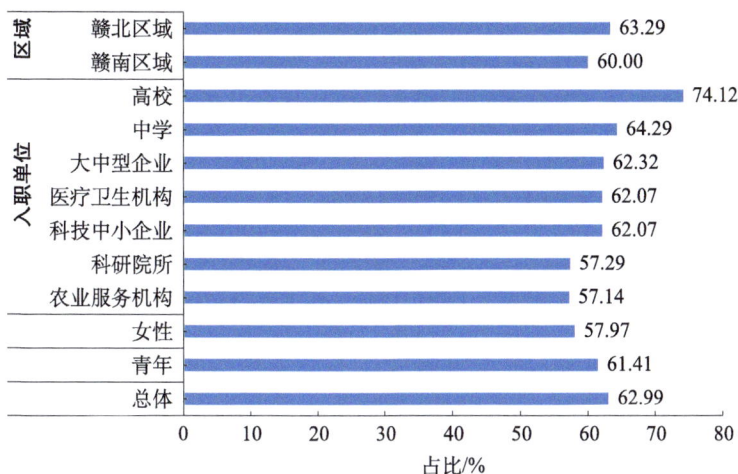

图 3-15　不同科技工作者群体成果转化获益率

"奖金"是大中型企业与科技中小企业科技工作者成果转化获益的最主要形式；高校科技工作者获益形式多元，包括"奖金"（25.29%）、"社会声誉"（25.88%）、"技术入股"（21.76%）、"出售专利或技术"（23.53%）等。从区域分布方面进一步分析发现，赣北区域与赣南区域的科技工作者从成果转化获益的主要形式为"奖金"，人数占比分别为 40.14%、37.04%（图 3-16）。

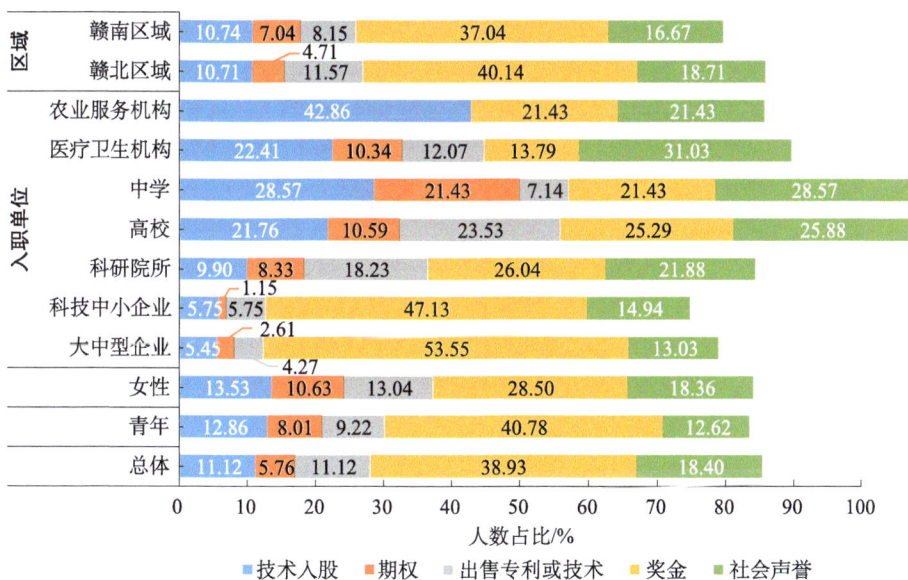

图 3-16　不同科技工作者群体成果转化的收益形式

四、科研成果转化的最主要障碍

调查数据显示，影响科技工作者科研成果转化的最主要障碍是"找不到技术需求市场""缺少成果转化中介""不关心成果转化""受到政策法规限制"的科技工作者人数占比分别为45.64%、23.25%、20.29%和7.02%。从职业类型方面进一步分析后发现，中学教师（25.10%）、推广人员/科普工作者（24.05%）中反映"不关心成果转化"的人数占比高于其他职业的科技工作者；科研/教学辅助人员（54.65%）、科技管理人员（51.93%）、科学研究人员（50.52%）中反映"找不到技术需求市场"的人数占比高于其他职业；医务工作者中反映"缺少成果转化中介"的人数占比（26.99%）最高。从区域分布方面进一步分析后发现，赣北区域的科技工作者中反映"不关心成果转化"和"缺少成果转化中介"的人数占比更高，而赣南区域的科技工作者中反映"找不到技术需求市场"的人数占比更高（图3-17）。

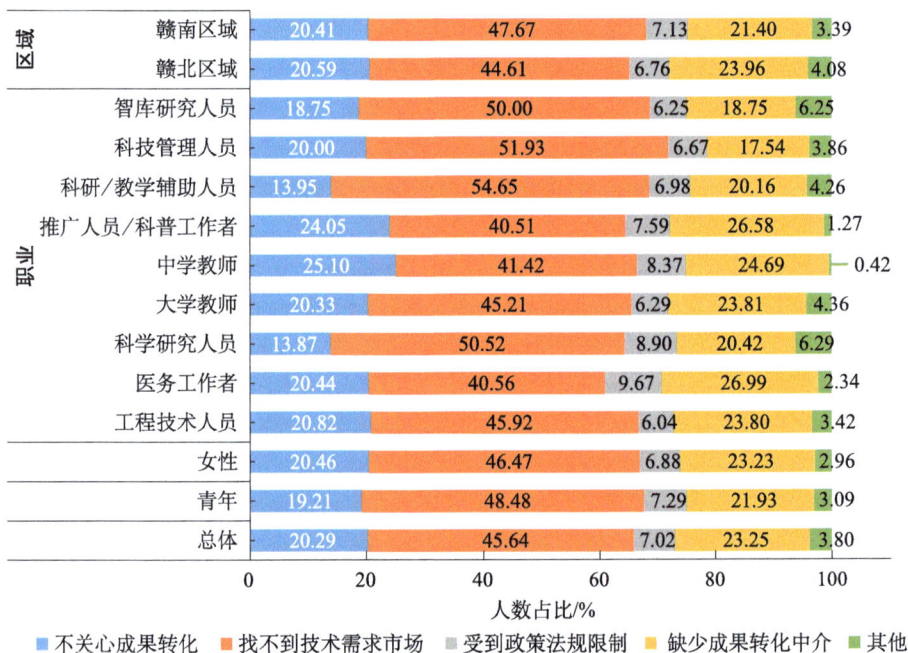

图 3-17　不同科技工作者群体反映影响成果转化的主要障碍

第四章
学术交流与进修情况

　　科技工作者的学术交流与进修情况反映了其对自身能力提升和成长的重视程度。为了解江西省科技工作者群体的学术交流与进修情况，本章从学术交流、进修培训、科技信息获取、海外经历等方面，对调查结果进行描述分析。调查发现，科技工作者参加学术交流活动的人数占比较低，但高学历和高职称的科技工作者参加学术交流活动的次数相对较多。同时，科技工作者进修或学习的需求虽然强烈，但当前参与进修培训的时间较少。在获取科技信息方面，学术著作（刊物）和互联网是科技工作者获取科技信息的主要渠道，且九成以上的科技工作者在工作过程中需要查找文献。高职称、高学历的科技工作者有海外留学或工作经历的人数占比较高，高校科技工作者中有海外经历的人数占比也较高。另外，与家人团聚和报效祖国是科技工作者从海外归国的主要动机。

第一节　学　术　交　流

一、参与学术交流活动的次数

　　近三年，66.81%的科技工作者参与学术交流活动的次数为0~3次，21.43%的科技工作者参与次数为4~6次，6.09%的科技工作者参与次数为

7～9次，5.67%的科技工作者参与次数为10次或以上（图4-1）。

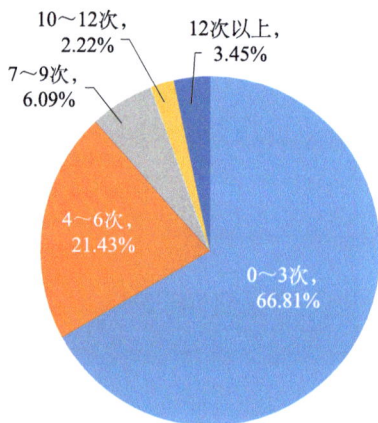

图 4-1　科技工作者近三年参与学术交流活动的次数

从年龄、性别方面进一步分析后发现，青年、女性科技工作者中近三年参与学术交流活动的次数在4次以上的人数占比均低于整体人数占比。从区域分布方面进一步分析后发现，赣北区域的科技工作者参与学术交流活动次数在4次以上的人数占比高于赣南区域（表4-1）。

表 4-1　不同科技工作者群体近三年参与学术交流活动次数的人数占比　单位：%

类别		0～3次	4～6次	7～9次	10～12次	12次以上
年龄	青年	72.14	18.93	5.00	1.50	2.43
性别	女性	71.39	19.79	4.77	1.87	2.18
学历	博士研究生	42.78	33.90	12.41	4.81	6.10
	硕士研究生	60.92	25.98	5.90	2.61	4.59
	本科	76.48	16.34	4.03	1.21	1.94
	大专	86.32	8.86	3.08	0.77	0.97
职称	正高级	37.27	29.81	13.98	6.52	12.42
	副高级	52.68	31.05	8.83	2.78	4.66
	中级	68.53	21.00	6.12	1.99	2.36
	初级	78.53	15.44	2.65	1.33	2.05
	无职称	82.11	12.11	2.54	1.13	2.11
区域	赣北区域	64.74	22.59	6.23	2.55	3.89
	赣南区域	71.33	18.86	5.65	1.48	2.68

二、学术交流机会与次数的充分程度

调查数据显示，42.13% 的科技工作者认为学术交流机会与次数不充分，28.92% 的科技工作者认为比较充分，23.54% 的科技工作者认为极度缺乏，仅有 5.41% 的科技工作者认为非常充分（图 4-2）。

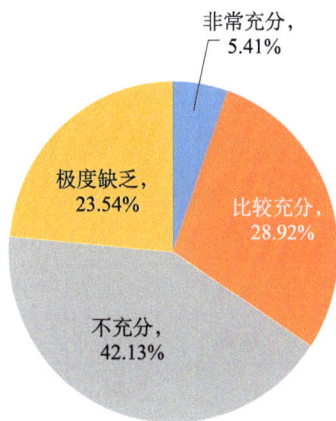

图 4-2 科技工作者对学术交流机会与次数充分程度的反映

第二节 进修培训

一、科技工作者进修或学习的需求

调查数据显示，45.34% 的科技工作者认为自己非常需要进修或学习，39.02% 的科技工作者认为比较需要，11.82% 的科技工作者认为一般，3.15% 的科技工作者认为不太需要，仅有 0.67% 的科技工作者认为完全不需要（图 4-3）。

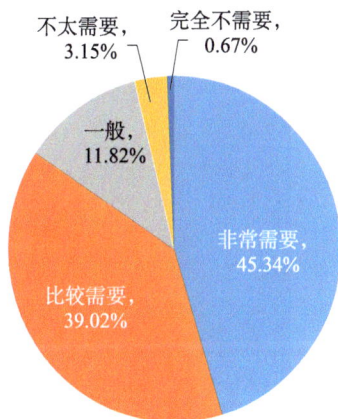

图 4-3 科技工作者进修或学习的需求状况

从年龄、性别方面进一步分析后发现，青年、女性科技工作者中认为自己非常需要进修或学习的人数占比均高于整体人数占比，表明青年、女性科技工作者对进修或学习的需求更高。从入职单位类型方面进一步分析后发现，大中型企业、科技中小企业、医疗卫生机构的科技工作者中认为非常需要进修或学习的人数占比更高。从区域分布方面进一步分析后发现，赣南区域的科技工作者进修或学习的需求要高于赣北区域（表4-2）。

表4-2　不同科技工作者群体进修或学习的需求反映

类别		人数占比 / %				
		非常需要	比较需要	一般	不太需要	完全不需要
年龄	青年	52.13	37.03	8.46	1.78	0.60
性别	女性	48.04	37.60	11.77	2.05	0.54
入职单位	大中型企业	48.39	39.63	9.14	2.55	0.29
	科技中小企业	46.39	34.02	14.78	3.09	1.72
	科研院所	44.47	41.03	10.69	3.44	0.37
	高校	43.44	36.66	14.90	3.75	1.25
	中学	38.89	40.60	15.81	4.27	0.43
	医疗卫生机构	46.19	39.55	11.35	2.76	0.15
	农业服务机构	40.82	41.84	12.24	5.10	0
学历	博士研究生	37.54	40.11	16.47	4.49	1.39
	硕士研究生	52.03	38.39	8.05	1.38	0.15
	本科	45.11	40.20	11.54	2.54	0.61
	大专	45.09	35.65	12.14	6.55	0.57
职称	正高级	28.88	41.61	20.19	8.39	0.93
	副高级	38.99	42.06	14.68	3.17	1.10
	中级	47.58	39.21	10.20	2.63	0.38
	初级	53.92	33.90	9.77	2.05	0.36
	无职称	45.92	39.01	10.56	3.38	1.13
区域	赣北区域	44.95	39.19	11.84	3.24	0.78
	赣南区域	45.41	39.27	11.94	2.90	0.48

二、科技工作者参与技术 / 业务培训的情况

从科技工作者近三年参加单位组织的技术 / 业务培训情况看，75.14% 的科技工作者参加的时间为 0～10 天，15.90% 的科技工作者参加的时间为 11～20 天，4.48% 的科技工作者参加的时间为 21～30 天，1.37% 的科技工作者参加的时间为 31～40 天，3.11% 的科技工作者参加的时间为 40 天以上（图 4-4）。从科技工作者近三年自费参加的技术 / 业务培训情况方面进一步分析后发现，81.82% 的科技工作者参加的时间为 0～10 天，10.53% 的科技工作者参加的时间为 11～20 天，4.02% 的科技工作者参加的时间为 21～30 天，1.10% 的科技工作者参加的时间为 31～40 天，2.53% 的科技工作者参加的时间为 40 天以上（图 4-5）。

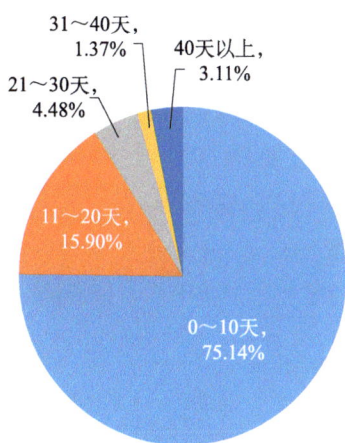

图 4-4　科技工作者近三年参加单位组织的技术 / 业务培训情况

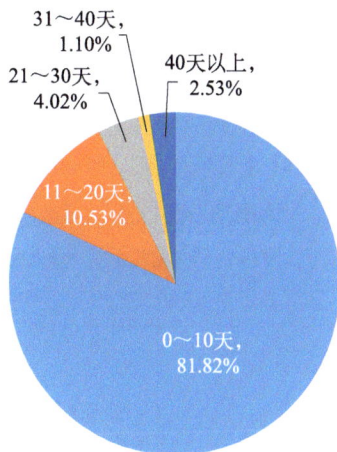

图 4-5　科技工作者近三年自费参加的技术 / 业务培训情况

第三节　科技信息获取

一、获取科技信息的主要渠道

调查数据显示，科技工作者获取科技信息的主要渠道为"学术著作（刊

物）"与"互联网"的科技工作者的人数占比分别为 43.80% 和 33.44%。从年龄、性别方面进一步分析后发现，青年、女性科技工作者与其他年龄段、男性科技工作者相比，更倾向于使用"互联网"来获取科技信息。从入职单位类型方面进一步分析后发现，科研院所、高校、医疗卫生机构的科技工作者大多通过"学术著作（刊物）"来获取科技信息；大中型企业、科技中小企业、中学、农业服务机构的科技工作者更偏向于使用"互联网"来获取科技信息（图 4-6）。

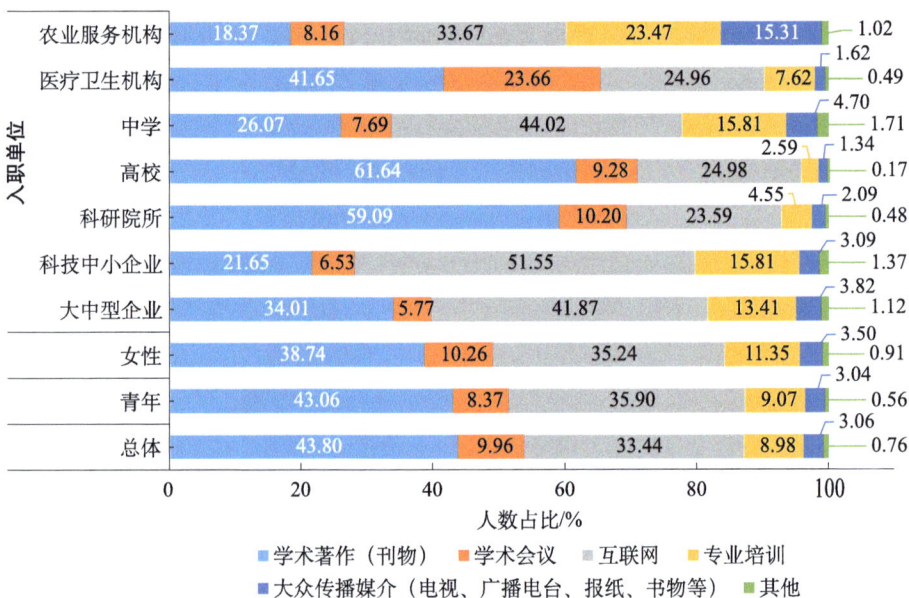

图 4-6　科技工作者获取科技信息的主要渠道

二、文献查阅的需求度与便利度

从科技工作者查阅科技文献的需求情况看，94.61% 的科技工作者在工作过程中需要查找文献，其中 44.37% 的科技工作者表示偶尔需要，50.24% 的科技工作者表示经常需要。不同职业的科技工作者群体对文献查阅的需求存在差异。其中，科学研究人员、大学教师的需求度相对较高，表示经常需要查阅文献的人数占比分别为 89.00%、73.96%；中学教师、推广人员/科普工作者的需求度相对偏低，经常需要查阅文献的人数占比均低于 20%（图 4-7）。

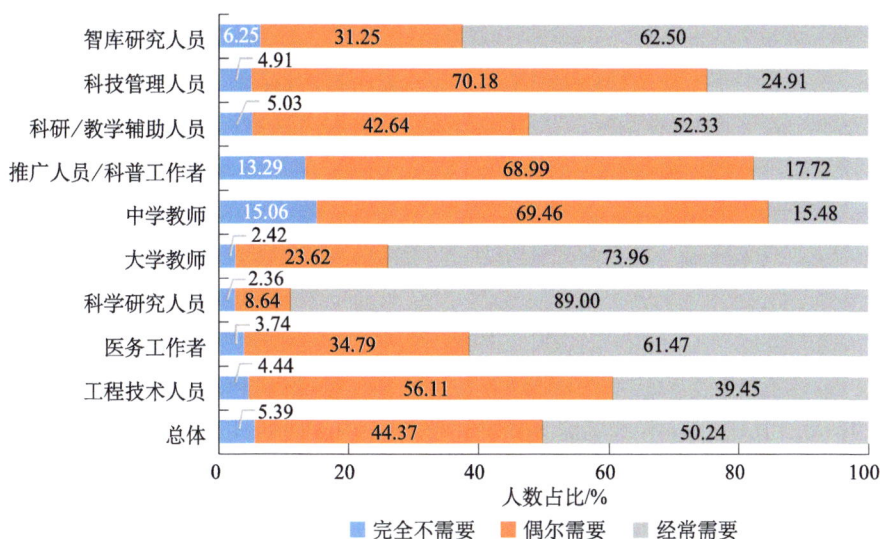

图 4-7　不同职业科技工作者群体对查阅科技文献的需求度

从科技工作者查阅科技文献的便利度情况看，39.97% 的科技工作者表示可以方便地查到，52.66% 的科技工作者表示可以查到但有困难，仅有 7.37% 的科技工作者表示很难查到。从入职单位类型方面进一步分析后发现，大中型企业、科技中小企业、中学的科技工作者在查阅科技文献方面困难相对较大。从区域分布方面进一步分析发现，赣南区域的科技工作者查阅科技文献的便利度相对较高，表示可以方便查到文献的人数占比为 41.58%（图 4-8）。

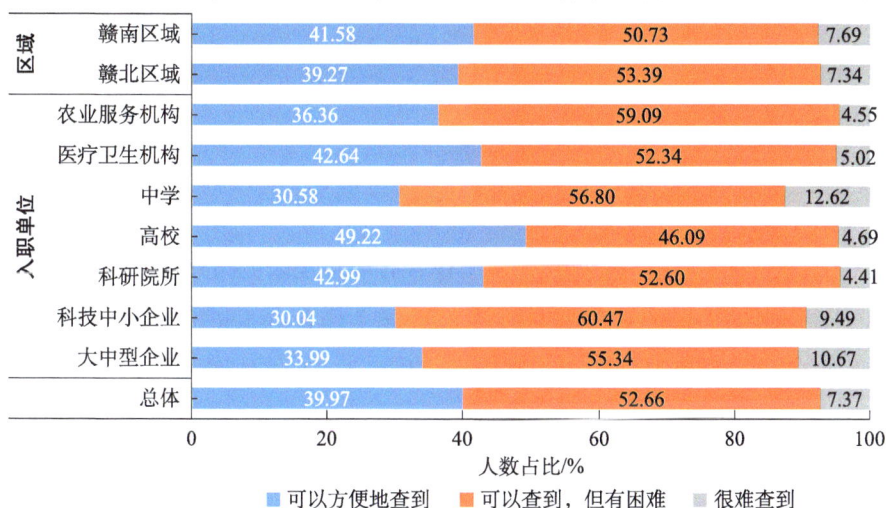

图 4-8　不同科技工作者群体对查阅科技文献便利度的评价

第四节 海 外 经 历

一、科技工作者的短期出国经历

近三年来，11.41% 的科技工作者有短期出国（出境）经历（时间少于1 年），平均出国（出境）次数为 1.69 次，平均累计出国（出境）天数为92.92 天。其中，以学术交流为主要任务的占 53.16%，以培训或进修为主要任务的占 30.63%，以考察访问为主要任务的占 29.25%，以旅游度假为主要任务的占 26.88%（图 4-9）。

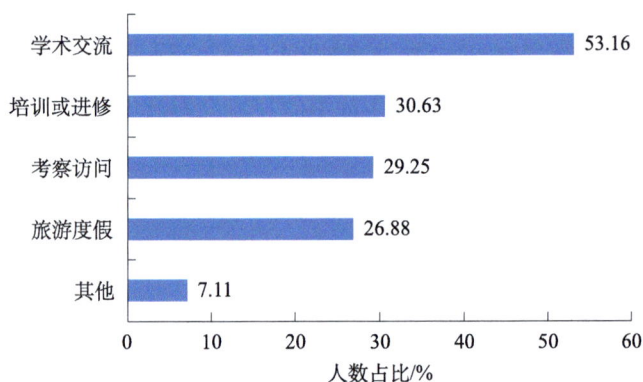

图 4-9　科技工作者近三年短期出国经历的主要任务

二、科技工作者的海外留学或工作经历

调查数据显示，11.18% 的科技工作者有一年及以上海外留学或工作的经历。其中，只留学（含做访问学者）的科技工作者占 5.66%，既留学又工作的科技工作者占 2.71%，只工作的科技工作者占 2.81%（图 4-10）。

从学历、职称方面进一步分析后发现，高学历、高职称的科技工作者中有海外经历的人数占比较大，博士研究生学历、正高级职称的科技工作者中有一年及以上的海外留学或工作经历的人数占比分别为 31.55%、32.92%。

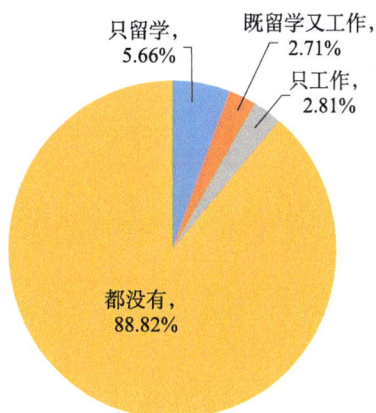

图 4-10　科技工作者海外留学和工作情况

从入职单位类型方面进一步分析发现，高校科技工作者中有海外经历的人数占比（26.85%）相对较高，其次为科研院所（10.68%）；中学科技工作者中具有海外经历的人数占比相对最低，仅为 3.84%。从区域分布方面进一步分析后发现，赣北区域的科技工作者中具有海外经历的人数占比相对较高，达11.87%（图 4-11）。

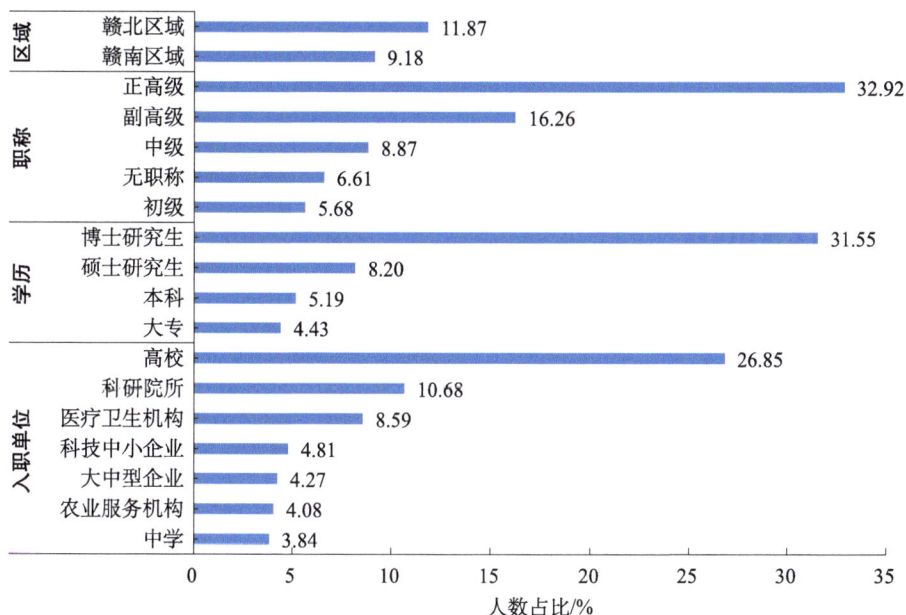

图 4-11　不同科技工作者群体有海外留学或工作经历的人数占比

三、科技工作者海外留学的途径

调查数据显示，44.95% 的科技工作者的第一次海外留学（含做访问学者）属于"国家公派"，21.97% 的科技工作者属于"工作单位资助"，21.21%的科技工作者属于"自费"留学，仅有 9.09% 的科技工作者由"国外基金资助"留学。从年龄方面进一步分析后发现，青年科技工作者首次海外留学的主要途径是"自费"。从性别方面进一步分析后发现，女性科技工作者首次海外留学的途径多样化，主要包括"国家公派"（38.76%）、"自费"（27.13%）、"工作单位资助"（23.26%）。从入职单位类型方面进一步分析后发现，高校、医疗卫生机构的科技工作者首次留学以"国家公派"为主；大中型企业、科技中小企业的科技工作者首次留学以"自费"为主；中学科技工作者首次留学以"工作单位资助"为主。从区域分布方面进一步分析后发现，赣北区域的科技工作者首次留学的主要途径为"国家公派"（46.86%）与"工作单位资助"（23.43%），赣南区域的科技工作者的主要途径为"国家公派"（45.57%）与"自费"（32.91%）（图 4-12）。

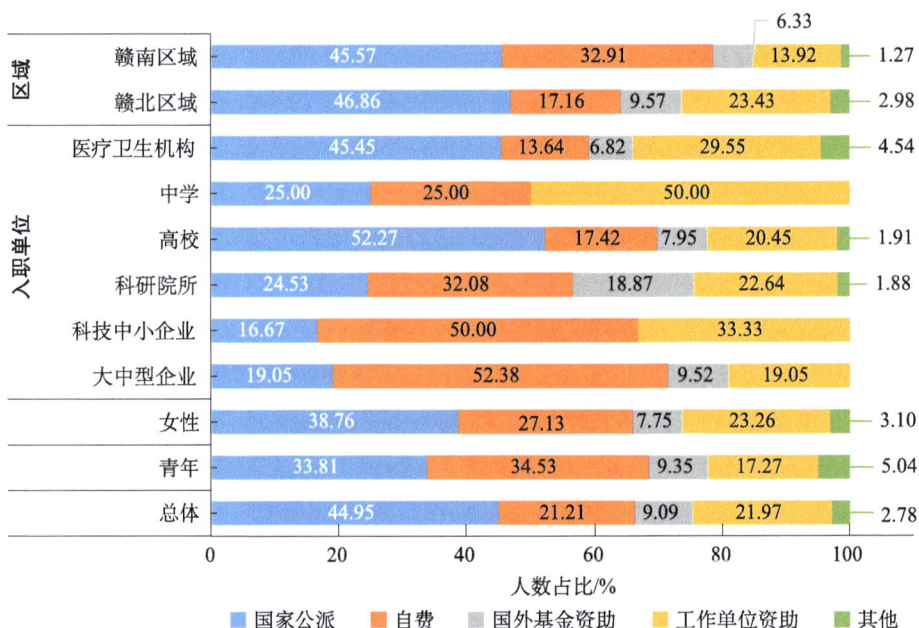

图 4-12 不同科技工作者群体第一次海外留学的途径

四、科技工作者回国的动机

调查数据显示，在有海外经历的科技工作者中，49.91%的科技工作者当时归国的动机是与"家人团聚"，46.12%的科技工作者动机是"报效祖国"，28.92%的科技工作者动机是"国内发展机会更多"，12.29%的科技工作者动机是"国内收入待遇更好"，9.64%的科技工作者动机是"国内科研条件更好"，8.88%的科技工作者动机是"不适应国外的生活"（图 4-13）。

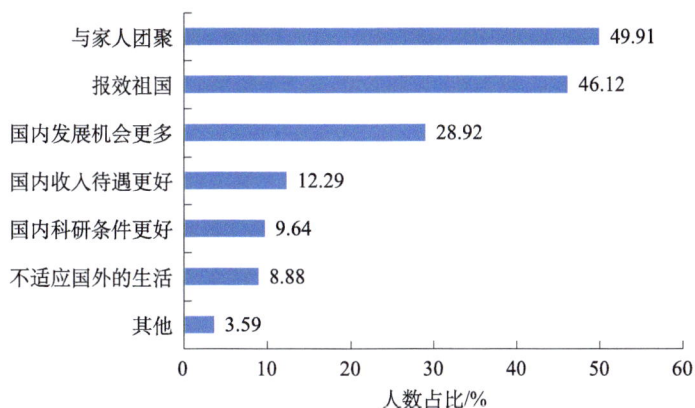

图 4-13　有海外经历的科技工作者当时归国的主要动机

第五章
思 想 状 况

　　科技工作者的思想状况是科技工作者群体对客观对象的认知、评价及态度，反映了科技工作者的所思所想，体现了科技工作者队伍的精神状态。本章主要从科技工作者对国家战略和相关政策、科技队伍、科技问题、科研创新环境、社会氛围等方面的认知和评价进行描述分析。调查发现，科技工作者对江西省科技创新政策的了解程度较低，其中科技中小企业的科技工作者的了解程度低于其他单位。同时，大部分科技工作者认为江西省科技队伍的科研能力较落后于国内外其他地区，人才流失的问题较严重，收入水平太低、不能体现工作价值被认为是导致人才流失的最主要原因。此外，科技工作者反映不安心做科研、急功近利、学风浮躁的问题较严重。

第一节　对国家战略和相关政策的认知

一、对国家战略目标的信心

　　调查数据显示，47.28%的科技工作者表示对我国战略目标的实现很有信心，41.66%的科技工作者表示比较有信心，5.60%的科技工作者表示不太有信心，0.78% 的科技工作者表示完全没信心（图 5-1）。

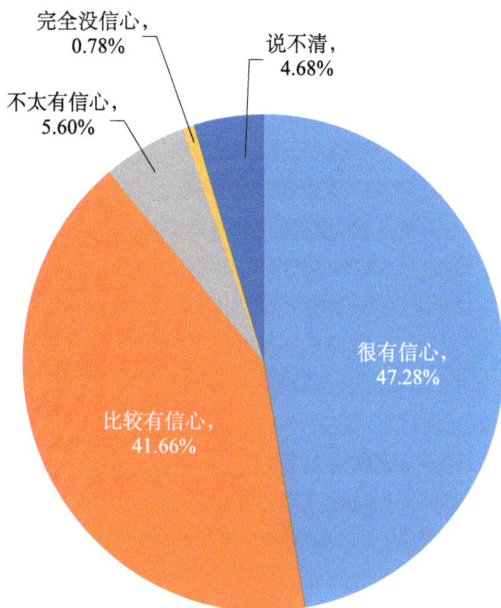

图 5-1　科技工作者对国家战略目标的信心情况

二、对江西省科技创新政策的认知程度

调查数据显示，44.26% 的科技工作者表示了解江西省科技创新政策，其中非常了解的占 8.45%，比较了解的占 35.81%，另外还有 49.57% 的科技工作者表示不太了解，6.17% 的科技工作者表示完全不了解。从年龄方面进一步分析后发现，青年科技工作者中表示非常了解江西省科技创新政策的人数占比（9.44%）高于整体人数占比（8.45%），表明青年科技工作者比其他年龄段的科技工作者对科技创新政策的认知程度更高。从性别方面进一步分析后发现，女性科技工作者中表示非常了解或比较了解江西省科技创新政策的人数占比低于整体人数占比，表明男性科技工作者对政策的认知程度更高。从区域分布方面进一步分析后发现，赣北区域的科技工作者（8.85%）表示非常了解科技创新政策的人数占比高于赣南区域的科技工作者（7.42%）（图 5-2）。

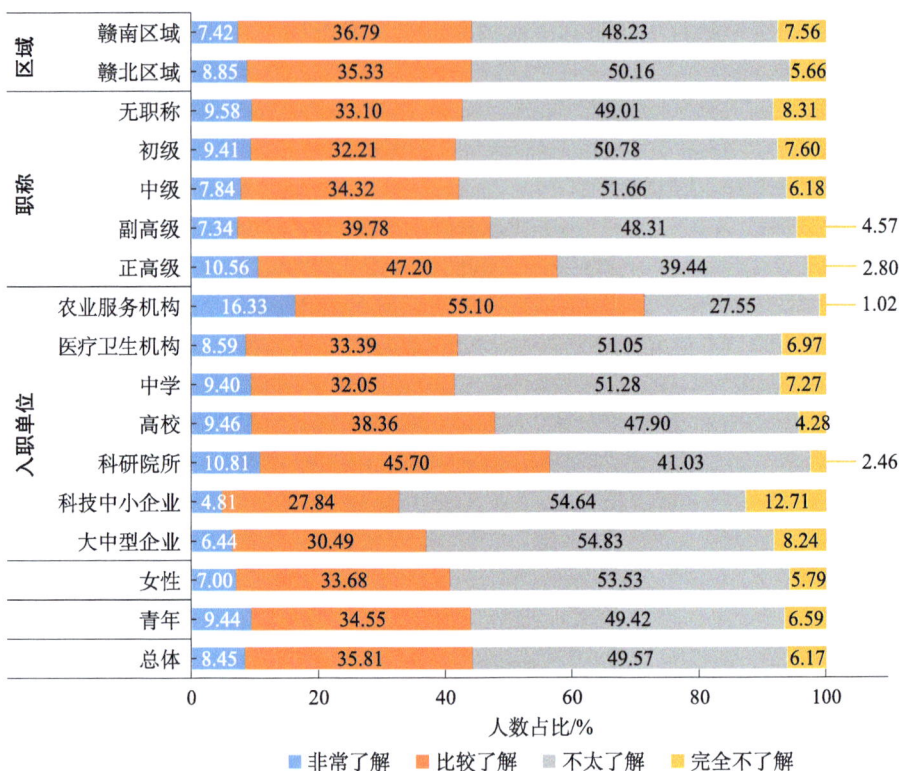

图 5-2　不同科技工作者群体对江西省科技创新政策的了解情况

第二节　对科技队伍的评价

一、衡量科技工作者是否优秀的重要标准

调查发现，60.52% 的科技工作者认为衡量自身是否优秀的重要标准为"获得同行认可"，其他标准依次为"获得产业界认可"（44.60%）、"获得科技奖励"（27.18%）、"获得政府部门认可"（23.34%）、"有团队合作精神"（18.92%）、"科学道德高尚"（18.24%）、"具有爱国奉献精神"（18.05%）、"与产业界结合的能力"（16.34%）、"具有较高的公众知名度"（13.57%）等（图 5-3）。

获得同行认可 60.52
获得产业界认可 44.60
获得科技奖励 27.18
获得政府部门认可 23.34
有团队合作精神 18.92
科学道德高尚 18.24
具有爱国奉献精神 18.05
与产业界结合的能力 16.34
具有较高的公众知名度 13.57
科研项目级别和经费 8.92
教学水平 6.70
科学普及能力 6.53
发表论文数 5.41
组织管理能力 2.43

人数占比/%

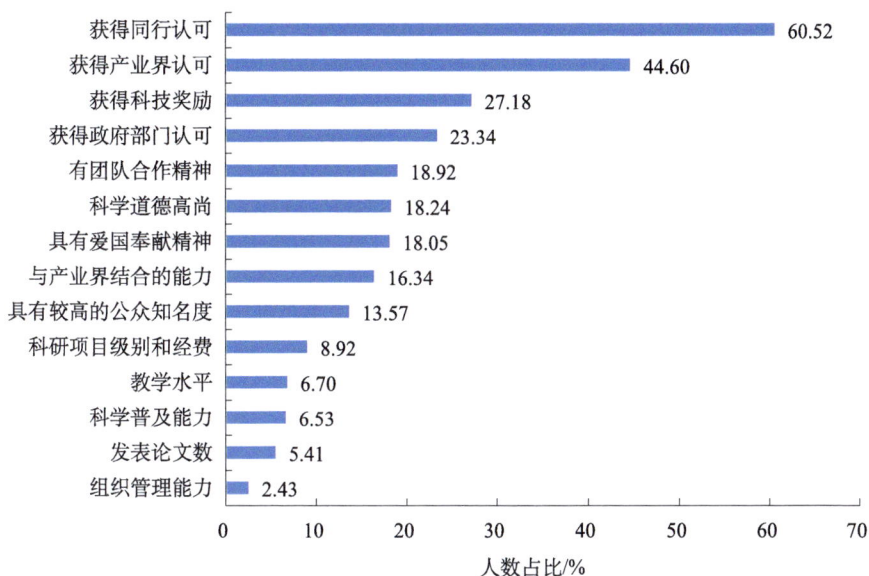

图 5-3　科技工作者认同的评价标准人数占比

二、对江西省科技队伍科研能力的评价

调查发现，50.94% 的科技工作者认为江西省科技工作者科研能力有点落后于国内外其他地区的科技工作者，15.56% 的科技工作者认为落后很多，21.35% 的科技工作者认为总体上差不多，认为江西省科技工作者科研能力更好的科技工作者仅占 4.63%（图 5-4）。

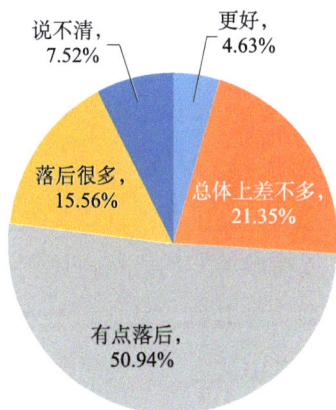

说不清，7.52%
更好，4.63%
落后很多，15.56%
总体上差不多，21.35%
有点落后，50.94%

图 5-4　科技工作者对江西省科技队伍科研能力的评价

三、影响科技工作者发挥作用的因素

调查数据显示，影响科技工作者发挥作用的因素有很多，其中反映"发展平台""收入待遇""支持政策""良性氛围""评价激励""团队建设"为影响因素的科技工作者占比分别为 66.67%、55.57%、52.61%、36.59%、29.44% 和 29.15%。"工作条件"（18.90%）、"公平环境"（18.28%）、"单位主要领导"（14.25%）、"人岗相适"（11.41%）、"特别机遇"（6.38%）等因素也在一定程度上影响着科技工作者发挥作用（图 5-5）。

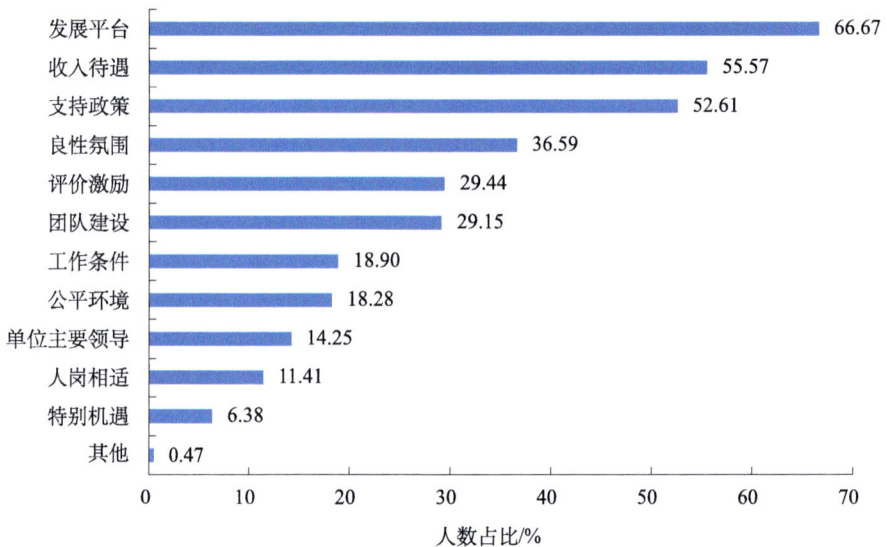

图 5-5　科技工作者对影响其发挥作用重要因素的反映

不同科技工作者群体对影响其发挥作用主要因素的反映存在差异。从职业方面进一步分析后发现，科学研究人员中反映"收入待遇""评价激励"等影响因素的人数占比较高；智库研究人员中反映"良性氛围"的人数占比较高；医务工作者中反映"支持政策"的人数占比较高；科研 / 教学辅助人员中反映"团队建设"的人数占比较高。从区域分布方面进一步分析后发现，赣北、赣南区域的科技工作者中认为"发展平台"是影响科技工作者发挥作用的重要因素的人数占比均较高（表 5-1）。

表 5-1　不同科技工作者群体对影响其发挥作用主要因素的反映

类别		人数占比 / %					
		发展平台	良性氛围	支持政策	收入待遇	团队建设	评价激励
职业	工程技术人员	67.54	38.94	51.60	58.52	25.40	30.42
	医务工作者	68.17	37.75	57.72	53.04	33.54	25.27
	科学研究人员	68.32	29.06	52.36	66.75	33.25	40.05
	大学教师	68.83	34.66	54.99	57.21	30.69	32.82
	中学教师	54.39	37.24	48.95	46.03	21.76	25.94
	推广人员 / 科普工作者	60.13	41.14	50.00	44.94	24.05	20.25
	科研 / 教学辅助人员	58.53	36.43	51.16	58.91	37.60	25.58
	科技管理人员	68.42	38.25	51.58	48.07	31.58	26.67
	智库研究人员	68.75	62.50	50.00	56.25	18.75	31.25
区域	赣北区域	67.66	37.01	52.93	55.61	28.69	30.84
	赣南区域	65.25	36.09	52.19	56.00	30.58	27.12

四、导致科技人才流失的主要原因

从科技工作者对江西省科技人才流失原因的反映情况看,反映"收入水平太低,不能体现工作价值"的人数占比最高,达 77.91%;其次依次是"工作平台不高,设备条件不好,个人成长遇到障碍"(66.50%)、"区位和产业优势不显,缺少发展空间"(47.50%)、"工作氛围不优,人际关系难以处理"(23.34%)、"工作环境不好,受到不公对待"(15.41%);占比最低的是"对生活环境不满意",为 6.74%(图 5-6)。

不同科技工作者群体对人才流失原因的看法不同。从年龄、性别方面进一步分析后发现,青年科技工作者相比其他年龄段的科技工作者,对"收入水平太低,不能体现工作价值""区位和产业优势不显,缺少发展空间"的反映人数占比更高;女性科技工作者相比男性科技工作者,对"工作平台不高,设备条件不好,个人成长遇到障碍"的反映度更高。从学历方面进一步分析后发现,高学历的科技工作者中反映"收入水平太低,不能体现工作价

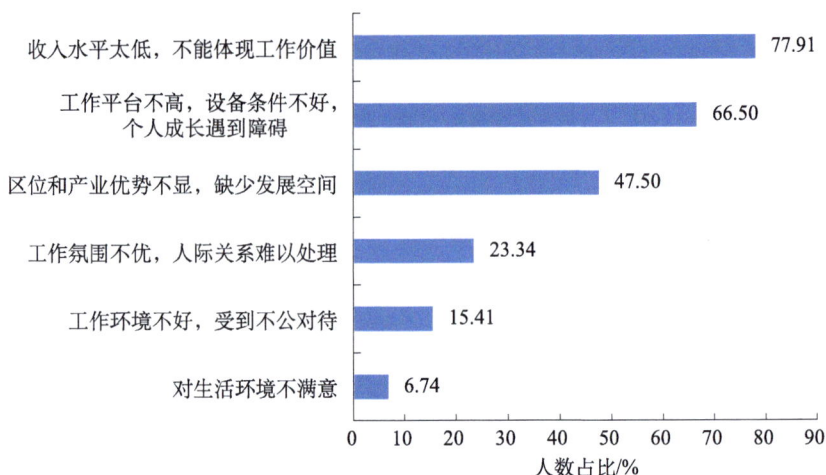

收入水平太低，不能体现工作价值   77.91

工作平台不高，设备条件不好，个人成长遇到障碍   66.50

区位和产业优势不显，缺少发展空间   47.50

工作氛围不优，人际关系难以处理   23.34

工作环境不好，受到不公对待   15.41

对生活环境不满意   6.74

人数占比/%

图 5-6   科技工作者对江西省科技人才流失主要原因的反映

值""工作平台不高，设备条件不好，个人成长遇到障碍""工作环境不好，受到不公对待"的人数占比更高。从单位类型方面进一步分析后发现，医疗卫生机构科技工作者中反映"收入水平太低，不能体现工作价值""工作平台不高，设备条件不好，个人成长遇到障碍""工作氛围不优，人际关系难以处理"的人数占比相对较高；科研院所科技工作者中对"工作环境不好，受到不公对待"的反映人数占比更高；大中型企业科技工作者中对"区位和产业优势不显，缺少发展空间"的反映人数占比更高；中学科技工作者中反映"对生活环境不满意"的人数占比较高。从区域分布方面进一步分析后发现，赣南区域的科技工作者仅在反映"工作环境不好，受到不公对待"的人数占比上高于赣北区域的科技工作者（表 5-2）。

表 5-2   不同科技工作者群体对江西省科技人才流失主要原因的反映

类别		人数占比 / %					
		收入水平太低，不能体现工作价值	工作平台不高，设备条件不好，个人成长遇到障碍	工作氛围不优，人际关系难以处理	工作环境不好，受到不公对待	区位和产业优势不显，缺少发展空间	对生活环境不满意
年龄	青年	79.48	66.01	20.52	14.96	49.28	6.73
性别	女性	76.34	68.01	20.64	13.70	49.31	6.22

续表

类别		人数占比 / %					
		收入水平太低,不能体现工作价值	工作平台不高,设备条件不好,个人成长遇到障碍	工作氛围不优,人际关系难以处理	工作环境不好,受到不公对待	区位和产业优势不显,缺少发展空间	对生活环境不满意
入职单位	大中型企业	77.75	58.50	20.82	12.88	54.91	7.94
	科技中小企业	78.69	51.89	20.27	13.40	44.33	8.93
	科研院所	80.22	69.41	24.69	18.30	46.56	7.13
	高校	77.70	72.61	23.28	16.32	46.21	4.82
	中学	69.23	64.10	23.93	17.09	38.89	10.68
	医疗卫生机构	80.39	77.80	29.17	16.53	39.38	5.19
	农业服务机构	69.39	63.27	17.35	15.31	53.06	7.14
学历	博士研究生	80.53	74.55	23.85	20.64	45.56	6.10
	硕士研究生	80.77	72.72	24.67	14.25	48.97	6.05
	本科	75.37	62.78	21.87	13.58	49.70	7.12
	大专	75.72	54.91	24.66	16.38	43.55	8.67
区域	赣北区域	78.57	67.41	23.27	15.17	48.75	7.17
	赣南区域	77.05	65.25	22.95	16.24	45.13	5.65

五、影响人才引进的主要因素

调查数据显示,分别有 54.51%、53.10%、48.57%、30.54% 和 20.29% 的科技工作者认为影响江西省科技人才引进的主要因素为"个人发展前景""个人收入待遇""工作平台条件""人才支持政策""工作和生活环境"等。另外,"评价激励机制"(17.46%)、"发展空间机会"(12.53%)、"研究团队建设"(9.49%)、"人才政策兑现度"(8.52%)、"住房保障情况"(8.50%)、"配偶安置或子女入学"(7.69%)等也在一定程度上影响着江西省科技人才引进工作(图 5-7)。

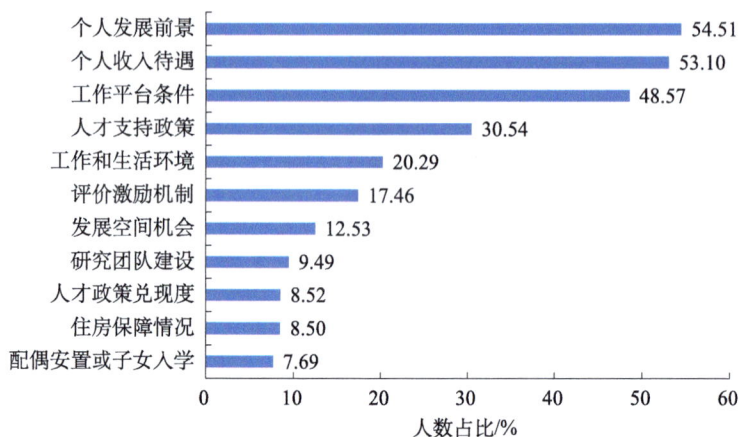

图 5-7　科技工作者对影响江西省人才引进主要因素的评价

　　从区域方面进一步分析后发现，赣北区域的科技工作者中反映"个人发展前景""工作平台条件""个人收入待遇""评价激励机制""人才政策兑现度""住房保障情况""发展空间机会"等因素的人数占比相对较高，赣南区域的科技工作者中反映"配偶安置或子女入学""研究团队建设""人才支持政策""工作和生活环境"等因素的人数占比相对较高（图 5-8）。

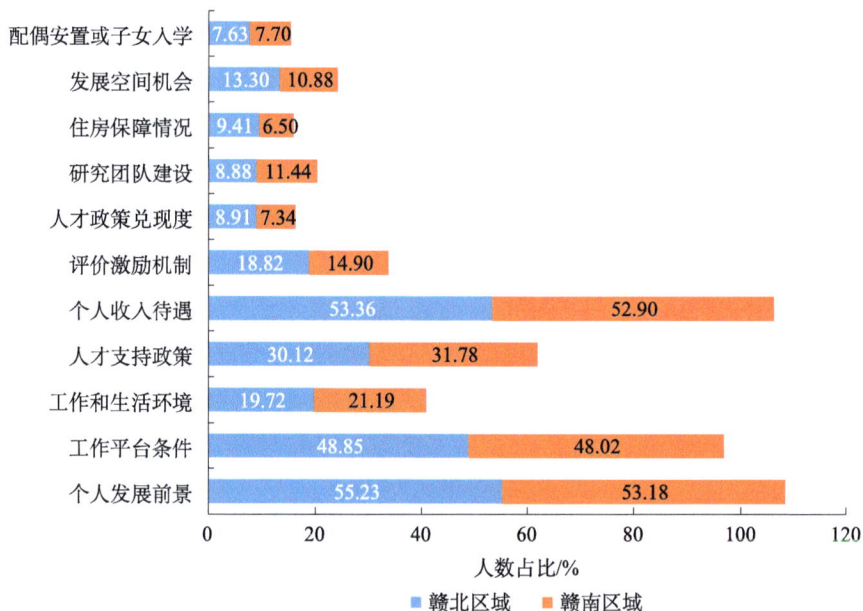

图 5-8　不同区域科技工作者对影响江西省人才引进主要因素的评价

六、吸引留住科技人才的重点举措

从科技工作者对江西省吸引留住科技人才重点举措的评价看，73.28%的科技工作者认为"提高工资待遇"是重要的举措；其他重点举措还包括"营造创新氛围"（32.47%）、"完善人才管理和培训体系"（30.21%）、"完善人才绩效评价奖励机制"（28.24%）、"营造尊重人才的良好氛围"（24.24%）、"加强知识产权保护"（23.17%）、"改善生活环境"（22.83%）、"打造高水平的创新平台"（16.89%）、"提供住房保障"（12.43%）、"完善社会保障"（8.12%）等（图5-9）。

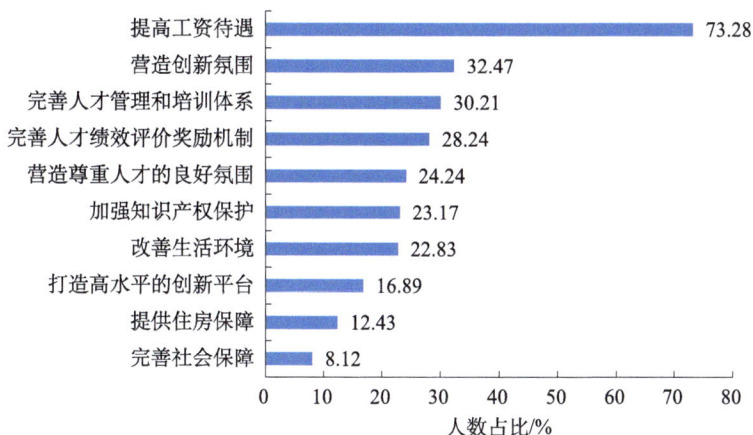

图 5-9　科技工作者对江西省吸引留住科技人才重点举措的评价

从入职单位类型方面进一步分析后发现，高校、科研院所的科技工作者认为"打造高水平的创新平台""完善人才绩效评价奖励机制""营造尊重人才的良好氛围""提高工资待遇"等举措更重要；大中型企业科技工作者认为"营造创新氛围"更重要，农业服务机构科技工作者认为"加强知识产权保护"更重要，中学科技工作者认为"提高工资待遇"更重要，医疗卫生机构科技工作者则认为"完善人才管理和培训体系"更重要。从区域分布方面进一步分析后发现，赣北区域与赣南区域的科技工作者在对江西省吸引留住科技人才重点举措的评价方面的看法基本一致；赣北区域的科技工作者中认为"完善人才绩效评价奖励机制"重要的人数占比较高，赣南区域的科技工作者中认为"完善人才管理和培训体系"重要的人数占比较高（表 5-3）。

表 5-3　不同科技工作者群体对江西省吸引留住科技人才重点举措的评价

类别		人数占比 / %									
		加强知识产权保护	营造创新氛围	提高工资待遇	改善生活环境	完善人才管理和培训体系	完善社会保障	营造尊重人才的良好氛围	完善人才绩效评价奖励机制	提供住房保障	打造高水平的创新平台
入职单位	大中型企业	24.04	37.23	74.16	22.25	33.33	8.39	22.25	23.82	12.51	17.30
	科技中小企业	22.34	29.90	67.35	23.37	32.65	12.71	17.18	18.56	12.37	13.40
	科研院所	19.90	29.85	77.64	22.36	24.57	8.11	24.08	31.57	16.83	18.06
	高校	17.31	27.30	74.22	25.25	26.14	5.53	30.87	34.17	11.86	19.00
	中学	36.75	35.90	64.96	26.07	26.92	7.69	17.95	23.08	9.83	9.40
	医疗卫生机构	27.88	33.39	71.15	20.26	36.95	9.40	24.47	30.15	8.91	16.37
	农业服务机构	36.73	36.73	65.31	24.49	35.71	12.24	18.37	25.51	6.12	14.29
区域	赣北区域	23.61	32.37	74.58	22.96	27.73	8.16	24.42	30.12	13.02	17.20
	赣南区域	21.96	32.27	71.33	22.60	35.66	7.91	24.08	24.44	11.09	16.81

第三节　对科技问题的评价

一、对科技工作者自身存在的问题的评价

调查数据显示，分别有 61.83%、43.67% 和 43.43% 的科技工作者认为自身队伍存在非常严重或比较严重的"人才流失到发达省份或国外""不安心做科研""急功近利、学风浮躁"等问题。其他问题还包括"缺乏与公众沟通交流"（39.40%）、"研究脱离实际需求"（36.78%）、"与企业界缺乏合作"（35.93%）、"缺乏团队合作精神"（31.52%）、"女性科技人员不受重视"（25.24%）等（图 5-10）。

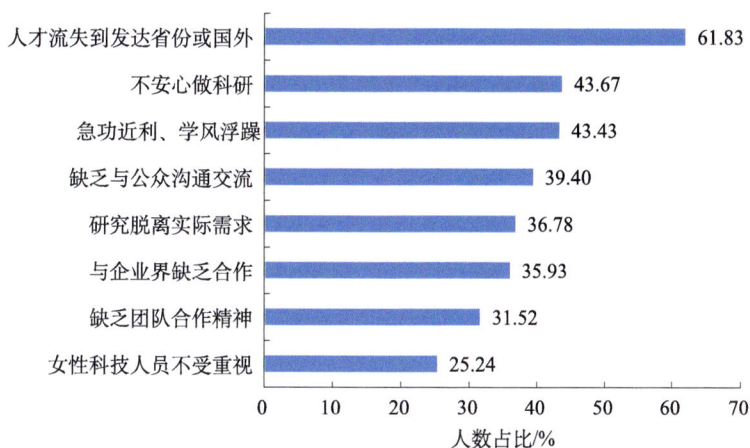

图 5-10 科技工作者对自身存在问题非常严重或比较严重的评价

不同科技工作者群体对自身存在问题的评价存在差异。从年龄、性别方面进一步分析后发现，青年、女性科技工作者均认为江西省科技工作者队伍中"人才流失到发达省份或国外""不安心做科研""急功近利、学风浮躁"等问题比较严重或非常严重。从入职单位类型方面进一步分析后发现，科研院所、高校科技工作者中认为科技队伍中存在的主要问题非常严重或比较严重的人数占比均高于其他单位的科技工作者。从区域分布方面进一步分析后发现，赣北区域的科技工作者中认为科技队伍中存在问题非常严重或比较严重的人数占比均高于赣南区域的科技工作者（表 5-4）。

表 5-4 不同科技工作者群体认为自身存在问题非常严重或比较严重的人数占比

单位：%

类别		不安心做科研	研究脱离实际需求	急功近利、学风浮躁	缺乏与公众沟通交流	与企业界缺乏合作	人才流失到发达省份或国外	女性科技人员不受重视	缺乏团队合作精神
年龄	青年	42.17	34.04	40.34	39.31	31.98	60.82	27.07	28.38
性别	女性	40.26	34.64	38.02	35.25	31.39	56.18	35.18	29.94
入职单位	大中型企业	38.95	30.33	35.44	35.80	29.36	58.58	25.77	23.82
	科技中小企业	40.90	31.62	39.86	33.33	30.59	53.95	25.09	26.80
	科研院所	48.28	42.01	49.63	44.84	39.43	70.02	27.15	38.57
	高校	48.97	43.53	53.71	46.30	48.17	67.98	25.34	40.76

续表

类别		不安心做科研	研究脱离实际需求	急功近利、学风浮躁	缺乏与公众沟通交流	与企业界缺乏合作	人才流失到发达省份或国外	女性科技人员不受重视	缺乏团队合作精神
入职单位	中学	39.74	35.90	39.31	34.19	32.05	55.98	23.08	29.06
	医疗卫生机构	47.16	41.66	44.90	39.06	33.06	61.26	23.66	29.99
	农业服务机构	28.57	15.31	20.41	21.43	25.51	44.90	18.37	23.47
区域	赣北区域	45.95	38.66	45.51	40.81	37.63	64.67	26.36	32.68
	赣南区域	38.35	32.55	38.48	36.16	32.56	56.50	22.04	29.03

二、对江西省科技领域存在的问题的评价

调查数据显示，60.31% 的科技工作者认为江西省科技领域存在的"原创性科技成果少"的问题非常突出或比较突出，其他问题依次为"关键技术自给率低"（59.31%）、"科技人员的积极性、创造性没有得到充分发挥"（57.11%）、"研发和成果转移转化效率不高"（56.98%）、"科技资源配置效率不高"（55.99%）、"产学研结合不紧密"（55.32%）、"科技政策扶持力度不够"（54.81%）、"企业没有确立技术创新主体地位"（51.81%）、"科技项目及经费管理不合理"（48.64%）、"科技评价导向不合理"（47.66%）、"科研诚信和创新文化建设薄弱"（46.33%）（图 5-11）。

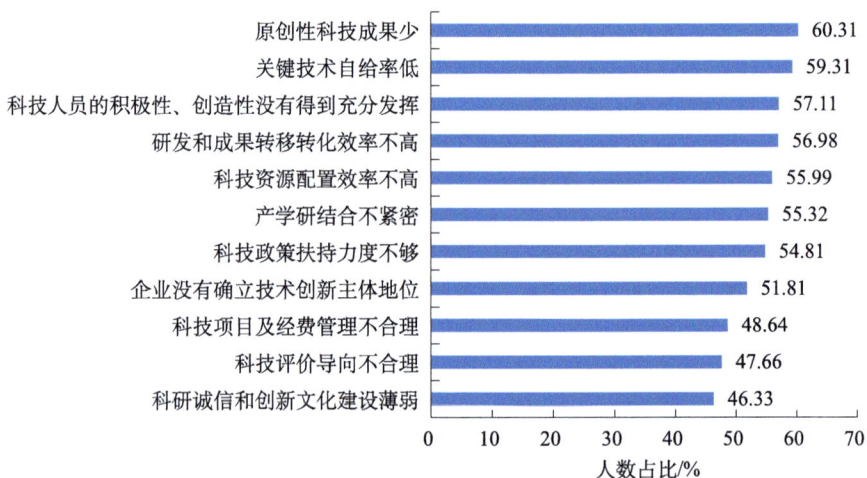

图 5-11　科技工作者对江西省科技领域存在问题非常突出或比较突出的评价

第四节　对科研创新环境的评价

一、对人才评价激励机制的看法

调查数据显示，51.81%的科技工作者认为江西省人才评价激励机制方面存在"评价受人情等外因干预较多"的问题，其他问题依次为"标准不够多元"（50.67%）、"评价对资历称号标签等过于看重"（45.64%）、"评价不够科学"（44.56%）、"评价对业绩与贡献的突出不够"（35.24%）等（图5-12）。

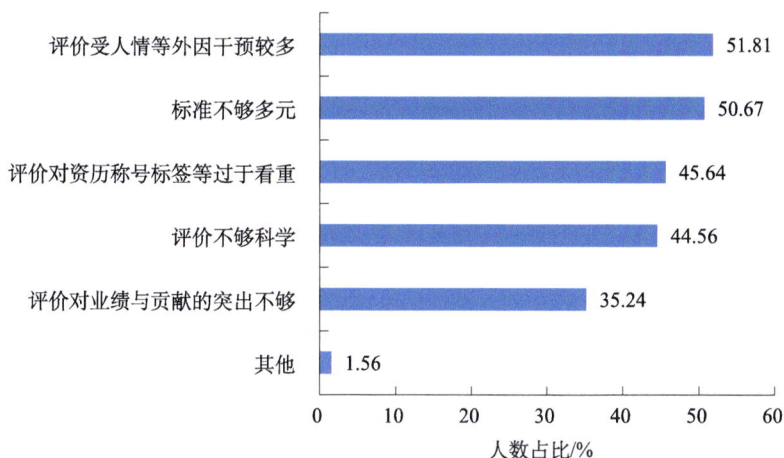

图 5-12　科技工作者对江西省人才评价激励方面存在问题的评价

从入职单位类型方面进一步分析后发现，农业服务机构科技工作者中，对"标准不够多元"和"评价对业绩与贡献的突出不够"等问题的反映人数占比最高；医疗卫生机构科技工作者中，对"评价受人情等外因干预较多"和"评价对资历称号标签等过于看重"等问题的反映人数占比最高；科研院所科技工作者中，对"评价不够科学"的反映人数占比最高；从区域分布方面进一步分析发现，赣北区域的科技工作者中对于"评价不够科学""标准不够多元""评价受人情等外因干预较多"等问题的反映人数占比高于赣南区域的科技工作者（表5-5）。

表 5-5　不同科技工作者群体对人才评价激励方面存在问题的反映

类别		人数占比 / %				
		标准不够多元	评价不够科学	评价受人情等外因干预较多	评价对资历称号标签等过于看重	评价对业绩与贡献的突出不够
入职单位	大中型企业	50.94	38.65	46.22	45.77	36.78
	科技中小企业	47.77	36.77	51.89	42.27	29.90
	科研院所	51.11	50.12	52.09	47.05	35.38
	高校	49.06	49.96	54.50	47.55	30.87
	中学	46.58	48.72	56.41	38.89	35.47
	医疗卫生机构	54.29	47.00	61.75	47.97	36.47
	农业服务机构	58.16	40.82	29.59	41.84	54.08
区域	赣北区域	50.87	45.05	53.30	45.02	34.52
	赣南区域	50.00	43.79	49.08	47.60	37.15

二、对江西省创新环境的评价

调查数据显示，36.86% 的科技工作者认为"信息、通信服务质量"非常好或较好，其他依次为"知识产权保护"（34.89%），"科技政策宣传"（30.69%），"人才引进与培养"（27.33%），"科技研发投入"（26.95%），"宽容失败的氛围"（25.37%），"产学研合作"（24.40%），"风险投资的可获得性"（22.24%），"学术独立、不受行政干预"（22.80%）和"挑战学术权威的氛围"（20.95%）（图 5-13）。

不同科技工作者群体认为江西省创新环境不好的反映存在差异。从学历方面进一步分析后发现，高学历科技工作者中评价江西省创新环境不好的人数占比更高。从职业方面进一步分析后发现，科学研究人员、大学教师中评价创新环境不好的人数占比较高。从区域分布方面进一步分析后发现，赣北区域的科技工作者中评价创新环境不好的人数占比较高（表 5-6）。

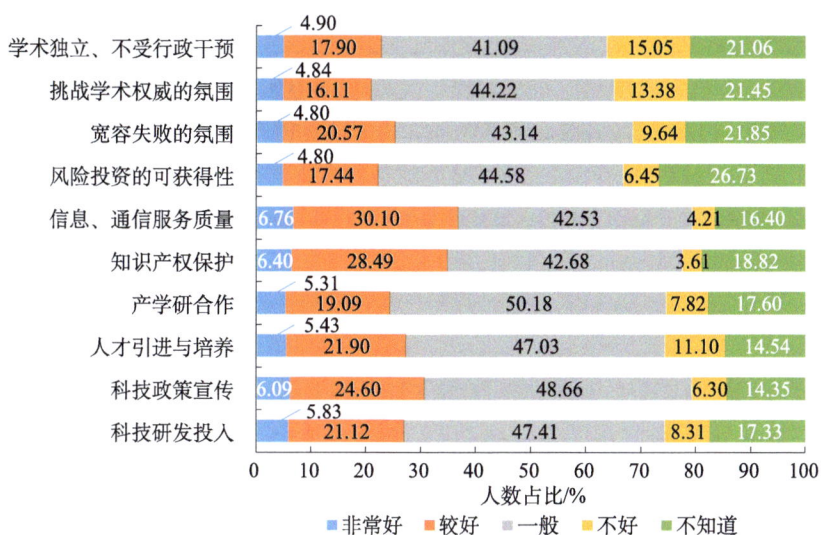

图 5-13　科技工作者对江西省创新环境的评价

表 5-6　不同科技工作者群体评价江西省创新环境不好的人数占比　单位：%

	类别	科技研发投入	科技政策宣传	人才引进与培养	产学研合作	知识产权保护	信息、通信服务质量	风险投资的可获得性	宽容失败的氛围	挑战学术权威的氛围	学术独立、不受行政干预
学历	博士研究生	19.79	9.30	19.14	13.80	5.03	7.38	11.66	14.87	21.60	28.77
	硕士研究生	7.36	7.97	13.03	8.20	4.06	4.29	5.59	10.27	15.25	17.01
	本科	5.14	4.58	7.73	5.96	3.26	3.09	5.58	8.28	10.66	10.55
	大专	3.28	4.24	6.36	4.62	1.93	2.70	3.66	5.20	6.74	5.01
职业	工程技术人员	5.75	6.70	10.77	7.06	4.22	4.51	5.75	9.10	12.15	11.79
	医务工作者	6.86	6.71	7.18	5.93	2.96	3.28	4.99	7.33	14.35	14.04
	科学研究人员	20.42	10.47	21.73	12.04	4.45	6.54	10.99	18.32	22.77	28.80
	大学教师	13.84	6.87	12.58	11.33	3.97	5.13	8.42	12.00	17.52	21.68
	中学教师	2.09	3.77	5.02	4.18	1.67	0.84	3.35	1.26	2.93	6.69
	推广人员/科普工作者	1.90	2.53	4.43	1.90	3.16	2.53	3.80	3.80	4.43	5.70
	科研/教学辅助人员	6.98	6.59	18.60	10.08	4.26	5.04	6.20	12.79	14.73	18.22
	科技管理人员	4.91	4.56	10.88	7.72	3.16	3.16	6.67	10.53	12.98	11.58
	智库研究人员	6.25	0	31.25	6.25	6.25	0	12.50	6.25	18.75	31.25

续表

类别		科技研发投入	科技政策宣传	人才引进与培养	产学研合作	知识产权保护	信息、通信服务质量	风险投资的可获得性	宽容失败的氛围	挑战学术权威的氛围	学术独立、不受行政干预
区域	赣北区域	8.91	6.92	12.31	8.54	4.05	4.67	7.10	10.44	14.67	16.17
	赣南区域	7.13	4.87	8.62	6.29	2.61	3.18	4.80	7.98	10.73	12.64

三、对学术不端行为普遍性的评价

调查数据显示，25.74%的科技工作者认为"在没有参与的科研成果上挂名"的现象相当普遍或比较普遍，15.54%的科技工作者认为当前学术界普遍存在"抄袭剽窃他人成果"的行为，15.28%的科技工作者认为普遍存在"弄虚作假（如伪造数据）"行为，13.17%的科技工作者认为学术界"一稿多投、多发"的现象普遍（图5-14）。

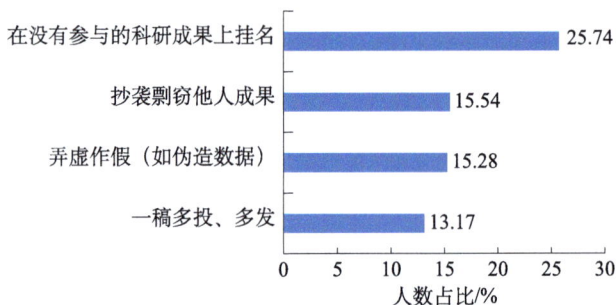

图 5-14　科技工作者认为学术不端行为普遍的人数占比

从入职单位类型方面进一步分析后发现，中学、科技中小企业的科技工作者中认为"抄袭剽窃他人成果"和"一稿多投、多发"的现象普遍的人数占比较高，医疗卫生机构的科技工作者中认为"弄虚作假（如伪造数据）"的行为普遍的人数占比较高，科研院所的科技工作者中认为"在没有参与的科研成果上挂名"的现象普遍的人数占比较高。从区域分布方面进一步分析后发现，赣北区域的科技工作者中认为学术不端行为普遍的人数占比高于赣南区域的科技工作者（表5-7）。

表 5-7　不同科技工作者群体认为学术不端行为普遍的人数占比　　单位：%

类别		抄袭剽窃他人成果	弄虚作假（如伪造数据）	一稿多投、多发	在没有参与的科研成果上挂名
入职单位	大中型企业	16.40	15.58	15.06	23.82
	科技中小企业	17.53	15.12	15.81	20.62
	科研院所	15.72	16.22	11.30	31.08
	高校	12.13	12.04	9.27	26.31
	中学	22.22	22.65	21.79	26.50
	医疗卫生机构	16.21	17.83	13.12	26.42
	农业服务机构	12.24	10.20	14.28	17.35
区域	赣北区域	15.85	15.76	13.93	27.48
	赣南区域	14.55	13.99	10.66	22.04

四、导致学术不端行为的主要原因

调查数据显示，54.11% 的科技工作者认为"研究者自律不够"是造成学术不端行为的主要原因，其他依次是"监督机制不健全"（51.53%）、"学术规范、规章不明确"（34.66%）、"处罚不严厉"（32.34%）、"现行评价制度驱使"（32.23%）、"学术规范教育不够"（29.25%）和"社会大环境"（26.99%）等外部环境和制度性因素（图 5-15）。

从入职单位类型方面进一步分析后发现，科研院所和高校科技工作者中认同"研究者自律不够"是造成学术不端行为的主要原因的人数占比较高，分别为 56.27%、59.68%；大中型企业、科技中小企业、中学、医疗卫生机构、农业服务机构的科技工作者中认为"监督机制不健全"是造成学术不端行为的主要原因的人数占比较高。从区域分布方面进一步分析后发现，赣北区域、赣南区域的科技工作者中认同"研究者自律不够"和"监督机制不健全"是造成学术不端行为的主要原因的人数占比均较高（表 5-8）。

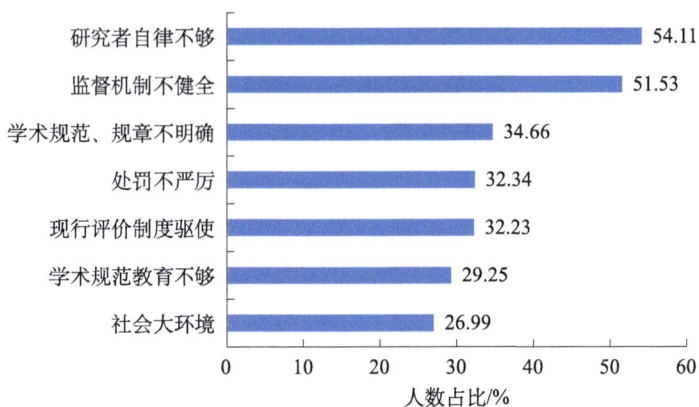

图 5-15　科技工作者对造成学术不端行为原因的判断

表 5-8　不同科技工作者群体对造成学术不端原因的判断　　　　　单位：%

类别		研究者自律不够	学术规范教育不够	学术规范、规章不明确	监督机制不健全	处罚不严厉	现行评价制度驱使	社会大环境
入职单位	大中型企业	52.66	27.34	35.06	53.11	35.81	23.67	28.61
	科技中小企业	45.02	25.77	30.93	47.42	33.33	25.77	27.49
	科研院所	56.27	27.64	35.75	52.46	31.82	36.86	22.85
	高校	59.68	28.99	32.11	47.19	30.51	42.37	26.58
	中学	45.73	45.30	41.88	47.44	29.49	23.50	17.95
	医疗卫生机构	52.51	33.06	37.12	55.11	30.15	37.44	35.01
	农业服务机构	56.12	22.45	36.73	66.33	26.53	19.39	16.33
区域	赣北区域	54.27	28.32	33.89	51.43	32.12	34.08	27.73
	赣南区域	54.17	31.07	36.51	51.98	33.76	28.53	25.85

五、对科研道德和学术规范的了解程度

调查数据显示，66.61%的科技工作者表示对科研道德和学术规范了解比较多或了解一些。其中，16.85%的科技工作者表示了解比较多，49.76%的科技工作者表示了解一些，21.86%的科技工作者表示了解很少，11.53%的科技工作者表示基本不了解（图 5-16）。

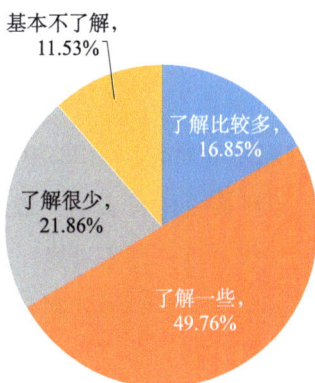

图 5-16 科技工作者对科研道德和学术规范的了解程度

从学历方面进一步分析后发现,科技工作者的学历越高,对科研道德和学术规范的了解程度越高。从入职单位类型方面进一步分析后发现,高校科技工作者对科研道德和学术规范的了解程度最高,86.80%的表示了解比较多或了解一些,其次是科研院所(80.96%)、医疗卫生机构(71.96%)、农业服务机构(64.29%)等。从区域分布方面进一步分析后发现,赣北区域的科技工作者对科研道德和学术规范的了解程度高于赣南区域的科技工作者,其表示了解比较多或了解一些的人数占比为67.42%(图 5-17)。

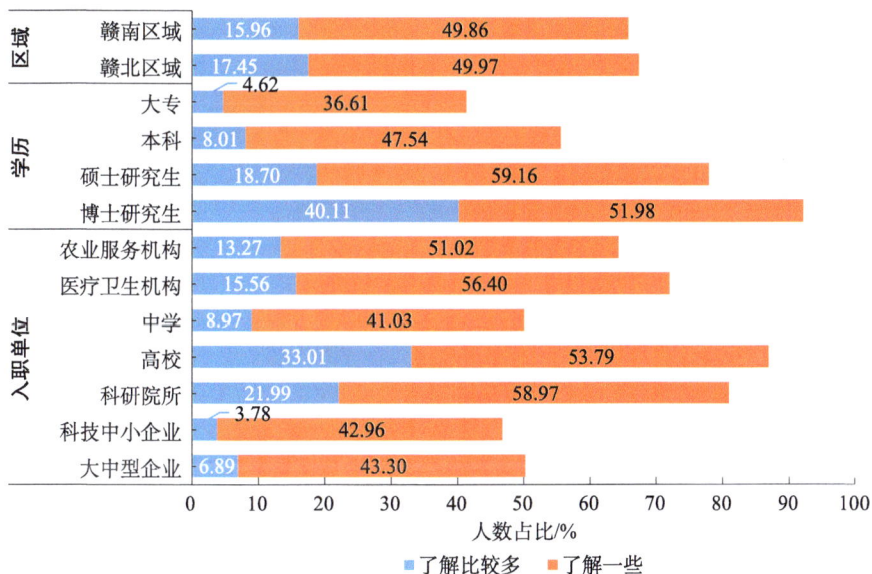

图 5-17 不同科技工作者群体了解科研道德和学术规范的程度

六、对科研环境的满意度

调查数据显示，33.03%的科技工作者对科研环境非常满意或比较满意。其中，4.33%的科技工作者表示非常满意，28.70%的科技工作者表示比较满意。另外，还有54.45%的科技工作者表示一般，9.98%的科技工作者表示不太满意，2.54%的科技工作者表示很不满意。从年龄、性别方面进一步分析后发现，青年科技工作者比其他年龄段的科技工作者对科研环境的满意度更高，女性科技工作者比男性科技工作者的满意度偏低。从入职单位类型方面进一步分析后发现，科研院所的科技工作者中表示非常满意或比较满意的人数占比为37.59%。从学历方面进一步分析后发现，科技工作者的学历越高，其对科研环境的满意度也越高。从区域分布方面进一步分析后发现，赣南区域的科技工作者对科研环境的满意度要高于赣北区域的科技工作者（图5-18）。

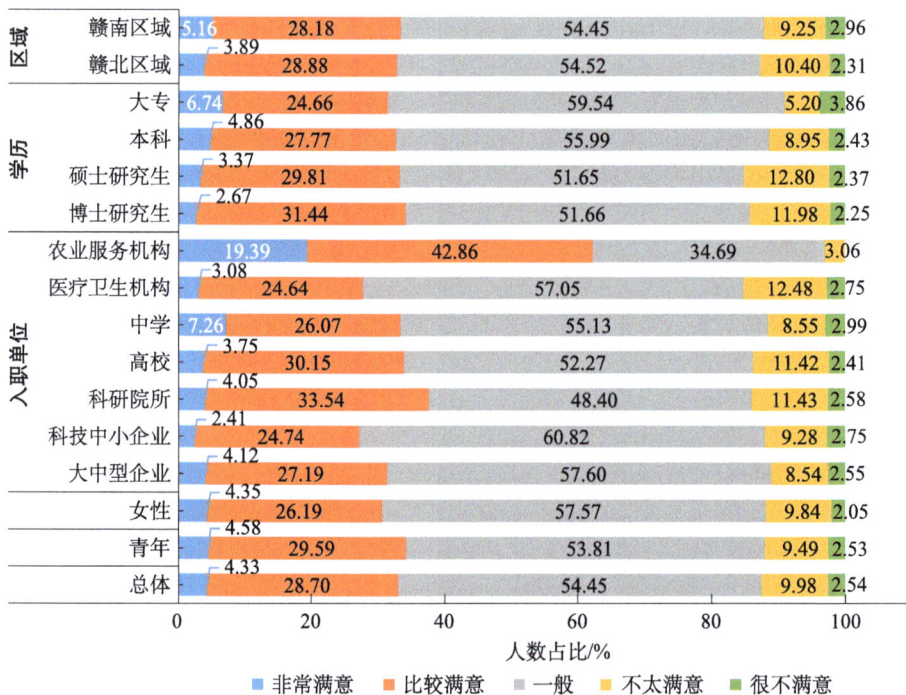

图5-18 不同科技工作者群体对科研环境满意度的评价

第五节 对"尊重崇尚科技工作者" 社会氛围的评价

一、对科技工作者受江西省重视程度的评价

调查数据显示，48.55%的科技工作者认为江西省对科技工作者非常重视或比较重视。其中，10.12%的认为非常重视，38.43%的认为比较重视。另外，39.80%的科技工作者认为重视程度一般，9.32%的认为不太重视，2.33%的认为非常不重视。从年龄、性别方面进一步分析后发现，青年科技工作者中认为江西省对科技工作者非常重视或比较重视的人数占比高于其他年龄段的科技工作者，女性科技工作者中认为江西省对科技工作者非常重视或比较重视的人数占比高于男性科技工作者。从区域分布方面进一步分析后发现，赣南区域的科技工作者中认为江西省对科技工作者非常重视或比较重视的人数占比要高于赣北区域的科技工作者（图5-19）。

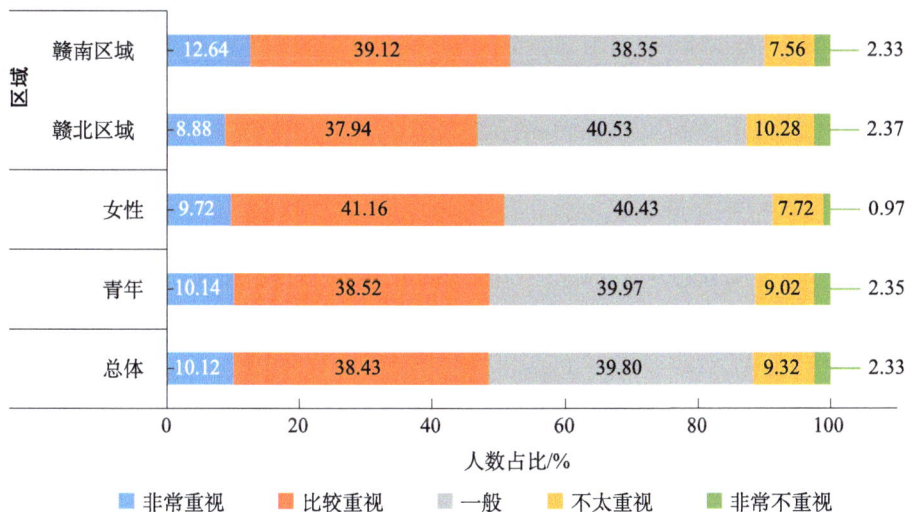

图 5-19　不同科技工作者群体对江西省重视科技工作者程度的评价

二、对科技工作者社会地位的评价

调查数据显示，21.50%的科技工作者认为自己受人尊敬，47.96%的科技工作者认为自己被平常对待，23.53%的科技工作者认为自己较少被关注，7.01%的科技工作者认为很难判断。从年龄、性别方面进一步分析后发现，青年科技工作者中认为自己受人尊敬的人数占比比其他年龄段的科技工作者偏低，女性科技工作者中认为自己受人尊敬的人数占比比男性科技工作者高。从入职单位类型方面进一步分析后发现，农业服务机构的科技工作者中认为自己受人尊敬的人数占比较高。从区域分布方面进一步分析后发现，赣南区域的科技工作者认为自己受人尊敬的人数占比高于赣北区域科技工作者（图5-20）。

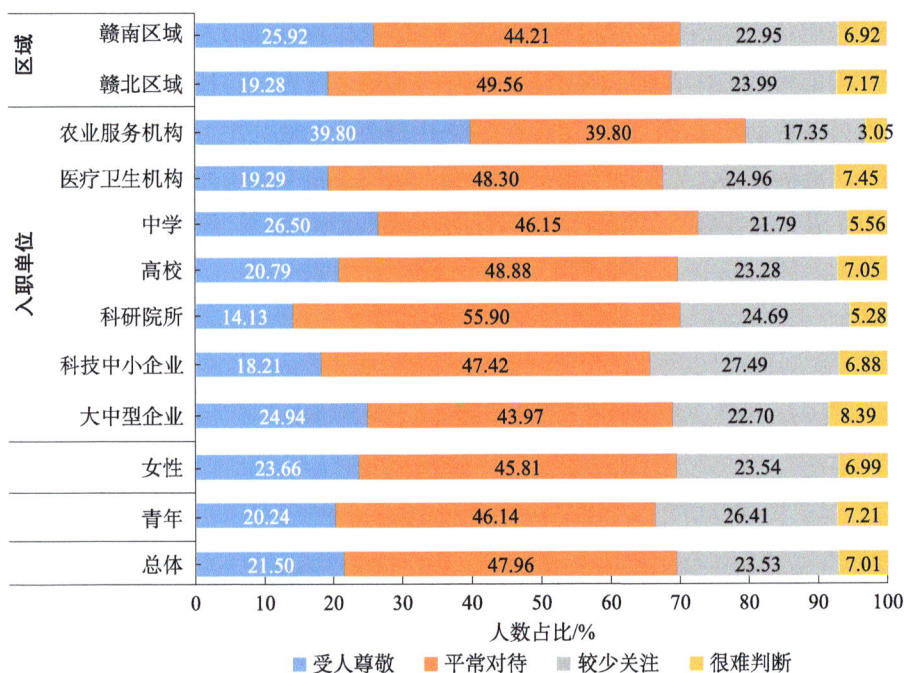

图 5-20　不同科技工作者群体对自身社会地位的评价

调查数据显示，分别有59.59%、59.08%、53.90%和31.37%的科技工作者认为提升科技工作者社会地位的主要举措为"建立科学的利益驱动机制，切实提高科技工作者的物质待遇""加大宣传力度，营造尊重知识、尊重人才的社会风尚""建立公平、公正的科技评价体系""加大科技工作者在科研开发中的自主权和话语权"等（图 5-21）。

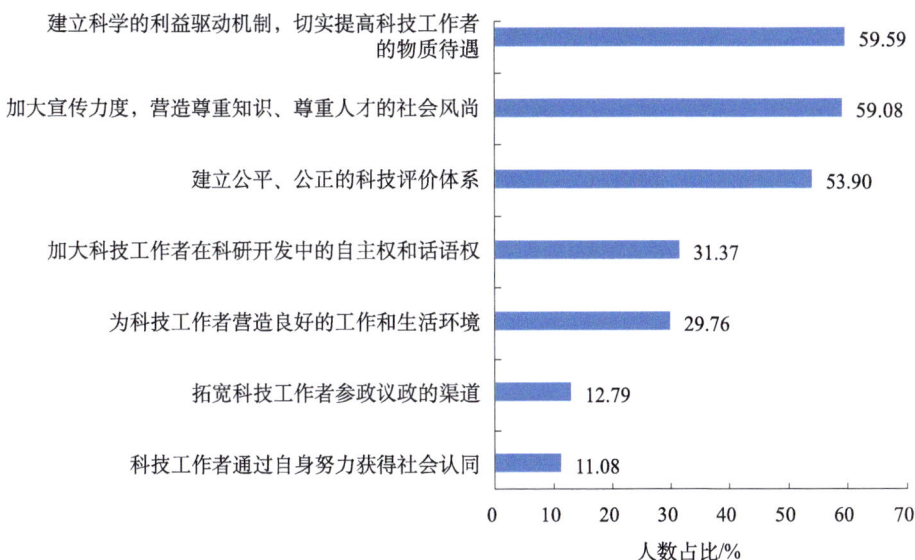

图 5-21 科技工作者对提升自身社会地位举措的判断

三、对表彰、奖励、宣传科技工作者的满意度

调查数据显示，38.30% 的科技工作者表示对表彰、奖励、宣传科技工作者非常满意或比较满意，其中 7.38% 的表示非常满意，30.92% 的表示比较满意。另外，44.92% 的科技工作者表示一般，7.10% 的表示不太满意，1.35% 的表示非常不满意，8.33% 的没有明确表态。从年龄、性别方面进一步分析后发现，青年、女性科技工作者对表彰、宣传、奖励科技工作者的满意度比其他年龄段、男性科技工作者更高。从单位类型方面进一步分析后发现，农业服务机构科技工作者对表彰、奖励、宣传科技工作者的满意度较高。从学历方面进一步分析后发现，科技工作者的学历越高，对表彰、奖励、宣传科技工作者的满意度越低。从区域分布方面进一步分析后发现，赣南区域科技工作者的满意度明显高于赣北区域科技工作者，其表示非常满意或比较满意的人数占比为 41.10%（图 5-22）。

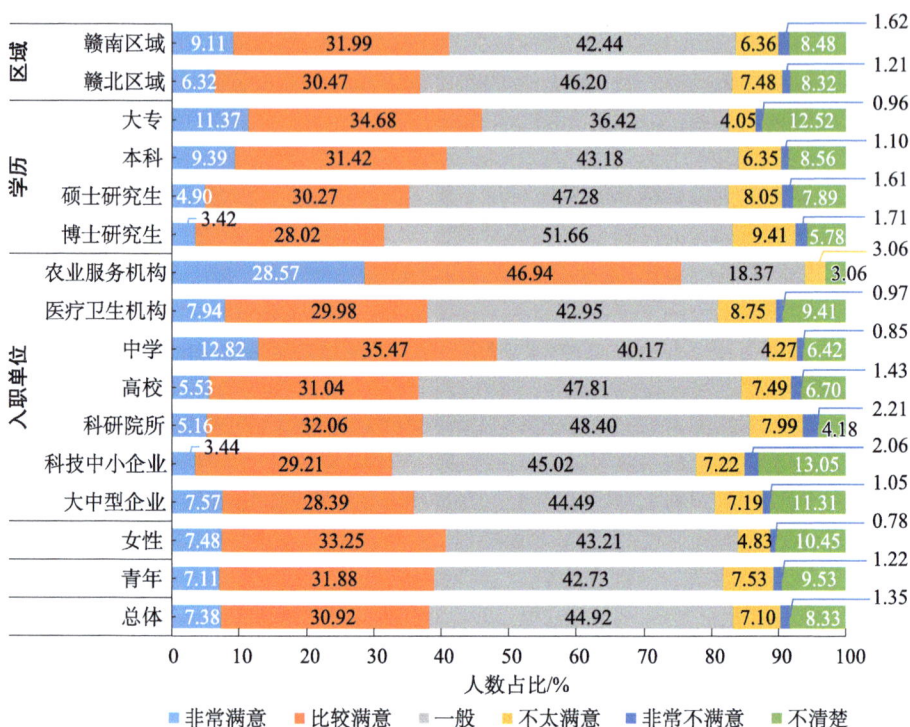

图 5-22　不同科技工作者群体对表彰、奖励、宣传科技工作者的满意度评价

　　科技工作者肩负着应用自身专业优势和知识专长参与社会公共事务管理的社会责任，其社会参与状况值得进行调查和研究分析。本章主要从参与公共事务的意愿、参与学术团体和或科协基层组织的情况、对科协组织的评价和期望三个方面，对调查得到的结果进行描述分析，以了解江西省科技工作者的社会参与状况。调查发现，科技工作者对于国家政策方针的关注度和参与国家或地方公共事务管理的意愿较高，同时反映参政议政或参与公共事务的渠道仍然缺乏。科技工作者参加学术团体和基层科协组织的人数占比较高，同时参加所在团体或组织活动的积极性也非常高。总体而言，科技工作者的社会参与积极性较高，但可能存在渠道不畅通等问题。

第一节　参与公共事务的意愿

一、对国家政策方针的关注度

　　调查数据显示，79.71% 的科技工作者表示比较关注或非常关注近年来国家出台的重大政策方针，其中表示非常关注的占 17.84%，表示比较关注的占 61.87%。另外，17.50% 的表示不太关注，0.66% 的表示完全不关注，2.13%

的表示说不清。从年龄、性别方面进一步分析后发现，青年、女性科技工作者中对国家政策方针的比较关注或非常关注的人数占比低于整体人数占比。从入职单位类型方面进一步分析后发现，科研院所、高校、农业服务机构的科技工作者更关注国家政策方针，其对国家政策方针非常关注或比较关注的人数占比分别为85.38%、83.41%、83.67%（图6-1）。

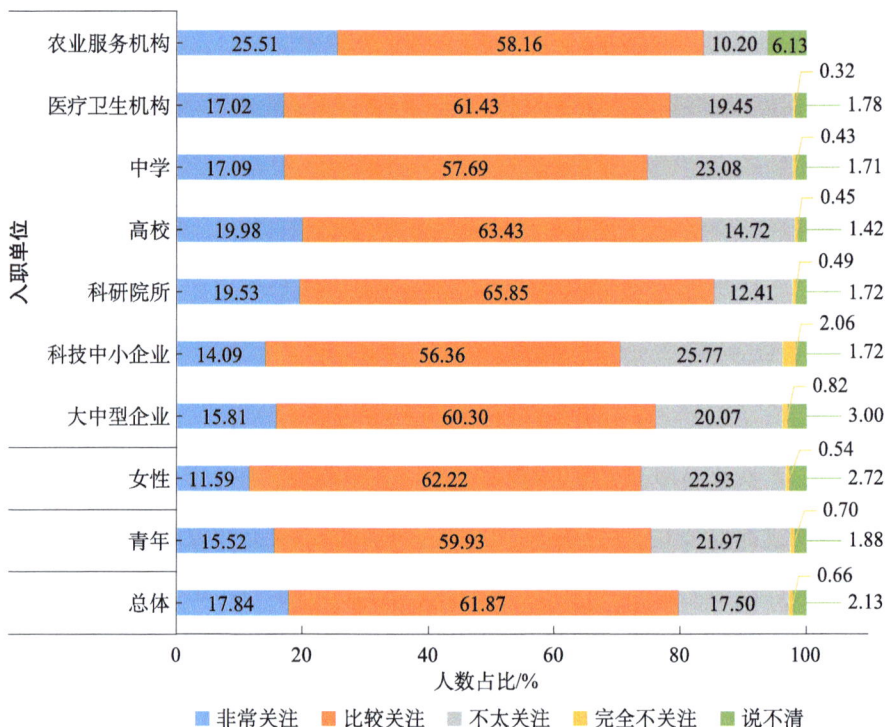

图6-1 不同科技工作者群体对国家政策方针的关注度

二、参与国家或地方公共事务管理的意愿

调查数据显示，科技工作者参与公共事务管理的意愿强烈，83.66%的科技工作者表示非常愿意或比较愿意参与国家或地方公共事务管理，其中非常愿意的占26.76%，比较愿意的占56.90%。另外，6.38%的科技工作者表示不愿意，9.96%的科技工作者没有明确表态。从年龄、性别方面进一步分析后发现，青年科技工作者中表示非常愿意或比较愿意参与国家或地方公共事务管理

的人数占比高于其他年龄段的科技工作者，女性科技工作者中的该项占比则低于男性科技工作者。从入职单位类型方面进一步分析后发现，农业服务机构的科技工作者中表示非常愿意或比较愿意参与公共事务管理的人数占比较最高，为88.78%（图6-2）。

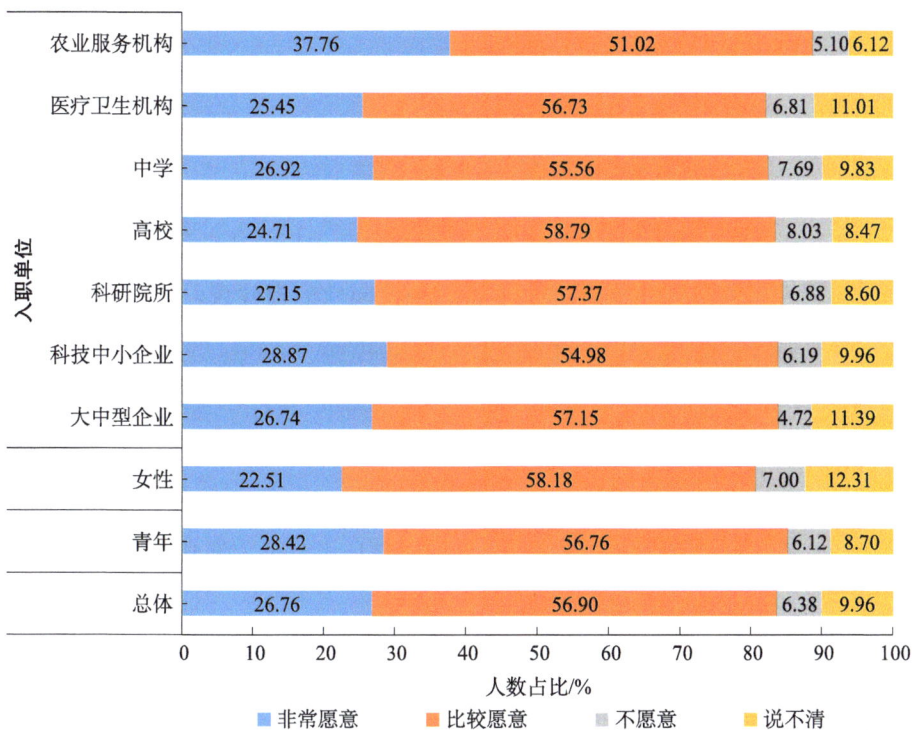

图6-2　不同科技工作者群体参与国家或地方公共事务管理的意愿

三、参政议政或参与公共事务渠道的畅通性

调查数据显示，虽然36.46%的科技工作者认为渠道畅通，其中5.62%的科技工作者认为非常畅通，30.84%的科技工作者认为比较畅通；但还有33.52%的科技工作者认为不太畅通，17.44%的科技工作者认为很缺乏渠道。从区域分布方面进一步分析后发现，赣南区域的科技工作者（40.96%）中反映参政议政或参与公共事务的渠道非常畅通或比较畅通的人数占比高于赣北区域的科技工作者（34.18%）（图6-3）。

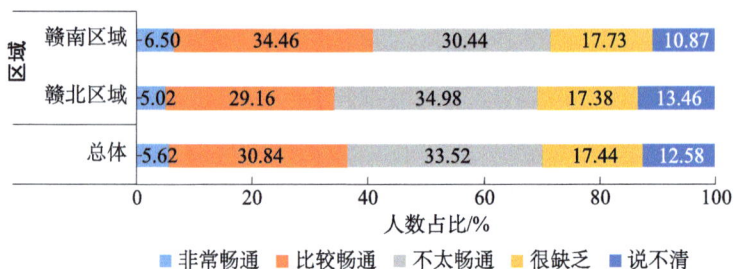

图 6-3　不同科技工作者群体对参政议政或参与公共事务渠道畅通性的反映

四、参与具体公共事务管理的积极性

本次调查列举了四种活动来了解科技工作者参与公共事务管理的积极性情况。调查发现，14.46% 的科技工作者有"向政府提建议／意见"的经历，其中"经常"的占 1.00%，"有时"的占 13.46%；12.26% 的科技工作者有"向新闻媒体提建议／意见"的经历，其中"经常"的占 1.08%，"有时"的占 11.18%；57.54% 的科技工作者有"向单位领导（部门）提建议／意见"的经历，其中"经常"的占 4.02%，"有时"的占 53.52%；41.96% 的科技工作者有"就单位的管理问题公开发表意见"的经历，其中"经常"的占 2.79%，"有时"的占 39.17%（图 6-4）。

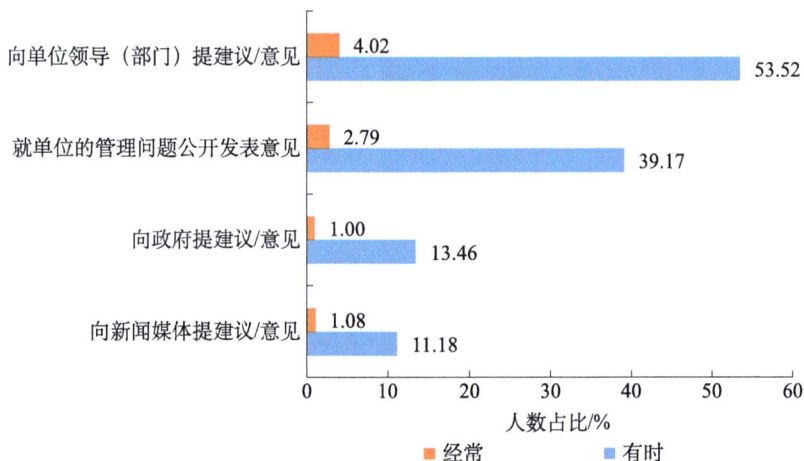

图 6-4　科技工作者参与四种公共事务管理的人数占比

不同科技工作者群体在参与公共事务管理的积极性方面存在差异。从年龄方面进一步分析后发现，青年科技工作者在参与的四种公共事务中，仅有"向新闻媒体提建议/意见"的人数占比高于整体。从性别方面进一步分析后发现，女性科技工作者中参与四种公共事务的人数占比均低于整体。从职称方面进一步分析后发现，高职称科技工作者中参与公共事务管理的人数占比相对更高。从入职单位类型方面进一步分析后发现，在"就单位的管理问题公开发表意见"和"向单位领导（部门）提建议/意见"方面，科研院所科技工作者中的反映人数占比相对最高；在"向新闻媒体提建议/意见"和"向政府提建议/意见"方面，农业服务机构的科技工作者中的反映人数占比最高。从区域分布方面进一步分析后发现，赣南区域的科技工作者参与公共事务管理的人数占比要略高于赣北区域科技工作者（表 6-1）。

表 6-1 不同科技工作者群体有时或经常参与四种公共事务管理的人数占比

单位：%

类别		就单位的管理问题公开发表意见	向单位领导（部门）提建议/意见	向新闻媒体提建议/意见	向政府提建议/意见
年龄	青年	35.34	52.59	12.72	13.93
性别	女性	37.24	50.75	11.16	13.22
入职单位	大中型企业	40.82	62.02	8.31	9.89
	科技中小企业	33.68	54.64	9.62	16.15
	科研院所	48.40	63.64	19.29	22.97
	高校	41.75	53.70	11.60	13.38
	中学	38.89	46.58	12.82	13.68
	医疗卫生机构	39.87	49.27	12.80	11.67
	农业服务机构	46.94	63.27	22.45	27.55
职称	正高级	61.18	72.67	19.25	25.47
	副高级	47.72	61.01	11.90	13.79
	中级	41.89	57.09	11.60	13.69
	初级	36.43	56.09	11.82	12.42
	无职称	31.69	48.59	11.83	14.79
区域	赣北区域	41.90	57.07	12.15	14.05
	赣南区域	42.02	58.19	11.37	14.19

第二节 参与学术团体或科协基层组织的情况

一、科技工作者参加学术团体或基层科协组织的情况

调查数据显示，42.80% 的科技工作者是与自己专业或工作相关的学术团体或基层科协组织的会员。从年龄、性别方面进一步分析后发现，青年、女性科技工作者是学术团体或基层科协组织会员的人数占比低于整体人数占比。从学历、职称方面进一步分析后发现，学历、职称越高，是学术团体或基层科协组织会员的人数占比越高。从入职单位类型方面进一步分析后发现，医疗卫生机构的科技工作者参加学术团体或基层科协组织的人数占比最高，科技中小企业的科技工作者是学术团体或基层科协组织会员的人数占比最低。从区域分布方面进一步分析后发现，赣北区域的科技工作者参加学术团体或基层科协组织的人数占比明显高于赣南区域的科技工作者（图 6-5）。

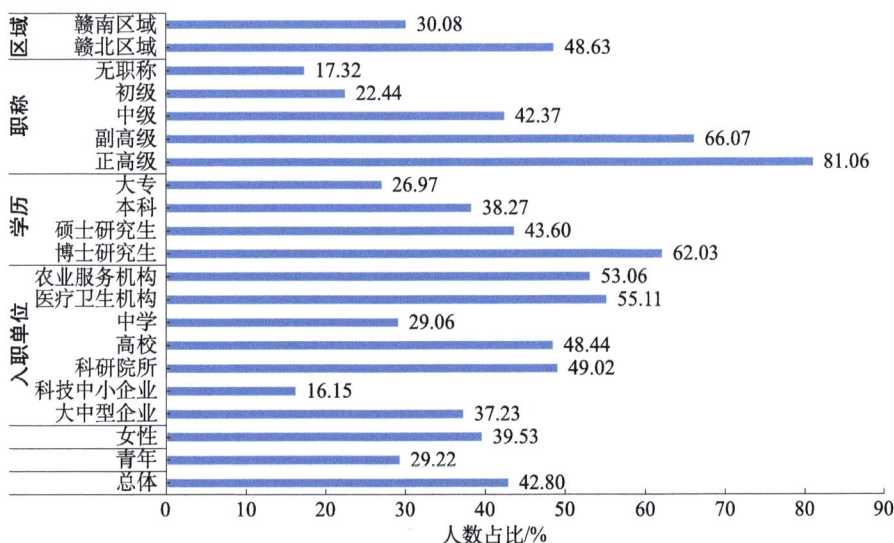

图 6-5 不同科技工作者群体参加学术团体或基层科协组织的情况

二、参与所在团体或组织开展的活动的积极性

调查数据显示，在学术团体或基层科协组织会员中，91.86%的科技工作者表示参加了所在团体或组织开展的活动，其中，30.75%的经常参加，61.11%的偶尔参加。另外，几乎不参加活动的会员占8.14%。从年龄、性别方面进一步分析后发现，青年、女性科技工作者经常参加所在组织活动的积极性较低。从入职单位类型方面进一步分析后发现，医疗卫生机构科技工作者中经常参加所在团体或组织开展的活动的人数占比最高，为43.82%；科技中小企业科技工作者中经常参加所在组织活动的人数占比最低，为21.28%。从职称方面进一步分析后发现，正高级职称科技工作者中参加所在组织开展的活动相对频繁，表示经常参加活动的人数占比为50.96%（图6-6）。

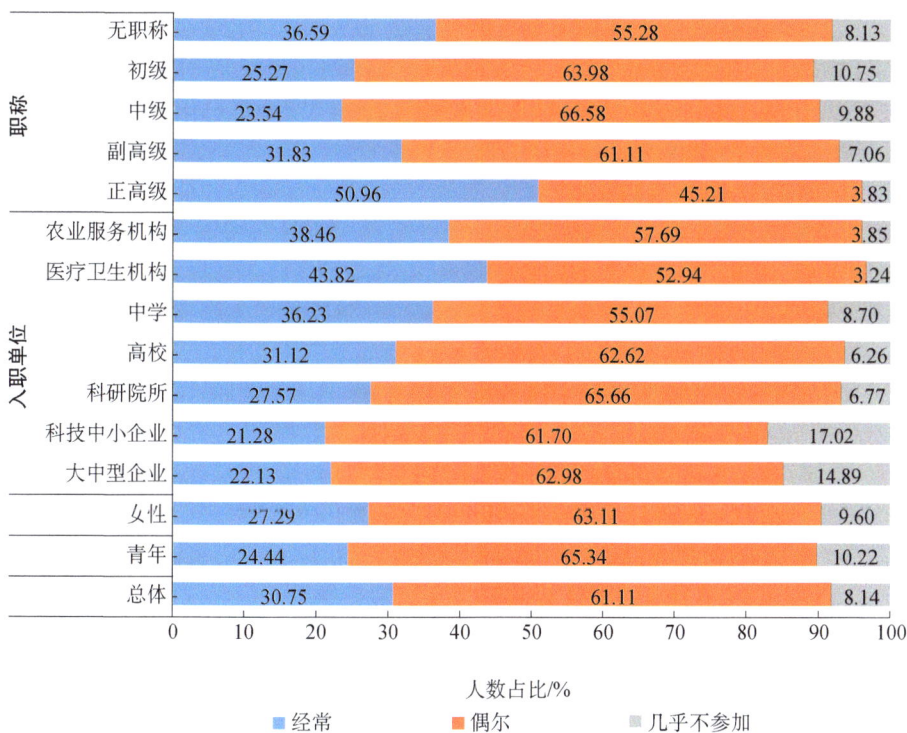

图 6-6　不同科技工作者群体参加所在组织活动的积极性情况

第三节　对科协组织的评价和期望

一、对科协组织的了解程度

调查数据显示，33.92%的科技工作者表示了解科协组织的情况，其中，3.61%的科技工作者表示非常了解，30.31%的科技工作者表示比较了解。另外，表示对科协组织不太了解的科技工作者占55.74%，完全不了解的科技工作者占10.34%。从年龄、性别方面进一步分析后发现，青年、女性科技工作者对科协组织的了解程度比其他年龄段和男性科技工作者低。从入职单位类型方面进一步分析后发现，分别有69.39%、39.19%和34.26%的农业服务机构、科研院所和高校科技工作者对科协组织非常了解或比较了解。从职称方面进一步分析后发现，职称越高的科技工作者中表示对科协组织非常了解或比较了解的人数占比也越高。从区域分布方面进一步分析后发现，赣北区域的科技工作者中表示非常了解或比较了解科协组织的人数占比为33.99%，略高于赣南区域的科技工作者（图6-7）。

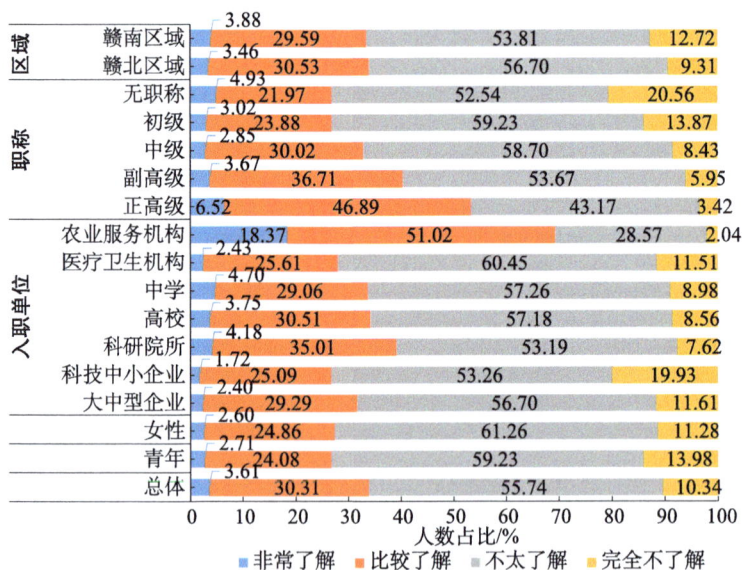

图6-7　不同科技工作者群体对科协组织的了解情况

二、对科协组织影响力的评价

调查数据显示，6.70%的科技工作者表示科协组织对科技工作者的吸引力和凝聚力很强，27.80%的表示较强，39.57%的表示一般，9.03%的表示较弱，2.71%的表示没有，14.19%的没有明确表态。从年龄方面进一步分析后发现，青年科技工作者中认为科协组织影响力较强或很强的人数占比低于整体人数占比，表明其他年龄段的科技工作者对科协组织影响力较强或很强的认可度更高。从性别方面进一步分析后发现，女性科技工作者中认为科协组织影响力较强或很强的人数占比相较男性科技工作者略高。从职称方面进一步分析后发现，职称越高的科技工作者中，对科协组织影响力很强或较强的认可度越高。从单位类型方面进一步分析后发现，农业服务机构的科技工作者中表示科协组织影响力很强或较强的人数占比最高，达72.45%。从区域分布方面进一步分析后发现，赣北区域的科技工作者（34.77%）中表示科协组织影响力很强或较强的人数占比高于赣南区域的科技工作者（33.54%）（图6-8）。

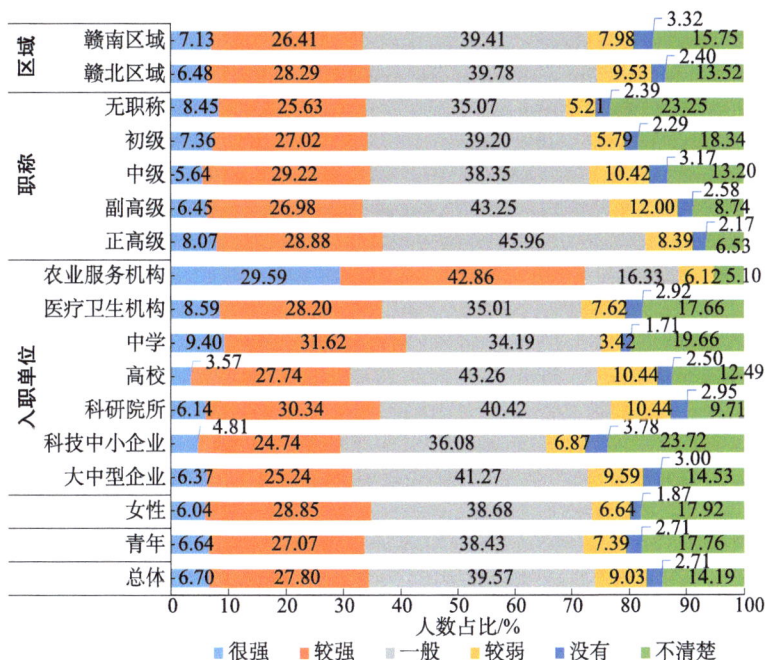

图 6-8 不同科技工作者群体对科协组织影响力的评价

三、最希望科协组织提供的服务

调查数据显示，58.76% 的科技工作者最希望科协组织提供的服务为"信息、技术服务"，其他依次为"进修培训服务"（44.71%）、"提供科技人员内部交流的机会"（41.64%）、"职称评审"（37.65%）、"提供与社会各界交流的机会"（29.68%）、"法律政策咨询服务"（25.17%）、"资助研究"（21.86%）等。其他的需求还有"就业服务"（16.74%）、"保障权益"（15.45%）、"向政府反映意见"（13.08%）、"表彰奖励"（12.43%）、"解决生活困难"（12.37%）等（图 6-9）。

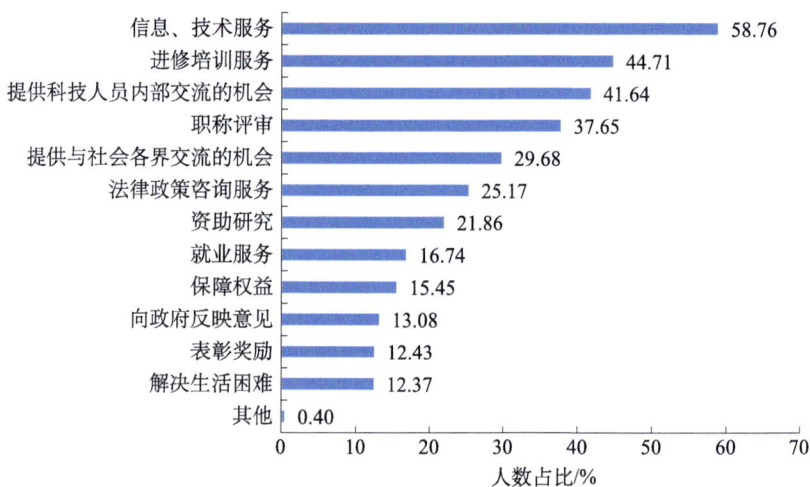

图 6-9　科技工作者对科协组织的各类服务的需求情况

不同科技工作者群体对科协组织服务的期待有所不同。从年龄、性别方面进一步分析后发现，青年、女性科技工作者最需要科协组织提供的服务主要集中在"信息、技术服务""进修培训服务""职称评审"等方面。从职称方面进一步分析后发现，职称越高的科技工作者对"资助研究""提供科技人员内部交流的机会""提供与社会各界交流的机会"的服务需求越高，职称越低的科技工作者对"进修培训服务""职称评审"的服务需求越高。从职业方面进一步分析后发现，在"资助研究""提供科技人员内部交流的机会""提供与社会各界交流的机会"等服务方面，大学教师、科学研究人员的反映人数占比更高；在"职称评审"服务方面，医务工作者的反映人数占比更高；在"进修培训服务"方面，工程技术人员的反映人数占比相对较高；在"法律政策咨询服务"方面，智库研究人员的反映人数占比相对较高（表6-2）。

表6-2 不同科技工作者群体对科协组织各类服务的需求

类别		人数占比 / %						
		信息、技术服务	法律政策咨询服务	进修培训服务	职称评审	资助研究	提供科技人员内部交流的机会	提供与社会各界交流的机会
年龄	青年	56.19	25.29	47.83	40.86	21.41	37.59	27.54
性别	女性	57.82	27.34	49.49	38.44	18.04	38.14	29.21
职称	正高级	55.90	24.22	32.92	12.11	31.06	51.86	40.99
	副高级	64.19	22.62	40.08	36.31	26.98	50.00	35.42
	中级	58.86	25.35	47.15	45.22	21.75	41.35	28.68
	初级	56.09	25.81	49.22	41.01	16.28	37.15	25.69
	无职称	55.21	28.03	44.93	27.32	17.18	31.13	23.66
职业	工程技术人员	66.01	21.76	51.46	38.72	13.90	47.53	29.77
	医务工作者	60.06	33.70	41.19	44.93	24.18	39.47	27.30
	科学研究人员	60.47	16.23	35.34	36.39	40.58	48.17	35.60
	大学教师	55.57	23.43	39.11	40.85	34.17	42.79	34.95
	中学教师	45.61	26.36	43.51	43.10	11.72	20.50	16.32
	推广人员/科普工作者	61.39	28.48	39.87	23.42	7.59	34.18	22.15
	科研/教学辅助人员	49.22	30.23	49.22	34.50	23.26	40.70	34.88
	科技管理人员	55.44	25.61	53.33	29.47	14.04	48.42	31.93
	智库研究人员	31.25	43.75	25.00	43.75	18.75	43.75	37.50

群体篇

第七章

青年科技工作者

　　本章选取青年科技工作者作为对象，主要从基本情况、工作状况、科研活动状况、工作环境与职业意愿、收入待遇和生活状况、认知和评价、社会参与七个方面对调查结果进行详细分析。调查发现，在择业时除考虑专业对口因素外，青年科技工作者比较看重工作稳定性和距离，反而对工资待遇和个人兴趣考虑得较少。在科研活动方面，承担研究项目的青年科技工作者的人数占比较低，且青年科技工作者反映研究水平有限是在科研工作中遇到的最大困难，在财政支持的科研项目管理中存在的最主要问题是基础研究不受重视。青年科技工作者在工作中面临的主要困扰是收入不高，对提高收入的需求也最迫切，且流动意愿较强烈，大部分青年科技工作者对于大学教师职业的青睐度最高。

第一节　基本情况

一、学历分布

　　青年科技工作者队伍中博士研究生学历的人数占比为 13.32%，硕士研究生学历的人数占比为 35.20%，本科学历的人数占比为 39.93%，大专学历的人数占比为 9.02%（图 7-1）。赣北区域的青年科技工作者中硕士研究生及以上学历的人数占比为 51.65%，高于赣南区域（43.98%）的青年科技工作者。高校、科研院所和医疗卫生机构的青年科技工作者的学历相对较高，硕士研究生及以上学历的人数占比分别为 89.07%、68.81% 和 67.62%，农业服务机构的青年科技工作者的学历相对较低（5.26%）。

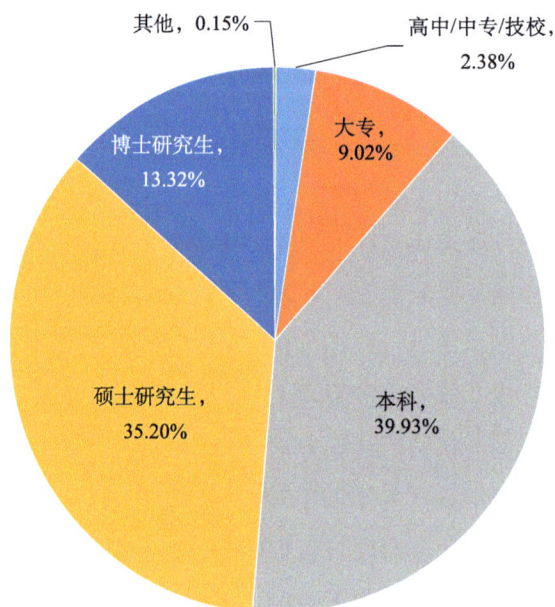

图 7-1　青年科技工作者的学历构成

二、性别分布与婚姻状况

调查数据显示，在青年科技工作者中，男性占 61.76%，女性占 38.24%。青年科技工作者中已婚人数占 61.20%，未婚人数占 38.80%。

三、政治面貌分布

青年科技工作者中，中国共产党党员的人数占 47.73%，共青团员的人数占 26.04%，无党派人士的人数占 24.69%，民主党派成员的人数占 1.54%。

第二节 工 作 状 况

一、入职过程

(一)入职单位类型

青年科技工作者的入职单位为大中型企业、高校和科研院所的人数占比分别为 31.37%、20.10% 和 18.89%(图 7-2)。男性青年科技工作者在农业服务机构中的人数占比最高(84.21%),高于女性青年科技工作者 68.42 个百分点。女性青年科技工作者中,高校是主要工作单位的人数占比为 26.94%。同学历的青年科技工作者在不同单位类型的人数存在差异,博士研究生学历和硕士研究生学历的青年科技工作者入职高校的人数占比相对较高(59.65%、29.06%);本科学历、大专学历和高中/中专/技校学历的青年科技工作者入职大中型企业的人数占比相对较高(48.24%、43.52%、56.86%)

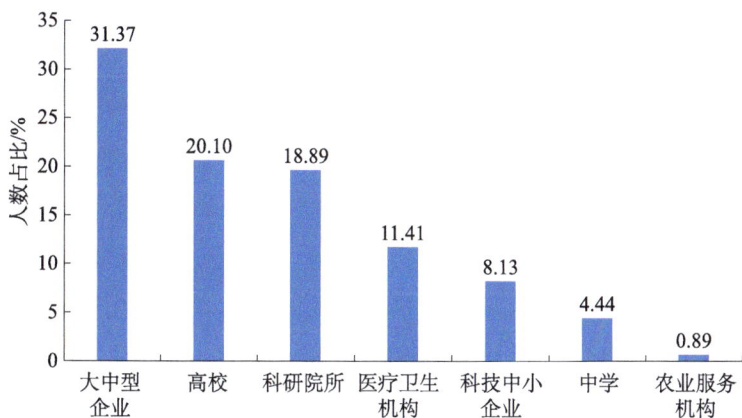

图 7-2 青年科技工作者的单位类型分布

(二)在现职单位的工作年限与所在区域

调查结果显示,青年科技工作者在现职单位工作的平均年限为 4.55 年。

不同单位类型的青年科技工作者的平均工作年限存在一定差异，大中型企业和中学的青年科技工作者的平均工作年限较长，分别为 5.59 年和 5.13 年，农业服务机构、医疗卫生机构、科技中小企业的青年科技工作者的平均工作年限分别为 4.94 年、4.52 年和 4.15 年，科研院所和高校的青年科技工作者的平均工作年限分别为 3.59 年和 3.54 年。从不同学历的青年科技工作者情况方面进一步分析后发现，博士研究生学历的青年科技工作者的平均工作年限最少，为 3.12 年，硕士研究生学历的青年科技工作者的平均工作年限为 3.96 年（图 7-3 ）。

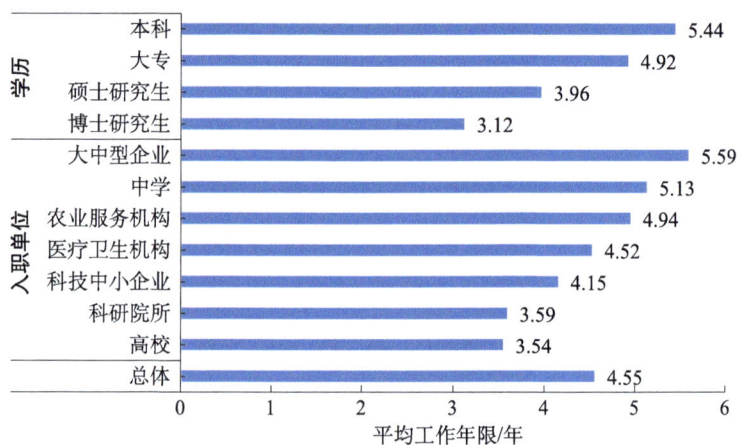

图 7-3 不同青年科技工作者群体的平均工作年限

从青年科技工作者的区域分布方面进一步分析后发现，66.51% 的青年科技工作者在赣北区域工作和生活，33.49% 的青年科技工作者在赣南区域工作和生活。从单位类型方面进一步分析后发现，科研院所、农业服务机构的青年科技工作者中工作和生活在赣南区域的人数占比高于赣北区域，其余单位则相反，大部分青年科技工作者工作和生活在赣北区域。

（三）择业主要考虑因素

调查数据显示，61.06% 的青年科技工作者在择业时考虑的主要因素是"专业对口"，其他因素依次为"工作稳定""离家近""工资待遇 / 经济收入""行业发展前景好""符合个人兴趣""工作环境好"等（图 7-4 ）。

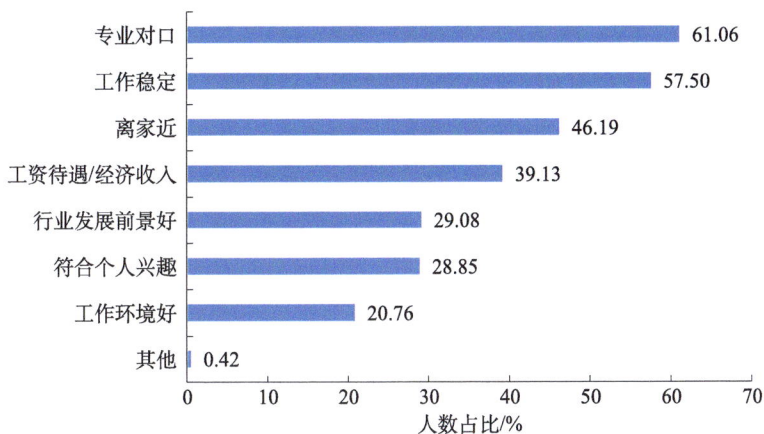

图 7-4　青年科技工作者的择业考虑因素

从学历方面进一步分析后发现，博士研究生、硕士研究生和本科学历的青年科技工作者中，择业时考虑的主要因素为"专业对口"的反映人数占比均较高（70.18%、67.20%、62.06%），大专学历的青年科技工作者则最看重"离家近"（53.89%）。从性别方面进一步分析后发现，女性青年科技工作者择业时更看重"工作稳定"（64.79%），男性青年科技工作者择业时更看重"专业对口"（64.04%）。从区域分布方面进一步分析后发现，赣北区域的青年科技工作者择业时主要看重"专业对口"（65.15%），而赣南区域的青年科技工作者择业时更看重"离家近"这一因素（57.45%）。

二、岗位情况

（一）职业分布

青年科技工作者中，34.13%的为工程技术人员，其他依次为大学教师（21.83%）、医务工作者（11.73%）、科研／教学辅助人员（7.67%）、科学研究人员（7.48%）、科技管理人员（5.00%）、中学教师（4.72%）、推广人员／科普工作者（2.34%）和智库研究人员（0.37%）（图 7-5）。不同职业类型的青年科技工作者的学历差异较明显，博士研究生学历和硕士研究生学历的青年科技工作者中，职业为大学教师的人数占比较高（55.79%、26.87%）；本科学历和大专学历的青年科技工作者中，职业为工程技术人员的人数占比较高

（55.03%、34.71%）；高中 / 中专 / 技校学历的青年科技工作者中，职业为工程技术人员和推广人员 / 科普工作者的人数占比较高（均为 15.69%）。

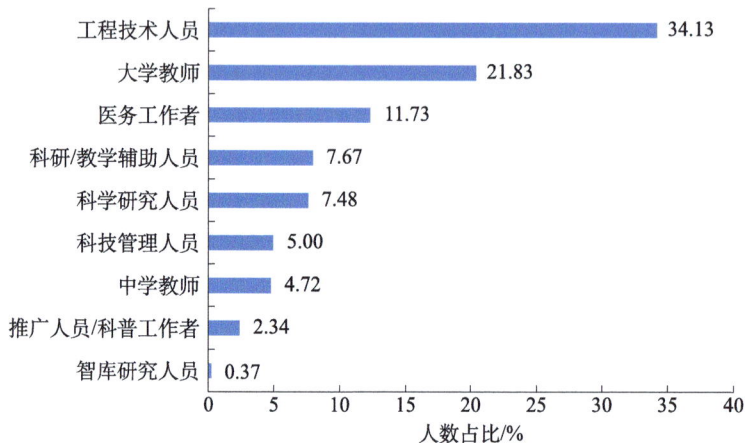

图 7-5　青年科技工作者的职业类型分布

（二）职称分布

青年科技工作者中，正高级职称的人数仅占 0.42%，副高级职称的人数占 3.83%，中级职称的人数占 41.09%，初级职称的人数占 30.29%，无职称的人数占 24.37%（图 7-6）。

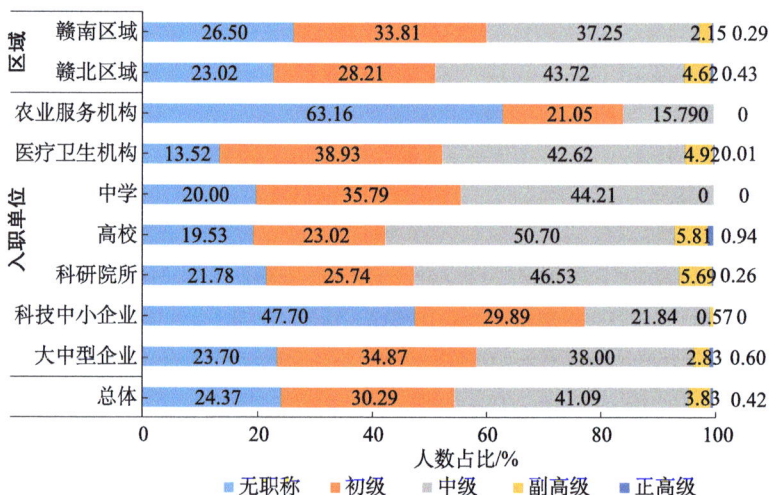

图 7-6　不同青年科技工作者群体的职称分布

三、工作内容

调查数据显示，青年科技工作者中，从事基础研究的人数占 29.27%，从事应用/开发研究的人数占 23.94%，从事教学的人数占 22.63%，从事生产运行/工程应用的人数占 20.62%，其他依次为一般行政管理（13.88%）、设计（11.41%）、临床（10.05%）、研究辅助/技术辅助（9.54%）、技术推广（8.88%）、科技管理（7.25%）、科学普及（5.47%）、社科研究（1.78%）、中介服务（0.65%）（图 7-7）。

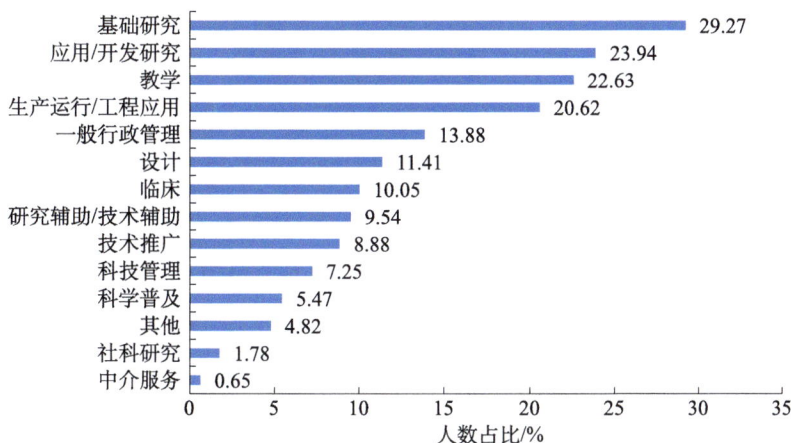

图 7-7　青年科技工作者从事的工作内容

四、工作强度

调查数据显示，青年科技工作者中不需要加班的人数占比仅为 12.72%，平均每天加班时间在 2 小时以内的人数占比为 58.44%，平均加班时间在 3～4小时的人数占比为 19.96%，平均加班时间在 5 小时以上的人数占比为 8.88%（图 7-8）。

从性别方面进一步分析后发现，男性加班的人数占比（89.17%）高于女性（84.23%）。从单位类型方面进一步分析后发现，中学、高校、医疗卫生机构的青年科技工作者的加班需求较大，加班的人数占比均超过 90%，科技中小企业的青年科技工作者的加班需求最小，加班的人数占比仅为 78.16%。

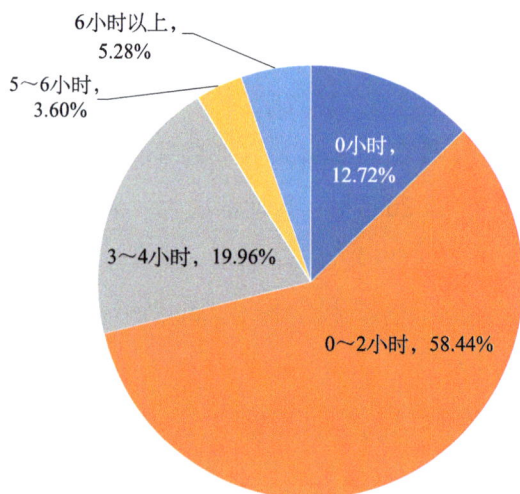

图 7-8　青年科技工作者的加班时长分布

从学历方面进一步分析后发现，学历越高的青年科技工作者的加班需求也越大，博士研究生学历的青年科技工作者中，加班人数占比达到 96.49%，硕士研究生学历的青年科技工作者中，加班人数占比为 90.97%，本科学历的青年科技工作者中，加班人数占比达到 84.19%，而大专学历的青年科技工作者中，加班人数占比仅为 78.24%（图 7-9）。

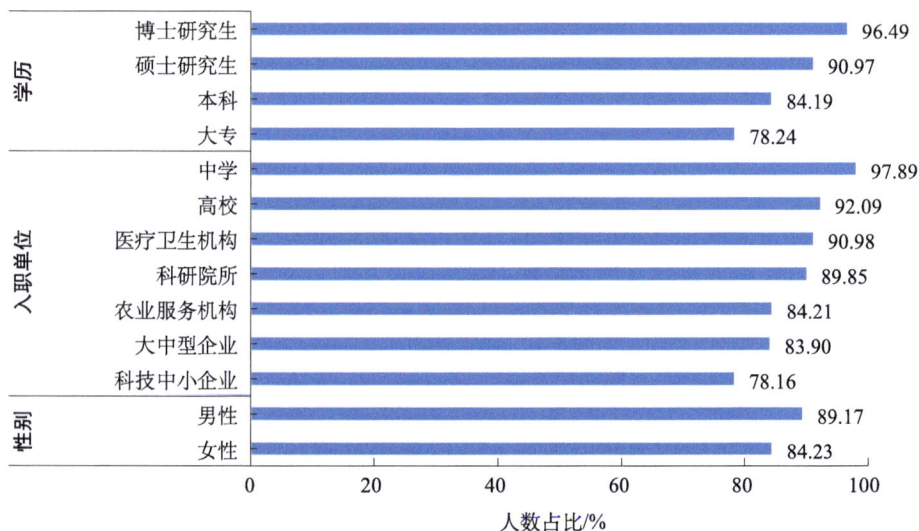

图 7-9　不同青年科技工作者群体的加班人数占比

五、科普活动

（一）参与科普活动的经历与途径

调查数据显示，样本中青年科技工作者参与科普活动的人数占比达69.66%，女性青年科技工作者中参与科普活动的人数占比为68.46%，低于男性青年科技工作者中参与科普活动的人数占比（70.40%）。从学历方面进一步分析后发现，硕士研究生学历的青年科技工作者参与科普活动的人数占比最高（72.78%）。从职业方面进一步分析后发现，科研/教学辅助人员、推广人员/科普工作者、科技管理人员参与科普活动的人数占比较高，分别为84.15%、82.00%、81.31%；工程技术人员、大学教师、中学教师参与科普活动的人数占比相对较低，分别为65.75%、66.58%、73.27%。从区域分布方面进一步分析后发现，赣北区域（71.28%）的青年科技工作者参与科普活动的人数占比高于赣南区域（66.33%）（图7-10）。

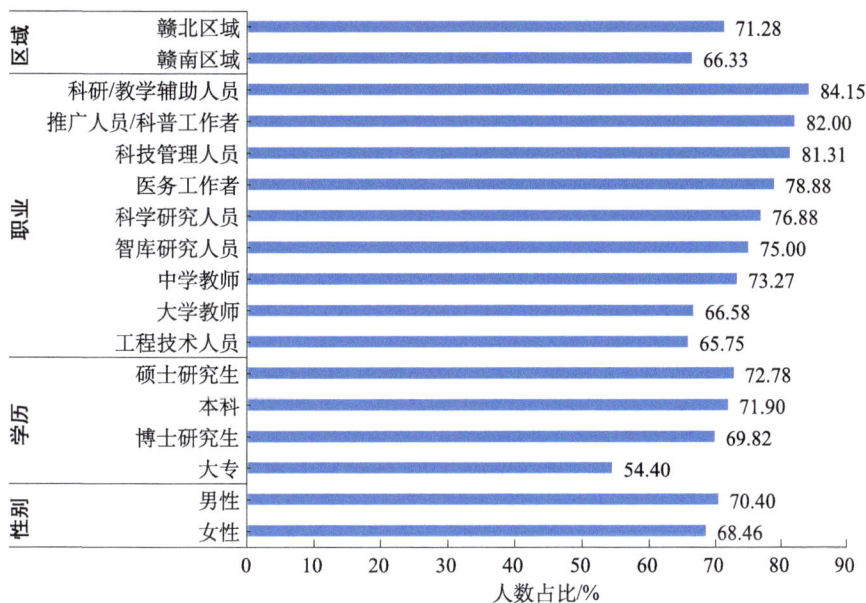

图 7-10　不同青年科技工作者群体参与科普活动情况

调查数据显示，45.07% 的青年科技工作者参与科普活动的途径是单位组织，其次是个人参与（14.77%），青年科技工作者通过学会等科技社团组织、组织单位邀请等途径参与科普活动的人数占比相对偏低，分别为5.47%、4.26%。

（二）参与科普活动的主要方式与频次

调查数据显示，33.19%的青年科技工作者通过"为企业提供科技咨询或服务"的方式参与科普活动，其他方式依次为"举办科普讲座或培训"（30.53%）、"下乡（利用专业知识为农村、农民服务）"（26.51%）、"为科普场馆提供服务"（23.47%）、"利用专业知识为政府部门提供决策咨询"（17.86%）、"就科技问题接受大众媒体采访"（12.95%）等。

从性别方面进一步分析后发现，男性青年科技工作者中，参与科普活动的方式是"为企业提供科技咨询或服务"的人数占比最高，为35.43%，女性青年科技工作者中参与科普活动的方式中"举办科普讲座或培训"的人数占比最高，为31.05%。从区域分布方面进一步分析后发现，赣南区域的青年科技工作者中通过"下乡（利用专业知识为农村、农民服务）"形式参与科普活动的人数占比（27.08%）高于赣北区域的该项占比（25.54%）。从职业方面进一步分析后发现，科学研究人员参与科普活动的方式以"为企业提供科技咨询或服务"（58.13%）和"下乡（利用专业知识为农村、农民服务）"（54.38%）为主；大学教师以"为企业提供科技咨询或服务"（38.05%）和"举办科普讲座或培训"（35.48%）为主；推广人员/科普工作者则主要以"为科普场馆提供服务"（44.00%）、"举办科普讲座或培训"（42.00%）和"为企业提供科技咨询或服务"（38.00%）的形式；科研/教学辅助人员以"为企业提供科技咨询或服务"（51.22%）和"下乡（利用专业知识为农村、农民服务）"（47.56%）为主；科技管理人员以"为企业提供科技咨询或服务"（43.93%）和"下乡（利用专业知识为农村、农民服务）"（42.06%）为主；智库研究人员以"为企业提供科技咨询或服务"（62.50%）和"举办科普讲座或培训"（62.50%）为主（表7-1）。

表 7-1　不同青年科技工作者群体参与各类科普活动的人数占比　　单位：%

类别		为科普场馆提供服务	举办科普讲座或培训	为企业提供科技咨询或服务	就科技问题接受大众媒体采访	下乡（利用专业知识为农村、农民服务）	利用专业知识为政府部门提供决策咨询
性别	男性	24.22	30.20	35.43	12.72	26.42	18.32
	女性	22.25	31.05	29.58	13.33	26.65	17.11
职业	工程技术人员	17.26	23.42	27.95	7.95	13.84	12.33
	医务工作者	33.07	45.42	25.10	19.52	36.25	17.53
	科学研究人员	26.25	35.00	58.13	13.13	54.38	25.00
	大学教师	24.68	35.48	38.05	14.40	25.71	22.62
	中学教师	21.78	28.71	19.80	16.83	22.77	14.85
	推广人员/科普工作者	44.00	42.00	38.00	20.00	32.00	24.00
	科研/教学辅助人员	31.10	34.76	51.22	18.29	47.56	25.61
	科技管理人员	33.64	33.64	43.93	21.50	42.06	32.71
	智库研究人员	50.00	62.50	62.50	25.00	25.00	50.00
区域	赣北区域	23.59	31.82	33.62	12.91	25.54	17.46
	赣南区域	21.92	27.08	31.52	11.89	27.08	17.91

（三）参与科普活动的主要障碍

调查数据显示，49.60% 的青年科技工作者反映向普通公众普及传播科技知识面临的最主要问题是"没有时间/精力"，其他依次为"缺乏相关渠道"（41.51%）、"缺乏相关训练"（38.85%）、"缺乏经费"（28.61%）、"没有科普能力"（21.55%）、"缺乏激励"（17.34%）、"缺乏科普设施"（15.90%）、"公众缺乏兴趣"（13.65%）、"单位不重视"（12.25%）、"本人没有兴趣"（12.06%）（图 7-11）。

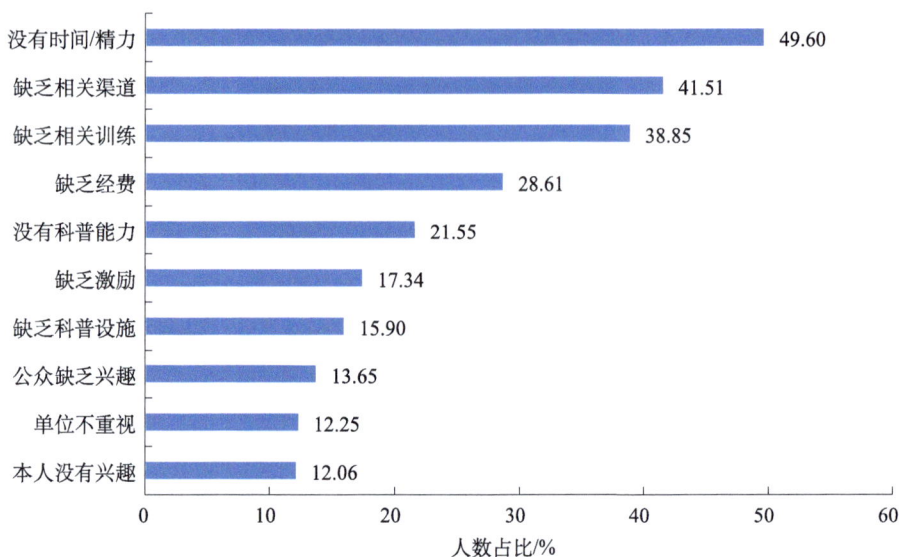

图 7-11　青年科技工作者参与科普活动的主要障碍

第三节　科研活动状况

一、承担项目情况

（一）近三年承担和/或参与的研究项目情况

调查数据显示，52.83%的青年科技工作者近三年承担了研究或开发项目，其中，承担和/或参与1～3项的人数占41.51%，4～6项的人数占8.56%，7项及以上的人数占2.76%（图7-12）。从性别方面进一步分析后发现，女性青年科技工作者中近三年承担项目的人数占比（47.68%）低于男性（56.02%）。从学历方面进一步分析后发现，学历越高的科技工作者群体中承担项目的人数占比也越高。从区域分布方面进一步分析后发现，赣北区域的青年科技工作者中近三年承担和/或参与研究项目的人数占比为53.68%，高于赣南区域的青年科技工作者该占比（51.72%）（图7-13）。

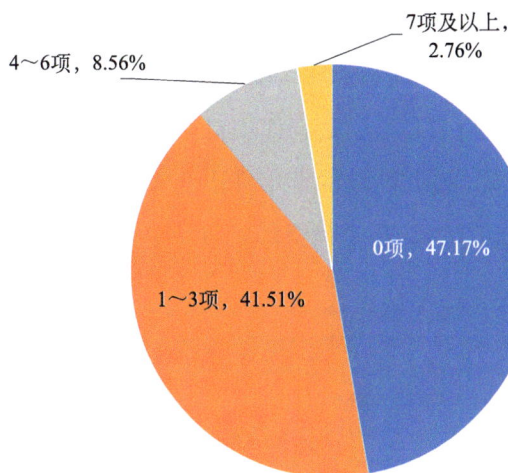

图 7-12　青年科技工作者近三年承担和 / 或参与研究项目的次数

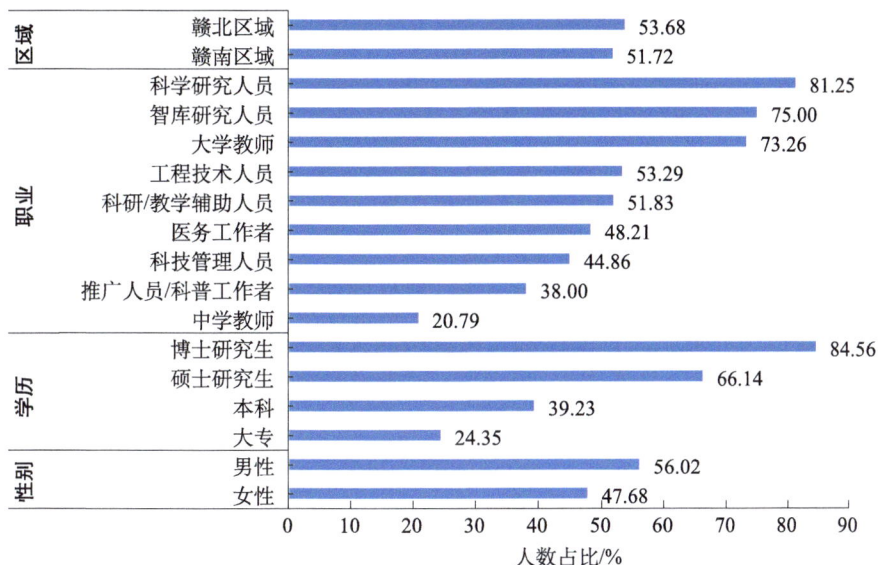

图 7-13　不同青年科技工作者群体近三年承担和 / 或参与项目的人数占比

（二）近三年主持参与的产学研合作项目情况

调查数据显示，近三年承担和 / 或参与过研究项目的青年科技工作者中，58.58% 的参与过产学研合作项目。从性别方面进一步分析后发现，男性青年科技工作者中主持参与过产学研合作项目的人数占比（60.14%）高于女性

（55.64%）。从入职单位类型方面进一步分析后发现，大中型企业（67.09%）、科技中小企业（66.67%）、科研院所（66.04%）、农业服务机构（60.00%）的青年科技工作者中主持参与产学研合作项目的人数占比较高。从区域分布方面进一步分析后发现，赣北区域的青年科技工作者中主持参与过产学研合作项目的人数占比为59.27%，高于赣南区域的55.40%（图7-14）。

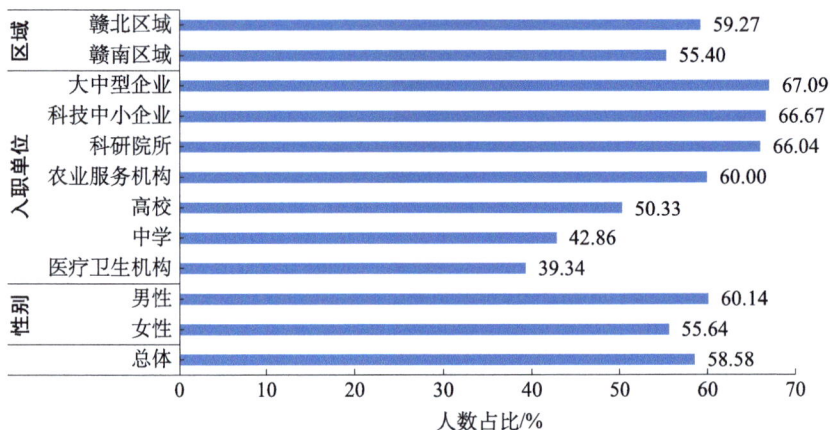

图 7-14　不同青年科技工作者群体参与产学研合作项目的人数占比

分别有 33.36%、27.79%、18.58% 和 18.50% 的青年科技工作者反映参与产学研合作项目时的合作对象为大学、科研院所、民营企业和国有企业，反映合作对象为社会组织及团体和海外机构的人数占比较少，分别为 3.63% 和 2.74%。

（三）承担科研工作遇到的最大困难

调查数据显示，反映在科研工作中遇到的最大困难为"自身研究水平有限"的青年科技工作者人数占比最高，为 38.90，其他依次为"缺乏经费支持"（21.13%）、"行政事务繁忙"（10.05%）、"研究辅助人员太少"（7.99%）、"难以跟踪科学前沿进展"（7.34%）等。从职业方面进一步分析后发现，工程技术人员、医务工作者、大学教师、中学教师、推广人员 / 科普工作者、科研 / 教学辅助人员、科技管理人员等职业的青年科技工作者中，反映科研工作最大的困难是"研究水平有限"的人数占比均最高，分别为 40.39%、45.55%、

29.24%、48.95%、48.73%、36.43% 和 41.40%。而科学研究人员（32.98%）、智库研究人员（37.50%）认为"缺乏经费支持"的问题更为突出。

二、科研项目管理存在问题的情况

（一）财政支持的科研项目管理存在的主要问题

调查数据显示，36.09% 的青年科技工作者认为在财政支持的科研项目中存在的主要问题是"基础研究不受重视"，其他主要问题依次为"科研经费报销手续烦琐"（33.01%）、"申报周期过长"（31.00%）、"申报手续复杂"（28.85%）、"成果不具有转化或应用的价值"（27.82%）、"项目限定的人员费比例太低"（24.26%）、"审批程序不透明"（23.19%）、"评审时拉关系、走后门"（22.81%）、"资金到位不及时"（22.21%）、"结项验收走形式、走过场"（21.60%）、"企业申报财政项目受歧视"（18.09%）、"招标信息不公开"（16.55%）和"项目经费的违规使用、挪用"（14.59%）等（图 7-15）。

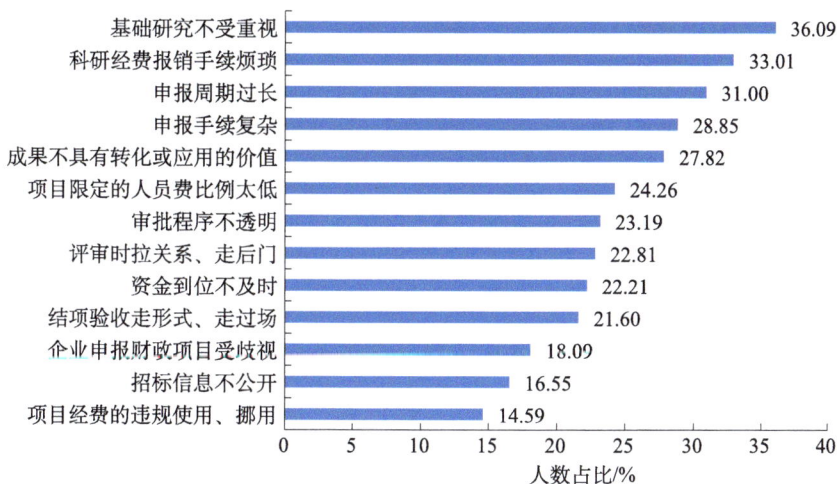

图 7-15　青年科技工作者在财政支持科研项目中存在的主要问题

（二）对政府科技资源分配的看法

从青年科技工作者对政府科技资源分配结果公平性的反映看，43.62% 的青年科技工作者认为政府科技资源分配结果是公平的。学历越高的青年科技工作者认为政府科技资源分配结果是公平的人数占比越低。从区域分布方面进一步分析后发现，赣南区域（47.53%）的青年科技工作者对政府科技资源分配结果公平性的认可度高于赣北区域（42.09%）。从入职单位类型方面进一步分析后发现，医疗卫生机构的青年科技工作者对分配结果公平性的认可度最高（48.36%），其次是科研院所（45.05%）、大中型企业（43.37%）、高校（43.26%）、农业服务机构（42.11%）、科技中小企业（40.23%）、认可度最低的是中学（38.95%）（图 7-16）。

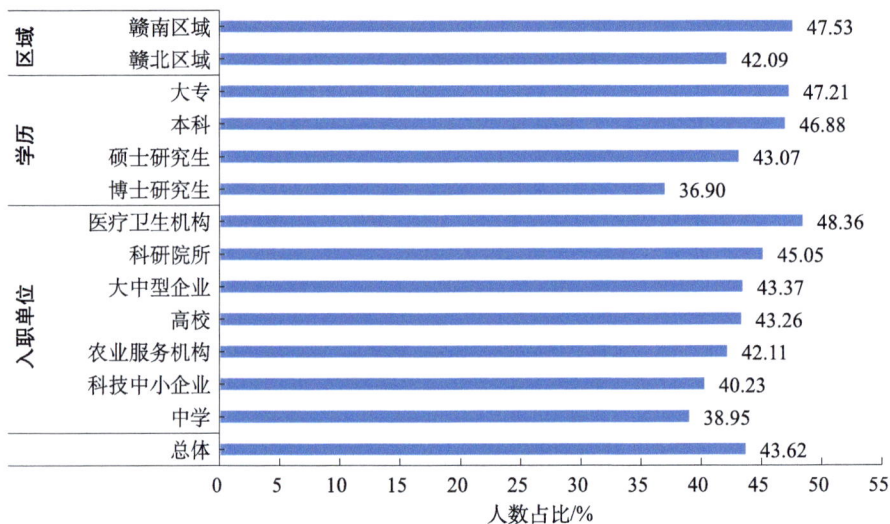

图 7-16　不同青年科技工作者群体对政府科技资源分配结果公平性的反映

从青年科技工作者对政府科技资源分配过程公平性的反映看，44.60%的青年科技工作者认为政府科技资源分配过程是公平的。从区域方面进一步分析后发现，赣南区域（46.99%）的青年科技工作者对政府科技资源分配过程公平性的认可度高于赣北区域（43.29%）。从单位类型方面进一步分析后发现，农业服务机构的青年科技工作者对分配过程公平性的认可度最高（52.63%），其次是医疗卫生机构（47.95%）、科研院所（47.28%）、高校（44.65%）、大中型企业（43.37%）、科技中小企业（42.53%）、认可度最低的是中学（40.00%）（图 7-17）。

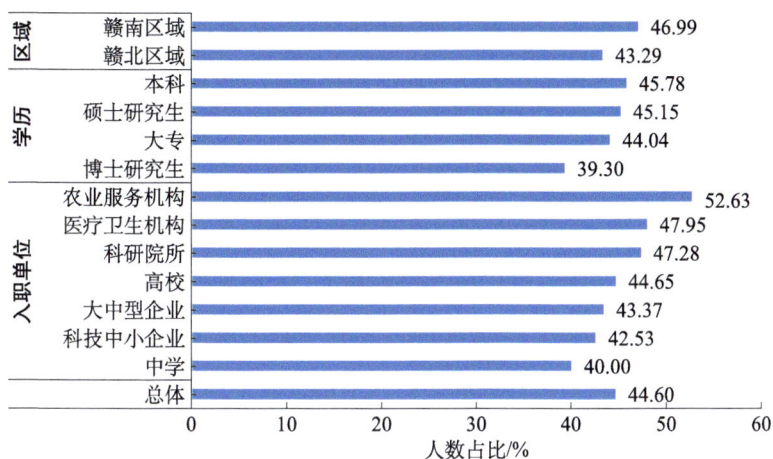

图 7-17 不同青年科技工作者群体对政府科技资源分配过程公平性的反映

从青年科技工作者对政府科技资源使用有效率的认可度来看，44.09% 的青年科技工作者认为政府科技资源使用是有效率的。从区域方面进一步分析后发现，赣南区域（46.85%）的青年科技工作者对政府科技资源使用效率的认可度高于赣北区域（42.71%）。从单位类型方面进一步分析后发现，医疗卫生机构的青年科技工作者对资源使用有效率的认可度最高（50.41%），其次是中学（44.21%）、大中型企业（44.11%）、高校（43.72%）、科研院所（42.82%）、科技中小企业（42.53%），认可度最低的是农业服务机构（42.11%）（图 7-18）。

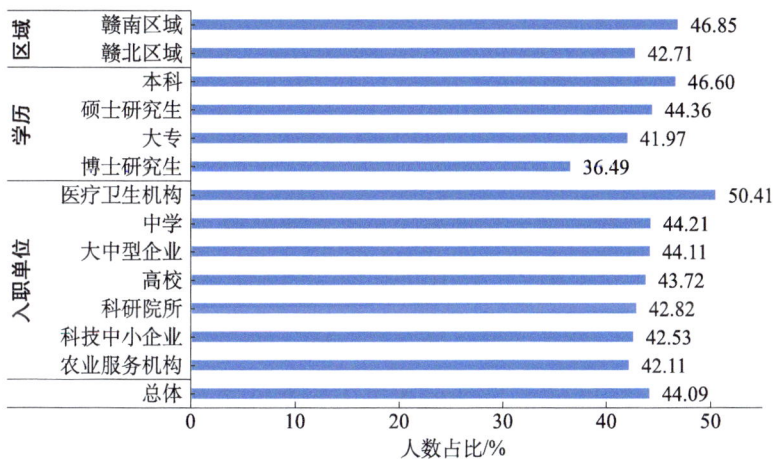

图 7-18 不同青年科技工作者群体对政府科技资源使用有效率的认可度

从青年科技工作者对政府科研激励制度较完善、执行较好的认可度来看，42.31% 的青年科技工作者认为政府科研激励制度较完善、执行较好。从区域分布方面进一步分析后发现，赣南区域的青年科技工作者对政府科研激励制度较完善、执行较好的认可度（44.13%）高于赣北区域（41.34%）。从单位类型方面进一步分析后发现，医疗卫生机构的青年科技工作者对政府科研激励制度较完善、执行较好的认可度最高（47.13%），其次是大中型企业（43.07%）、高校（42.79%）、农业服务机构（42.11%）、中学（42.11%）、科研院所（40.59%），认可度最低的是科技中小企业（39.66%）（图 7-19）。

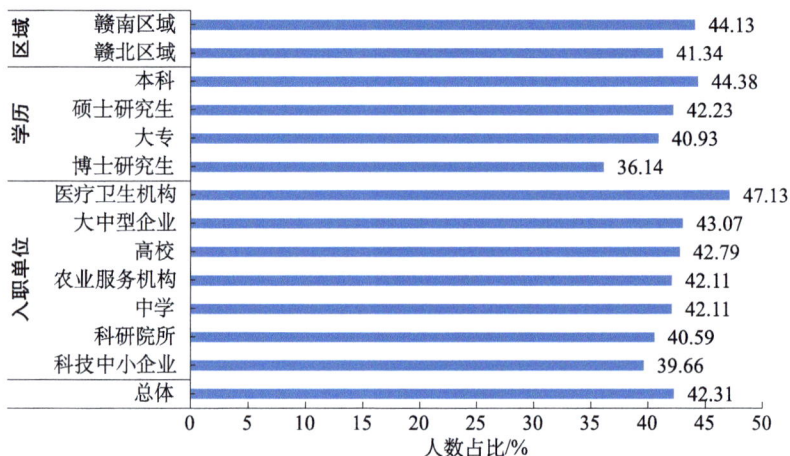

图 7-19　不同青年科技工作者群体对政府科研激励制度较完善、执行较好的认可度

三、科研成果情况

（一）展现科研成果的主要形式

从青年科技工作者近三年发表学术论文情况看，55.96% 的青年科技工作者近三年发表了学术论文，其中发表 1~3 篇的人数占 41.19%，发表 4~6 篇的人数占 10.29%，发表 7 篇及以上的人数占 4.48%（图 7-20）。57.08% 的男性青年科技工作者近三年来发表了学术论文，高于女性青年科技工作者（54.16%）。从单位类型方面进一步分析发现，78.14% 的高校青年科技工作者发表过学术论文，其他依次为科研院所（72.77%）、医疗卫生机构（63.52%）

等。从职业方面进一步分析后发现，88.75%的科学研究人员发表过学术论文，其次为智库研究人员（87.50%）和大学教师（81.23%）。从区域分布方面进一步分析后发现，赣北区域的青年科技工作者近三年发表过学术论文的人数占比（60.32%）远高于赣南区域（48.14%）（图7-21）。

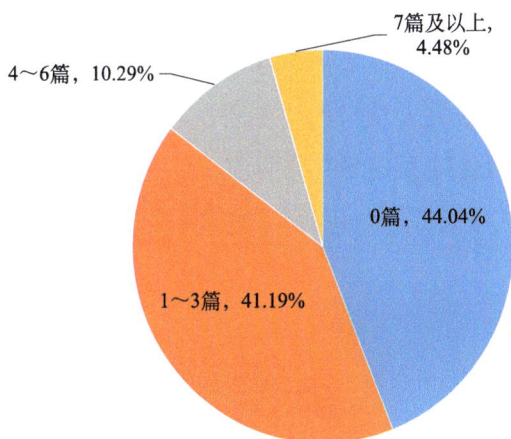

图 7-20　青年科技工作者近三年发表学术论文的篇数

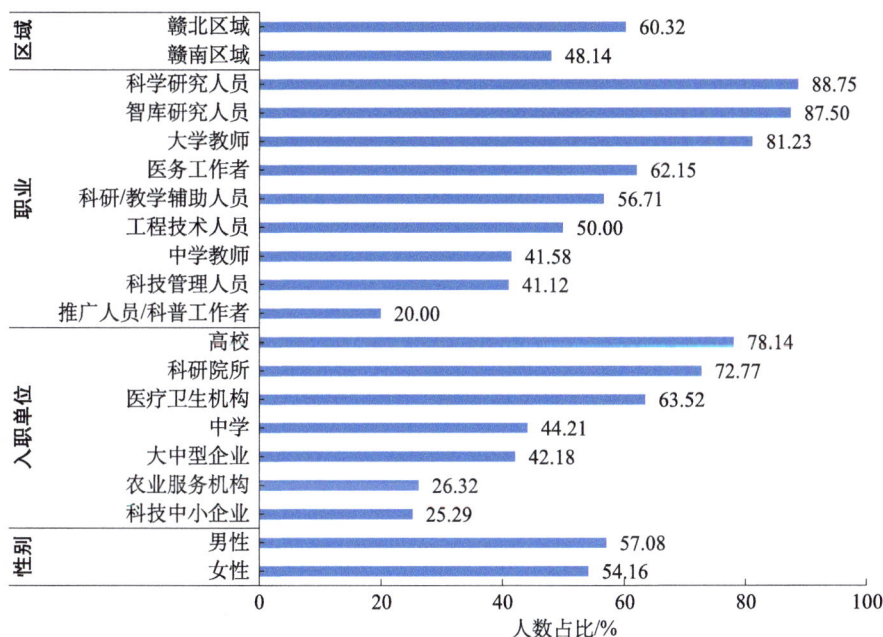

图 7-21　不同青年科技工作者群体近三年发表过学术论文的人数占比

从青年科技工作者近三年获得的专利情况看,26.98%的青年科技工作者近三年获得过专利,其中获得1~3件的人数占21.51%,获得4~6件的人数占3.79%,获得7件及以上的人数占1.68%(图7-22)。31.04%的男性青年科技工作者近三年来获得过专利,高于女性青年科技工作者(20.42%)。从单位类型方面进一步分析发现,36.74%的高校青年科技工作者获得过专利,其次为科研院所(34.41%)。从职业方面进一步分析后发现,62.50%的智库研究人员获得过专利,其次为科学研究人员(43.13%)和大学教师(37.53%)。从区域分布方面进一步分析后发现,赣北区域的青年科技工作者近三年获得过专利的人数占比为27.78%,赣南区域为25.07%(图7-23)。

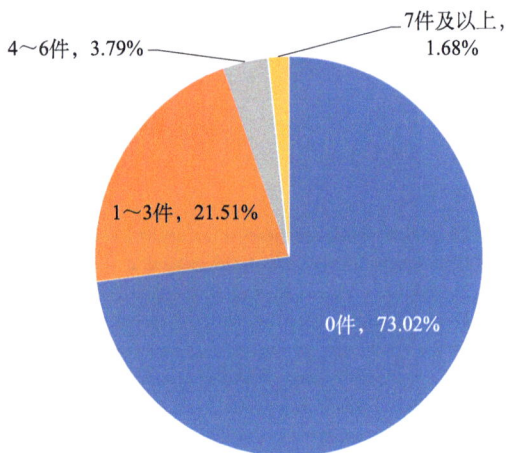

图 7-22　青年科技工作者近三年获得专利的件数

从青年科技工作者近三年获得应用技术成果的情况看,19.92%的青年科技工作者近三年获得过应用技术成果,其中获得1~3件的人数占17.11%,获得4~6件的人数占1.87%,获得7件及以上的人数占0.94%(图7-24)。24.22%的男性青年科技工作者近三年来获得过应用技术成果,高于女性(12.96%)。从单位类型方面进一步分析后发现,28.22%的科研院所青年科技工作者获得过应用技术成果,其次为大中型企业(24.89%)。从职业方面进一步分析后发现,37.50%的智库研究人员获得过应用技术成果,其次为科学

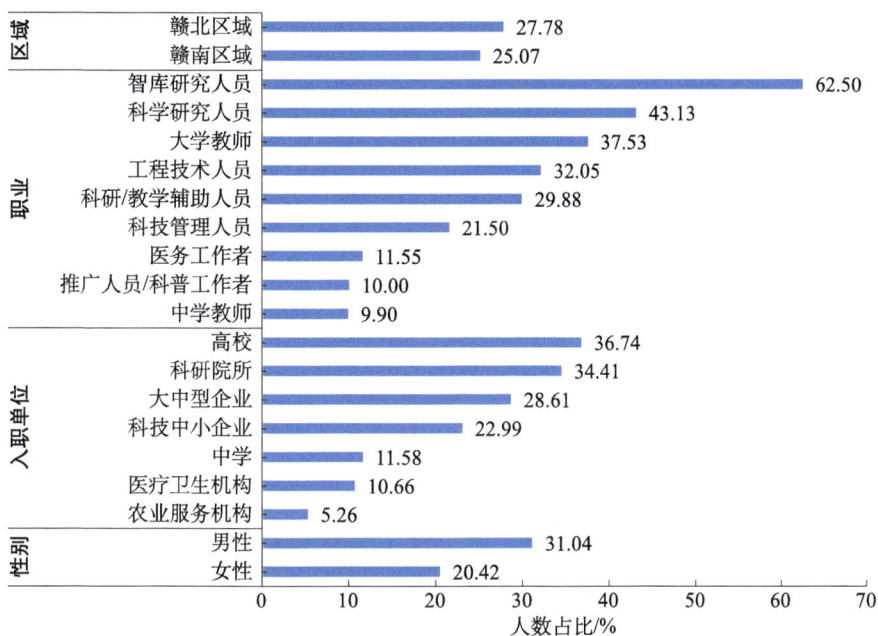

图 7-23　不同青年科技工作者群体近三年获得过专利的人数占比

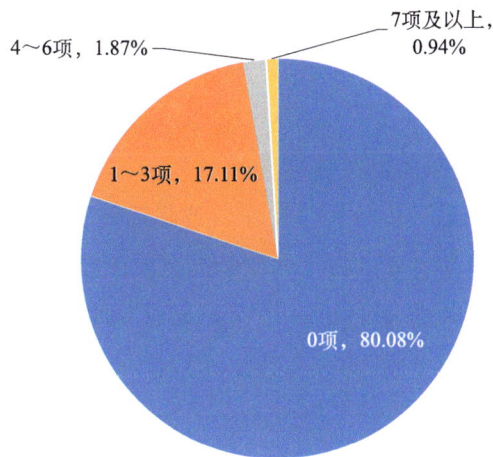

图 7-24　青年科技工作者近三年获得应用技术成果的项数

研究人员（29.38%）和工程技术人员（28.36%）。从区域分布方面进一步分析后发现，赣北区域的青年科技工作者近三年获得过应用技术成果的人数占比（21.50%）远高于赣南区域（16.48%）（图 7-25）。

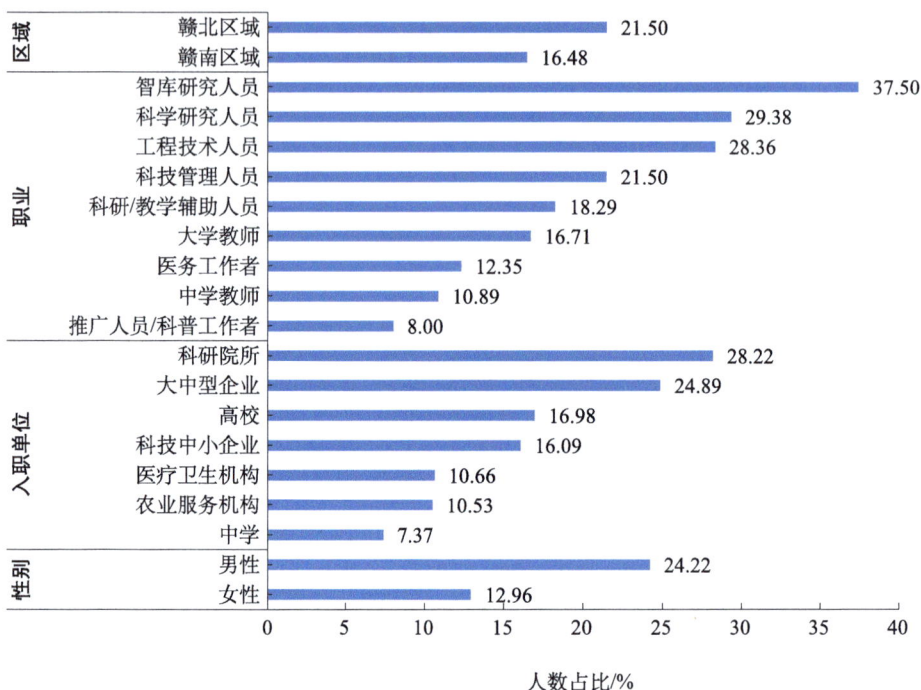

图 7-25　不同青年科技工作者群体近三年获得过应用技术成果的人数占比

（二）科研成果转化情况

近三年，19.26%的青年科技工作者将科研成果转化为产品或应用于生产。从单位类型方面进一步分析后发现，被调查的单位类型中大中型企业的青年科技工作者中反映成果进行了转化的人数占比最高，为29.21%；其次为科技中小企业（27.59%）、科研院所（16.83%）、高校（13.26%）。

（三）科研成果转化获益情况

调查数据显示，在近三年科研成果实现转化的青年科技工作者中，61.41%的青年科技工作者从成果转化中获得了收益，38.59%没有收益。在成果转化获取收益的青年科技工作者中，40.78%的青年科技工作者反映收益形式是奖金；其他依次为技术入股（12.86%）、社会声誉（12.62%），出售专利或技术（9.22%），期权仅占8.01%（图7-26）。

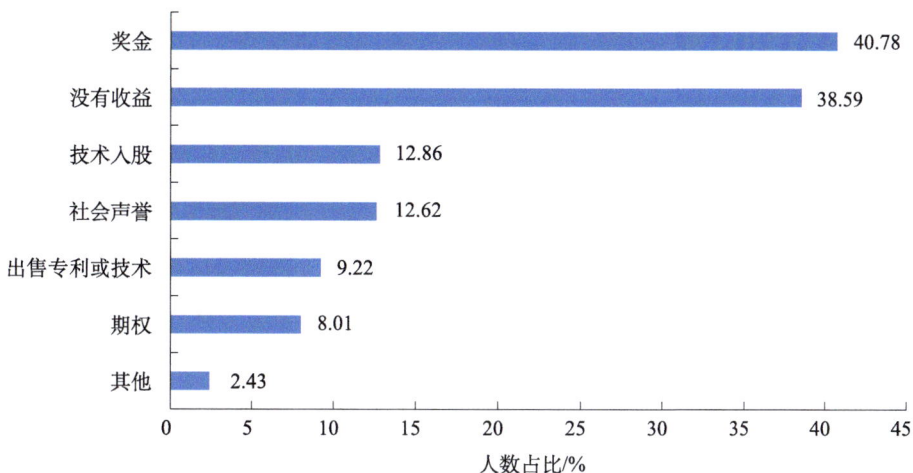

图 7-26　青年科技工作者的科研成果转化获益率

（四）科研成果转化的最主要障碍

调查数据显示，48.48% 的青年科技工作者认为科研成果转化的最主要障碍是找不到技术需求市场，其他依次为缺少成果转化中介（21.93%）、不关心成果转化（19.21%）、受到政策法规限制（7.29%）等。

第四节　工作环境与职业意愿

一、工作环境

（一）工作中面临的主要困扰

调查数据显示，58.63% 的青年科技工作者反映在工作中面临的主要困扰是"收入不高"，其他依次为"知识更新和技能提高条件不足"（53.25%），"缺乏业务/学习交流"（48.90%），"晋升空间不大"（34.83%）和"工作强度太大/加班太多"（26.79%）等。

相对于男性青年科技工作者的主要困扰是"收入不高"（61.01%），女性青年科技工作者的主要困扰是"知识更新和技能提高条件不足"（56.36%）。从职业方面进一步分析后发现，工程技术人员、推广人员/科普工作者和科技管理人员中，反映"知识更新和技能提高条件不足"的人数占比更高，分别为58.63%、56.00%和53.27%；而医务工作者（54.48%）、科学研究人员（71.25%）、大学教师（58.87%）、中学教师（53.47%）、科研/教学辅助人员（64.02%）则认为"收入不高"是工作中主要的困扰；智库研究人员的主要困扰是"晋升空间不大"（62.50%）。

（二）工作条件和保障方面需要的支持

调查数据显示，76.06%的青年科技工作者反映在工作条件和保障方面最迫切需要的支持为"提高收入"，其他依次为"职务提拔或职称晋升"（39.50%）、"经费支持"（33.43%）、"改善工作条件"（29.92%）、"改善科研条件（图书资料/实验室/科研设备等）"（25.99%）等（图7-27）。

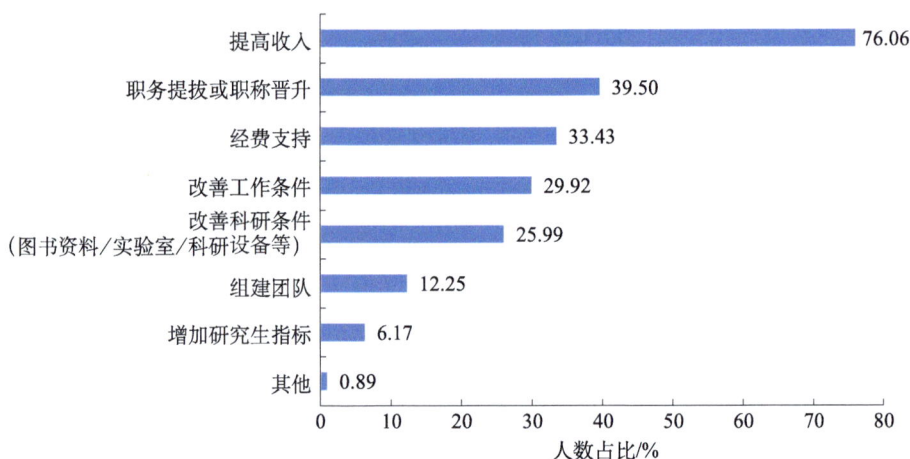

图 7-27　青年科技工作者在工作条件和保障方面最迫切需要的支持

87.50%的智库研究人员反映在提高收入方面需要支持，高于工程技术人员（83.70%）、科学研究人员（77.50%），推广人员/科普工作者（76.00%）、科技管理人员（73.83%），科研/教学辅助人员（72.56%），中学教师（68.32%）、大学教师（66.58%）、医务工作者（66.53%）（图7-28）。

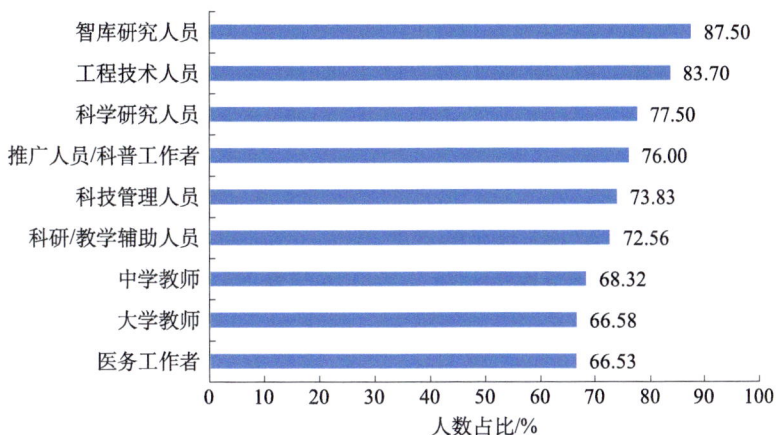

图 7-28　不同职业的青年科技工作者在提高收入方面需要支持的人数占比

二、流动意愿

（一）青年科技工作者更换单位或职业的意愿

调查数据显示，36.75% 的青年科技工作者表示曾经考虑过更换目前的工作单位或职业，其中 13.70% 的青年科技工作者想换单位，8.51% 的青年科技工作者想换职业，14.54% 的青年科技工作者单位和职业都想换（图 7-29）。

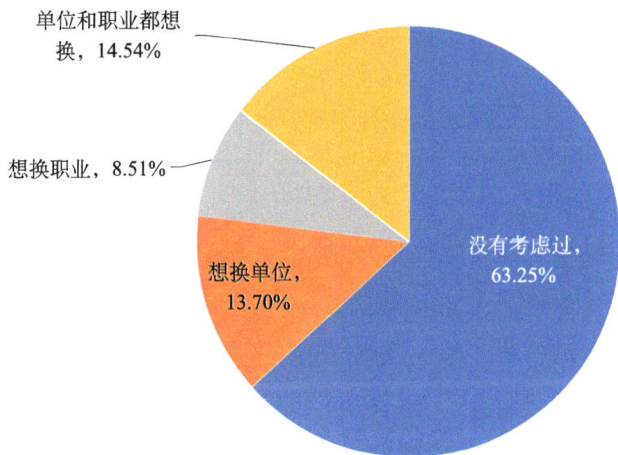

图 7-29　青年科技工作者更换单位或职业的意愿

从性别方面进一步分析后发现，34.45% 的女性青年科技工作者想换单位或职业，低于男性（37.55%），表明女性青年科技工作者流动意愿要低于男性。从学历方面进一步分析后发现，博士研究生学历青年科技工作者想换单位或职业的人数占比（37.54%）高于其他学历的青年科技工作者。从职业方面进一步分析后发现，超四成的智库研究人员和医务工作者考虑过换单位或职业。推广人员/科普工作者流动意愿最低，考虑过换单位或职业的人数占比仅为26.00%。从区域分布方面进一步分析后发现，赣南区域的青年科技工作者的流动意愿（39.11%）要高于赣北区域（35.43%）（图7-30）。

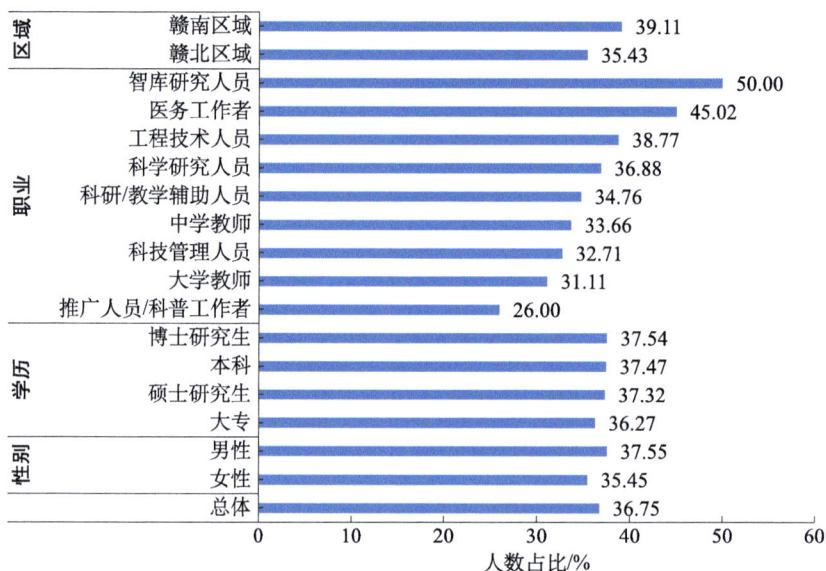

图7-30 不同青年科技工作者群体想更换单位或职业的人数占比

（二）想更换单位或职业的主要原因

反映青年科技工作者想换单位或职业的最主要原因是"收入待遇太差"的青年科技工作者的人数占比最高，为55.73%。其他影响青年科技工作者流动意愿的原因有："工作太辛苦、压力大"（29.52%），"工作平台不高"（28.88%），"没有发展前途"（27.86%），"职称/职务晋升困难"（26.84%），"缺乏成就感"（24.68%），"不方便照顾家庭"（15.01%），"不能发挥专业特长"（13.36%），"工作枯燥"（11.07%），"工作设施条件差"（7.12%），"工作不稳定"（3.44%）和"单位人际关系紧张"（3.18%）（图7-31）。

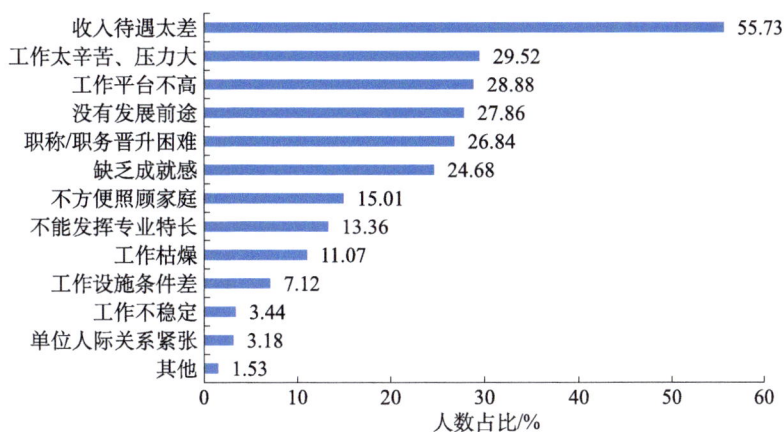

图 7-31　青年科技工作者想更换单位或职业的主要原因

（三）职业流动存在的主要障碍

调查数据显示，有职业流动意愿的青年科技工作者中，81.81% 的表示在更换工作方面存在障碍或困难。其中，"家庭因素"是青年科技工作者流动的最主要障碍（37.40%），其他依次为"人事档案制度"（24.68%）、"缺乏求职信息"（23.54%）、"职称评审制度"（22.65%）、"住房制度"（18.83%）、"社会保障制度"（17.05%）、"单位领导不放"（15.65%）、"户籍制度"（6.74%）（图 7-32）。

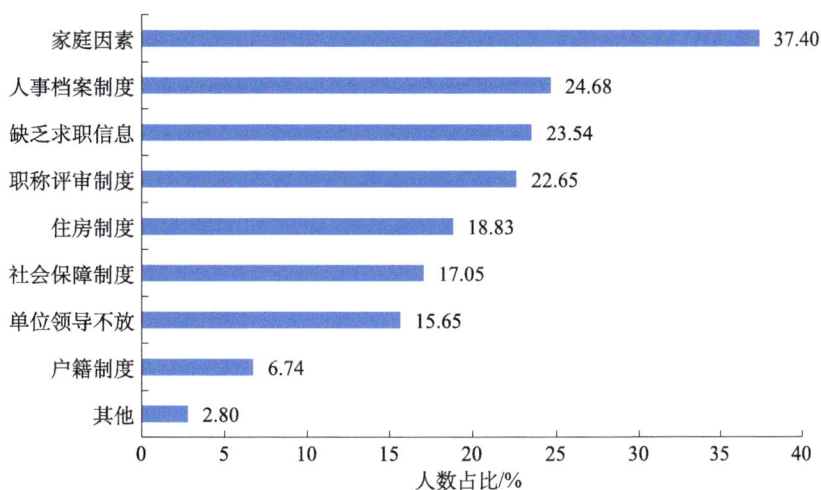

图 7-32　青年科技工作者职业流动的主要障碍

三、职业理想

（一）青年科技工作者最青睐的职业

调查数据显示，如果有机会重新选择，34.60%的青年科技工作者表示仍会从事目前的职业，16.18%的青年科技工作者会选择大学教师，14.07%的青年科技工作者会选择公务员，企业管理人员等其余职业受青年科技工作者的青睐程度不高，人数占比均低于10%（图7-33）。

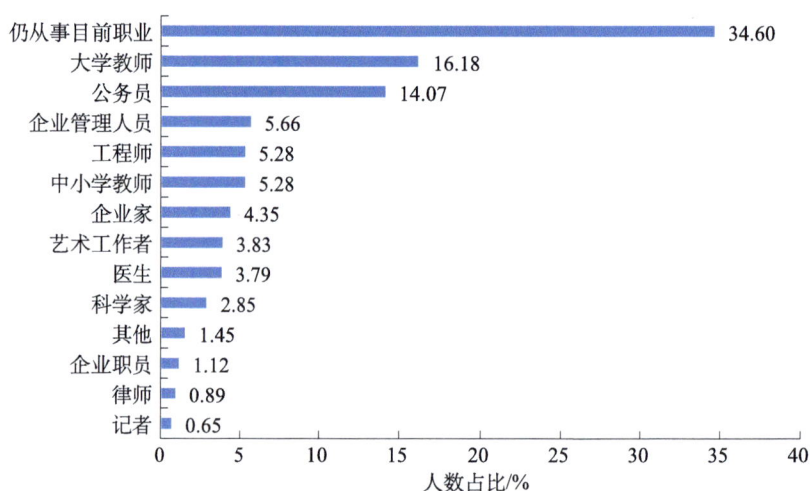

图 7-33　青年科技工作者最青睐的职业

从职业方面进一步分析后发现，如果有机会重新选择，大学教师中仍会选择当前职业的人数占比最高，为55.01%，其次是科学研究人员（39.38%）、中学教师（38.61%）、智库研究人员（37.50%）、医务工作者（37.45%）、科研/教学辅助人员（34.15%）、工程技术人员（26.16%）、科技管理人员（24.30%）、推广人员/科普工作者（24.00%）（图 7-34）。

（二）青年科技工作者的创业意愿

调查数据显示，31.88%的青年科技工作者近三年考虑过自己创业，其中30.39%的青年科技工作者有初步的创业想法，1.49%的青年科技工作者已经开始创业（图 7-35）。

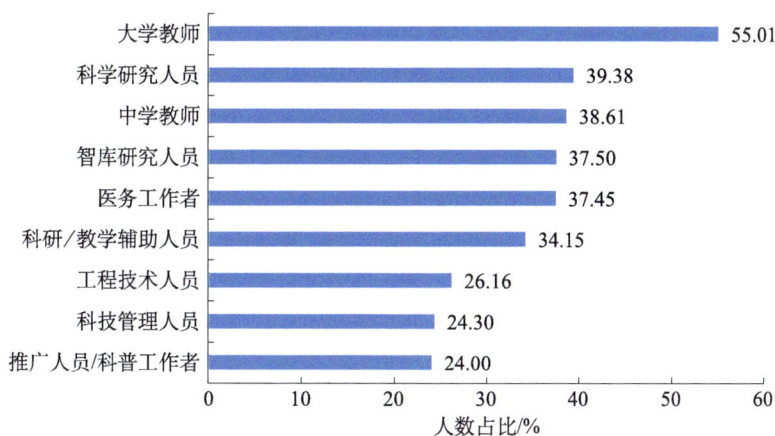

图 7-34　不同职业类型的青年科技工作者仍选择当前职业的人数占比

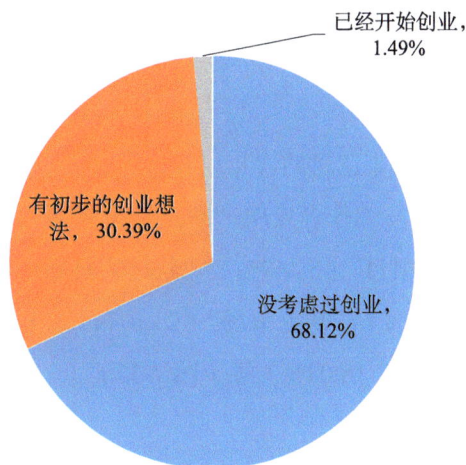

图 7-35　青年科技工作者的创业意愿

　　从性别方面进一步分析后发现，女性青年科技工作者近三年有创业意愿的人数占比为 27.51%，低于男性的 34.60%。从学历方面进一步分析后发现，大专青年科技工作者的创业意愿（45.08%）高于其他学历青年科技工作者。从单位类型方面进一步分析后发现，科技中小企业、农业服务机构、高校的青年科技工作者创业意愿较强，有创业意愿的人数占比分别为 45.40%、42.11%、36.74%。从区域分布方面进一步分析后发现，赣南区域的青年科技工作者创业意愿（37.68%）高于赣北区域（28.86%）（图 7-36）。

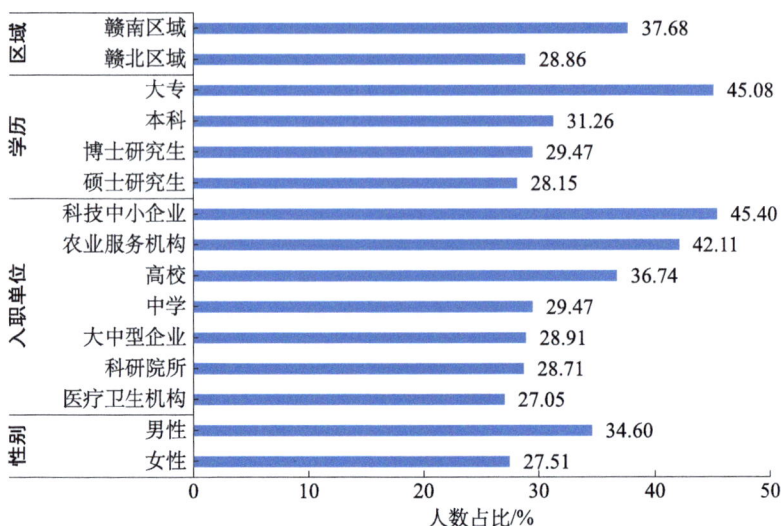

图 7-36　不同青年科技工作者群体有创业意愿的人数占比

（三）青年科技工作者创业面临的主要障碍

调查数据显示，有创业意愿的青年科技工作者在创业过程中面临着诸多困难，75.37% 的青年科技工作者反映"缺乏资金来源与融资渠道"。其他的困难依次为"缺乏好的项目"（53.67%）、"缺乏管理经验"（46.63%）、"风险大/没有安全感"（40.47%）、"缺乏市场"（23.61%）、"缺乏人才"（20.67%）、"缺乏创业孵化服务保障"（18.04%）等（图 7-37）。

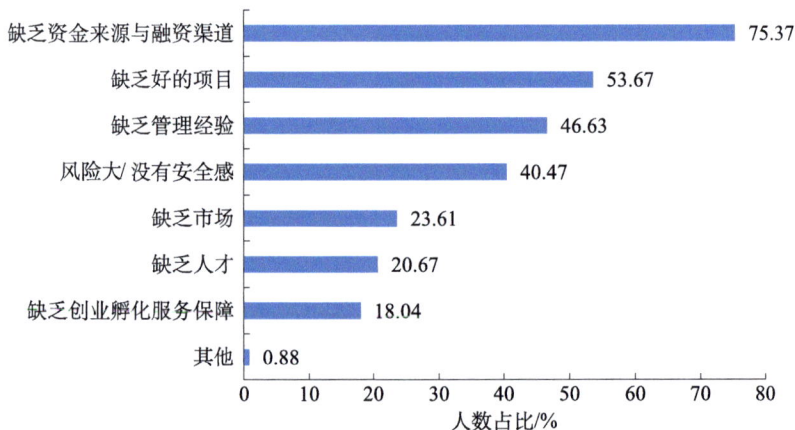

图 7-37　青年科技工作者创业面临的主要障碍

第五节　收入待遇和生活状况

一、收入情况

（一）青年科技工作者的月收入情况

从青年科技工作者每月工资收入情况看，月税后实发工资在 3000 元以下的人数占 16.74%，月税后实发工资 3000～5000 元的人数占 46.28%，月税后实发工资 5001～10 000 元的人数占 30.86%，月税后实发工资 10 000 元以上的人数占 6.12%。从学历方面进一步分析后发现，博士研究生学历的青年科技工作者月收入相对较高，月税后实发工资在 5001～10 000 元的占 61.05%，月税后实发工资 10 000 元以上的占 11.23%。从单位类型方面进一步分析后发现，医疗卫生机构、大中型企业的青年科技工作者月税后实发工资在 10 000 元以上的人数占比分别为 13.52%、8.20%。从区域分布方面进一步分析后发现，赣北区域的青年科技工作者月税后实发工资在 5000 元以上的人数占比达 41.92%，高于赣南区域的 27.51%（图 7-38）。

从青年科技工作者每月其他收入（如稿费、劳务费、年终奖、兼职收入等）情况看，其他收入在 3000 元以下的人数占 67.93%，3000～5000 元的人数占 18.37%，5001～10 000 元的人数占 8.79%，10 000 元以上的人数占 4.91%。从学历方面进一步分析后发现，博士研究生学历的青年科技工作者中每月其他收入在 5000 元以上的人数占比最高，为 18.95%，大专学历的人数占比最低，为 7.26%。从单位类型方面进一步分析后发现，医疗卫生机构的青年科技工作者中每月其他收入在 5000 元以上的人数占比为 21.72%，高于其他单位的人数占比。从区域分布方面进一步分析后发现，赣北区域的青年科技工作者中月其他收入水平在 5000 元以上的人数占比（14.00%）仍然高于赣南区域（12.47%）（图 7-39）。

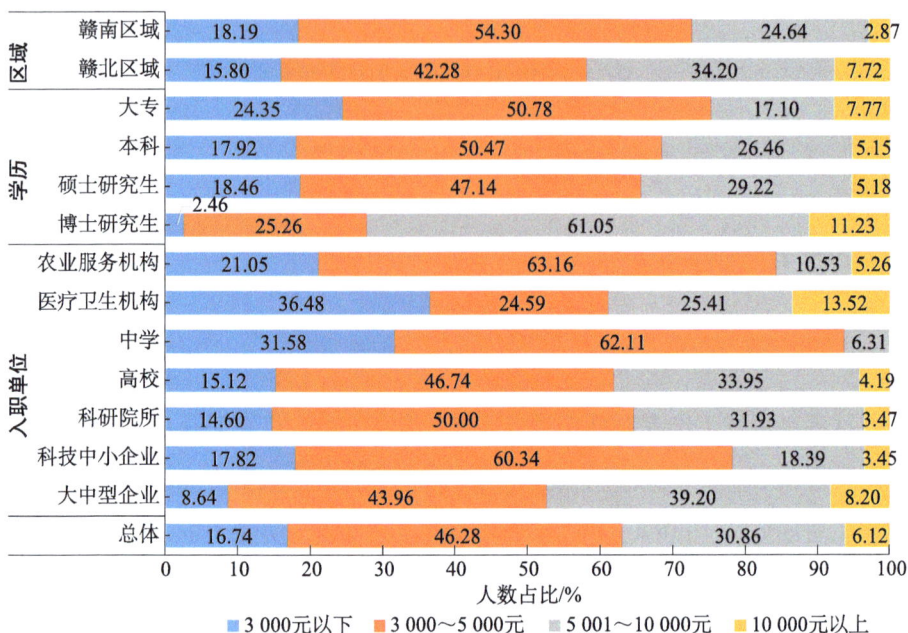

图 7-38　不同青年科技工作者群体每月税后实发工资情况

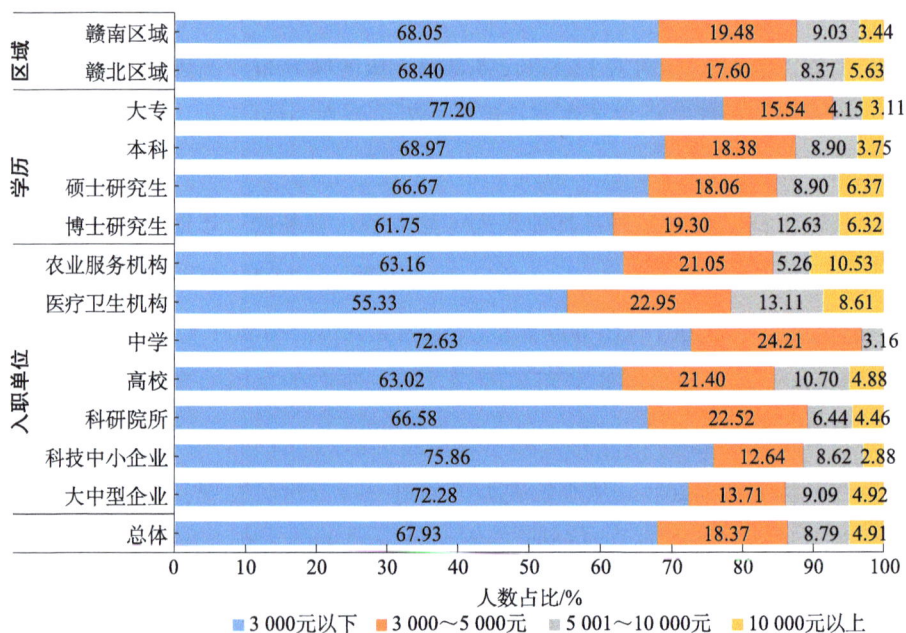

图 7-39　不同青年科技工作者群体每月其他收入
（如稿费、劳务费、年终奖、兼职收入等）情况

（二）青年科技工作者自评收入水平

调查数据显示，54.28%的青年科技工作者认为自己的收入水平较低，其中 39.27%的认为自己的收入在当地属于中下等，15.01%的认为自己的收入处于下等；另外，0.23%的认为自己的收入处于上等，4.49%的认为自己的收入处于中上等，32.07%的认为自己的收入处于中等（图 7-40）。

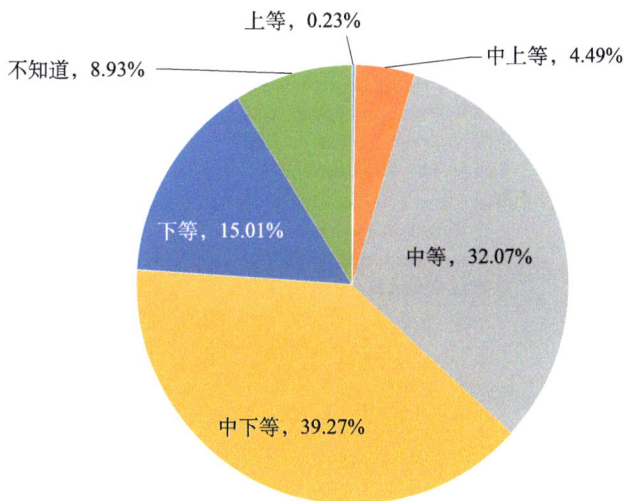

图 7-40　青年科技工作者对于自己的收入水平的反映

从单位类型方面进一步分析后发现，科技中小企业的青年科技工作者认为自己的收入处于最下等的达 24.71%，高校青年科技工作者中，7.44%的认为自己的收入处于最下等。

（三）青年科技工作者的兼职收入情况

调查数据显示，6.12%的青年科技工作者有兼职收入。男性青年科技工作者中拥有兼职收入的人数占比（6.74%）略高于女性青年科技工作者（5.13%）。从职称方面进一步分析后发现，正高级职称的青年科技工作者没有其他有收入的兼职工作，无职称的青年科技工作者中拥有兼职收入的人数占比较高，为 8.06%，高于副高级（6.10%）、中级（6.03%）、初级职称（4.78%）的青年科技工作者。从职业方面进一步分析后发现，推广人员/科普工作者中在外兼职的人数占比较高，达 16.00%，其次是科技管理人员

（10.28%）和中学教师（8.91%）（图 7-41）。

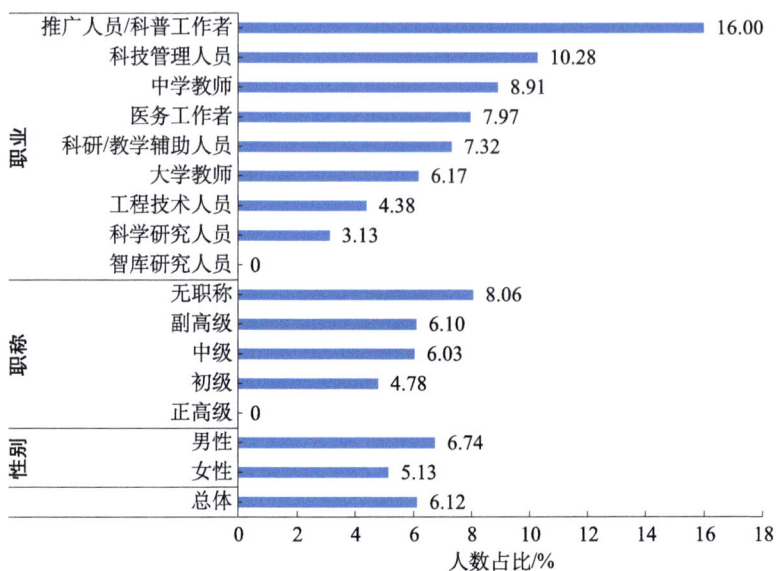

图 7-41　不同青年科技工作者群体兼职收入情况

二、福利及保障

（一）青年科技工作者的带薪休假情况

调查数据显示，享受带薪假期的青年科技工作者平均每年有 15.64 天的假期，而实际平均休假 12.66 天。从职业方面进一步分析后发现，除教师外，每年实际休假天数最多的是科技管理人员（11.74 天），科学研究人员、智库研究人员实际休假天数较少，分别仅有 3.94 天与 2.67 天。从区域分布方面进一步分析后发现，赣南区域的青年科技工作者（16.62 天）每年实际休假天数多于赣北区域的青年科技工作者（10.87 天）（图 7-42）。

（二）青年科技工作者的劳动合同签订情况

调查数据显示，79.43% 的青年科技工作者与单位签订了劳动合同，其中签订有固定期限合同的人数占比为 56.76%，签订无固定期限合同的人数占比为 22.67%。另外，12.11% 的青年科技工作者没有与所在单位签订聘用或劳

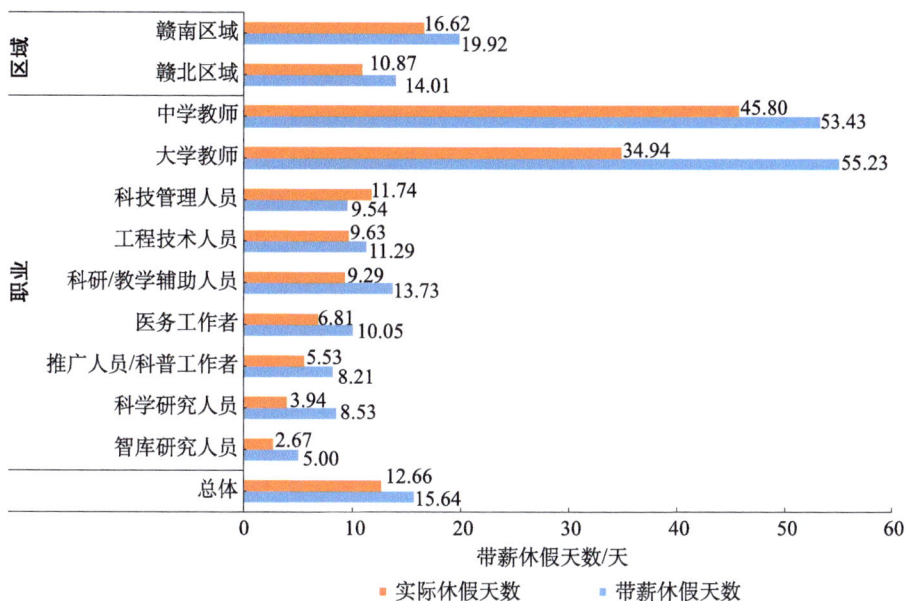

图 7-42　不同青年科技工作者群体带薪休假情况

动合同。从单位类型方面进一步分析后发现，企业青年科技工作者中签订合同的人数占比相对较高，94.78%的大中型企业和87.93%的科技中小企业的青年科技工作者都与单位签订了劳动合同；农业服务机构的青年科技工作者中没有签订聘用或劳动合同的人数占比较高，达42.11%。

三、健康情况

（一）青年科技工作者所在单位组织体检的情况

调查数据显示，87.70%的青年科技工作者所在单位会定期或不定期地组织体检，其中，一年至少组织一次的占60.40%，两年组织一次的占20.29%，三年组织一次的占1.03%，不定期组织的占5.98%（图7-43）。从单位类型方面进一步分析发现，科技中小企业的青年科技工作者反映从没组织过体检的人数占比为14.94%，远远高于其他单位的青年科技工作者（图7-44）。

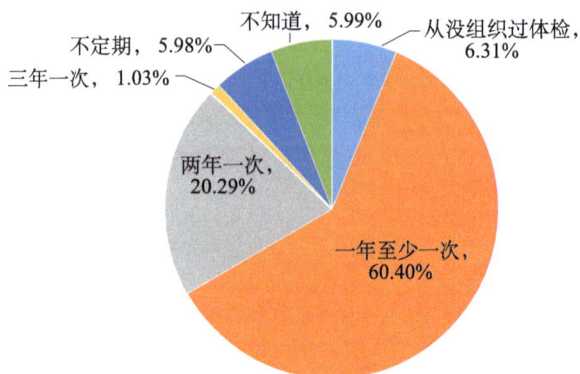

图 7-43　青年科技工作者所在单位组织体检情况

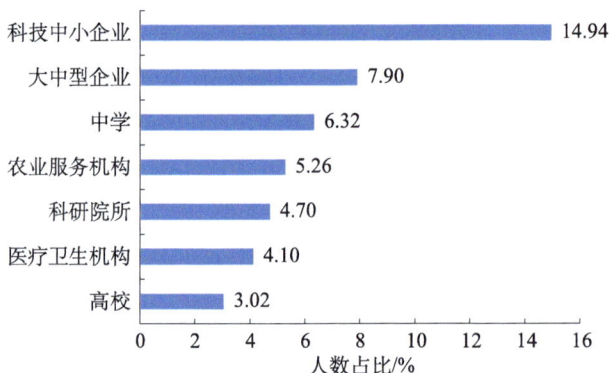

图 7-44　不同单位类型的青年科技工作者所在单位从未组织体检的人数占比

（二）青年科技工作者的自评健康状况

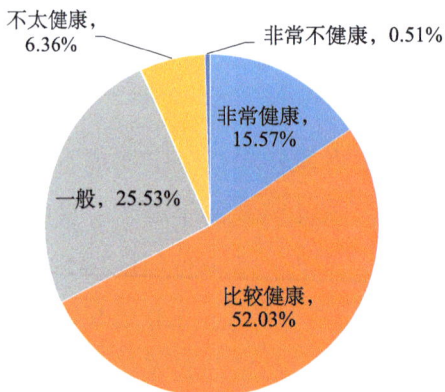

图 7-45　青年科技工作者对自身健康的判断

数据显示，15.57% 的青年科技工作者认为自己非常健康，52.03% 的青年科技工作者认为自己比较健康，25.53% 的青年科技工作者认为自己的健康状况一般，6.36% 的青年科技工作者认为自己不太健康，有 0.51% 的青年科技工作者认为自己非常不健康（图 7-45）。

（三）青年科技工作者的身心健康对工作和生活的影响程度

调查数据显示，6.40% 的青年科技工作者总是或经常因为身体健康状况问题而影响工作或生活；表示过去一年很少由于身体原因影响到工作或生活的人数占比为 44.83%，有时影响的人数占比为 28.10%（图 7-46）。

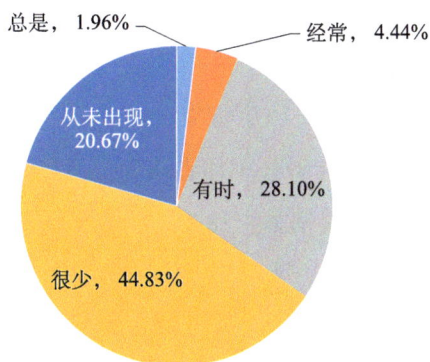

图 7-46　青年科技工作者身心健康对工作和生活的影响情况

青年科技工作者的心理健康问题较突出，8.09% 的青年科技工作者表示过去一年总是由于心情抑郁或情绪不好而影响到工作或生活。另外，分别有 3.41% 和 35.95% 的青年科技工作者经常或有时心情抑郁或心情不好，并影响到工作和生活（图 7-47）。从职业类型方面进一步分析后发现，推广人员/科普工作者因心理健康情况不佳而影响到工作和生活的问题最突出，24.00% 的总是或经常因心理健康原因影响到正常的工作和生活。

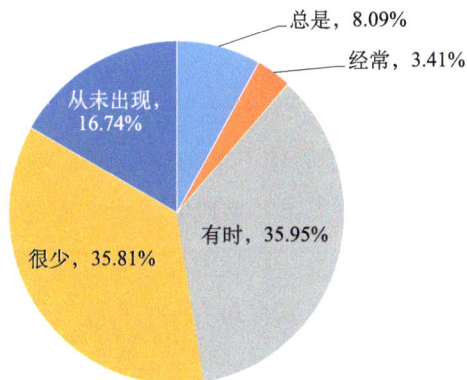

图 7-47　青年科技工作者心理健康对工作和生活的影响情况

四、生活获得感

（一）青年科技工作者在生活中面临的主要困难

调查数据显示，69.52%的青年科技工作者反映"收入低"是在生活中面临的最大困难，其他困难依次为"工作忙、不能照顾家庭"（43.62%）、"住房困难"（30.72%）、"找对象难"（17.81%）等。

（二）青年科技工作者的生活幸福感

调查发现，43.76%的青年科技工作者认为自己目前的生活很幸福或比较幸福。其中，5.05%的认为很幸福，38.71%的认为比较幸福；另外，7.15%的认为目前的生活不太幸福，1.08%的认为很不幸福（图7-48）。

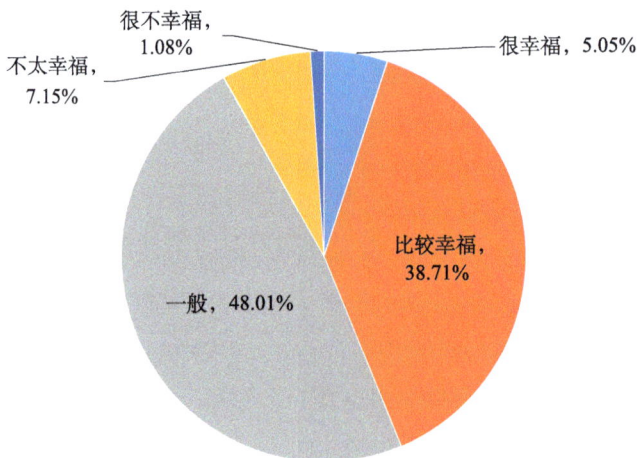

很不幸福，1.08%　很幸福，5.05%
不太幸福，7.15%
比较幸福，38.71%
一般，48.01%

图 7-48　青年科技工作者的生活幸福感情况

从性别方面进一步分析后发现，女性青年科技工作者感到生活幸福（51.96%）的人数占比显著高于男性（38.68%）。从入职单位类型方面进一步分析后发现，中学的青年科技工作者感到生活很幸福或比较幸福的人数占比较高，为56.84%；而大中型企业、科技中小企业的青年科技工作者人数占比偏低，分别为39.64%、38.51%。从区域分布方面进一步分析后发现，赣南区域和赣北区域的青年科技工作者感到生活很幸福或比较幸福的人数占比相近（图7-49）。

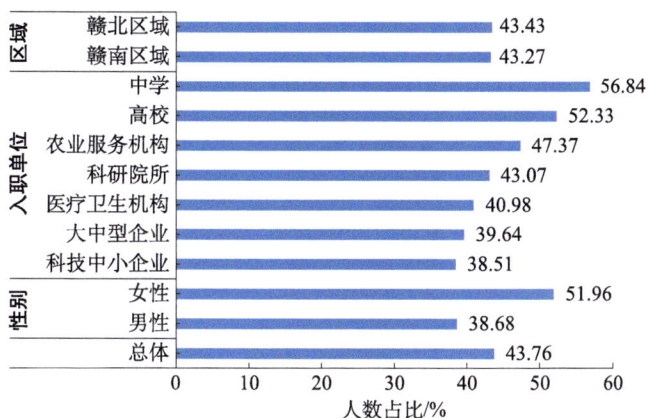

图 7-49 不同青年科技工作者群体感到生活幸福或比较幸福的人数占比

第六节 认知和评价

一、对国家战略和相关政策的认知

(一)对国家战略目标的信心

调查数据显示，49.46% 的青年科技工作者表示对我国"在 2049 年时成为世界科技强国"战略目标的实现很有信心，39.18% 的青年科技工作者比较有信心，5.75% 的青年科技工作者不太有信心，0.75% 的青年科技工作者完全没信心（图 7-50）。

(二)对江西省科技创新政策的认知程度

调查数据显示，43.99% 的青年科技工作者表示了解江西省科技创新政策，其中非常了解的占 9.44%，比较了解的占 34.55%。另外，还有 49.42% 的青年科技工作者表示不太了解，6.59% 的青年科技工作者完全不了解。从性别方面进一步分析发现，女性青年科技工作者表示非常了解或比较

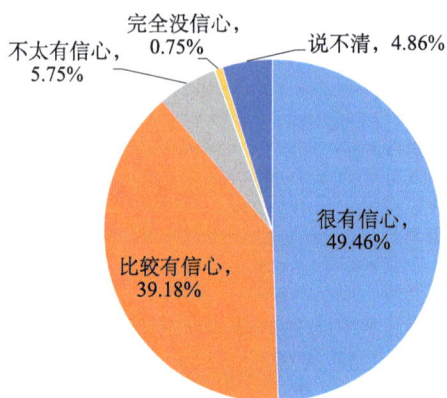

图 7-50　青年科技工作者对我国"在 2049 年时成为
世界科技强国"战略目标实现的信心情况

了解江西省科技创新政策的人数占比（42.05%）低于男性青年科技工作者（45.19%）。从入职单位类型方面进一步分析后发现，科研院所、农业服务机构、高校青年科技工作者对科技创新政策的了解程度相对更高，科技中小企业青年科技工作者对政策的认知程度最低。从区域分布方面进一步分析后发现，赣北区域的青年科技工作者表示非常了解或比较了解科技创新政策的人数占比（45.89%）高于赣南区域的青年科技工作者（39.54%）（图 7-51）。

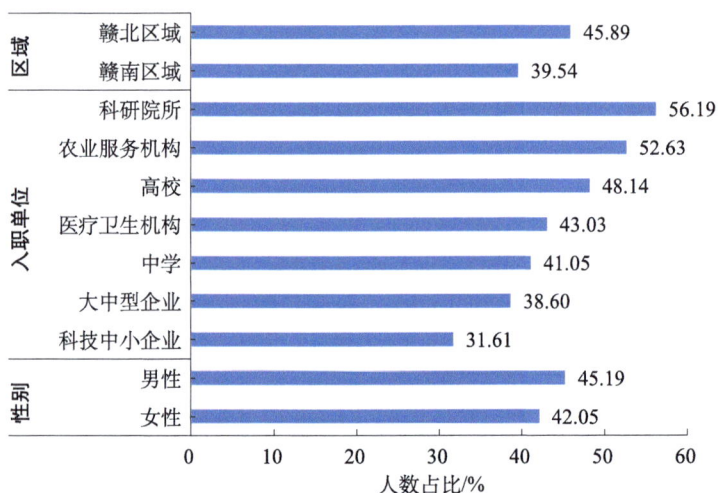

图 7-51　不同青年科技工作者群体对江西省科技创新政策的了解情况

二、对科技队伍的评价

（一）对江西省科技队伍科研能力的评价

调查发现，23.47%的青年科技工作者认为江西省科技工作者的科研能力与国内外的总体上差不多；48.01%的青年科技工作者认为江西省科技工作者科研能力有点落后于国内外其他地区的科技工作者；15.90%的青年科技工作者认为落后很多；认为更好的青年科技工作者仅占4.91%（图7-52）。

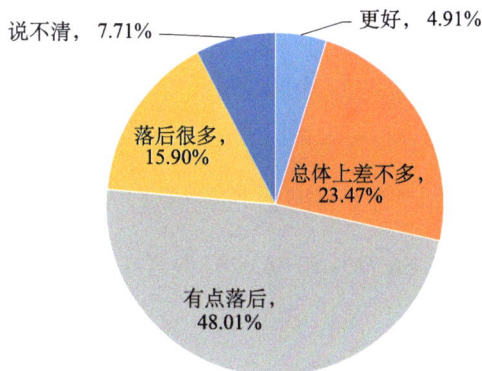

说不清，7.71%　　　更好，4.91%

落后很多，15.90%

总体上差不多，23.47%

有点落后，48.01%

图7-52　青年科技工作者对江西省科技队伍科研能力的评价

从性别方面进一步分析后发现，30.81%的女性青年科技工作者认为江西省科技工作者的科研能力较好，高于男性青年科技工作者。从职业类型方面进一步分析后发现，46.00%的推广人员/科普工作者认为江西省科技工作者的科研能力较好；科学研究人员的评价比较低，有77.50%的科学研究人员认为江西省科技工作者的科研能力有点落后或落后很多于国内外的科学家（图7-53）。

（二）导致科技人才流失的主要原因

从青年科技工作者对江西省科技人才流失原因的反映情况看，反映"收入水平太低，不能体现工作价值"（79.48%）的青年科技工作者的人数占比最高；其次是"工作平台不高，设备条件不好，个人成长遇到障碍"（66.01%）、"区位和产业优势不显，缺少发展空间"（49.28%）、"工作氛围不优，人际关

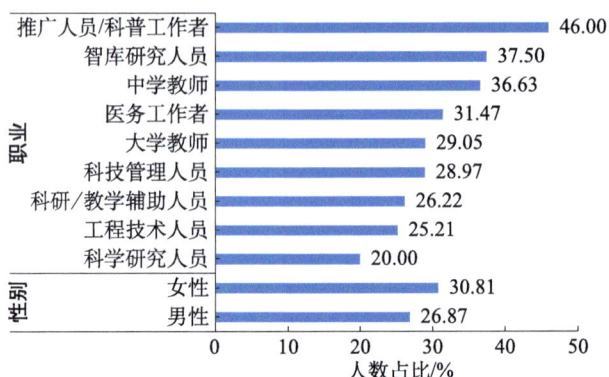

图 7-53 不同青年科技工作者群体认为江西省科技队伍科研能力较好的人数占比

系难以处理"（20.52%）、"工作环境不好，受到不公对待"（14.96%）；反映人数占比最低的是对"生活环境不满意"，为 6.73%。

（三）影响人才引进的主要因素

调查发现，分别有 56.71% 和 56.62% 的青年科技工作者认为"个人收入待遇"和"个人发展前景"是影响江西省科技人才引进的主要因素。其他依次为："工作平台条件"（43.48%）、"人才支持政策"（31.42%）等。另外，"工作和生活环境"（19.07%）、"评价激励机制"（14.73%）、"发展空间机会"（13.09%）、"住房保障情况"（11.41%）、"人才政策兑现度"（8.88%）、"研究团队建设"（8.37%）、"配偶安置或子女入学"（7.67%）等也在一定程度上影响着江西省科技人才引进工作（图 7-54）。

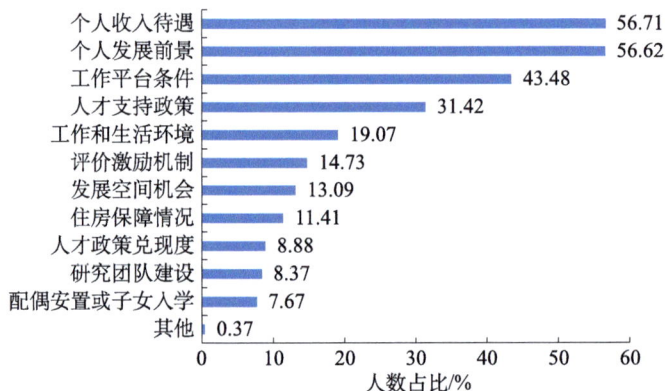

图 7-54 青年科技工作者对影响江西省人才引进主要因素的评价

（四）吸引留住科技人才的重点举措

从青年科技工作者对江西省吸引留住科技人才重点举措的评价看，75.22% 的青年科技工作者认为"提高工资待遇"是吸引留住科技人才的重点举措；其他重点举措还包括："完善人才管理和培训体系"（32.91%）、"营造创新氛围"（31.51%）、"加强知识产权保护"（24.54%）、"完善人才绩效评价奖励机制"（23.61%）、"改善生活环境"（22.25%）、"营造尊重人才的良好氛围"（20.57%）、"提供住房保障"（15.24%）、"打造高水平的创新平台"（13.88%）、"完善社会保障"（9.35%）等（图 7-55）。

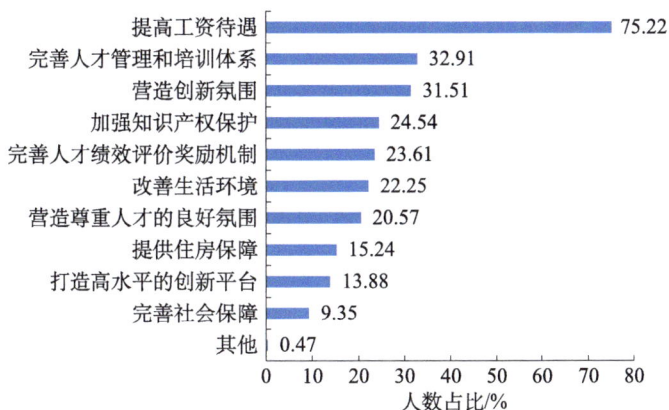

图 7-55　青年科技工作者对江西省吸引留住科技人才重点举措的评价

三、对科技问题的评价

（一）对自身存在的问题的评价

调查数据显示，60.82% 的青年科技工作者认为"人才流失到发达省份或国外"的问题非常严重或比较严重，超三成的青年科技工作者认为"不安心做科研"（42.17%）、"急功近利、学风浮躁"（40.34%）、"缺乏与公众沟通交流"（39.31%）、"研究脱离实际需求"（34.04%）和"与企业界缺乏合作"（31.98%）的问题非常严重或比较严重。分别有 28.38% 和 27.07% 的青年科技工作者认为"缺乏团队合作精神"和"女性科技人员不受重视"的问题非常严重或比较严重（图 7-56）。

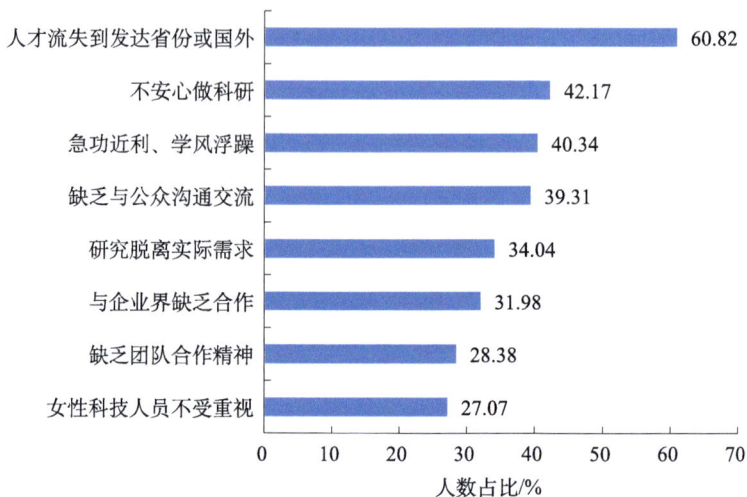

图 7-56　青年科技工作者认为非常严重或比较严重存在的问题

从职业方面进一步分析发现，分别有 80.00% 的科学研究人员和 87.50% 的智库研究人员反映"人才流失到发达省份或国外"的问题，高于其他职业类型；对于"不安心做科研"这一问题，科学研究人员和大学教师的反映人数占比更高，人数占比分别为 48.13% 和 47.56%；对于"急功近利、学风浮躁"的问题，科学研究人员、大学教师和智库研究人员的反映更强烈，人数占比分别为 48.13%、49.10% 和 50.00%。

（二）对江西省科技领域存在的问题的评价

调查数据显示，青年科技工作者认为江西省科技领域存在问题非常突出或比较突出的人数占比分别为："关键技术自给率低"（57.51%）、"原创性科技成果少"（56.99%）、"科技资源配置效率不高"（54.75%）、"科技人员的积极性、创造性没有得到充分发挥"（53.86%）、"研发和成果转移转化效率不高"（53.48%）、"科技政策扶持力度不够"（53.11%）、"产学研结合不紧密"（52.40%）、"企业没有确立技术创新主体地位"（51.38%）、"科技项目及经费管理不合理"（47.55%）、"科技评价导向不合理"（46.10%）、"科研诚信和创新文化建设薄弱"（45.54%）。

四、对科研创新环境的评价

（一）对江西省创新环境的评价

调查数据显示，在体现江西省创新环境的各因素中，青年科技工作者认为其非常好或较好的人数占比分别为："信息、通信服务质量"（34.96%）、"知识产权保护"（33.85%）、"科技政策宣传"（29.08%）、"科技研发投入"（28.19%）、"宽容失败的氛围"（27.16%）、"人才引进与培养"（27.16%）、"产学研合作"（25.85%）、"风险投资的可获得性"（24.26%）、"学术独立、不受行政干预"（24.12%）和"挑战学术权威的氛围"（22.07%）（图 7-57）。

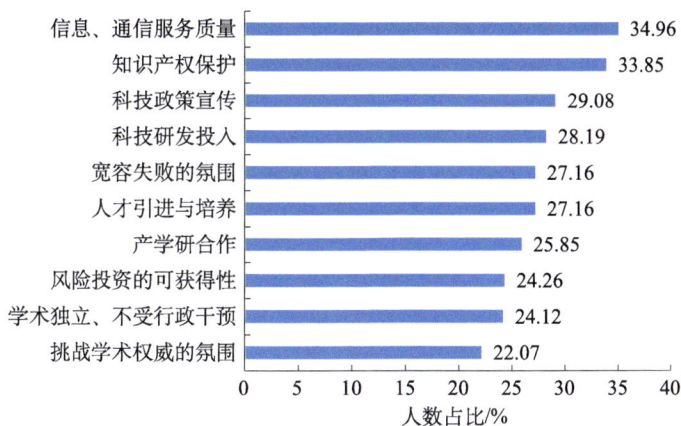

图 7-57　青年科技工作者认为江西省创新环境非常好或比较好的人数占比

从学历方面进一步分析后发现，高学历青年科技工作者对江西省创新环境不好的反映更强烈。从入职单位类型方面进一步分析后发现，高校的青年科技工作者认为"科技研发投入"（13.02%）、"挑战学术权威的氛围"（15.12%）和"学术独立、不受行政干预"（18.37%）方面的创新环境不好的反映相对更强烈；科研院所的青年科技工作者认为"科技政策宣传"（8.66%）、"人才引进与培养"（17.57%）、"挑战学术权威的氛围"（16.34%）和"学术独立、不受行政干预"（20.30%）方面的创新环境不好的反映相对更强烈。从区域分布方面进一步分析后发现，赣北区域的青年科技工作者认为创新环境不好的人数占比相对较高。

（二）对学术不端行为普遍性的评价

调查数据显示，25.99% 的青年科技工作者认为"在没有参与的科研成果上挂名"的现象相当普遍或比较普遍，其他依次为"弄虚作假（如伪造数据）"（18.37%）、"抄袭剽窃他人成果"（17.76%）和"一稿多投、多发"（15.10%）的现象普遍或比较普遍。

从不同单位类型方面进一步分析后发现，农业服务机构和大中型企业对于"抄袭剽窃他人成果行为"的反映更加强烈；医疗卫生机构和大中型企业对于"弄虚作假（如伪造数据）"的行为的反映更加强烈；科技中小企业和大中型企业对于"一稿多投、多发"的反映更加强烈；科研院所对于"在没有参与的科研成果上挂名"的反映更强烈。

（三）导致学术不端行为的主要原因

调查数据显示，53.90% 的青年科技工作者反映造成学术不端行为的主要原因是"研究者自律不够"，其他依次为"监督机制不健全"（49.65%）、"学术规范、规章不明确"（37.31%）、"学术规范教育不够"（32.45%）、"处罚不严厉"（32.07%）、"社会大环境"（28.85%）和"现行评价制度驱使"（28.71%）等外部环境和制度性因素。

从不同单位类型方面进一步分析后发现，高校和科研院所青年科技工作者对"研究者自律不够"是造成学术不端行为的主要原因的反映较其他单位的青年科技工作者更加强烈，人数占比分别为 58.60%、57.92%；农业服务机构的青年科技工作者对"学术规范教育不够"的反映相对强烈，人数占比为 52.63%；中学的青年科技工作者对"学术规范、规章不明确"的反映更强烈，人数占比为 50.53%；农业服务机构和科研院所对"监督机制不健全"的反映更强烈，人数占比分别为 78.95% 和 53.96%。

（四）对科研道德和学术规范了解程度的认知

调查数据显示，63.77% 的青年科技工作者表示对科研道德和学术规范了解比较多或了解一些，其中，15.80% 的青年科技工作者表示了解比较多，47.97% 的青年科技工作者表示了解一些。此外，23.28% 的青年科技工作者表示了解很少，12.95% 的青年科技工作者表示基本不了解（图 7-58）。

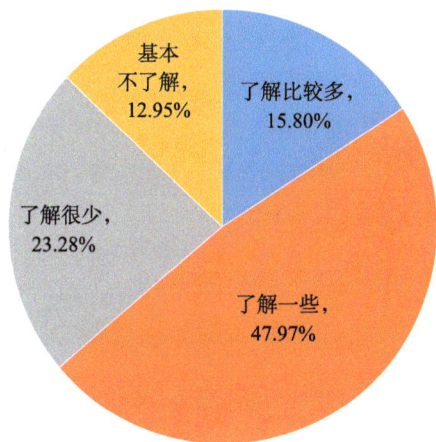

图 7-58 青年科技工作者对科研道德和学术规范的了解程度

从学历方面进一步分析后发现，青年科技工作者的学历越高，对科研道德和学术规范的了解程度越高。从单位类型方面进一步分析发现，高校和科研院所青年科技工作者对科研道德和学术规范的了解程度相对较高，人数占比分别为 82.33% 和 80.69%。

（五）对科研环境的满意度评价

调查数据显示，34.17% 的青年科技工作者对科研环境非常满意或比较满意，其中，4.58% 的表示非常满意，29.59% 的表示比较满意；另外，还有53.81% 的青年科技工作者表示一般，9.49% 的青年科技工作者表示不太满意，2.53% 的青年科技工作者表示很不满意。从不同单位类型方面进一步分析后发现，高校和科研院所的青年科技工作者对科研环境的满意度相对较高，表示非常满意或比较满意的人数占比分别为 38.60% 和 38.37%。从区域分布方面进一步分析后发现，赣北区域的青年科技工作者对科研环境的满意度要略高于赣南区域的青年科技工作者（图 7-59）。

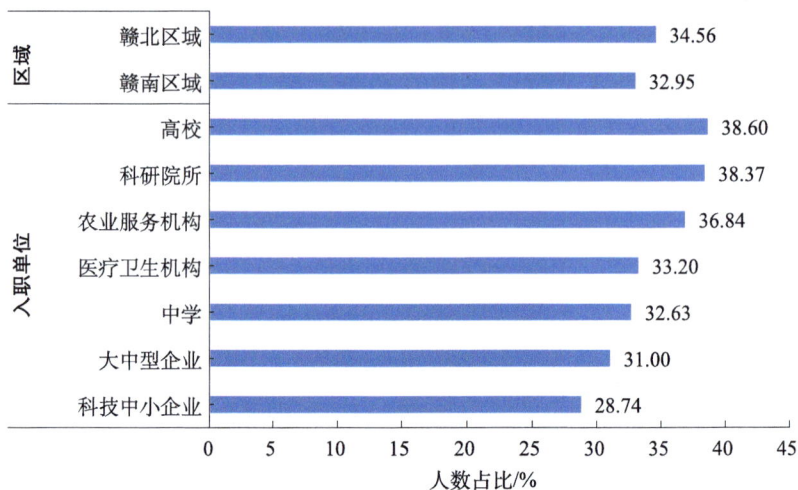

图 7-59　不同青年科技工作者群体对科研环境非常满意或比较满意的反映

第七节　社 会 参 与

一、参与公共事务的意愿

（一）对国家政策方针的关注度

调查数据显示，75.45% 的青年科技工作者表示非常关注或比较关注近年来国家出台的重大政策方针，其中非常关注的占 15.52%，比较关注的占 59.93%；另外，21.97% 的表示不太关注，0.70% 的表示完全不关注，1.88% 的表示说不清。从性别方面进一步分析后发现，女性青年科技工作者对国家政策方针的关注度（69.68%）低于男性青年科技工作者（79.03%）。从单位类型方面进一步分析后发现，高校、科研院所的青年科技工作者更关注国家政策方针，其对国家政策方针的关注度分别为 82.09%、81.68%；农业服务机构的青年科技工作者对国家方针政策的关注度较低，人数占比为 63.16%（图 7-60）。

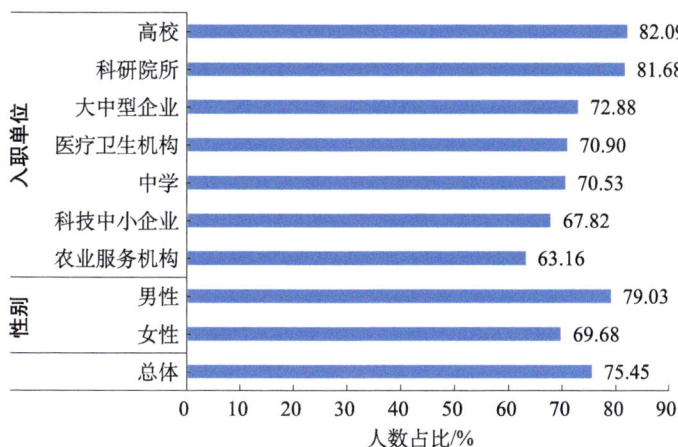

图 7-60　不同青年科技工作者群体非常关注或比较关注国家政策方针的人数占比

（二）参与国家或地方公共事务管理的意愿

调查数据显示，青年科技工作者参与公共事务管理的意愿较强烈，85.18% 的青年科技工作者表示非常愿意或比较愿意参与国家或地方公共事务管理，其中，非常愿意的占 28.42%，比较愿意的占 56.76%；另外，6.12% 的青年科技工作者表示不愿意，8.70% 的青年科技工作者没有明确表态。从性别方面进一步分析后发现，女性青年科技工作者的参与意愿（81.66%）则低于男性青年科技工作者（87.36%）。从单位类型方面进一步分析后发现，科技中小企业（88.51%）、科研院所（86.88%）、大中型企业（85.99%）、高校（84.65%）、医疗卫生机构（82.79%）和中学（81.05%）有超过八成的青年科技工作者表示非常愿意或比较愿意参与国家或地方公共事务管理，农业服务机构的青年科技工作者非常愿意或比较愿意参与公共事务管理的占比为78.95%（图 7-61）。

（三）参政议政或参与公共事务渠道的畅通性

青年科技工作者参政议政或参与公共事务的渠道仍然缺乏。调查发现，有 53.20% 的青年科技工作者认为自己参政议政或参与公共事务的渠道不太畅通或很缺乏，另有 11.13% 的青年科技工作者表示不清楚渠道是否畅通。从单位类型方面进一步分析后发现，科技中小企业（62.07%）、大中型企业

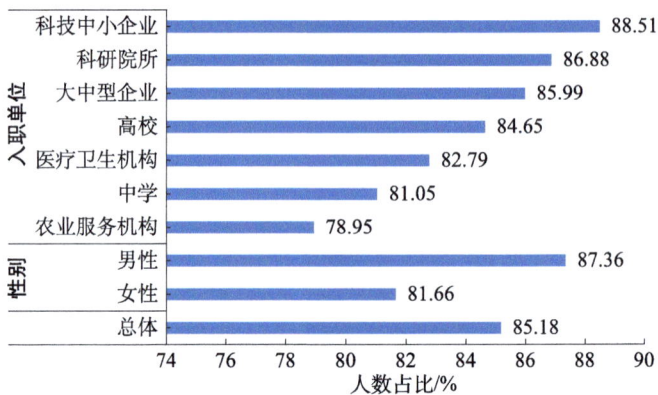

图 7-61　不同青年科技工作者群体非常或比较愿意参与国家或地方公共事务管理的人数占比

（57.53%）、医疗卫生机构（54.10%）、高校（50.47%）、科研院所（50.00%）对渠道不畅通问题反映相对更强烈。从区域分布方面进一步分析发现，赣北区域（55.19%）的青年科技工作者认为渠道不畅通的人数占比高于赣南区域（49.86%）的青年科技工作者（图 7-62）。

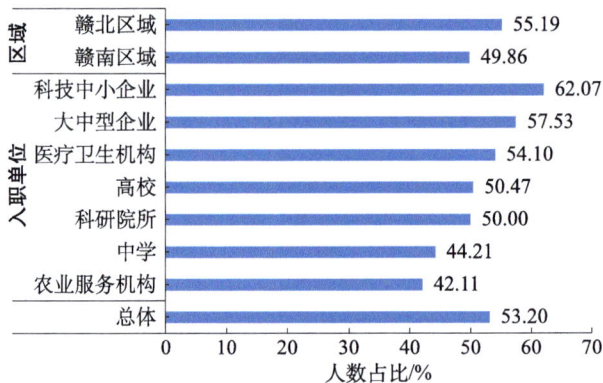

图 7-62　不同青年科技工作者群体对参政议政或参与公共事务渠道不畅通问题的反映

（四）参与具体公共事务管理的积极性

调查发现，35.34% 的青年科技工作者就单位的管理问题公开发表过意见，其中经常占 1.68%，有时占 33.66%；52.59% 的青年科技工作者向单位领导（部门）提过建议 / 意见，其中经常占 3.13%，有时占 49.46%；12.72%的青年科技工作者向新闻媒体提过建议 / 意见，其中经常占 1.17%，有时

占 11.55%；13.93% 的青年科技工作者向政府提过建议 / 意见，其中经常占
1.03%，有时占 12.90%（图 7-63）。

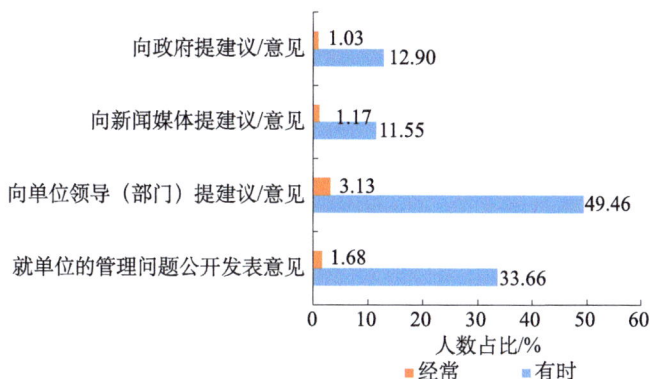

图 7-63　青年科技工作者有时或经常参与四种公共事务管理的人数占比

　　从职称方面进一步分析后发现，高职称青年科技工作者参与公共事务管
理的积极性相对更高。从单位类型方面进一步分析后发现，科研院所和农业
服务机构的青年科技工作者参与公共事务管理的积极性相对更高。从区域分
布方面进一步分析后发现，在就单位的管理问题公开发表意见、向新闻媒体
提建议 / 意见、向政府提建议 / 意见方面，赣北区域的青年科技工作者参与
公共事务管理的积极性要略高于赣南区域的青年科技工作者；在向单位领导
（部门）提建议 / 意见方面，赣南区域的青年科技工作者参与公共事务管理的
积极性要略高于赣北区域的青年科技工作者。

二、参与学术团体或科协基层组织情况

（一）青年科技工作者参加学术团体或基层科协组织的情况

　　调查数据显示，仅 29.22% 的青年科技工作者是与自己专业或工作相关
的学术团体或基层科协组织的会员。从学历方面进一步分析后发现，学历越
高，青年科技工作者是学术团体或基层科协组织会员的人数占比越高。从单
位类型方面进一步分析后发现，超三成的医疗卫生机构（38.52%）、科研院
所（34.41%）、高校（31.86%）的青年科技工作者参加学术团体或基层科协

组织，科技中小企业青年科技工作者是学术团体或基层科协组织会员的人数占比最低，仅为 8.62%。从区域分布方面进一步分析后发现，赣北区域的青年科技工作者参加学术团体或基层科协组织的人数占比（33.69%）明显高于赣南区域的青年科技工作者（20.77%）（图 7-64）。

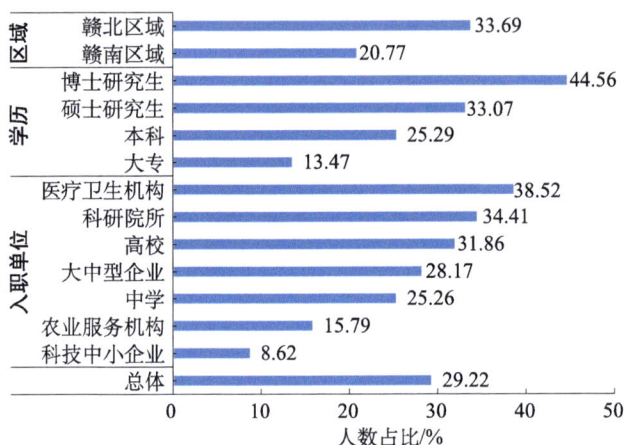

图 7-64　不同青年科技工作者群体参加学术团体或基层科协组织的情况

（二）参与所在团体或组织开展的活动的积极性情况

调查数据显示，在学术团体或基层科协组织会员中，89.78% 的青年科技工作者表示参加了所在团体或组织开展的活动，其中，24.44% 的经常参加，65.34% 的偶尔参加；另外，几乎不参加活动的会员占 10.22%。从学历方面进一步分析后发现，博士研究生学历的青年科技工作者参加所在组织活动的积极性相对较高，有 95.28% 的博士研究生学历青年科技工作者经常或偶尔参加活动，其次是本科（89.81%）、大专（88.46%）、硕士研究生（87.15%）。从单位类型方面进一步分析后发现，中学和农业服务机构的青年科技工作者经常或偶尔参加所在团体或组织开展的活动的人数占比最高，均为 100%；大中型企业和科技中小企业参加所在组织活动的人数占比最低，分别为 84.13% 和 86.67%。从区域分布方面进一步分析后发现，赣北区域的青年科技工作者参加所在组织活动的积极性（90.58%）略高于赣南区域（87.59%）（图 7-65）。

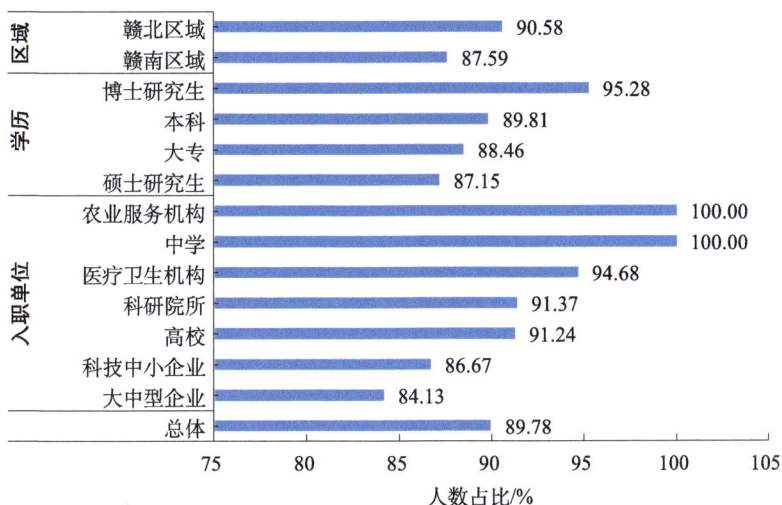

图 7-65 不同青年科技工作者群体经常或偶尔参加所在组织活动的人数占比

三、对科协组织的评价和期望

（一）对科协组织的了解程度

调查数据显示，26.79% 的青年科技工作者表示了解科协组织的情况，其中，2.71% 的表示非常了解，24.08% 的表示比较了解；另外，表示对科协组织不太了解的占 59.23%，完全不了解的占 13.98%（图 7-66）。从性别方面进一步分析后发现，男性青年科技工作者对科协组织的了解程度（28.84%）相对高于女性青年科技工作者（23.47%）。从职称方面进一步分析后发现，越高职称的青年科技工作者对科协组织的了解程度相对越高。从职业方面进一步分析后发现，智库研究人员（50.00%）、推广人员/科普工作者（48.00%）对科协组织的了解程度相对较高，科学研究人员（24.38%）、工程技术人员（24.79%）对科协组织的了解程度相对较低（图 7-67）。

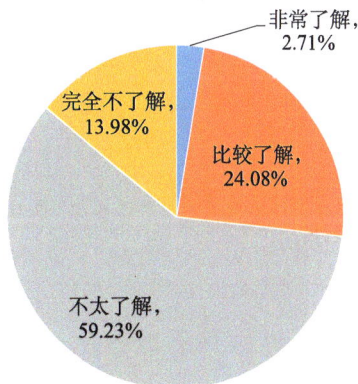

图 7-66 青年科技工作者对科协组织的了解情况

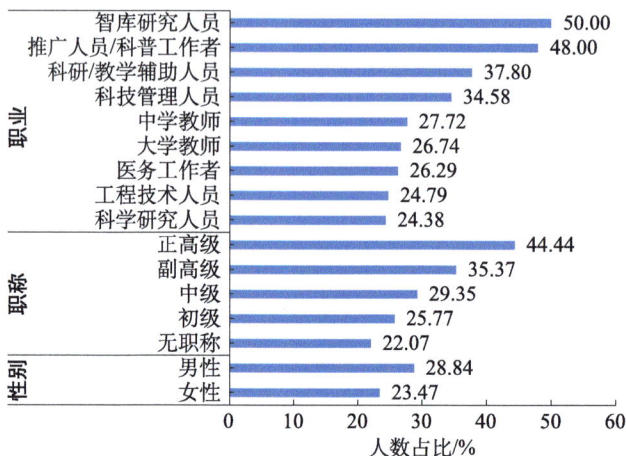

图 7-67   不同青年科技工作者群体非常了解或比较了解科协组织的人数占比

（二）对科协组织影响力的评价

调查发现，33.71% 的青年科技工作者表示科协组织对青年科技工作者的吸引力和凝聚力很强或较强，其中，6.64% 的表示很强，27.07% 的表示较强，此外，38.43% 的青年科技工作者表示科协组织对青年科技工作者的吸引力和凝聚力一般，7.39% 的表示较弱，2.71% 的表示没有，17.76% 的没有明确表态（图 7-68）。从职业方面进一步分析后发现，超四成的科技管理人员（45.79%），科研/教学辅助人员（42.07%），推广人员/科普工作者（40.00%）表示科协组织影响力很强或较强的人数占比相对更高。从区域分布方面进一步分析后发现，赣北区域的青年科技工作者表示科协组织影响力很强或较强

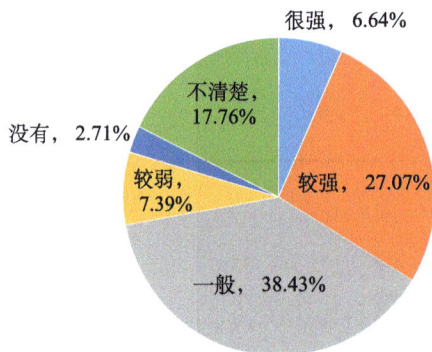

图 7-68   青年科技工作者对科协组织影响力的评价

的人数占比（35.06%）高于赣南区域的青年科技工作者（30.52%）(图 7-69)。

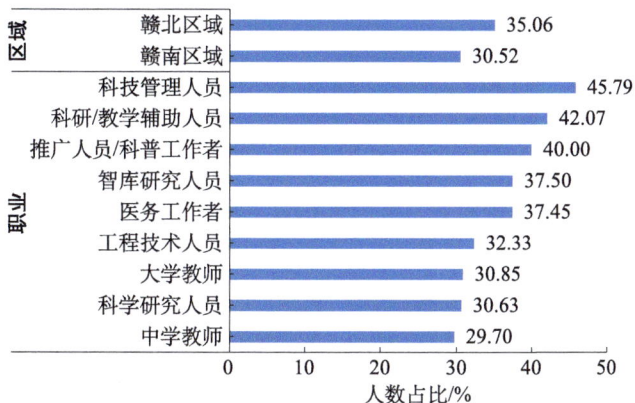

图 7-69 不同青年科技工作者群体表示科协组织影响力很强或较强的人数占比

（三）最希望科协组织提供的服务

调查数据显示，青年科技工作者最希望科协组织提供的服务为"信息、技术服务"（56.19%），其他依次为："进修培训服务"（47.83%）、"职称评审"（40.86%）、"提供科技人员内部交流的机会"（37.59%）、"提供与社会各界交流的机会"（27.54%）、"法律政策咨询服务"（25.29%）、"就业服务"（21.83%）、"资助研究"（21.41%）等。其他的需求还有"保障权益"（17.39%）、"解决生活困难"（16.27%）、"表彰奖励"（13.18%）、"向政府反映意见"（11.92%）等（图 7-70 ）。

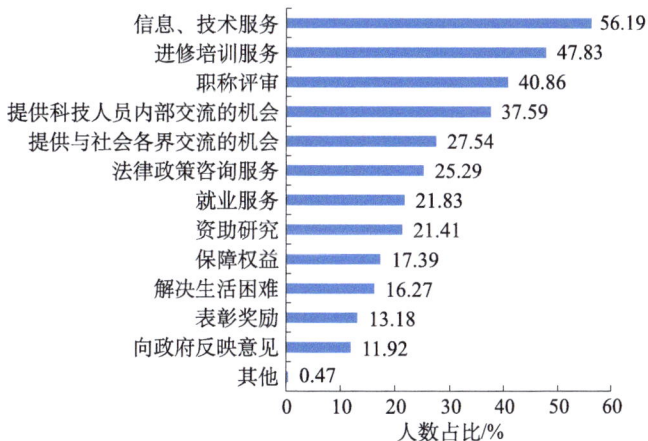

图 7-70 青年科技工作者对科协组织的各类服务的需求情况

第八章
女性科技工作者

为了解江西省女性科技工作者的现状，本章主要从基本情况、工作状况、生活状况、科研活动状况、社会参与状况等方面对调查结果进行了详细分析。调查发现，女性科技工作者队伍较年轻，高学历和高级职称的人数占比较低，从事基础研究和教学是最常见的工作内容。部分女性科技工作者由于待遇和工作压力等原因想换单位或职业，但大部分没有考虑过更换，对于创业的热情也很低。

第一节　基本情况

一、年龄分布

在本次调查的女性科技工作者中，按年龄统计，35 岁以下（青年）的女性科技工作者的人数占 49.61%，35～44 岁的人数占 33.54%，45～54 岁的人数占 15.16%，55～65 岁的人数占 1.64%，65 岁以上的人数占 0.05%（图 8-1）。

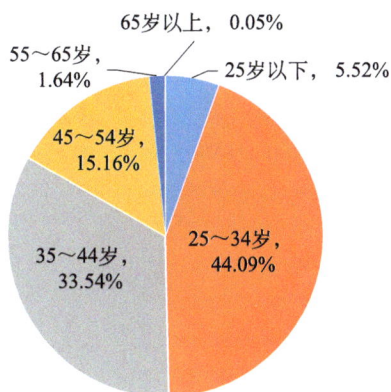

图 8-1　女性科技工作者的年龄分布情况

二、婚姻状况

按婚姻情况统计，79.36% 的女性科技工作者已婚，其中女性青年科技工作者中的已婚人数占比 62.10%，表明接近四成的女性青年科技工作者处于未婚状态。

三、政治面貌分布

调查对象中，中国共产党党员的人数占 51.60%，无党派人士的人数占 30.12%，民主党派成员的人数占 4.10%，共青团员的人数占 14.18%（图 8-2）。

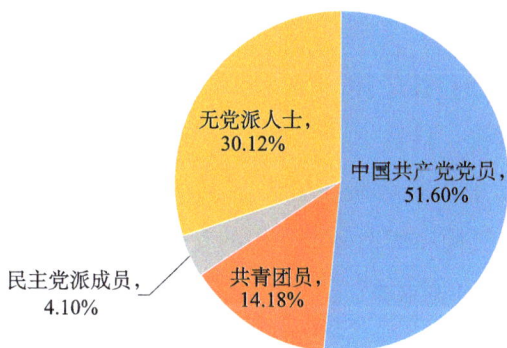

图 8-2　女性科技工作者政治面貌情况

四、学历分布

从学历结构方面进一步分析后发现，高中 / 中专 / 技校学历的女性科技工作者的人数占 4.59%，大专学历的人数占 11.04%，本科学历的人数占 36.99%，硕士学历的人数占 34.58%，博士学历的人数占 12.55%（图 8-3）。

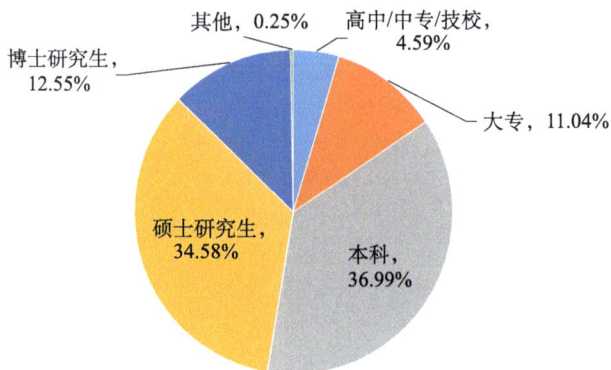

图 8-3　女性科技工作者的学历情况

第二节　工 作 状 况

一、入职过程

（一）入职单位类型

本次调查的女性科技工作者的入职单位主要包括农业服务机构、医疗卫生机构、高等院校、科技中小企业、大中型企业、科研机构、普通中学 / 中专 / 技校等。其中，高等院校的女性科技工作者的人数占比最高，为 26.01%；农业服务机构和新型研发机构的女性科技工作者的人数占比低，分别为 1.93% 和 1.33%（图 8-4）。

（二）在现职单位的工作年限与所在区域

调查结果显示，女性科技工作者在现职单位工作的平均年限为 10.51 年，青年科技工作者在现职单位工作的平均年限为 4.55 年。不同单位类型的女性科技工作者在现职单位工作的平均工作年限存在一定差异，农业服务机构的

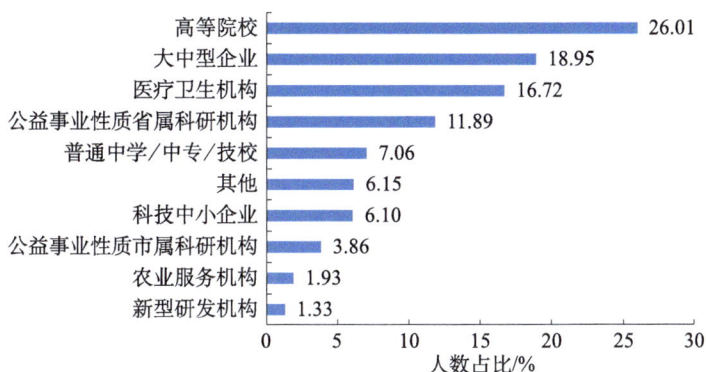

图 8-4　女性科技工作者入职单位分布情况

女性科技工作者在现职单位工作的平均工作年限最长，科技中小企业的女性科技工作者在现职单位工作的平均工作年限最短，表明中小企业女性科技工作者的流动性更强。从不同学历的女性科技工作者情况看，学历越高的女性科技工作者的流动性更强（图 8-5）。

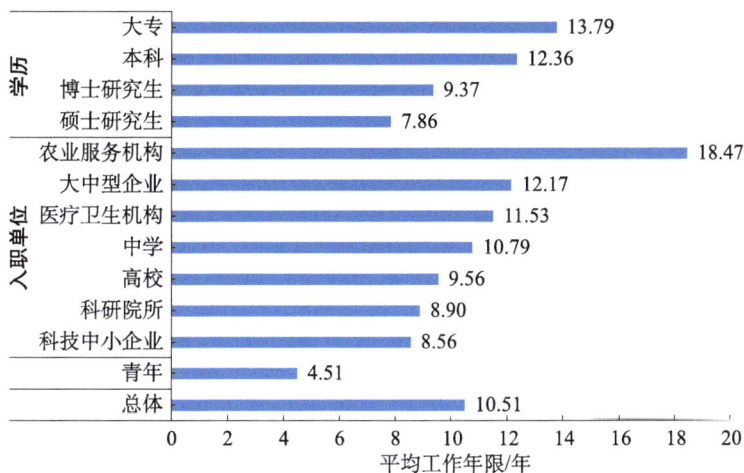

图 8-5　不同女性科技工作者群体在现职单位的平均工作年限

从女性科技工作者所在区域情况看，70.71% 的女性科技工作者在赣北区域工作和生活，29.29% 的科技工作者在赣南区域工作和生活。从不同单位、学历类型的女性科技工作者的情况看，仅中学的女性科技工作者在赣南、赣北区域的分布上相当，其余类型的女性科技工作者均大多落户赣北区域（图 8-6）。

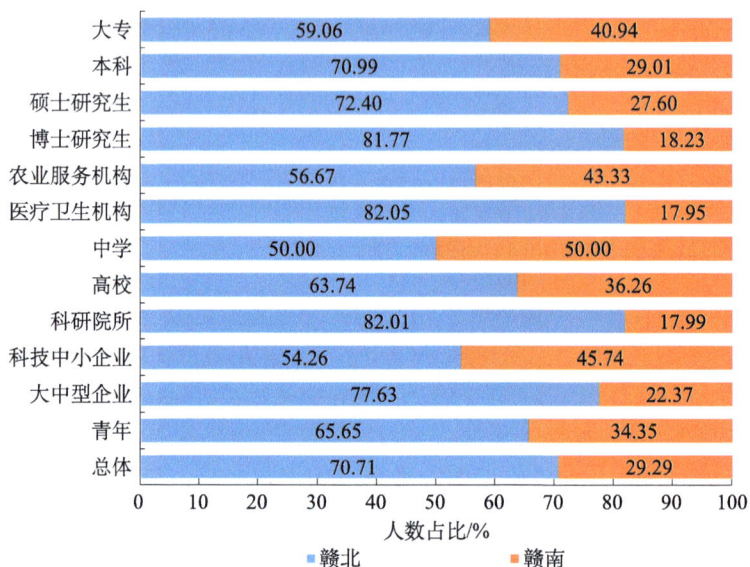

图 8-6　不同女性科技工作者群体工作和生活所在区域分布情况

（三）择业主要考虑因素

调查数据显示，65.00% 的女性科技工作者反映选择当前工作的主要原因是"工作稳定"，其他原因依次为"专业对口"（56.85%）、"离家近"（38.32%）、"工资待遇／经济收入"（33.01%）、"符合个人兴趣"（28.67%）、"行业发展前景好"（24.68%）、"工作环境好"（22.03%）等。

从学历方面进一步分析后发现，学历越高的女性科技工作者，择业时越注重专业对口与符合个人兴趣。分别有 74.04% 的博士研究生学历的女性科技工作者和 67.71% 的硕士研究生学历的女性科技工作者在选择当前职业时考虑了与专业的对口性，分别有 43.27% 的博士研究生学历的女性科技工作者和 34.73% 的硕士研究生学历的女性科技工作者考虑了与个人兴趣的相符性。大专学历的女性科技工作者择业时的首要考虑因素则是"工作稳定"（59.02%）与"离家近"（42.62）。从区域分布方面进一步分析后发现，赣北区域与赣南区域的女性科技工作者在择业时考虑的主要因素基本一致，均为"工作稳定"。此外，赣北区域的女性科技工作者相较于赣南区域的女性科技工作者更关注"专业对口"，而赣南区域的女性科技工作者则更关注"离家近"这一因素（表 8-1）。

表 8-1　不同女性科技工作者群体选择目前职业的原因

考虑因素	人数占比 / %						
	总体	学历				区域	
		博士研究生	硕士研究生	本科	大专	赣北区域	赣南区域
专业对口	56.85	74.04	67.71	52.53	33.33	61.31	46.91
工作稳定	65.00	61.06	70.51	64.11	59.02	66.43	62.26
离家近	38.32	23.08	42.06	36.70	42.62	34.36	47.76
工资待遇 / 经济收入	33.01	32.21	36.30	30.67	32.24	32.69	33.26
行业发展前景好	24.68	25.48	25.65	24.47	25.14	24.73	25.37
符合个人兴趣	28.67	43.27	34.73	22.84	18.03	28.45	30.06
工作环境好	22.03	27.40	25.31	18.92	20.77	21.38	23.67
其他	0.66	0.96	0.87	0.16	0.55	0.71	0.43

二、岗位情况

（一）职业分布

本次被调查的女性科技工作者主要为工程师 / 工程技术人员、医生 / 医务工作者、科学家 / 科学研究人员、大学教师、中专 / 中学教师、推广人员 / 科普工作者、科研 / 教学辅助人员、科技管理人员、智库研究人员等。其中，大学教师人员的人数占比最高，为 23.05%；智库研究人员、推广人员 / 科普工作者等的人数占比较低，均低于 5%（图 8-7）。

（二）职称分布

按女性科技工作者的职称统计，正高级职称的女性科技工作者的人数占 5.25%，副高级职称的人数占 18.47%，中级职称的人数占 38.62%，初级职称的人数占 18.77%，无职称的人数占 18.89%。在不同类型的单位中，高校和科研院所的女性科技工作者中，高级职称的人数占比较高，均达到 30%以上；农业服务机构、中学、科技中小企业、大中型企业的女性科技工作者中，高级职称的人数占比略低，均少于 20%。从女性科技工作者分布区域分

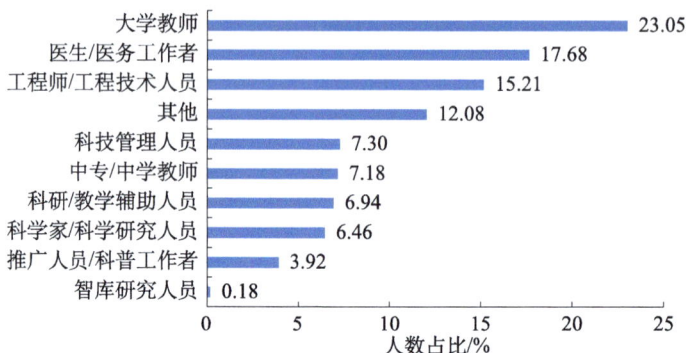

图 8-7 女性科技工作者各职业的人数占比情况

布方面进一步分析发现，赣北区域的女性科技工作者中，高级职称的人数占比达 28.89%，比赣南区域的该人数占比高 16.74 个百分点（图 8-8）。

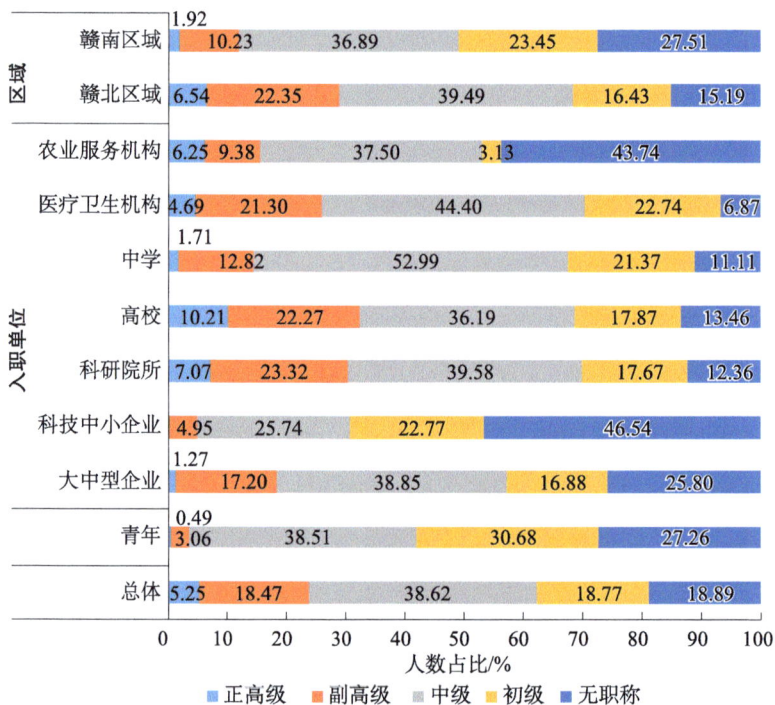

图 8-8 不同女性科技工作者群体职称分布情况

三、工作内容

调查数据显示，基础研究和教学是女性科技工作者最常见的工作内容。

从事基础研究的女性科技工作者占 22.81%，从事教学工作的女性科技工作者占 31.02%（图 8-9）。

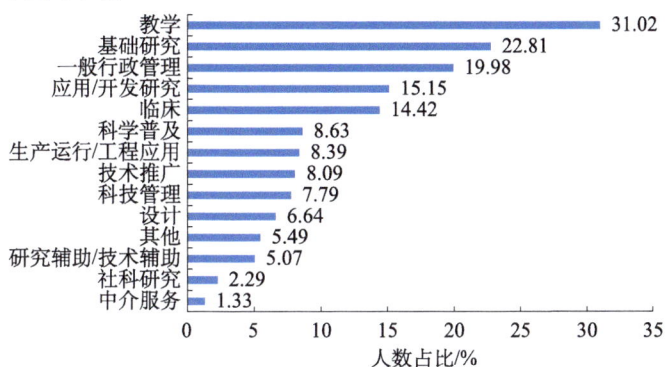

图 8-9 女性科技工作者从事不同工作内容的情况

从年龄方面进一步分析后发现，分别有 30.56%、22.49% 和 19.93% 的青年女性科技工作者的工作内容为教学、基础研究和一般行政管理；从学历方面进一步分析后发现，博士研究生与硕士研究生学历的女性科技工作者的工作内容主要倾向于基础研究和教学，大专学历的女性科技工作者的工作内容以生产运行 / 工程应用、一般行政管理为主；从区域分布方面进一步分析后发现，赣北区域的女性科技工作者的工作以基础研究与教学为主，赣南区域的女性科技工作者以教学与一般行政管理为主（表 8-2）。

表 8-2 不同女性科技工作者群体的工作内容调查

类别		人数占比 / %											
		基础研究	应用 / 开发研究	设计	生产运行 / 工程应用	技术推广	中介服务	科学普及	研究辅助 / 技术辅助	临床	教学	科技管理	一般行政管理	社科研究
年龄	青年	22.49	13.69	7.46	8.80	5.38	0.98	5.75	7.33	13.81	30.56	6.85	19.93	1.71
学历	博士研究生	75.00	39.90	1.92	0.48	11.06	0	4.33	2.88	11.06	51.92	1.92	4.81	5.77
	硕士研究生	24.26	15.36	6.63	4.89	6.63	0.70	7.33	5.41	19.37	43.80	6.81	16.58	2.79
	本科	10.28	10.93	8.32	10.28	7.50	0.65	9.95	5.22	13.70	23.65	11.75	23.98	1.47
	大专	4.92	4.92	8.74	12.57	7.65	4.37	12.02	6.56	11.48	5.46	6.01	31.15	0.55

续表

类别		人数占比 / %												
		基础研究	应用/开发研究	设计	生产运行/工程应用	技术推广	中介服务	科学普及	研究辅助/技术辅助	临床	教学	科技管理	一般行政管理	社科研究
区域	赣北区域	24.12	17.14	6.80	8.83	8.92	0.62	7.24	5.74	17.31	26.50	8.92	18.73	2.03
	赣南区域	19.83	10.66	5.97	7.04	6.40	2.99	11.51	4.05	8.53	41.58	5.54	23.45	2.99

第三节 生 活 状 况

一、收入情况

（一）女性科技工作者的月收入情况

从女性科技工作者每月工资收入情况看，每月税后实发工资在 3000 元以下的人数占 16.96%，3000～5000 元的人数占 47.25%，5001～10 000 元的人数占 29.75%，10 001～15 000 元的人数占 4.41%，15 000 元以上的人数占 1.63%。从年龄方面进一步分析后发现，青年女性科技工作者的月税后实发工资在 5001 元以下的人数占比达 75.06%，比整体人数占比高，表明青年女性科技工作者月工资收入水平相对较低。从学历、职称方面进一步分析后发现，学历、职称越高，工资收入也越高。从单位类型方面进一步分析后发现，医疗卫生机构的女性科技工作者的月税后实发工资在 10 000 元以上的人数占比为 14.80%。从区域分布方面进一步分析后发现，赣北区域的女性科技工作者月税后实发工资在 5000 元以上的人数占比达 41.96%，明显高于赣南区域的 21.96%（图 8-10）。

		3000元以下	3000~5000元	5001~10000元	10001~15000元	15000元以上
区域	赣南区域	21.54	56.50	19.40	1.71	0.85
	赣北区域	15.02	43.02	34.63	5.39	1.94
职称	无职称	32.91	53.35	11.18	0.96	1.60
	初级	24.76	57.56	14.79	2.57	0.32
	中级	12.19	50.00	33.28	3.28	1.25
	副高级	6.54	33.99	47.71	8.50	3.26
	正高级	3.45	14.94	60.92	17.24	3.45
学历	大专	25.68	60.66	12.02	1.64	
	本科	18.11	50.73	26.10	3.75	1.31
	硕士研究生	15.36	45.90	31.24	5.76	1.74
	博士研究生	3.85	24.04	61.54	8.17	2.40
入职单位	农业服务机构	18.75	62.50	15.63	0.00	3.12
	医疗卫生机构	28.52	24.19	32.49	10.47	4.33
	中学	23.08	70.94	5.13	0.85	
	高校	13.23	43.39	37.59	4.41	1.38
	科研院所	9.89	46.29	38.87	4.24	0.71
	科技中小企业	21.78	59.41	14.85	2.97	0.99
	大中型企业	8.92	55.73	30.89	2.87	1.59
	青年	22.13	52.93	21.03	2.93	0.98
	总体	16.96	47.25	29.75	4.41	1.63

人数占比/%

■ 3 000元以下 ■ 3 000~5 000元 ■ 5 001~10 000元 ■ 10 001~15 000元 ■ 15 000元以上

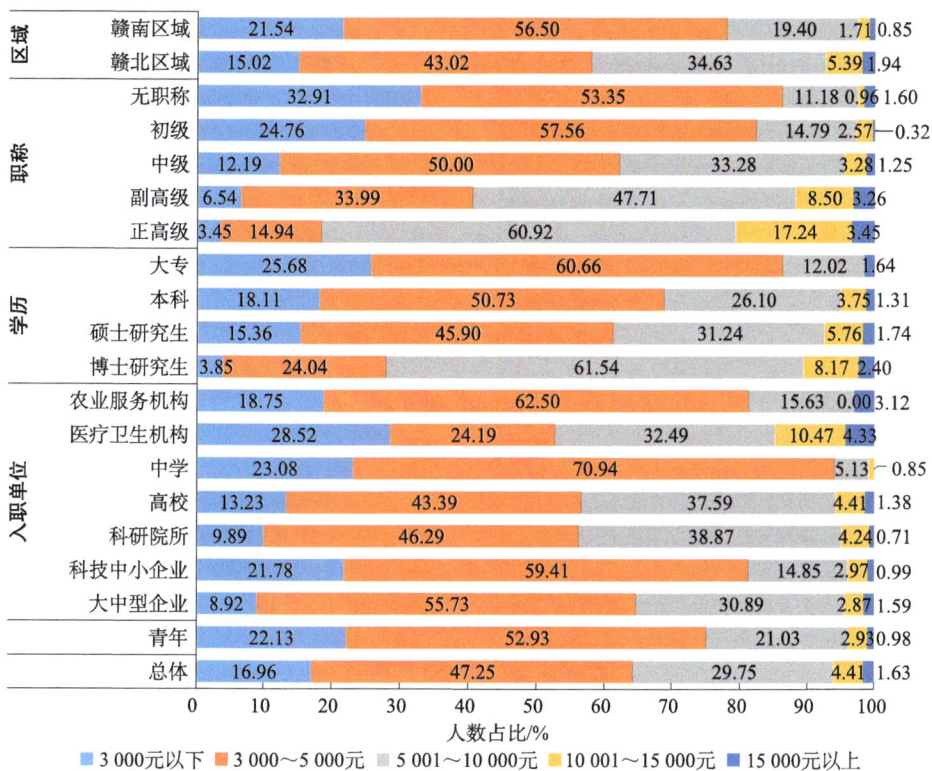

图 8-10 不同女性科技工作者群体每月税后实发工资情况

从女性科技工作者每月其他收入（如稿费、劳务费、年终奖、兼职收入等）情况看，其他收入在3000元以下的人数占68.62%，3000~5000元的人数占18.23%，5001~10 000元的人数占7.54%，10 001~15 000元的人数占2.41%，15 000元以上的人数占3.20%。从年龄方面进一步分析后发现，青年女性科技工作者每月其他收入在5001元以下的人数占比比整体人数占比高，表明青年女性科技工作者的其他收入水平仍较低。从学历、职称方面进一步分析后发现，女性科技工作者的学历、职称越高，其他收入水平也越高。从单位类型方面进一步分析后发现，医疗卫生机构的女性科技工作者每月其他收入在5000元以上的人数占比为24.19%，明显高于其他单位的人数占比。从区域方面进一步分析后发现，赣北区域女性科技工作者的月其他收入水平仍然高于赣南区域（图8-11）。

		3 000元以下	3 000～5 000元	5 001～10 000元	10 001～15 000元	15 000元以上
区域	赣南区域	69.08	20.04	6.40	2.35	2.13
	赣北区域	68.90	17.14	7.86	2.47	3.63
职称	无职称	71.88	18.21	7.03	0.64	2.24
	初级	68.49	21.86	6.43	0.64	2.58
	中级	69.84	18.13	7.50	2.19	2.34
	副高级	65.69	16.01	9.15	4.90	4.25
	正高级	58.62	13.79	8.05	8.05	11.49
学历	大专	73.22	19.13	5.46		2.19
	本科	71.62	17.78	5.87	2.77	1.96
	硕士研究生	62.48	20.77	10.65	2.09	4.01
	博士研究生	66.83	12.98	8.65	5.29	6.25
入职单位	农业服务机构	71.88	15.63	6.25		6.24
	医疗卫生机构	54.15	21.66	13.36	6.14	4.69
	中学	77.78	18.80	2.56		0.86
	高校	64.27	20.88	8.82	1.62	4.41
	科研院所	65.72	20.49	6.36	3.89	3.54
	科技中小企业		14.85	3.96	0.99	0.99
	大中型企业	78.03	12.74	6.69	1.27	1.27
	青年	66.87	21.03	7.70	1.59	2.81
	总体	68.62	18.23	7.54	2.41	3.20

人数占比/%

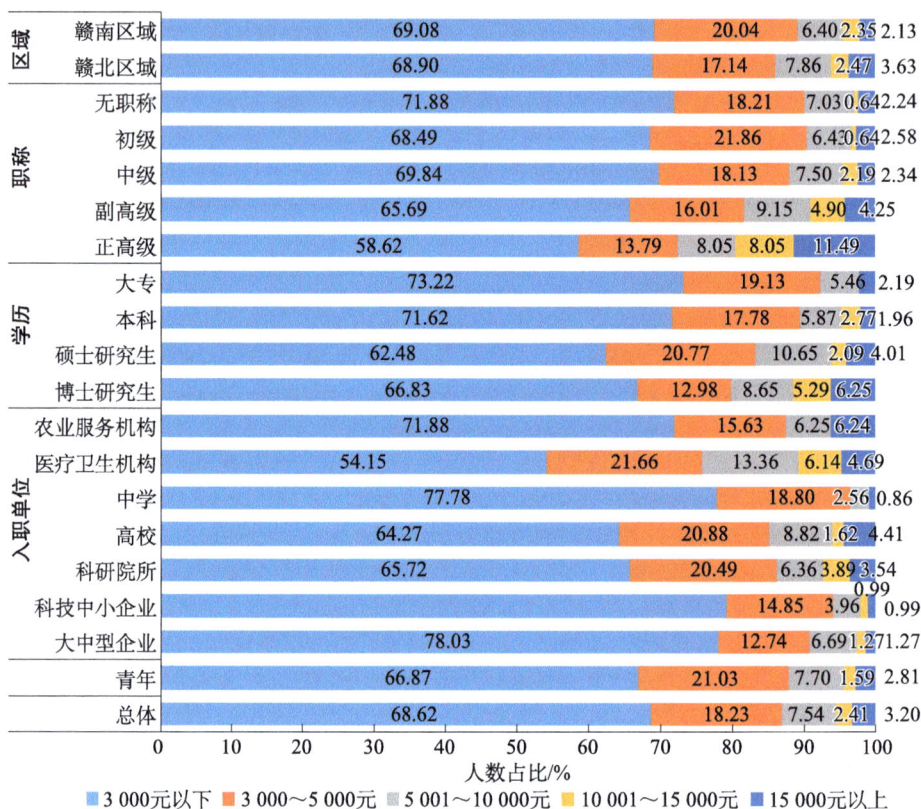

图 8-11　不同女性科技工作者群体每月其他收入
（如稿费、劳务费、年终奖、兼职收入等）情况

（二）女性科技工作者自评收入水平

调查数据显示，12.61% 的女性科技工作者认为自己的收入水平在当地属于下等，37.12% 的女性科技工作者认为自己的收入水平属于中下等，34.28% 的女性科技工作者认为自己的收入水平属于中等，5.19% 的女性科技工作者认为自己的收入水平属于中上等，仅有 0.24% 的女性科技工作者认为自己的收入水平属于上等。

（三）女性科技工作者的兼职收入情况

调查数据显示，5.01% 的女性科技工作者有兼职收入。从年龄方面进一步分析后发现，青年女性科技工作者拥有兼职收入的人数占比为 5.13%。

从职称方面进一步分析后发现，无职称的女性科技工作者拥有兼职收入的人数占比较高，为 7.67%，高于正高级（2.30%）、副高级（4.58%）、中级（5.16%）、初级职称（3.22%）的女性科技工作者。从职业方面进一步分析后发现，推广人员 / 科普工作者在外兼职的人数占比较高，达 7.69%，其次是大学教师（6.02%）（图 8-12）。

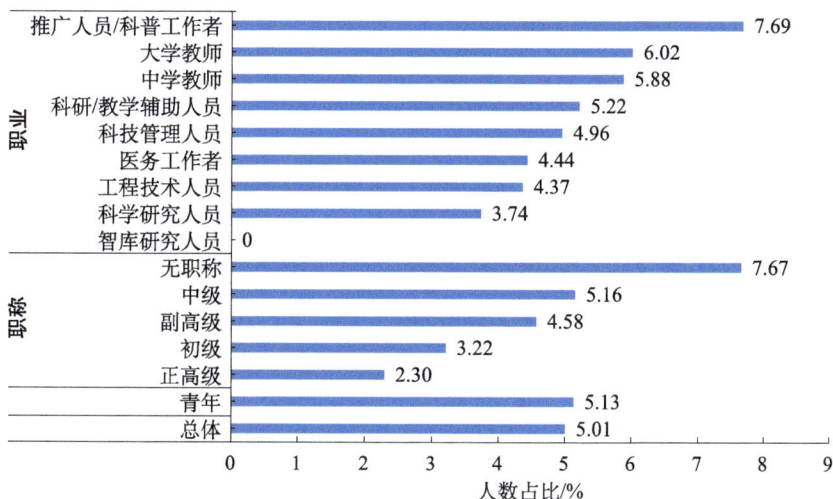

图 8-12　不同女性科技工作者群体拥有其他有收入的兼职工作情况

二、福利及保障

（一）女性科技工作者的带薪休假情况

调查数据显示，享受带薪假期的女性科技工作者平均每年有 15.68 天的假期，而实际仅平均休假 12.78 天。从职业方面进一步分析后发现，除教师外，每年实际休假天数最多的是科技管理人员（12.65 天），科学研究人员、智库研究人员的实际休假天数较少，分别仅有 4.81 天与 5.00 天。从区域分布方面进一步分析后发现，赣北区域、赣南区域女性科技工作者每年实际休假天数分别为 11.17 天、16.83 天（图 8-13）。

（二）女性科技工作者的劳动合同签订情况

调查数据显示，67.03% 的女性科技工作者与单位签订了劳动合同，其中

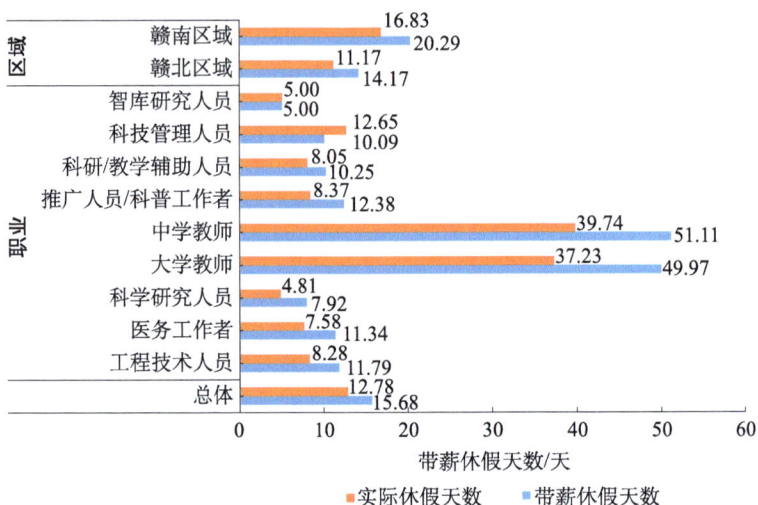

图 8-13　不同女性科技工作者群体的带薪休假情况

签订有固定期限合同的人数占比为 39.07%，签订无固定期限合同的人数占比为 27.96%。从年龄方面进一步分析发现，青年女性科技工作者与单位签订合同的人数占比为 73.72%，受保障情况好于其他年龄段的女性科技工作者。从单位类型方面进一步分析后发现，企业的女性科技工作者签订合同的人数占比相对较高，92.04% 的大中型企业和 82.18% 的科技中小企业的女性科技工作者都与单位签订了劳动合同（图 8-14）。

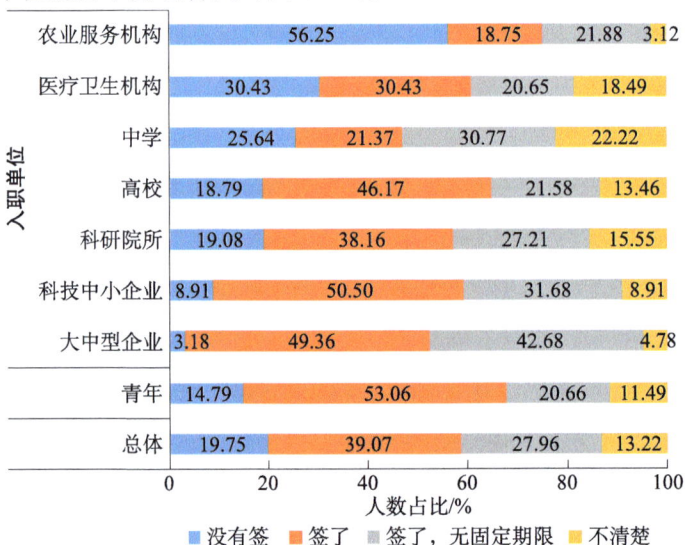

图 8-14　不同女性科技工作者群体与单位签订合同情况

（三）女性科技工作者的社会保障情况

调查数据显示，大多数女性科技工作者拥有各种类型的社会保障，88.17%的女性科技工作者的社会保险为企事业单位养老保险，其他保险依次为企事业单位医疗保险、社会失业保险、商业保险等。

三、健康情况

（一）女性科技工作者所在单位组织体检情况

调查数据显示，91.73%的女性科技工作者所在单位会定期或不定期地组织体检，其中，一年至少组织一次的人数占62.16%，两年组织一次的人数占22.09%，三年组织一次的人数占1.33%，不定期组织的人数占6.16%（图8-15）。从单位类型方面进一步分析发现，科技中小企业的女性科技工作者反映所在单位从没组织过体检的人数占比为15.84%，远远高于其他单位的女性科技工作者。

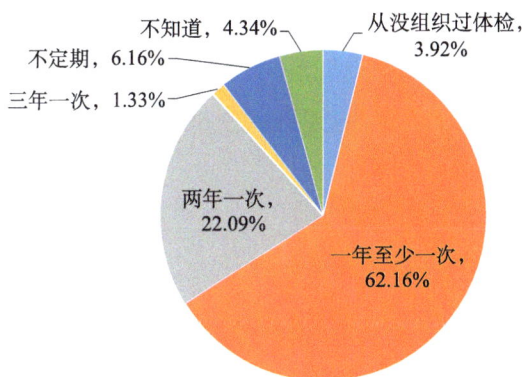

图 8-15　女性科技工作者所在单位组织体检情况

（二）女性科技工作者的自评健康状况

调查数据显示，11.04%的女性科技工作者认为自己非常健康，50.81%的女性科技工作者认为自己比较健康，29.93%的女性科技工作者认为自己的健康状况一般，7.66%的女性科技工作者认为自己不太健康，仅有0.56%的女性科技工作者认为自己非常不健康（图 8-16）。

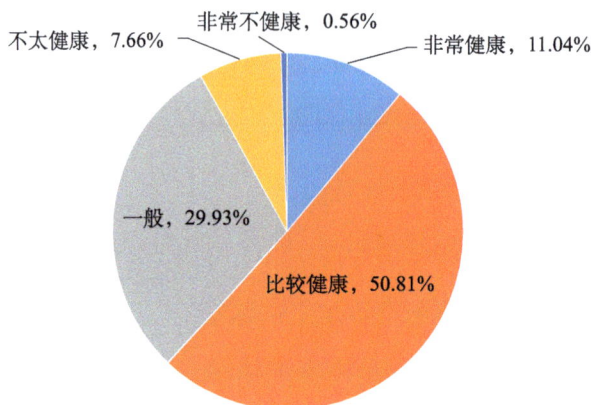

图 8-16　女性科技工作者的自评健康状况

（三）女性科技工作者的身心健康对工作和生活的影响程度

调查数据显示，37.66% 的女性科技工作者表示过去一年会由于身体原因影响到工作或生活，其中表示有时影响的人数占 31.08%，经常影响的人数占 5.61%，总是影响的人数占 0.97%；45.44% 的女性科技工作者表示过去一年会由于心情抑郁或情绪不好影响到工作或生活，其中有时影响的人数占 35.67%，经常影响的人数占 7.60%，总是影响的人数占 2.17%（图 8-17）。

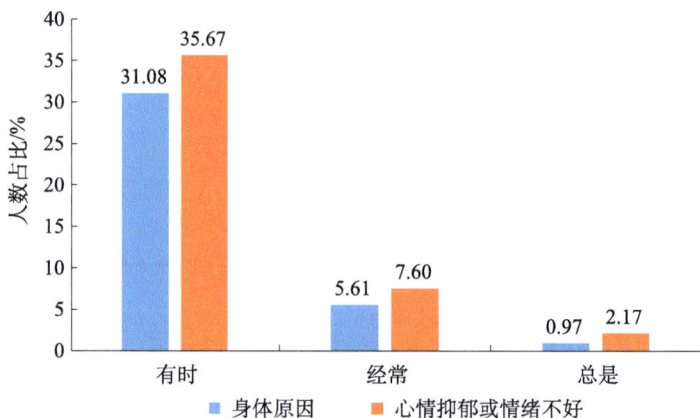

图 8-17　女性科技工作者因为身心健康问题影响工作或生活的情况

从职业方面进一步分析后发现，智库研究人员、推广人员 / 科普工作者、医务工作者总是或经常因为身心问题影响工作或生活的人数占比较高（图 8-18）。

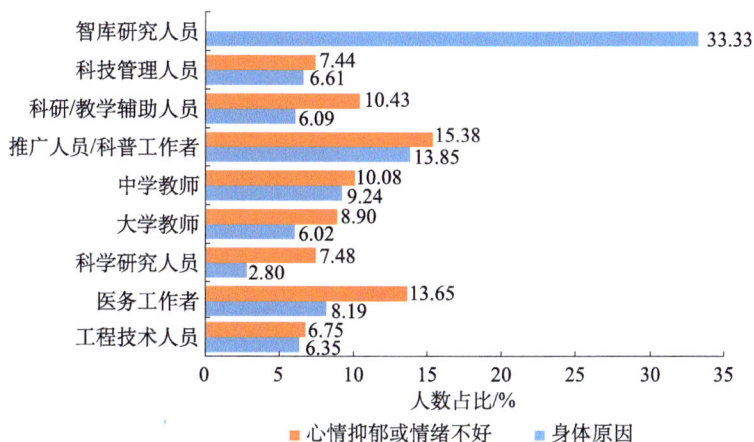

图 8-18　不同职业类型的女性科技工作者总是或经常
因为身心问题影响工作或生活的人数占比

四、生活态度

（一）女性科技工作者在生活中面临的主要困难

调查数据显示，"收入低"（61.13%）是女性科技工作者在生活中面临的最主要困难，其他依次是"工作忙、不能照顾家庭"（46.29%）、"上下班交通不便"（25.65%）、"照顾老人有困难"（24.98%）、"住房困难"（18.04%）、"子女入学难"（13.04%）等（图 8-19）。从年龄方面进一步分析后发现，"收入低"是青年女性科技工作者在生活中面临的最主要困难。从职业方面进一步分析后发现，科学研究人员、智库研究人员、推广人员 / 科普工作者、科研 / 教学辅助人员等对"收入低"这一困难的反映较多，人数占比均达 65%以上；医务工作者则大部分认为"工作忙、不能照顾家庭"是在生活中面临的主要困难。从区域分布方面进一步分析后发现，赣南区域女性的科技工作者对"收入低"困难的反映人数占比高于赣北区域（表 8-3）。

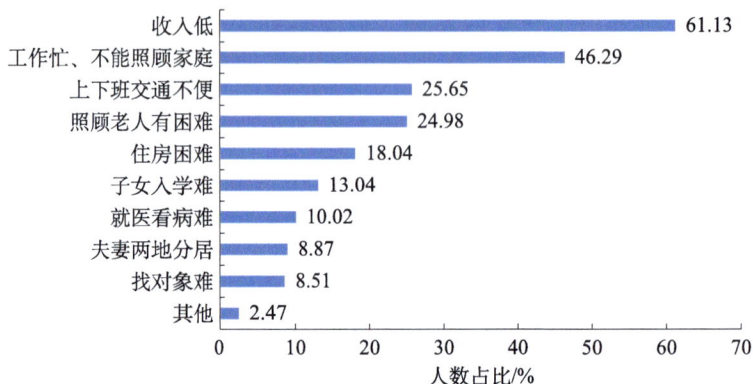

图 8-19　女性科技工作者在生活中面临的困难情况

表 8-3　不同女性科技工作者群体在生活中面临的主要困难情况

类别		人数占比 / %				
		收入低	住房困难	上下班交通不便	工作忙、不能照顾家庭	照顾老人有困难
年龄	青年	68.46	24.45	26.28	41.44	17.85
职业	工程技术人员	64.68	17.06	25.40	44.84	32.54
	医务工作者	53.24	16.38	23.89	60.75	26.96
	科学研究人员	65.42	23.36	24.30	42.06	25.23
	大学教师	51.05	15.45	28.27	45.55	23.56
	中学教师	61.34	23.53	36.97	52.10	18.49
	推广人员 / 科普工作者	69.23	15.38	24.62	43.08	20.00
	科研 / 教学辅助人员	71.30	27.83	26.96	30.43	25.22
	科技管理人员	61.98	16.53	27.27	43.80	29.75
	智库研究人员	66.67	33.33	0	33.33	33.33
区域	赣北区域	59.54	18.55	26.94	44.61	28.00
	赣南区域	65.88	16.84	23.24	50.75	18.34

（二）女性科技工作者的生活幸福感

调查发现，53.65% 的女性科技工作者感到自己的生活很幸福或比较幸福，42.12% 的女性科技工作者认为自己一般幸福，4.23% 的女性科技工作者认为自己不太幸福或很不幸福（图 8-20）。

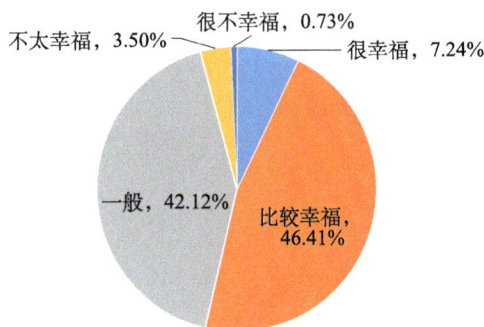

图 8-20 女性科技工作者生活幸福感情况

从年龄方面进一步分析后发现，青年女性科技工作者感到生活很幸福或比较幸福的人数占比为 51.96%，低于整体人数占比，表明青年女性科技工作者的整体幸福感比其他年龄段的女性科技工作者低。从单位类型方面进一步分析后发现，农业服务机构的女性科技工作者感到生活很幸福或比较幸福的人数占比相对较高，为 71.88%；而医疗卫生机构、科技中小企业的女性科技工作者的该人数占比偏低，分别为 44.77%、45.54%。从区域分布方面进一步分析后发现，赣南区域的女性科技工作者感到生活很幸福或比较幸福的人数占比更高，幸福感也更强（图 8-21）。

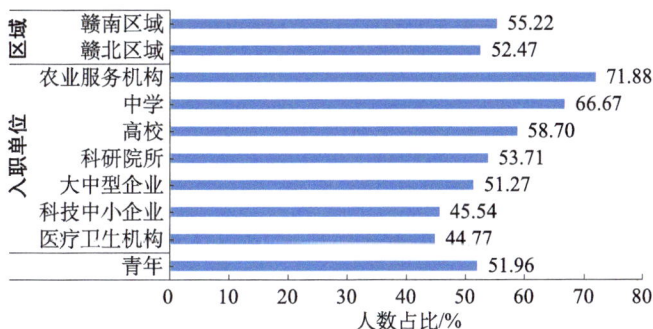

图 8-21 不同女性科技工作者群体感到生活很幸福或比较幸福的人数占比

（三）影响生活幸福的主要因素

85.27% 的女性科技工作者反映影响生活幸福的因素为"父母身体健康"，其他依次为"收入稳步上升"（73.69%）、"子女懂事听话"（64.63%）、"有知心爱人"（62.10%）、"事业成功"（56.85%）、"有真挚的朋友"（50.27%）等。

第四节　科研活动状况

一、承担项目情况

（一）近三年承担和/或参与的研究项目情况

调查数据显示，52.87% 的女性科技工作者近三年承担和/或参与了研究项目，其中，承担和/或参与 1~3 项的人数占 42.00%，4~6 项的人数占 7.42%，7 项及以上的人数占 3.45%。从年龄方面进一步分析后发现，青年女性科技工作者近三年承担和/或参与研究项目的人数占比为 47.68%，均低于整体人数占比。从学历、职称方面进一步分析后发现，女性科技工作者的学历与职称越高，承担和/或参与研究项目的人数占比也越高。从职业方面进一步分析后发现，科学研究人员、大学教师、智库研究人员近三年承担和/或参与研究项目的人数占比相对较高，中学教师相对较低。从区域分布方面进一步分析后发现，赣北区域的女性科技工作者近三年承担和/或参与研究项目的人数占比为 54.33%，高于赣南区域女性科技工作者（49.47%）（图 8-22）。

（二）近三年主持参与的产学研合作项目情况

调查数据显示，近三年承担和/或参与过研究项目的女性科技工作者中，53.31% 的女性科技工作者参与过产学研合作项目。从年龄方面进一步分析后发现，青年女性科技工作者主持参与过产学研合作项目的人数占比为 55.64%，高于整体女性科技工作者参与科研项目的人数占比。从单位类型方面进一步分析后发现，农业服务机构（87.50%）、科技中小企业（72.00%）、科研院所（71.03%）、大中型企业（66.67%）的女性科技工作者主持参与产学研合作项目的人数占比较高。从区域方面进一步分析后发现，赣北区域的女性科技工作者主持参与产学研合作项目的人数占比为 51.22%，赣南区域为 72.90%（图 8-23）。

		0项	1～3项	4～6项	7项及以上
区域	赣南区域	50.53	38.81	8.10	2.56
	赣北区域	45.67	43.29	7.33	3.71
职业	智库研究人员		100.00		
	科技管理人员	64.46	29.75	3.31	2.48
	科研/教学辅助人员	46.09	44.35	3.48	6.08
	推广人员/科普工作者	67.69	29.23	3.08	
	中学教师	77.31	20.17	2.52	
	大学教师	23.30	60.21	13.09	3.40
	科学研究人员	5.61	59.81	20.56	14.02
	医务工作者	44.03	47.10	7.51	1.36
	工程技术人员	48.02	41.67	5.16	5.15
职称	无职称	77.00	19.17	2.56	1.27
	初级	56.91	37.30	4.18	1.61
	中级	43.28	46.56	6.88	3.28
	副高级	23.20	56.86	13.73	6.21
	正高级	17.24	55.17	18.39	9.20
学历	大专	77.05	19.67	1.09	2.19
	本科	62.15	31.48	4.40	1.97
	硕士研究生	57.24		8.03	4.19
	博士研究生	8.17	61.06	22.60	8.17
	青年	52.32	38.75	5.99	2.94
	总体	47.13	42.00	7.42	3.45

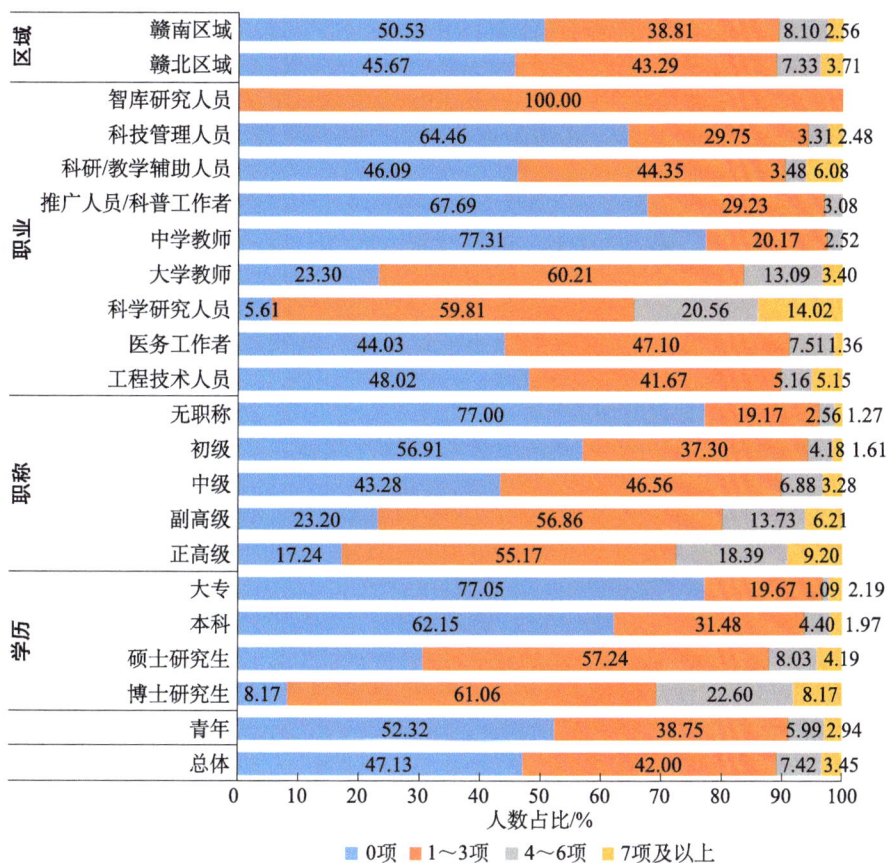

图 8-22　不同女性科技工作者群体近三年承担和/或参与的研究项目情况

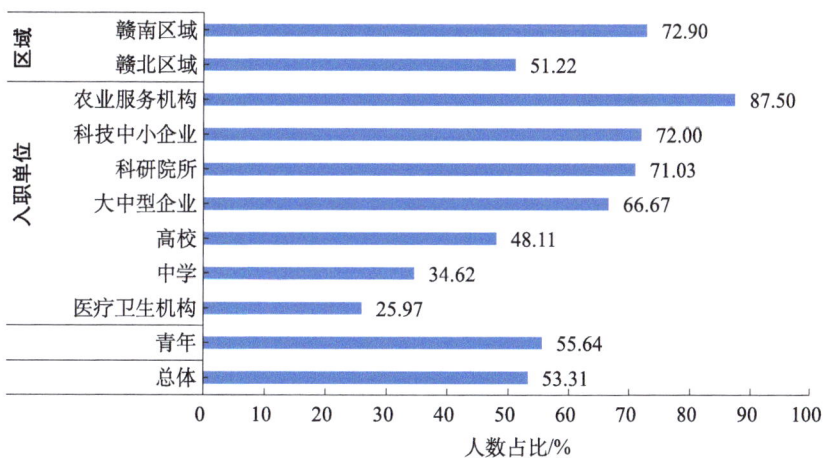

		人数占比/%
区域	赣南区域	72.90
	赣北区域	51.22
入职单位	农业服务机构	87.50
	科技中小企业	72.00
	科研院所	71.03
	大中型企业	66.67
	高校	48.11
	中学	34.62
	医疗卫生机构	25.97
	青年	55.64
	总体	53.31

图 8-23　不同女性科技工作者群体主持参与产学研合作项目的人数占比

（三）承担科研工作遇到的最大困难

调查数据显示，43.09% 的女性科技工作者在科研工作中面临的主要困难是"自己研究水平有限"，其他困难依次为"缺乏经费支持"（17.98%）、"行政事务繁忙"（10.44%）、"研究辅助人员太少"（8.69%）、"难以跟踪科学前沿进展"（8.09%）等。从年龄、区域分布方面进一步分析后发现，青年、赣南区域、赣北区域的女性科技工作者中，反映在科研工作中面临的最突出问题是"自己研究水平有限"的人数占比均较高。从职业方面进一步分析后发现，工程技术人员、医务工作者、中学教师、推广人员/科普工作者、科研/教学辅助人员、科技管理人员、大学教师等反映在科研工作中面临的最大困难是"自己研究水平有限"的人数占比均较高，科学研究人员、智库研究人员则认为"缺乏经费支持"的问题更为突出（表 8-4）。

表 8-4　不同女性科技工作者群体对科研工作主要困难的反映

类别		人数占比 / %				
		缺乏经费支持	自己研究水平有限	研究辅助人员太少	行政事务繁忙	难以跟踪科学前沿进展
年龄	青年	18.09	45.72	6.97	9.78	6.23
职业	工程技术人员	13.10	46.43	7.94	8.33	13.89
	医务工作者	13.31	49.83	7.85	10.24	7.17
	科学研究人员	28.04	21.50	24.30	4.67	11.21
	大学教师	17.02	44.76	7.33	13.35	7.07
	中学教师	15.97	55.46	9.24	0.84	5.04
	推广人员/科普工作者	21.54	55.38	6.15	7.69	3.08
	科研/教学辅助人员	23.48	33.91	13.04	14.78	9.57
	科技管理人员	23.14	38.84	8.26	13.22	5.79
	智库研究人员	33.33	0	33.33	33.33	0
区域	赣北区域	18.46	42.93	8.57	9.72	8.57
	赣南区域	16.84	43.28	8.32	12.58	7.04

二、科研项目管理存在问题情况

（一）财政支持的科研项目管理存在的问题

调查数据显示，35.12% 的女性科技工作者认为在财政支持的科研项目中存在的问题为"科研经费报销手续烦琐"，其他问题依次为"基础研究不受重视"（29.45%）、"申报周期过长"（27.94%）、"申报手续复杂"（26.92%）、"成果不具有转化或应用的价值"（25.83%）、"项目限定的人员费比例太低"（22.93%）、"审批程序不透明"（21.85%）、"评审时拉关系、走后门"（21.18%）、"结项验收走形式、走过场"（19.79%）、"资金到位不及时"（19.61%）、"企业申报财政项目受歧视"（14.42%）、"招标信息不公开"（14.24%）、"项目经费的违规使用、挪用"（12.01%）等（图 8-24）。

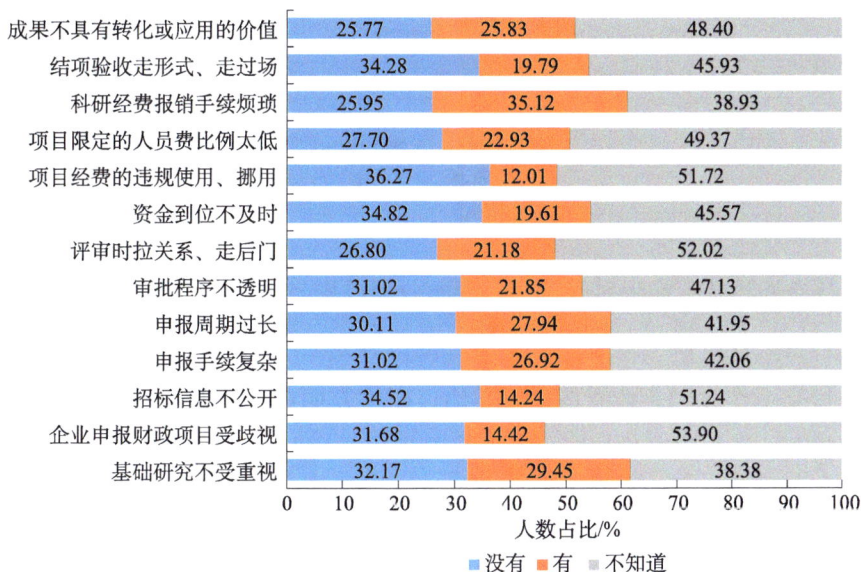

问题	没有	有	不知道
成果不具有转化或应用的价值	25.77	25.83	48.40
结项验收走形式、走过场	34.28	19.79	45.93
科研经费报销手续烦琐	25.95	35.12	38.93
项目限定的人员费比例太低	27.70	22.93	49.37
项目经费的违规使用、挪用	36.27	12.01	51.72
资金到位不及时	34.82	19.61	45.57
评审时拉关系、走后门	26.80	21.18	52.02
审批程序不透明	31.02	21.85	47.13
申报周期过长	30.11	27.94	41.95
申报手续复杂	31.02	26.92	42.06
招标信息不公开	34.52	14.24	51.24
企业申报财政项目受歧视	31.68	14.42	53.90
基础研究不受重视	32.17	29.45	38.38

图 8-24　科技工作者认为财政支持项目中存在问题的人数占比

（二）对政府科技资源分配的看法

从女性科技工作者对政府科技资源分配结果公平性的反映看，42.25% 的女性科技工作者认为政府科技资源分配结果是公平的，其中 42.30% 的青年女性科技工作者同意此看法。从学历、职称方面进一步分析后发现，学历、职称越高，认为政府科技资源分配结果是公平的人数占比越低。从区域分布方面进一步分析后发现，赣南区域的女性科技工作者对政府科技资源分配结果是公平的反映人数占比相对较高，比赣北区域多 10.16%（图 8-25）。

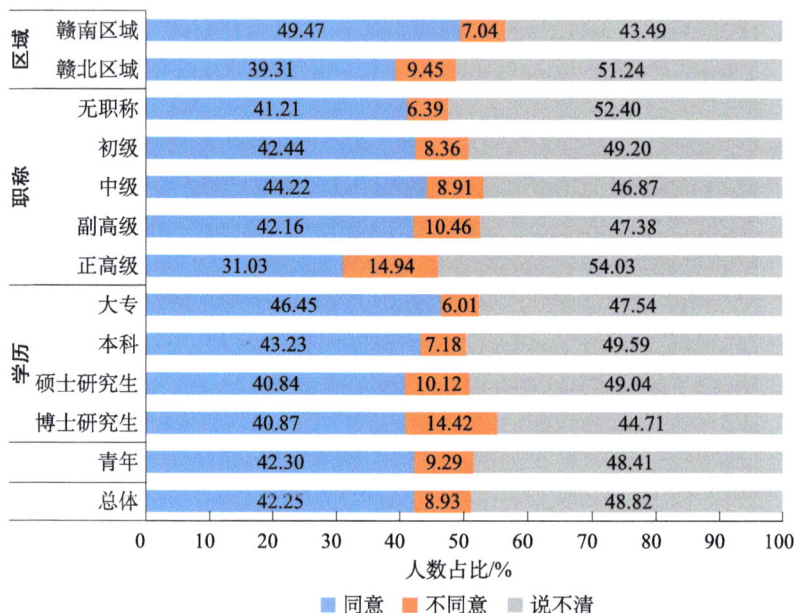

图 8-25　不同女性科技工作者群体对政府科技资源分配结果公平性的判断

　　从女性科技工作者对政府科技资源分配过程公平性的反映看，42.85% 的女性科技工作者认为政府科技资源分配过程是公平的，其中 43.03% 的青年女性科技工作者同意此看法。从学历、职称方面进一步分析后发现，学历、职称越高，认为政府科技资源分配过程是公平的人数占比越低。从区域分布方面进一步分析后发现，赣南区域的女性科技工作者认为政府科技资源分配过程是公平的人数占比相对赣北区域的更高（图 8-26）。

　　从女性科技工作者对政府科技资源使用有效率的态度看，44.42% 的女性科技工作者认为政府科技资源的使用是有效率的，其中 44.13% 的青年女性科技工作者同意此看法。从学历、职称方面进一步分析后发现，高学历与高职称女性科技工作者认为政府科技资源使用是有效率的人数占比偏低。从区域分布方面进一步分析后发现，赣北区域女性的科技工作者认为政府科技资源使用无效率的人数占比相对赣南区域的更高（图 8-27）。

区域			
赣南区域	50.11	7.68	42.21
赣北区域	40.11	9.72	50.17

职称			
无职称	42.17	6.39	51.44
初级	44.05	8.04	47.91
中级	44.69	9.53	45.78
副高级	41.83	10.46	47.71
正高级	31.03	14.94	54.03

学历			
大专	47.54	6.56	45.90
本科	43.23	7.99	48.78
硕士研究生	42.41	9.77	47.82
博士研究生	39.90	14.42	45.68
青年	43.03	9.66	47.31
总体	42.85	9.11	48.04

人数占比/%

■ 同意　■ 不同意　■ 说不清

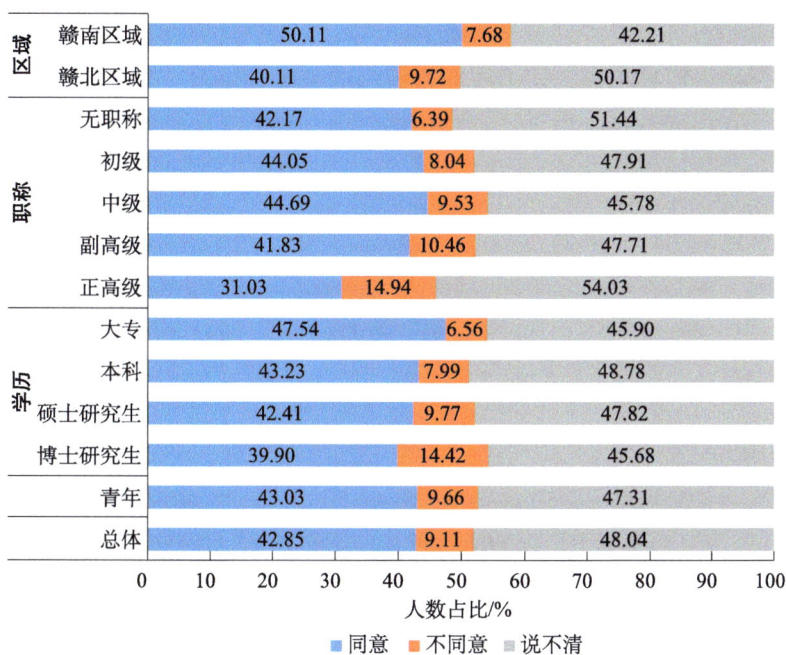

图 8-26　不同女性科技工作者群体对政府科技资源分配过程公平性的判断

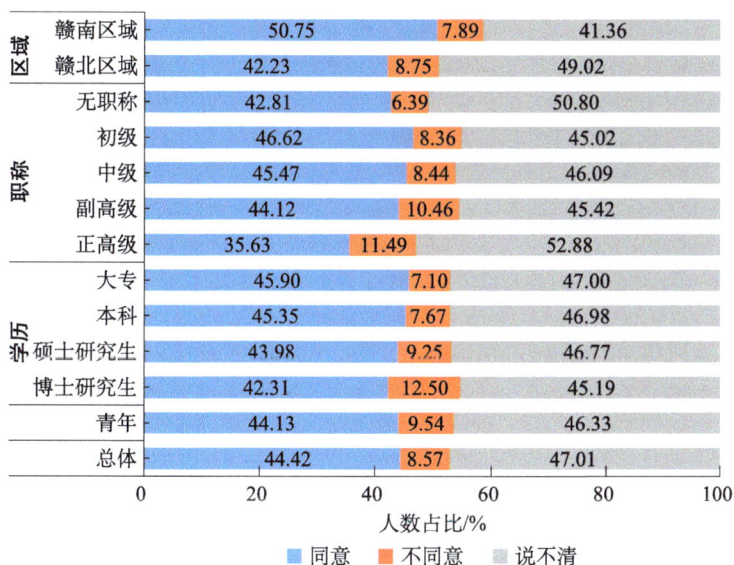

区域			
赣南区域	50.75	7.89	41.36
赣北区域	42.23	8.75	49.02

职称			
无职称	42.81	6.39	50.80
初级	46.62	8.36	45.02
中级	45.47	8.44	46.09
副高级	44.12	10.46	45.42
正高级	35.63	11.49	52.88

学历			
大专	45.90	7.10	47.00
本科	45.35	7.67	46.98
硕士研究生	43.98	9.25	46.77
博士研究生	42.31	12.50	45.19
青年	44.13	9.54	46.33
总体	44.42	8.57	47.01

人数占比/%

■ 同意　■ 不同意　■ 说不清

图 8-27　不同女性科技工作者群体对政府科技资源使用有效率的态度

　　从女性科技工作者对政府科研激励制度较完善、执行较好的态度看，42.00% 的女性科技工作者认为政府科研激励制度较完善、执行较好，其中

41.44% 的青年女性科技工作者同意此看法。从学历、职称方面进一步分析后发现，学历、职称越高，认为政府科研激励制度较完善、执行较好的人数占比越低。从区域分布方面进一步分析后发现，赣南区域的女性科技工作者认为政府科研激励制度较完善、执行较好的人数占比为 49.04%，高于赣北区域的女性科技工作者（39.49%）（图 8-28）。

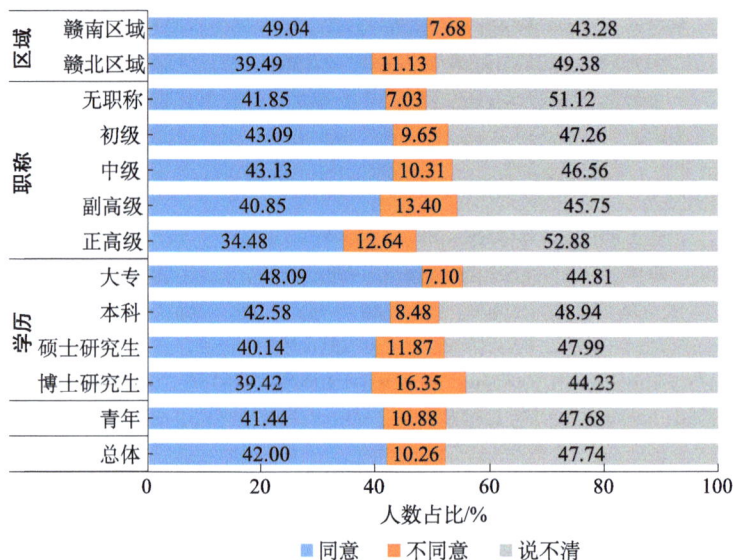

图 8-28　不同女性科技工作者群体对政府科研激励制度较完善、执行较好的态度

三、科研成果情况

（一）女性科技工作者展现科研成果的主要形式

从女性科技工作者近三年发表学术论文的情况看，57.09% 的女性科技工作者近三年发表了学术论文，其中发表 1～3 篇的人数占 41.46%，发表 4～6 篇的人数占 10.38%，发表 7 篇及以上的人数占 5.25%。从年龄方面进一步分析后发现，青年女性科技工作者近三年发表学术论文的人数占比均低于整体人数占比，表明青年女性科技工作者近三年来以学术论文为表现形式的科研成果较少。从单位类型方面进一步分析后发现，77.74% 的科研院所女性科技工作者发表过学术论文，其次为高校女性科技工作者（76.80%）。从职业方面进一步分析后发现，93.46% 的科学研究人员发表过学术论文，其次

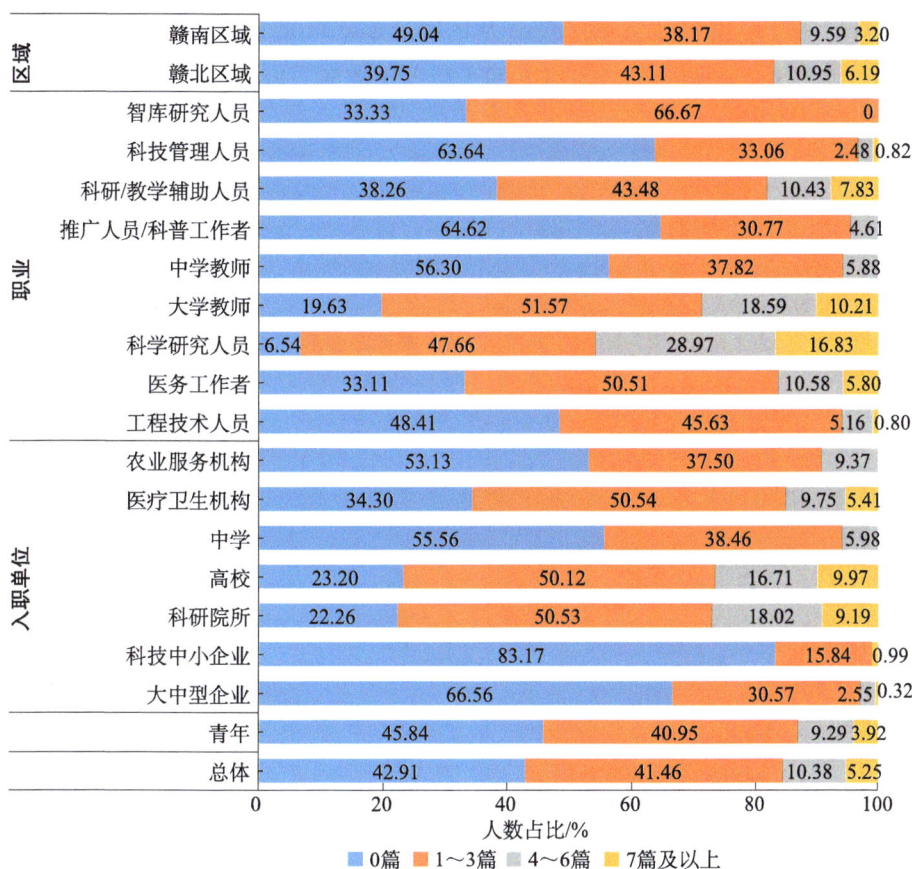

		0篇	1～3篇	4～6篇	7篇及以上
区域	赣南区域	49.04	38.17	9.59	3.20
	赣北区域	39.75	43.11	10.95	6.19
职业	智库研究人员	33.33	66.67		0
	科技管理人员	63.64	33.06	2.48	0.82
	科研/教学辅助人员	38.26	43.48	10.43	7.83
	推广人员/科普工作者	64.62	30.77		4.61
	中学教师	56.30	37.82		5.88
	大学教师	19.63	51.57	18.59	10.21
	科学研究人员	6.54	47.66	28.97	16.83
	医务工作者	33.11	50.51	10.58	5.80
	工程技术人员	48.41	45.63	5.16	0.80
入职单位	农业服务机构	53.13	37.50	9.37	
	医疗卫生机构	34.30	50.54	9.75	5.41
	中学	55.56	38.46		5.98
	高校	23.20	50.12	16.71	9.97
	科研院所	22.26	50.53	18.02	9.19
	科技中小企业	83.17	15.84		0.99
	大中型企业	66.56	30.57	2.55	0.32
	青年	45.84	40.95	9.29	3.92
	总体	42.91	41.46	10.38	5.25

图 8-29　不同女性科技工作者群体近三年学术论文发表情况

为大学教师（80.37%）。从区域分布方面进一步分析后发现，赣北区域的女性科技工作者近三年发表过学术论文的人数占比为60.25%，赣南区域的为50.96%（图8-29）。

从女性科技工作者近三年获得的专利情况看，21.30%的女性科技工作者近三年获得过专利，其中获得1～3件的人数占16.96%，获得4～6件的人数占2.90%，获得7件及以上的人数占1.44%。从年龄方面进一步分析后发现，青年女性科技工作者近三年获得过专利的人数占比低于整体人数占比，表明青年女性科技工作者近三年获得专利的数量相对偏少。从单位类型方面进一步分析后发现，37.46%的科研院所的女性科技工作者获得过专利，其次为高校（29.23%）。从职业方面进一步分析后发现，科学研究人员近三年获得过专利的人数占比最高，为 46.73%。从区域分布方面进一步分析后发现，赣北区域的女性科技工作者获得过专利的人数占比较高，为 20.58%（图 8-30）。

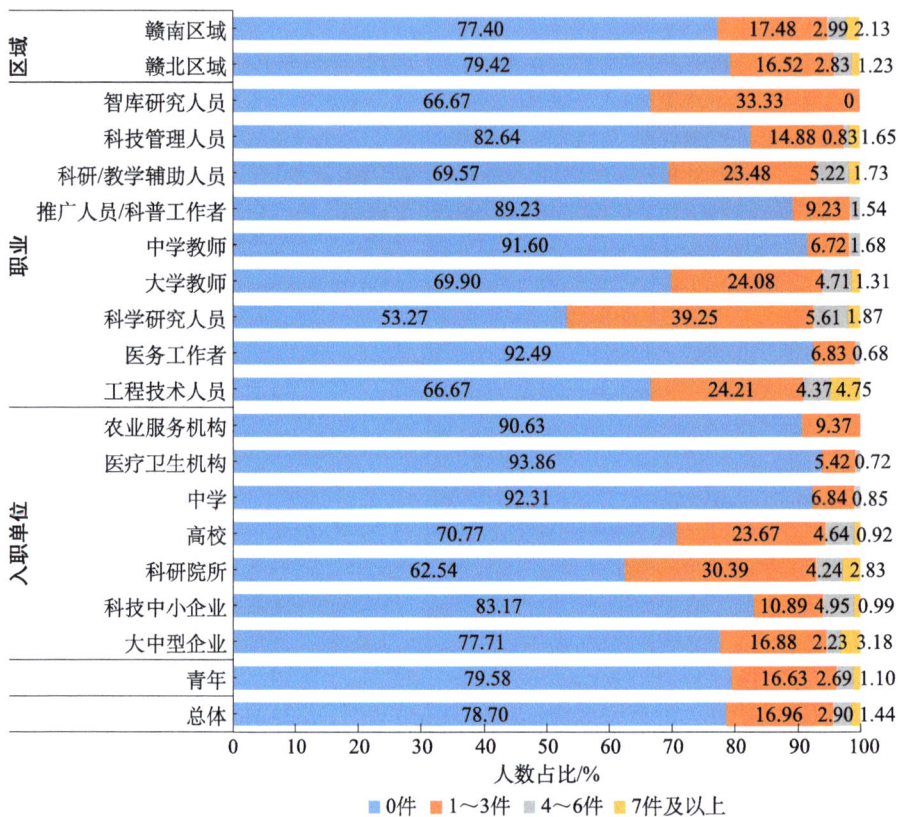

		0件	1～3件	4～6件	7件及以上
区域	赣南区域	77.40	17.48	2.99	2.13
	赣北区域	79.42	16.52	2.83	1.23
职业	智库研究人员	66.67	33.33	0	
	科技管理人员	82.64	14.88	0.83	1.65
	科研/教学辅助人员	69.57	23.48	5.22	1.73
	推广人员/科普工作者	89.23	9.23		1.54
	中学教师	91.60	6.72		1.68
	大学教师	69.90	24.08	4.71	1.31
	科学研究人员	53.27	39.25	5.61	1.87
	医务工作者	92.49	6.83		0.68
	工程技术人员	66.67	24.21	4.37	4.75
入职单位	农业服务机构	90.63	9.37		
	医疗卫生机构	93.86	5.42		0.72
	中学	92.31	6.84		0.85
	高校	70.77	23.67	4.64	0.92
	科研院所	62.54	30.39	4.24	2.83
	科技中小企业	83.17	10.89	4.95	0.99
	大中型企业	77.71	16.88	2.23	3.18
	青年	79.58	16.63	2.69	1.10
	总体	78.70	16.96	2.90	1.44

图 8-30 不同女性科技工作者群体近三年获得专利的情况

从女性科技工作者近三年获得应用技术成果的情况看，16.23% 的女性科技工作者获得过应用技术成果，其中获得 1～3 项的人数占 13.76%，获得 4 项及以上的人数占 2.47%。从年龄方面进一步分析后发现，青年女性科技工作者近三年获得过应用技术成果的人数占比为 12.96%。从单位类型方面进一步分析后发现，科研院所的女性科技工作者获得过应用技术成果的人数占比最高，为 33.22%。从职业方面进一步分析后发现，科学研究人员获得过应用技术成果的人数占比为 42.06%，相比其他职业的该人数占比最高。从区域分布方面进一步分析后发现，赣北区域的女性科技工作者获得过应用技术成果的人数占比为 16.43%，赣南区域的为 15.35%（图 8-31）。

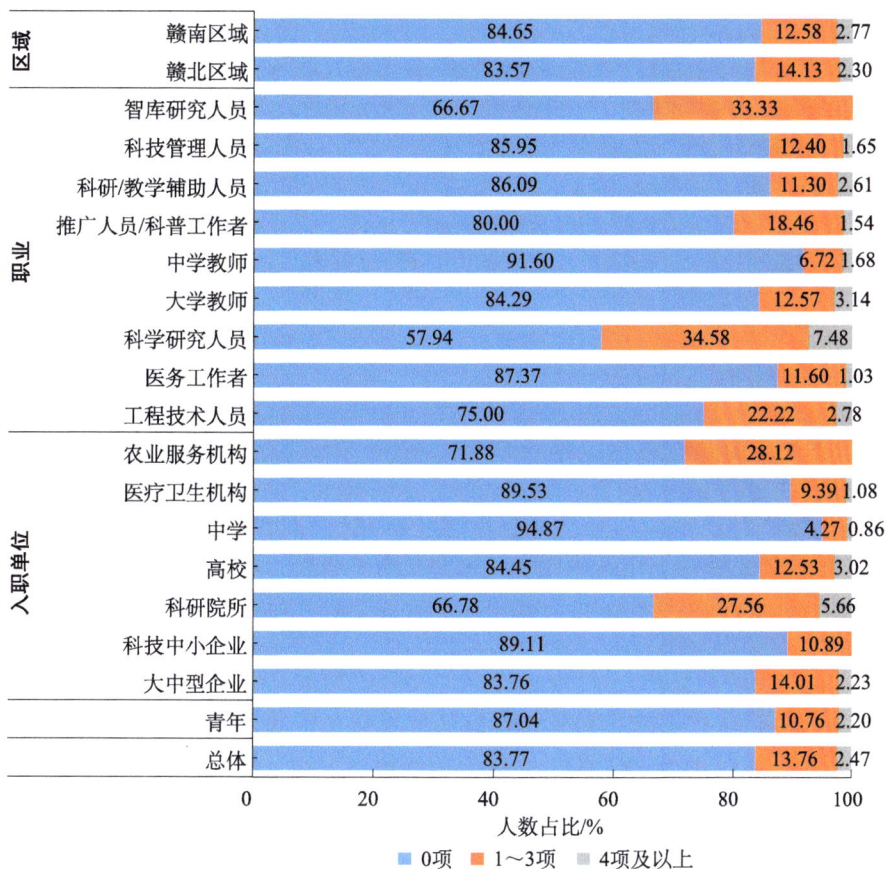

图 8-31　不同女性科技工作者群体近三年获得应用技术成果的情况

（二）科研成果转化情况

近三年，12.49% 的女性科技工作者将科研成果转化为产品或应用于生活，10.15% 的青年女性科技工作者的科研成果实现了转化。从单位类型方面进一步分析后发现，近三年大中型企业的女性科技工作者的成果进行了转化的人数占比最高，为 19.75%；其次为科技中小企业（16.83%）、科研院所（15.55%）、农业服务机构（12.50%）的女性科技工作者。从区域方面进一步分析后发现，赣南区域的女性科技工作者的成果进行了转化的人数占比为 13.22%，比赣北区域多 1.38 个百分点（图 8-32）。

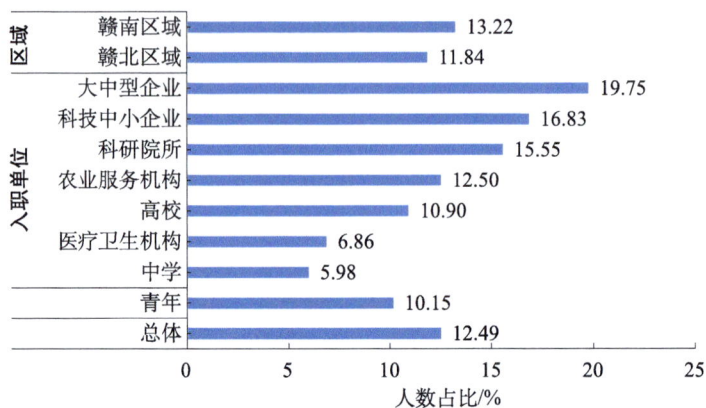

图 8-32   不同女性科技工作者群体近三年科研成果转化率

（三）成果转化获益情况

调查数据显示，在近三年科研成果实现转化的女性科技工作者中，57.97%的女性科技工作者从成果转化中获得了收益。从年龄方面进一步分析后发现，61.45%的青年女性科技工作者从成果转化中获得了收益，高于整体人数占比。从单位类型方面进一步分析后发现，农业服务机构的女性科技工作者相对其他单位的女性科技工作者从成果转化中获得了收益的人数占比更高，为75.00%。从区域分布方面进一步分析后发现，赣南区域的女性科技工作者从成果转化中获得了收益的人数占比为61.29%，高于赣北区域的该项占比（图8-33）。

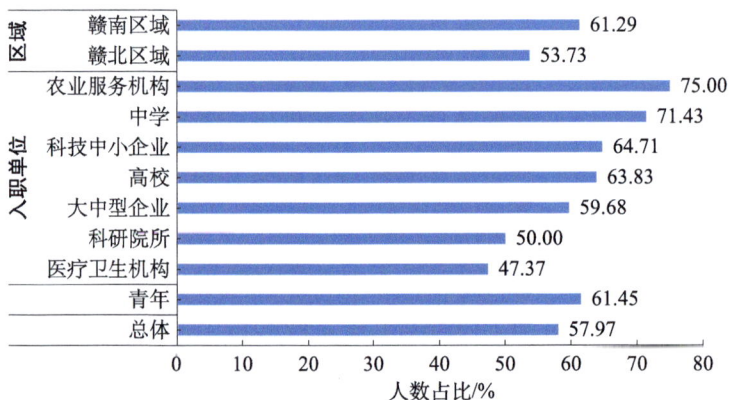

图 8-33   不同女性科技工作者群体成果转化获益率

在成果转化获取收益的女性科技工作者中，28.50% 的女性科技工作者的收益形式是奖金；其他的收益形式包括社会声誉占 18.36%，技术入股占 13.53%，出售专利或技术占 13.04%，期权仅占 10.63%。从年龄方面进一步分析后发现，31.33% 的青年女性科技工作者成果转化获益的主要形式为奖金，高于其他年龄段。从单位类型方面进一步分析后发现，奖金是大中型企业与科技中小企业女性科技工作者成果转化获益的最主要形式；高校女性科技工作者的获益形式多元，包括期权（21.28%）、奖金（17.02%）、社会声誉（17.02%）、技术入股（19.15%）、出售专利或技术（19.15%）等。从区域分布方面进一步分析后发现，赣北区域与赣南区域的女性科技工作者成果转化获益的主要形式都为奖金，人数占比分别为 28.36%、30.65%（图 8-34）。

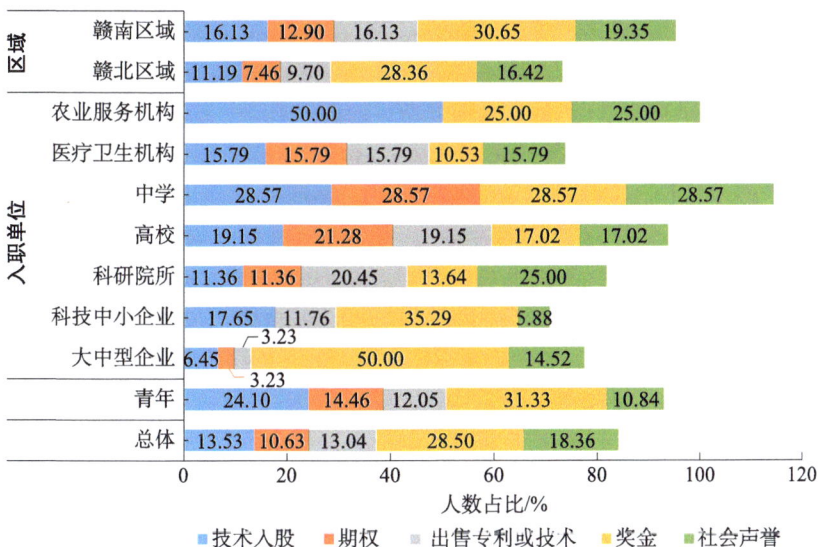

图 8-34　不同女性科技工作者群体成果转化的收益形式

（四）科研成果转化的最主要障碍

调查数据显示，46.47% 的女性科技工作者反映影响科研成果转化的最主要障碍是"找不到技术需求市场"，其他障碍依次为"缺少成果转化中介"（23.23%）、"不关心成果转化"（20.46%）、"受到政策法规限制"（6.88%）等。从单位类型方面进一步分析后发现，智库研究人员中反映"不关心成果转化的人数占比"（33.33%）高于其他职业的女性科技工作者；科学研究人员（61.68%）、工程技术人员（54.76%）、科研 / 教学辅助人员（51.30%）反映"找不到技术需求市场"的人数占比高于其他职业；智库研究人员中，反映"缺少成果转化中介"的人数占比（33.33%）最高。从区域分布方面进一步分析后发现，赣北区域和赣南区域的女性科技工作者中反映"找不到技术需求市场"为最主要障碍的人数占比均最高（图 8-35）。

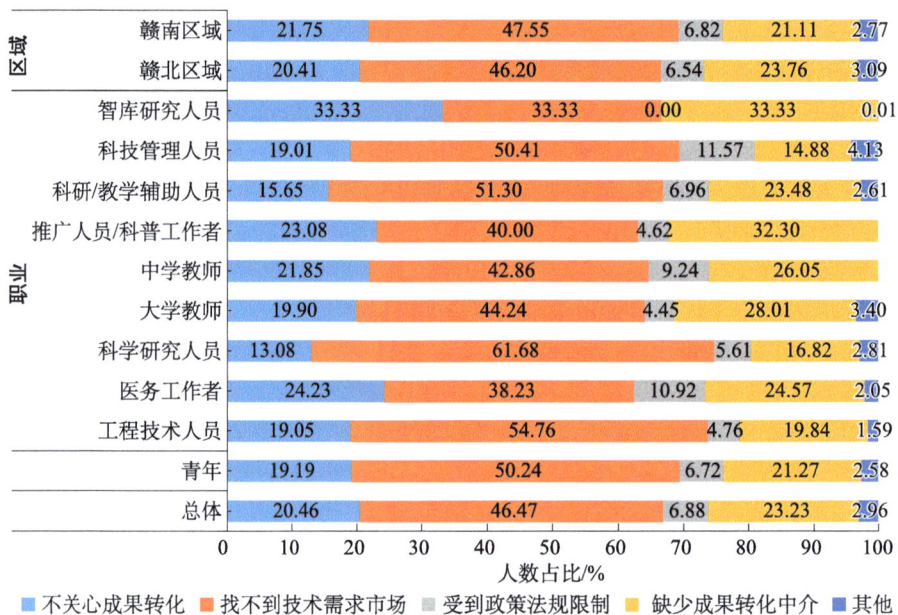

区域/职业	不关心成果转化	找不到技术需求市场	受到政策法规限制	缺少成果转化中介	其他
赣南区域	21.75	47.55	6.82	21.11	2.77
赣北区域	20.41	46.20	6.54	23.76	3.09
智库研究人员	33.33	33.33	0.00	33.33	0.01
科技管理人员	19.01	50.41	11.57	14.88	4.13
科研/教学辅助人员	15.65	51.30	6.96	23.48	2.61
推广人员/科普工作者	23.08	40.00	4.62	32.30	
中学教师	21.85	42.86	9.24	26.05	
大学教师	19.90	44.24	4.45	28.01	3.40
科学研究人员	13.08	61.68	5.61	16.82	2.81
医务工作者	24.23	38.23	10.92	24.57	2.05
工程技术人员	19.05	54.76	4.76	19.84	1.59
青年	19.19	50.24	6.72	21.27	2.58
总体	20.46	46.47	6.88	23.23	2.96

图 8-35　不同女性科技工作者群体反映影响成果转化的主要障碍

第五节　社会参与状况

一、参与公共事务的意愿

（一）参与国家或地方公共事务管理的意愿

调查数据显示，女性科技工作者参与公共事务管理的意愿强烈，80.69% 的女性科技工作者表示非常愿意或比较愿意参与国家或地方公共事务管理，

其中，非常愿意参与的占 22.51%，比较愿意参与的占 58.18%；另外，7.00%
的女性科技工作者表示不愿意参与，12.31% 的女性科技工作者没有明确表
态。从年龄方面进一步分析后发现，青年女性科技工作者参与地方公共事务
管理的意愿强于其他年龄段的女性科技工作者。从单位类型方面进一步分析
后发现，农业服务机构的女性科技工作者表示非常愿意或比较愿意参与国家
或地方公共事务管理的人数占比为 87.50%，高于其他单位类型的女性科技工
作者（图 8-36）。

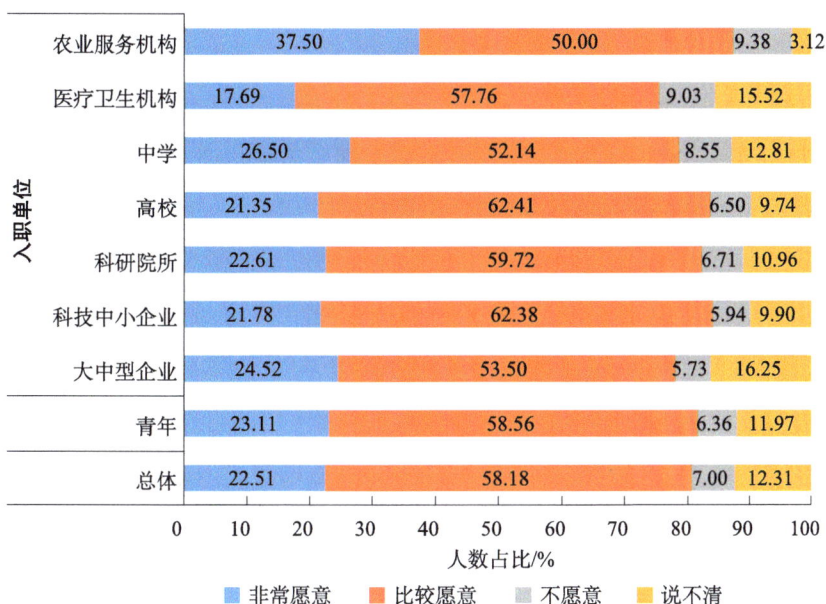

图 8-36　不同女性科技工作者群体参与国家或地方公共事务管理的意愿

（二）参政议政或参与公共事务渠道的畅通性

调查发现，34.64% 的女性科技工作者认为渠道畅通，其中，5.25% 的女
性科技工作者认为非常畅通，29.39% 的女性科技工作者认为比较畅通；还
有 33.55% 的女性科技工作者认为不太畅通，17.92% 的女性科技工作者认为
很缺乏渠道。从区域分布方面进一步分析后发现，赣南区域的女性科技工
作者反映参政议政或参与公共事务的渠道非常畅通或比较畅通的人数占比
（42.43%）高于赣北区域的女性科技工作者（30.83%）（图 8-37）。

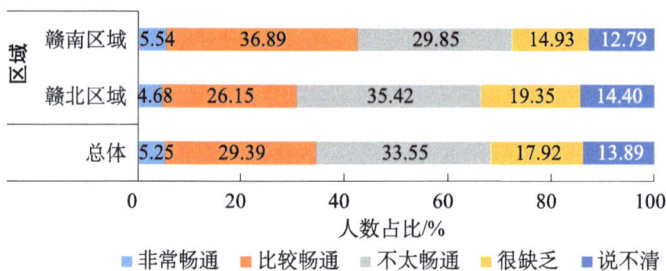

图 8-37　不同女性科技工作者群体对参政议政或参与公共事务渠道畅通性的反映

（三）参与具体公共事务管理的积极性

本次调查列举了四种活动来了解女性科技工作者参与公共事务管理的积极性情况。调查发现，13.22% 的女性科技工作者向政府提过建议/意见，其中经常向政府提建议/意见的占 1.03%，有时向政府提建议/意见的占 12.19%；11.16% 的女性科技工作者向新闻媒体提过建议/意见，其中经常向新闻媒体提建议/意见的占 0.90%，有时向新闻媒体提建议/意见的占 10.26%；50.75% 的女性科技工作者向单位领导（部门）提过建议/意见，其中经常向单位领导（部门）提建议/意见的占 2.11%，有时向单位领导（部门）提建议/意见的占 48.64%；37.24% 的女性科技工作者就单位的管理问题公开发表过意见，其中经常发表意见的占 1.33%，有时发表意见的占 35.91%（图 8-38）。

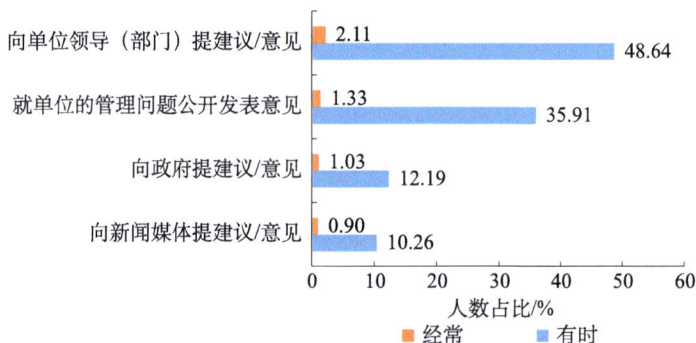

图 8-38　女性科技工作者参与四种公共事务管理的人数占比

不同女性科技工作者群体在参与公共事务管理的积极性方面存在差异。从年龄方面进一步分析后发现，青年女性科技工作者在参与的四种公共事务中，向新闻媒体提建议/意见和向政府提建议/意见的人数占比高于整体。

从职称方面进一步分析后发现，高职称女性科技工作者参与公共事务管理的积极性相对更高。从单位类型方面进一步分析后发现，在就单位的管理问题公开发表意见、向单位领导（部门）提建议／意见、向新闻媒体提建议／意见方面，科研院所的女性科技工作者的人数占比相对最高；在向政府提建议／意见方面，农业服务机构的女性科技工作者人数占比最高（表 8-5）。

表 8-5　不同女性科技工作者群体有时或经常参与四种公共事务管理的人数占比

单位：%

类别		就单位的管理问题公开发表意见	向单位领导（部门）提建议／意见	向新闻媒体提建议／意见	向政府提建议／意见
年龄	青年	33.62	48.53	12.47	13.69
入职单位	大中型企业	30.89	54.14	8.92	9.87
	科技中小企业	26.73	43.56	8.91	16.83
	科研院所	49.12	61.13	20.14	22.26
	高校	37.82	49.19	9.74	11.83
	中学	35.90	40.17	11.97	14.53
	医疗卫生机构	35.02	45.13	9.03	8.30
	农业服务机构	40.63	59.38	18.75	25.00
职称	正高级	51.72	65.52	19.54	28.74
	副高级	42.48	53.27	8.17	11.11
	中级	36.88	50.16	10.31	12.19
	初级	36.01	52.41	12.86	13.83
	无职称	30.03	43.77	11.82	12.46
区域	赣北区域	36.48	49.73	10.42	12.37
	赣南区域	39.23	52.67	11.30	13.65

二、参与学术团体或科协基层组织情况

（一）女性科技工作者参加学术团体或基层科协组织的情况

调查数据显示，39.53% 的女性科技工作者是与自己专业或工作相关的学术团体或基层科协组织的会员。从年龄方面进一步分析后发现，青年女性

科技工作者是学术团体或基层科协组织会员的人数占比低于整体人数占比。从学历、职称方面进一步分析后发现，女性科技工作者的学历、职称越高，是学术团体或基层科协组织会员的人数占比越高。从单位类型方面进一步分析后发现，农业服务机构的女性科技工作者参加学术团体或基层科协组织的人数占比相对其他单位类型的更高，科技中小企业女性科技工作者是学术团体或基层科协组织会员的人数占比相对其他单位的更低。从区域分布方面进一步分析后发现，赣北区域的女性科技工作者参加学术团体或基层科协组织的人数占比高于赣南区域的女性科技工作者（图 8-39）。

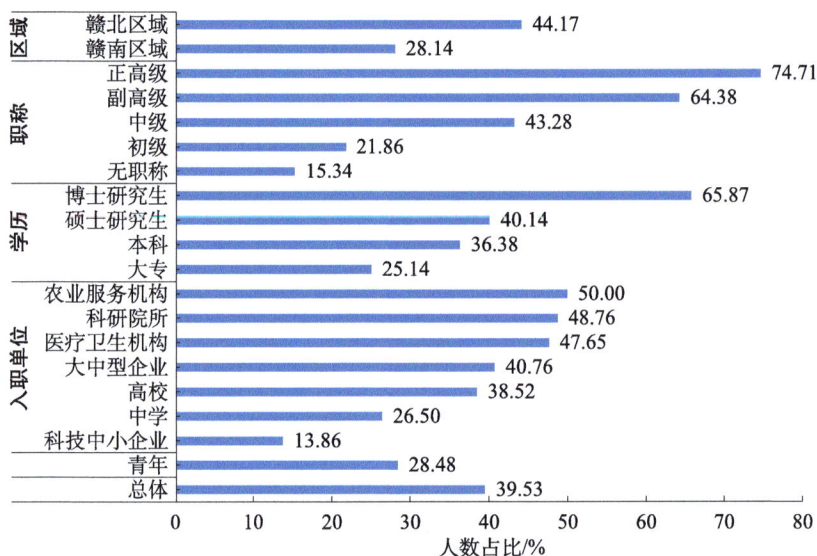

图 8-39　不同女性科技工作者群体参加学术团体或基层科协组织的情况

（二）参与所在团体或组织开展的活动的积极性

调查数据显示，在学术团体或基层科协组织会员中，90.40% 的女性科技工作者表示参加了所在团体或组织开展的活动，其中，27.29% 的女性科技工作者表示经常参加所在团体或组织开展的活动，63.11% 的女性科技工作者表示偶尔参加所在团体或组织开展的活动；另外，几乎不参加所在团体或组织开展的活动的会员人数占 9.60%。从年龄方面进一步分析后发现，青年女性科技工作者经常参加所在团体或组织开展的活动的人数占比相对其他年龄段的更低。从单位类型方面进一步分析后发现，农业服务机构的女性科技工作者经常参加所在团体或组织开展的活动的人数占比相对其他单位的更高，为43.75%；科技中小企业的女性科技工作者经常参加所在团体或组织开展的活动的人数占比相对其他单位的更低，为14.29%。从职称方面进一步分析后发现，正高级职称女性科技工作者参加所在团体或组织开展的活动相对频繁，表示经常参加活动的人数占比为55.38%（图8-40）。

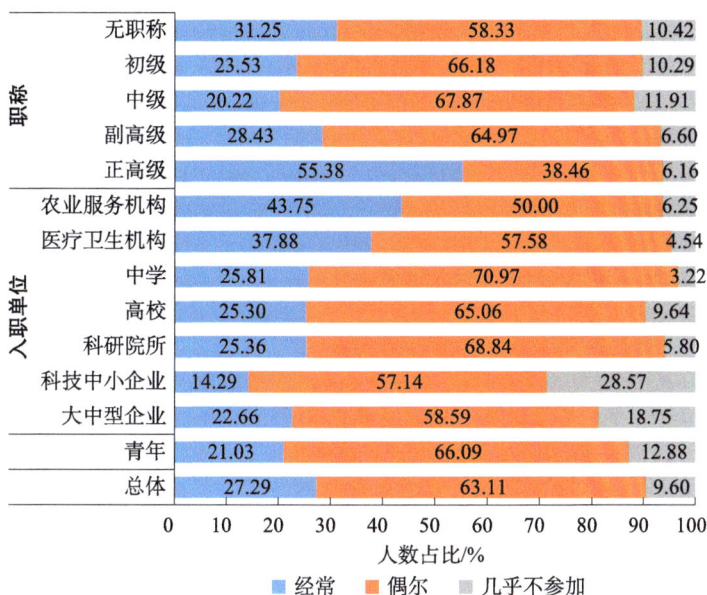

图 8-40　不同女性科技工作者群体参加所在组织活动的积极性情况

三、对科协组织的评价和期望

（一）对科协组织的了解程度

调查数据显示，27.46%的女性科技工作者表示了解科协组织的情况，其中，2.60%的女性科技工作者表示非常了解科协组织的情况，24.86%的女性科技工作者表示比较了解科协组织的情况；另外，表示对科协组织不太了解的女性科技工作者的人数占61.26%，完全不了解的女性科技工作者的人数占11.28%。从年龄方面进一步分析后发现，青年女性科技工作者对科协组织的了解程度比其他年龄段更低。从单位类型方面进一步分析后发现，农业服务机构的女性科技工作者对科协组织表示了解的人数占比（68.76%）相对其他单位的更高，其次为科研院所（33.92%）、高校（27.61%）等。从职称方面进一步分析后发现，职称越高的女性科技工作者对科协组织的了解程度也越高。从区域分布方面进一步分析后发现，赣南区域的女性科技工作者表示非常了解或比较了解科协组织的人数占比为31.13%，高于赣北区域的女性科技工作者（图8-41）。

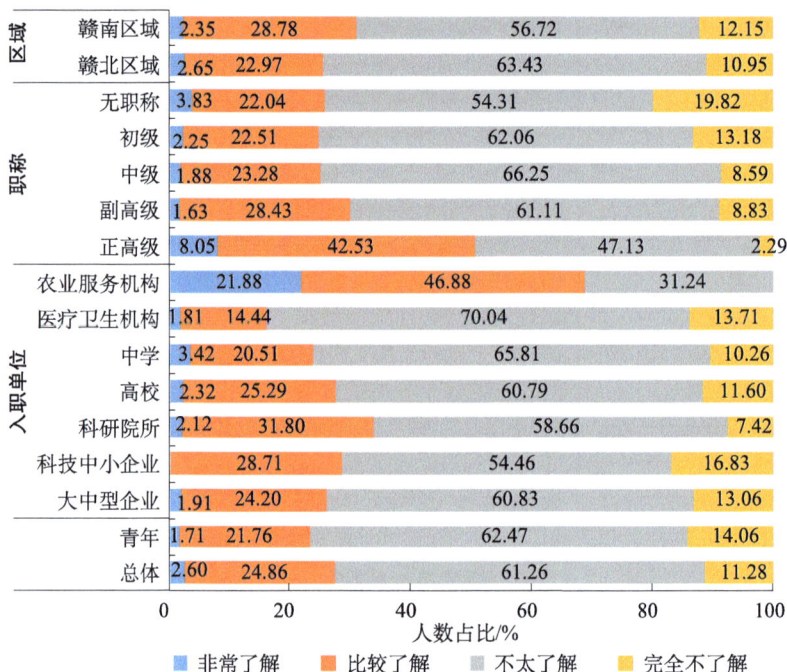

图 8-41　不同女性科技工作者群体对科协组织非常了解或比较了解的人数占比

（二）对科协组织影响力的评价

调查数据显示，6.04% 的女性科技工作者认为科协组织的吸引力和凝聚力很强，28.85% 的女性科技工作者认为科协组织的吸引力和凝聚力较强，38.68% 的女性科技工作者认为科协组织的吸引力和凝聚力一般，6.64% 的女性科技工作者认为科协组织的吸引力和凝聚力较弱，1.87% 的女性科技工作者认为科协组织没有吸引力和凝聚力，17.92% 的女性科技工作者没有明确表态。从职称方面进一步分析后发现，正高级职称的女性科技工作者对科协组织影响力很强或较强的认可度较高。从单位类型方面进一步分析后发现，农业服务机构的女性科技工作者表示科协组织影响力很强或较强的人数占比最高，达 84.38%。从区域分布方面进一步分析后发现，赣北区域的女性科技工作者（33.83%）认为科协组织影响力很强或较强的人数占比低于赣南区域的女性科技工作者（37.10%）（图 8-42）。

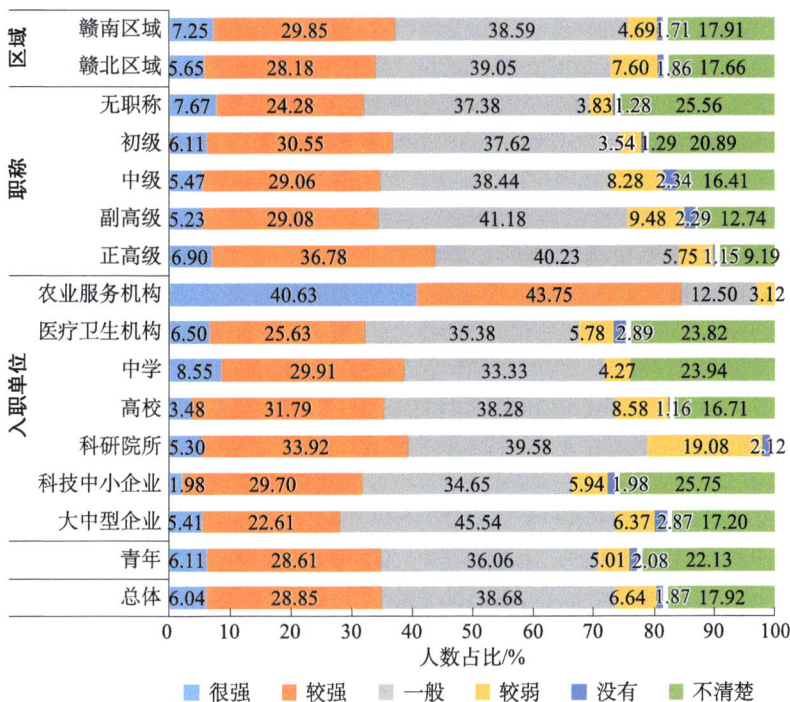

图 8-42 不同女性科技工作者群体对科协组织影响力的评价

（三）最希望科协组织提供的服务

调查数据显示，57.82% 的女性科技工作者最希望科协组织提供的服务为提供信息、技术服务，其他服务依次为进修培训服务（49.49%）、科技人员职称评审的机会（38.44%）、内部交流的机会（38.14%）、与社会各界交流的机会（29.21%）、法律政策咨询服务（27.34%）、资助研究（18.04%）等。其他的需求还有就业服务（18.41%）、保障权益（16.54%）、表彰奖励（11.95%）、向政府反映意见（11.71%）、解决生活困难（11.65%）等。

第九章
高校科技工作者

本章主要从工作基本情况、科研活动状况、学术交流与进修情况、科研环境和学风建设、收入待遇和生活状况等方面对江西省高校科技工作者的调查结果进行详细分析。调查发现，高校科技工作者的职称相对较高，从事的工作内容主要为教学工作和基础研究，且工作内容的专业对口程度也较高。高校科技工作者反映其在承担研究工作中遇到的最大困难是"自身研究水平有限"和"缺乏经费支持"，在财政支持科研项目管理中存在的最主要问题是"经费报销手续烦琐"。高校科技工作者发表论文和获得专利与应用技术成果的人数占比较高，但科研成果转化率较低。

第一节　工作状况

一、工作经历和岗位情况

（一）在现职单位的工作年限与工作区域

调查结果显示，高校科技工作者在现职单位工作的平均工作年限为 9.76 年。从职称方面进一步分析后发现，职称越高的高校科技工作者在现职单位工作的平均工作年限越长，正高级职称的高校科技工作者在现职单位工作的平均工作年限为 18.53 年，副高级职称的高校科技工作者在现职单位工作的平均工作年限为 13.07 年，中级职称的高校科技工作者在现职单位工作的平均工作年限为 7.07 年，初级职称的高校科技工作者在现职单位工作的平均工作年限为 3.72 年。从不同学历的高校科技工作者情况看，本科学历的高校科技工作者在现职单位工作的平均工作年限最长，为 14.42 年，博士研究生、硕士研究生、大专学历的高校科技工作者在现职单位工作的平均工作年限分别为 9.25 年、9.13 年、8.20 年。从年龄方面进一步分析后发现，45 岁以上的高校科技工作者在现职单位工作的平均工作年限最长，为 19.57 年；35～44 岁的高校科技工作者在现职单位工作的平均工作年限为 10.25 年，35 岁以下（即青年）高校科技工作者在现职单位工作的平均工作年限为 3.54 年（图 9-1）。

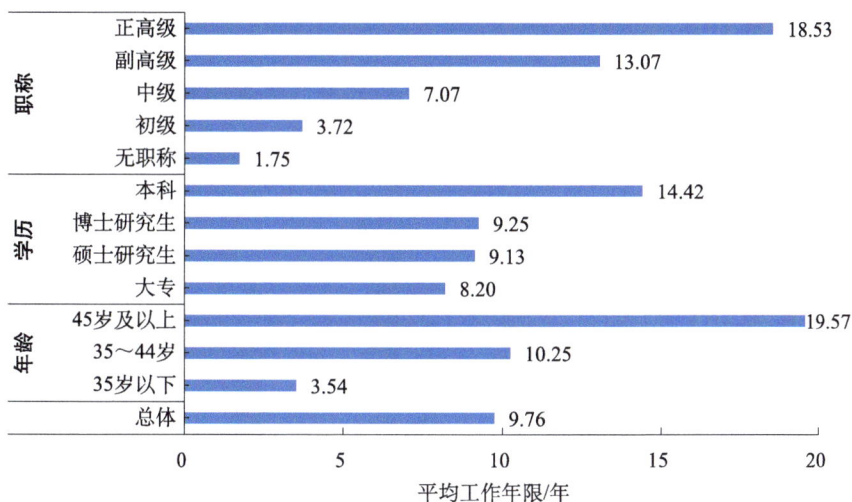

图 9-1 不同高校科技工作者群体的平均工作年限

（二）职称分布

调查数据显示，42.46% 的高校科技工作者具有正高级或副高级职称，比科研院所的科技工作者高 8.56 个百分点，比医疗卫生机构的科技工作者高 9.07 个百分点。其中，14.27% 的高校科技工作者有正高级职称，28.19% 的高校科技工作者有副高级职称，39.34% 的高校科技工作者有中级职称（图 9-2）。

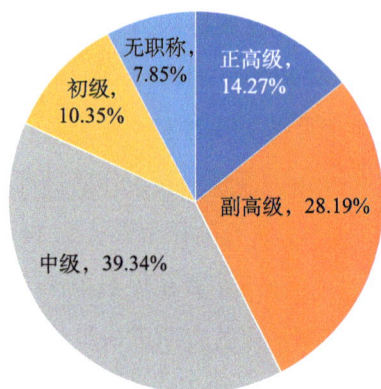

图 9-2　高校科技工作者的职称分布

从年龄方面进一步分析后发现，35 岁以下（即青年）科技工作者具有正高级和副高级职称的人数占比最低，分别为 0.93% 和 5.81%，低于 35～44 岁（12.56%、40.75%）和 45 岁及以上（41.95%、44.92%）的高校科技工作者。从性别方面进一步分析后发现，高校的男性科技工作者中有正高级（16.81%）和副高级（31.88%）职称的人数占比高于女性（10.21%、22.27%）（图 9-3）。

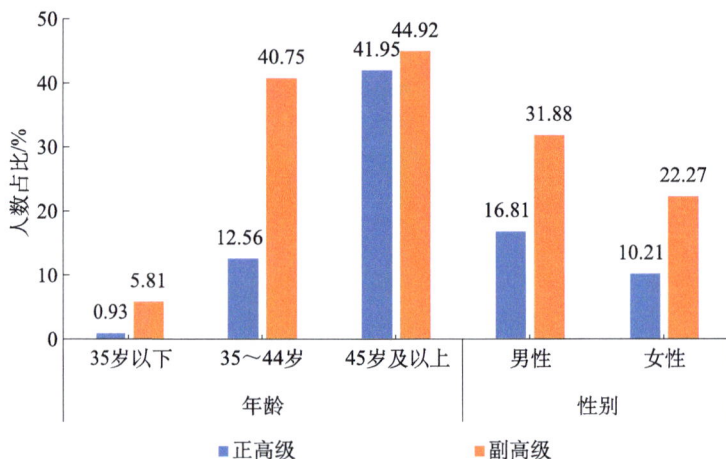

图 9-3　不同高校科技工作者群体的职称分布

二、工作内容和工作强度

（一）从事的工作内容

调查数据显示，高校科技工作者中反映从事的工作内容是教学工作的人数占比为 73.15%。除此之外，从事基础研究的人数占 48.08%，从事应用 / 开发研究的人数占 29.17%，其他依次为一般行政管理（13.02%）、社科研究（7.76%）、科学普及（4.82%）、科技管理（3.30%）、设计（3.12%）、技术推广（2.94%）、研究辅助 / 技术辅助（2.14%）、生产运行 / 工程应用（1.87%）、临床（1.43%）、中介服务（0.09%）（图 9-4）。

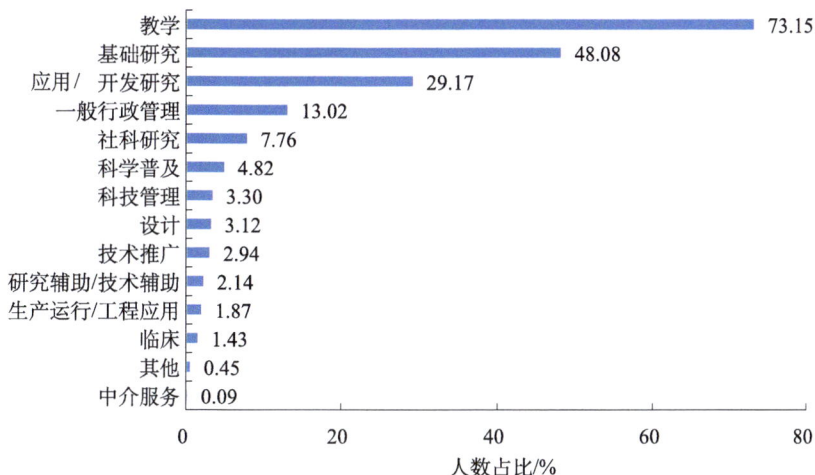

图 9-4 高校科技工作者从事的工作内容

（二）从事工作与所学专业的相关性

高校科技工作者认为自己从事的工作与所学专业的相关性较其他单位高，86.62% 的高校科技工作者认为自己从事的工作与所学的专业有强相关性，其中，53.61% 的高校科技工作者认为有很强相关，33.01% 的高校科技工作者认为有较强相关。此外，10.17% 的高校科技工作者认为自己从事的工作与所学专业一般相关，1.87% 认为有一点相关，1.34% 认为完全无关。

（三）工作强度

调查数据显示，高校科技工作者中不需加班的人数占比为 6.78%，平均每天加班时间在 2 小时以内的人数占 40.14%，3~4 小时的人数占 35.86%，5 小时以上的人数占 7.67%，6 小时以上的人数占 9.55%（图 9-5）。

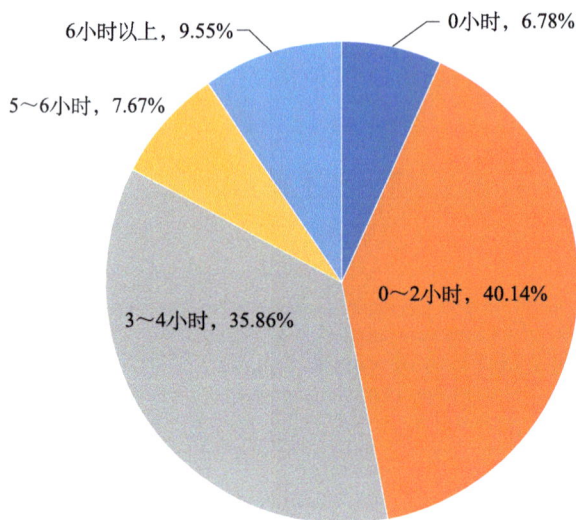

图 9-5　高校科技工作者的加班时长分布

　　从年龄方面进一步分析后发现，35～44 岁的高校科技工作者的加班人数占比（94.27%）高于其他年龄段。从性别方面进一步分析后发现，男性加班的人数占比（95.65%）高于女性（89.33%）。从职称方面进一步分析后发现，副高级职称的高校科技工作者加班的人数占比较其他职称的更高，为 95.25%（图 9-6）。

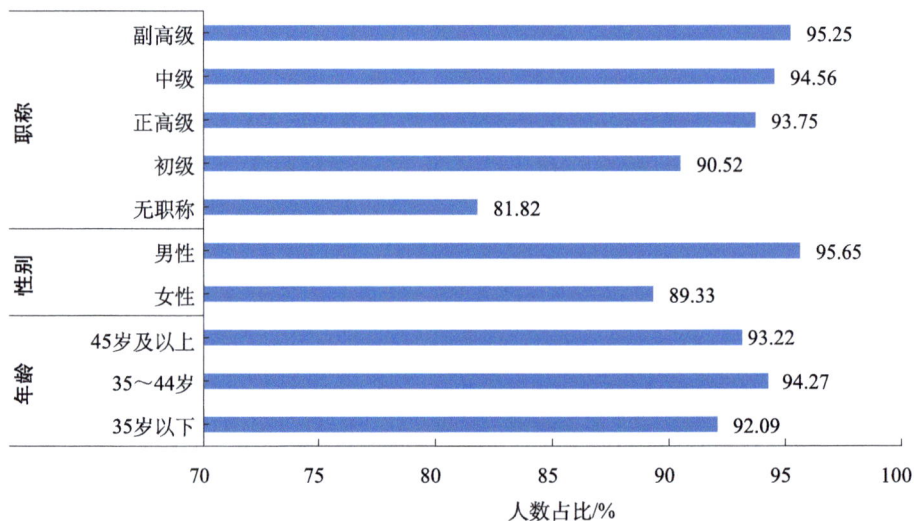

图 9-6　不同高校科技工作者群体的加班人数占比

第二节　科研活动状况

一、承担项目情况

（一）近三年承担和 / 或参与的研究项目情况

调查数据显示，80.91% 的高校科技工作者近三年承担了研究或开发项目，其中，承担 1～3 项的人数占 60.93%，4～6 项的人数占 15.70%，7 项及以上的人数占 4.28%（图 9-7）。从学历和职称方面进一步分析后发现，职称和学历越高，高校科技工作者承担项目的人数占比越高。正高级（94.38%）、副高级（90.19%）、中级职称（82.54%）的高校科技工作者承担项目的人数占比高于初级（59.48%）和无职称（43.18%）的高校科技工作者。博士研究生（91.60%）和硕士研究生（72.11%）学历的高校科技工作者承担项目的人数占比高于本科（59.02%）和大专（50.00%）的高校科技工作者（图 9-8）。

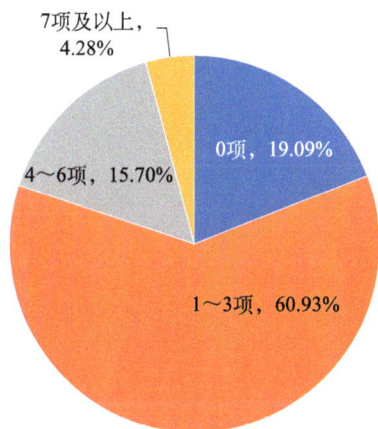

图 9-7　高校科技工作者近三年承担和 / 或参与研究项目的次数

（二）近三年主持参与的产学研合作项目情况

调查数据显示，近三年主持参与过研究项目的高校科技工作者中，

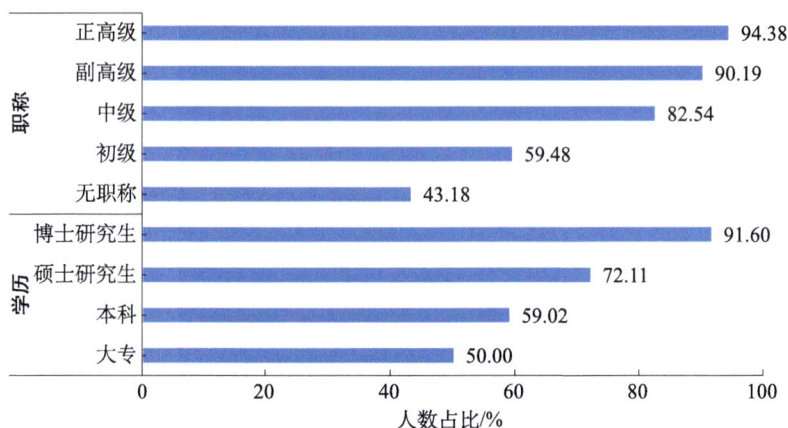

图 9-8　不同高校科技工作者群体近三年承担项目的人数占比

50.17% 的高校科技工作者参与过产学研合作项目。从性别方面进一步分析后发现，男性高校科技工作者主持参与过产学研合作项目的人数占比（51.27%）略高于女性（48.11%）。从学历方面进一步分析后发现，学历越低的高校科技工作者主持参与过产学研合作项目的人数占比越高，本科为 55.56%，硕士研究生为 52.26%，博士研究生为 48.07%（图 9-9）。

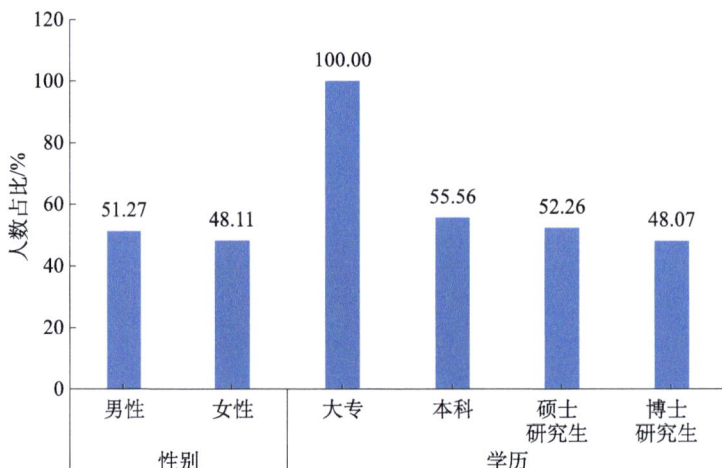

图 9-9　不同高校科技工作者群体参与产学研合作项目的人数占比

高校科技工作者反映参与产学研合作项目时的合作对象为大学、民营企业、科研院所和国有企业的人数占比分别为 26.35%、19.96%、16.87% 和

11.47%，合作对象为社会组织及团体和海外机构的人数占比较低，分别为4.08% 和 2.43%。

（三）承担科研工作遇到的最大困难

调查数据显示，29.26%的高校科技工作者反映"自身研究水平有限"是在科研工作中遇到的最大困难，其他困难依次为"缺乏经费支持"（25.51%）、"行政事务繁忙"（13.38%）、"研究辅助人员太少"（11.33%）、"难以跟踪科学前沿进展"（6.07%）等。从年龄方面进一步分析后发现，35～44 岁的高校科技工作者中认为在科研工作中遇到的最大困难是"缺乏经费支持"的人数占比为 26.87%，35 岁以下和 45 岁及以上的高校科技工作者中认为在科研工作中遇到的最大困难是"缺乏经费支持"的人数占比分别为 25.58% 和22.88%（图 9-10）。

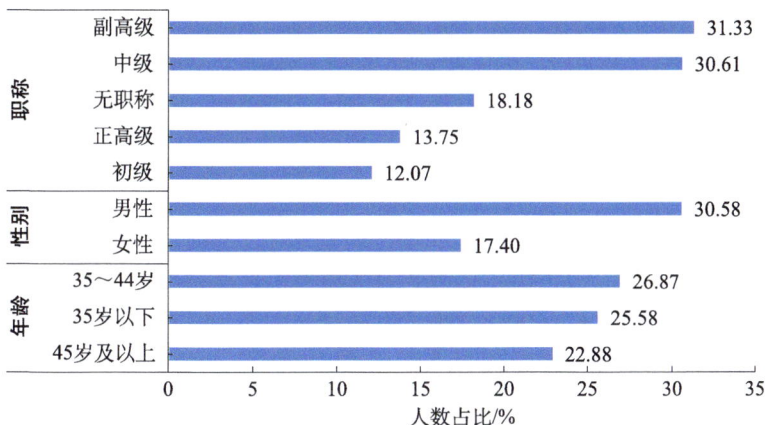

图 9-10 高校科技工作者对缺乏经费支持的反映

二、科研项目管理存在问题的情况

（一）财政支持的科研项目管理存在的主要问题

调查数据显示，61.20%的高校科技工作者认为在财政支持的科研项目中存在的主要问题是"科研经费报销手续烦琐"，其他主要问题依次为"基础研究不受重视"（43.18%）、"申报周期过长"（42.11%）、"成果不具有转化或应用的价值"（39.61%）、"项目限定的人员费比例太低"（38.18%）、"申报手续复杂"（36.93%）、"审批程序不透明"（35.15%）、"评审时拉关系、走后门"（32.83%）、"结项验收走形式、走过场"（28.99%）、"资金到位不及时"（28.81%）、"招标信息不公开"（19.63%）、"项目经费的违规使用、挪用"（16.50%）和"企业申报财政项目受歧视"（16.50%）等（图 9-11）。

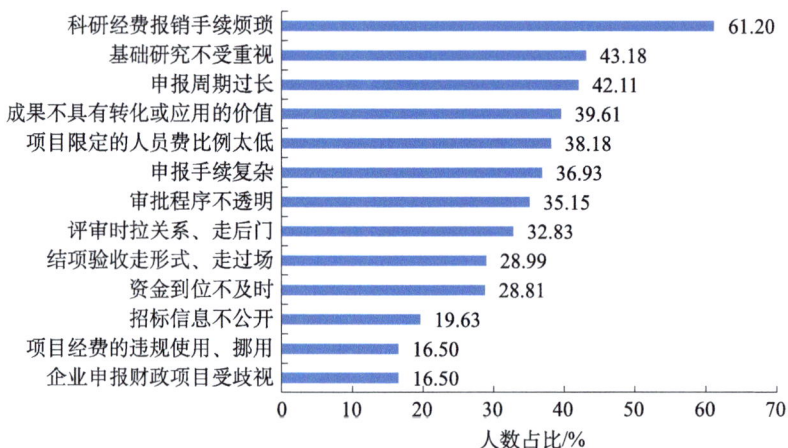

图 9-11　高校科技工作者在财政支持科研项目中存在的主要问题

（二）对政府科技资源分配的看法

从高校科技工作者对政府科技资源分配结果公平性的反映看，39.88% 的高校科技工作者认为政府科技资源分配结果是公平的。从学历方面进一步分析后发现，学历越高的高校科技工作者认为政府科技资源分配结果是公平的人数占比越低，仅有 35.63% 的博士研究生学历高校科技工作者认为政府科技资源分配结果是公平的。从职称方面进一步分析后发现，副高级和正高级职称的高校科技工作者（36.39%、36.88%）认为政府科技资源分配结果是公平的人数占比低于初级和中级职称的（47.41%、40.14%）（图 9-12）。

从高校科技工作者对政府科技资源分配过程公平性的反映看，39.96% 的高校科技工作者认为政府科技资源分配过程是公平的。从学历方面进一步分析后发现，学历越高的高校科技工作者认为政府科技资源分配过程是公平的人数占比越低，仅有 35.13% 的博士研究生学历高校科技工作者认为政府科技资源分配过程是公平的。从职称方面进一步分析后发现，副高级和正高级职称的高校科技工作者（35.76%、35.63%）认为政府科技资源分配结过程是公平的人数占比低于初级和中级职称的（50.00%、40.59%）（图9-13）。

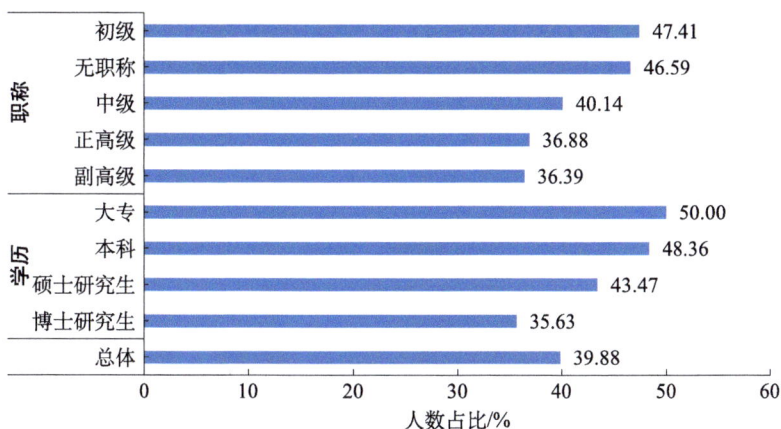

图 9-12　不同高校科技工作者群体对政府科技资源分配结果公平性的反映

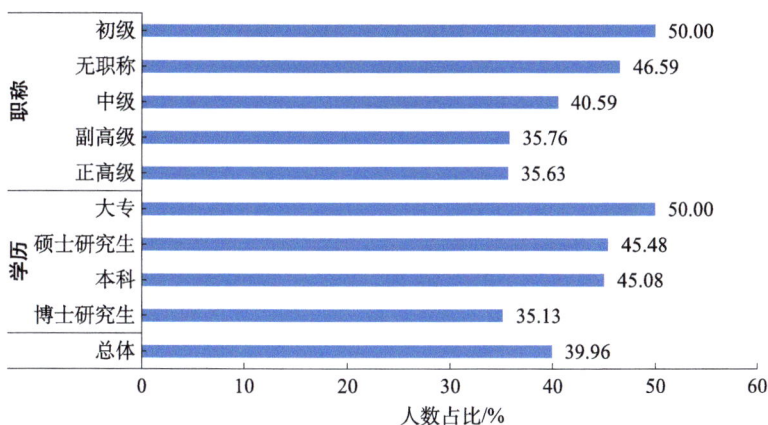

图 9-13　不同高校科技工作者群体对政府科技资源分配过程公平性的反映

三、科研成果情况

（一）展现科研成果的主要形式

从高校科技工作者近三年发表学术论文情况看，84.92% 的高校科技工作者近三年发表了学术论文，其中发表 1～3 篇的占 45.14%，发表 4～6 篇的占 22.84%，发表 7 篇及以上的占 16.94%（图 9-14）。35～44 岁的高校科技工作者近三年来以学术论文为表现形式的科研成果相对更多（90.53%）。从学历方面进一步分析后发现，博士研究生学历（95.46%）的高校科技工作者中近三年发表过学术论文的人数占比较大专和本科学历的分别高 45.46 个和 29.07 个百分点。从职称方面进一步分析后发现，职称越高的高校科技工作者近三年发表过学术论文的人数占比越高，其中 97.50% 的正高级职称的高校科技工作者近三年发表过学术论文（图 9-15）。

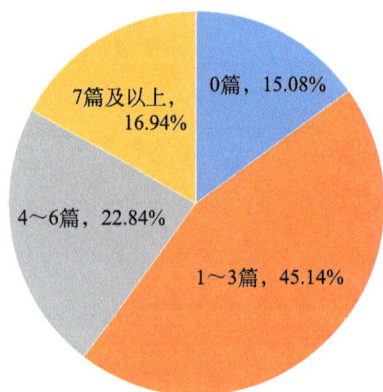

图 9-14　高校科技工作者近三年发表学术论文的篇数

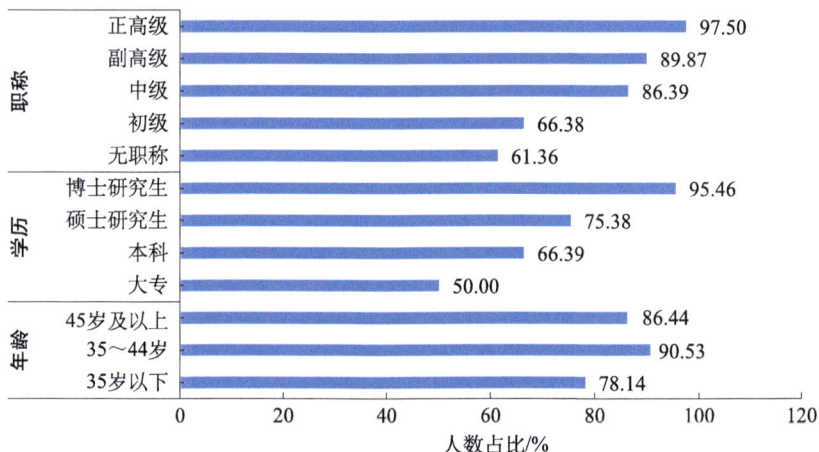

图 9-15　不同高校科技工作者群体近三年发表过学术论文的人数占比

从高校科技工作者近三年获得的专利情况看，39.88% 的高校科技工作者近三年获得过专利，其中获得 1~3 件专利的人数占 30.15%，获得 4~6 件专

利的人数占 6.51%，获得 7 件及以上专利的人数占 3.22%（图 9-16）。43.17%
的 45 岁以上的高校科技工作者近三年来获得过专利，38.98% 的 35～44 岁高
校科技工作者近三年获得过专利。从学历方面进一步分析后发现，高学历的
高校科技工作者近三年获得过专利的人数占比较低学历的低。从职称方面进
一步分析后发现，职称越高的高校科技工作者近三年获得过专利的人数占比
越低，其中 22.73% 的正高级职称高校科技工作者近三年获得过专利，低于
初级职称的 45.89%（图 9-17）。

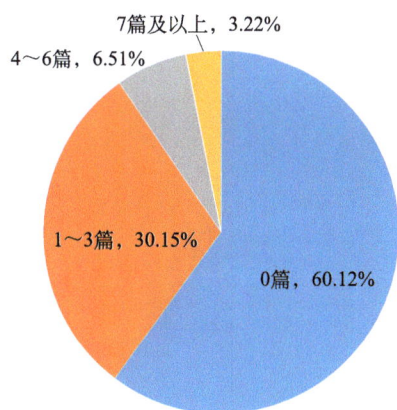

图 9-16　高校科技工作者近三年获得专利的件数

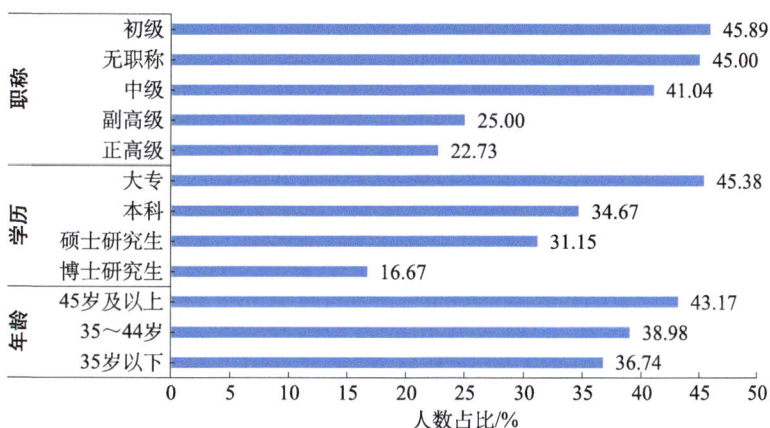

图 9-17　不同高校科技工作者群体近三年获得过专利的人数占比

大部分高校科技工作者近三年获得过应用技术成果，有 23.37% 的高校

科技工作者近三年获得过，其中获得 1~3 项应用技术成果的人数占 19.45%，获得 4~6 项应用技术成果的人数占 2.50%，获得 7 项及以上应用技术成果的人数占 1.42%（图 9-18）。45 岁以上高校科技工作者近三年获得过应用技术成果的人数占比高于其他年龄段。从学历和职称方面进一步分析后发现，职称越高的高校科技工作者近三年获得过应用技术成果的人数占比越高。正高级职称的高校科技工作者中有 37.50% 获得过应用技术成果（图 9-19）。

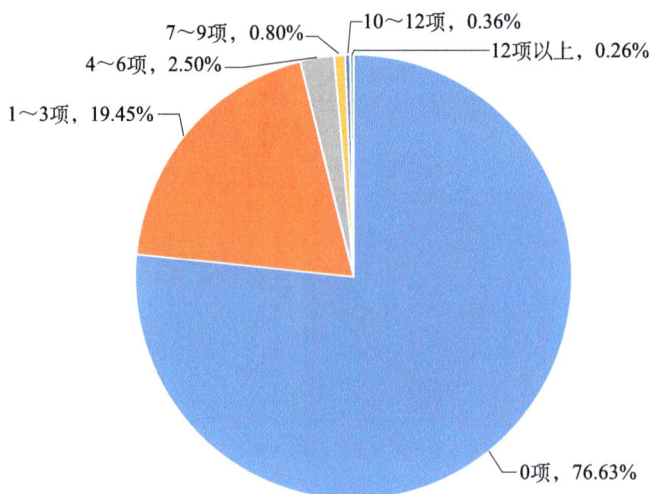

图 9-18　高校科技工作者近三年获得应用技术成果的项数

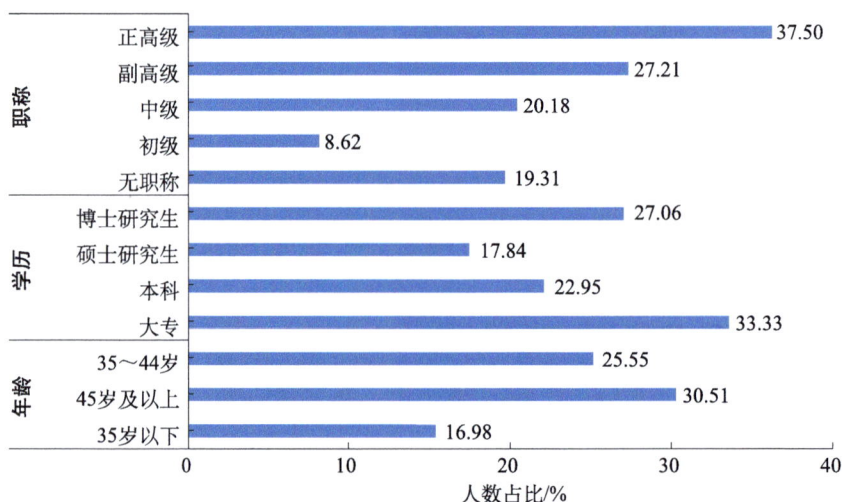

图 9-19　不同高校科技工作者群体近三年获得过应用技术成果的人数占比

（二）科研成果转化情况

近三年，15.17% 的高校科技工作者将科研成果转化为产品或应用于生产。从性别方面进一步分析后发现，男性高校科技工作者近三年将科研成果进行转化的人数占比（17.83%）高于女性（10.90%）。从学历方面进一步分析后发现，有 17.82% 的博士研究生学历高校科技工作者将科研成果转化为产品或应用生产，12.31% 的硕士研究生学历高校科技工作者将科研成果转化为产品或应用于生产。从职称方面进一步分析后发现，正高级的高校科技工作者将科研成果转化为产品或应用于生产的人数占比最高（30.00%），初级职称的人数占比最低，为 7.76%（图 9-20）。

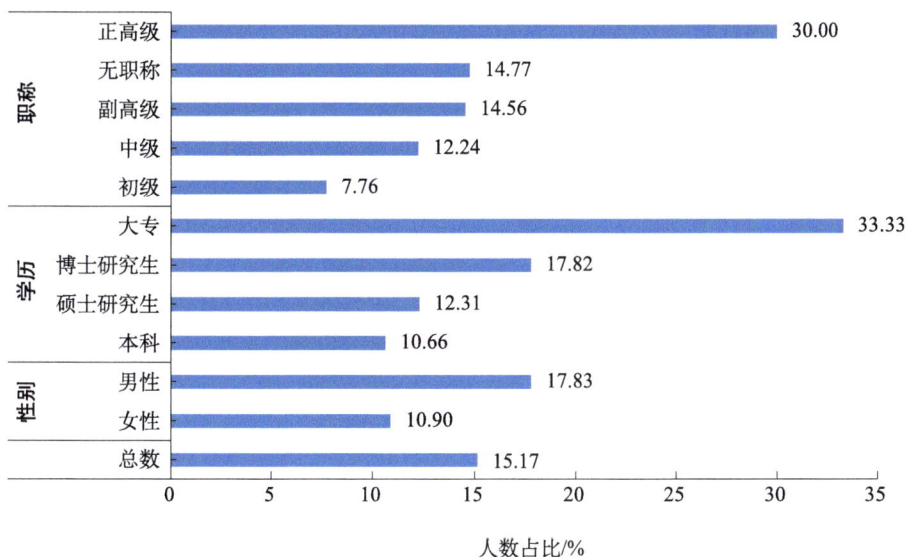

图 9-20　不同高校科技工作者群体的科研成果转化情况

（三）科研成果转化的最主要障碍

调查数据显示，45.32% 的高校科技工作者认为科研成果转化的最主要障碍是"找不到技术需求市场"，其他依次为"缺少成果转化中介"（23.55%）、"不关心成果转化"（20.25%）、"受到政策法规限制"（6.07%）等。

第三节 学术交流与进修情况

一、学术交流

近三年，57.27%的高校科技工作者参与学术交流活动的次数为 0～3 次，27.56%的高校科技工作者参与学术交流活动的次数为 4～6 次，8.12%的高校科技工作者参与学术交流活动的次数为 7～9 次，3.30%的高校科技工作者参与学术交流活动的次数为 10～12 次，3.75%的高校科技工作者参与学术交流活动的次数为 12 次以上（图 9-21）。

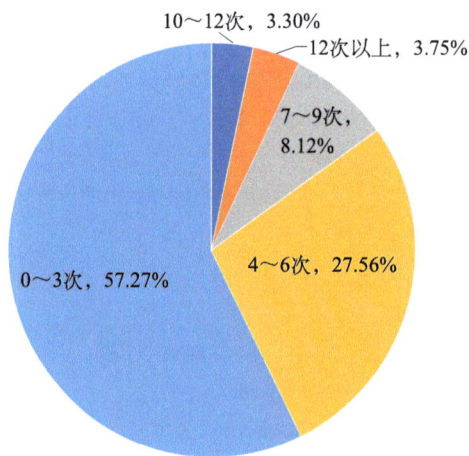

图 9-21 高校科技工作者的学术交流活动次数

从年龄方面进一步分析后发现，45 岁及以上的高校科技工作者参与学术交流活动 3 次以上的人数占比（30.93%）高于 35～44 岁（29.07%）和 35 岁以下（24.19%）的高校科技工作者。从性别方面进一步分析后发现，男性高校科技工作者参与学术交流活动 3 次以上的人数占比（30.87%）高于女性（22.27%）。从职称方面进一步分析后发现，正高级（33.13%）和副高级职称（34.18%）的高校科技工作者参加学术交流活动 3 次以上的人数占比高于初级（18.97%）和中级职称（24.26%）的高校科技工作者（图 9-22）。

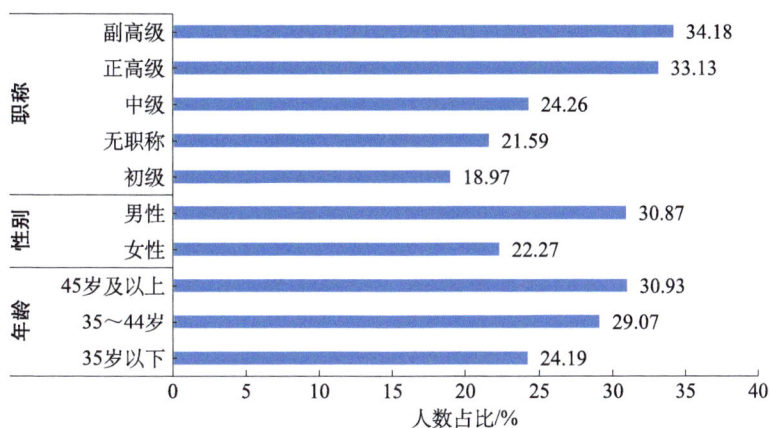

图 9-22　不同高校科技工作者群体参加 3 次以上学术交流活动的人数占比

二、进修培训

（一）高校科技工作者进修或学习的需求

调查数据显示，80.10% 的高校科技工作者认为自己非常需要或比较需要进修或学习，43.44% 的高校科技工作者认为自己非常需要进修或学习，36.66% 的高校科技工作者认为自己比较需要进修或学习；另外，14.90% 的高校科技工作者认为自己一般需要进修或学习，3.75% 的高校科技工作者认为自己不太需要进修或学习，仅有 1.25% 的高校科技工作者认为自己完全不需要进修或学习（图 9-23）。

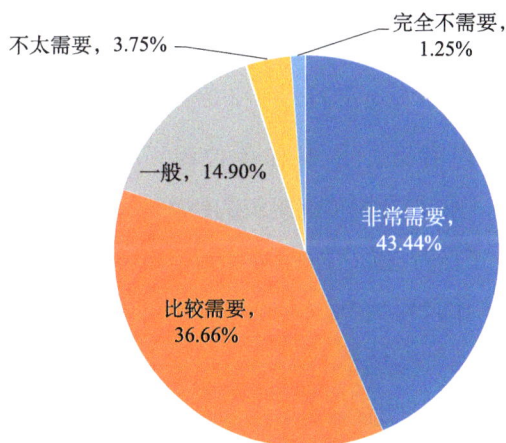

图 9-23　高校科技工作者进修或学习的需求

从年龄方面进一步分析后发现，有 50.00% 的 35 岁以下高校科技工作者认为自己非常需要进修或学习，高于其他年龄段的高校科技工作者。从学历方面进一步分析后发现，有 53.77% 的硕士研究生学历的高校科技工作者认为自己非常需要进修或学习，高于其他学历的高校科技工作者。从职称方面进一步分析后发现，职级越低的高校科技工作者的进修或学习的需求越强烈，有 56.03% 的初级职称高校科技工作者认为自己非常需要进修或学习，有 46.71% 的中级职称高校科技工作者认为自己非常需要进修或学习，高于正高级（27.50%）和副高级职称（41.14%）的高校科技工作者（图 9-24）。

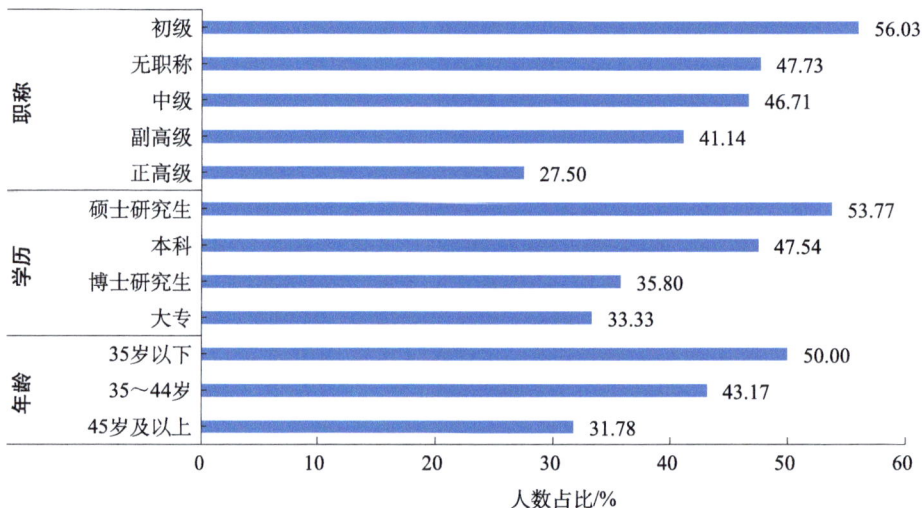

图 9-24 不同高校科技工作者群体非常需要进修或学习的人数占比

（二）高校科技工作者参与技术 / 业务培训的情况

从高校科技工作者近三年参加单位组织的技术 / 业务培训情况看，71.36% 的高校科技工作者参加单位组织的技术 / 业务培训的时间为 0～10 天，17.48% 的高校科技工作者参加单位组织的技术 / 业务培训的时间为 11～20 天，5.35% 的高校科技工作者参加单位组织的技术 / 业务培训的时间为 21～30 天，1.69% 的高校科技工作者参加单位组织的技术 / 业务培训的时间为 31～40 天，4.12% 的高校科技工作者参加单位组织的技术 / 业务培训的时间为 40 天以上（图 9-25）。

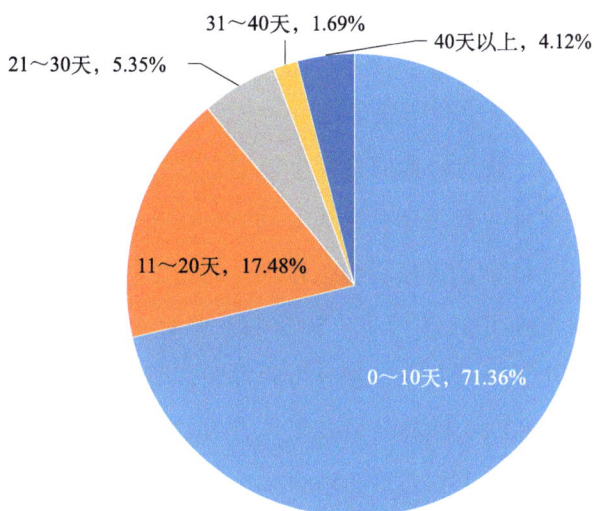

图 9-25　高校科技工作者参加单位组织的技术 / 业务培训的情况

从高校科技工作者近三年自费参加的技术 / 业务培训情况看，81.62% 的高校科技工作者自费参加技术 / 业务培训的时间为 0~10 天，11.42% 的高校科技工作者自费参加的技术 / 业务培训时间为 11~20 天，3.93% 的高校科技工作者自费参加的技术 / 业务培训时间为 21~30 天，0.98% 的高校科技工作者自费参加的技术业务培训时间为 31~40 天，2.05% 的高校科技工作者自费参加的技术业务培训时间为 40 天以上（图 9-26）。

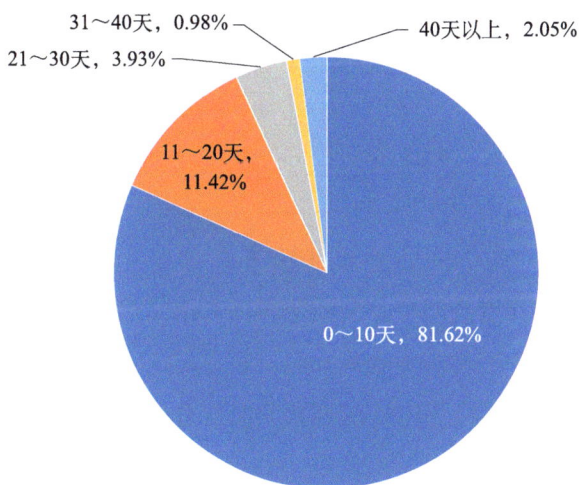

图 9-26　高校科技工作者自费参加技术 / 业务培训的情况

三、科技信息获取

（一）获取科技信息的主要渠道

调查数据显示，获取科技信息的主要渠道为学术著作（刊物）与互联网的高校科技工作者的人数占比分别为 61.64% 和 24.98%。从年龄方面进一步分析后发现，35～44 岁的高校科技工作者中通过学术著作获取科技信息的人数占比（65.86%）高于 35 岁以下（59.30%）和 45 岁及以上（58.05%）的高校科技工作者。从学历方面进一步分析后发现，博士研究生（72.27%）和硕士研究生学历（53.02%）的高校科技工作者通过学术著作（刊物）来获取科技信息，本科（41.80%）和大专（50.00%）学历的高校科技工作者大多通过互联网来获取科技信息（表 9-1）。

表 9-1　高校科技工作者获取科技信息的主要渠道

类别		人数占比 / %					
		学术著作（刊物）	学术会议	互联网	专业培训	大众传播媒介（电视、广播电台、报纸、图书等）	其他
总体		61.64	9.28	24.98	2.59	1.34	0.17
年龄	35 岁以下	59.30	7.21	26.51	4.19	2.56	0.23
	35～44 岁	65.86	9.91	21.59	1.76	0.66	0.22
	45 岁及以上	58.05	11.44	28.81	1.27	0.42	0.01
学历	博士研究生	72.27	9.58	17.65	0.17	0.17	0.16
	硕士研究生	53.02	9.05	30.40	5.03	2.26	0.24
	本科	39.34	9.02	41.80	6.56	3.28	0
	大专	33.33	0	50.00	0	16.67	0

（二）文献资料查阅的需求度与便利度

从高校科技工作者查阅科技文献资料的需求情况看，73.24% 的高校科技工作者在工作过程中经常需要查找文献资料，23.73% 的高校科技工作者表示偶尔需要查找文献资料，3.03% 的高校科技工作者表示完全不需要查找文献资料。从年龄方面进一步分析后发现，35～44 岁的高校科技工作者中经常需要查找文献资料的人数占比（81.28%）高于 45 岁及以上（76.27%）和 35 岁以下的高校科技工作者（63.26%）。从学历方面进一步分析后发现，92.10%的博士研究生学历高校科技工作者经常需要查阅文献资料，83.33% 的大专学历高校科技工作者经常需要查阅文献资料，53.77% 的硕士研究生学历高校科技工作者经常需要查阅文献资料，44.26% 的本科高校科技工作者经常需要查阅文献资料。从职称方面进一步分析后发现，超八成的正高级（85.63%）和副高级（84.81%）职称的高校科技工作者经常需要查阅文献资料（图9-27）。

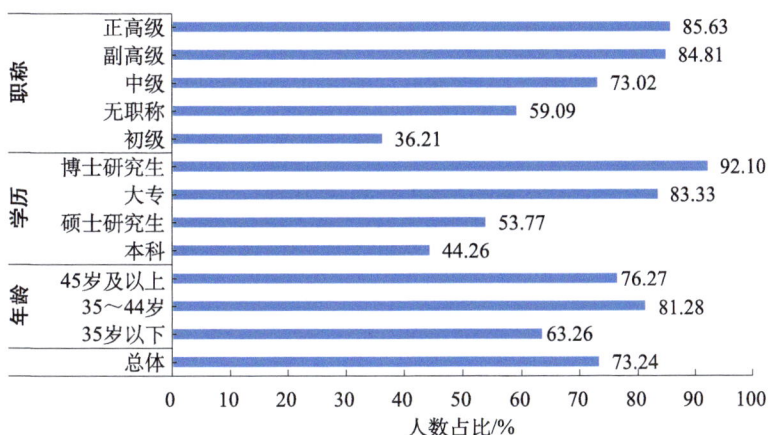

图9-27　不同高校科技工作者群体经常需要查阅文献资料的人数占比

从高校科技工作者查阅科技文献的便利度情况看，49.22% 的高校科技工作者表示可以方便地查到，46.09% 的高校科技工作者表示可以查到但有困难，仅有 4.69% 的高校科技工作者表示很难查到（图9-28）。

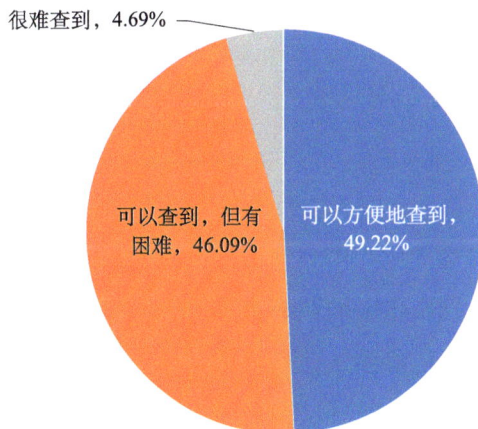

图9-28　高校科技工作者查阅科技文献的便利度

四、海外经历

（一）高校科技工作者的短期出国经历

近三年来，19.71% 的高校科技工作者有短期出国（出境）经历（时间短于 1 年），平均出国（出境）次数为 1.85 次，平均累计出国（出境）天数为 148.81 天。从性别方面进一步分析后发现，21.45% 的男性高校科技工作者有过短期出国经历，人数占比高于女性高校科技工作者（16.94%）。从学历方面进一步分析后发现，博士研究生学历高校科技工作者有过短期出国经历的人数占比更高，有 26.72% 的博士研究生学历高校科技工作者近三年有过短期出国经历。从职称方面进一步分析后发现，正高级（30.63%）和副高级（24.68%）职称的高校科技工作者有过短期出国经历的人数占比相对较高（图 9-29）。

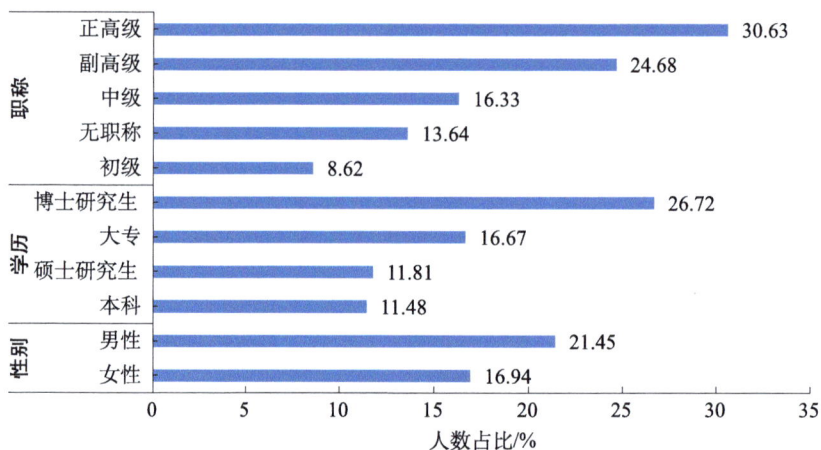

图 9-29　不同高校科技工作者群体有短期出国经历的人数占比

（二）高校科技工作者的海外留学（含做访问学者）或工作经历

调查数据显示，26.85% 的高校科技工作者有一年及以上海外留学或工作的经历。其中，只留学（含做访问学者）的高校科技工作者人数占 17.48%，既留学又工作的高校科技工作者人数占 6.16%，只工作的高校科技工作者人数占 3.21%（图 9-30）。

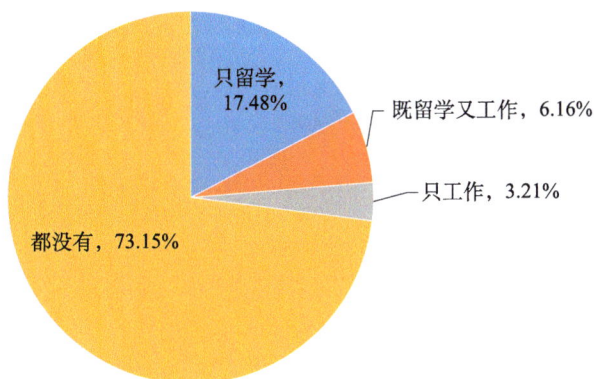

图 9-30　高校科技工作者有海外留学或工作经历的人数占比

从年龄方面进一步分析后发现，年龄越大的高校科技工作者有海外留学或工作经历的人数占比越高，32.30% 的 45 岁及以上的高校科技工作者有海外经历，30.62% 的 35～44 岁高校科技工作者有海外经历；从学历方面进一步分析后发现，40.50% 的博士研究生学历的高校科技工作者有一年及以上的海外留学或工作经历，占比最高；从职称方面进一步分析后发现，职称越高的科技工作者中有一年以上海外经历的人数占比越高，正高级、副高级、中级、初级职称的高校科技工作者中有一年以上海外经历的人数占比分别为53.13%、31.33%、20.41%、12.07%（图 9-31）。

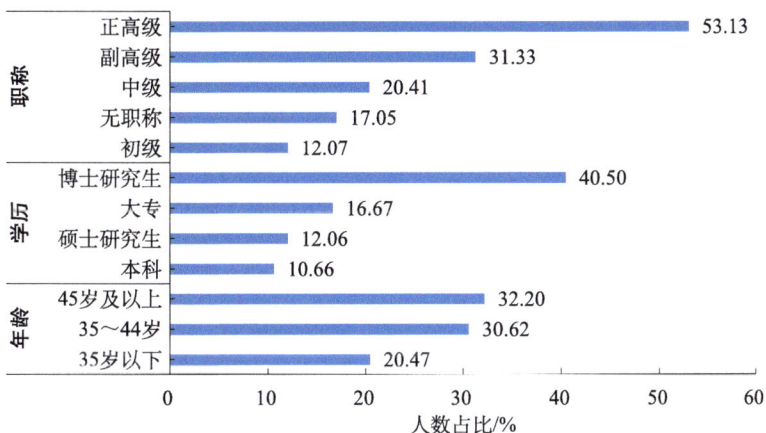

图 9-31　不同群体的高校科技工作者有海外留学工作经历的人数占比

（三）高校科技工作者海外留学的途径

调查数据显示，52.27% 的高校科技工作者的海外留学（含做访问学者）

属于国家公派留学，20.45% 的高校科技工作者的海外留学（含做访问学者）是通过工作单位资助的方式，17.42% 的高校科技工作者的海外留学（含做访问学者）为自费，仅有 7.45% 的高校科技工作者的海外留学（含做访问学者）由国外基金资助。从年龄方面进一步分析后发现，35 岁以下的高校科技工作者主要通过国家公派（40.00%）和自费（28.00%）的方式海外留学，35～44 岁的高校科技工作者主要通过国家公派（59.38%）和工作单位资助（21.09%）的方式海外留学，45 岁及以上的高校科技工作者主要通过国家公派（50.79%）和工作单位资助（20.63%）的方式海外留学。从学历方面进一步分析后发现，博士研究生学历的高校科技工作者主要通过国家公派（58.56%）的方式海外留学，而硕士研究生学历的高校科技工作者主要通过自费（50.00%）的方式海外留学。从职称方面进一步分析后发现，正高级和副高级职称的高校科技工作者主要通过国家公派（55.26%、62.92%）和工作单位资助（26.32%、19.10%）的方式海外留学，中级职称的高校科技工作者通过国家公派（45.00%）、初级职称的高校科技工作者通过自费（80.00%）的方式海外留学的人数占比更高（图 9-32）。

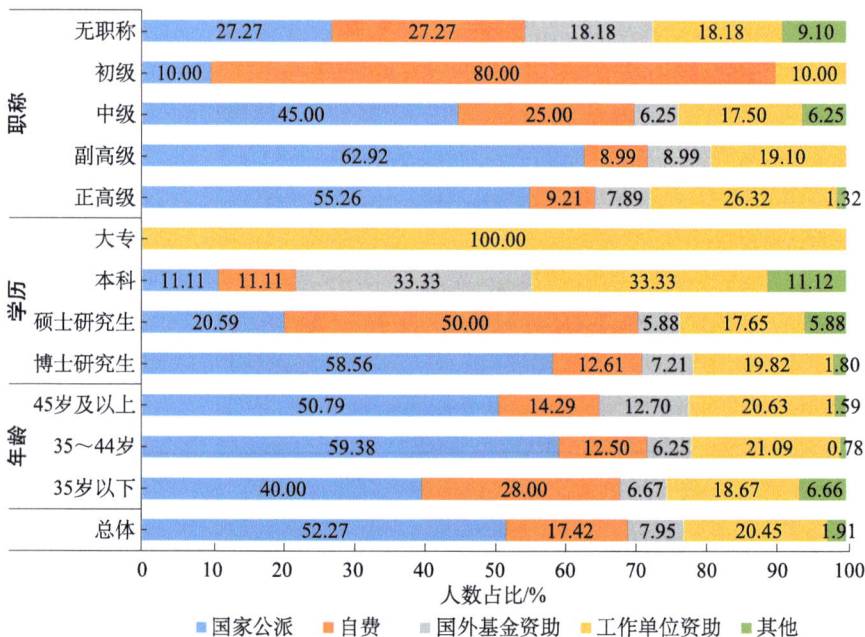

图 9-32 不同高校科技工作者群体海外留学的主要途径分布

第四节 科研环境和学风建设

一、对科技队伍的评价

（一）衡量高校科技工作者是否优秀的重要标准

根据调查者反映，66.28% 的高校科技工作者认为"获得同行认可"是衡量是否优秀的重要标准，其他标准依次为"获得产业界认可"（43.35%）、"科学道德高尚"（21.23%）、"获得科技奖励"（19.98%）、"获得政府部门认可"（18.64%）、"具有爱国奉献精神"（17.66%）、"与产业界结合的能力"（15.70%）、"有团队合作精神"（14.27%）、"科研项目级别和经费"（13.74%）、"教学水平"（13.02%）、"具有较高的公众知名度"（11.78%）等（图 9-33）。

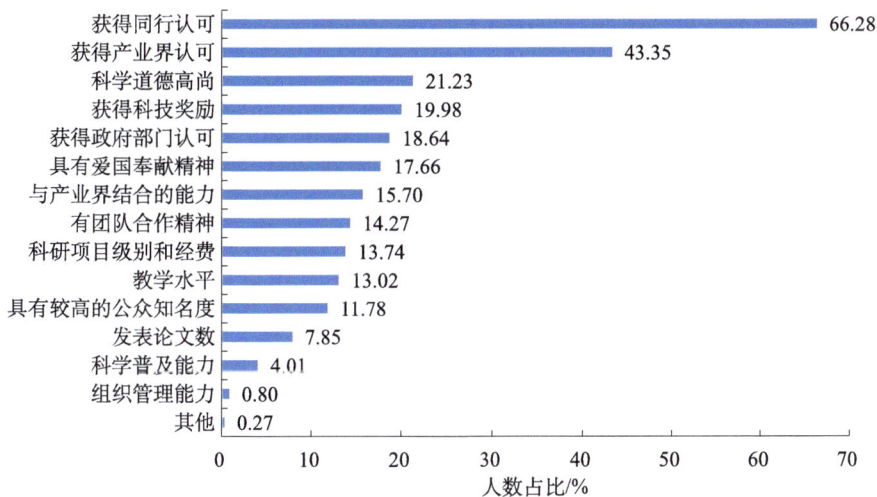

图 9-33 高校科技工作者对衡量标准的判断

（二）对江西省科技队伍科研能力的评价

年龄越大的高校科技工作者对于江西省科技工作者的科研能力的评价越高，有 29.53% 的 35 岁以下高校科技工作者认为江西省科技工作者的科研能力较国内外更好或者差不多，21.81% 的 35～44 岁高校科技工作者认为更好或者差不多，20.34% 的 45 岁及以上高校科技工作者认为更好或者差不多。从性别方面进一步分析后发现，女性高校科技工作者认为江西省科技工作者的科研能力较国内外更好或差不多的人数占比（28.31%）高于男性高校科技工作者（22.17%）。从职称方面进一步分析后发现，职称越低的高校科技工作者的评价越高，38.79% 的初级职称的高校科技工作者认为江西省科技工作者的科研能力较国内外更好或者差不多，仅 17.50% 的正高级职称的高校科技工作者认为更好或者差不多（图 9-34）。

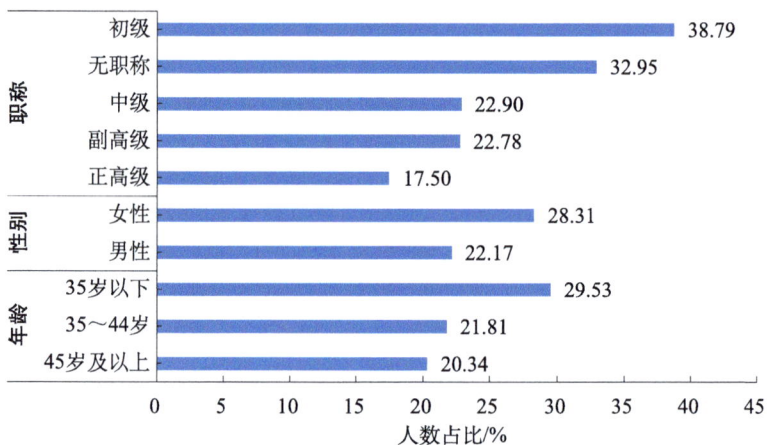

图 9-34 不同高校科技工作者群体认为江西省科技队伍科研能力较好的人数占比

（三）影响高校科技工作者发挥作用的因素

调查数据显示，68.42% 的高校科技工作者认为"发展平台"是影响其发挥作用的最重要因素，"收入待遇"（57.36%）、"支持政策"（55.49%）、"良性氛围"（34.43%）、"评价激励"（32.29%）、"团队建设"（30.15%）等。另外"工作条件"（20.79%）、"公平环境"（19.54%）、"单位主要领导"（15.70%）、"人岗相适"（9.63%）、"特别机遇"（5.00%）等因素也在一定程度上影响着高校科技工作者发挥作用。

（四）导致科技人才流失的主要原因

77.70% 的高校科技工作者认为江西省科技人才流失的原因主要是"收

入水平太低，不能体现工作价值"；其次是"工作平台不高，设备条件不好，个人成长遇到障碍"（72.61%）、"区位和产业优势不显，缺少发展空间"（46.21%）、"工作氛围不优，人际关系难以处理"（23.28%）、"工作环境不好，受到不公对待"（16.32%）；占比最低的是"对生活环境不满意"，人数占比为4.82%。

（五）影响人才引进的主要因素

五成左右的高校科技工作者认为"个人收入待遇"（52.45%）、"个人发展前景"（50.31%）、"工作平台条件"（49.60%）是影响江西省科技人才引进的主要因素。其他因素依次为"人才支持政策"（31.67%）、"评价激励机制"（19.18%）、"工作和生活环境"（18.02%）、"人才政策兑现度"（11.24%）、"发展空间机会"（11.15%）、"研究团队建设"（11.06%）、"配偶安置或子女入学"（10.88%）和"住房保障情况"（7.76%）等。

（六）吸引留住科技人才的重点举措

74.22%的高校科技工作者认为"提高工资待遇"是吸引留住科技人才最重要的举措。其他重点举措还包括"完善人才管理和培训体系"（34.17%）、"营造尊重人才的良好氛围"（30.87%）、"营造创新氛围"（27.30%）、"完善人才绩效评价奖励机制"（26.14%）、"改善生活环境"（25.25%）、"打造高水平的创新平台"（19.00%）、"加强知识产权保护"（17.31%）、"提供住房保障"（11.86%）和"完善社会保障"（5.53%）等。

二、对科技问题的评价

（一）对自身存在的问题的评价

调查数据显示，67.98%的高校科技工作者认为"人才流失到发达省份或国外"的问题非常严重或比较严重。另外，五成左右的高校科技工作者认为"急功近利、学风浮躁"（53.71%）、"不安心做科研"（48.97%）、"与企业界缺乏合作"（48.17%）和"缺乏与公众沟通交流"（46.30%）的问题非常严重或比较严重。43.53%的高校科技工作者认为"研究脱离实际需求"的问题非常或比较严重，分别有40.76%和25.34的高校科技工作者认为"缺乏团队合作精神"和"女性科技人员不受重视"的问题非常严重或比较严重（图9-35）。

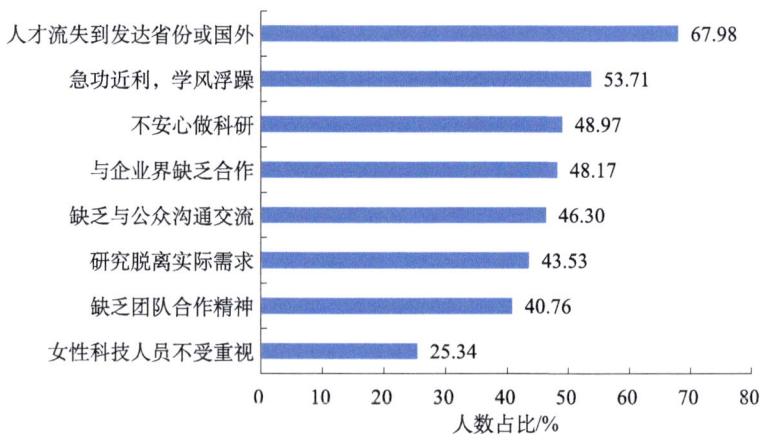

图9-35　高校科技工作者认为非常严重或比较严重存在的问题

从学历方面进一步分析后发现，博士研究生学历的高校科技工作者对于"人才流失到发达省份或国外"问题的反映相对强烈（77.31%），人数占比高于其他学历的高校科技工作者。从区域分布方面进一步分析后发现，赣北区域的高校科技工作者对于"人才流失到发达省份或国外"问题的反映（72.29%）较赣南区域（61.71%）更强烈。

（二）对江西省科技领域存在的问题的评价

调查数据显示，分别有70.39%和69.05%的高校科技工作者认为"原创性科技成果少"和"关键技术自给率低"的问题非常突出或比较突出题。其他非常突出或比较突出的问题还包括"研发和成果转移转化效率不高"（67.44%）、"科技资源配置效率不高"（66.99%）、"产学研结合不紧密"（66.82%）、"科技人员的积极性、创造性没有得到充分发挥"（65.48%）、"科技政策扶持力度不够"（64.95%）、"企业没有确立技术创新主体地位"（60.84%）、"科技评价导向不合理"（58.96%）、"科技项目及经费管理不合理"

（58.07%）和"科研诚信和创新文化建设薄弱"（52.63%）（图9-36）。

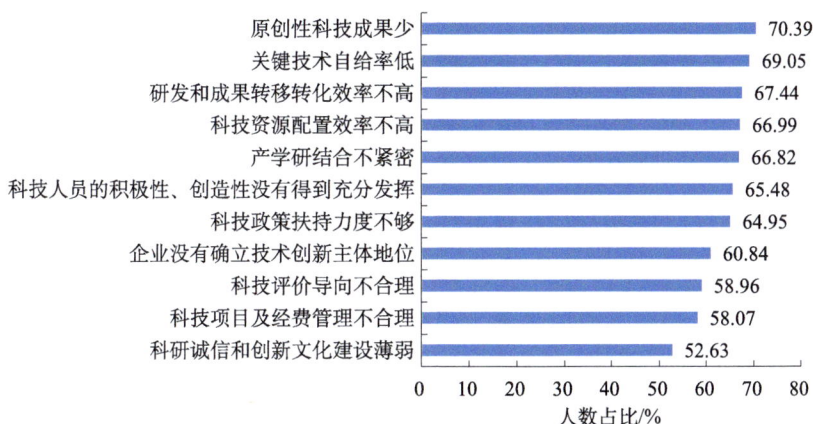

原创性科技成果少 70.39
关键技术自给率低 69.05
研发和成果转移转化效率不高 67.44
科技资源配置效率不高 66.99
产学研结合不紧密 66.82
科技人员的积极性、创造性没有得到充分发挥 65.48
科技政策扶持力度不够 64.95
企业没有确立技术创新主体地位 60.84
科技评价导向不合理 58.96
科技项目及经费管理不合理 58.07
科研诚信和创新文化建设薄弱 52.63

人数占比/%

图 9-36　高校科技工作者对江西省科技领域存在非常突出或比较突出的问题

三、对科研创新环境的评价

（一）对江西省创新环境的评价

在体现江西省创新环境的各因素中，21.94% 和 18.20% 的高校科技工作者反映"学术独立、不受行政干预"和"挑战学术权威的氛围"方面的创新环境不好。对于其他方面的创新环境反映不好的人数占比依次为"科技研发投入"（14.45%）、"人才引进与培养"（13.11%）、"宽容失败的氛围"（12.22%）、"产学研合作"（11.42%）、"风险投资的可获得性"（8.56%）、"科技政策宣传"（7.23%）、"信息、通信服务质量"（5.26%）、"知识产权保护"（4.19%）。

（二）对学术不端行为普遍性的评价

调查数据显示，26.31% 的高校科技工作者认为"在没有参与的科研成果上挂名"的现象相当普遍或比较普遍，其他依次为"抄袭剽窃他人成果"（12.13%）、"弄虚作假（如伪造数据）"（12.04%）、"一稿多投、多发"（9.27%）的现象普遍或比较普遍。

（三）导致学术不端行为的主要原因

调查数据显示，59.68% 的高校科技工作者认为造成学术不端行为的主要原因是"研究者自律不够"，超四成的高校科技工作者认为"监督机制不健全"（47.19%）和"现行评价制度驱使"（42.37%）是造成学术不端行为的主要原因，其他主要原因依次为"学术规范、规章不明确"（32.11%）、"处罚不严厉"（30.51%）、"学术规范教育不够"（28.99%）、"社会大环境"（26.58%）等。

从职称方面进一步分析后发现，正高级和副高级的高校科技工作者对"研究者自律不够"是造成学术不端行为主要原因的反映较其他职称的高校科技工作者更加强烈，人数占比分别为 63.13% 和 62.34%。

（四）对科研道德和学术规范的了解程度

调查数据显示，86.80% 的高校科技工作者表示对科研道德和学术规范了解比较多或了解一些，显著高于科技工作者的总体水平（66.61%），其中，33.01% 的高校科技工作者表示了解比较多，53.79% 的高校科技工作者表示了解一些；此外，9.81% 的高校科技工作者表示了解很少，3.39% 的高校科技工作者表示基本不了解（图 9-37）。

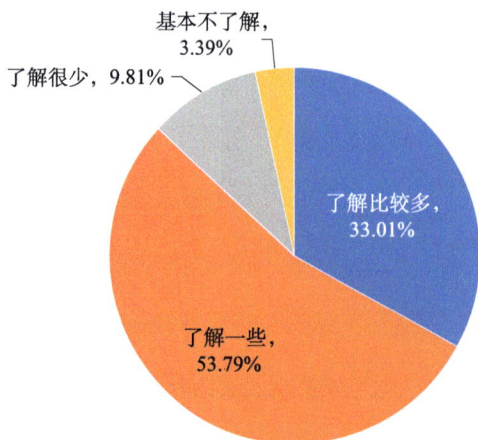

图 9-37　高校科技工作者对科研道德和学术规范的了解程度

从学历方面进一步分析后发现，高校科技工作者的学历越高，对科研道德和学术规范的了解程度越高。从职称方面进一步分析后发现，超八成的正高级（94.38%）、副高级（87.34%）和中级职称（89.34%）的高校科技工作者对科研道德和学术规范的了解较多或了解一些（图 9-38）。

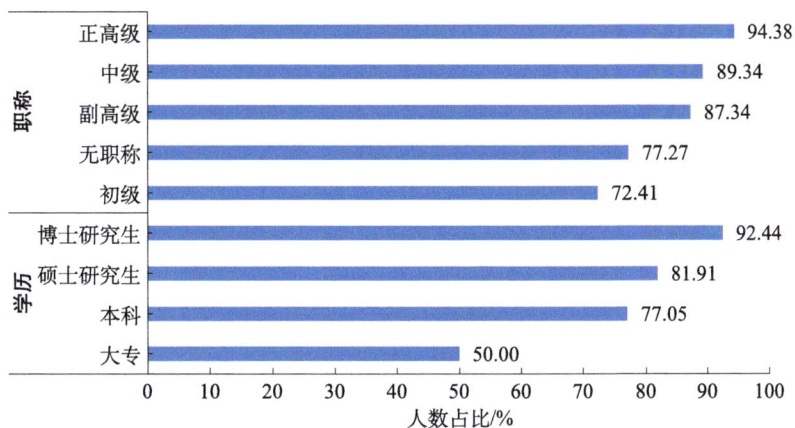

图 9-38　不同高校科技工作者群体对科研道德和学术规范了解较多或了解一些的人数占比

（五）对科研环境的满意度

调查数据显示，33.90% 的高校科技工作者对科研环境非常满意或比较满意，其中，3.75% 的高校科技工作者表示对科研环境非常满意，30.15% 的高校科技工作者表示对科研环境比较满意；另外，还有 52.27% 的高校科技工作者表示对科研环境一般满意，11.42% 的高校科技工作者表示对科研环境不太满意，2.41% 的高校科技工作者表示对科研环境很不满意（图 9-39）。

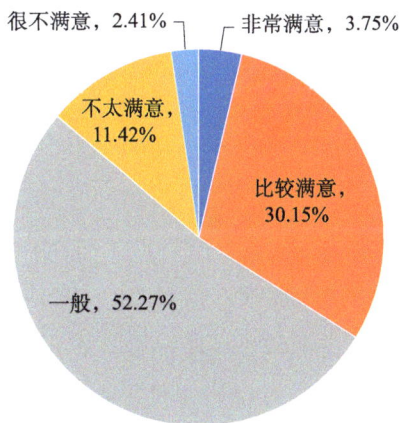

图 9-39　高校科技工作者对科研环境的满意度情况

从不同年龄方面进一步分析后发现，年龄越低的高校科技工作者对科研环境的满意度越高，38.60%的35岁以下高校科技工作者对科研环境非常满意或比较满意，35～44岁和45岁及以上的高校科技工作者对科研环境非常满意或比较满意的占比分别为31.28%和30.51%。从性别方面进一步分析后发现，男性高校科技工作者对科研环境非常满意或比较满意的人数占比（35.80%）略高于女性（30.86%）（图9-40）。

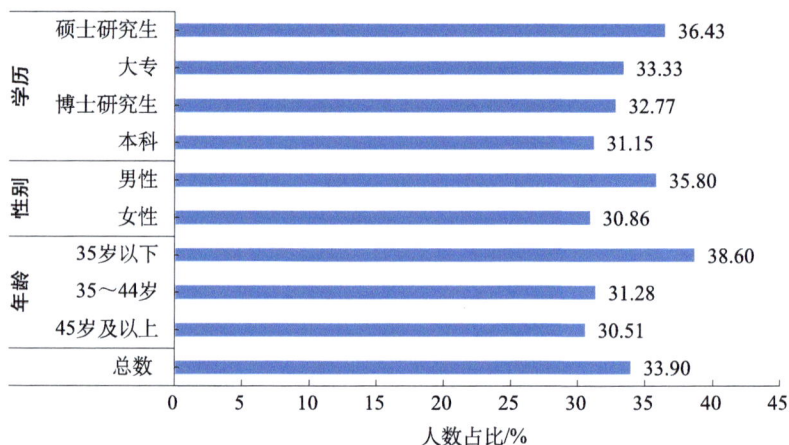

图9-40 不同高校科技工作者群体对科研环境非常满意或比较满意的反映

第五节 收入待遇和生活状况

一、收入情况

（一）高校科技工作者的月收入情况

从高校科技工作者每月工资收入情况看，月税后实发工资在3000元以下高校科技工作者的人数占7.67%，月税后实发工资3000～5000元的高校科技工作者的人数占31.04%，月税后实发工资5001～10 000元的高校科技工作者的人数占50.85%，月税后实发工资10 000元以上的高校科技工作者的人数占 10.44%。从年龄方面进一步分析后发现，35 岁以下的高校科技工作者中，月税后实发工资在 3000～5000 元的高校科技工作者的人数占比最高，为 46.74%；35～44 岁高校科技工作者中，月税后实发工资在 5001～10 000 元的高校科技工作者的人数占比最高，为 59.47%；45 岁及以上高校科技工作者中，月税后实发工资在 5001～10 000 元内的高校科技工作者的人数占比最高，为 65.25%。59.13% 的男性高校科技工作者月税后实发工资在 5001～10 000 元，高于女性；43.39% 的女性科技工作者月税后实发工资在 3000～5000 元，高于男性。从学历方面进一步分析后发现，博士研究生学历的高校科技工作者月税后实发工资在 5001～10 000 元的人数占 65.04%，月税后实发工资 10 000 元以上的人数占 15.80%；硕士研究生学历的高校科技工作者月税后实发工资在 3000～5000 元的人数占 48.49%，月税后实发工资在 5001～10 000 元的人数占 33.42%（图 9-41）。

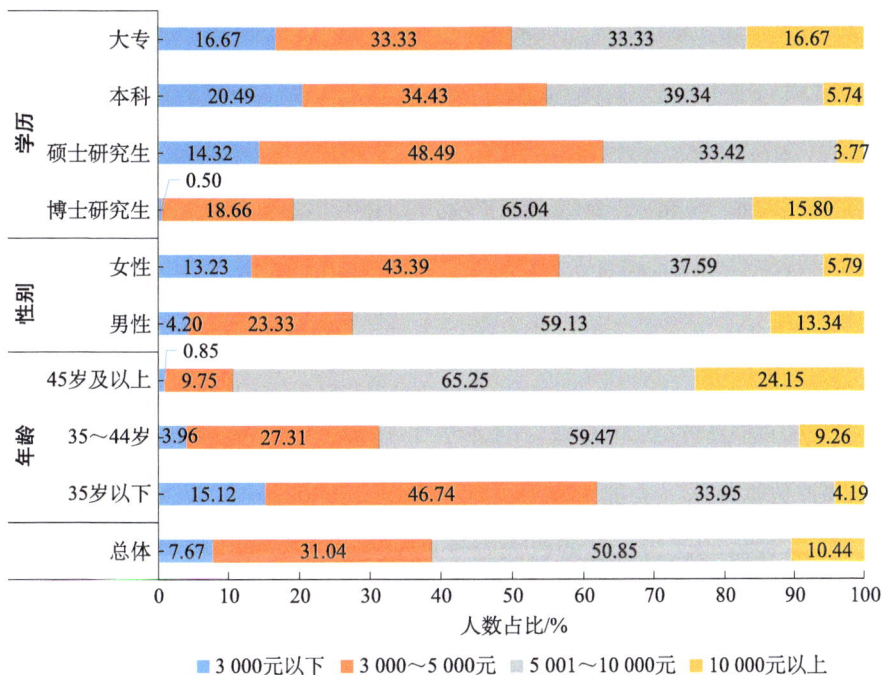

图 9-41　不同高校科技工作者群体每月税后实发工资情况

从高校科技工作者每月其他收入（如稿费、劳务费、年终奖、兼职收入等）情况看，其他收入在 3000 元以下的人数居多，占 64.85%，3000～5000 元的人数占 18.64%，5001～10 000 元的人数占 9.90%，10 000 元以上的人数占 6.61%（图 9-42）。

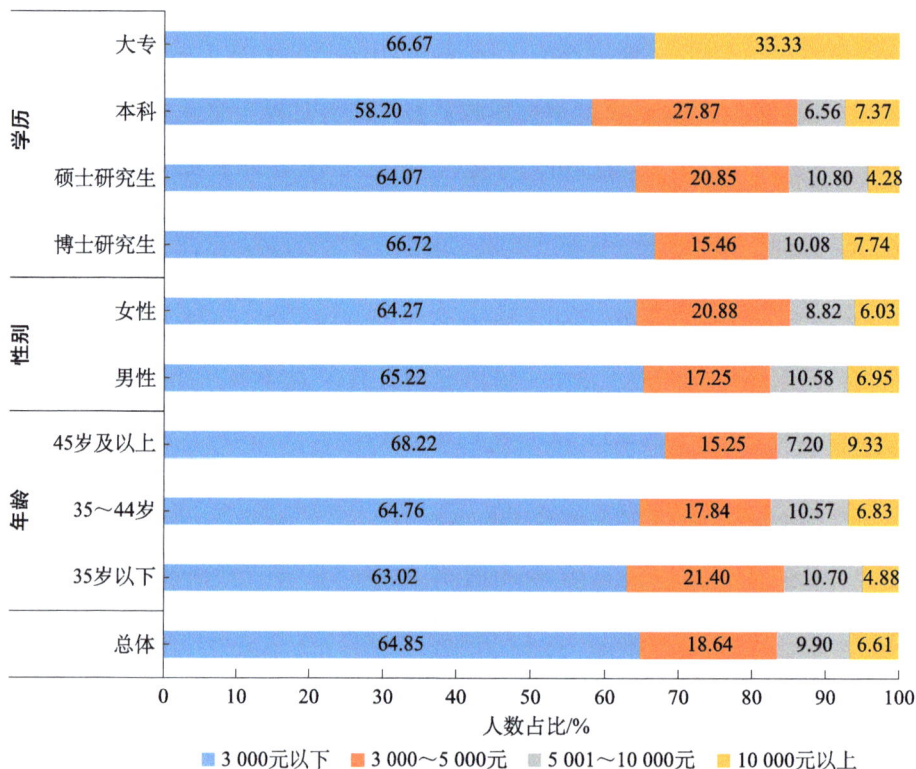

图 9-42　不同高校科技工作者群体每月其他收入
（如稿费、劳务费、年终奖、兼职收入等）情况

（二）高校科技工作者自评收入水平

调查数据显示，大部分的高校科技工作者认为自己的收入在当地属于中等，有 46.12% 的认为自己的收入处于中等，36.30% 的高校科技工作者认为自己的收入水平较低，其中 31.04% 的高校科技工作者认为自己的收入在当地属于中下等，5.26% 的高校科技工作者认为自己的收入处于下等；另外，0.36% 的高校科技工作者认为自己的收入处于上等，9.90% 的高校科技工作者认为自己的收入处于中上等（图 9-43）。

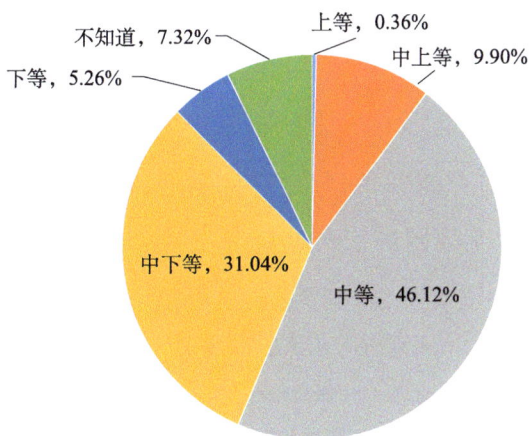

图 9-43　高校科技工作者对于自己收入水平的反映

（三）高校科技工作者的兼职收入情况

调查数据显示，7.40% 的高校科技工作者有兼职收入。从学历方面进一步分析后发现，学历越低的高校科技工作者有兼职收入的人数占比越高，大专学历的人数占 16.67%，本科学历的人数占 11.48%、硕士研究生学历的人数占 8.54%、博士研究生学历的人数占 5.71%。从职称方面进一步分析后发现，10% 的正高级职称的高校科技工作者有其他有收入的兼职工作，无职称的高校科技工作者拥有兼职收入的人数占比也较高，为 9.09%，高于中级（7.94%）和初级职称（4.31%）的高校科技工作者（图 9-44）。

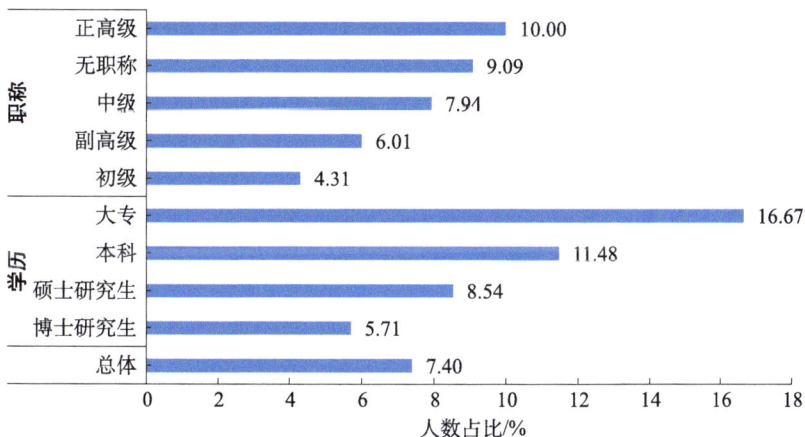

图 9-44　不同高校科技工作者群体兼职收入情况

二、生活获得感

（一）高校科技工作者在生活中面临的主要困难

调查数据显示，43.80%的高校科技工作者反映"收入低"是在生活中面临的最大困难，其他困难依次为"工作忙、不能照顾家庭"（20.07%）、"照顾老人有困难"（8.12%）、"子女入学难"（8.12%）、"上下班交通不便"（5.35%）、"住房困难"（4.82%）、"夫妻两地分居"（4.46%）等（图9-45）。

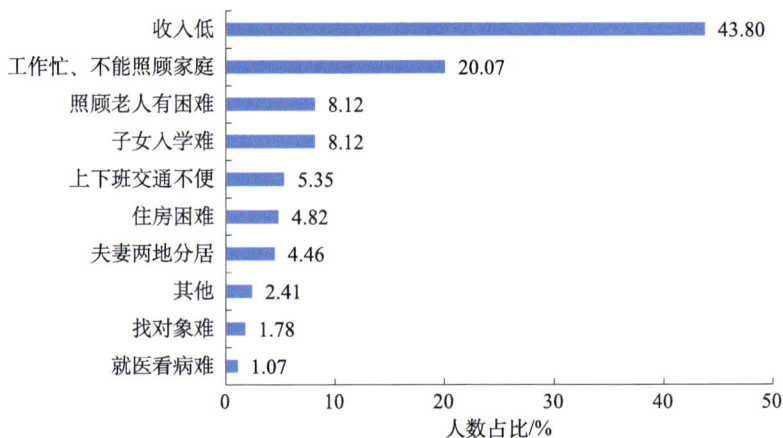

图 9-45　高校科技工作者在生活中面临的最大困难

（二）高校科技工作者的生活幸福感

调查发现，51.83%的高校科技工作者认为自己目前的生活很幸福或比较幸福。其中，5.62%的高校科技工作者认为自己很幸福，46.21%的高校科技工作者认为自己比较幸福；另外，4.37%的高校科技工作者认为自己目前的生活不太幸福，0.89%的高校科技工作者认为自己很不幸福（图9-46）。

从年龄方面进一步分析后发现，有58.05%的45岁及以上高校科技工作者感到生活很幸福或比较幸福，48.24%的35～44岁的高校科技工作者感到生活很幸福或比较幸福。从性别方面进一步分析后发现，女性高校科技工作者感到生活幸福的人数占比（58.70%）高于男性（47.54%）。从学历方面进一步分析后发现，学历越高的高校科技工作者中感到生活幸福的人数占比相对越低，大专、本科、硕士研究生、博士研究生学历的高校科技工作者

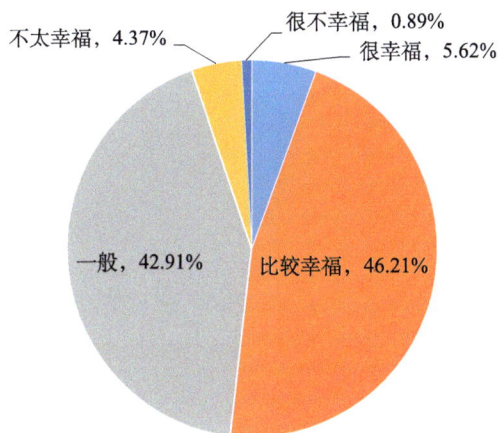

图 9-46　高校科技工作者的生活幸福感情况

中感到生活很幸福或比较幸福的人数占比分别为 83.33%、63.93%、55.03%、46.89%（图 9-47）。

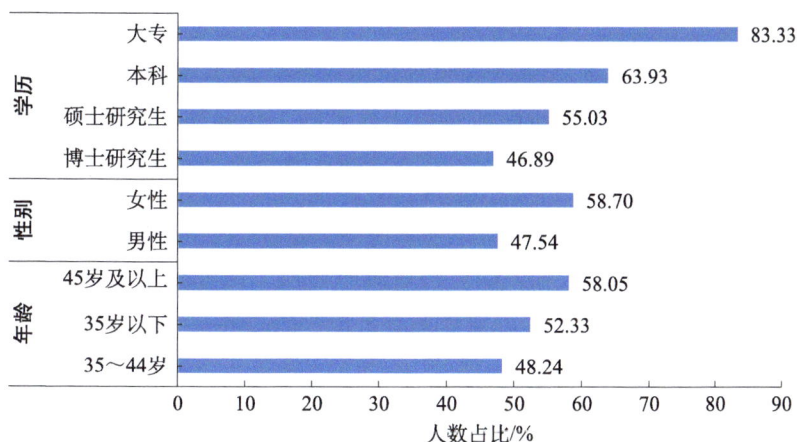

图 9-47　不同高校科技工作者群体感到生活很幸福或比较幸福的人数占比

（三）影响生活幸福的主要因素

81.09% 的高校科技工作者反映"父母身体健康"是影响生活幸福的主要因素，其他因素依次为"收入稳步上升"（73.06%）、"事业成功"（69.49%）、"有知心爱人"（62.89%）、"子女懂事听话"（58.61%）、"有真挚的朋友"（46.48%）等。

第十章
科研院所科技工作者

本章节主要从工作基本情况、科研活动及成果、学术交流与进修情况、收入待遇和生活状况等方面对江西省科研院所科技工作者的调查结果进行详细分析。调查发现，科研院所科技工作者的工作强度较大，"缺乏经费支持"和"研究水平有限"也是其在科研工作中遇到的主要困难。与其他群体相比，科研院所科技工作者获得专利和应用技术成果及科研成果转化率也相对更高，但在科研项目管理方面，科研院所科技工作者同样反映了主要存在"经费报销手续烦琐"和"基础研究不受重视"的问题。

第一节　工作状况

一、工作经历和岗位情况

（一）在现职单位的工作年限与所在区域

调查结果显示，科研院所科技工作者在现职单位的平均工作年限为 9.86

年，科研院所的青年科技工作者在现职单位的平均工作年限为 3.59 年，科研院所的女性科技工作者的在现职单位平均工作年限为 8.90 年，说明科研院所科技工作者在目前单位的工作较稳定，科研院所的青年科技工作者流动性强，女性科技工作者倾向于稳定（图 10-1）。

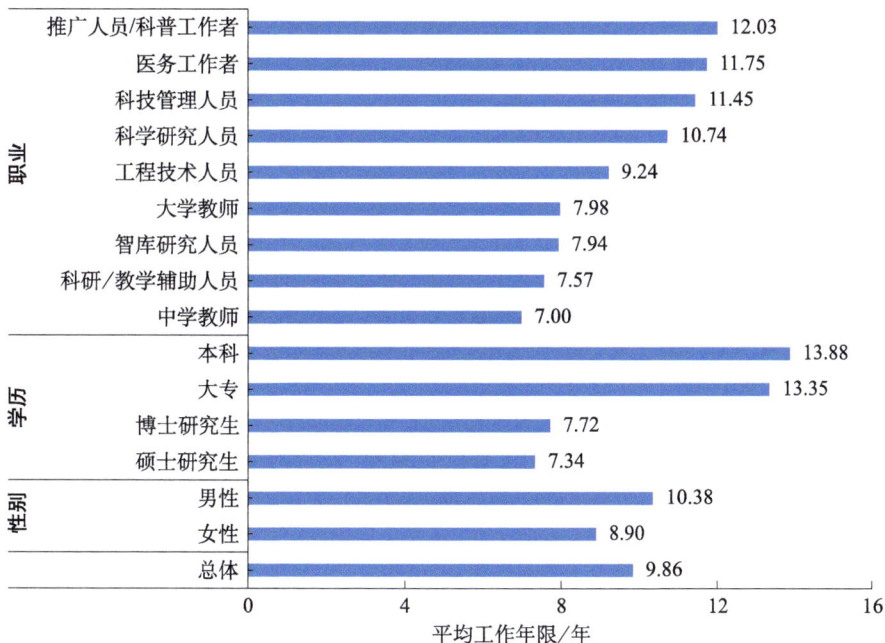

图 10-1　不同科研院所科技工作者群体的平均工作年限

从科研院所科技工作者所在区域情况看，83.35% 的科研院所科技工作者在赣北区域工作和生活，16.65% 的科研院所科技工作者在赣南区域工作和生活。从不同职业、学历类型的科研院所科技工作者情况看，仅有职业为大学教师的科研院所科技工作者在赣南、赣北区域分布上相当，其余类型的科研院所科技工作者均大部分在赣北区域工作和生活（图 10-2）。

（二）择业主要考虑因素

调查数据显示，65.85% 的科研院所科技工作者反映选择当前工作的主要原因是专业对口，其他原因依次为工作稳定（59.58%）、离家近（35.01%）、工资待遇/经济收入（30.47%）、符合个人兴趣（27.76%）、行业发展前景好（24.45%）、工作环境好（19.66%）等。

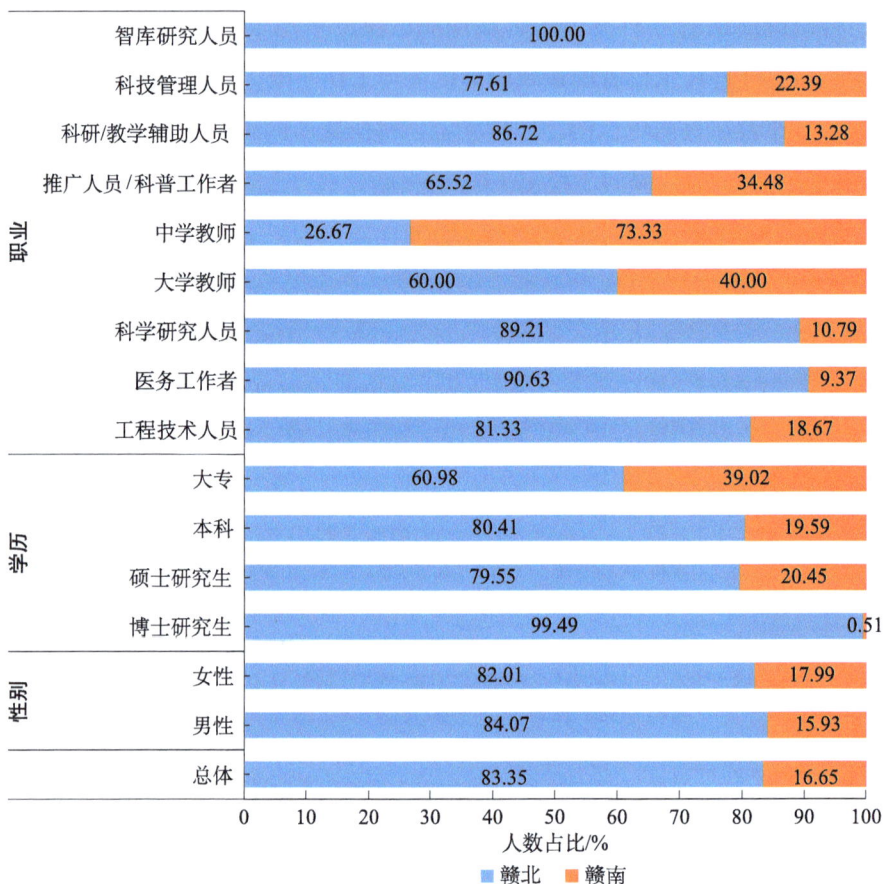

图 10-2　不同科研院所科技工作者群体工作和生活所在区域分布情况

（三）职称分布

按科研院所科技工作者的职称统计，正高级职称的科研院所科技工作者的人数占 7.49%，副高级职称的人数占 26.41%，中级职称的人数占 37.84%，初级职称的人数占 14.86%，无职称的人数占 13.40%。在不同类型的职业中，科学研究人员、智库研究人员中高级职称的人数占比较高，均达到 40% 及以上；工程技术人员、科研 / 教学辅助人员中正高级职称的人数占比略低，均少于 5%。从科研院所科技工作者的区域分布方面进一步分析后发现，赣北区域的科研院所科技工作者中的高级职称的人数占比达 38.74%，比赣南区域的人数占比高 29.72 个百分点（图 10-3）。

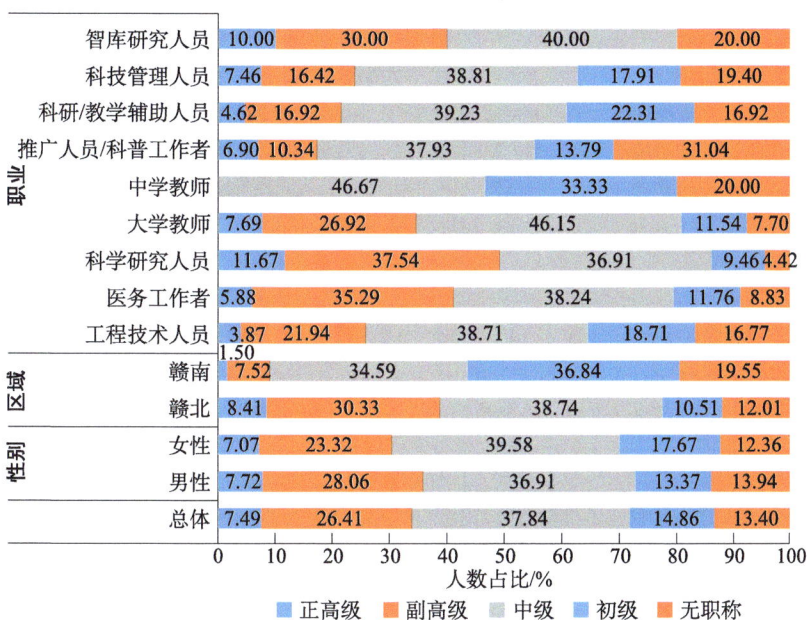

图 10-3 不同科研院所科技工作者群体的职称分布

二、工作内容和工作强度

（一）从事的工作内容

调查数据显示，研究和教学是大部分科研院所科技工作者从事的工作内容。其中从事基础研究的人数占 28.13%，从事应用 / 开发研究的人数占 24.69%，从事教学工作的人数占 27.18%。从年龄、性别方面进一步分析后发现，青年科研院所科技工作者中，从事基础研究（47.67%）和应用 / 开发研究（51.84%）的人数占比最高；女性科研院所科技工作者中，从事基础研究（48.41%）和应用 / 开发研究（40.28%）的人数占比最高。从学历方面进一步分析后发现，博士研究生与硕士研究生学历的科研院所科技工作者的工作内容主要倾向于基础研究与应用 / 开发研究，大专学历的科研院所科技工作者的工作内容以技术推广与应用 / 开发研究为主；从区域分布方面进一步分析后发现，赣北区域和赣南区域的科研院所科技工作者的工作都以基础研究与应用 / 开发研究为主（表 10-1）。

表 10-1   不同科研院所科技工作者群体从事的工作内容

类别		人数占比 / %												
		基础研究	应用/开发研究	设计	生产运行/工程应用	技术推广	中介服务	科学普及	研究辅助/技术辅助	临床	教学	科技管理	一般行政管理	社科研究
青年		47.67	51.84	7.37	9.83	25.06	1.97	10.57	9.95	2.70	4.05	9.58	10.93	1.84
女性		48.41	40.28	7.42	6.71	23.67	2.47	12.72	10.60	3.89	4.59	5.30	13.78	1.06
学历	博士研究生	55.83	75.25	2.48	3.47	30.20	0.50	3.96	3.47	2.48	6.44	4.95	1.98	2.48
	硕士研究生	52.65	50.00	6.13	9.68	25.48	0.65	10.97	12.26	3.23	4.52	10.32	10.32	1.29
	本科	23.67	41.04	11.16	14.74	19.12	3.19	13.94	12.75	2.39	2.39	11.95	16.73	1.99
	大专	3.89	22.73	18.18	6.82	34.09	9.09	20.45	9.09	2.27	0	13.64	18.18	2.27
区域	赣北区域	48.50	54.95	6.46	9.16	23.57	1.65	9.31	10.66	3.00	3.75	9.01	11.11	2.10
	赣南区域	44.36	39.85	11.28	11.28	33.83	3.76	17.29	7.52	1.50	6.02	13.53	10.53	0.75

（二）从事工作与所学专业相关性

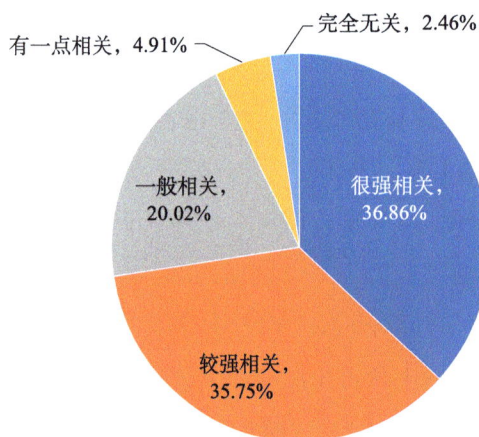

图 10-4   科研院所科技工作者
从事工作与专业的相关性

调查表明，36.86% 的科研院所科技工作者认为自己从事的工作与所学专业具有很强的相关性，35.75% 的科研院所科技工作者认为具有较强相关性，仅有 2.64% 的科研院所科技工作者认为自己从事的工作与所学专业完全无关（图 10-4）。

从学历方面进一步分析后发现，科研院所科技工作者的学历越高，目前工作与所学专业的相关度也越高，博士研究生学历的科研院所科技工作者中认为工作与所学专业相关性很强的人数占比达到 54.95%，而大专学历的科研院所科技工作者中的人数占比仅为 11.36%。从职业方面进一步分析后发现，大学教师、科学研究人员等认为工作与专业很强相关性的人数占比高，均达到 40% 以上，中学教师、科技管理人员、推广人员 / 科普工作者的人数占比则相对较低，人数占比低于 15%（图 10-5）。

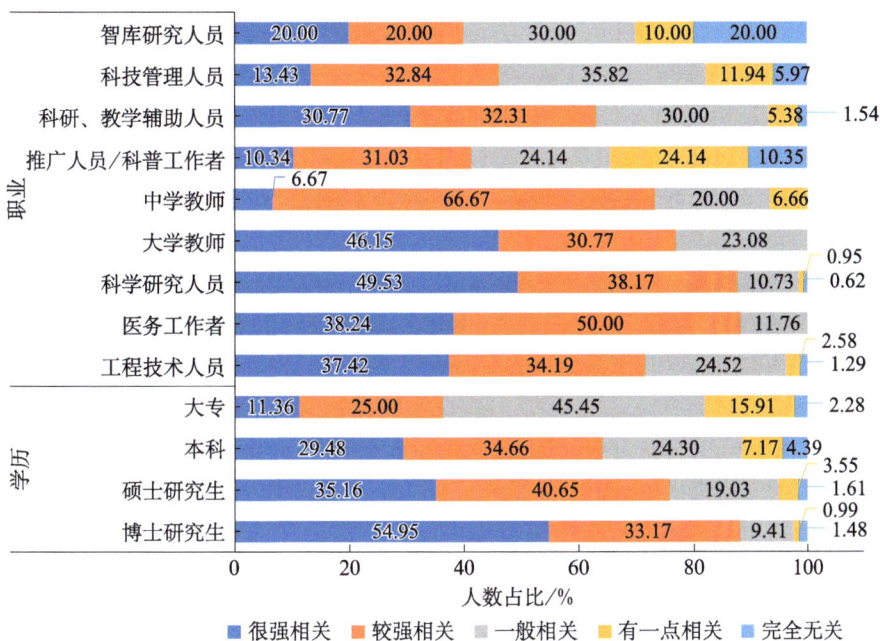

图 10-5　不同科研院所科技工作者群体从事工作与专业相关性

（三）工作强度

调查数据显示，科研院所科技工作者中，不需加班的人数占比仅为 9.09%，平均每天加班时间在 2 小时以内的人数占 64.86%，平均每天加班时间在 3～4 小时的人数占 19.16%，平均每天加班时间在 5 小时以上的人数占 6.89%（图 10-6）。

从职称与学历方面进一步分

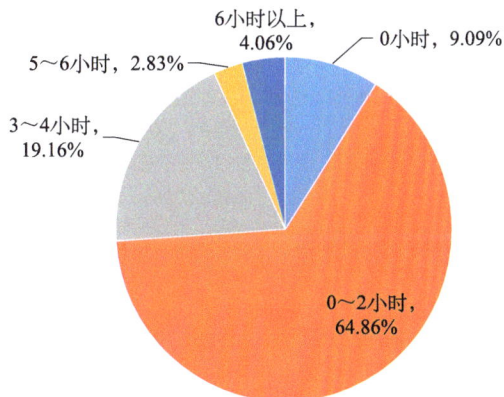

图 10-6　科研院所科技工作者
平均每天加班时间情况

析后发现，学历与职称越高的科研院所科技工作者中有加班需求的人数占比也越高。93.56%的博士研究生学历的科研院所科技工作者有加班需求，比大专学历的科研院所科技工作者高16.29%（图10-7）；博士研究生学历的科研院所科技工作者中，平均每天加班时长超过6小时的人数占比达6.44%，而大专学历的科研院所科技工作者的人数占比为0。正高级职称的科研院所科技工作者不需要加班的人数占比仅为11.48%，而无职称的人数占比达到20.18%，约是正高级职称的两倍，同时副高级职称平均每天加班时间在5小时以上的人数占比达8.37%，而无职称的人数占比仅为5.51%。

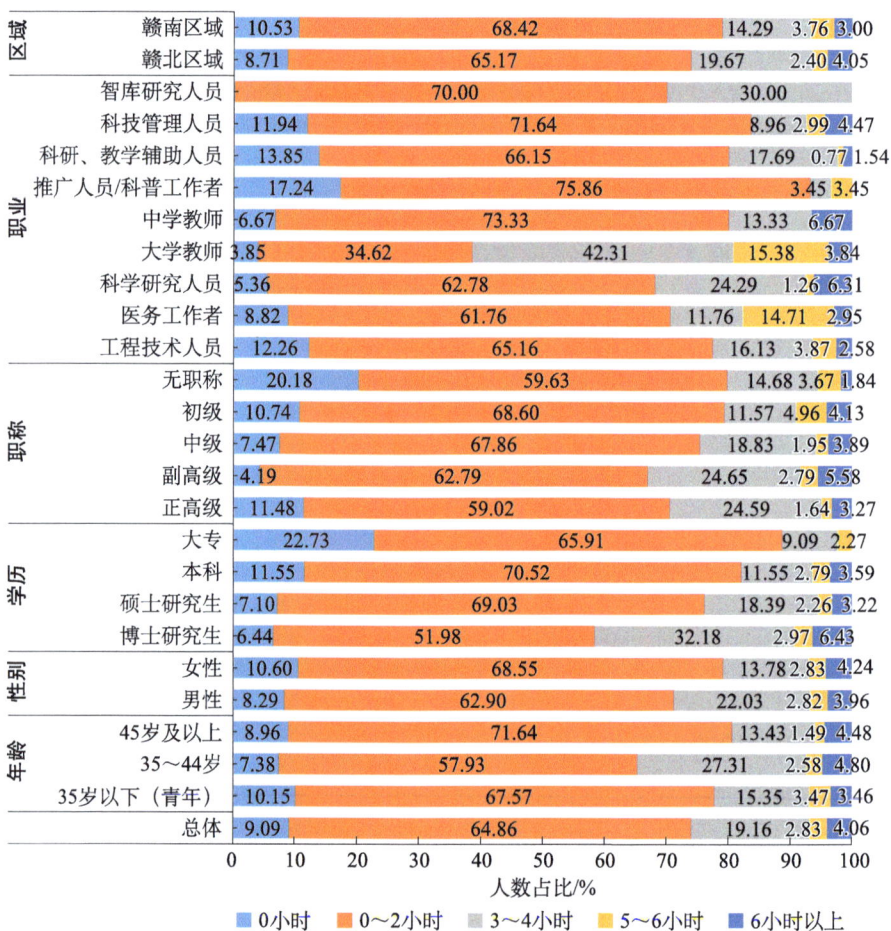

类别	分组	0小时	0～2小时	3～4小时	5～6小时	6小时以上
区域	赣南区域	10.53	68.42	14.29	3.76	3.00
	赣北区域	8.71	65.17	19.67	2.40	4.05
职业	智库研究人员		70.00	30.00		
	科技管理人员	11.94	71.64	8.96	2.99	4.47
	科研、教学辅助人员	13.85	66.15	17.69	0.77	1.54
	推广人员/科普工作者	17.24	75.86	3.45		3.45
	中学教师	6.67	73.33	13.33		6.67
	大学教师	3.85	34.62	42.31	15.38	3.84
	科学研究人员	5.36	62.78	24.29	1.26	6.31
	医务工作者	8.82	61.76	11.76	14.71	2.95
	工程技术人员	12.26	65.16	16.13	3.87	2.58
职称	无职称	20.18	59.63	14.68	3.67	1.84
	初级	10.74	68.60	11.57	4.96	4.13
	中级	7.47	67.86	18.83	1.95	3.89
	副高级	4.19	62.79	24.65	2.79	5.58
	正高级	11.48	59.02	24.59	1.64	3.27
学历	大专	22.73	65.91	9.09		2.27
	本科	11.55	70.52	11.55	2.79	3.59
	硕士研究生	7.10	69.03	18.39	2.26	3.22
	博士研究生	6.44	51.98	32.18	2.97	6.43
性别	女性	10.60	68.55	13.78	2.83	4.24
	男性	8.29	62.90	22.03	2.82	3.96
年龄	45岁及以上	8.96	71.64	13.43	1.49	4.48
	35～44岁	7.38	57.93	27.31	2.58	4.80
	35岁以下（青年）	10.15	67.57	15.35	3.47	3.46
	总体	9.09	64.86	19.16	2.83	4.06

人数占比/%

■ 0小时　■ 0～2小时　■ 3～4小时　■ 5～6小时　■ 6小时以上

图10-7　不同科研院所科技工作者群体加班情况

第二节　科研活动及成果

一、承担项目情况

（一）近三年承担和/或参与的研究项目情况

调查数据显示，73.10%的科研院所科技工作者近三年承担了研究或开发项目，其中，承担1～3项的人数占49.39%，4～6项的人数占16.34%，7项及以上的人数占7.37%（图10-8）。从学历和职称方面进一步分析后发现，职称和学历越高，科研院所科技工作者承担项目的人数占比越高。博士研究生（90.59%）和硕士研究生（76.45%）的科研院所科技工作者承担项目的人数占比高于本科（59.36%）和大专（50.00%）。正高级（95.08%）、副高级（86.05%）、中级职称（76.95%）的科研院所科技工作者承担项目的人数占比高于初级（58.68%）和无职称（40.37%）（图10-9）。

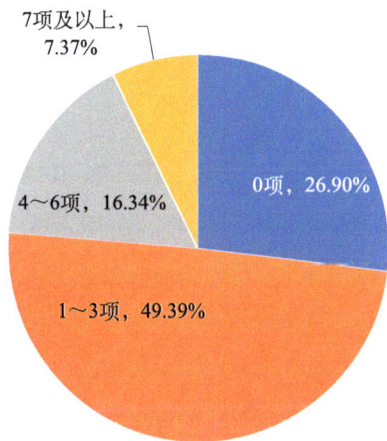

图 10-8　科研院所科技工作者近三年承担项目的情况

（二）近三年主持参与的产学研合作项目情况

调查数据显示，近三年主持参与过研究项目的科研院所科技工作者中，

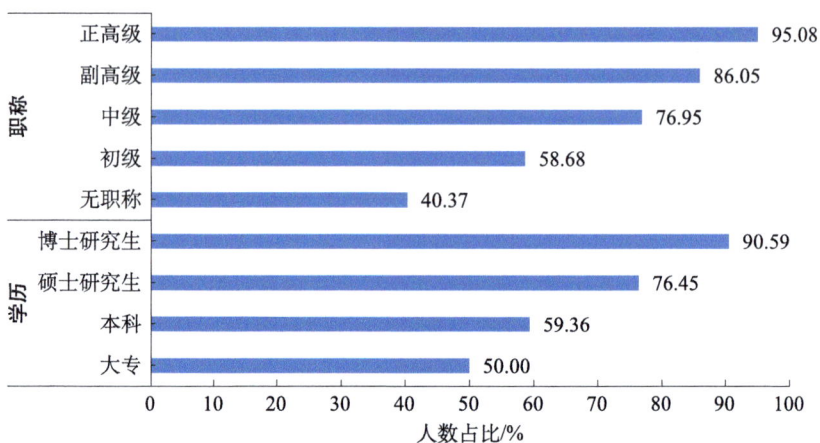

图 10-9　不同科研院所科技工作者群体近三年承担项目的人数占比

71.43% 的参与过产学研合作项目。从年龄方面进一步分析后发现，年龄越大的科研院所科技工作者主持参与过产学研合作项目的人数占比越高，45 岁及以上、35～44 岁、35 岁以下的科研院所科技工作者中主持参与过产学研合作项目的人数占比分别为 81.55%、73.54% 和 66.04%。从学历方面进一步分析后发现，学历越低的科研院所科技工作者，主持参与过产学研合作项目的人数占比反而越高，大专学历的科研院所科技工作者中该项占比为 77.27%，本科学历的为 76.51%，硕士研究生学历的为 70.46%，博士研究生学历的为 67.76%（图 10-10）。

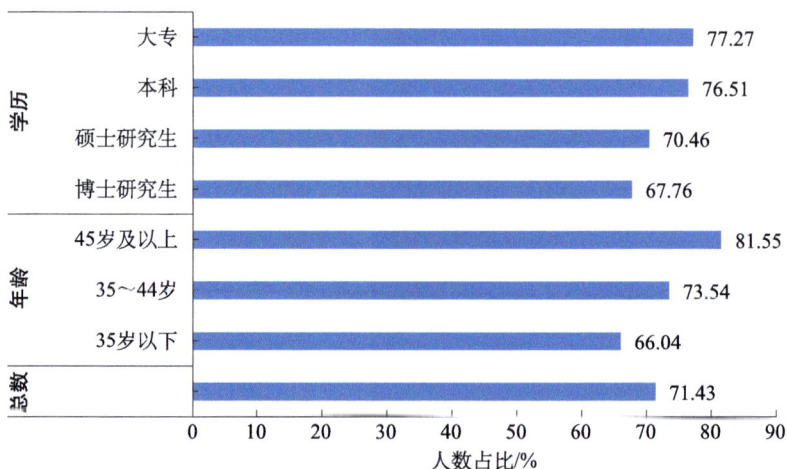

图 10-10　不同科研院所科技工作者群体主持参与产学研合作项目的人数占比

41.68% 的科研院所科技工作者反映主持参与产学研合作项目时的合作对象为其他科研院所，其他合作对象依次为民营企业（35.46%）、大学（33.45%）、国有企业（14.79%）、社会组织及团体（6.72%）、海外机构（2.69%）和外资企业（2.02%）（图10-11）。

（三）承担科研工作遇到的最大困难

调查数据显示，分别有28.99%和27.40%的科研院所科技工作者认为"缺乏经费支持"和"自己研究水平有限"是在科研工作中遇到的最大困难，其他困难依次为"研究辅助人员太少"（16.22%）、"行政事务繁忙"（10.32%）、"难以跟踪科学前沿进展"（4.91%）、"缺少仪器设备"（4.91%）等（图10-12）。

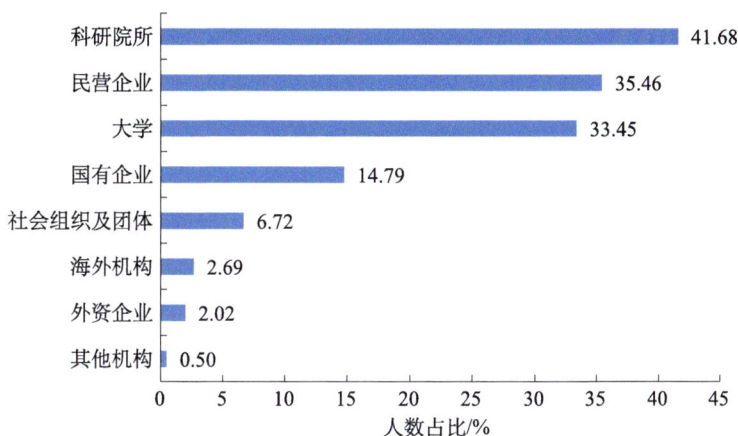

图 10-11　科研院所科技工作者参与产学研合作项目的合作对象

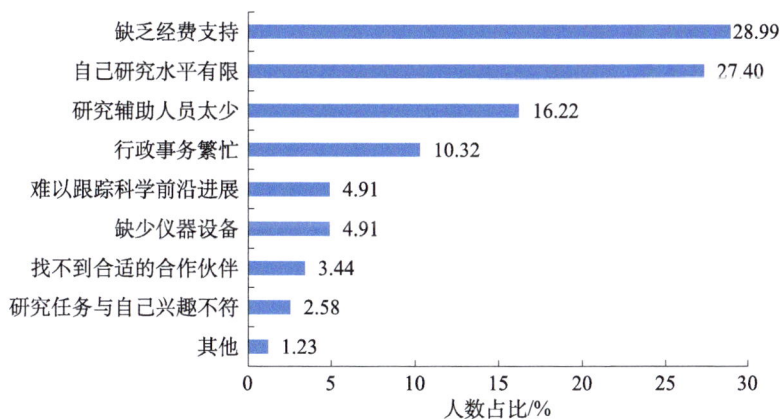

图 10-12　科研院所科技工作者承担科研工作遇到的最大困难

二、科研项目管理存在问题的情况

（一）财政支持的科研项目管理存在的主要问题

调查数据显示，科研院所科技工作者认为在财政支持的科研项目中存在的主要问题有"科研经费报销手续烦琐"（48.89%）、"基础研究不受重视"（47.17%）、"成果不具有转化或应用的价值"（43.12%）、"申报周期过长"（41.15%）。其他还存在"项目限定的人员费比例太低"（39.68%）、"申报手续复杂"（36.86%）、"评审时拉关系、走后门"（32.92%）、"审批程序不透明"（32.19%）、"结项验收走形式、走过场"（30.84%）、"资金到位不及时"（29.98%）、"招标信息不公开"（21.13%）、"企业申报财政项目受歧视"（20.64%）、"项目经费的违规使用、挪用"（18.06%）等。

（二）对政府科技资源分配的看法

从科研院所科技工作者对政府科技资源分配结果公平性的看法看，42.63%的科研院所科技工作者认为政府科技资源分配结果是公平的。从学历方面进一步分析后发现，学历越高的科研院所科技工作者认为政府科技资源分配结果是公平的人数占比越低，56.82%的大专学历的科研院所科技工作者对政府科技资源分配结果公平性表示认同，仅有34.65%的博士研究生学历的科研院所科技工作者认为政府科技资源分配结果是公平的。从职称方面进一步分析后发现，副高级职称的科研院所科技工作者认为政府科技资源分配结果是公平的人数占比相对较低（35.81%），无职称的科研院所科技工作者认为分配结果是公平的人数占比相对较高（54.13%）（图10-13）。

从科研院所科技工作者对政府科技资源分配过程公平性的反映看，44.47%的科研院所科技工作者认为政府科技资源分配过程是公平的。从学历方面进一步分析后发现，学历越高的科研院所科技工作者认为政府科技资源分配过程是公平的人数占比越低，仅有33.17%的博士研究生学历的科研院所科技工作者认为政府科技资源分配过程是公平的。从职称方面进一步分析后发现，职称较高的科研院所科技工作者相对职称较低的人数占比越

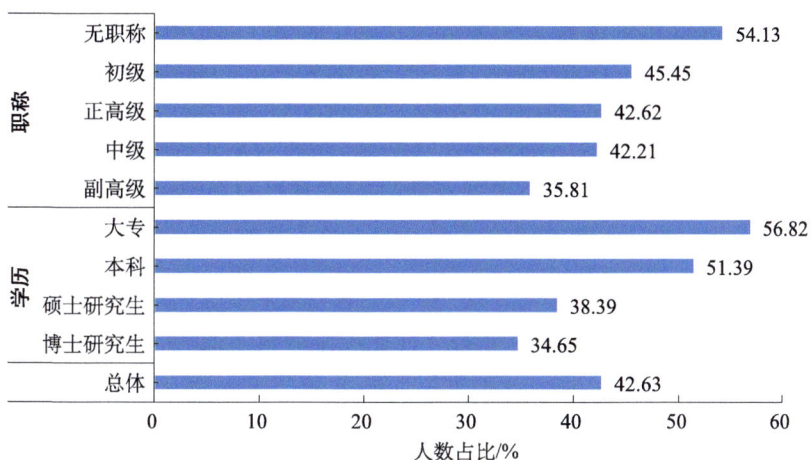

图 10-13 不同科研院所科技工作者群体对政府科技资源分配结果公平性的反映

低，副高级、正高级和中级职称的科研院所科技工作者（37.67%、40.98%、43.51%）认为政府科技资源分配结过程是公平的人数占比低于初级和无职称的（53.72%、52.29%）（图 10-14）。

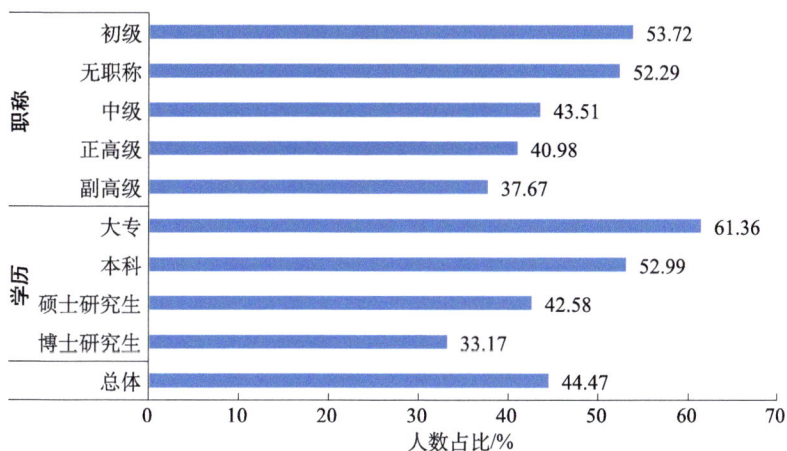

图 10-14 不同群体的科研院所科技工作者对政府科技资源分配过程公平性的反映

三、科研成果情况

（一）展现科研成果的主要形式

从科研院所科技工作者近三年发表学术论文的情况看，76.54% 的科研院所科技工作者近三年发表了学术论文，其中发表 1～3 篇的人数占 47.67%，发表 4～6 篇的人数占 18.80%，发表 7 篇及以上的人数占 10.07%（图 10-15）。35～44 岁的科研院所科技工作者近三年来以学术论文为表现形式的科研成果相对更多（83.76%）。从学历方面进一步分析后发现，学历越高的科研院所科技工作者近三年发表过学术论文的人数占比越高，97.52% 的博士研究生学历的科研院所科技工作者近三年发表过学术论文，比大专和本科分别高 56.61 个和 42.14 个百分点。从职称方面进一步分析后发现，职称越高的科研院所科技工作者近三年发表过学术论文的人数占比越高，正高级、副高级、中级和初级职称的科研院所科技工作者近三年发表过学术论文的人数占比分别为 90.16%、88.37%、82.79%、61.98% 和 44.04%（图 10-16）。

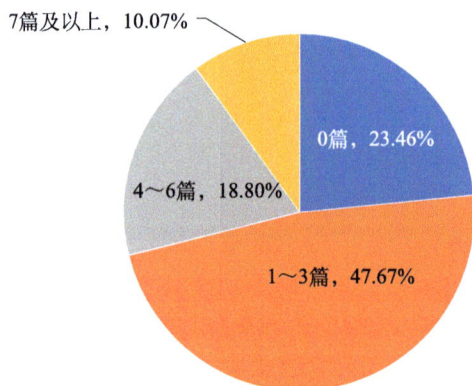

图 10-15　科研院所科技工作者近三年发表学术论文的篇数

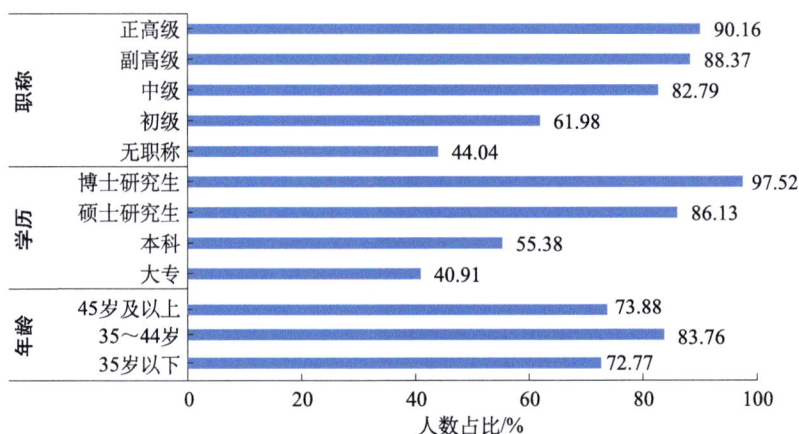

图 10-16　不同科研院所科技工作者群体近三年发表过学术论文的人数占比

从科研院所科技工作者近三年获得的专利情况看，42.14%的科研院所科技工作者近三年获得过专利，其中获得1~3件的人数占34.64%，获得4~6件的人数占5.04%，获得7件及以上的人数占2.46%（图10-17）。35~44岁的科研院所科技工作者近三年来以专利为表现形式的科研成果相对更多（54.61%），41.04%的45岁及以上的科研院所科技工作者近三年获得过专利。从学历方面进一步分析后发现，在获得专利方面，高学历的科研院所科技工作者近三年获得过专利的人数占比比低学历的高。从职称方面进一步分析后发现，职称越高的科研院所科技工作者近三年获得过专利的人数占比越高，其中62.30%的正高级职称科研院所科技工作者近三年获得过专利，高于初级职称的22.31%（图10-18）。

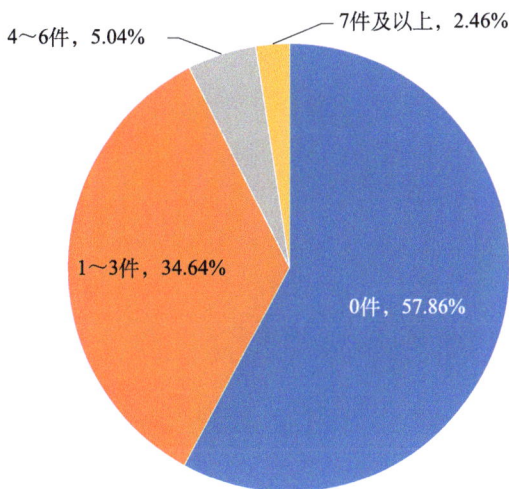

图 10-17　科研院所科技工作者近三年获得专利的件数

有36.49%的科研院所科技工作者近三年获得过应用技术成果，其中获得1~3件的人数占31.45%，获得4~6件的人数占2.83%，获得7件及以上的人数占2.21%（图10-19）。45岁及以上的科研院所科技工作者近三年获得过应用技术成果的人数占比高于其他年龄段。从学历和职称方面进一步分析后发现，越高学历和职称的科研院所科技工作者近三年获得过应用技术成果的人数占比越高。43.07%的博士研究生学历的科技工作者获得过应用技术成果；70.49%的正高级职称的科技工作者中获得过应用技术成果（图10-20）。

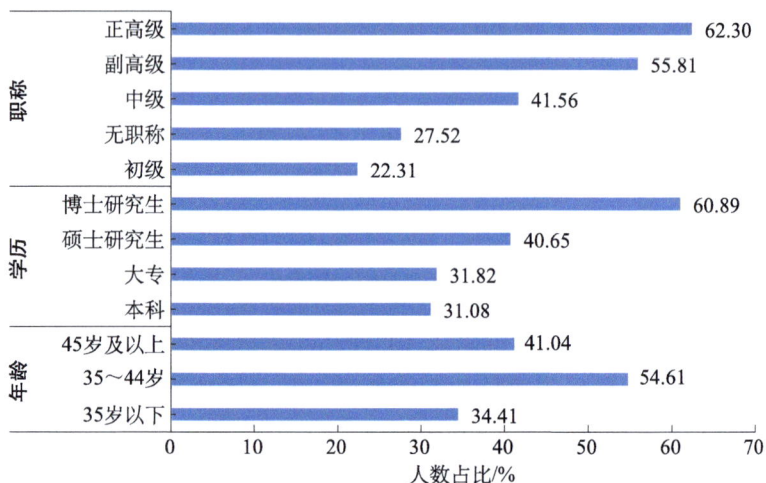

图 10-18   不同科研院所科技工作者群体近三年获得过专利的人数占比

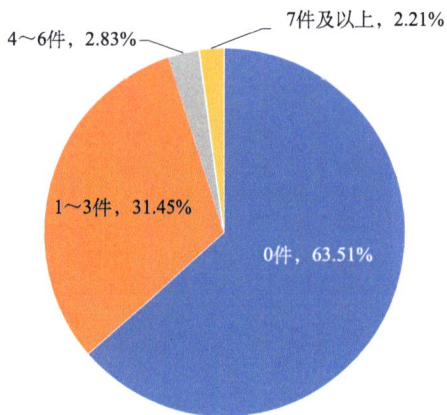

图 10-19   科研院所科技工作者近三年获得应用技术成果的件数

（二）科研成果转化情况

近三年，23.59% 的科研院所科技工作者将科研成果转化为产品或应用于生产。从性别方面进一步分析后发现，男性科研院所科技工作者近三年将科研成果进行转化的人数占比（27.87%）高于女性（15.55%）。从职称方面进一步分析后发现，正高级的科研院所科技工作者将科研成果转化为产品或应用于生产的人数占比最高（45.90%），初级职称的人数占比最低，仅为12.40%（图 10-21）。

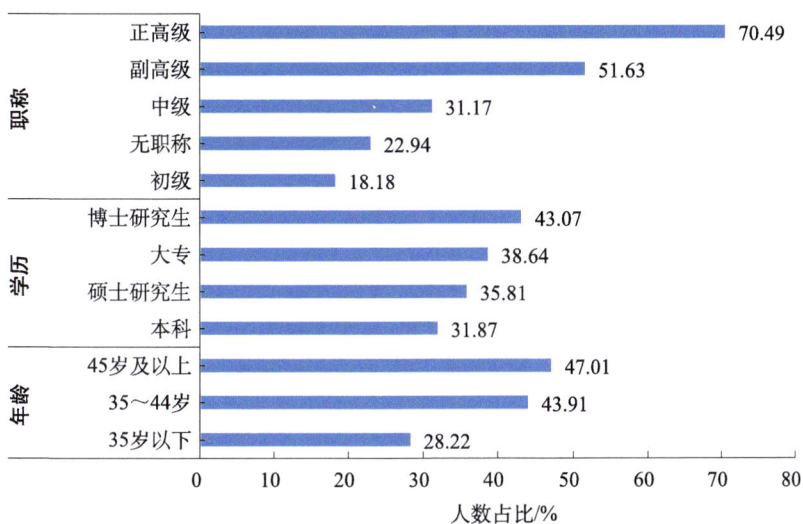

图 10-20 不同科研院所科技工作者群体近三年获得过应用技术成果的人数占比

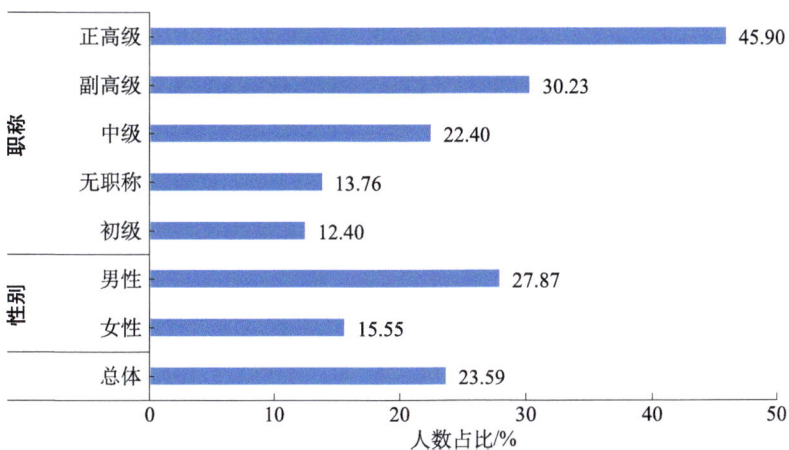

图 10-21 不同科研院所科技工作者群体的科研成果转化情况

（三）科研成果转化的最主要障碍

调查数据显示，48.03%的科研院所科技工作者认为科研成果转化的最主要障碍是"找不到技术需求市场"，其他依次为"缺少成果转化中介"（20.02%）、"不关心成果转化"（16.22%）、"受到政策法规限制"（10.93%）等。

第三节　学术交流与进修情况

一、学术交流

近三年，58.60%的科研院所科技工作者参与学术交流活动的次数为0~3次，28.50%的科研院所科技工作者参与学术交流活动的次数为4~6次，7.25%的科研院所科技工作者参与学术交流活动的次数为7~9次，5.65%的科研院所科技工作者参与学术交流活动的次数为10次以上（图10-22）。

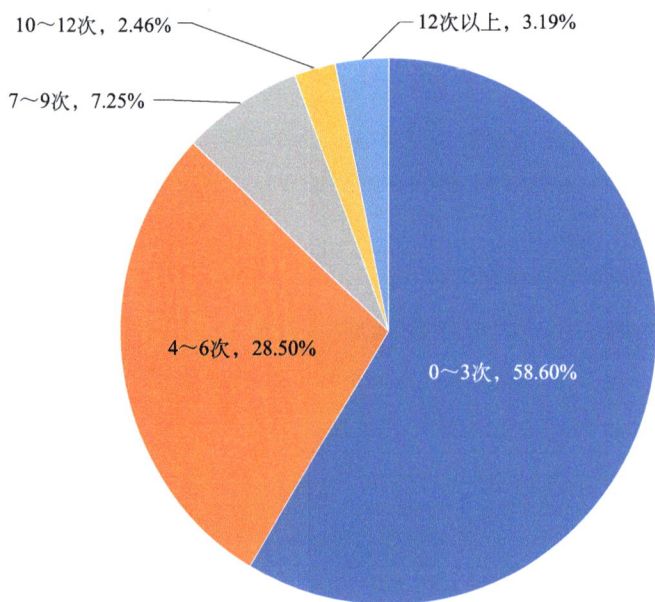

图 10-22　科研院所科技工作者近三年参与学术交流活动的次数

从年龄、性别方面进一步分析后发现，青年、女性科研院所科技工作者中近三年参与学术交流活动的次数在4次以上的人数占比均低于整体人数占比。从学历、职称方面进一步分析后发现，科研院所科技工作者的学历、职称越高，参与学术交流活动在4次以上的人数占比越高。从区域分布方面进一步分析后发现，赣北区域的科研院所科技工作者参与学术交流活动次数在 4 次以上的人数占比高于赣南区域（表 10-2）。

表 10-2　不同科研院所科技工作者群体近三年参与学术交流活动次数的人数占比

单位：%

类别		0~3次	4~6次	7~9次	10~12次	12次以上
年龄	青年	64.60	25.25	5.45	1.49	3.21
性别	女性	60.07	30.04	5.65	2.47	1.77
学历	博士研究生	41.58	38.61	10.89	4.46	4.46
	硕士研究生	59.35	28.39	5.48	2.26	4.52
	本科	67.73	23.11	6.37	1.59	1.20
	大专	77.27	13.64	9.09	0	0
职称	正高级	45.90	27.87	13.11	4.92	8.20
	副高级	45.12	39.07	9.77	2.79	3.25
	中级	58.44	29.22	7.79	2.27	2.28
	初级	69.42	20.66	4.13	1.65	4.14
	无职称	82.11	12.11	2.54	1.13	2.11
区域	赣北区域	64.74	22.59	6.23	2.55	3.89
	赣南区域	71.33	18.86	5.65	1.48	2.68

二、进修培训

（一）科研院所科技工作者进修或学习的需求

调查数据显示，44.47% 的科研院所科技工作者认为自己非常需要进修或学习，41.03% 的科研院所科技工作者认为自己比较需要进修或学习，10.69% 的科研院所科技工作者认为一般需要进修或学习，3.44% 的科研院所科技工作者认为不太需要进修或学习，仅有 0.37% 的科研院所科技工作者认为完全不需要进修或学习（图 10-23）。

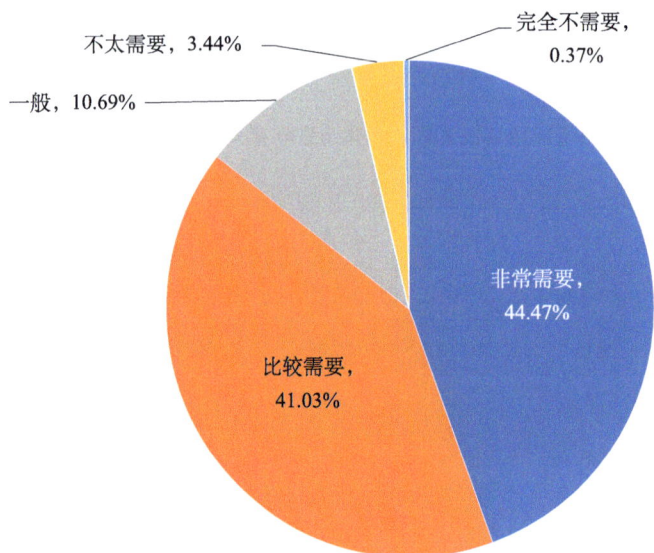

图 10-23　科研院所科技工作者进修或学习的需求状况

从年龄、性别方面进一步分析后发现，青年、女性科研院所科技工作者认为自己非常需要进修或学习的人数占比均高于整体人数占比，表明青年、女性科研院所科技工作者的进修或学习需求分别相对于其他年龄段和男性科研院所科技工作者的更高。从学历、职称方面进一步分析后发现，科研院所科技工作者的学历、职称越高，进修或学习的需求就越低。从区域分布方面进一步分析后发现，赣北区域的科研院所科技工作者进修或学习的需求要高于赣南区域（表 10-3）。

表 10-3　不同科研院所科技工作者群体对进修或学习的需求反映

类别		人数占比 / %				
		非常需要	比较需要	一般	不太需要	完全不需要
年龄	青年	50.50	39.11	7.67	2.23	0.49
性别	女性	50.18	40.99	6.71	1.77	0.35
学历	博士研究生	37.62	43.56	15.35	2.97	0.50
	硕士研究生	57.42	36.77	5.16	0.65	0
	本科	34.26	45.02	13.96	5.98	0.78
	大专	43.18	34.09	11.36	11.36	0.01

续表

类别		人数占比 / %				
		非常需要	比较需要	一般	不太需要	完全不需要
职称	正高级	37.70	39.34	11.48	11.48	0
	副高级	37.67	46.05	13.02	2.79	0.47
	中级	48.70	37.34	11.04	2.60	0.32
	初级	47.93	38.84	10.74	2.48	0.01
	无职称	45.87	44.95	4.59	3.67	0.92
区域	赣北区域	44.59	42.04	10.06	3.15	0.16
	赣南区域	43.61	38.35	12.78	3.76	1.50

（二）科研院所科技工作者参与技术 / 业务培训的情况

从科研院所科技工作者近三年参加单位组织的技术 / 业务培训情况看，76.90% 的科研院所科技工作者参加技术培训的时间为 0～10 天，15.60% 的科研院所科技工作者参加技术培训的时间为 11～20 天，5.04% 的科研院所科技工作者参加技术培训的时间为 21～30 天，0.98% 的科研院所科技工作者参加技术培训的时间为 31～40 天，1.47% 的科研院所科技工作者参加技术培训的时间为 40 天以上（图 10-24）。从科研院所科技工作者近三年自费参加的

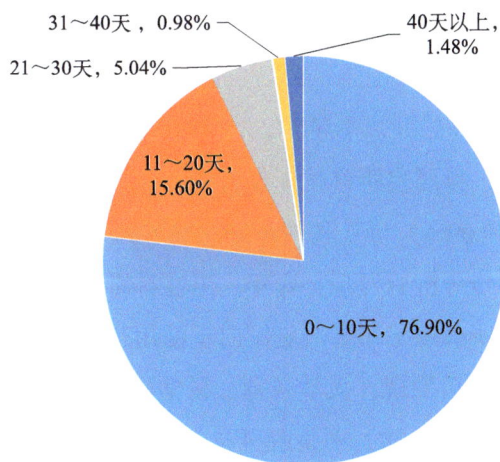

图 10-24　科研院所科技工作者近三年参加单位组织的技术 / 业务培训情况

技术 / 业务培训情况看，84.15% 的科研院所科技工作者参加技术培训的时间为 0～10 天，9.46% 的科研院所科技工作者参加技术培训的时间为 11～20 天，4.05% 的科研院所科技工作者参加技术培训的时间为 21～30 天，0.86% 的科研院所科技工作者参加技术培训的时间为 31～40 天，1.48% 的科研院所科技工作者参加技术培训的时间为 40 天以上（图 10-25）。由此表明，单位组织是科研院所科技工作者参加技术 / 业务培训的主要途径。

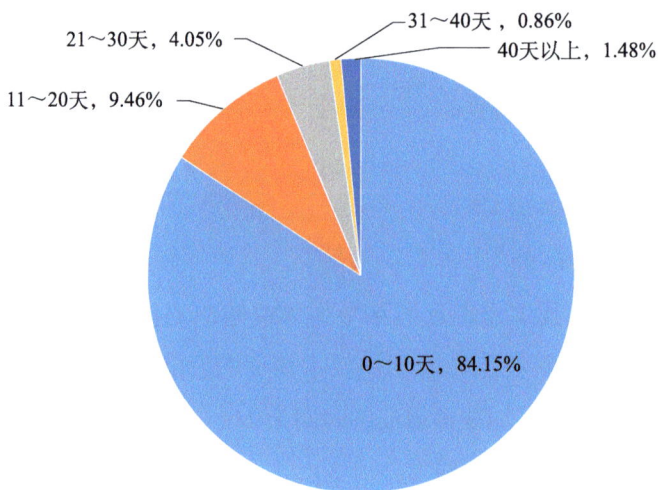

图 10-25　科研院所科技工作者近三年自费参加的技术 / 业务培训情况

三、科技信息获取

（一）获取科技信息的主要渠道

调查数据显示，科研院所科技工作者中，获取科技信息的主要渠道为学术著作（刊物）（59.09%）与互联网（23.59%）的人数占比相对更高。从年龄、性别方面进一步分析后发现，青年、男性科研院所科技工作者较其他年龄段、女性科研院所科技工作者，更倾向于使用互联网来获取科技信息。从职业方面进一步分析后发现，大学教师、科学研究人员、科研 / 教学辅助人员大多通过学术著作（刊物）来获取科技信息；智库研究人员、推广人员 / 科普工作者更偏向于使用互联网来获取科技信息（表 10-4）。

表 10-4 科技工作者获取科技信息的主要渠道

类别		人数占比 / %					
		学术著作 （刊物）	学术会议	互联网	专业培训	大众传播媒介 （电视、广播电 台、报纸、图 书等）	其他
总体		59.09	10.20	23.59	4.55	2.09	0.48
年龄	35 岁以下	59.41	8.91	24.50	4.21	2.72	0.25
	35～44 岁	62.73	11.44	21.77	2.21	1.48	0.37
	45 岁及以上	50.00	11.94	24.63	10.45	1.49	1.49
性别	男性	58.76	9.60	25.24	3.95	2.45	0
	女性	59.72	11.31	20.49	5.65	1.41	1.42
职业	工程技术人员	53.55	7.74	30.32	6.45	1.94	0
	医务工作者	47.06	20.59	26.47	2.94	2.94	0
	科学研究人员	74.76	5.68	17.67	0.95	0.32	0.62
	大学教师	76.92	0	11.54	11.54	0	0
	中学教师	53.33	33.33	13.33	0	0	0.01
	推广人员 / 科普工作者	24.14	27.59	31.03	6.90	10.34	0
	科研 / 教学辅助人员	58.46	13.08	16.15	7.69	3.08	1.54
	科技管理人员	34.33	13.43	32.84	11.94	7.46	0
	智库研究人员	10.00	40.00	50.00	0	0	0

（二）文献资料查阅的需求度与便利度

从科研院所科技工作者查阅科技文献资料的需求情况看，63.27% 的科研院所科技工作者表示自己在工作中经常需要查找文献资料，31.33% 的科研院所科技工作者表示自己在工作中偶尔需要查找文献资料，5.40% 的科研院所科技工作者表示自己在工作中完全不需要查找文献资料。从年龄方面进一步分析后发现，35～44 岁的科研院所科技工作者中表示经常需要查找文献资料的人数占比（71.59%）最高，高于 35 岁以下的科研院所科技工作者（59.90%）和 45 岁及以上的科研院所科技工作者（56.72%）。从学历方面进一步分析后发现，学历越高的科研院所科技工作者表示经常需要查阅文献的人数占比越高，90.59% 的博士研究生学历的科研院所科技工作者表示经常需要查阅文献，69.68% 的硕士研究生学历的科研院所科技工作者表示经常需要查找文献资料，分别仅有 40.24% 和 31.82% 的本科学历和大专学历的科研院所科技工作者表示经常需要查阅文献资料。从职称方面进一步分析后发现，超七成的正高级（73.77%）和副高级（75.35%）职称科研院所科技工作者表示经常需要查阅文献资料（图 10-26）。

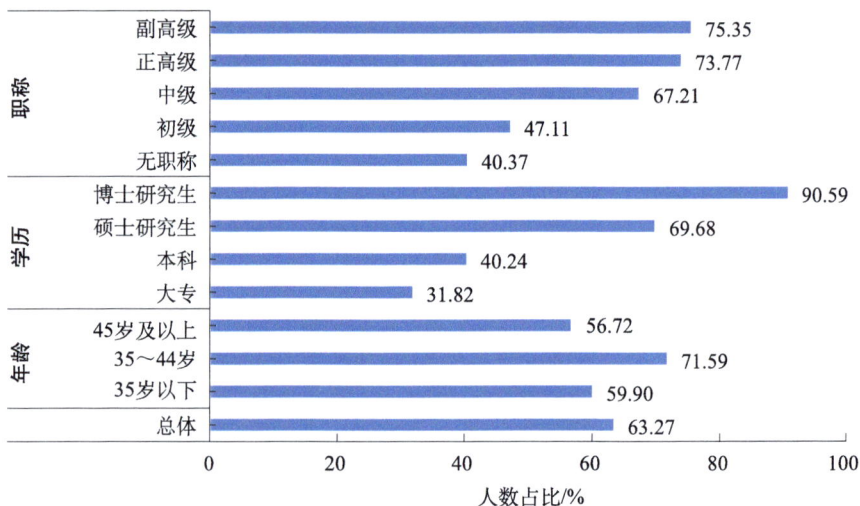

图 10-26　不同科研院所科技工作者群体经常需要查阅文献资料的人数占比

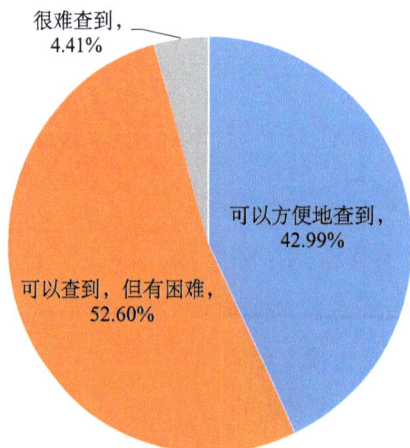

图 10-27　科研院所科技工作者查阅
科技文献的便利度

从科研院所科技工作者查阅科技文献的便利度情况看，42.99% 的科研院所科技工作者表示可以方便地查到，52.60% 的科研院所科技工作者表示可以查到但有困难，仅有 4.41% 的科研院所科技工作者表示很难查到（图 10-27）。

四、海外经历

（一）科研院所科技工作者短期出国的经历

近三年来，13.64% 的科研院所科技工作者有短期出国（出境）经历（时间短于 1 年），平均出国（出境）次数为 1.64 次，平均累计出国（出境）天数为 63.28 天。从年龄方面进一步分析后发现，35～44 岁的科研院所科技工作者有短期出国（出境）经历的人数占比最高（19.19%）。从性别方面进一步分析后发现，男性和女性科研院所科技工作者的该项人数占比相当，分别为 13.94% 和 13.07%。从学历方面进一步分析后发现，25.74% 的博士研究生学历的科研院所科技工作者有过短期出国（出境）经历，高于其他学历的科研院所科技工作者，大专、本科和硕士研究生学历的科技工作者中有短期出国（出境）经历的人数占比分别为 11.36%、9.96% 和 9.35%。从职称方面进一步分析后发现，正高级（22.95%）和副高级（17.67%）的科研院所科技工作者中有过短期出国（出境）经历的人数占比相对较高（图 10-28）。

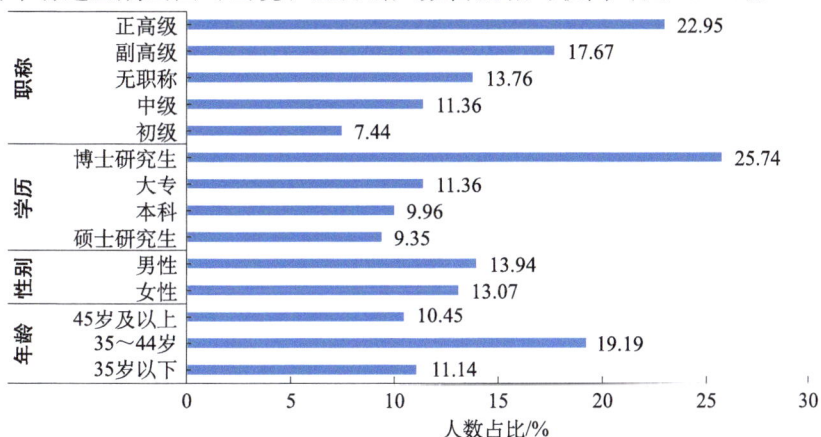

图 10-28　不同科研院所科技工作者群体有短期出国（出境）经历的人数占比

有短期出国（出境）经历的科研院所科技工作者中，主要目的为学术交流的人数占比最高，为 60.87%；其次为考察访问（36.52%）和培训或进修（23.48%），以旅游度假为主要目的的人数占 16.52%。

（二）科研院所科技工作者海外留学或工作的经历

调查数据显示，科研院所科技工作者有海外留学或工作经历的较少，仅

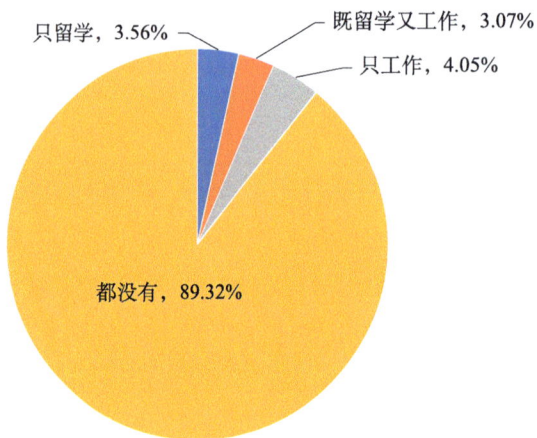

图 10-29　科研院所科技工作者有海外留学
或工作经历的人数占比

10.68% 的科研院所科技工作者有一年及以上海外留学或工作的经历。其中，只留学（含做访问学者）的科研院所科技工作者人数占 3.56%，既留学又工作的科研院所科技工作者人数占 3.07%，只工作的科研院所科技工作者人数占 4.05%（图 10-29）。

从学历方面进一步分析后发现，分别有 15.84% 和 13.64% 的博士研究生和大专学历的科研院所科技工作者有海外留学或工作经历，高于本科（9.96%）和硕士研究生（7.10%）学历的科研院所科技工作者。从职称方面进一步分析后发现，正高级（11.48%）和副高级（17.21%）职称的科研院所科技工作者有海外留学或工作经历的人数占比高于初级（8.26%）和中级（7.47%）职称（图 10-30）。

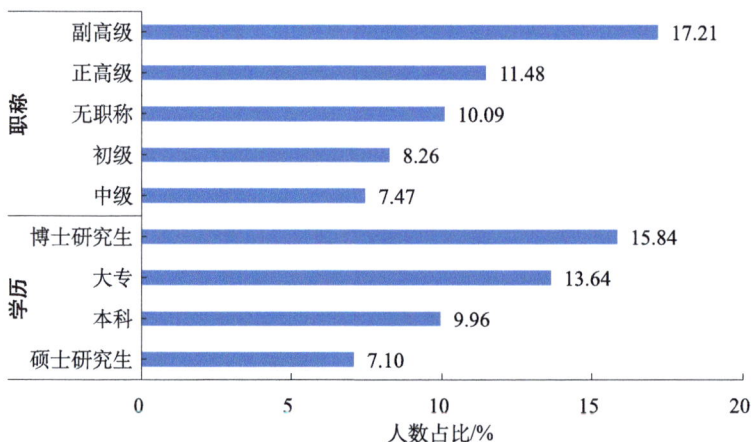

图 10-30　不同科研院所科技工作者群体有海外留学工作经历的人数占比

（三）科研院所科技工作者海外留学的途径

调查数据显示，32.08% 的科研院所科技工作者海外留学的方式为自费，其他方式依次为以国家公派（24.53%）、工作单位资助（22.64%）、国外基金资助（18.87%）。从年龄方面进一步分析后发现，35 岁以下的科研院所科技工作者主要通过自费（44.44%）的方式海外留学，35～44 岁的科研院所科技工作者主要通过国家公派（36.84%）和国外基金资助（26.32%）的方式，45 岁及以上的科研院所科技工作者主要通过工作单位资助（62.50%）的方式海外留学。从学历方面进一步分析后发现，博士研究生学历的科研院所科技工作者主要通过国家公派（37.04%）的方式海外留学，而硕士研究生学历的科研院所科技工作者主要通过工作单位资助（46.15%）的方式海外留学，本科学历的科研院所科技工作者主要通过自费的方式（54.55%）海外留学。从职称方面进一步分析后发现，正高级职称的科研院所科技工作者主要通过工作单位资助的方式（66.67%）海外留学，副高级职称的科研院所科技工作者主要通过国家公派的方式（45.83%）海外留学，中级职称的科研院所科技工作者主要方式为自费（47.06%），初级职称的科研院所科技工作者通过国家公派（50.00%）和工作单位资助（50.00%）的方式海外留学（图 10-31）。

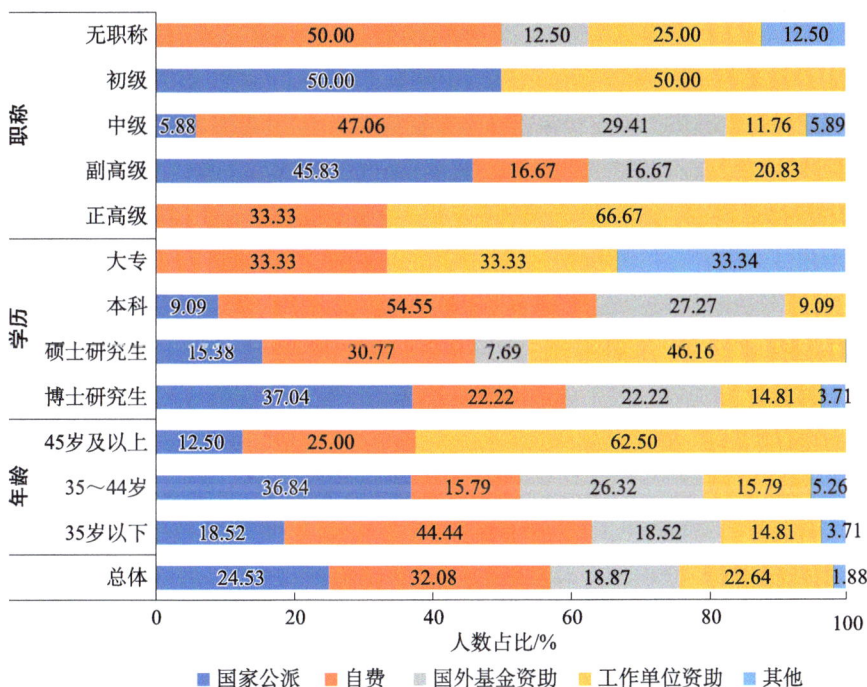

图 10-31　不同科研院所科技工作者群体海外留学的主要途径分布

（四）科研院所科技工作者回国的动机

调查数据显示，41.38%的科研院所科技工作者回国工作的主要动机是"与家人团聚"，其他动机依次为"国内发展机会更多"（35.63%）、"报效祖国"（29.89%）、"国内收入待遇更好"（20.69%）、"国内科研条件更好"（18.39%）、"不适应国外的生活"（4.60%）。

第四节　收入待遇和生活状况

一、收入情况

（一）科研院所科技工作者的月收入情况

从科研院所科技工作者每月工资收入情况看，每月税后实发工资在3000元以下的人数占9.46%，月税后实发工资为3000~5000元的人数占为40.91%，月税后实发工资为5001~10 000元的人数占43.86%，月税后实发工资为10 000元以上的人数占5.77%。从年龄、性别方面进一步分析后发现，青年、女性科研院所科技工作者中月税后实发工资为5001元以下的人数占比分别达64.60%、56.18%，比整体人数占比高（图10-32）。

（二）科研院所科技工作者收入水平

调查数据显示，11.55%的科研院所科技工作者认为自己的收入在当地属于下等，40.17%的科研院所科技工作者认为自己的收入属于中下等，36.73%的科研院所科技工作者认为自己的收入属于中等，6.27%的科研院所科技工作者认为自己的收入属于中上等，仅有0.37%的科研院所科技工作者认为自己的收入属于上等（图10-33）。

（三）科研院所科技工作者的兼职收入情况

调查数据显示，6.14%的科研院所科技工作者有兼职收入。从年龄、性

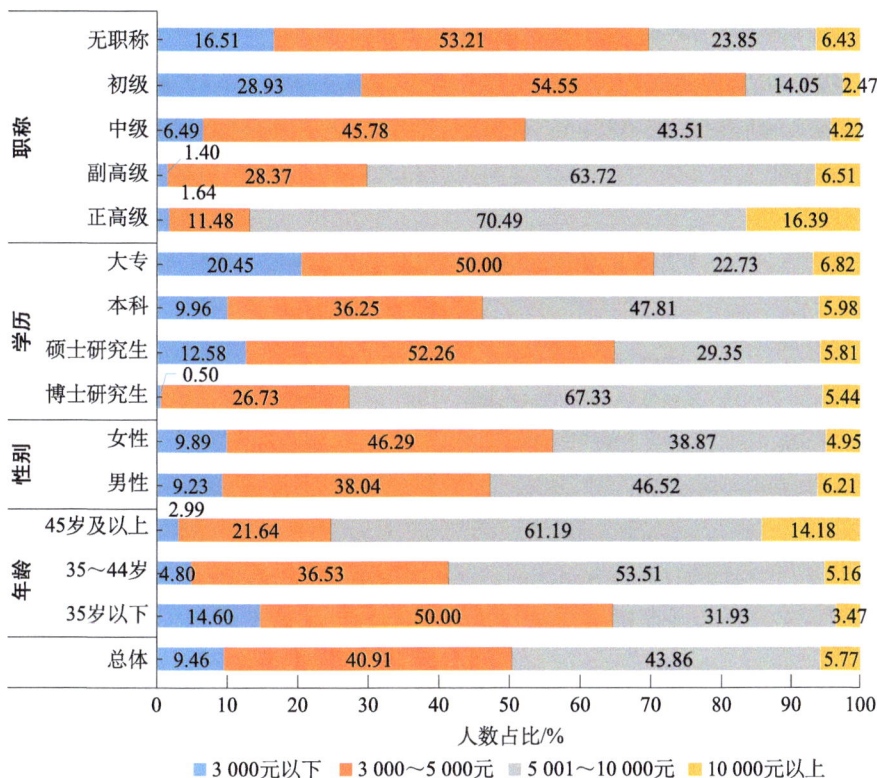

图 10-32   不同科研院所科技工作者群体每月税后实发工资情况

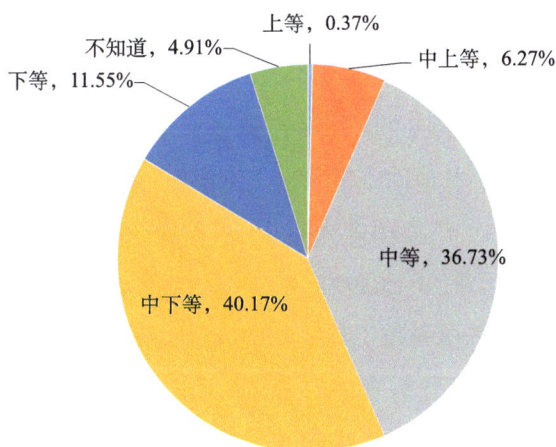

图 10-33   科研院所科技工作者自评收入水平情况

别方面进一步分析后发现，青年科研院所科技工作者中拥有兼职收入的人数占 6.44%，女性科研院所科技工作者中拥有兼职收入的人数占 4.24%。

从职称方面进一步分析后发现，无职称、中级职称的科研院所科技工作者中拥有兼职收入的人数占比较高，分别为 8.26%、7.14%，高于正高级（3.28%）、副高级（5.58%）、初级职称（4.13%）的科研院所科技工作者（图 10-34）。

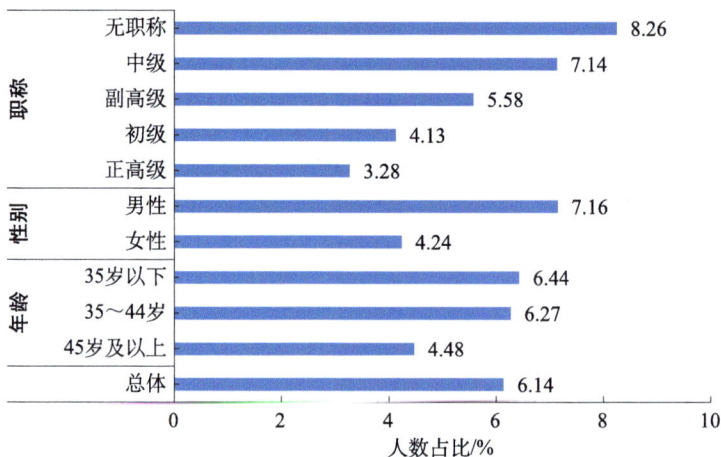

图 10-34　不同科研院所科技工作者群体拥有兼职收入的情况

二、生活获得感

（一）科研院所科技工作者在生活中面临的主要困难

调查数据显示，67.69% 的科研院所科技工作者反映"收入低"是在生活中面临的最主要困难，其他困难依次是"工作忙、不能照顾家庭"（38.45%）、"住房困难"（31.08%）、"照顾老人有困难"（29.36%）、"上下班交通不便"（26.66%）、"子女入学难"（13.39%）等。从年龄、性别方面进一步分析后发现，青年、女性科研院所科技工作者在生活中面临的最主要困难均为"收入低"。从职业方面进一步分析发现，工程技术人员、科学研究人员、大学教师、智库研究人员、科研/教学辅助人员等对"收入低"这一困难的反映较多，人数占比均达 70% 以上；而中学教师认为"工作忙、不能照顾家庭"是在生活中面临的最主要困难。从区域分布方面进一步分析后发现，赣南区域的科研院所科技工作者对"收入低"的反映多于赣北区域（表 10-5）。

表 10-5　不同科研院所科技工作者群体在生活中面临的主要困难情况

类别		人数占比 / %				
		收入低	住房困难	上下班交通不便	工作忙、不能照顾家庭	照顾老人有困难
年龄	青年	75.74	41.09	30.20	33.17	21.04
性别	女性	65.37	26.86	30.04	37.81	21.91
职业	工程技术人员	72.90	33.55	41.29	41.29	28.39
	医务工作者	35.29	38.24	44.12	44.12	17.65
	科学研究人员	70.35	29.97	40.38	40.38	37.54
	大学教师	73.08	19.23	53.85	53.85	26.92
	中学教师	6.67	13.33	66.67	66.67	6.67
	推广人员 / 科普工作者	68.97	20.69	31.03	31.03	17.24
	科研 / 教学辅助人员	73.08	38.46	32.31	32.31	23.85
	科技管理人员	61.19	32.84	29.85	29.85	29.85
	智库研究人员	70.00	40.00	20.00	20.00	0
区域	赣北区域	67.72	32.73	25.38	37.09	30.03
	赣南区域	70.68	23.31	34.59	47.37	26.32

（二）科研院所科技工作者的生活幸福感

调查发现，45.46% 的科研院所科技工作者认为自己的生活很幸福或比较幸福，47.54% 的科技工作者反映幸福感一般，7.00% 的科研院所科技工作者反映自己的生活不太幸福或很不幸福（图 10-35）。

从年龄方面进一步分析后发现，45 岁及以上的科研院所科技工作者的生活幸福感相对较高，有 58.21% 的 45 岁及以上科研院所科技工作者感到生活很幸福或比较幸福。从性别方面进一步分析后发现，女性科研院所科技工作者中感到生活幸福的人数占比（53.71%）高于男性（41.05%）。从职称方面进一步分析后发现，正高级职称的科研院所科技工作者中感到生活很幸福或比较幸福的人数占比最高，为 60.66%（图 10-36）。

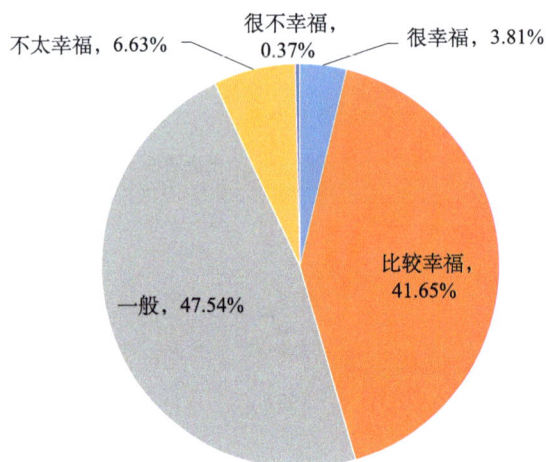

图 10-35　科研院所科技工作者生活幸福感情况

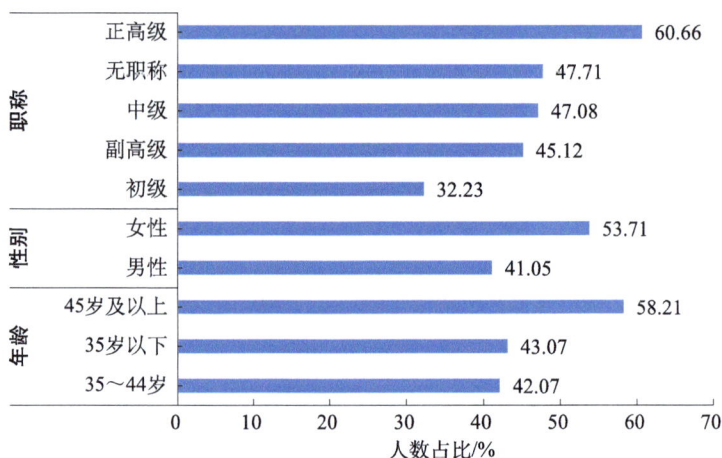

图 10-36　不同科研院所科技工作者群体生活幸福感情况

（三）影响生活幸福的主要因素

81.08% 的科研院所科技工作者反映影响生活幸福的因素为"父母身体健康"，其他影响因素依次为"收入稳步上升"（74.69%）、"事业成功"（63.27%）、"子女懂事听话"（54.18%）、"有知心爱人"（52.46%）、"有真挚的朋友"（40.79%）等。

第十一章

企业科技工作者

本章主要从基本情况、工作状况、生活状况、科研活动状况、社会参与状况等方面对江西省企业科技工作者的调查结果进行分析。调查发现，硕士研究生和博士研究生学历的企业科技工作者的人数占比较低。企业科技工作者参与研究项目的人数占比也较低，有四成的科技工作者表示在科研工作中面临的主要困难是研究水平有限。

第一节　基　本　情　况

一、年龄分布

在企业科技工作者中，按年龄统计，35 岁以下的人数占 52.01%，35～44 岁的人数占 28.10%，45～54 岁的人数占 16.95%，55～65 岁的人数占 2.88%，65 岁以上的人数占 0.06%，表明企业科技工作者群体是十分年轻的队伍，将为科技创新带来活力（图 11-1）。

二、性别分布与婚姻状况

企业科技工作者中，按性别统计，男性人数占 74.48%，女性人数占 25.52%。在青年企业科技工作者中，男性人数占 74.08%，女性人数占

25.92%。男女人数占比均约为 3 : 1（图 11-2）。

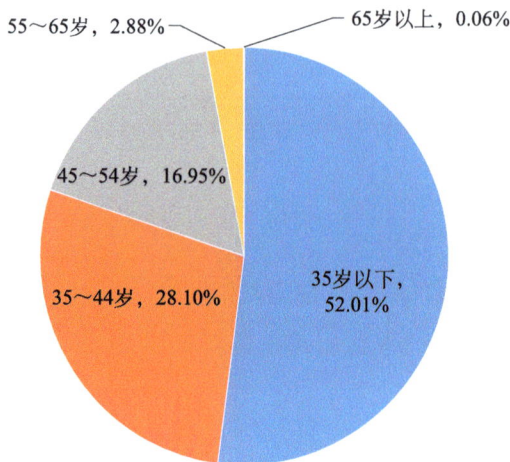

图 11-1　企业科技工作者年龄分布情况

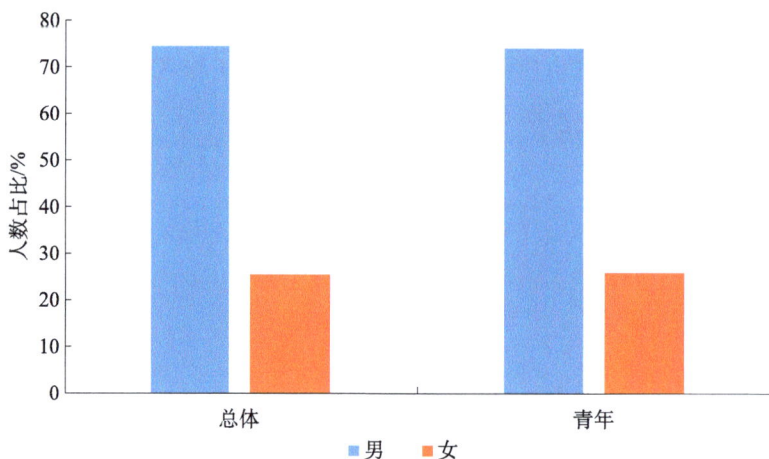

图 11-2　企业科技工作者性别分布情况

按婚姻情况统计，77.61% 的企业科技工作者已婚，其中青年企业科技工作者已婚人数占比 70.26%，女性企业科技工作者已婚人数占比 79.04%。

三、政治面貌分布

调查对象中，中国共产党党员的人数占 46.62%，共青团员的人数占 20.42%，无党派人士的人数占 32.53%，民主党派成员的人数占 0.43%。

（图 11-3）。

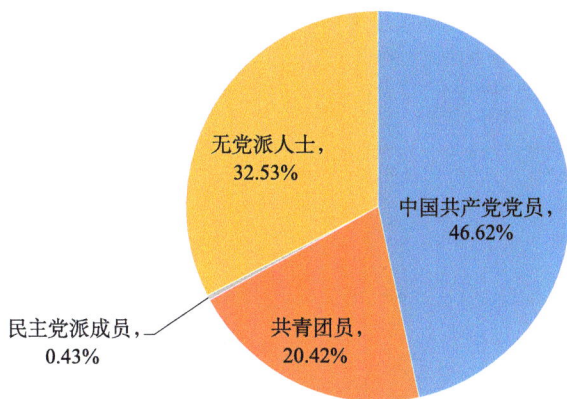

图 11-3　企业科技工作者政治面貌分布情况

四、学历与专业分布

从学历方面进一步分析后发现，高中 / 中专 / 技校学历的人数占 6.09%，大专学历的人数占 18.70%，大学本科学历的人数占 57.25%，硕士研究生学历的人数占 16.11%，博士研究生学历的人数占 1.35%（图 11-4）。

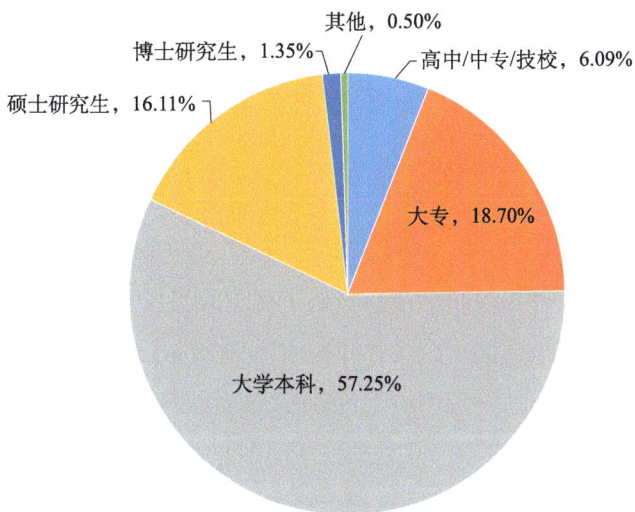

图 11-4　企业科技工作者学历分布情况

从最高学历的所属学科情况看，学科为工学的企业科技工作者人数占比最高，占 65.93%，理学的人数占 10.15%，管理学的人数占 7.93%，经济学的人数占 5.04%，（图 11-5 ）。

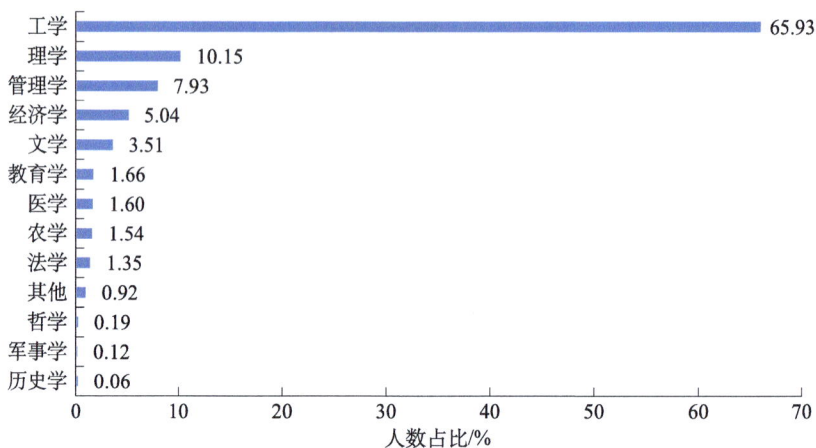

图 11-5　企业科技工作者学科领域分布情况

第二节　工作状况

一、入职过程

（一）在现职单位的工作年限与所在区域

调查结果显示，企业科技工作者在现职单位的平均工作年限为 11.20 年，青年企业科技工作者在现职单位的平均工作年限为 5.29 年。不同职业的企业科技工作者在现职单位的平均工作年限有一定差异，除科学研究人员在现职单位的平均工作年限少于 7 年外，其他职业的企业科技工作者在现职单位的平均工作年限均达到 7 年以上。从不同学历的企业科技工作者情况看，学历越低的企业科技工作者在现职单位的平均工作年限越长（图 11-6 ）。

从企业科技工作者所在区域情况看，68.61% 的企业科技工作者在赣北区域工作和生活，31.39% 的企业科技工作者在赣南区域工作和生活。从不同职业的企业科技工作者情况看，仅有中学教师与科研 / 教学辅助人员在赣南工作和生活的人数占比高于赣北区域，其余职业类型的企业科技工作者大多在赣北区域工作和生活（图 11-7）。

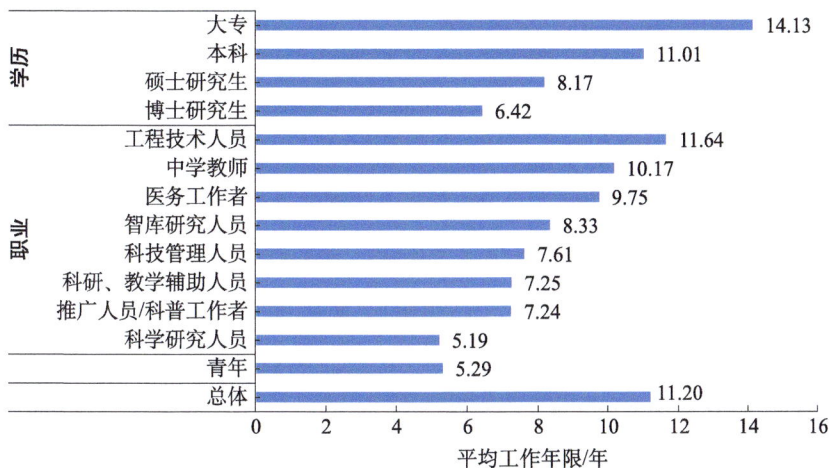

图 11-6 不同企业科技工作者群体在现职单位的平均工作年限

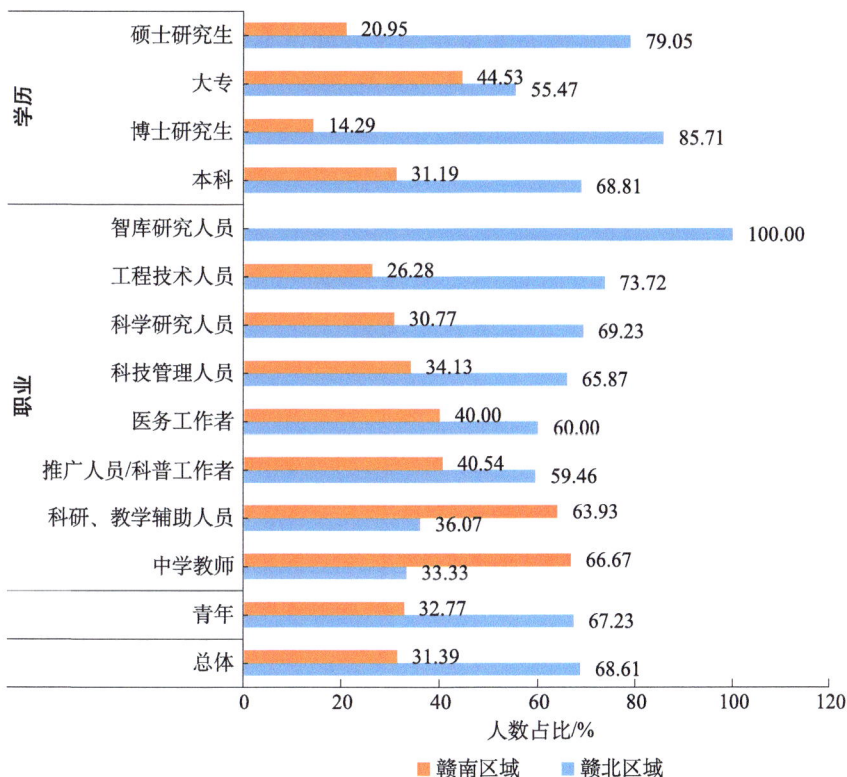

图 11-7 不同企业科技工作者群体工作和生活所在区域分布情况

（二）择业主要考虑因素

调查数据显示，58.49%的企业科技工作者反映选择当前工作的主要原因是"专业对口"，其他原因依次为"工作稳定"（57.20%）、"离家近"（46.13%）、"工资待遇/经济收入"（42.62%）、"符合个人兴趣"（20.11%）、"行业发展前景好"（32.47%）、"工作环境好"（16.24%）等。

从年龄和学历方面进一步分析后发现，青年企业科技工作者择业最关注"专业对口"；学历越高的企业科技工作者，择业时越注重专业对口与符合个人兴趣，博士研究生和硕士研究生学历的企业科技工作者中，分别有72.73%和66.41%的在选择目前职业时考虑了与专业的对口性，分别有40.91%和20.99%的人考虑了与个人兴趣的相符性。大专学历的企业科技工作者择业时的主要考虑因素则是"工作稳定"（58.88%）。从区域分布方面进一步分析后发现，赣北区域的企业科技工作者相对于赣南区域的企业科技工作者更关注"专业对口"，而赣南区域的企业科技工作者则更关注"离家近"这一因素（表11-1）。

表 11-1　不同企业科技工作者群体选择目前职业的原因

考虑因素	人数占比 / %						
	总体	学历				区域	
		博士研究生	硕士研究生	本科	大专	赣北区域	赣南区域
专业对口	58.49	72.73	66.41	64.98	42.76	62.40	52.00
工作稳定	57.20	54.55	50.38	58.43	58.88	59.65	52.20
离家近	46.13	27.27	45.04	44.68	51.97	39.07	62.20
工资待遇/经济收入	42.62	72.73	55.73	40.60	39.47	43.92	40.40
行业发展前景好	32.47	59.09	43.13	29.86	32.24	32.39	33.00
符合个人兴趣	20.11	40.91	20.99	20.62	19.08	21.23	17.80
工作环境好	16.24	22.73	16.41	15.25	18.75	16.74	15.20
其他	0.55	0	0.76	0.43	0.33	0.46	0.60

二、工作内容

（一）从事的工作内容

调查数据显示，企业科技工作者中，工作内容为生产运行 / 工程应用的人数占比最高，为 44.03%。（图 11-8）。

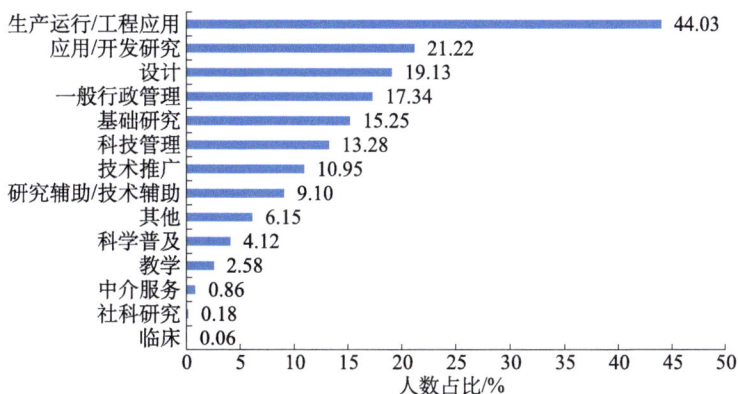

图 11-8　企业科技工作者从事不同工作内容的分布情况

从年龄、性别方面进一步分析后发现，青年企业科技工作者中从事生产运行 / 工程应用和设计的人数占比最高，分别为 40.95% 和 20.95%；女性企业科技工作者的工作内容主要偏向于一般行政管理（30.12%）；从学历方面进一步分析后发现，博士研究生与硕士研究生学历的企业科技工作者的工作内容主要倾向于应用 / 开发研究，大专学历的企业科技工作者的工作内容以生产运行 / 工程应用为主；从区域分布方面进一步分析后发现，赣北区域的企业科技工作者和赣南的区域企业科技工作者的工作内容均以生产运行 / 工程应用为主（表 11-2）。

表 11-2　企业不同科技工作者群体的工作内容调查

类别		人数占比 / %												
		基础研究	应用 / 开发研究	设计	生产运行 / 工程应用	技术推广	中介服务	科学普及	研究辅助 / 技术辅助	临床	教学	科技管理	一般行政管理	社科研究
年龄	青年	18.34	24.50	20.95	40.95	10.30	0.71	2.96	12.90	0.12	2.25	9.82	16.09	0.24
性别	女性	10.12	13.98	14.94	25.30	8.43	1.93	3.61	6.27	0.24	0.48	18.55	30.12	0.48

续表

类别		人数占比 / %											
		基础研究	应用/开发研究	设计	生产运行/工程应用	技术推广	中介服务	科学普及	研究辅助/技术辅助	临床	教学	科技管理	一般行政管理	社科研究
学历	博士研究生	22.73	86.36	22.73	18.18	27.27	0	0	0	0	0	22.73	4.55	0
	硕士研究生	20.23	52.67	23.66	33.21	14.89	0	1.15	9.16	0	0	18.70	7.63	0
	本科	16.33	17.29	21.48	45.22	9.88	0.54	5.48	9.67	0.11	4.08	14.93	17.83	0.32
	大专	8.55	7.24	13.82	50.33	7.57	2.30	3.29	9.87	0	0.99	6.58	24.01	0
区域	赣北区域	13.17	21.59	18.66	47.58	12.26	0.46	1.65	8.78	0.09	0.64	15.65	17.84	0.09
	赣南区域	20.20	20.40	20.40	37.20	7.60	1.60	9.40	9.80	0	6.80	8.40	16.20	0.40

（二）从事工作与所学专业相关性

调查表明，26.81% 的企业科技工作者认为自己从事的工作与所学专业具有很强的相关性，34.99% 的企业科技工作者认为自己从事的工作与所学专业具有较强相关性，仅有 6.71% 的企业科技工作者认为自己从事的工作与所学专业完全无关（图 11-9）。

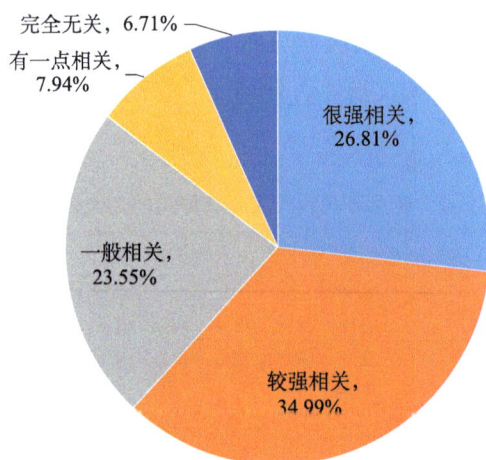

图 11-9 企业科技工作者从事的工作与所学专业的相关度

从学历方面进一步分析后发现，企业科技工作者的学历越高，目前工作与所学专业的相关度也相对越高，博士研究生学历的企业科技工作者中认为工作与所学专业相关性很强的人数占比达到45.45%，而大专学历的人数占比仅有19.08%（图11-10）。从职业方面进一步分析后发现，科学研究人员、工程技术人员中认为工作与专业很强相关性的人数占比较高，均达到30%以上，推广人员/科普工作者则相对较低，认为工作与专业很强相关的人数占比低于5%（图11-11）。

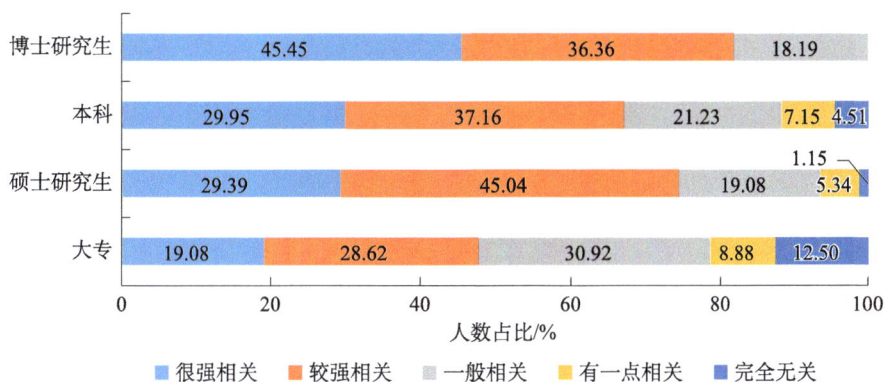

图 11-10　不同学历企业科技工作者从事工作与所学专业的相关度

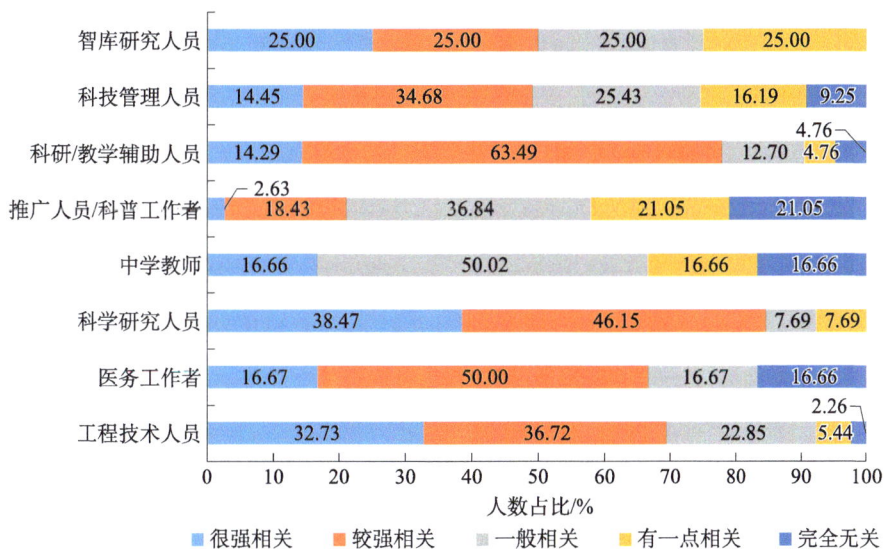

图 11-11　不同职业类型的企业科技工作者从事工作与所学专业的相关度

三、工作强度

调查数据显示，企业科技工作者中不需加班的人数仅占 15.50%，平均每天加班时间在 2 小时以内的人数占 64.33%，平均每天加班时间在 3~4 小时的人数占 14.94%，平均每天加班时间在 5 小时以上的人数占 5.23%（图 11-12）。

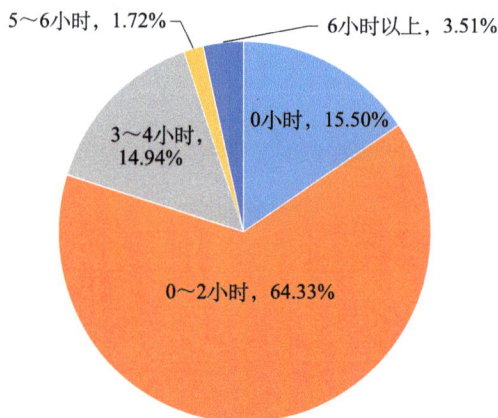

图 11-12　企业科技工作者平均每天加班时间情况

从职业方面进一步分析后发现，智库研究人员、科学研究人员、中学教师等的加班需求较大，有加班需求的人数占比均达到 90% 以上，科研/教学辅助人员的加班需求比其他职业的企业科技工作者更低（图 11-13）。

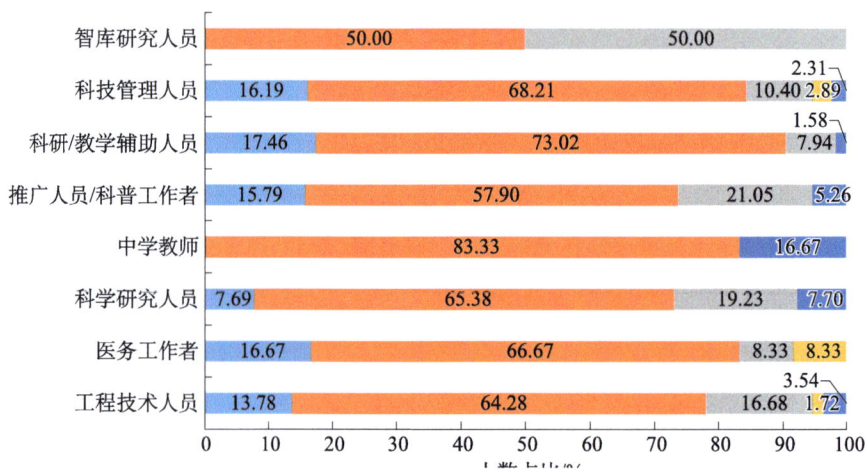

图 11-13　不同职业类型的企业科技工作者平均每天加班时间情况

从职称与学历方面进一步分析后发现，企业科技工作者的职称与学历越高，需要加班的人数占比也越高。博士研究生学历的企业科技工作者中有加班需求的人数占将近100%，比大专学历的企业科技工作者高18.42%；博士研究生学历的企业科技工作者中平均每天加班时长超过6小时的人数占比达4.55%，而大专学历的企业科技工作者中的人数占比为3.95%。正高级职称的企业科技工作者不需要加班的人数占比仅为18.18%，而无职称的人数占比达到24.10%（图11-14）。

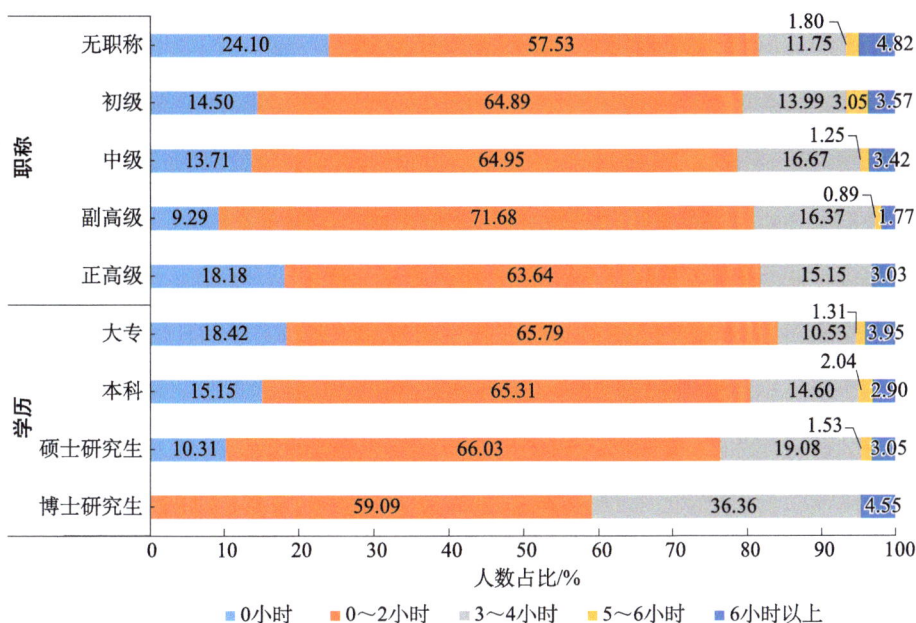

图 11-14 不同职称、学历类型的科技工作者平均每天加班时间情况

四、流动意愿

（一）企业科技工作者更换单位或职业的意愿

调查数据显示，33.58%的企业科技工作者表示曾经考虑过更换目前的工作单位或职业，其中10.52%的企业科技工作者想换单位，9.16%的企业科技工作者想换职业，13.90%的企业科技工作者单位和职业都想换（图11-15）。

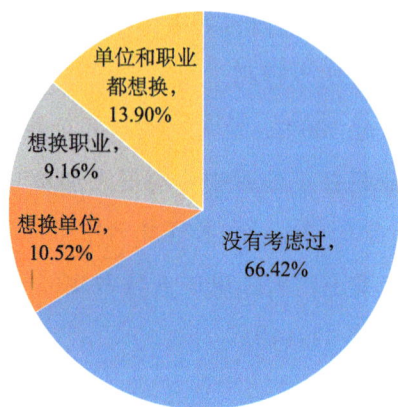

图 11-15   企业科技工作者更换工作单位的意愿

不同企业科技工作者群体考虑更换单位或职业的意愿存在差异。从年龄方面进一步分析后发现，青年企业科技工作者曾考虑更换单位或职业的人数占比为 37.04%，高于样本中企业科技工作者的整体人数占比（33.58%），表明青年企业科技工作者的流动意愿比其他年龄段更高。从性别方面进一步分析后发现，女性企业科技工作者中想换单位或职业的人数占比（35.90%）高于样本整体人数占比，表明女性企业科技工作者的流动意愿要高于男性。从学历方面进一步分析后发现，大专与本科学历的企业科技工作者中想换单位或职业的人数占比（34.54%、35.02%）高于硕士研究生和本科学历的企业科技工作者（33.59%、27.27%）。从职业方面进一步分析后发现，智库研究人员和科学研究人员的流动意愿较强，想换单位或职业的人数占比超过 40%；推广人员 / 科普工作者、科技管理人员、科研 / 教学辅助人员、中学教师的流动意愿较低，想换单位或职业的人数占比均低于 20%。从区域分布方面进一步分析后发现，赣南区域与赣北区域的企业科技工作者的流动意愿基本一致，无明显差别（图 11-16）。

（二）想换单位或职业的主要原因

对于有流动意愿的企业科技工作者来说，反映想换单位或职业的原因是收入"待遇太差"（49.45%）、"没有发展前途"（32.05%）、"工作太辛苦与压力大"（29.67%）、"缺乏成就感"（28.39%）的人数占比最高。其他影响企业

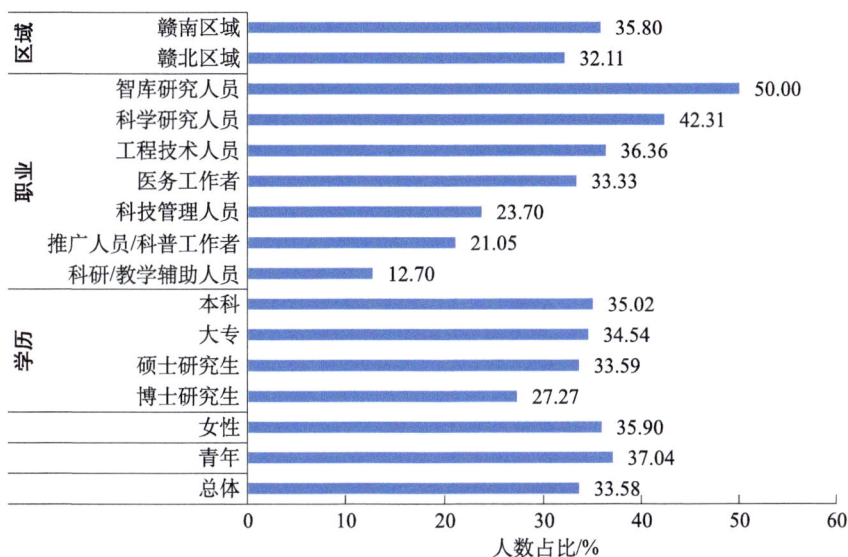

图 11-16　不同企业科技工作者群体曾考虑更换单位或职业的人数占比

科技工作者流动意愿的原因依次为"职称／职务晋升困难"（24.18%）、"工作平台不高"（23.44%）、"不能发挥专业特长"（13.55%）、"不方便照顾家庭"（13.55%）等。

　　从不同企业科技工作者群体角度分析，青年、女性企业科技工作者中，反映"收入待遇太差""没有发展前途"是更换单位或职业的主要原因的人数占比均较高；博士研究生学历的企业科技工作者中，因"收入待遇太差"而想换工作的人数占比（16.67%）明显低于其他学历的企业科技工作者；医务工作者中因"收入待遇太差"而想换工作的人数占比（75.00%）相对较高；赣南区域的企业科技工作者因"收入待遇太差"想换工作的人数占比（55.31%）高于赣北区域的企业科技工作者（表 11-3）。

表 11-3　不同企业科技工作者群体想换单位或职业的主要原因

类别		人数占比 / %			
		收入待遇太差	工作太辛苦、压力大	缺乏成就感	没有发展前途
年龄	青年	56.23	26.20	24.60	32.91
性别	女性	42.28	26.85	29.53	34.23

续表

类别		人数占比 / %			
		收入待遇太差	工作太辛苦、压力大	缺乏成就感	没有发展前途
学历	博士研究生	16.67	0	66.67	50.00
	硕士研究生	54.55	20.45	36.36	34.09
	本科	48.16	30.67	28.22	31.29
	大专	46.67	31.43	21.90	34.29
职业	工程技术人员	50.12	30.92	28.93	32.42
	医务工作者	75.00	25.00	0	25.00
	科学研究人员	54.55	18.18	72.73	36.36
	大学教师	0	0	0	0
	中学教师	0	0	0	0
	推广人员 / 科普工作者	50.00	37.50	25.00	50.00
	科研 / 教学辅助人员	62.50	12.50	12.50	25.00
	科技管理人员	39.02	24.39	24.39	29.27
	智库研究人员	0	0	50.00	0
区域	赣北区域	47.01	33.90	28.49	31.91
	赣南区域	55.31	21.79	28.49	34.64

（三）职业流动存在的主要障碍

调查数据显示，在有流动意愿的企业科技工作者中，78.94% 的企业科技工作者认为在更换工作方面存在障碍或困难。其中，"家庭因素"是阻碍企业科技工作者流动的最主要原因（46.70%），另外，"缺乏求职信息"（26.92%）、"社会保障制度"（19.41%）、"住房制度"（17.58%）、"职称评审制度"（14.65%）、"单位领导不放"（10.26%）等因素也在很大程度上影响着企业科技工作者的职业流动（图 11-17）。

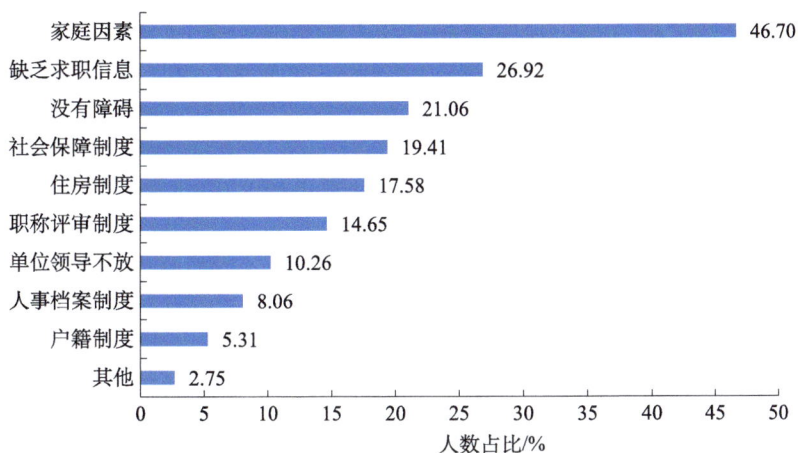

图 11-17　企业科技工作者对影响流动主要障碍的反映

（四）职业流动意向区域

调查数据显示，在将外省作为职业流动意向区域的企业科技工作者中，36.97% 的企业科技工作者想去珠三角地区，36.36% 的企业科技工作者想去长三角地区，6.67% 的企业科技工作者想去京津冀地区，7.88% 的企业科技工作者想去西南地区，想去西北地区、东北地区的企业科技工作者较少，分别占 1.82%、0.60%（图 11-18）。

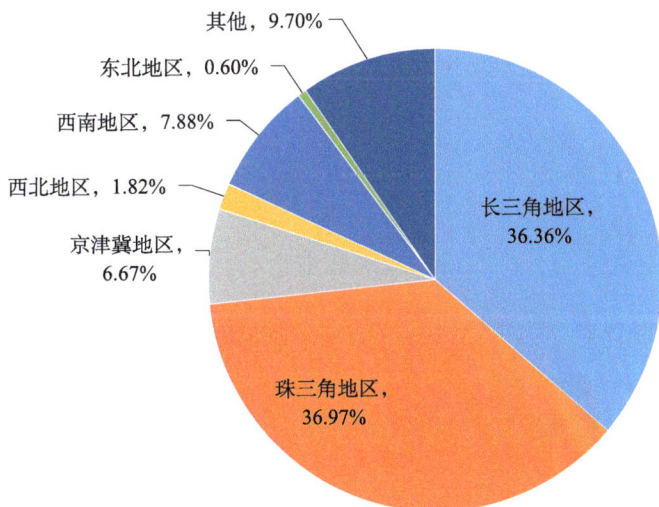

图 11-18　企业科技工作者对职业流动意向区域的反映

从江西省不同区域的企业科技工作者群体看，赣北区域的企业科技工作者想去长三角地区的人数占比为42.31%，明显高于赣南区域的27.59%；赣南区域的企业科技工作者想去珠三角地区的人数占比为63.79%，明显高于赣北区域（图11-19）。由此表明，赣北地区的企业科技工作者更倾向于流动至长三角地区，赣南区域的企业科技工作者则更倾向于流动至珠三角地区。

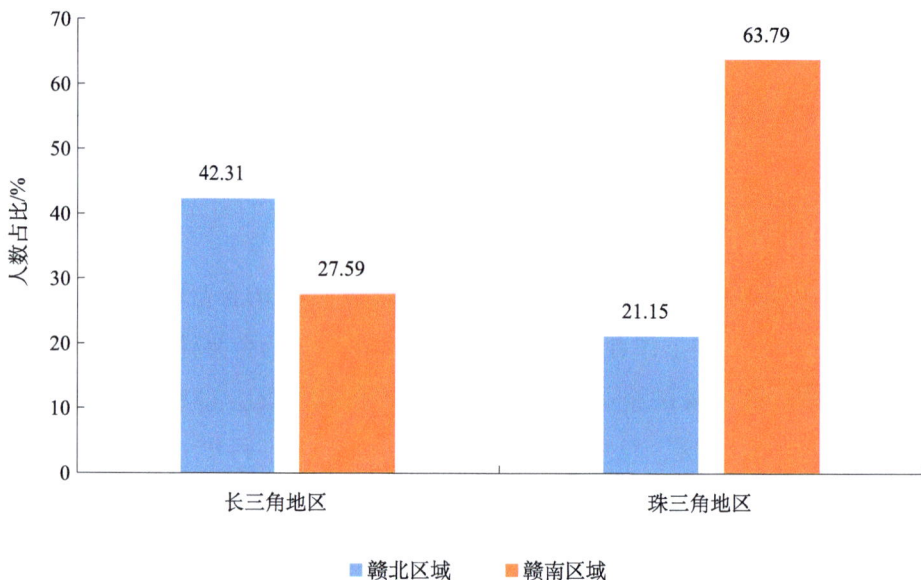

图 11-19　不同区域企业科技工作者职业流动意向区域的情况

五、职业理想

（一）企业科技工作者最青睐的职业

调查数据显示，如果有机会重新选择，25.22%的企业科技工作者表示仍会从事目前的职业，16.67%的企业科技工作者会选择公务员，11.56%的企业科技工作者会选择大学教师，10.95%的企业科技工作者会选择企业管理人员，选择中小学教师等作为重新选择的职业的企业科技工作者人数占比不高，均低于10%（图11-20）。

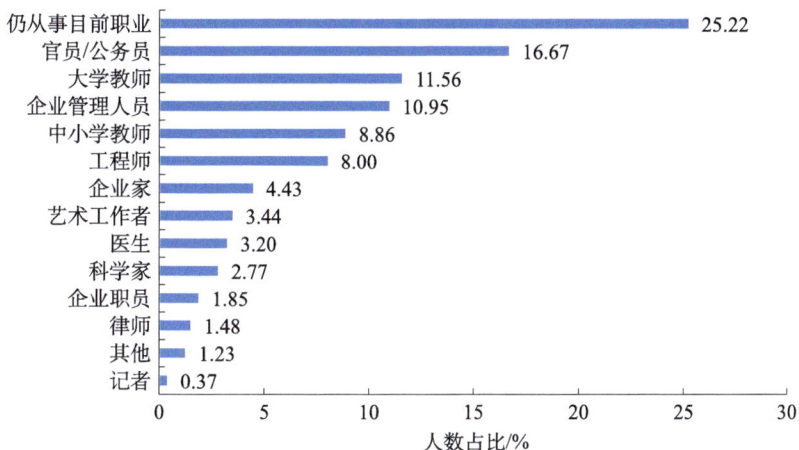

图 11-20　企业科技工作者最青睐的职业情况

（二）企业科技工作者的创业意愿

调查数据显示，29.95% 的企业科技工作者近三年考虑过自己创业，其中28.29% 的企业科技工作者有初步的创业想法，1.66% 的企业科技工作者已经开始创业（图 11-21）。

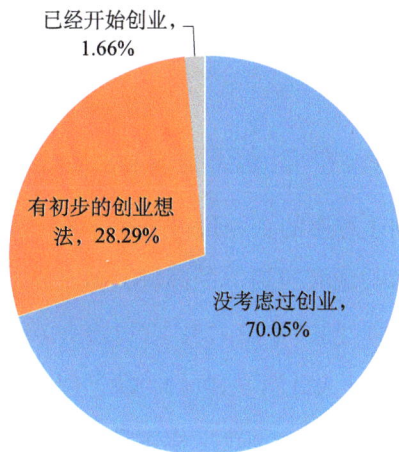

图 11-21　企业科技工作者的创业意愿情况

不同企业科技工作者群体在创业意愿方面存在差异。从年龄方面进一步分析后发现，青年企业科技工作者中近三年有创业意愿的人数占比为32.31%，比整体人数占比高，表明青年企业科技工作者的创业意愿较强。从性别方面进一步分析后发现，女性企业科技工作者中近三年有创业意愿的人数占比为 30.61%，高于整体人数占比，表明女性企业科技工作者的创业意愿高于男性企业科技工作者。从学历方面进一步分析后发现，大专学历的企业科技工作者中有创业意愿的人数占比（35.20%）高于其他学历的企业科技工作者。从区域分布方面进一步分析后发现，赣南区域的企业科技工作者中有创业意愿的人数占比达 37.20%，高于赣北区域（图 11-22）。

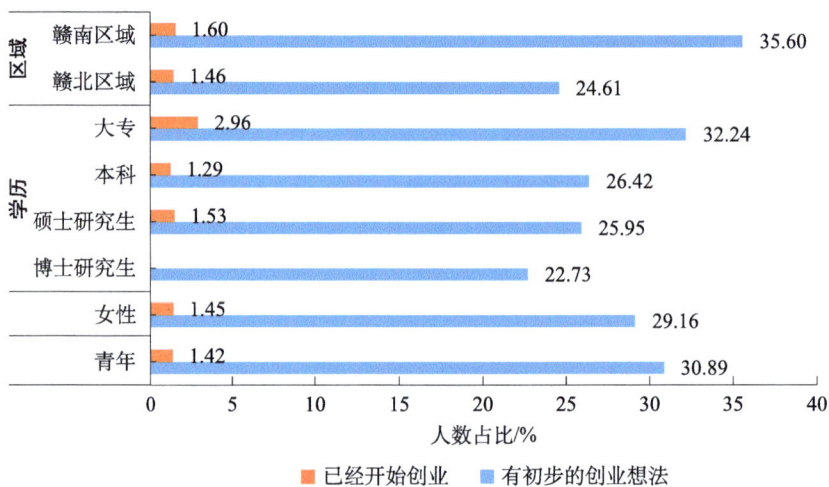

图 11-22　不同企业科技工作者群体有创业意愿或已开始创业的人数占比

（三）企业科技工作者创业面临的主要障碍

调查数据显示有创业意愿的企业科技工作者中，20.36% 的在创业过程中面临着"缺乏资金来源与融资渠道"的障碍，其他障碍依次为"缺乏好的项目"（16.61%）、"缺乏管理经验"（12.12%）、"风险大 / 没有安全感"（11.50%）、"缺乏市场"（6.52%）、"缺乏人才"（5.17%）、"缺乏创业孵化服务保障"（4.86%）等（图 11-23）。从不同区域企业科技工作者群体看，赣北、赣南区域有创业意愿的企业科技工作者均认为缺乏资金来源与融资渠道、缺乏好的项目、缺乏管理经验等为创业过程中面临的最主要困难，同时赣南区域的企业科技工作者反映缺乏资金来源与融资渠道这一困难的人数占比相对于赣北区域的更高。

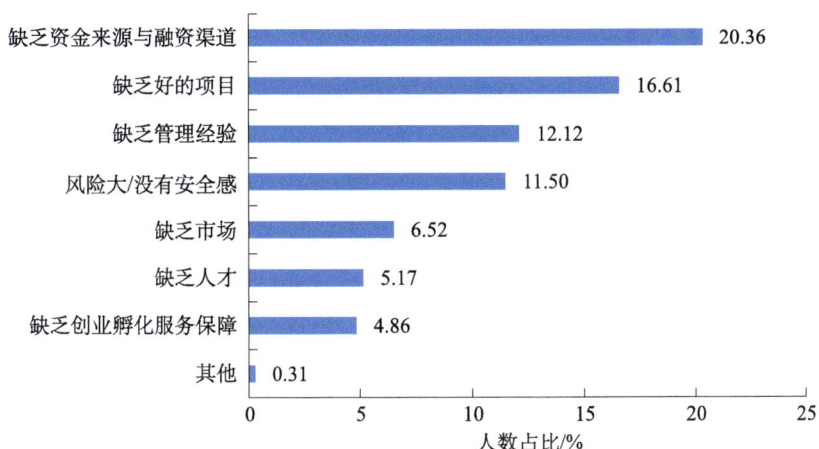

图 11-23 企业科技工作者对创业面临困难的反映

第三节 生 活 状 况

一、收入情况

（一）企业科技工作者的月收入情况

从企业科技工作者每月工资收入情况看，每月税后实发工资在 3000 元以下的人数占 8.55%，每月税后实发工资为 3000～5000 元的人数占 41.27%，每月税后实发工资为 5001～10 000 元的人数占 37.27%，每月税后实发工资为 10 001～15 000 元的人数占 9.72%，每月税后实发工资为 15 000 元以上的人数占 3.20%。从年龄、性别方面进一步分析后发现，青年、女性企业科技工作者中，每月税后实发工资为 5001 元以下的人数占比分别达 57.87%、68.68%，比整体人数占比高。从不同学历、职称方面进一步分析后发现，企业科技工作者的学历、职称越高，工资收入也相对越高。从职业方面进一步分析后发现，智库研究人员、科学研究人员的企业科技工作者中，每月税后实发工资为 10 000 元以上的人数占比分别为 25.00%、15.38%。从区域分布方面进一步分析后发现，赣北区域企业科技工作者中，每月税后实发工资为 5000 元以上的人数占比达 50.96%，高于赣南区域的 48.60%（图 11-24）。

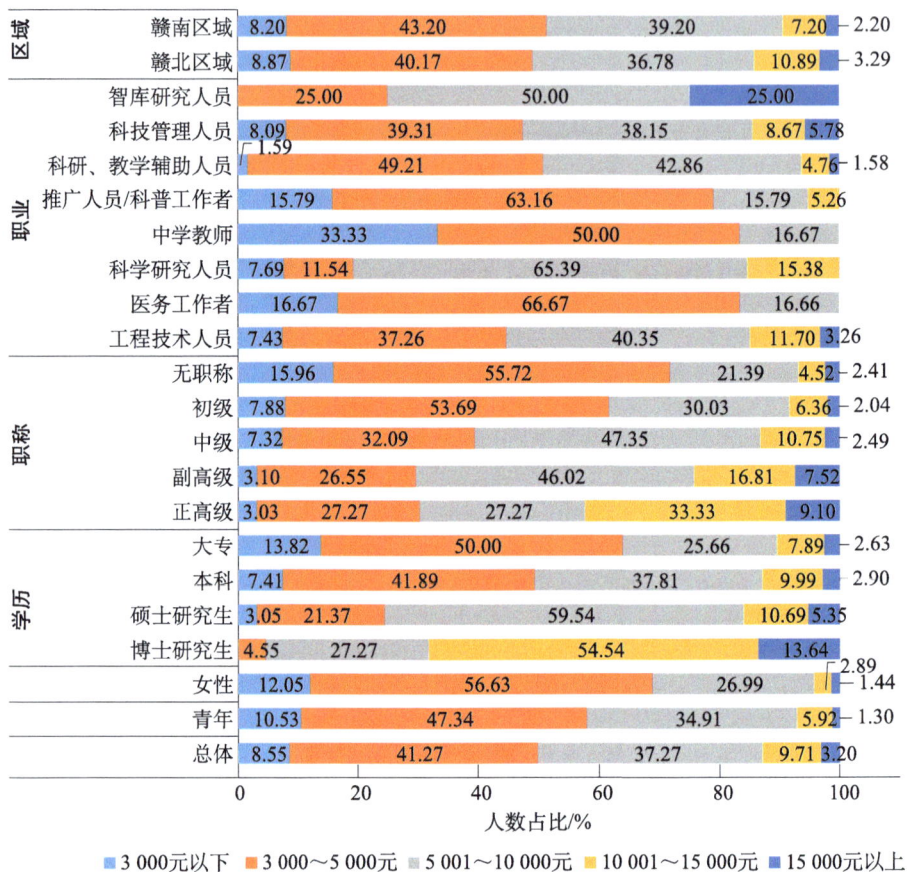

		3000元以下	3000~5000元	5001~10000元	10001~15000元	15000元以上
区域	赣南区域	8.20	43.20	39.20	7.20	2.20
	赣北区域	8.87	40.17	36.78	10.89	3.29
职业	智库研究人员		25.00	50.00		25.00
	科技管理人员	8.09	39.31	38.15	8.67	5.78
	科研、教学辅助人员	1.59	49.21	42.86	4.76	1.58
	推广人员/科普工作者	15.79	63.16		15.79	5.26
	中学教师	33.33		50.00	16.67	
	科学研究人员	7.69	11.54	65.39	15.38	
	医务工作者	16.67	66.67	16.66		
	工程技术人员	7.43	37.26	40.35	11.70	3.26
职称	无职称	15.96	55.72	21.39	4.52	2.41
	初级	7.88	53.69	30.03	6.36	2.04
	中级	7.32	32.09	47.35	10.75	2.49
	副高级	3.10	26.55	46.02	16.81	7.52
	正高级	3.03	27.27	27.27	33.33	9.10
学历	大专	13.82	50.00	25.66	7.89	2.63
	本科	7.41	41.89	37.81	9.99	2.90
	硕士研究生	3.05	21.37	59.54	10.69	5.35
	博士研究生	4.55	27.27	54.54		13.64
	女性	12.05	56.63	26.99	2.89	1.44
	青年	10.53	47.34	34.91	5.92	1.30
	总体	8.55	41.27	37.27	9.71	3.20

图 11-24　不同企业科技工作者群体每月税后实发工资情况

从企业科技工作者每月其他收入（如稿费、劳务费、年终奖、兼职收入等）情况看，其他收入在3000元以下的人数占72.02%，3000~5000元的人数占13.47%，5001~10000元的人数占9.53%，10001~15000元的人数占2.15%，15000元以上的人数占2.83%。从性别、年龄方面进一步分析后发现，青年、女性企业科技工作者中，每月其他收入在5001元以下的人数占比均比整体人数占比高。从学历、职称方面进一步分析后发现，企业科技工作者的学历、职称越高，其他收入水平也越高。从职业方面进一步分析后发现，智库研究人员的企业科技工作者中，每月其他收入在5000元以上的人数占比为50.00%，高于其他单位（图11-25）。

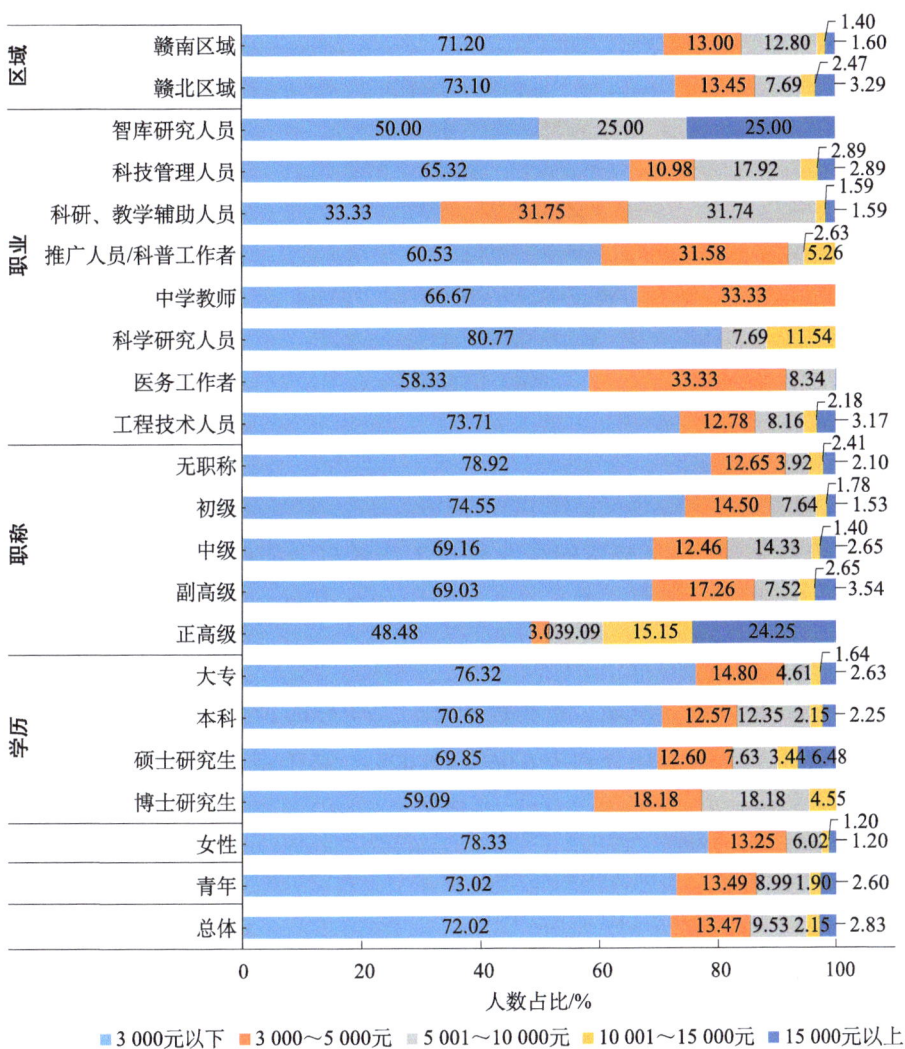

图 11-25　不同企业科技工作者群体每月其他方面的税后收入情况

（二）企业科技工作者自评收入水平

调查数据显示，13.53% 的企业科技工作者认为自己的收入在当地属于下等，36.10% 的企业科技工作者认为自己的收入属于中下等，34.44% 的企业科技工作者认为自己的收入属于中等，6.64% 的企业科技工作者认为自己的收入属于中上等，仅有 0.49% 的企业科技工作者认为自己的收入属于上等（图 11-26）。

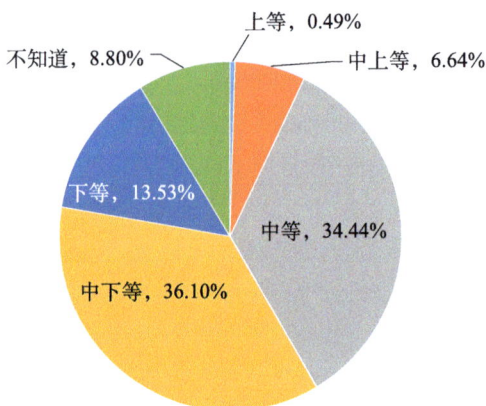

图 11-26　企业科技工作者自评收入水平情况

（三）企业科技工作者兼职收入情况

调查数据显示，4.55% 的企业科技工作者有兼职收入。从年龄、性别方面进一步分析后发现，青年企业科技工作者中拥有兼职收入的人数占比为 5.09%，女性企业科技工作者中拥有兼职收入的人数占比为 4.58%。从职称方面进一步分析后发现，正高级职称、无职称的企业科技工作者中，拥有兼职收入的人数占比分别为 6.06%、6.02%，高于副高级（3.54%）、中级（3.89%）、初级职称（4.83%）的企业科技工作者。从职业方面进一步分析后发现，智库研究人员在外兼职人数占比较高，达 25.00%，其次是推广人员/科普工作者（18.42%）（图 11-27）。

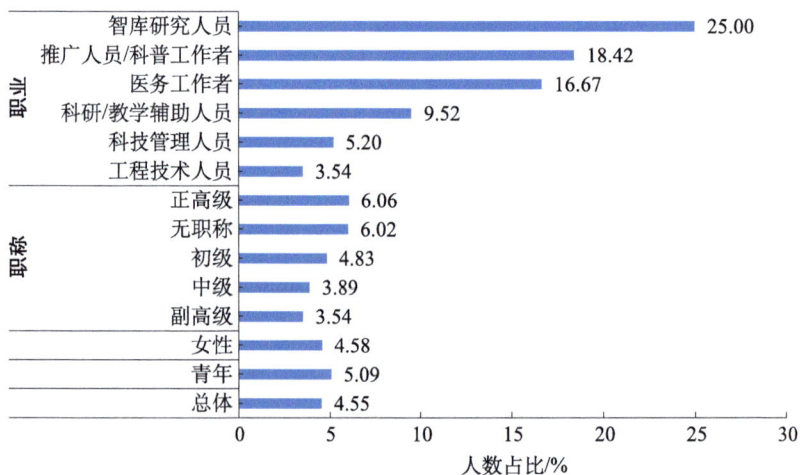

图 11-27　不同企业科技工作者群体拥有其他有收入的兼职工作情况

二、福利及保障

（一）企业科技工作者带薪休假情况

调查数据显示，享受带薪假期的企业科技工作者平均每年有 12.50 天的假期，而实际平均每年休假 9.60 天。

（二）企业科技工作者的劳动合同签订情况

调查数据显示，93.11% 的企业科技工作者与单位签订了劳动合同，其中签订有固定期限合同的人数占比为 47.54%，签订无固定期限合同的人数占比为 45.57%。（图 11-28）。

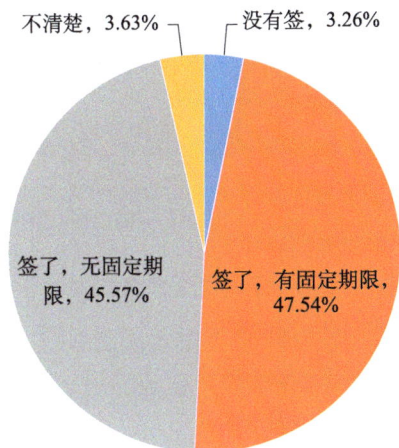

不清楚，3.63%　没有签，3.26%

签了，无固定期限，45.57%

签了，有固定期限，47.54%

图 11-28　企业科技工作者与单位签订合同的情况

（三）企业科技工作者的社会保障情况

调查数据显示，大多数企业科技工作者有社会保障，有企事业单位养老保险、企事业单位医疗保险、社会失业保险、商业保险的企业科技工作者人数占比分别为 91.94%、90.22%、76.88% 和 16.67%。

三、健康情况

（一）企业科技工作者所在单位组织体检的情况

调查数据显示，88.98% 的企业科技工作者所在单位会定期或不定期地组织体检，其中反映单位一年至少组织一次体检的人数占 49.38%，反映单位两年组织一次体检的人数占 31.67%，反映单位三年组织一次体检的人数占 1.41%，反映单位不定期组织体检的人数占 6.52%（图 11-29）。从职业方面进一步分析后发现，智库研究人员的企业科技工作者中，反映单位从没组织过体检的人数占比为 25.00%，高于其他单位的企业科技工作者。

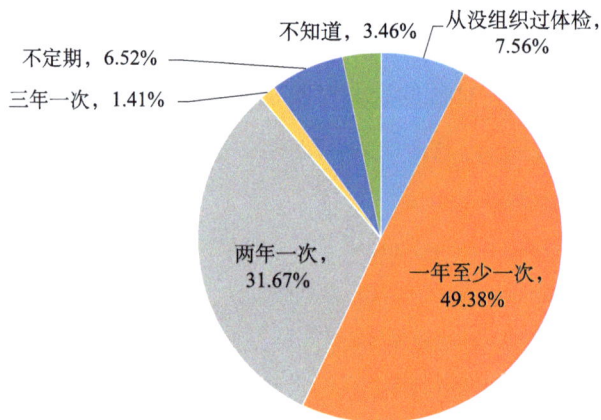

图 11-29　企业科技工作者所在单位组织体检情况

（二）企业科技工作者的自评健康状况

数据显示，14.39% 的企业科技工作者认为自己非常健康，49.20% 的企业科技工作者认为自己比较健康，27.80% 的企业科技工作者认为自己的健康状况一般，8.06% 的企业科技工作者认为自己不太健康，仅有 0.55% 的企业科技工作者认为自己非常不健康（图 11-30）。

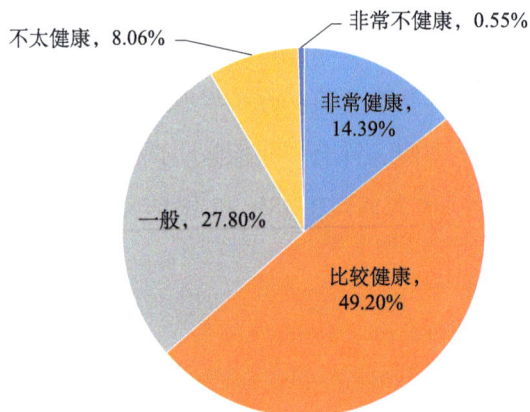

图 11-30　企业科技工作者的自评健康状况

（三）企业科技工作者身心健康对工作和生活的影响程度

调查数据显示，27.00% 的企业科技工作者表示过去一年会由于身体原因影响到工作或生活，其中表示有时影响的人数占 22.88%，经常影响的人数占 2.83%，总是影响的人数占 1.29%；40.47% 的企业科技工作者表示过去一年会由于心情抑郁或情绪不好影响到工作或生活，其中表示有时影响的人数占 32.41%，经常影响的人数占 5.97%，总是影响的人数占 2.09%（图 11-31）。

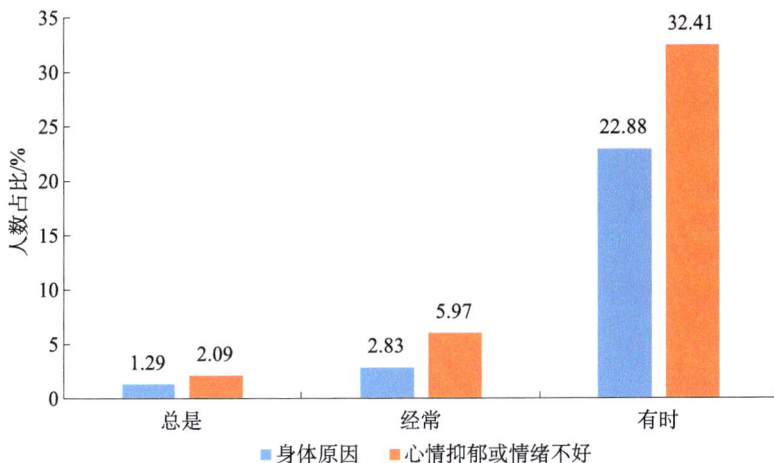

图 11-31　企业科技工作者因为身心健康问题影响工作或生活的情况

四、生活获得感

（一）企业科技工作者在生活中面临的问题或困难

调查数据显示，59.90% 的企业科技工作者反映"收入低"是在生活中面临的主要困难，其他困难依次为"工作忙、不能照顾家庭"（50.98%）、"照顾老人有困难"（37.88%）、"住房困难"（20.97%）、"上下班交通不便"（17.10%）、"子女入学难"（12.67%）等（图 11-32）。从职业方面进一步分析后发现，医务工作者中认为"工作忙、不能照顾家庭"是在生活中面临的主要困难的人数占比较其他职业高。从区域分布方面进一步分析后发现，赣南区域的企业科技工作者对"收入低"困难的反映人数占比高于赣北区域（表 11-4）。

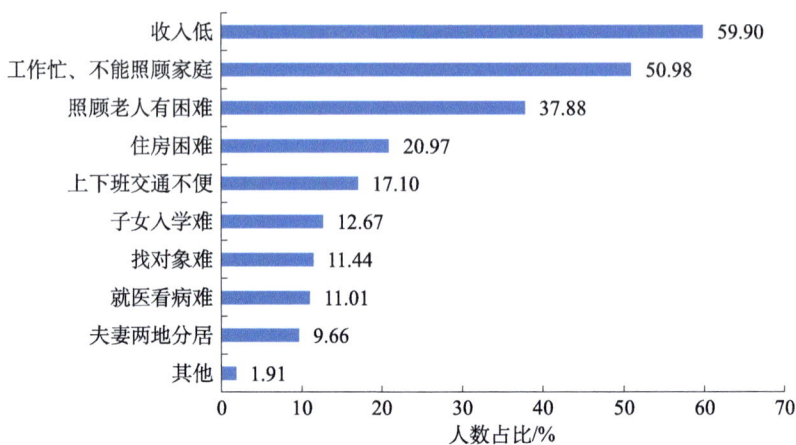

图 11-32　企业科技工作者在生活中面临的困难情况

表 11-4　不同企业科技工作者群体在生活中面临的困难情况

类别		人数占比 / %				
		收入低	住房困难	上下班交通不便	工作忙、不能照顾家庭	照顾老人有困难
年龄	青年	70.53	28.17	17.75	44.73	29.11
性别	女性	63.61	14.94	22.65	44.10	29.40
职业	工程技术人员	59.47	21.31	16.86	54.22	39.89
	医务工作者	33.33	0	0	50.00	8.33
	科学研究人员	65.38	42.31	11.54	34.62	42.31
	中学教师	66.67	16.67	16.67	16.67	0
	推广人员 / 科普工作者	65.79	31.58	28.95	52.63	18.42
	科研 / 教学辅助人员	57.14	31.75	14.29	34.92	52.38
	科技管理人员	47.40	13.87	19.08	47.98	41.62
	智库研究人员	50.00	25.00	25.00	25.00	25.00
区域	赣北区域	56.27	20.31	19.67	54.89	38.98
	赣南区域	62.80	23.00	12.00	42.80	36.40

（二）企业科技工作者的生活幸福感

调查发现，43.79%%的企业科技工作者认为自己的生活很幸福或比较幸福，48.09% 的企业科技工作者认为自己的生活一般，8.12% 的企业科技工作者认为自己不太幸福或很不幸福（图 11-33）。

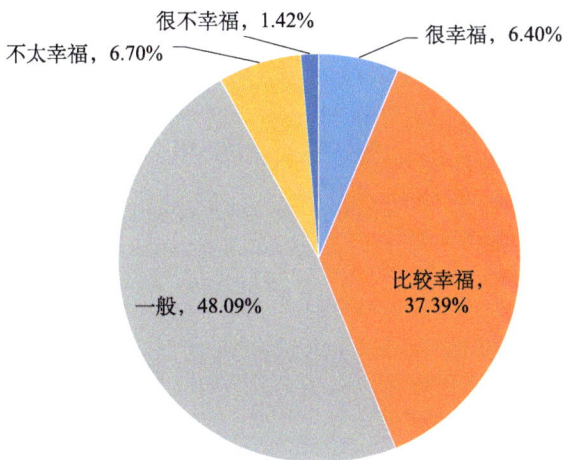

图 11-33　企业科技工作者生活幸福感情况

　　从不同年龄方面进一步分析后发现，青年企业科技工作者中感到生活很幸福或比较幸福的人数占比为 39.41%，低于整体人数占比，表明青年企业科技工作者的整体幸福感比其他年龄段的企业科技工作者低。从性别方面进一步分析后发现，女性企业科技工作者中感到生活幸福的人数占比（49.88%）高于整体人数占比，表明女性企业科技工作者的生活幸福感高于男性。从职业方面进一步分析后发现，科研 / 教学辅助职位的企业科技工作者中，感到生活很幸福或比较幸福的人数占比较高，为 65.08%；而科学研究职位的企业科技工作者人数占比偏低，为 15.38%。从区域分布方面进一步分析后发现，赣南区域和赣北区域的企业科技工作者中感到生活很幸福或比较幸福的人数占比相近（图 11-34）。

（三）影响生活幸福的主要因素

　　83.39% 的企业科技工作者反映影响生活幸福的因素为"父母身体健康"，其他影响因素依次为"收入稳步上升"（75.46%）、"事业成功"（63.04%）、"有知心爱人"（59.41%）、"子女懂事听话"（58.86%）、"有真挚的朋友"（46.31%）等（图 11-35）。

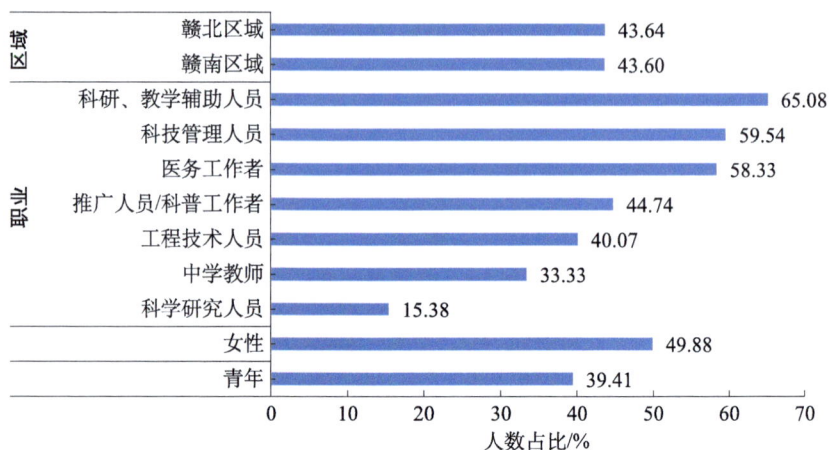

图 11-34　不同企业科技工作者群体感到生活很幸福或比较幸福的人数占比

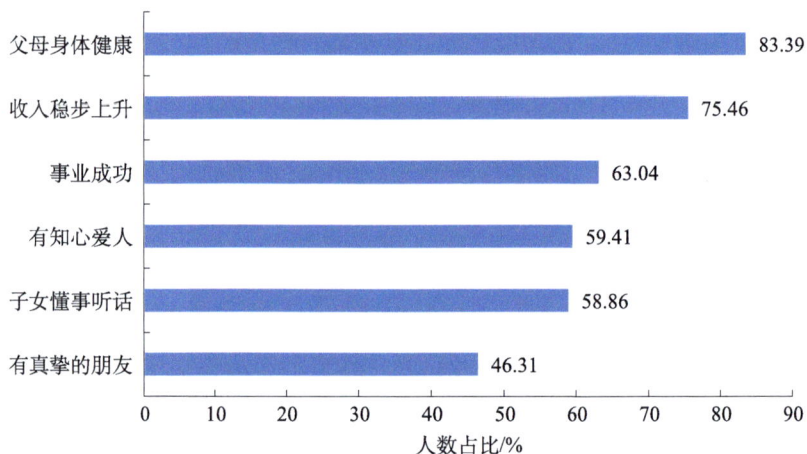

图 11-35　影响企业科技工作者生活幸福的主要因素

第四节　科研活动状况

一、承担项目情况

（一）近三年承担和 / 或参与的研究项目情况

调查数据显示，46.25% 的企业科技工作者近三年承担和 / 或参与了研究项目，其中，承担和/或参与1～3项的人数占36.22%，4～6项的人数占6.95%，7项及以上的人数占3.08%。从年龄、性别方面进一步分析后发现，青年、女性企业科技工作者中近三年承担和/或参与研究项目的人数占比分别为45.56%、32.77%，均低于整体人数占比。从学历、职称方面进一步分析后发现，企业科技工作者的学历与职称越高，承担和/或参与研究项目的数量也越多。从职业方面进一步分析后发现，科学研究人员、工程技术人员、智库研究人员近三年承担和/或参与研究项目的人数占比较其他职业更高，中学教师的人数占比较低。从区域分布方面进一步分析后发现，赣北区域的企业科技工作者中近三年承担和/或参与研究项目的人数占比为48.03%，高于赣南区域的企业科技工作者（42.60%）（图11-36）。

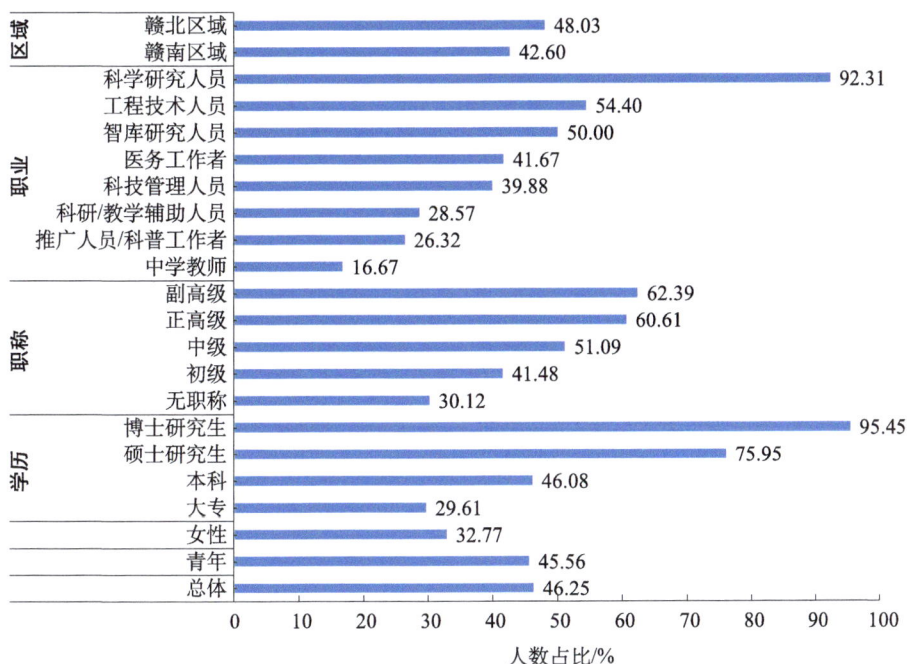

图 11-36 不同企业科技工作者群体近三年承担和/或参与的研究项目情况

（二）近三年主持参与的产学研合作项目情况

调查数据显示，近三年承担和/或参与过研究项目的企业科技工作者中，68.22%的参与过产学研合作项目。从年龄、性别方面进一步分析后发现，青年企业科技工作者中主持参与过产学研合作项目的人数占比为 67.01%，女性企业科技工作者中主持参与过产学研合作项目的人数占比为 67.65%，均略低于整体的该人数占比。从职业方面进一步分析后发现，医务工作者（100.00%）、中学教师（100.00%）、智库研究人员（100.00%）职位的企业科技工作者主持参与产学研合作项目的人数占比较高。从区域方面进一步分析后发现，赣北区域的企业科技工作者主持参与过产学研合作项目的人数占比为 71.24%，赣南区域的人数占比为 59.62%（图 11-37）。

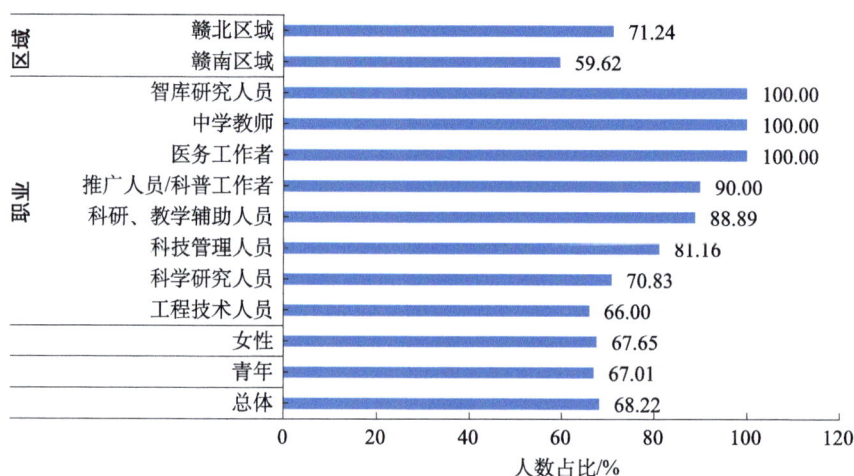

图 11-37　不同企业科技工作者群体主持参与产学研合作项目的人数占比

从产学研合作项目的合作对象看，大学、科研院所、国有企业、民营企业是企业科技工作者最主要的合作对象，分别有 42.15%、33.51%、27.79% 和 19.55% 的企业科技工作者反映自己的合作对象是大学、科研院所、国有企业和民营企业（表 11-5）。

表 11-5　不同企业科技工作者群体主持参与产学研合作项目的合作对象

类别		人数占比 / %						
		大学	科研院所	国有企业	海外机构	民营企业	外资企业	社会组织及团体
总体		42.15	33.51	27.79	1.06	19.55	2.26	2.13
年龄	青年	40.00	32.47	29.35	0.78	19.22	1.82	2.34

续表

类别		人数占比 / %						
		大学	科研院所	国有企业	海外机构	民营企业	外资企业	社会组织及团体
性别	女性	47.06	28.68	24.26	0	19.12	5.15	0.74
职业	工程技术人员	40.17	32.33	28.17	0.67	18.67	1.50	2.33
	医务工作者	60.00	20.00	20.00	0	60.00	0	20.00
	科学研究人员	37.50	33.33	33.33	0	20.83	0	0
	中学教师	100.00	0	0	0	0	100.00	0
	推广人员 / 科普工作者	60.00	20.00	20.00	0	20.00	20.00	0
	科研 / 教学辅助人员	61.11	44.44	44.44	5.56	27.78	0	0
	科技管理人员	57.97	53.62	20.29	2.90	21.74	2.90	1.45
	智库研究人员	0	0	50.00	0	50.00	0	0
区域	赣北区域	44.95	37.71	33.14	1.14	16.19	1.33	1.71
	赣南区域	34.74	24.41	14.55	0.94	27.23	3.29	2.82

（三）承担科研工作遇到的最大困难

调查数据显示，分别有 40.84%、16.30%、11.32%、10.46% 和 7.44% 的企业科技工作者反映在科研工作中面临的最大困难是"自己研究水平有限"、"缺乏经费支持"、"难以跟踪科学前沿进展"、"行政事务繁忙"和"研究辅助人员太少"等。从性别、年龄、区域分布方面进一步分析后发现，青年、女性、赣南区域、赣北区域的企业科技工作者反映在科研工作中面临的最大困难是"自己研究水平有限"的人数占比较高。从职业方面进一步分析后发现，工程技术人员、医务工作者、中学教师、推广人员 / 科普工作者、科研 / 教学辅助人员、科技管理人员中反映在科研工作中面临的最大困难是"自己研究水平有限"的人数占比均较高，而科学研究人员中反映"研究辅助人员太少"（23.08%）这一困难的人数占比则更高。

（四）承担科研项目对企业科技工作者工作和生活的改善作用

调查数据显示，在承担过科研项目的企业科技工作者中，超八成的企业科技工作者认为承担项目对"提升研究水平"（85.85%）、"完成业绩考核"（83.58%）、"发表科研成果"（83.27%）、"职务／职称晋升"（83.09%）、"获得同行认可"（81.73%）、"获得科技奖励"（80.14%）等方面的作用非常大或比较大。另外，77.00%的企业科技工作者认为承担项目在"提高学术声望"等方面发挥了积极作用。有29.89%的企业科技工作者认为承担科研项目对"提高经济收入"基本没有作用（图11-38）。

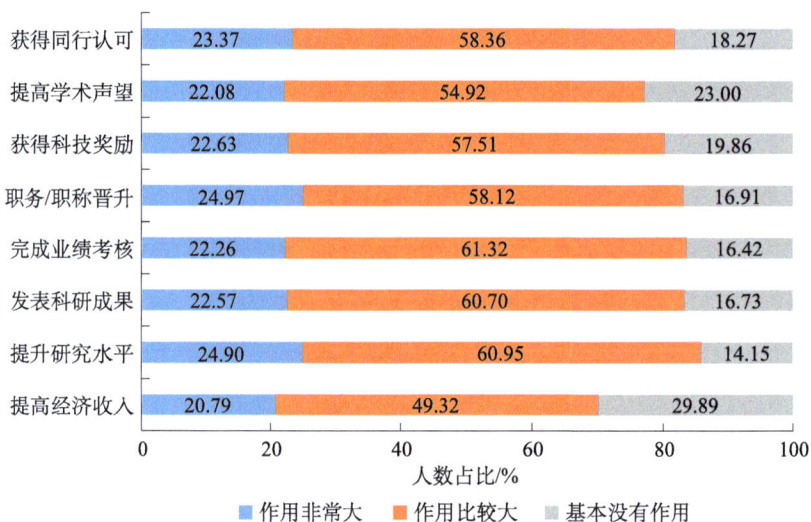

图 11-38　承担科研项目对企业科技工作者工作和生活的改善作用

二、科研项目管理存在问题的情况

（一）财政支持的科研项目管理存在的主要问题

调查数据显示，30.14%的企业科技工作者认为在财政支持的科研项目中存在的主要问题是"基础研究不受重视"，其他主要问题依次为"申报周期过长"（24.48%）、"申报手续复杂"（23.37%）、"有科研经费报销手续烦琐"（21.71%）、"成果不具有转化或应用的价值"（20.91%）、"项目限定的人员费比例太低"（18.02%）、"结项验收走形式、走过场"（17.22%）、"资金到位不及时"（16.48%）、"审批程序不透明"（15.74%）、"企业申报财政项目受歧视"（15.56%）、"评审时拉关系、走后门"（14.88%）、"招标信息不公开"（12.92%）、"项目经费的违规使用、挪用"（10.82%）等。从不同区域的企业科技工作者情况看，对于科研项目管理存在的问题，赣北区域的企业科技工作者的反映人数占比均高于赣南区域（图 11-39）。

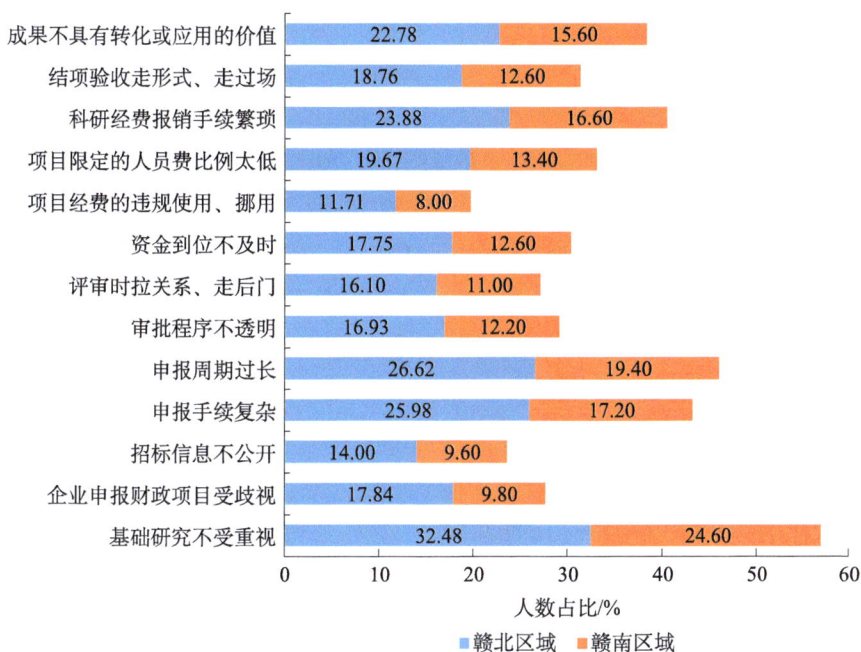

图 11-39　不同区域企业科技工作者认为财政支持项目中存在问题的人数占比

（二）对政府科技资源分配的看法

从企业科技工作者对政府科技资源分配结果公平性的反映看，44.16%的企业科技工作者认为政府科技资源分配的结果是公平的，其中 42.72% 的青年企业科技工作者与 38.07% 的女性企业科技工作者同意此看法。从学历方面进一步分析后发现，硕士研究生学历的企业科技工作者认为政府科技资源分配结果是公平的人数占比较高。从职称方面进一步分析后发现，企业科技工作者的职称越高，认为政府科技资源分配结果是公平的人数占比越高。从区域分布方面进一步分析后发现，赣南区域的企业科技工作者对政府科技资源分配结果是公平的反映人数占比较高，比赣北区域多 2.34%（图 11-40）。

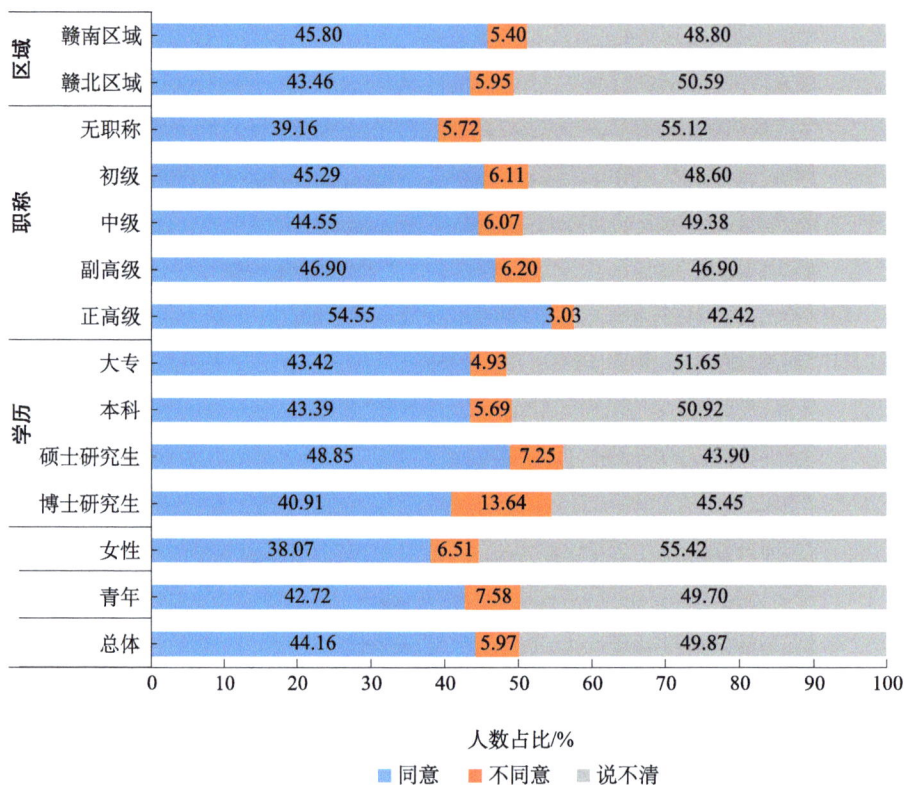

		同意	不同意	说不清
区域	赣南区域	45.80	5.40	48.80
	赣北区域	43.46	5.95	50.59
职称	无职称	39.16	5.72	55.12
	初级	45.29	6.11	48.60
	中级	44.55	6.07	49.38
	副高级	46.90	6.20	46.90
	正高级	54.55	3.03	42.42
学历	大专	43.42	4.93	51.65
	本科	43.39	5.69	50.92
	硕士研究生	48.85	7.25	43.90
	博士研究生	40.91	13.64	45.45
	女性	38.07	6.51	55.42
	青年	42.72	7.58	49.70
	总体	44.16	5.97	49.87

人数占比/%

■ 同意　■ 不同意　■ 说不清

图 11-40　不同企业科技工作者群体对政府科技资源分配结果公平性的判断

从企业科技工作者对政府科技资源分配过程公平性的反映看，44.10%的企业科技工作者认为政府科技资源的分配过程是公平的，其中 43.20% 的青年企业科技工作者与 39.04% 的女性企业科技工作者同意此看法。从学历方面进一步分析后发现，硕士研究生学历的企业科技工作者认为政府科技资源分配过程是公平的人数占比较高。从职称方面进一步分析后发现，职称越高，认为政府科技资源分配过程是公平的人数占比越高。从区域分布方面进一步分析后发现，赣南区域企业科技工作者认为政府科技资源分配过程是公平的人数占比较赣北区域更高（图 11-41）。

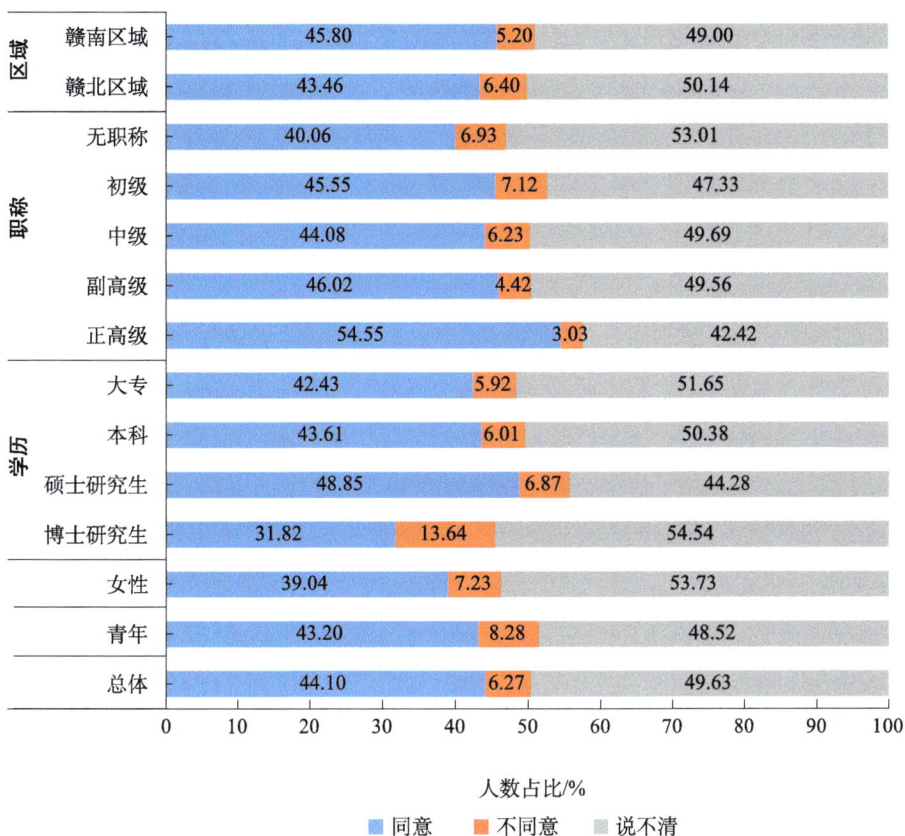

图 11-41　不同企业科技工作者群体对政府科技资源分配过程公平性的判断

三、科研成果情况

（一）企业科技工作者展现科研成果的主要形式

从企业科技工作者近三年发表学术论文的情况看，39.73% 的企业科技工作者近三年发表了学术论文，其中发表 1～3 篇的人数占 34.38%，发表 4～6 篇的人数占 4.49%，发表 7 篇及以上的人数占 0.86%。从性别、年龄方面进一步分析后发现，青年、女性企业科技工作者近三年发表学术论文的人数占比均低于整体人数占比。从区域分布方面进一步分析后发现，赣北区域的企业科技工作者近三年发表过学术论文的人数占比为 46.20%，赣南区域仅为 26.20%（图 11-42）。

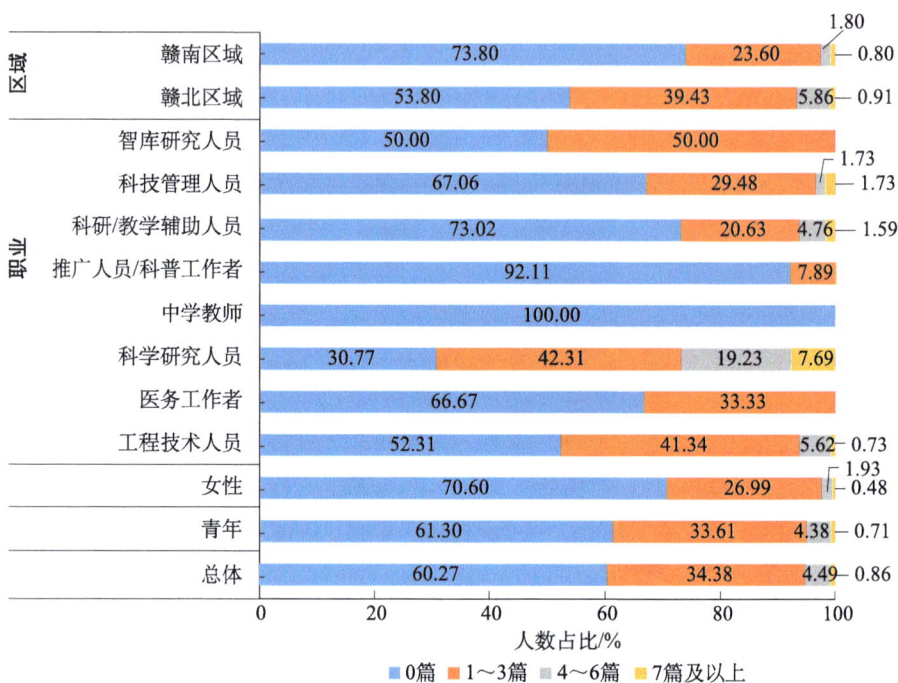

图 11-42　不同企业科技工作者群体近三年学术论文发表情况

从企业科技工作者近三年获得的专利情况看，28.78% 的企业科技工作者近三年获得过专利，其中获得 1~3 件的人数占 21.77%，获得 4~6 件的人数占 4.24%，获得 7 件及以上的人数占 2.77%。从年龄、性别方面进一步分析后发现，青年、女性企业科技工作者近三年获得过专利的人数占比低于整体人数占比。从职业方面进一步分析后发现，科学研究人员中近三年获得过专利的人数占比为 50.00%，高于其他职业。从区域分布方面进一步分析后发现，赣北区域的企业科技工作者获得过专利的人数占比较赣南区域高，为 31.93%（图 11-43）。

从企业科技工作者近三年获得应用技术成果的情况看，25.34% 的企业科技工作者获得过应用技术成果，其中获得 1~3 项的人数占 22.14%，获得 4 项及以上的人数占 3.20%。从年龄、性别方面进一步分析后发现，青年、女性企业科技工作者中近三年获得过应用技术成果的人数占比分别为 23.08%、14.94%。从职业方面进一步分析后发现，科学研究人员获得过应用技术成果

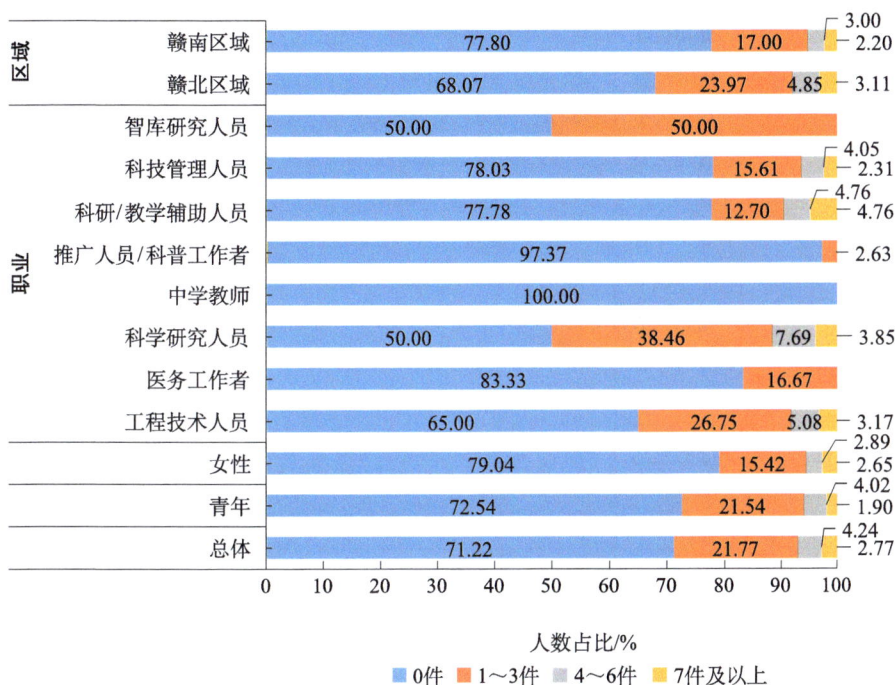

图 11-43　不同企业科技工作者群体近三年获得专利的情况

的人数占比为 46.16%，比其他职业的人数占比高。从区域分布方面进一步分析后发现，赣北区域的企业科技工作者获得过应用技术成果的人数占比为 27.54%，赣南区域的人数占比为 20.80%（图 11-44）。

（二）科研成果转化情况

近三年，31.30% 的企业科技工作者将科研成果转化为产品或应用于生活。从年龄、性别方面进一步分析后发现，28.88% 的青年企业科技工作者与 19.04% 的女性企业科技工作者的科研成果实现了转化。从职业方面进一步分析后发现，智库研究人员中反映近三年成果实现了转化的人数占比为 50.00%，高于其他职业；其次为科学研究人员（46.15%）、工程技术人员（37.81%）。从区域分布方面进一步分析后发现，赣北区域的企业科技工作者中反映成果实现了转化的人数占比为 32.39%，比赣南区域的高约 3 个百分点（图 11-45）。

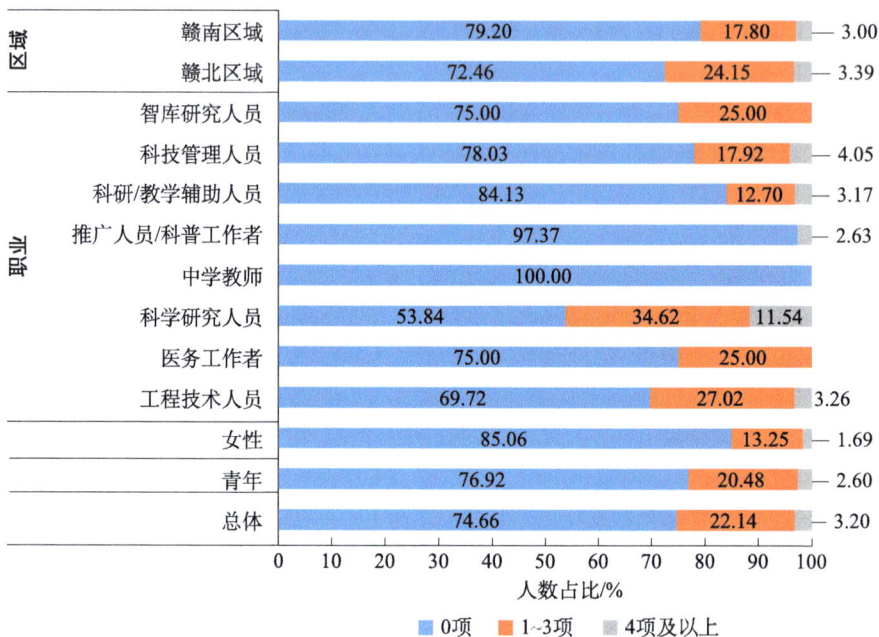

区域
赣南区域 79.20 | 17.80 | 3.00
赣北区域 72.46 | 24.15 | 3.39

职业
智库研究人员 75.00 | 25.00
科技管理人员 78.03 | 17.92 | 4.05
科研/教学辅助人员 84.13 | 12.70 | 3.17
推广人员/科普工作者 97.37 | 2.63
中学教师 100.00
科学研究人员 53.84 | 34.62 | 11.54
医务工作者 75.00 | 25.00
工程技术人员 69.72 | 27.02 | 3.26

女性 85.06 | 13.25 | 1.69
青年 76.92 | 20.48 | 2.60
总体 74.66 | 22.14 | 3.20

人数占比/%

■ 0项　■ 1~3项　■ 4项及以上

图 11-44　不同企业科技工作者群体近三年获得应用技术成果的情况

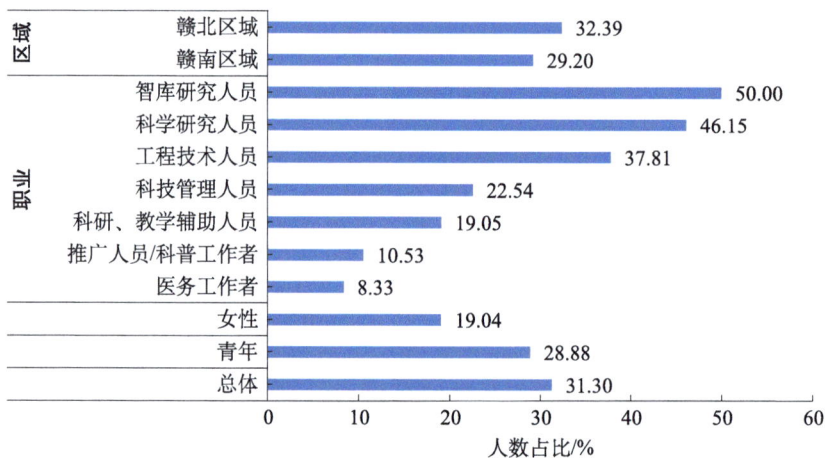

区域
赣北区域 32.39
赣南区域 29.20

职业
智库研究人员 50.00
科学研究人员 46.15
工程技术人员 37.81
科技管理人员 22.54
科研、教学辅助人员 19.05
推广人员/科普工作者 10.53
医务工作者 8.33

女性 19.04
青年 28.88
总体 31.30

人数占比/%

图 11-45　不同企业科技工作者群体近三年科研成果转化率

（三）成果转化获益情况

调查数据显示，在近三年科研成果实现转化的企业科技工作者中，62.28%的企业科技工作者从成果转化中获得了收益。从年龄、性别方面进一步分析后发现，青年、女性企业科技工作者中，从成果转化中获得了收益的人数占比分别为 61.48%、60.76%，均低于整体人数占比。从职业方面进一步分析后发现，医务工作者、中学教师、推广人员 / 科普工作者、智库研究人员均从成果转化中获得了收益。从区域分布方面进一步分析后发现，赣南区域的企业科技工作者从成果转化中获得了收益的人数占比为 59.59%，高于赣北区域的企业科技工作者（图 11-46）。

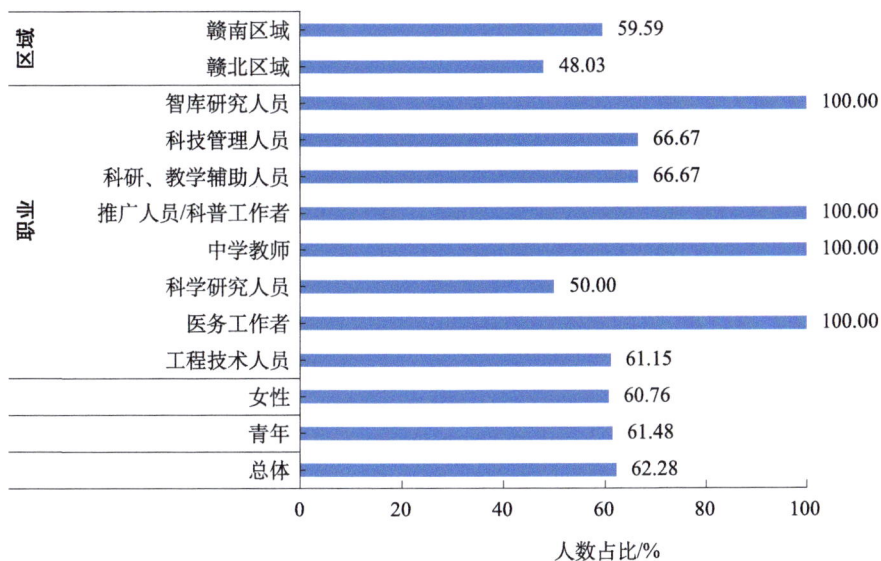

图 11-46　不同企业科技工作者群体的成果转化获益率

在科研成果实现转化的企业科技工作者中，52.46% 的企业科技工作者反映成果转化的收益形式是奖金，其他的收益形式包括社会声誉（13.36%）、技术入股（5.50%）、出售专利或技术（4.52%）、期权（2.36%）（图 11-47）。

（四）科研成果转化的最主要障碍

调查数据显示，68.40% 的企业科技工作者反映影响科研成果转化的最主要障碍是找不到技术需求市场，其他障碍依次为缺少成果转化中介（33.21%）、不关心成果转化（30.71%）、受到政策法规限制（8.06%）等（图 11-48）。

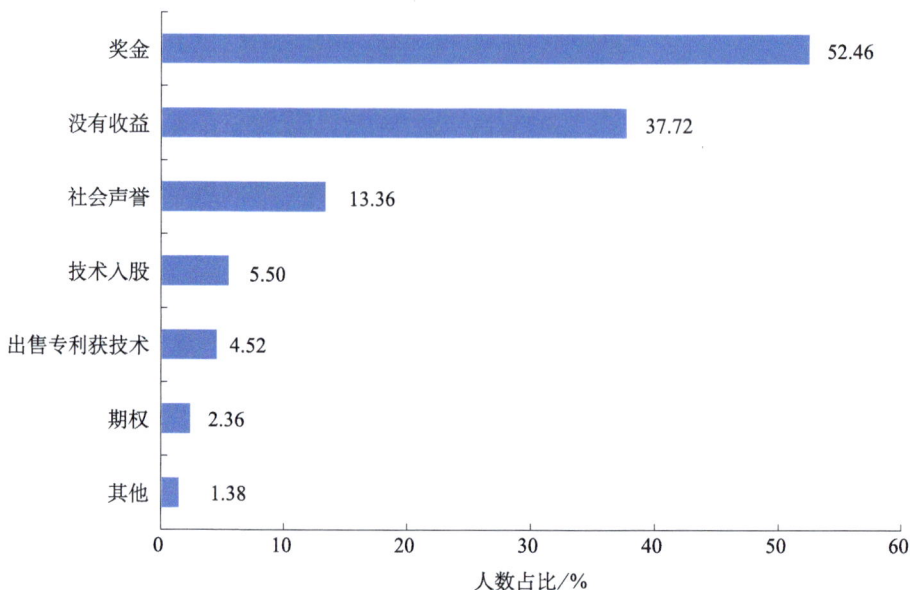

图 11-47　企业科技工作者成果转化的收益形式（多选）

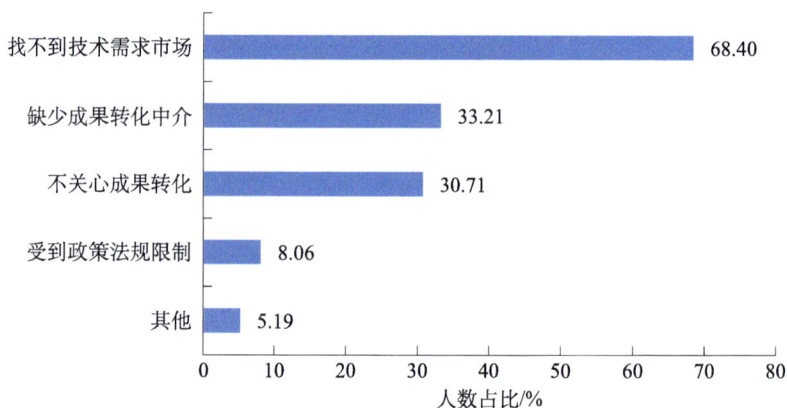

图 11-48　企业科技工作者反映影响成果转化的主要障碍

从职业方面进一步分析后发现，推广人员/科普工作者（35.29%）、工程技术人员（34.40%）中反映不关心成果转化的人数占比高于其他职业的企业科技工作者；科研/教学辅助人员（90.20%）、科学研究人员（78.57%）、工程技术人员（73.47%）、科技管理人员（71.64%）中反映找不到技术需求市场的人数占比高于其他职业；科学研究人员（71.43%）中反映缺少成果转化中介的人数占比高于其他职业。

第五节　社会参与状况

一、参与公共事务的意愿

（一）对国家政策方针的关注度

调查数据显示，75.09% 的企业科技工作者表示比较关注或非常关注近年来国家出台的重大政策方针，其中表示非常关注的人数占 15.50%，比较关注的人数占 59.59%；另外，21.09% 的企业科技工作者表示不太关注，1.05% 的企业科技工作者表示完全不关注，2.77% 的企业科技工作者表示说不清。从年龄、性别方面进一步分析后发现，青年、女性企业科技工作者对国家政策方针的比较关注或非常关注的人数占比均低于整体人数占比。从职业方面进一步分析后发现，科研 / 教学辅助人员、中学教师、科技管理人员中关注国家政策方针的人数占比较其他职业高，分别为 84.13%、83.33%、81.50%（图 11-49）。

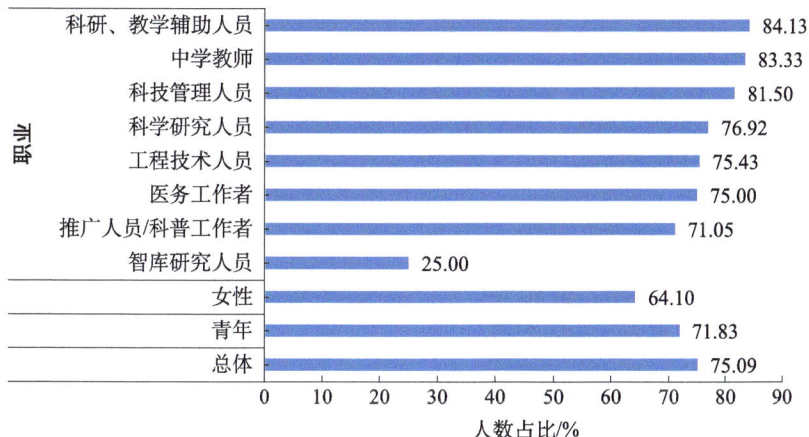

图 11-49　不同企业科技工作者群体对国家政策方针的关注度

（二）参与国家或地方公共事务管理的意愿

调查数据显示，83.89% 的企业科技工作者表示非常愿意或比较愿意参与国家或地方的公共事务管理，其中，表示非常愿意的人数占 27.12%，比较愿意的人数占 56.77%；另外，4.98% 的企业科技工作者表示不愿意，11.13% 的企业科技工作者没有明确表态。从年龄、性别方面进一步分析后发现，青年企业科技工作者参与地方公共事务管理的意愿强于其他年龄段的企业科技工作者，女性企业科技工作者参与地方公共事务管理的意愿则弱于男性企业科技工作者。从职业方面进一步分析后发现，智库研究人员参与公共事务管理的意愿高于其他职业，表示非常愿意或比较愿意参与的人数占比为 100.00%（图 11-50）。

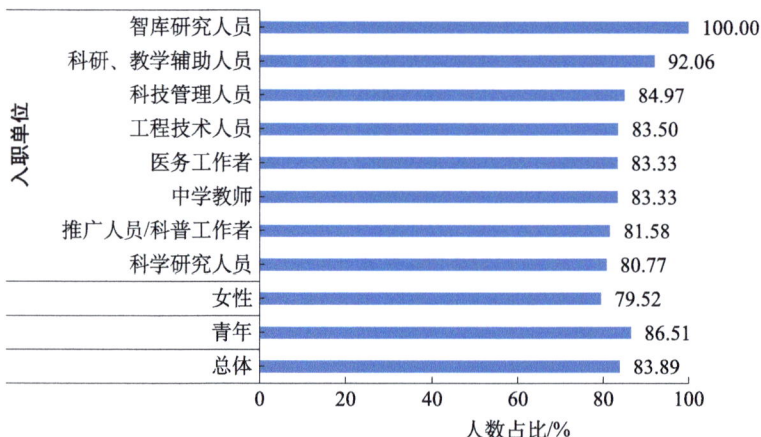

图 11-50　不同企业科技工作者群体参与国家或地方公共事务管理的意愿

（三）参政议政或参与公共事务渠道的畅通性

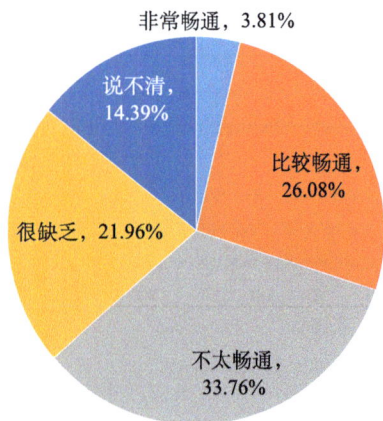

图 11-51　不同企业科技工作者
群体对参政议政或参与
公共事务渠道畅通性的反映

调查发现，29.89% 的企业科技工作者反映参政议政或参与公共事务的渠道畅通，其中 3.81% 的企业科技工作者表示非常畅通，26.08% 的企业科技工作者表示比较畅通；另外还有 33.76% 的企业科技工作者认为不太畅通，21.96% 的企业科技工作者认为很缺乏渠道（图 11-51）。

（四）参与具体公共事务管理的积极性

本次调查列举了四种活动来了解企业科技工作者参与公共事务管理的积极性情况。调查发现，11.01%的企业科技工作者向政府提过建议/意见，其中经常向政府提建议/意见的人数占0.98%，有时向政府提建议/意见的人数占10.02%；8.55%的企业科技工作者向新闻媒体提过建议/意见，其中经常向新闻媒体提建议/意见的人数占0.68%，有时向新闻媒体提建议/意见的人数占7.87%；60.71%的企业科技工作者向单位领导（部门）提过建议/意见，其中经常向单位领导（部门）提建议/意见的人数占5.17%，有时向单位领导（部门）提建议/意见的人数占55.54%；39.55%的企业科技工作者就单位的管理问题公开发表过意见，其中经常就单位的管理问题公开发表意见的人数占3.14%，有时就单位的管理问题公开发表意见的人数占36.41%（图11-52）。

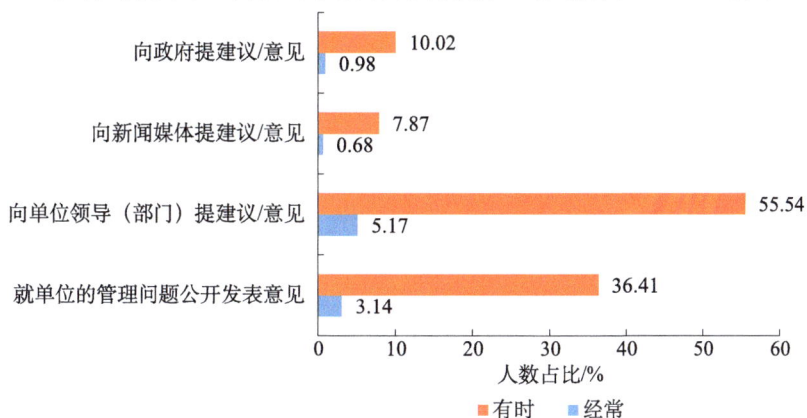

图 11-52　企业科技工作者参与四种公共事务管理的人数占比

不同企业科技工作者群体在参与公共事务管理的积极性方面存在差异。从年龄方面进一步分析后发现，青年企业科技工作者在参与的四种公共事务中，反映向新闻媒体和政府提过建议/意见的人数占比高于整体。从性别方面进一步分析后发现，女性企业科技工作者在参与的四种公共事务中，向新闻媒体和政府提过建议/意见的人数占比高于整体。从职称方面进一步分析后发现，更高职称的企业科技工作者参与公共事务管理的人数占比更高。从职业方面进一步分析后发现，在就单位的管理问题公开发表意见、向单位领导（部门）提建议/意见方面，科研/教学辅助人员的人数占比最高；在向

新闻媒体提建议 / 意见、向政府提建议 / 意见方面，医务工作者的人数占比最高。从区域分布方面进一步分析后发现，赣南区域的企业科技工作者参与公共事务管理的人数占比要略高于赣北区域的企业科技工作者（表 11-6）。

表 11-6 不同企业科技工作者群体有时或经常参与四种公共事务管理的人数占比

单位：%

类别		就单位的管理问题公开发表意见	向单位领导（部门）提建议 / 意见	向新闻媒体提建议 / 意见	向政府提建议 / 意见
总体		39.54	60.70	8.55	11.01
年龄	青年	33.85	57.28	9.70	11.12
性别	女性	29.88	51.57	8.92	11.57
职业	工程技术人员	36.45	59.75	6.71	8.79
	医务工作者	25.00	58.33	33.33	41.67
	科学研究人员	38.46	53.85	11.54	11.54
	中学教师	16.67	33.33	33.33	33.33
	推广人员 / 科普工作者	44.74	52.63	15.79	18.42
	科研 / 教学辅助人员	65.08	74.60	14.29	17.46
	科技管理人员	50.29	73.99	13.29	17.34
	智库研究人员	25.00	25.00	25.00	25.00
职称	正高级	60.61	81.82	9.09	24.24
	副高级	47.35	66.37	7.52	8.41
	中级	43.30	63.71	8.57	11.21
	初级	38.42	62.60	10.43	11.20
	无职称	26.20	46.69	6.93	10.84
区域	赣北区域	39.43	58.37	8.69	10.70
	赣南区域	40.00	65.40	7.20	10.40

二、参与学术团体或科协基层组织情况

（一）企业科技工作者参加学术团体或基层科协组织的情况

调查数据显示，33.46% 的企业科技工作者是与自己专业或工作相关的

学术团体或基层科协组织的会员。从年龄、性别方面进一步分析后发现，青年企业科技工作者是学术团体或基层科协组织会员的人数占比低于整体人数占比；女性企业科技工作者是学术团体或基层科协组织会员的人数占比高于整体人数占比。从学历、职称方面进一步分析后发现，企业科技工作者的学历、职称越高，是学术团体或基层科协组织会员的人数占比越高。从区域分布方面进一步分析后发现，赣北区域的企业科技工作者参加学术团体或基层科协组织的人数占比高于赣南区域的企业科技工作者（图 11-53）。

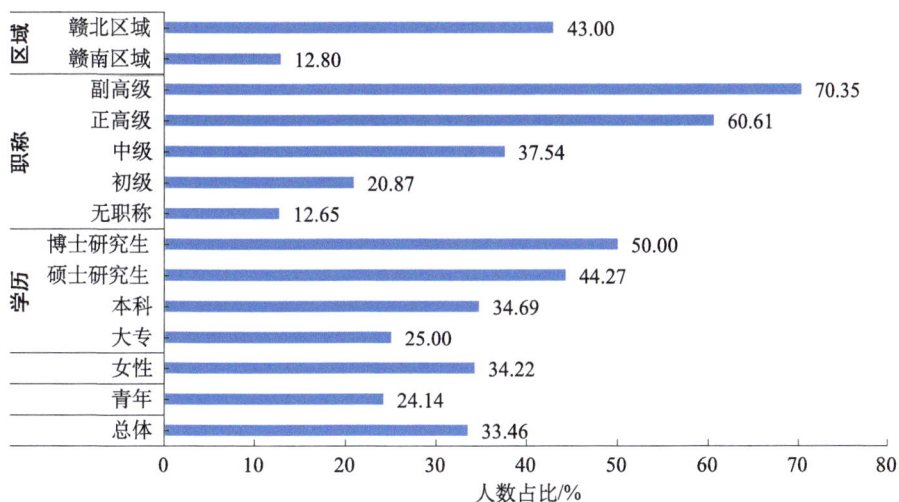

图 11-53　不同企业科技工作者群体参加学术团体或基层科协组织的情况

（二）参与所在团体或组织开展的活动的积极性

调查数据显示，在学术团体或基层科协组织会员中，84.93% 的企业科技工作者表示参加了所在团体或组织开展的活动，其中，22.06% 的企业科技工作者表示经常参加，62.87% 的企业科技工作者表示偶尔参加；另外，几乎不参加活动的企业科技工作者人数占 15.07%。从年龄、性别方面进一步分析后发现，青年、女性企业科技工作者经常参加所在组织活动的积极性较低。从职称方面进一步分析后发现，正高级职称企业科技工作者参加所在组织的活动相对频繁，表示经常参加活动的人数占比为 30.00%（图 11-54）。

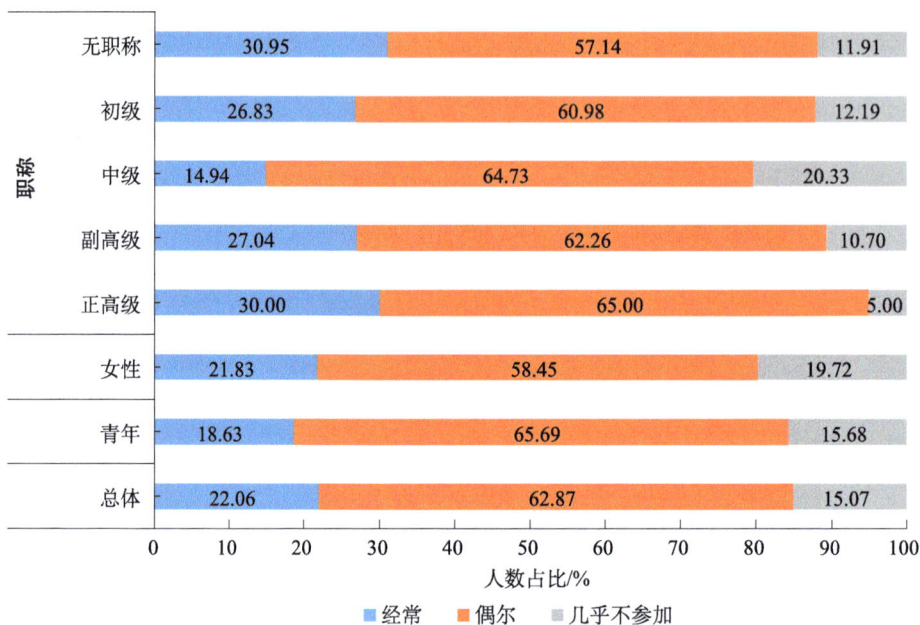

图 11-54　不同企业科技工作者群体参加所在组织活动的积极性情况

三、对科协组织的评价和期望

（一）对科协组织的了解程度

调查数据显示，30.81% 的企业科技工作者表示了解科协组织的情况，其中，2.28% 的企业科技工作者表示非常了解，28.54% 的企业科技工作者表示比较了解；另外，表示对科协组织不太了解的人数占 56.09%，完全不了解的人数占 13.10%。从年龄、性别方面进一步分析后发现，青年、女性企业科技工作者对科协组织的了解程度较其他年龄段、男性企业科技工作者低。从职业方面进一步分析后发现，科研 / 教学辅助人员（68.25%）对科协组织的了解程度最高，其次为医务工作者（66.67%）、科技管理人员（53.76%）等。从职称方面进一步分析后发现，职称越高的企业科技工作者对科协组织的了解程度也越高。从区域分布方面进一步分析后发现，赣北区域企业科技工作者表示非常了解或比较了解科协组织的人数占比为 33.94%，高于赣南区域的企业科技工作者（图 11-55）。

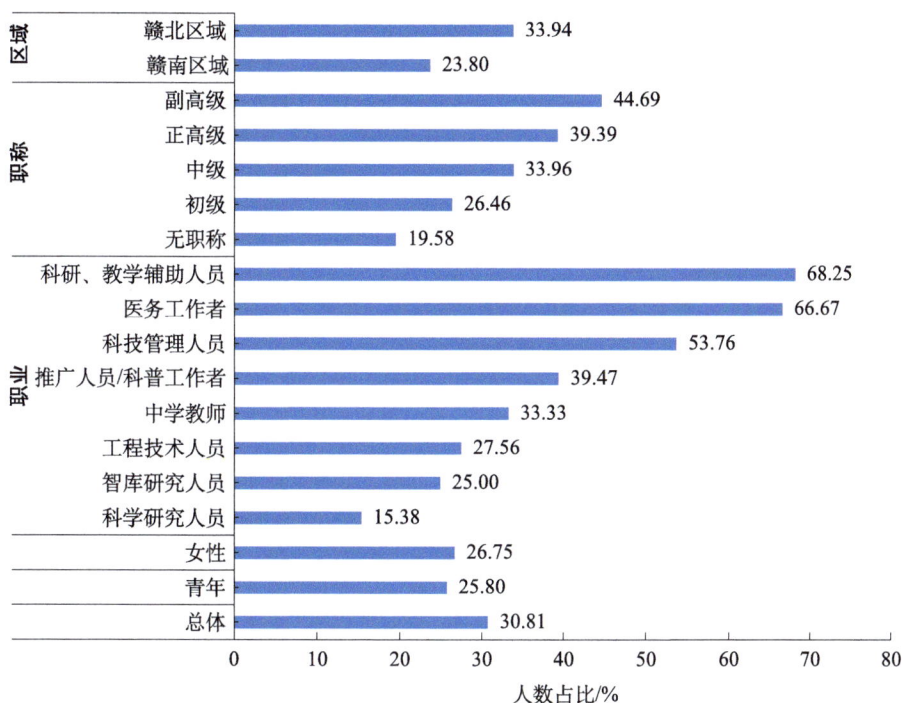

图 11-55　不同企业科技工作者群体对科协组织的了解情况

（二）对科协组织影响力的评价

调查数据显示，6.09% 的企业科技工作者表示科协组织对企业科技工作者的吸引力和凝聚力很强，25.15% 的企业科技工作者表示较强，40.34% 的企业科技工作者表示一般，9.10% 的企业科技工作者表示较弱，3.15% 的企业科技工作者表示没有，16.17% 的企业科技工作者没有明确表态。从年龄方面进一步分析后发现，青年企业科技工作者认为科协组织影响力较强或很强的人数占比高于整体人数占比，表明青年比其他年龄段的企业科技工作者对科协组织影响力较强或很强的认可度更高。从性别方面进一步分析后发现，女性企业科技工作者认为科协组织影响力较强或很强的人数占比低于男性工作者。从区域分布方面进一步分析后发现，赣北区域企业科技工作者（31.47%）表示科协组织影响力很强或较强的人数占比略高于赣南区域企业科技工作者（30.20%）（图 11-56）。

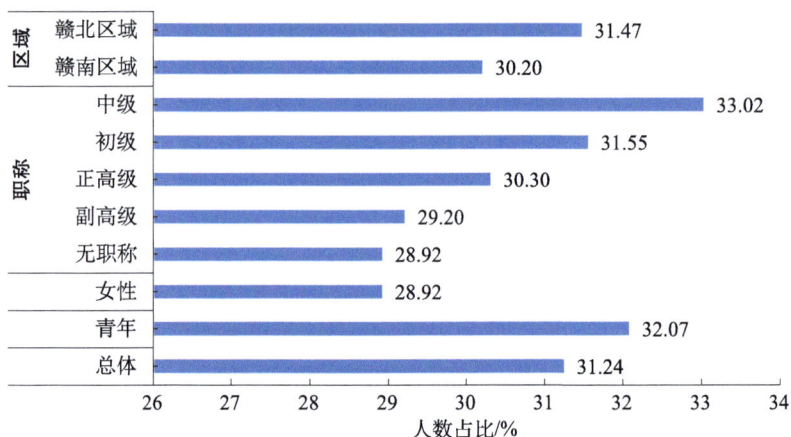

图 11-56　不同企业科技工作者群体对科协组织影响力的评价

（三）最希望科协组织提供的服务

调查数据显示，61.75% 的企业科技工作者最希望科协组织提供的服务是"信息、技术服务"，其他希望提供的服务依次为"进修培训服务"（50.98%）、"提供科技人员内部交流的机会"（44.16%）、"职称评审"（33.09%）、"提供与社会各界交流的机会"（28.78%）、"法律政策咨询服务"（23.74%）、"就业服务"（19.93%）、"保障权益"（15.19%）、"解决生活困难"（14.94%）、"资助研究"（12.30%）、"表彰奖励"（11.99%）、"向政府反映意见"（10.76%）等（图 11-57）。

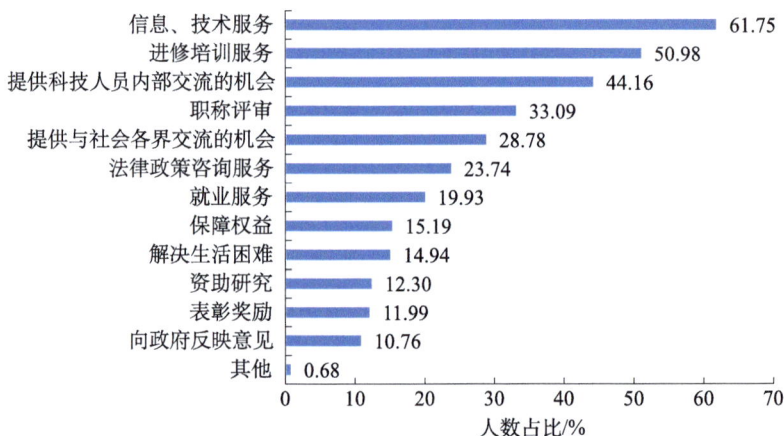

图 11-57　企业科技工作者对科协组织的各类服务的需求情况

数据篇

第十二章

个人基本情况

表 12-1　年龄分布情况

类别		人数占比 / %				
		35 岁以下	35～44 岁	45～54 岁	55～65 岁	65 岁以上
总计		45.44	34.08	17.14	3.29	0.05
年龄	35 岁以下	100.00	0	0	0	0
	35～44 岁	0	100.00	0	0	0
	45 岁及以上	0	0	83.71	16.08	0.21
性别	男性	43.20	34.37	18.21	4.19	0.03
	女性	49.61	33.54	15.16	1.64	0.05
入职单位	大中型企业	50.68	28.85	17.37	3.02	0.08
	科技中小企业	60.00	24.83	13.10	2.07	0
	科研院所	50.06	33.46	12.18	4.18	0.12
	高校	38.39	40.54	18.21	2.86	0
	中学	40.77	28.76	26.61	3.86	0
	医疗卫生机构	39.67	42.44	14.63	3.25	0.01
	农业服务机构	19.59	29.90	45.36	5.15	0
学历	博士研究生	30.51	51.28	15.95	2.14	0.12
	硕士研究生	57.88	32.82	8.07	1.23	0
	本科	47.47	29.13	18.62	4.72	0.06
	大专	37.62	25.34	31.77	5.26	0.01

类别		人数占比 / %				
		35 岁以下	35～44 岁	45～54 岁	55～65 岁	65 岁以上
职称	正高级	2.80	28.66	47.04	21.50	0
	副高级	8.16	57.71	29.75	4.18	0.20
	中级	47.39	38.38	12.51	1.72	0
	初级	78.83	14.23	6.33	0.61	0
	无职称	74.01	14.63	10.37	0.85	0.14
职业	工程技术人员	53.52	27.93	15.25	3.23	0.07
	医务工作者	39.28	41.94	15.18	3.44	0.16
	科学研究人员	41.88	42.41	12.04	3.66	0.01
	大学教师	37.66	41.43	17.91	3.00	0
	中学教师	42.80	28.81	25.42	2.97	0
	推广人员 / 科普工作者	32.05	27.56	35.26	5.13	0
	科研 / 教学辅助人员	64.31	27.06	5.88	2.75	0
	科技管理人员	37.81	32.51	24.03	5.65	0
	智库研究人员	50.00	25.00	18.75	6.25	0
区域	赣北区域	43.35	34.97	17.86	3.72	0.10
	赣南区域	49.64	32.01	16.00	2.35	0

表 12-2　性别分布情况

类别		人数占比 / %	
		男	女
总计		64.98	35.02
年龄	35 岁以下	61.76	38.24
	35～44 岁	65.52	34.48
	45 岁及以上	71.16	28.84
入职单位	大中型企业	76.48	23.52
	科技中小企业	65.29	34.71
	科研院所	65.23	34.77
	高校	61.55	38.45
	中学	50.00	50.00

续表

类别		人数占比 / %	
		男	女
入职单位	医疗卫生机构	55.11	44.89
	农业服务机构	67.35	32.65
学历	博士研究生	77.75	22.25
	硕士研究生	56.09	43.91
	本科	66.15	33.85
	大专	64.74	35.26
职称	正高级	72.98	27.02
	副高级	69.64	30.36
	中级	65.63	34.37
	初级	62.48	37.52
	无职称	55.92	44.08
职业	工程技术人员	81.66	18.34
	医务工作者	54.29	45.71
	科学研究人员	71.99	28.01
	大学教师	63.02	36.98
	中学教师	50.21	49.79
	推广人员 / 科普工作者	58.86	41.14
	科研 / 教学辅助人员	55.43	44.57
	科技管理人员	57.54	42.46
	智库研究人员	81.25	18.75
区域	赣北区域	64.74	35.26
	赣南区域	66.88	33.12

表 12-3　婚姻状况

类别		人数占比 / %	
		已婚	未婚
总计		80.64	19.36
年龄	35 岁以下	61.20	38.80
	35~44 岁	96.07	3.93
	45 岁及以上	98.03	1.97

续表

类别		人数占比 / %	
		已婚	未婚
性别	男性	81.33	18.67
	女性	79.36	20.64
入职单位	大中型企业	78.95	21.05
	科技中小企业	71.48	28.52
	科研院所	77.15	22.85
	高校	84.92	15.08
	中学	81.20	18.80
	医疗卫生机构	82.33	17.67
	农业服务机构	87.76	12.24
学历	博士研究生	87.49	12.51
	硕士研究生	75.86	24.14
	本科	79.02	20.98
	大专	82.85	17.15
职称	正高级	97.20	2.80
	副高级	96.63	3.37
	中级	87.65	12.35
	初级	62.85	37.15
	无职称	52.82	47.18
职业	工程技术人员	77.07	22.93
	医务工作者	82.22	17.78
	科学研究人员	80.10	19.90
	大学教师	86.64	13.36
	中学教师	81.59	18.41
	推广人员 / 科普工作者	84.18	15.82
	科研 / 教学辅助人员	67.83	32.17
	科技管理人员	84.56	15.44
	智库研究人员	56.25	43.75
区域	赣北区域	80.31	19.69
	赣南区域	82.13	17.87

表 12-4 民族状况

类别		人数占比 / %	
		汉族	少数民族
总计		98.48	1.52
年龄	35 岁以下	98.08	1.92
	35～44 岁	98.50	1.50
	45 岁及以上	99.27	0.73
性别	男性	98.70	1.30
	女性	98.07	1.93
入职单位	大中型企业	98.05	1.95
	科技中小企业	99.66	0.34
	科研院所	98.65	1.35
	高校	97.95	2.05
	中学	98.72	1.28
	医疗卫生机构	99.03	0.97
	农业服务机构	100.00	0
学历	博士研究生	97.86	2.14
	硕士研究生	99.08	0.92
	本科	98.45	1.55
	大专	98.65	1.35
职称	正高级	98.45	1.55
	副高级	99.11	0.89
	中级	98.39	1.61
	初级	98.31	1.69
	无职称	98.03	1.97
职业	工程技术人员	98.76	1.24
	医务工作者	99.06	0.94
	科学研究人员	97.91	2.09
	大学教师	98.26	1.74
	中学教师	99.16	0.84
	推广人员 / 科普工作者	97.47	2.53
	科研 / 教学辅助人员	98.45	1.55

续表

类别		人数占比 / %	
		汉族	少数民族
职业	科技管理人员	98.25	1.75
	智库研究人员	93.75	6.25
区域	赣北区域	98.26	1.74
	赣南区域	99.15	0.85

表 12-5 政治面貌分布情况

类别		人数占比 / %			
		中国共产党党员	民主党派成员	共青团员	无党派人士
总计		54.91	3.93	13.25	27.91
年龄	35 岁以下	47.73	1.54	26.04	24.69
	35~44 岁	62.84	4.61	3.43	29.12
	45 岁及以上	57.99	8.20	1.04	32.77
性别	男性	56.70	3.84	12.75	26.71
	女性	51.60	4.10	14.18	30.12
入职单位	大中型企业	50.71	0.30	18.50	30.49
	科技中小企业	27.84	1.03	29.21	41.92
	科研院所	58.72	5.90	12.53	22.85
	高校	69.40	7.31	5.08	18.21
	中学	40.60	5.13	15.81	38.46
	医疗卫生机构	50.73	5.02	9.08	35.17
	农业服务机构	47.96	2.04	6.12	43.88
学历	博士研究生	71.34	7.81	2.46	18.39
	硕士研究生	65.06	3.91	11.88	19.15
	本科	46.66	2.82	18.17	32.35
	大专	40.08	1.54	18.88	39.50
职称	正高级	67.70	13.66	0.93	17.71
	副高级	67.06	7.54	1.09	24.31
	中级	60.85	2.90	6.77	29.48
	初级	43.18	0.72	26.66	29.44
	无职称	30.00	0.85	37.46	31.69

续表

类别		人数占比 / %			
		中国共产党党员	民主党派成员	共青团员	民主党派成员
职业	工程技术人员	49.34	0.66	19.21	30.79
	医务工作者	51.17	4.84	9.83	34.16
	科学研究人员	64.40	8.12	8.12	19.36
	大学教师	70.18	8.13	3.29	18.40
	中学教师	40.59	5.44	13.39	40.58
	推广人员 / 科普工作者	47.47	1.27	10.76	40.50
	科研 / 教学辅助人员	54.65	1.55	21.32	22.48
	科技管理人员	60.00	3.51	10.88	25.61
	智库研究人员	75.00	6.25	12.50	6.25
区域	赣北区域	56.26	4.42	12.62	26.70
	赣南区域	52.47	2.97	13.98	30.58

表 12-6　学历分布情况

类别		人数占比 / %					
		高中 / 中专 / 技校	大专	大学本科	硕士研究生	博士研究生	其他
总计		3.17	10.97	38.28	27.58	19.76	0.24
年龄	35 岁以下	2.38	9.02	39.93	35.20	13.32	0.15
	35～44 岁	2.43	8.10	32.67	26.62	29.86	0.32
	45 岁及以上	6.12	19.71	43.67	12.55	17.63	0.32
性别	男性	2.41	10.93	38.97	23.81	23.65	0.23
	女性	4.59	11.04	36.99	34.58	12.55	0.25
入职单位	大中型企业	5.39	17.45	57.90	17.30	1.50	0.46
	科技中小企业	9.28	24.40	54.30	10.65	0.69	0.68
	科研院所	0.86	5.41	30.84	38.08	24.81	0
	高校	0	0.54	10.88	35.50	53.08	0
	中学	2.14	15.38	65.38	16.67	0.43	0
	医疗卫生机构	0.32	6.65	32.41	41.98	18.64	0
	农业服务机构	23.47	27.55	43.88	2.04	0	3.06

续表

类别		人数占比 / %					
		高中 / 中专 / 技校	大专	大学本科	硕士研究生	博士研究生	其他
职称	正高级	2.17	1.86	32.92	13.98	49.07	0
	副高级	0.69	3.17	32.84	26.98	36.31	0.01
	中级	1.66	9.61	38.02	30.67	19.92	0.12
	初级	2.53	15.32	48.85	31.48	1.57	0.25
	无职称	11.83	24.65	36.76	21.97	3.80	0.99
职业	工程技术人员	2.69	14.63	59.53	21.47	1.53	0.15
	医务工作者	0.62	6.55	32.61	41.81	18.41	0
	科学研究人员	0	0.52	19.37	33.77	46.34	0
	大学教师	0	0.29	9.29	36.11	54.31	0
	中学教师	2.09	13.39	67.36	16.74	0.42	0
	推广人员 / 科普工作者	18.35	29.75	48.73	3.16	0	0.01
	科研 / 教学辅助人员	1.16	8.14	31.01	43.02	16.67	0
	科技管理人员	6.32	14.39	55.44	21.40	2.11	0.34
	智库研究人员	0	6.25	25.00	25.00	43.75	0
区域	赣北区域	2.12	8.75	38.44	29.07	21.56	0.06
	赣南区域	5.08	15.40	37.85	24.58	16.45	0.64

表 12-7　专业分布情况

类别		人数占比 / %												
		哲学	经济学	法学	教育学	文学	历史学	理学	工学	农学	医学	管理学	军事学	其他
总计		0.55	4.59	1.78	3.99	4.88	0.38	14.20	38.93	8.52	14.65	6.95	0.06	0.52
年龄	35 岁以下	0.47	3.83	1.36	4.21	5.66	0.42	14.49	42.12	7.11	13.14	6.69	0.05	0.45
	35～44 岁	0.62	3.93	2.06	3.43	4.24	0.31	14.03	36.78	9.73	17.58	6.86	0.06	0.37
	45 岁及以上	0.62	7.37	2.28	4.46	4.25	0.41	14.00	35.27	9.65	13.07	7.68	0.10	0.84
性别	男性	0.65	3.71	1.59	2.80	2.57	0.39	14.80	47.33	8.49	11.91	5.37	0.07	0.32
	女性	0.36	6.22	2.11	6.22	9.17	0.36	13.10	23.26	8.57	19.73	9.90	0.06	0.94

续表

类别		人数占比 / %												
		哲学	经济学	法学	教育学	文学	历史学	理学	工学	农学	医学	管理学	军事学	其他
入职单位	大中型企业	0.15	4.64	1.05	1.27	3.60	0	9.66	68.69	1.50	1.50	6.82	0.07	1.05
	科技中小企业	0.34	6.87	2.75	3.44	3.09	0.34	12.37	53.95	1.72	1.72	13.06	0.34	0.01
	科研院所	0.86	5.04	1.60	2.46	2.58	0.49	18.92	28.01	31.57	4.42	3.93	0.12	0
	高校	0.80	5.35	2.05	4.82	8.21	0.54	21.41	37.29	4.73	4.73	9.99	0	0.08
	中学	1.28	3.85	2.14	33.33	20.94	2.14	26.92	4.70	1.28	1.28	1.71	0	0.43
	医疗卫生机构	0.16	0.97	0.16	0.16	0.65	0	2.76	1.46	0.32	91.90	1.46	0	0
	农业服务机构	1.02	7.14	5.10	1.02	2.04	2.04	5.10	9.18	54.08	1.02	8.16	0	4.10
学历	博士研究生	0.64	3.96	0.21	0.75	0.75	0.32	24.17	36.68	13.37	14.12	5.03	0	0
	硕士研究生	0.61	2.53	1.46	4.44	5.59	0.23	14.25	31.95	10.19	22.68	6.05	0	0.02
	本科	0.33	4.64	2.54	4.86	6.68	0.50	10.82	45.83	4.80	12.09	6.57	0.11	0.23
	大专	0.77	10.98	3.08	5.39	4.24	0.19	8.48	38.92	5.78	7.90	13.87	0.19	0.21
职称	正高级	0.62	4.04	1.24	2.48	0.93	0.31	20.50	35.40	11.80	17.39	4.66	0.31	0.32
	副高级	0.50	3.57	0.69	2.88	3.97	0.30	16.57	38.29	11.90	17.26	4.07	0	0
	中级	0.64	4.03	1.45	4.51	4.51	0.38	14.72	40.55	7.95	15.47	5.48	0.11	0.20
	初级	0.36	5.55	2.05	4.10	6.03	0.36	10.98	41.74	6.15	14.11	8.20	0	0.37
	无职称	0.56	6.62	4.23	4.79	7.75	0.56	10.14	33.94	6.48	8.17	14.51	0	2.25
职业	工程技术人员	0.29	2.26	0.36	0.44	0.51	0.07	11.64	77.29	1.89	1.09	3.71	0.15	0.30
	医务工作者	0.16	1.25	0.16	0.62	0.16	0	2.03	0.47	0.16	93.60	1.39	0	0
	科学研究人员	0.26	1.57	0.26	0.52	0.26	0.26	24.61	23.56	45.29	2.88	0.52	0	0.01
	大学教师	0.77	5.61	2.13	5.32	8.23	0.68	20.43	38.92	4.55	3.10	10.16	0	0.10
	中学教师	1.26	2.93	4.60	33.89	23.01	2.09	25.52	4.60	0.84	0.42	0.84	0	0
	推广人员 / 科普工作者	2.53	10.76	10.13	8.23	4.43	1.90	6.33	9.49	32.28	1.27	10.76	0	1.89
	科研 / 教学辅助人员	0.39	5.81	1.16	3.49	8.14	0.39	22.09	21.32	25.97	5.43	5.43	0	0.38
	科技管理人员	1.05	11.23	3.51	1.40	11.23	0	13.68	32.63	8.07	2.11	14.74	0	0.35
	智库研究人员	6.25	6.25	6.25	6.25	0	0	18.75	37.50	0	6.25	6.25	6.25	0
区域	赣北区域	0.40	4.11	1.37	2.43	2.93	0.19	13.49	42.49	8.79	16.42	6.95	0.03	0.40
	赣南区域	0.71	5.16	2.61	7.06	9.18	0.71	15.89	32.13	8.12	10.73	6.92	0.07	0.71

表 12-8 职称分布情况

类别		人数占比 / %				
		正高级	副高级	中级	初级	无职称
总计		6.81	21.31	39.36	17.52	15.00
年龄	35 岁以下	0.42	3.83	41.09	30.29	24.37
	35~44 岁	5.74	36.16	44.39	7.29	6.42
	45 岁及以上	22.82	35.58	27.39	5.91	8.30
性别	男性	7.64	22.84	39.75	16.85	12.92
	女性	5.25	18.47	38.62	18.77	18.89
入职单位	大中型企业	2.32	15.73	41.50	24.19	16.26
	科技中小企业	0.69	5.50	30.24	24.05	39.52
	科研院所	7.49	26.41	37.84	14.86	13.40
	高校	14.27	28.19	39.34	10.35	7.85
	中学	2.14	23.50	46.58	17.52	10.26
	医疗卫生机构	7.94	25.45	43.44	17.67	5.50
	农业服务机构	4.08	15.31	35.71	10.20	34.70
学历	博士研究生	16.90	39.14	39.68	1.39	2.89
	硕士研究生	3.45	20.84	43.75	20.00	11.96
	本科	5.85	18.28	39.09	22.36	14.42
	大专	1.16	6.17	34.49	24.47	33.71
职业	工程技术人员	2.84	16.52	43.01	25.11	12.52
	医务工作者	8.42	26.68	42.28	16.07	6.55
	科学研究人员	11.52	36.13	36.39	8.90	7.06
	大学教师	14.33	28.75	41.05	10.45	5.42
	中学教师	1.67	23.43	48.12	17.99	8.79
	推广人员 / 科普工作者	3.80	9.49	28.48	15.82	42.41
	科研 / 教学辅助人员	3.10	13.57	36.82	22.48	24.03
	科技管理人员	4.91	17.54	40.70	17.19	19.66
	智库研究人员	12.50	25.00	31.25	6.25	25.00
区域	赣北区域	8.32	24.21	39.25	15.36	12.86
	赣南区域	3.46	15.47	40.32	21.75	19.00

表 12-9 职业分布情况

类别		人数占比 / %									
		工程师/工程技术人员	医生/医务工作者	科学家/科学研究人员	大学教师	中专/中学教师	推广人员/科普工作者	科研/教学辅助人员	科技管理人员	智库研究人员	其他
总计		29.04	13.55	8.07	21.83	5.05	3.34	5.45	6.02	0.34	7.31
年龄	35 岁以下	34.13	11.73	7.48	18.19	4.72	2.34	7.67	5.00	0.37	8.37
	35~44 岁	23.75	16.71	10.10	26.68	4.24	2.68	4.30	5.74	0.25	5.55
	45 岁及以上	26.24	12.45	6.22	22.41	6.95	6.54	2.28	8.71	0.41	7.79
性别	男性	36.50	11.32	8.95	21.18	3.90	3.03	4.65	5.34	0.42	4.71
	女性	15.21	17.68	6.46	23.05	7.18	3.92	6.94	7.30	0.18	12.08
入职单位	大中型企业	70.71	0.45	1.72	0	0.30	1.20	3.90	10.04	0.22	11.46
	科技中小企业	54.64	2.06	1.03	0	0.69	7.56	3.78	13.40	0.34	16.50
	科研院所	19.04	4.18	38.94	3.19	1.84	3.56	15.97	8.23	1.23	3.82
	高校	0.36	1.69	2.59	89.03	0.62	0.09	3.93	1.07	0.09	0.53
	中学	1.28	1.71	0.85	2.14	89.32	2.14	0.85	1.71	0	0
	医疗卫生机构	1.13	92.06	0.97	0.49	0.16	0.49	2.11	0.97	0	1.62
	农业服务机构	15.31	1.02	0	0	0	62.24	2.04	9.18	0	10.21
学历	博士研究生	2.25	12.62	18.93	60.00	0.11	0	4.60	0.64	0.75	0.10
	硕士研究生	22.61	20.54	9.89	28.58	3.07	0.38	8.51	4.67	0.31	1.44
	本科	45.17	11.54	4.09	5.30	8.89	4.25	4.42	8.72	0.22	7.40
	大专	38.73	8.09	0.39	0.58	6.17	9.06	4.05	7.90	0.19	24.84
职称	正高级	12.11	16.77	13.66	45.96	1.24	1.86	2.48	4.35	0.62	0.95
	副高级	22.52	16.96	13.69	29.46	5.56	1.49	3.47	4.96	0.40	1.49
	中级	31.74	14.55	7.47	22.77	6.18	2.42	5.10	6.23	0.27	3.27
	初级	41.62	12.42	4.10	13.03	5.19	3.02	7.00	5.91	0.12	7.59
	无职称	24.23	5.92	3.80	7.89	2.96	9.44	8.73	7.89	0.56	28.58
区域	赣北区域	31.21	15.36	10.34	19.72	2.93	2.71	5.55	5.95	0.40	5.83
	赣南区域	24.65	9.39	3.39	27.33	9.18	4.59	5.23	6.07	0	9.17

第十三章
工作状况

表 13-1　入职单位平均工作年限情况　　　　　单位：年

类别		平均工作年限
总计		10.87
年龄	35 岁以下	4.55
	35~44 岁	11.65
	45 岁及以上	22.96
性别	男性	10.85
	女性	10.51
入职单位	大中型企业	11.92
	科技中小企业	7.89
	科研院所	9.86
	高校	9.76
	中学	13.38
	医疗卫生机构	11.32
	农业服务机构	17.02
学历	博士研究生	8.78
	硕士研究生	8.35
	本科	12.61
	大专	14.36

续表

类别		平均工作年限
职称	正高级	21.47
	副高级	15.62
	中级	10.39
	初级	6.19
	无职称	5.45
职业	工程技术人员	11.36
	医务工作者	11.42
	科学研究人员	10.08
	大学教师	9.78
	中学教师	13.14
	推广人员/科普工作者	14.05
	科研/教学辅助人员	7.57
	科技管理人员	12.69
	智库研究人员	10.61
区域	赣北区域	11.68
	赣南区域	9.22

表 13-2 入职单位所在区域分布情况

类别		人数占比/%	
		赣北区域	赣南区域
总计		69.39	30.61
年龄	35 岁以下	66.51	33.49
	35～44 岁	71.30	28.70
	45 岁及以上	72.87	27.13
性别	男性	68.69	31.31
	女性	70.71	29.29
入职单位	大中型企业	72.73	27.27
	科技中小企业	49.29	50.71
	科研院所	83.35	16.65
	高校	64.17	35.83

类别		人数占比 / %	
		赣北区域	赣南区域
入职单位	中学	43.26	56.74
	医疗卫生机构	76.64	23.36
	农业服务机构	50.00	50.00
学历	博士研究生	74.81	25.19
	硕士研究生	72.83	27.17
	本科	69.72	30.28
	大专	56.31	43.69
职称	正高级	84.49	15.51
	副高级	78.01	21.99
	中级	68.81	31.19
	初级	61.55	38.45
	无职称	60.56	39.44
职业	工程技术人员	74.17	25.83
	医务工作者	78.75	21.25
	科学研究人员	87.37	12.63
	大学教师	62.06	37.94
	中学教师	41.96	58.04
	推广人员 / 科普工作者	57.24	42.76
	科研 / 教学辅助人员	70.63	29.37
	科技管理人员	68.95	31.05
	智库研究人员	100.00	0

表 13-3　入职单位类型分布情况

类别		人数占比 / %									
		公益事业性质省属科研机构	公益事业性质市属科研机构	新型研发机构	大中型企业	科技中小企业	高等院校	医疗卫生机构	农业服务机构	普通中学 / 中专 / 技校	其他
总计		12.13	3.26	1.82	28.22	6.15	23.69	13.04	2.07	4.95	4.67
年龄	35 岁以下	11.92	4.21	2.76	31.37	8.13	20.10	11.41	0.89	4.44	4.77
	35～44 岁	13.47	2.12	1.31	23.82	4.49	28.30	16.27	1.81	4.18	4.23
	45 岁及以上	10.48	2.80	0.62	28.11	4.56	24.48	11.41	5.08	7.26	5.20

类别		公益事业性质省属科研机构	公益事业性质市属科研机构	新型研发机构	大中型企业	科技中小企业	高等院校	医疗卫生机构	农业服务机构	普通中学/中专/技校	其他
							人数占比/%				
性别	男性	12.26	2.93	2.08	33.21	6.18	22.45	11.06	2.15	3.81	3.87
	女性	11.89	3.86	1.33	18.95	6.10	26.01	16.72	1.93	7.06	6.15
学历	博士研究生	20.11	1.07	0.43	2.14	0.21	63.64	12.30	0	0.10	0
	硕士研究生	17.01	4.29	2.45	17.70	2.38	30.50	19.85	0.15	2.99	2.68
	本科	7.84	3.59	2.43	42.68	8.72	6.74	11.04	2.37	8.45	6.14
	大专	3.28	4.05	1.16	44.89	13.68	1.16	7.90	5.20	6.94	11.74
职称	正高级	16.15	2.17	0.62	9.63	0.62	49.69	15.22	1.24	1.55	3.11
	副高级	18.85	1.88	0.60	20.83	1.59	31.35	15.58	1.49	5.46	2.37
	中级	11.92	2.79	1.83	29.75	4.73	23.68	14.39	1.88	5.85	3.18
	初级	7.72	4.70	2.17	38.96	8.44	13.99	13.15	1.21	4.95	4.71
	无职称	6.48	5.21	3.66	30.56	16.20	12.39	4.79	4.79	3.38	12.54
职业	工程技术人员	6.77	1.67	2.84	68.70	11.57	0.29	0.51	1.09	0.22	6.34
	医务工作者	2.96	2.34	0	0.94	0.94	2.96	88.61	0.16	0.62	0.47
	科学研究人员	71.99	8.90	2.09	6.02	0.79	7.59	1.57	0	0.52	0.53
	大学教师	1.65	0.87	0	0	0	96.61	0.29	0	0.48	0.10
	中学教师	2.93	3.35	0	1.67	0.84	2.93	0.42	0	87.45	0.41
	推广人员/科普工作者	3.16	13.92	1.27	10.13	13.92	0.63	1.90	38.61	3.16	13.30
	科研/教学辅助人员	36.05	8.53	5.81	20.16	4.26	17.05	5.04	0.78	0.78	1.54
	科技管理人员	15.09	4.21	4.21	47.02	13.68	4.21	2.11	3.16	1.40	4.91
	智库研究人员	43.75	6.25	12.50	18.75	6.25	6.25	0	0	0	6.25
区域	赣北区域	16.32	2.02	2.40	29.75	4.30	22.15	14.52	1.46	2.90	4.18
	赣南区域	2.82	5.93	0.64	25.28	10.03	28.04	10.03	3.32	8.62	5.29

表 13-4　择业的主要考虑因素分布情况

类别		人数占比 / %							
		专业对口	工作稳定	离家近	工资待遇/经济收入	行业发展前景好	符合个人兴趣	工作环境好	其他
	总计	62.16	58.57	39.51	36.06	26.68	29.80	19.66	0.63
年龄	35 岁以下	61.06	57.50	46.19	39.13	29.08	28.85	20.76	0.42
	35～44 岁	64.03	59.35	35.04	34.48	25.75	31.11	18.20	0.62
	45 岁及以上	61.72	59.65	32.16	32.26	22.51	29.67	19.29	1.14
性别	男性	65.03	55.11	40.14	37.70	27.75	30.42	18.38	0.62
	女性	56.85	65.00	38.32	33.01	24.68	28.67	22.03	0.66
入职单位	大中型企业	61.72	59.93	44.49	44.34	32.66	20.60	16.55	0.60
	科技中小企业	43.64	44.67	53.61	34.71	31.62	17.87	14.78	0.34
	科研院所	65.85	59.58	35.01	30.47	24.45	27.76	19.66	0.37
	高校	63.96	62.44	34.17	32.20	20.25	47.81	24.53	0.80
	中学	46.58	59.83	43.16	23.08	10.26	24.36	16.24	0.85
	医疗卫生机构	79.74	54.29	36.47	41.49	33.87	32.90	21.07	0.49
	农业服务机构	47.96	57.14	33.67	25.51	21.43	17.35	19.39	0
学历	博士研究生	71.34	57.11	31.02	35.40	23.85	47.06	23.96	0.53
	硕士研究生	68.97	60.92	41.38	40.00	30.04	33.49	21.53	0.92
	本科	62.18	58.20	39.54	34.40	25.90	21.98	16.90	0.39
	大专	40.27	56.45	47.01	35.26	26.78	21.19	18.30	0.58
职称	正高级	71.12	52.17	23.29	33.23	29.50	44.41	22.67	0.62
	副高级	72.72	59.62	31.94	35.81	25.50	35.42	19.25	1.09
	中级	65.15	61.55	40.60	36.25	24.92	28.14	18.53	0.48
	初级	60.07	56.45	46.44	36.43	26.18	23.04	20.27	0.36
	无职称	37.75	54.65	46.62	36.76	32.25	27.46	21.13	0.70
职业	工程技术人员	67.69	55.82	45.20	44.32	32.10	21.91	16.52	0.44
	医务工作者	80.19	54.91	34.63	40.87	34.17	30.89	20.59	0.47
	科学研究人员	78.01	54.71	31.15	31.94	26.18	36.13	23.04	0.26
	大学教师	65.15	63.31	35.24	31.75	19.36	48.50	23.91	0.77
	中学教师	47.28	61.92	43.93	22.18	10.04	22.59	15.48	0.84

续表

类别		人数占比 / %							
		专业对口	工作稳定	离家近	工资待遇 / 经济收入	行业发展前景好	符合个人兴趣	工作环境好	其他
职业	推广人员 / 科普工作者	34.18	56.33	32.91	28.48	20.25	18.35	15.19	0.63
	科研 / 教学辅助人员	56.98	67.05	43.02	27.52	22.09	26.36	20.54	0.39
	科技管理人员	40.35	62.46	38.60	32.63	29.82	17.19	16.14	1.40
	智库研究人员	37.50	62.50	25.00	56.25	37.50	37.50	18.75	0
区域	赣北区域	65.33	59.60	34.95	36.07	27.01	30.59	19.75	0.69
	赣南区域	56.21	56.78	50.14	36.02	26.55	28.88	19.35	0.49

表 13-5　从事的工作内容的分布情况

类别		人数占比 / %												
		基础研究	应用 / 开发研究	设计	生产运行 / 工程应用	技术推广	中介服务	科学普及	研究辅助 / 技术辅助	临床	教学	科技管理	一般行政管理	社科研究	其他
总计		28.13	24.69	9.19	18.75	11.05	0.91	7.44	6.15	11.63	27.18	8.33	14.39	2.37	4.06
年龄	35 岁以下	29.27	23.94	11.41	20.62	8.88	0.65	5.47	9.54	10.05	22.63	7.25	13.88	1.78	4.82
	35~44 岁	33.17	28.43	8.60	14.78	12.59	1.06	8.04	3.37	14.34	31.73	6.73	13.59	2.93	2.24
	45 岁及以上	17.22	20.23	5.08	20.75	13.59	1.14	10.79	3.32	10.79	29.98	13.38	16.91	2.80	5.39
性别	男性	31.00	29.83	10.57	24.33	12.65	0.68	6.80	6.73	10.12	25.11	8.62	11.39	2.41	3.29
	女性	22.81	15.15	6.64	8.39	8.09	1.33	8.63	5.07	14.42	31.02	7.79	19.98	2.29	5.49
入职单位	大中型企业	15.66	21.27	17.53	47.27	11.01	0.52	4.12	9.51	0.07	2.92	13.33	17.30	0.15	5.47
	科技中小企业	13.40	20.96	26.46	29.21	10.65	2.41	4.12	7.22	0	1.03	13.06	17.53	0.34	9.28
	科研院所	47.67	51.84	7.37	9.83	25.06	1.97	10.57	9.95	2.70	4.05	9.58	10.93	1.84	2.21
	高校	48.08	29.17	3.12	1.87	2.94	0.09	4.82	2.14	1.43	73.15	3.30	13.02	7.76	0.45
	中学	7.69	2.56	2.14	1.28	0.85	1.28	16.24	2.14	0.43	87.61	2.99	6.84	0.85	0
	医疗卫生机构	18.31	7.46	1.78	1.62	3.40	0.49	4.86	2.27	82.17	28.04	3.40	10.05	0.32	2.11
	农业服务机构	3.06	4.08	1.02	10.20	63.27	1.02	39.80	3.06	2.04	3.06	15.31	15.31	1.02	6.12
学历	博士研究生	68.13	46.74	2.03	2.57	10.37	0.11	3.42	1.82	11.66	51.98	2.99	4.17	6.63	0.43
	硕士研究生	28.05	29.58	8.58	10.50	10.57	0.54	6.44	7.05	18.31	34.41	8.89	12.80	2.45	1.53
	本科	14.69	16.62	13.69	27.17	10.49	0.99	9.33	7.68	9.61	17.01	11.71	17.67	0.83	4.03
	大专	8.86	6.74	10.40	33.53	12.14	2.12	10.21	7.32	5.39	7.90	5.97	22.93	0.39	1272

类别		人数占比 / %													
		基础研究	应用/开发研究	设计	生产运行/工程应用	技术推广	中介服务	科学普及	研究辅助/技术辅助	临床	教学	科技管理	一般行政管理	社科研究	其他
职称	正高级	37.89	36.02	3.73	9.63	14.91	0.31	10.87	1.24	14.91	45.03	8.70	11.49	3.73	1.55
	副高级	35.32	35.12	7.54	12.00	13.79	0.69	6.45	4.07	14.29	35.81	11.21	8.73	3.77	1.88
	中级	29.91	24.76	9.72	19.76	10.53	0.75	6.55	5.21	12.94	28.89	8.11	13.16	2.52	2.58
	初级	19.30	15.20	12.06	27.38	7.96	0.72	6.27	10.49	10.62	19.42	7.36	18.09	0.84	4.34
	无职称	19.15	15.63	9.30	19.72	10.42	2.11	10.99	8.73	4.08	11.41	5.77	22.68	1.13	11.83
职业	工程技术人员	16.45	26.27	22.85	50.87	11.94	0.58	1.75	10.63	0.07	0.87	10.77	12.74	0.15	3.71
	医务工作者	17.94	8.74	2.50	1.56	3.90	0.62	5.15	1.72	83.78	27.61	1.72	8.42	0.31	2.18
	科学研究人员	68.32	71.99	2.88	3.14	31.94	0.79	9.42	4.97	0.26	4.19	5.24	3.66	1.31	0.26
	大学教师	47.43	30.01	3.00	1.94	3.39	0.19	4.84	1.16	0.10	78.32	2.52	12.68	8.52	0.39
	中学教师	9.62	5.44	6.28	2.51	1.26	0.84	13.39	1.67	0.42	84.52	2.51	7.95	0.42	0
	推广人员/科普工作者	9.49	5.70	5.06	10.76	47.47	7.59	47.47	1.90	0	3.16	9.49	18.35	1.90	1.27
	科研/教学辅助人员	50.39	34.50	6.20	6.59	17.44	0.78	16.28	22.09	0.78	14.34	6.98	13.18	1.94	2.33
	科技管理人员	15.44	12.63	5.96	14.74	13.33	1.75	13.33	8.07	0.35	5.26	49.47	30.53	0.70	2.11
	智库研究人员	18.75	43.75	12.50	18.75	6.25	0	6.25	6.25	0	6.25	12.50	18.75	12.50	6.25
区域	赣北区域	27.98	27.01	8.91	19.81	11.62	0.69	6.14	6.51	13.05	22.71	9.00	14.14	2.71	3.40
	赣南区域	29.31	20.13	9.96	16.45	9.75	1.41	10.03	5.51	8.69	37.22	6.99	14.90	1.69	5.51

表 13-6 工作与所学专业的相关性

类别		人数占比 / %				
		很强相关	较强相关	一般相关	有一点相关	完全无关
总计		40.54	32.51	17.37	5.43	4.15
年龄	35 岁以下	35.16	33.52	19.82	6.17	5.33
	35～44 岁	46.51	32.17	14.21	4.24	2.87
	45 岁及以上	42.63	31.12	16.80	5.71	3.74
性别	男性	42.29	34.74	15.58	4.46	2.93
	女性	37.30	28.36	20.70	7.24	6.40

续表

类别		人数占比 / %				
		很强相关	较强相关	一般相关	有一点相关	完全无关
入职单位	大中型企业	28.61	36.70	21.50	7.04	6.15
	科技中小企业	18.56	27.15	32.99	12.03	9.27
	科研院所	36.86	35.75	20.02	4.91	2.46
	高校	53.61	33.01	10.17	1.87	1.34
	中学	41.88	33.76	18.80	3.85	1.71
	医疗卫生机构	68.40	23.50	5.83	0.81	1.46
	农业服务机构	20.41	35.71	23.47	9.18	11.23
学历	博士研究生	61.07	31.55	6.31	0.53	0.54
	硕士研究生	44.98	35.25	14.71	3.37	1.69
	本科	35.67	33.57	19.88	6.63	4.25
	大专	18.69	29.09	30.44	11.18	10.60
职称	正高级	67.39	23.91	5.59	2.17	0.94
	副高级	54.37	32.14	11.41	1.19	0.89
	中级	40.66	36.95	15.90	4.08	2.41
	初级	31.60	33.05	23.52	7.48	4.35
	无职称	18.87	24.65	27.89	14.08	14.51
职业	工程技术人员	33.04	36.24	22.93	5.53	2.26
	医务工作者	68.02	24.65	5.93	0.47	0.93
	科学研究人员	48.17	39.27	10.47	1.57	0.52
	大学教师	54.89	33.30	9.39	1.45	0.97
	中学教师	42.26	35.15	17.57	2.93	2.09
	推广人员 / 科普工作者	10.76	28.48	29.11	18.99	12.66
	科研 / 教学辅助人员	25.97	39.15	25.19	5.81	3.88
	科技管理人员	13.33	31.23	29.82	16.84	8.78
	智库研究人员	25.00	25.00	25.00	12.50	12.50
区域	赣北区域	44.02	31.12	16.76	4.95	3.15
	赣南区域	33.40	35.88	18.01	6.43	6.28

表 13-7　工作条件和保障方面最需要的支持情况

类别		人数占比 / %							
		经费支持	提高收入	改善工作条件	改善科研条件（图书资料／实验室／科研设备等）	增加研究生指标	组建团队	职务提拔或职称晋升	其他
总计		38.53	69.33	31.18	26.44	6.95	15.35	36.23	0.80
年龄	35 岁以下	33.43	76.06	29.92	25.99	6.17	12.25	39.50	0.89
	35～44 岁	43.77	64.28	30.61	27.74	8.35	19.39	39.34	0.50
	45 岁及以上	40.66	62.86	35.17	25.21	6.43	15.77	23.86	1.14
性别	男性	41.35	68.71	32.01	27.39	7.84	15.74	35.39	0.75
	女性	33.31	70.49	29.63	24.68	5.31	14.60	37.78	0.91
入职单位	大中型企业	22.55	77.15	34.91	20.75	5.62	13.41	39.63	1.20
	科技中小企业	23.02	73.88	26.80	15.46	2.41	17.53	26.12	1.03
	科研院所	55.65	71.25	24.94	30.22	8.35	14.25	32.43	0.25
	高校	54.95	59.23	27.12	34.70	11.60	19.63	37.11	0.36
	中学	23.08	71.79	44.44	17.09	1.71	5.98	35.04	1.28
	医疗卫生机构	36.63	65.96	37.76	35.49	6.32	17.02	37.93	0.49
	农业服务机构	36.73	63.27	34.69	12.24	2.04	15.31	25.51	1.02
学历	博士研究生	67.27	57.75	22.46	37.65	17.54	23.64	31.12	0.75
	硕士研究生	42.53	68.05	30.73	34.48	3.98	16.17	43.52	0.46
	本科	26.12	74.60	35.28	20.38	5.52	12.87	36.78	0.72
	大专	24.28	74.76	34.10	12.52	1.73	9.06	29.67	1.35
职称	正高级	62.42	50.62	29.81	37.27	17.70	28.88	6.83	0.93
	副高级	50.10	63.89	29.66	31.15	9.33	21.73	34.03	0.60
	中级	38.35	70.35	30.93	26.48	6.12	13.91	42.70	0.86
	初级	26.66	77.93	35.83	23.16	4.70	10.62	41.13	0.36
	无职称	25.63	72.82	29.15	18.59	3.52	9.44	30.00	1.41

续表

类别		人数占比 / %							
		经费支持	提高收入	改善工作条件	改善科研条件（图书资料 / 实验室 / 科研设备等）	增加研究生指标	组建团队	职务提拔或职称晋升	其他
职业	工程技术人员	26.93	77.07	31.80	21.69	2.55	14.12	40.10	0.80
	医务工作者	36.35	64.74	38.85	34.63	6.55	16.54	34.48	0.47
	科学研究人员	65.97	69.90	19.63	39.01	13.61	17.80	33.51	0.26
	大学教师	55.95	59.54	26.91	35.24	11.33	20.43	38.14	0.48
	中学教师	23.01	70.71	43.51	17.57	2.09	6.28	33.89	1.26
	推广人员 / 科普工作者	40.51	65.82	32.28	17.09	2.53	8.23	25.95	0.63
	科研 / 教学辅助人员	40.70	67.83	34.88	26.36	18.22	16.28	27.52	0
	科技管理人员	34.39	64.91	30.88	20.35	8.42	17.54	38.60	0.70
	智库研究人员	37.50	68.75	37.50	18.75	6.25	6.25	31.25	0
区域	赣北区域	39.53	69.38	31.31	26.82	6.32	15.42	36.85	0.75
	赣南区域	36.65	69.56	30.86	26.48	8.47	15.54	34.96	0.92

表 13-8 工作中面临的主要困扰情况

类别		人数占比 / %					
		缺乏业务 / 学习交流	知识更新和技能提高条件不足	工作强度太大 / 加班太多	收入不高	晋升空间不大	其他
总计		47.14	53.86	29.06	54.01	34.77	1.73
年龄	35 岁以下	48.90	53.25	26.79	58.63	34.83	1.17
	35~44 岁	47.32	52.99	32.29	52.00	38.09	2.00
	45 岁及以上	43.15	56.95	28.63	47.10	29.05	2.49
性别	男性	45.90	52.37	30.58	55.01	35.33	1.95
	女性	49.43	56.61	26.25	52.14	33.74	1.27

续表

类别		人数占比 / %					
		缺乏业务/学习交流	知识更新和技能提高条件不足	工作强度太大/加班太多	收入不高	晋升空间不大	其他
入职单位	大中型企业	50.11	56.93	23.75	47.64	37.15	0.97
	科技中小企业	42.96	50.86	23.71	52.23	26.80	0.34
	科研院所	46.93	58.60	25.55	59.46	35.01	2.21
	高校	48.35	49.51	29.53	56.82	33.54	2.50
	中学	44.87	45.73	33.76	59.83	32.48	0
	医疗卫生机构	41.33	54.62	50.89	56.08	36.30	2.27
	农业服务机构	31.63	52.04	20.41	53.06	40.82	1.02
学历	博士研究生	43.42	45.13	31.76	63.74	33.80	3.74
	硕士研究生	52.57	59.69	33.41	52.34	39.31	1.23
	本科	46.71	57.32	27.11	51.24	33.63	0.99
	大专	44.12	49.33	23.12	49.52	33.14	1.73
职称	正高级	36.02	52.80	40.99	42.24	22.36	4.97
	副高级	48.41	57.44	31.15	51.98	35.71	2.28
	中级	49.41	54.24	28.89	55.53	39.21	1.18
	初级	47.29	54.64	30.64	60.19	32.93	0.36
	无职称	44.23	47.32	19.30	50.99	29.58	2.54
职业	工程技术人员	50.00	59.10	26.20	49.56	36.39	0.66
	医务工作者	40.87	54.91	50.86	53.98	33.70	1.87
	科学研究人员	45.03	55.24	20.68	64.92	38.48	3.66
	大学教师	49.76	50.44	30.40	56.73	33.01	2.52
	中学教师	43.10	46.03	33.47	59.00	30.96	0
	推广人员/科普工作者	39.87	58.86	22.15	51.27	35.44	0.63
	科研/教学辅助人员	50.78	58.14	22.09	60.08	35.27	0.39
	科技管理人员	52.63	58.25	20.70	40.35	35.44	2.11
	智库研究人员	50.00	43.75	37.50	50.00	31.25	0
区域	赣北区域	46.07	54.55	29.60	53.52	35.45	1.78
	赣南区域	49.15	53.18	28.25	55.65	33.76	1.69

表 13-9　每天加班时间情况

类别		人数占比 / %				
		0 小时	0～2 小时	3～4 小时	5～6 小时	6 小时以上
总计		11.20	55.72	22.68	4.08	6.32
年龄	35 岁以下	12.72	58.44	19.96	3.60	5.28
	35～44 岁	8.35	50.44	28.93	4.55	7.73
	45 岁及以上	12.55	58.51	18.46	4.15	6.33
性别	男性	9.34	53.74	25.11	4.62	7.19
	女性	14.67	59.38	18.17	3.08	4.70
入职单位	大中型企业	14.46	65.47	15.06	1.50	3.51
	科技中小企业	20.27	59.11	14.43	2.75	3.44
	科研院所	9.09	64.86	19.16	2.83	4.06
	高校	6.78	40.14	35.86	7.67	9.55
	中学	4.27	54.27	23.93	5.13	12.40
	医疗卫生机构	6.65	48.78	29.50	5.67	9.40
	农业服务机构	26.53	50.00	12.24	3.06	8.17
学历	博士研究生	3.53	35.19	41.07	8.98	11.23
	硕士研究生	7.82	58.39	24.60	3.37	5.82
	本科	13.97	62.95	15.90	2.60	4.58
	大专	18.88	64.93	10.98	1.93	3.28
职称	正高级	7.76	43.48	32.61	8.39	7.76
	副高级	6.35	53.37	27.88	4.37	8.03
	中级	9.56	56.50	23.79	3.92	6.23
	初级	11.82	61.64	18.34	3.02	5.18
	无职称	23.24	55.63	12.96	3.38	4.79
职业	工程技术人员	14.05	63.83	16.67	1.89	3.56
	医务工作者	6.86	50.70	27.77	6.55	8.12
	科学研究人员	4.97	59.69	26.70	2.36	6.28
	大学教师	6.49	39.40	36.69	7.84	9.58
	中学教师	4.60	55.65	22.59	4.60	12.56

续表

类别		人数占比 / %				
		0 小时	0～2 小时	3～4 小时	5～6 小时	6 小时以上
职业	推广人员 / 科普工作者	24.05	56.33	12.03	2.53	5.06
	科研 / 教学辅助人员	12.40	65.89	15.89	1.16	4.66
	科技管理人员	15.09	69.12	9.82	3.16	2.81
	智库研究人员	0	68.75	31.25	0	0
区域	赣北区域	11.28	56.07	22.74	3.77	6.14
	赣南区域	10.31	55.44	22.74	4.59	6.92

表 13-10　考虑更换目前的职业或工作单位的情况

类别		人数占比 / %			
		没有考虑过	想换单位	想换职业	单位和职业都想换
总计		65.34	15.58	7.14	11.94
年龄	35 岁以下	63.25	13.70	8.51	14.54
	35～44 岁	63.97	18.02	6.92	11.09
	45 岁及以上	71.99	15.66	4.56	7.79
性别	男性	64.44	16.46	6.60	12.50
	女性	66.99	13.94	8.15	10.92
入职单位	大中型企业	67.87	10.04	8.99	13.10
	科技中小企业	59.79	12.71	9.97	17.53
	科研院所	63.64	17.44	5.53	13.39
	高校	66.82	21.23	4.19	7.76
	中学	65.81	14.96	9.83	9.40
	医疗卫生机构	58.67	18.64	8.27	14.42
	农业服务机构	78.57	10.20	6.12	5.11
学历	博士研究生	59.36	28.13	3.32	9.19
	硕士研究生	65.13	14.87	7.36	12.64
	本科	66.37	11.71	8.28	13.64

续表

类别		人数占比 / %			
		没有考虑过	想换单位	想换职业	单位和职业都想换
学历	大专	67.63	11.37	9.25	11.75
职称	正高级	68.63	22.05	2.48	6.84
	副高级	64.78	18.85	6.35	10.02
	中级	65.74	15.79	6.44	12.03
	初级	61.16	13.99	9.05	15.80
	无职称	68.45	9.30	10.00	12.25
职业	工程技术人员	63.83	11.94	8.66	15.57
	医务工作者	58.35	19.66	9.05	12.94
	科学研究人员	60.21	19.11	4.71	15.97
	大学教师	67.67	21.78	3.48	7.07
	中学教师	66.53	15.06	9.21	9.20
	推广人员 / 科普工作者	76.58	15.19	3.80	4.43
	科研 / 教学辅助人员	67.83	13.95	6.20	12.02
	科技管理人员	75.79	8.77	5.96	9.48
	智库研究人员	56.25	18.75	6.25	18.75
区域	赣北区域	65.64	15.11	7.07	12.18
	赣南区域	65.32	16.45	6.92	11.31

表 13-11 想换职业或工作单位的原因分布情况

类别		人数占比 / %												
		收入待遇太差	工作平台不高	工作太辛苦、压力大	工作枯燥	不能发挥专业特长	缺乏成就感	没有发展前途	单位人际关系紧张	工作不稳定	工作设施条件差	不方便照顾家庭	职称 / 职务晋升困难	其他
总计		54.70	32.01	30.49	8.84	14.02	27.26	26.95	2.93	2.50	7.07	10.91	30.30	1.40
年龄	35 岁以下	55.73	28.88	29.52	11.07	13.36	24.68	27.86	3.18	3.44	7.12	15.01	26.84	1.53
	35~44 岁	57.61	35.47	30.80	5.71	13.15	27.85	28.03	2.42	2.25	5.02	8.30	39.10	1.04
	45 岁及以上	45.56	34.07	32.22	8.89	18.15	33.70	22.22	3.33	0.37	10.74	4.81	21.85	1.85

续表

类别		人数占比 / %												
		收入待遇太差	工作平台不高	工作太辛苦、压力大	工作枯燥	不能发挥专业特长	缺乏成就感	没有发展前途	单位人际关系紧张	工作不稳定	工作设施条件差	不方便照顾家庭	职称/职务晋升困难	其他
性别	男性	57.00	33.12	28.82	8.51	15.00	27.17	29.19	3.29	2.74	7.69	9.79	30.19	1.46
	女性	50.09	29.80	33.82	9.51	12.07	27.42	22.49	2.19	2.01	5.85	13.16	30.53	1.28
入职单位	大中型企业	50.12	21.68	31.24	11.66	14.45	28.90	32.63	3.73	6.06	5.13	15.15	24.94	0.47
	科技中小企业	47.01	29.91	23.93	12.82	10.26	26.50	29.91	0.85	2.56	1.71	7.69	21.37	1.71
	科研院所	56.76	34.46	22.64	9.12	15.20	30.74	25.00	3.72	1.35	10.47	10.47	32.09	1.35
	高校	56.45	42.74	23.92	3.49	15.86	27.42	22.31	2.42	0.81	10.48	6.99	37.63	3.23
	中学	48.75	32.50	40.00	16.25	10.00	36.25	18.75	1.25	0	0	10.00	37.50	0
	医疗卫生机构	65.88	31.76	48.24	5.10	11.37	18.82	25.10	3.53	0.78	6.67	12.55	29.80	1.18
	农业服务机构	47.62	23.81	33.33	23.81	28.57	19.05	38.10	4.76	0	4.76	9.52	4.76	0
学历	博士研究生	61.32	52.89	20.00	1.05	15.26	23.68	26.05	2.89	0	13.68	6.84	33.16	2.89
	硕士研究生	54.95	25.27	33.19	9.01	14.07	31.87	27.47	3.08	2.64	6.59	12.75	38.02	0.66
	本科	51.56	25.78	32.84	12.15	13.79	28.24	26.77	3.12	3.45	3.94	13.14	26.11	1.15
	大专	48.21	27.98	34.52	11.90	11.90	21.43	30.36	2.38	4.17	4.17	7.74	21.43	1.19
职称	正高级	59.41	48.51	28.71	3.96	14.85	31.68	22.77	0.99	0	19.80	4.95	9.90	0.99
	副高级	54.93	38.31	28.73	5.35	12.68	29.30	26.48	3.94	0.56	6.48	9.86	35.77	0.56
	中级	55.64	33.86	28.37	8.15	14.89	30.09	27.74	2.51	2.51	5.96	10.03	36.36	2.04
	初级	55.28	20.19	34.78	11.80	12.11	22.67	28.26	4.04	4.04	7.45	17.39	23.60	1.55
	无职称	48.66	26.34	33.93	14.29	16.07	20.54	25.45	1.79	4.46	4.91	8.48	23.21	0.89
职业	工程技术人员	51.11	24.14	—	12.07	13.48	28.37	33.20	2.62	5.84	5.23	15.09	24.55	0.80
	医务工作者	62.55	34.08	—	4.87	12.73	19.48	23.22	4.12	0.75	5.99	12.36	27.34	0.75
	科学研究人员	64.47	34.21	—	1.97	11.18	36.18	24.34	5.92	1.97	11.18	9.21	41.45	1.32
	大学教师	56.59	45.21	—	3.59	14.97	27.84	22.46	2.40	0.60	11.08	6.29	37.72	3.29
	中学教师	46.25	28.75	—	17.50	11.25	33.75	17.50	1.25	0	0	10.00	35.00	0
	推广人员/科普工作者	51.35	43.24	—	24.32	16.22	18.92	32.43	2.70	0	8.11	2.70	21.62	0
	科研/教学辅助人员	59.04	28.92	—	14.46	14.46	27.71	27.71	2.41	1.20	15.66	12.05	27.71	3.61
	科技管理人员	34.78	30.43	—	10.14	28.99	27.54	26.09	1.45	4.35	1.45	7.25	27.54	1.45
	智库研究人员	42.86	42.86	0	0	42.86	28.57	28.57	0	0	0	14.29	14.29	0

续表

类别		人数占比 / %											
		收入待遇太差	工作平台不高	工作太辛苦、压力大	工作枯燥	不能发挥专业特长	缺乏成就感	没有发展前途	单位人际关系紧张	工作不稳定	工作设施条件差	不方便照顾家庭	职称/职务晋升困难	其他
区域	赣北区域	54.76	30.73	—	8.70	14.05	27.56	26.29	2.99	2.45	7.25	11.79	30.46	1.45
	赣南区域	55.80	35.64	—	7.94	13.65	27.09	29.53	2.85	2.85	7.33	8.35	29.33	1.22

表 13-12　换工作面临的主要障碍分布情况

类别		人数占比 / %									
		没有障碍	户籍制度	人事档案制度	职称评审制度	住房制度	社会保障制度	缺乏求职信息	家庭因素	单位领导不放	其他
	总计	15.49	6.16	28.11	22.68	17.20	17.74	20.06	40.73	19.51	3.05
年龄	35 岁以下	18.19	6.74	24.68	22.65	18.83	17.05	23.54	37.40	15.65	2.80
	35～44 岁	12.11	4.15	32.87	25.78	15.22	16.44	16.09	46.54	24.05	2.94
	45 岁及以上	14.44	8.52	28.52	15.93	15.93	22.22	18.89	38.52	21.11	4.07
性别	男性	15.46	6.04	28.27	21.23	18.39	17.20	19.21	43.46	22.87	2.74
	女性	15.54	6.40	27.79	25.59	14.81	18.83	21.76	35.28	12.80	3.66
入职单位	大中型企业	20.98	4.90	8.16	15.38	19.81	18.18	27.27	49.18	11.19	3.03
	科技中小企业	21.37	6.84	7.69	11.97	9.40	23.93	25.64	37.61	6.84	1.71
	科研院所	14.19	7.09	35.14	23.31	11.82	17.23	17.91	34.12	22.97	3.04
	高校	10.75	5.38	43.55	30.38	21.24	9.95	11.02	40.59	29.30	3.76
	中学	7.50	10.00	38.75	30.00	21.25	18.75	16.25	36.25	18.75	2.50
	医疗卫生机构	12.16	8.24	41.57	28.24	17.25	24.71	18.82	37.25	22.75	3.53
	农业服务机构	14.29	9.52	19.05	19.05	14.29	42.86	14.29	47.62	14.29	0
学历	博士研究生	9.74	4.21	47.11	25.00	19.74	9.47	7.37	40.79	38.68	3.16
	硕士研究生	12.09	7.69	29.23	28.57	16.92	17.14	26.15	41.32	17.58	3.52
	本科	19.21	7.22	20.53	19.21	16.75	21.51	21.35	41.71	11.99	2.46
	大专	20.24	2.98	12.50	13.69	14.29	23.21	27.98	36.90	11.31	3.57
职称	正高级	18.81	5.94	35.64	2.97	14.85	8.91	8.91	35.64	38.61	4.95
	副高级	8.45	8.45	38.59	26.48	16.62	18.03	13.52	43.66	28.17	3.10
	中级	12.38	4.86	30.09	29.00	16.46	15.99	21.16	45.77	18.18	3.29
	初级	20.50	4.66	18.94	19.57	21.12	20.81	26.40	38.51	12.73	2.48
	无职称	26.79	8.48	15.63	12.05	15.63	21.88	23.21	27.23	10.71	2.23

续表

类别		人数占比 / %									
		没有障碍	户籍制度	人事档案制度	职称评审制度	住房制度	社会保障制度	缺乏求职信息	家庭因素	单位领导不放	其他
职业	工程技术人员	19.32	5.23	10.46	16.70	19.32	18.91	27.77	47.89	11.87	2.01
	医务工作者	12.36	10.49	42.70	27.34	15.73	23.97	17.98	37.08	20.97	3.37
	科学研究人员	13.16	2.63	33.55	25.00	15.13	17.11	17.76	41.45	30.26	5.26
	大学教师	9.88	4.49	44.31	31.74	20.06	10.78	9.58	41.32	29.94	2.69
	中学教师	7.50	11.25	42.50	27.50	21.25	15.00	16.25	35.00	17.50	2.50
	推广人员 / 科普工作者	21.62	16.22	35.14	21.62	16.22	24.32	13.51	21.62	10.81	0
	科研 / 教学辅助人员	13.25	6.02	32.53	20.48	19.28	18.07	21.69	34.94	18.07	4.82
	科技管理人员	15.94	5.80	17.39	18.84	7.25	20.29	26.09	37.68	15.94	4.35
	智库研究人员	14.29	28.57	42.86	0	0	14.29	14.29	0	28.57	0
区域	赣北区域	15.32	6.26	28.92	24.03	16.59	17.04	20.22	39.26	19.95	3.54
	赣南区域	15.89	4.28	26.48	20.57	18.74	18.74	19.35	43.58	19.35	1.63

表 13-13　下一步职业流动方向分布情况

类别		人数占比 / %			
		本省同行业单位	本省不同行业单位	外省同行业单位	外省不同行业单位
总计		35.85	25.98	29.02	9.15
年龄	35 岁以下	35.50	33.59	19.85	11.06
	35~44 岁	37.54	17.13	38.06	7.27
	45 岁及以上	33.70	22.96	35.56	7.78
性别	男性	34.77	23.33	32.48	9.42
	女性	38.03	31.26	22.12	8.59
入职单位	大中型企业	31.47	36.83	20.75	10.95
	科技中小企业	36.75	38.46	11.11	13.68
	科研院所	38.85	25.68	26.69	8.78
	高校	29.84	8.33	52.96	8.87
	中学	32.50	40.00	20.00	7.50
	医疗卫生机构	48.24	17.65	28.63	5.48
	农业服务机构	47.62	33.33	4.76	14.29

续表

类别		人数占比 / %			
		本省同行业单位	本省不同行业单位	外省同行业单位	外省不同行业单位
学历	博士研究生	23.68	4.74	66.58	5.00
	硕士研究生	41.10	23.74	22.20	12.96
	本科	36.78	37.93	16.26	9.03
	大专	42.86	35.71	13.10	8.33
职称	正高级	21.78	11.88	61.39	4.95
	副高级	31.83	15.21	47.04	5.92
	中级	39.66	23.67	26.96	9.71
	初级	36.65	37.58	15.53	10.24
	无职称	36.61	39.29	11.16	12.94
职业	工程技术人员	34.61	33.20	20.52	11.67
	医务工作者	48.69	16.85	29.21	5.25
	科学研究人员	34.21	13.82	42.11	9.86
	大学教师	31.14	7.19	53.59	8.08
	中学教师	30.00	43.75	20.00	6.25
	推广人员 / 科普工作者	43.24	54.05	2.70	0.01
	科研 / 教学辅助人员	31.33	32.53	26.51	9.63
	科技管理人员	31.88	43.48	11.59	13.05
	智库研究人员	28.57	42.86	0	28.57
区域	赣北区域	36.45	24.93	29.01	9.61
	赣南区域	34.42	26.88	30.35	8.35

表 13-14　科技工作者最想从事工作的外省区域分布情况

类别		人数占比 / %						
		长三角地区	珠三角地区	京津冀地区	西北地区	西南地区	东北地区	其他
总计		38.66	40.89	6.07	1.60	6.23	1.12	5.43
年龄	35 岁以下	32.92	42.39	6.58	1.65	7.00	1.23	8.23
	35~44 岁	41.98	40.84	4.58	1.53	4.20	1.15	5.72
	45 岁及以上	41.88	39.32	8.55	1.71	5.98	0.85	1.71
性别	男性	37.12	42.79	5.24	1.09	5.68	0.87	7.21
	女性	41.67	35.12	8.33	2.98	5.95	1.79	4.16

类别		人数占比 / %						
		长三角地区	珠三角地区	京津冀地区	西北地区	西南地区	东北地区	其他
入职单位	大中型企业	38.24	33.82	5.88	2.21	11.03	0.74	8.08
	科技中小企业	27.59	55.17	10.34	0	3.45	0	3.45
	科研院所	43.81	37.14	7.62	0.95	5.71	0	4.77
	高校	40.00	39.13	6.09	2.61	6.09	1.74	4.34
	中学	45.45	45.45	0	0	4.55	0	4.55
	医疗卫生机构	29.89	58.62	4.60	0	2.30	2.30	2.29
	农业服务机构	50.00	25.00	25.00	0	0	0	0
学历	博士研究生	41.54	38.60	5.51	1.47	5.88	1.47	5.53
	硕士研究生	36.25	45.00	5.63	1.25	4.38	1.25	6.24
	本科	35.06	39.61	7.79	2.60	9.09	0.65	5.20
	大专	44.44	41.67	5.56	0	5.56	0	2.77
职称	正高级	47.76	35.82	10.45	0	2.99	1.49	1.49
	副高级	40.96	43.09	5.32	1.60	5.85	0.53	2.65
	中级	38.89	38.46	4.70	2.14	6.84	1.71	7.26
	初级	34.94	38.55	4.82	1.20	9.64	1.20	9.65
	无职称	24.07	53.70	11.11	1.85	3.70	0	5.57
职业	工程技术人员	37.50	38.13	6.25	1.88	8.13	0	8.11
	医务工作者	29.35	55.43	5.43	0	4.35	3.26	2.18
	科学研究人员	53.16	27.85	5.06	0	7.59	0	6.34
	大学教师	39.32	41.75	6.31	2.43	4.85	0.97	4.37
	中学教师	47.62	38.10	0	0	9.52	0	4.76
	推广人员 / 科普工作者	0	100.00	0	0	0	0	0
	科研 / 教学辅助人员	33.33	33.33	13.33	3.33	6.67	3.33	6.68
	科技管理人员	23.53	52.94	11.76	0	5.88	5.88	0.01
	智库研究人员	50.00	50.00	0	0	0	0	0
区域	赣北区域	43.19	32.63	7.04	2.11	7.51	1.17	6.35
	赣南区域	28.95	59.47	4.21	0.53	2.63	1.05	3.16

表 13-15　职业流动时主要考虑因素分布情况

类别		人数占比 / %								
		单位发展前景	个人发展机会	工作稳定性	良好的人际关系	更受领导重视	工作性质和条件的改善	薪酬福利待遇更优厚	有利于家庭生活	其他
总体		42.80	69.27	26.40	10.67	8.66	24.45	61.22	28.60	0.49
年龄	35 岁以下	44.91	71.25	27.48	10.43	6.62	22.01	63.74	27.10	0.51
	35～44 岁	41.35	70.59	24.22	8.82	10.21	25.09	62.28	31.83	0.35
	45 岁及以上	39.63	60.74	27.41	15.56	11.48	30.37	52.59	26.30	0.74
性别	男性	44.28	72.37	24.70	9.33	9.42	24.15	63.04	25.98	0.37
	女性	39.85	63.07	29.80	13.35	7.13	25.05	57.59	33.82	0.73
入职单位	大中型企业	44.99	66.43	34.97	9.56	7.23	18.88	63.17	29.60	0.23
	科技中小企业	36.75	66.67	36.75	8.55	9.40	12.82	59.83	25.64	1.71
	科研院所	47.64	73.99	20.95	12.50	9.80	25.68	59.80	24.66	0
	高校	39.78	73.92	17.47	9.95	6.99	28.49	62.63	32.53	1.08
	中学	30.00	67.50	23.75	8.75	6.25	36.25	50.00	35.00	0
	医疗卫生机构	46.27	66.67	23.53	11.37	10.98	30.59	62.75	23.53	0.39
	农业服务机构	19.05	71.43	38.10	9.52	9.52	28.57	57.14	38.10	0
学历	博士研究生	43.95	78.95	10.26	8.42	11.32	31.84	63.42	29.74	0.53
	硕士研究生	46.37	72.75	22.86	10.77	7.25	22.86	63.52	28.79	0.22
	本科	40.89	64.86	33.66	11.33	7.88	22.17	60.92	28.08	0.66
	大专	38.10	54.17	41.67	13.10	8.93	20.24	55.36	26.79	0.60
职称	正高级	45.54	65.35	14.85	18.81	13.86	32.67	59.41	22.77	0
	副高级	44.23	74.37	18.59	9.58	11.27	25.63	57.46	30.99	0
	中级	41.69	70.06	25.55	8.62	7.99	26.33	63.32	30.88	0.63
	初级	45.03	67.70	31.37	13.35	5.28	20.19	62.73	25.47	0.93
	无职称	39.29	62.95	39.29	10.71	8.93	19.64	59.82	25.45	0.45

类别		人数占比 / %								
		单位发展前景	个人发展机会	工作稳定性	良好的人际关系	更受领导重视	工作性质和条件的改善	薪酬福利待遇更优厚	有利于家庭生活	其他
职业	工程技术人员	47.28	67.61	31.79	9.46	8.65	18.71	63.38	27.16	0.60
	医务工作者	45.32	66.67	23.97	12.36	10.11	31.09	59.93	23.97	0.37
	科学研究人员	46.05	80.26	13.82	9.21	13.82	29.61	63.16	28.29	0
	大学教师	41.62	73.95	16.17	9.28	7.78	29.04	63.47	30.54	0.90
	中学教师	30.00	61.25	26.25	12.50	5.00	33.75	42.50	33.75	0
	推广人员／科普工作者	32.43	75.68	37.84	13.51	8.11	27.03	45.95	21.62	0
	科研／教学辅助人员	40.96	72.29	30.12	10.84	6.02	22.89	62.65	27.71	1.20
	科技管理人员	36.23	72.46	36.23	13.04	7.25	8.70	62.32	31.88	0
	智库研究人员	42.86	100.00	14.29	14.29	0	14.29	42.86	0	0
区域	赣北区域	44.15	69.45	26.93	11.33	7.89	24.66	61.29	28.01	0.63
	赣南区域	40.33	69.86	23.83	9.16	9.57	24.03	63.54	30.55	0

表 13-16　最青睐的职业分布情况

类别		人数占比 / %												
		仍从事目前职业	企业家	企业管理人员	企业职员	公务员	大学教师	中小学教师	科学家	工程师	律师	记者	艺术工作者	医生	其他
	总计	37.88	3.72	6.36	1.06	11.84	16.68	5.66	2.45	4.92	1.08	0.36	2.71	4.25	1.03
年龄	35 岁以下	34.60	4.35	5.66	1.12	14.07	16.18	5.28	2.85	5.28	0.89	0.65	3.83	3.79	1.45
	35～44 岁	39.09	2.93	6.67	1.00	9.73	19.26	5.67	1.93	4.74	1.18	0.19	1.75	5.05	0.81
	45 岁及以上	43.15	3.53	7.16	0.93	10.37	13.90	6.33	2.49	4.56	1.35	0	1.87	3.94	0.42
性别	男性	38.29	4.75	6.73	0.81	13.76	14.35	3.35	3.19	6.51	1.14	0.26	1.66	4.26	0.94
	女性	37.12	1.81	5.67	1.51	8.27	21.00	9.96	1.09	1.99	0.97	0.54	4.65	4.22	1.20
入职单位	大中型企业	25.77	3.22	10.86	1.42	17.23	11.99	8.69	2.47	8.46	1.57	0.30	3.22	3.37	1.43
	科技中小企业	22.68	9.97	11.34	3.78	14.09	9.62	9.62	4.12	5.84	1.03	0.69	4.47	2.41	0.34
	科研院所	38.70	5.04	5.65	0.61	13.14	20.02	3.93	3.19	2.95	0.61	0.49	1.97	2.83	0.87
	高校	55.66	2.41	3.30	0.71	4.91	22.39	0.80	1.61	3.48	0.27	0.27	1.96	1.96	0.27

续表

类别		人数占比/%													
		仍从事目前职业	企业家	企业管理人员	企业职员	公务员	大学教师	中小学教师	科学家	工程师	律师	记者	艺术工作者	医生	其他
入职单位	中学	38.46	2.99	3.85	1.28	13.25	17.09	10.26	2.56	2.99	1.71	0.85	2.14	1.71	0.86
	医疗卫生机构	36.47	3.24	1.62	0.65	8.75	18.64	5.51	2.11	2.27	1.62	0.16	3.08	14.59	1.29
	农业服务机构	53.06	4.08	3.06	0	15.31	5.10	4.08	3.06	2.04	2.04	0	3.06	3.06	2.05
学历	博士研究生	56.26	2.89	2.57	0.43	3.85	22.35	0.75	2.35	3.10	0.53	0	0.96	3.42	0.54
	硕士研究生	37.62	2.76	4.14	0.61	11.65	23.37	2.91	3.14	4.67	0.69	0.31	2.22	5.36	0.55
	本科	30.76	4.64	7.68	1.27	15.74	13.20	8.12	1.99	5.96	1.60	0.55	3.09	4.09	1.31
	大专	29.67	4.05	11.75	1.35	13.68	6.36	11.95	2.89	5.59	1.35	0.39	5.20	3.66	2.11
职称	正高级	56.83	2.48	4.04	0.93	4.04	16.15	0.93	4.04	3.42	1.24	0	0	4.97	0.93
	副高级	43.55	2.88	4.86	0.69	8.33	22.42	4.46	1.49	3.97	0.79	0.10	1.39	4.76	0.31
	中级	37.97	3.54	6.34	0.59	12.30	16.43	5.37	2.42	5.85	1.02	0.43	2.09	4.51	1.14
	初级	29.67	3.62	6.15	1.81	17.85	15.44	6.76	2.53	5.67	0.84	0.24	4.34	4.10	0.98
	无职称	30.56	6.06	9.86	1.97	12.11	10.85	9.01	3.10	3.66	1.83	0.85	5.49	2.68	1.97
职业	工程技术人员	27.29	4.37	9.17	1.02	15.87	13.17	7.57	2.91	9.75	1.16	0.44	2.26	3.86	1.16
	医务工作者	37.29	3.43	2.03	0.62	7.64	19.03	5.15	1.56	1.87	1.40	0.16	3.90	14.51	1.41
	科学研究人员	41.88	3.93	2.36	0.26	10.73	25.65	2.88	5.50	2.88	0.52	0	0.52	2.09	0.80
	大学教师	56.63	2.23	3.19	0.77	5.03	22.46	0.58	1.36	3.78	0.19	0.19	1.74	1.55	0.30
	中学教师	36.82	4.18	5.02	1.26	13.81	16.74	10.04	2.93	2.51	1.67	0.84	2.09	1.26	0.83
	推广人员/科普工作者	41.77	8.86	8.86	1.90	13.92	6.96	5.70	1.90	1.27	2.53	0	3.16	1.90	1.27
	科研/教学辅助人员	35.66	2.71	5.04	0.78	19.38	19.77	4.65	2.71	2.33	1.55	0.39	2.71	1.94	0.38
	科技管理人员	29.47	3.86	11.23	1.40	17.89	11.93	5.96	2.11	3.51	1.75	1.05	5.61	3.86	0.37
	智库研究人员	18.75	6.25	18.75	6.25	6.25	18.75	6.25	6.25	6.25	6.25	0	0	0	0
区域	赣北区域	37.73	3.49	6.11	0.93	11.12	17.66	5.92	2.43	4.95	1.12	0.28	2.55	4.74	0.97
	赣南区域	38.84	4.17	6.92	1.27	13.70	14.48	4.87	2.47	5.08	0.99	0.42	2.61	3.11	1.07

表 13-17 考虑创业的情况

类别		人数占比 / %		
		没考虑过创业	有初步的创业想法	已经开始创业
总计		70.62	27.73	1.65
年龄	35 岁以下	68.12	30.39	1.49
	35~44 岁	69.01	29.49	1.50
	45 岁及以上	79.05	18.67	2.28
性别	男性	68.28	29.57	2.15
	女性	74.95	24.32	0.73
入职单位	大中型企业	73.33	26.07	0.60
	科技中小企业	54.98	38.49	6.53
	科研院所	70.15	28.13	1.72
	高校	66.46	31.85	1.69
	中学	79.49	20.09	0.42
	医疗卫生机构	76.18	23.01	0.81
	农业服务机构	63.27	28.57	8.16
学历	博士研究生	68.56	30.27	1.17
	硕士研究生	72.57	26.13	1.30
	本科	72.34	26.28	1.38
	大专	67.44	29.48	3.08
职称	正高级	76.40	21.12	2.48
	副高级	72.82	26.29	0.89
	中级	71.37	27.50	1.13
	初级	69.48	28.95	1.57
	无职称	64.23	31.97	3.80
职业	工程技术人员	71.98	26.86	1.16
	医务工作者	76.29	22.78	0.93
	科学研究人员	70.94	28.01	1.05
	大学教师	66.80	31.36	1.84
	中学教师	79.92	20.08	0
	推广人员 / 科普工作者	62.03	31.65	6.32
	科研 / 教学辅助人员	73.26	25.97	0.77

续表

类别		人数占比 / %		
		没考虑过创业	有初步的创业想法	已经开始创业
职业	科技管理人员	70.18	25.61	4.21
	智库研究人员	75.00	25.00	0
区域	赣北区域	72.18	26.48	1.34
	赣南区域	67.58	30.23	2.19

表 13-18　创业面临的障碍或困难分布情况

类别		人数占比 / %							
		缺乏资金来源与融资渠道	缺乏好的项目	缺乏人才	缺乏市场	缺乏管理经验	风险大 / 没有安全感	缺乏创业孵化服务保障	其他
总计		70.14	50.72	20.22	23.02	43.02	37.19	20.29	0.86
年龄	35 岁以下	75.37	53.67	20.67	23.61	46.63	40.47	18.04	0.88
	35～44 岁	68.21	49.09	18.31	22.54	42.66	34.21	22.74	0.40
	45 岁及以上	58.91	44.06	23.27	21.78	32.67	33.17	22.77	1.98
性别	男性	72.51	49.74	20.51	22.97	41.54	34.97	22.56	0.82
	女性	64.58	53.01	19.52	23.13	46.51	42.41	14.94	0.96
入职单位	大中型企业	70.22	59.27	14.33	21.91	41.85	42.13	17.13	0.28
	科技中小企业	61.83	45.04	25.19	21.37	36.64	28.24	13.74	3.05
	科研院所	73.25	49.79	23.46	32.51	37.04	38.27	24.28	0
	高校	67.02	47.07	23.14	19.68	47.61	34.84	24.47	1.60
	中学	75.00	52.08	16.67	25.00	45.83	31.25	12.50	0
	医疗卫生机构	75.51	50.34	19.05	21.77	51.02	43.54	19.73	0
	农业服务机构	83.33	38.89	22.22	33.33	30.56	25.00	13.89	0
学历	博士研究生	70.75	38.78	19.73	26.19	45.24	33.67	27.55	1.36
	硕士研究生	68.72	54.19	21.51	22.91	45.53	37.71	21.23	0.56
	本科	68.46	56.09	19.36	21.36	41.52	41.92	18.76	0.80
	大专	76.92	52.07	22.49	23.67	41.42	35.50	16.57	1.18
职称	正高级	55.26	35.53	22.37	22.37	35.53	38.16	28.95	2.63
	副高级	64.96	48.18	23.36	25.18	42.70	36.50	25.91	0.73
	中级	70.92	50.09	16.89	22.14	43.71	36.02	20.08	0.38
	初级	73.91	59.29	22.13	20.55	44.27	43.87	15.81	0.40
	无职称	74.80	50.79	21.26	25.20	42.91	33.46	16.54	1.97

续表

类别		人数占比 / %							
		缺乏资金来源与融资渠道	缺乏好的项目	缺乏人才	缺乏市场	缺乏管理经验	风险大 / 没有安全感	缺乏创业孵化服务保障	其他
职业	工程技术人员	70.65	56.88	20.26	25.19	40.52	39.74	21.30	0.52
	医务工作者	73.68	50.00	21.71	23.68	52.63	42.76	19.74	0
	科学研究人员	72.07	41.44	18.02	25.23	46.85	40.54	29.73	0
	大学教师	66.47	46.06	21.57	20.12	47.23	36.44	25.36	1.75
	中学教师	68.75	54.17	18.75	29.17	39.58	29.17	10.42	0
	推广人员 / 科普工作者	73.33	51.67	15.00	21.67	41.67	33.33	6.67	0
	科研 / 教学辅助人员助人员	71.01	53.62	23.19	28.99	33.33	39.13	15.94	0
	科技管理人员	68.24	45.88	22.35	17.65	32.94	34.12	7.06	2.35
	智库研究人员	75.00	0	25.00	25.00	0	25.00	25.00	0
区域	赣北区域	69.88	51.62	20.60	24.19	43.78	38.41	22.17	0.90
	赣南区域	71.90	49.02	19.39	21.35	41.83	35.08	17.21	0.65

第十四章
交流与进修

表 14-1　近三年参加学术技术交流活动的次数情况

类别		人数占比 / %				
		0～3 次	4～6 次	7～9 次	10～12 次	12 次以上
总计		66.81	21.43	6.09	2.22	3.45
年龄	35 岁以下	72.14	18.93	5.00	1.50	2.43
	35～44 岁	60.72	25.12	6.92	2.87	4.37
	45 岁及以上	64.94	21.06	7.05	2.70	4.25
性别	男性	64.35	22.32	6.80	2.41	4.12
	女性	71.39	19.79	4.77	1.87	2.18
入职单位	大中型企业	80.97	14.61	3.00	0.67	0.75
	科技中小企业	82.13	13.75	2.75	0	1.37
	科研院所	58.60	28.50	7.25	2.46	3.19
	高校	57.27	27.56	8.12	3.30	3.75
	中学	80.34	12.39	4.27	0.43	2.57
	医疗卫生机构	46.03	26.26	11.18	5.83	10.70
	农业服务机构	69.39	16.33	5.10	1.02	8.16
学历	博士研究生	42.78	33.90	12.41	4.81	6.10
	硕士研究生	60.92	25.98	5.90	2.61	4.59
	本科	76.48	16.34	4.03	1.21	1.94
	大专	86.32	8.86	3.08	0.77	0.97

续表

类别		人数占比 / %				
		0～3次	4～6次	7～9次	10～12次	12次以上
职称	正高级	37.27	29.81	13.98	6.52	12.42
	副高级	52.68	31.05	8.83	2.78	4.66
	中级	68.53	21.00	6.12	1.99	2.36
	初级	78.53	15.44	2.65	1.33	2.05
	无职称	82.11	12.11	2.54	1.13	2.11
职业	工程技术人员	78.31	17.18	3.13	0.58	0.80
	医务工作者	46.49	26.52	11.23	5.62	10.14
	科学研究人员	50.00	33.51	9.69	3.14	3.66
	大学教师	56.73	27.78	8.03	3.29	4.17
	中学教师	80.33	11.72	5.02	0.42	2.51
	推广人员 / 科普工作者	74.05	16.46	5.06	0	4.43
	科研 / 教学辅助人员	65.89	22.87	4.65	3.10	3.49
	科技管理人员	75.44	16.49	5.26	1.05	1.76
	智库研究人员	56.25	31.25	12.50	0	0
区域	赣北区域	64.74	22.59	6.23	2.55	3.89
	赣南区域	71.33	18.86	5.65	1.48	2.68

表 14-2　近三年参加国际学术技术交流活动的次数分布情况

类别		人数占比 / %				
		0～3次	4～6次	7～9次	10～12次	12次以上
总计		94.38	4.31	0.76	0.30	0.25
年龄	35 岁以下	95.00	3.74	0.89	0.23	0.14
	35～44 岁	94.01	4.74	0.69	0.31	0.25
	45 岁及以上	93.78	4.77	0.52	0.41	0.52
性别	男性	93.66	4.75	0.81	0.39	0.39
	女性	95.72	3.50	0.66	0.12	0
入职单位	大中型企业	96.48	2.77	0.52	0.15	0.08
	科技中小企业	94.85	4.12	1.03	0	0
	科研院所	94.10	4.18	1.35	0.37	0

类别		人数占比 / %				
		0～3次	4～6次	7～9次	10～12次	12次以上
入职单位	高校	90.72	7.67	0.89	0.45	0.27
	中学	96.58	2.99	0	0.43	0
	医疗卫生机构	94.65	4.05	0.65	0.49	0.16
	农业服务机构	89.80	2.04	1.02	0	7.14
学历	博士研究生	89.63	8.98	0.86	0.32	0.21
	硕士研究生	94.71	3.98	0.69	0.38	0.24
	本科	95.86	2.93	0.83	0.33	0.05
	大专	97.30	2.12	0.39	0	0.19
职称	正高级	85.40	11.49	1.24	1.24	0.63
	副高级	93.45	5.26	0.60	0.60	0.09
	中级	95.06	3.76	0.91	0.11	0.16
	初级	96.50	3.02	0.36	0.12	0
	无职称	95.49	2.68	0.85	0.14	0.84
职业	工程技术人员	96.00	3.13	0.73	0.07	0.07
	医务工作者	92.98	5.15	1.09	0.62	0.16
	科学研究人员	96.60	2.88	0.26	0.26	0
	大学教师	90.90	7.65	0.97	0.19	0.29
	中学教师	95.82	2.93	0.42	0.83	0
	推广人员 / 科普工作者	89.87	5.06	2.53	0	2.54
	科研 / 教学辅助人员	93.41	4.65	0.78	1.16	0
	科技管理人员	96.49	2.11	0.35	0.35	0.70
	智库研究人员	87.50	6.25	0	0	6.25
区域	赣北区域	94.55	4.21	0.78	0.31	0.15
	赣南区域	94.77	3.88	0.64	0.21	0.50

表 14-3　学术交流活动机会的充分度

类别		人数占比 / %			
		非常充分	比较充分	不充分	极度缺乏
总计		5.41	28.92	42.13	23.54
年龄	35 岁以下	5.47	27.12	41.37	26.04
	35~44 岁	5.55	31.17	42.96	20.32
	45 岁及以上	4.98	29.25	42.53	23.24
性别	男性	5.43	30.19	41.87	22.51
	女性	5.37	26.55	42.61	25.47
入职单位	大中型企业	3.97	19.55	43.15	33.33
	科技中小企业	3.78	17.87	44.33	34.02
	科研院所	5.04	36.98	41.52	16.46
	高校	6.87	34.97	43.26	14.90
	中学	4.27	25.21	39.32	31.20
	医疗卫生机构	7.13	37.76	38.74	16.37
	农业服务机构	7.14	35.71	32.65	24.50
学历	博士研究生	7.38	43.53	41.50	7.59
	硕士研究生	5.06	28.66	43.91	22.37
	本科	4.36	24.68	42.46	28.50
	大专	5.78	18.88	40.27	35.07
职称	正高级	10.25	45.65	35.71	8.39
	副高级	5.06	33.23	45.34	16.37
	中级	4.62	27.93	43.23	24.22
	初级	4.95	24.85	38.96	31.24
	无职称	6.34	22.54	41.27	29.85
职业	工程技术人员	3.42	16.74	44.91	34.93
	医务工作者	8.11	38.22	38.38	15.29
	科学研究人员	4.45	38.22	46.07	11.26
	大学教师	6.68	35.43	42.88	15.01
	中学教师	5.44	25.52	39.75	29.29
	推广人员 / 科普工作者	8.86	35.44	37.97	17.73
	科研 / 教学辅助人员	4.65	42.64	38.37	14.34

续表

类别		人数占比 / %			
		非常充分	比较充分	不充分	极度缺乏
职业	科技管理人员	3.86	30.53	43.16	22.45
	智库研究人员	6.25	43.75	25.00	25.00
区域	赣北区域	5.20	28.82	43.33	22.65
	赣南区域	5.58	29.03	39.83	25.56

表 14-4　近三年参加由单位组织（出资）的技术／业务培训的累计时间分布情况

类别		人数占比 / %				
		0～10 天	11～20 天	21～30 天	31～40 天	40 天以上
总计		75.14	15.90	4.48	1.37	3.11
年龄	35 岁以下	75.88	16.04	3.97	1.50	2.61
	35～44 岁	74.19	15.40	4.86	1.25	4.30
	45 岁及以上	75.10	16.39	5.08	1.24	2.19
性别	男性	74.20	16.07	4.91	1.40	3.42
	女性	76.89	15.57	3.68	1.33	2.53
入职单位	大中型企业	78.35	15.13	3.15	0.82	2.55
	科技中小企业	83.16	11.68	2.75	0.69	1.72
	科研院所	76.90	15.60	5.04	0.98	1.48
	高校	71.36	17.48	5.35	1.69	4.12
	中学	76.07	14.53	2.56	2.99	3.85
	医疗卫生机构	67.26	19.61	5.67	2.11	5.35
	农业服务机构	70.41	12.24	10.20	3.06	4.09
学历	博士研究生	74.01	15.40	5.24	0.96	4.39
	硕士研究生	70.57	19.46	4.67	1.99	3.31
	本科	76.59	15.24	4.20	1.27	2.70
	大专	81.89	10.98	4.05	1.16	1.92
职称	正高级	71.43	19.57	5.28	0.93	2.79
	副高级	71.83	17.16	5.46	1.49	4.06
	中级	73.47	16.86	4.78	1.24	3.65

续表

类别		人数占比 / %				
		0～10 天	11～20 天	21～30 天	31～40 天	40 天以上
职称	初级	78.05	15.08	2.90	2.17	1.80
	无职称	82.54	10.85	3.80	0.85	1.96
职业	工程技术人员	77.00	15.57	3.71	1.02	2.70
	医务工作者	65.05	21.37	5.93	2.18	5.47
	科学研究人员	82.72	11.78	4.71	0.26	0.53
	大学教师	69.89	18.30	5.42	1.94	4.45
	中学教师	76.99	14.23	2.51	2.93	3.34
	推广人员 / 科普工作者	71.52	16.46	7.59	2.53	1.90
	科研 / 教学辅助人员	82.56	12.02	3.88	0.39	1.15
	科技管理人员	78.60	16.49	2.46	0.70	1.75
	智库研究人员	68.75	12.50	6.25	6.25	6.25
区域	赣北区域	75.17	16.29	4.24	1.28	3.02
	赣南区域	75.49	14.69	4.80	1.55	3.47

表 14-5 近三年利用业余时间自费参加社会上各类培训班的累计时间分布情况

类别		人数占比 / %				
		0～10 天	11～20 天	21～30 天	31～40 天	40 天以上
总计		81.82	10.53	4.02	1.10	2.53
年龄	35 岁以下	82.66	9.77	3.74	1.17	2.66
	35～44 岁	81.48	10.66	4.11	1.12	2.63
	45 岁及以上	80.39	12.03	4.46	0.93	2.19
性别	男性	81.23	11.00	4.20	1.07	2.50
	女性	82.92	9.66	3.68	1.15	2.59
入职单位	大中型企业	84.49	8.01	3.52	0.67	3.31
	科技中小企业	87.63	6.19	2.41	1.37	2.40
	科研院所	84.15	9.46	4.05	0.86	1.48
	高校	81.62	11.42	3.93	0.98	2.05
	中学	81.20	12.39	3.85	1.28	1.28
	医疗卫生机构	69.53	18.96	5.51	1.78	4.22
	农业服务机构	76.53	8.16	8.16	4.08	3.07

续表

类别		人数占比 / %				
		0~10 天	11~20 天	21~30 天	31~40 天	40 天以上
学历	博士研究生	80.11	12.51	4.17	1.07	2.14
	硕士研究生	80.31	12.34	4.06	1.07	2.22
	本科	83.32	8.83	3.81	1.05	2.99
	大专	83.24	8.86	3.85	1.54	2.51
职称	正高级	77.33	14.60	3.73	1.86	2.48
	副高级	79.66	12.10	4.37	1.09	2.78
	中级	81.26	10.85	4.35	0.97	2.57
	初级	84.32	9.17	3.50	0.60	2.41
	无职称	85.49	7.18	3.38	1.69	2.26
职业	工程技术人员	83.84	8.08	4.08	0.66	3.34
	医务工作者	68.95	19.03	5.93	1.87	4.22
	科学研究人员	88.48	6.54	2.36	1.31	1.31
	大学教师	81.12	11.91	4.07	0.97	1.93
	中学教师	83.26	11.30	3.77	0.42	1.25
	推广人员 / 科普工作者	79.75	12.03	5.06	2.53	0.63
	科研 / 教学辅助人员	82.95	10.85	3.10	0.78	2.32
	科技管理人员	85.61	7.37	3.51	1.40	2.11
	智库研究人员	75.00	25.00	0	0	0
区域	赣北区域	82.40	10.12	4.05	0.75	2.68
	赣南区域	81.36	11.09	3.74	1.48	2.33

表 14-6　需要进修或学习的情况

类别		人数占比 / %				
		非常需要	比较需要	一般	不太需要	完全不需要
总计		45.34	39.02	11.82	3.15	0.67
年龄	35 岁以下	52.13	37.03	8.46	1.78	0.60
	35~44 岁	45.39	40.59	11.72	1.93	0.37
	45 岁及以上	29.88	40.98	19.61	8.20	1.33
性别	男性	43.88	39.79	11.84	3.74	0.75
	女性	48.04	37.60	11.77	2.05	0.54

续表

类别		人数占比 / %				
		非常需要	比较需要	一般	不太需要	完全不需要
入职单位	大中型企业	48.39	39.63	9.14	2.55	0.29
	科技中小企业	46.39	34.02	14.78	3.09	1.72
	科研院所	44.47	41.03	10.69	3.44	0.37
	高校	43.44	36.66	14.90	3.75	1.25
	中学	38.89	40.60	15.81	4.27	0.43
	医疗卫生机构	46.19	39.55	11.35	2.76	0.15
	农业服务机构	40.82	41.84	12.24	5.10	0
学历	博士研究生	37.54	40.11	16.47	4.49	1.39
	硕士研究生	52.03	38.39	8.05	1.38	0.15
	本科	45.11	40.20	11.54	2.54	0.61
	大专	45.09	35.65	12.14	6.55	0.57
职称	正高级	28.88	41.61	20.19	8.39	0.93
	副高级	38.99	42.06	14.68	3.17	1.10
	中级	47.58	39.21	10.20	2.63	0.38
	初级	53.92	33.90	9.77	2.05	0.36
	无职称	45.92	39.01	10.56	3.38	1.13
职业	工程技术人员	50.36	37.63	9.02	2.47	0.52
	医务工作者	44.15	40.87	11.54	3.12	0.32
	科学研究人员	46.07	38.74	11.78	2.88	0.53
	大学教师	42.79	37.85	14.81	3.29	1.26
	中学教师	38.08	41.84	14.64	4.60	0.84
	推广人员 / 科普工作者	38.61	44.30	11.39	5.06	0.64
	科研 / 教学辅助人员	43.80	45.35	9.30	1.55	0
	科技管理人员	37.89	39.65	15.79	5.61	1.06
	智库研究人员	50.00	25.00	25.00	0	0
区域	赣北区域	44.95	39.19	11.84	3.24	0.78
	赣南区域	45.41	39.27	11.94	2.90	0.48

表 14-7　获取专业科技（学术）信息的第一重要渠道分布情况

类别		人数占比 / %					
		学术著作（刊物）	学术会议	互联网	专业培训	大众传播媒介（电视、广播电台、报纸、图书等）	其他
总计		43.80	9.96	33.44	8.98	3.06	0.76
年龄	35 岁以下	43.06	8.37	35.90	9.07	3.04	0.56
	35～44 岁	47.94	11.22	30.42	7.29	2.43	0.70
	45 岁及以上	38.80	11.41	32.78	11.41	4.25	1.35
性别	男性	46.52	9.79	32.47	7.71	2.83	0.68
	女性	38.74	10.26	35.24	11.35	3.50	0.91
入职单位	大中型企业	34.01	5.77	41.87	13.41	3.82	1.12
	科技中小企业	21.65	6.53	51.55	15.81	3.09	1.37
	科研院所	59.09	10.20	23.59	4.55	2.09	0.48
	高校	61.64	9.28	24.98	2.59	1.34	0.17
	中学	26.07	7.69	44.02	15.81	4.70	1.71
	医疗卫生机构	41.65	23.66	24.96	7.62	1.62	0.49
	农业服务机构	18.37	8.16	33.67	23.47	15.31	1.02
学历	博士研究生	72.09	9.95	17.43	0.11	0.21	0.21
	硕士研究生	54.71	11.26	27.05	5.06	1.69	0.23
	本科	31.03	10.88	41.52	12.20	3.37	1.00
	大专	19.65	5.97	47.59	17.34	8.29	1.16
职称	正高级	58.39	13.04	22.67	4.35	0.62	0.93
	副高级	54.66	12.30	25.69	5.85	1.09	0.41
	中级	45.44	10.37	32.12	9.08	2.47	0.52
	初级	34.14	8.56	41.13	11.22	4.10	0.85
	无职称	28.73	5.77	43.80	12.68	7.32	1.70
职业	工程技术人员	35.15	5.60	43.96	11.57	2.91	0.81
	医务工作者	41.34	24.80	23.71	7.96	1.72	0.47
	科学研究人员	74.35	6.28	17.54	0.79	0.52	0.52
	大学教师	62.54	8.91	24.30	3.10	1.06	0.09
	中学教师	28.87	9.62	42.26	13.39	4.60	1.26
	推广人员 / 科普工作者	20.89	12.03	37.34	19.62	8.86	1.26

续表

类别		人数占比 / %					
		学术著作 （刊物）	学术会议	互联网	专业培训	大众传播媒介 （电视、广播电台、 报纸、图书等）	其他
职业	科研／教学辅助人员	55.43	13.18	22.48	5.81	2.33	0.77
	科技管理人员	34.74	9.47	34.74	12.98	6.67	1.40
	智库研究人员	31.25	25.00	37.50	6.25	0	0
区域	赣北区域	46.07	10.59	31.40	8.60	2.65	0.69
	赣南区域	39.48	8.33	37.85	9.53	4.03	0.78

表 14-8　获取专业科技（学术）信息的第二重要渠道分布情况

类别		人数占比 / %					
		学术著作 （刊物）	学术会议	互联网	专业培训	大众传播媒介 （电视、广播电台、 报纸、图书等）	其他
总计		14.54	27.37	29.78	16.53	10.46	1.32
年龄	35 岁以下	15.71	25.53	28.99	17.20	11.17	1.40
	35～44 岁	13.65	31.23	30.30	14.65	9.23	0.94
	45 岁及以上	13.69	25.00	30.71	17.84	11.00	1.76
性别	男性	15.19	28.92	30.87	15.16	8.78	1.08
	女性	13.34	24.50	27.76	19.07	13.58	1.75
入职单位	大中型企业	14.31	15.73	33.78	20.82	13.93	1.43
	科技中小企业	15.12	11.00	25.09	27.49	17.87	3.43
	科研院所	14.13	36.73	30.47	9.58	7.74	1.35
	高校	15.34	39.07	29.71	8.03	6.60	1.25
	中学	14.53	16.67	26.92	23.08	17.52	1.28
	医疗卫生机构	15.88	37.76	24.31	16.86	4.54	0.65
	农业服务机构	9.18	15.31	31.63	31.63	12.24	0.01
学历	博士研究生	14.76	49.52	29.63	3.42	1.82	0.85
	硕士研究生	16.17	30.88	31.26	12.49	7.97	1.23
	本科	15.18	19.00	29.32	21.92	13.25	1.33
	大专	9.83	13.10	26.78	27.94	20.42	1.93

续表

类别		人数占比 / %					
		学术著作（刊物）	学术会议	互联网	专业培训	大众传播媒介（电视、广播电台、报纸、图书等）	其他
职称	正高级	13.04	43.48	28.26	9.63	4.35	1.24
	副高级	14.98	36.21	29.27	12.50	5.95	1.09
	中级	14.55	26.96	31.85	15.47	10.10	1.07
	初级	16.28	19.18	28.23	19.66	15.08	1.57
	无职称	12.54	18.17	27.61	24.51	15.21	1.96
职业	工程技术人员	17.47	16.45	30.20	20.96	13.54	1.38
	医务工作者	16.07	37.75	24.80	16.07	4.21	1.10
	科学研究人员	12.83	44.76	33.25	4.19	4.19	0.78
	大学教师	15.59	39.69	29.43	7.74	6.29	1.26
	中学教师	14.23	19.67	28.03	20.08	16.74	1.25
	推广人员 / 科普工作者	8.86	15.19	28.48	33.54	13.92	0.01
	科研 / 教学辅助人员	10.85	28.29	37.98	12.02	9.30	1.56
	科技管理人员	10.18	19.65	36.49	20.35	11.93	1.40
	智库研究人员	31.25	31.25	12.50	18.75	6.25	0
区域	赣北区域	14.98	28.54	30.50	15.83	8.88	1.27
	赣南区域	13.70	25.00	28.88	17.80	13.28	1.34

表 14-9　获取专业科技（学术）信息的第三重要渠道分布情况

类别		人数占比 / %					
		学术著作（刊物）	学术会议	互联网	专业培训	大众传播媒介（电视、广播电台、报纸、图书等）	其他
总计		11.96	16.42	23.50	22.41	18.98	6.73
年龄	35 岁以下	12.25	16.46	22.72	22.30	19.50	6.77
	35～44 岁	11.66	17.33	25.50	23.00	16.52	5.99
	45 岁及以上	12.03	14.83	21.99	21.58	21.78	7.79
性别	男性	12.07	16.53	24.27	22.64	17.66	6.83
	女性	11.77	16.23	22.09	21.97	21.42	6.52

续表

类别		人数占比 / %					
		学术著作（刊物）	学术会议	互联网	专业培训	大众传播媒介（电视、广播电台、报纸、图书等）	其他
入职单位	大中型企业	15.58	12.73	13.93	26.59	21.72	9.45
	科技中小企业	12.03	13.40	16.84	14.09	28.87	14.77
	科研院所	9.09	20.27	29.48	20.64	15.36	5.16
	高校	9.01	20.34	33.36	17.04	15.79	4.46
	中学	14.10	13.25	16.24	21.79	26.07	8.55
	医疗卫生机构	11.18	17.67	27.39	30.15	10.86	2.75
	农业服务机构	17.35	11.22	24.49	12.24	32.65	2.05
学历	博士研究生	6.52	25.03	39.68	14.97	9.95	3.85
	硕士研究生	10.42	17.85	25.06	25.29	17.47	3.91
	本科	14.85	12.42	17.61	25.23	21.42	8.47
	大专	16.18	11.56	14.07	19.85	26.40	11.94
职称	正高级	11.80	20.81	30.43	19.88	12.73	4.35
	副高级	9.72	17.86	30.56	22.42	14.98	4.46
	中级	12.24	17.56	22.40	23.36	17.78	6.66
	初级	13.75	13.87	18.58	23.88	21.83	8.09
	无职称	12.39	12.39	19.01	19.30	27.32	9.59
职业	工程技术人员	15.36	13.97	15.50	23.36	21.47	10.34
	医务工作者	11.54	17.00	28.55	30.42	9.83	2.66
	科学研究人员	6.81	24.08	35.86	16.75	12.57	3.93
	大学教师	8.91	19.94	33.88	16.84	15.97	4.46
	中学教师	13.39	12.55	19.67	23.43	22.59	8.37
	推广人员/科普工作者	12.66	12.03	20.25	17.09	33.54	4.43
	科研/教学辅助人员	11.63	18.99	22.09	29.84	13.18	4.27
	科技管理人员	12.28	14.39	16.14	25.96	24.56	6.67
	智库研究人员	6.25	18.75	37.50	6.25	18.75	12.50
区域	赣北区域	12.06	17.45	24.21	21.90	18.22	6.16
	赣南区域	11.65	14.12	21.75	23.66	20.83	7.99

表 14-10　现有的知识技能满足工作需要的程度

类别		人数占比 / %				
		完全能	基本能	有些差距	差距非常大	说不准
总计		12.47	64.38	20.78	1.23	1.14
年龄	35 岁以下	9.07	62.74	25.25	1.31	1.63
	35~44 岁	13.78	66.02	18.70	0.81	0.69
	45 岁及以上	17.84	65.35	14.32	1.66	0.83
性别	男性	14.57	65.42	18.22	0.85	0.94
	女性	8.57	62.46	25.53	1.93	1.51
入职单位	大中型企业	12.36	67.42	18.80	0.37	1.05
	科技中小企业	13.40	53.95	25.77	2.75	4.13
	科研院所	9.34	61.55	26.29	1.84	0.98
	高校	16.41	65.39	17.04	0.62	0.54
	中学	12.39	68.80	15.81	2.14	0.86
	医疗卫生机构	11.83	63.70	22.04	2.27	0.16
	农业服务机构	5.10	68.37	20.41	3.06	3.06
学历	博士研究生	17.97	67.49	13.80	0.64	0.10
	硕士研究生	9.81	64.98	23.60	0.84	0.77
	本科	11.87	64.94	20.76	1.21	1.22
	大专	12.52	58.77	24.86	2.12	1.73
职称	正高级	18.94	65.53	14.60	0.93	0
	副高级	16.47	67.46	15.38	0.60	0.09
	中级	11.17	69.12	18.05	0.75	0.91
	初级	9.65	60.80	26.06	1.93	1.56
	无职称	10.56	51.27	32.25	2.68	3.24
职业	工程技术人员	12.88	63.90	20.52	1.02	1.68
	医务工作者	11.23	63.34	22.78	2.18	0.47
	科学研究人员	8.90	64.92	24.61	1.31	0.26
	大学教师	16.36	66.12	16.65	0.29	0.58
	中学教师	13.39	69.46	14.23	1.67	1.25
	推广人员 / 科普工作者	5.70	60.13	29.11	3.80	1.26
	科研 / 教学辅助人员	6.98	62.40	27.91	1.94	0.77

续表

类别		人数占比 / %				
		完全能	基本能	有些差距	差距非常大	说不准
职业	科技管理人员	11.23	69.12	18.25	0.35	1.05
	智库研究人员	6.25	50.00	37.50	0	6.25
区域	赣北区域	12.09	65.48	20.59	0.90	0.94
	赣南区域	13.06	62.43	21.26	1.69	1.56

表 14-11　工作中需要查阅科技文献资料（包括电子期刊）的情况

类别		人数占比 / %		
		完全不需要	偶尔需要	经常需要
总计		5.39	44.37	50.24
年龄	35 岁以下	6.92	47.97	45.11
	35～44 岁	4.36	36.91	58.73
	45 岁及以上	3.84	48.44	47.72
性别	男性	4.75	41.51	53.74
	女性	6.58	49.67	43.75
入职单位	大中型企业	4.57	61.42	34.01
	科技中小企业	13.06	60.48	26.46
	科研院所	5.40	31.33	63.27
	高校	3.03	23.73	73.24
	中学	11.97	70.51	17.52
	医疗卫生机构	3.08	32.74	64.18
	农业服务机构	10.20	70.41	19.39
学历	博士研究生	1.39	7.91	90.70
	硕士研究生	3.14	37.70	59.16
	本科	7.18	59.69	33.13
	大专	9.06	66.67	24.27
职称	正高级	1.55	26.09	72.36
	副高级	2.28	30.65	67.07
	中级	4.08	44.63	51.29
	初级	7.72	57.06	35.22
	无职称	12.25	56.62	31.13

续表

类别		人数占比 / %		
		完全不需要	偶尔需要	经常需要
职业	工程技术人员	4.44	56.11	39.45
	医务工作者	3.74	34.79	61.47
	科学研究人员	2.36	8.64	89.00
	大学教师	2.42	23.62	73.96
	中学教师	15.06	69.46	15.48
	推广人员 / 科普工作者	13.29	68.99	17.72
	科研 / 教学辅助人员	5.03	42.64	52.33
	科技管理人员	4.91	70.18	24.91
	智库研究人员	6.25	31.25	62.50
区域	赣北区域	4.02	41.78	54.20
	赣南区域	8.12	49.15	42.73

表 14-12 查阅科技文献资料（包括电子期刊）的方便程度

类别		人数占比 / %		
		可以方便地查到	可以查到，但有困难	很难查到
总计		39.97	52.66	7.37
年龄	35 岁以下	41.34	51.58	7.08
	35～44 岁	40.03	53.06	6.91
	45 岁及以上	37.11	54.15	8.74
性别	男性	40.03	52.60	7.37
	女性	39.86	52.78	7.36
入职单位	大中型企业	33.99	55.34	10.67
	科技中小企业	30.04	60.47	9.49
	科研院所	42.99	52.60	4.41
	高校	49.22	46.09	4.69
	中学	30.58	56.80	12.62
	医疗卫生机构	42.64	52.34	5.02
	农业服务机构	36.36	59.09	4.55
学历	博士研究生	47.83	48.37	3.80
	硕士研究生	43.28	50.00	6.72

类别		人数占比 / %		
		可以方便地查到	可以查到，但有困难	很难查到
学历	本科	36.29	54.85	8.86
	大专	29.03	61.44	9.53
职称	正高级	45.43	52.68	1.89
	副高级	41.62	51.07	7.31
	中级	40.20	52.58	7.22
	初级	34.38	57.78	7.84
	无职称	40.77	49.12	10.11
职业	工程技术人员	29.32	60.02	10.66
	医务工作者	42.63	52.84	4.53
	科学研究人员	48.53	47.72	3.75
	大学教师	48.41	46.63	4.96
	中学教师	28.57	59.11	12.32
	推广人员 / 科普工作者	36.50	56.20	7.30
	科研 / 教学辅助人员	54.29	43.67	2.04
	科技管理人员	40.22	51.29	8.49
	智库研究人员	33.33	53.33	13.34
区域	赣北区域	39.27	53.39	7.34
	赣南区域	41.58	50.73	7.69

表 14-13　近三年短期出国或出境（时间少于 1 年）的经历情况

类别		人数占比 / %	
		没有	有
总计		88.59	11.41
年龄	35 岁以下	90.37	9.63
	35～44 岁	85.97	14.03
	45 岁及以上	88.80	11.20
性别	男性	88.26	11.74
	女性	89.20	10.80

类别		人数占比 / %	
		没有	有
入职单位	大中型企业	92.58	7.42
	科技中小企业	94.16	5.84
	科研院所	86.36	13.64
	高校	80.29	19.71
	中学	95.30	4.70
	医疗卫生机构	89.14	10.86
	农业服务机构	97.96	2.04
学历	博士研究生	74.44	25.56
	硕士研究生	88.89	11.11
	本科	93.21	6.79
	大专	94.22	5.78
职称	正高级	74.84	25.16
	副高级	82.14	17.86
	中级	90.23	9.77
	初级	94.69	5.31
	无职称	92.54	7.46
职业	工程技术人员	92.14	7.86
	医务工作者	89.55	10.45
	科学研究人员	81.68	18.32
	大学教师	80.15	19.85
	中学教师	95.40	4.60
	推广人员 / 科普工作者	96.84	3.16
	科研 / 教学辅助人员	91.47	8.53
	科技管理人员	90.88	9.12
	智库研究人员	87.50	12.50
区域	赣北区域	86.98	13.02
	赣南区域	92.02	7.98

表 14-14　近三年短期出国或出境（时间少于 1 年）的次数

类别		平均次数 / 次
总体		1.69
年龄	35 岁以下	2.02
	35～44 岁	1.38
	45 岁及以上	1.74
性别	男性	1.72
	女性	1.63
入职单位	大中型企业	1.47
	科技中小企业	1.41
	科研院所	1.64
	高校	1.85
	中学	1.82
	医疗卫生机构	1.68
	农业服务机构	2.00
学历	博士研究生	1.73
	硕士研究生	1.68
	本科	1.68
	大专	1.46
职称	正高级	1.69
	副高级	1.53
	中级	1.79
	初级	1.84
	无职称	1.78
职业	工程技术人员	1.46
	医务工作者	1.56
	科学研究人员	1.28
	大学教师	1.89
	中学教师	2.08
	推广人员 / 科普工作者	1.60
	科研 / 教学辅助人员	2.86
	科技管理人员	1.64
	智库研究人员	2.00
区域	赣北区域	1.73
	赣南区域	1.47

表 14-15 近三年短期出国或出境（时间少于 1 年）的天数

类别		平均天数 / 天
总体		92.92
年龄	35 岁以下	77.87
	35～44 岁	120.16
	45 岁及以上	63.87
性别	男性	99.08
	女性	80.70
入职单位	大中型企业	38.87
	科技中小企业	32.24
	科研院所	63.28
	高校	148.81
	中学	26.82
	医疗卫生机构	73.25
	农业服务机构	105.00
学历	博士研究生	150.83
	硕士研究生	52.91
	本科	38.67
	大专	42.73
职称	正高级	87.51
	副高级	131.38
	中级	75.54
	初级	22.42
	无职称	78.86
职业	工程技术人员	40.08
	医务工作者	70.98
	科学研究人员	92.85
	大学教师	150.26
	中学教师	47.50
	推广人员 / 科普工作者	43.80
	科研 / 教学辅助人员	52.48
	科技管理人员	21.27
	智库研究人员	12.50
区域	赣北区域	95.87
	赣南区域	84.93

表 14-16　短期出国的主要任务和目的分布情况

类别		人数占比 / %				
		学术交流	培训或进修	考察访问	旅游度假	其他
总计		53.16	30.63	29.25	26.88	7.11
年龄	35 岁以下	42.25	26.74	20.86	42.78	6.42
	35~44 岁	64.00	37.33	30.22	13.78	5.33
	45 岁及以上	51.85	25.00	39.81	25.93	12.04
性别	男性	58.17	31.86	31.58	16.90	8.86
	女性	44.12	29.41	22.35	47.06	5.29
入职单位	大中型企业	18.02	5.41	18.92	38.74	14.41
	科技中小企业	17.65	23.53	47.06	23.53	11.76
	科研院所	60.87	23.48	36.52	16.52	4.35
	高校	66.51	40.67	25.84	18.18	4.31
	中学	10.00	10.00	20.00	90.00	0
	医疗卫生机构	49.21	47.62	26.98	28.57	1.59
	农业服务机构	50.00	50.00	50.00	0	50.00
学历	博士研究生	77.09	43.17	31.72	6.17	3.08
	硕士研究生	39.86	26.81	26.81	40.58	5.07
	本科	28.57	13.39	25.89	46.43	15.18
	大专	26.92	19.23	38.46	42.31	19.23
职称	正高级	65.38	28.21	46.15	11.54	7.69
	副高级	64.94	40.23	29.31	14.37	5.75
	中级	46.71	29.34	25.75	32.93	7.78
	初级	18.42	15.79	13.16	68.42	5.26
	无职称	40.82	16.33	26.53	42.86	10.20
职业	工程技术人员	31.00	11.00	29.00	37.00	17.00
	医务工作者	55.56	47.62	26.98	23.81	3.17
	科学研究人员	75.36	31.88	44.93	4.35	5.80
	大学教师	64.95	40.21	26.29	18.04	4.12
	中学教师	27.27	18.18	27.27	72.73	0
	推广人员 / 科普工作者	20.00	0	60.00	60.00	20.00
	科研 / 教学辅助人员	42.86	38.10	19.05	38.10	4.76
职业	科技管理人员	40.91	13.64	27.27	50.00	9.09
	智库研究人员	50.00	0	50.00	50.00	0

续表

类别		人数占比 / %				
		学术交流	培训或进修	考察访问	旅游度假	其他
区域	赣北区域	53.20	26.34	29.67	26.09	7.67
	赣南区域	53.77	42.45	29.25	28.30	5.66

表 14-17　一年及以上海外留学（含做访问学者）或工作的经历情况

类别		人数占比 / %			
		只留学	既留学又工作	只工作	都没有
总计		5.66	2.71	2.81	88.82
年龄	35 岁以下	4.21	2.29	2.52	90.98
	35～44 岁	8.04	2.93	2.37	86.66
	45 岁及以上	5.19	3.53	4.15	87.13
性别	男性	6.21	2.64	3.06	88.09
	女性	4.77	3.02	2.47	89.74
入职单位	大中型企业	0.60	1.05	2.62	95.73
	科技中小企业	1.03	1.03	2.75	95.19
	科研院所	3.56	3.07	4.05	89.32
	高校	17.48	6.16	3.21	73.15
	中学	0.85	0.85	2.14	96.16
	医疗卫生机构	4.86	2.27	1.46	91.41
	农业服务机构	0	0	4.08	95.92
学历	博士研究生	21.93	6.95	2.67	68.45
	硕士研究生	3.45	2.30	2.45	91.80
	本科	0.77	1.60	2.82	94.81
	大专	0.77	0.77	2.89	95.57
职称	正高级	20.50	6.83	5.59	67.08
	副高级	9.42	3.57	3.27	83.74
	中级	4.14	2.47	2.26	91.13
	初级	1.81	0.97	2.90	94.32
	无职称	2.11	2.25	2.25	93.39

续表

类别		人数占比 / %			
		只留学	既留学又工作	只工作	都没有
职业	工程技术人员	0.80	1.38	2.47	95.35
	医务工作者	4.84	3.12	1.72	90.32
	科学研究人员	6.02	3.93	2.62	87.43
	大学教师	17.81	5.81	3.10	73.28
	中学教师	0.42	1.67	2.51	95.40
	推广人员 / 科普工作者	0.63	0.63	4.43	94.31
	科研 / 教学辅助人员	4.26	0.39	3.10	92.25
	科技管理人员	1.40	2.11	5.96	90.53
	智库研究人员	12.50	6.25	0	81.25
区域	赣北区域	6.57	2.87	2.43	88.13
	赣南区域	3.81	1.77	3.60	90.82

表 14-18 海外留学（含做访问学者）的资助方式分布情况

类别		人数占比 / %				
		国家公派	自费	国外基金资助	工作单位资助	其他
总计		44.95	21.21	9.09	21.97	2.78
年龄	35 岁以下	33.81	34.53	9.35	17.27	5.04
	35～44 岁	52.27	13.07	8.52	22.16	3.98
	45 岁及以上	46.43	15.48	9.52	27.38	1.19
性别	男性	47.06	18.01	9.56	20.96	4.41
	女性	38.76	27.13	7.75	23.26	3.10
入职单位	大中型企业	19.05	52.38	9.52	19.05	0
	科技中小企业	16.67	50.00	0	33.33	0
	科研院所	24.53	32.08	18.87	22.64	1.88
	高校	52.27	17.42	7.95	20.45	1.91
	中学	25.00	25.00	0	50.00	0
	医疗卫生机构	45.45	13.64	6.82	29.55	4.54
	农业服务机构	0	0	0	0	100.00
学历	博士研究生	55.56	13.70	8.52	20.37	1.85
	硕士研究生	24.00	41.33	6.67	24.00	4.00
	本科	20.93	32.56	18.60	25.58	2.33
	大专	12.50	25.00	0	37.50	25.00

续表

类别		人数占比 / %				
		国家公派	自费	国外基金资助	工作单位资助	其他
职称	正高级	52.27	10.23	6.82	28.41	2.27
	副高级	58.02	9.92	10.69	21.37	0
	中级	35.77	31.71	9.76	17.89	4.87
	初级	30.43	43.48	0	21.74	4.35
	无职称	16.13	41.94	12.90	22.58	6.45
职业	工程技术人员	16.67	40.00	13.33	26.67	3.33
	医务工作者	41.18	13.73	5.88	35.29	3.92
	科学研究人员	47.37	13.16	21.05	15.79	2.63
	大学教师	51.64	18.03	6.97	20.90	2.46
	中学教师	20.00	20.00	20.00	40.00	0
	推广人员 / 科普工作者	0	100.00	0	0	0
	科研 / 教学辅助人员	25.00	58.33	8.33	8.33	0.01
	科技管理人员	20.00	50.00	10.00	10.00	10.00
	智库研究人员	66.67	0	33.33	0	0
区域	赣北区域	46.86	17.16	9.57	23.43	2.98
	赣南区域	45.57	32.91	6.33	13.92	1.27

表 14-19　回国工作的主要动机分布情况

类别		人数占比 / %						
		国内收入待遇更好	国内发展机会更多	国内科研条件更好	与家人团聚	不适应国外的生活	报效祖国	其他
总计		12.29	28.92	9.64	49.91	8.88	46.12	3.59
年龄	35 岁以下	19.69	28.50	13.47	48.19	9.33	36.79	3.11
	35～44 岁	6.54	25.70	6.07	48.60	7.01	53.74	6.54
	45 岁及以上	7.26	33.06	8.06	53.23	9.68	45.16	4.03
性别	男性	10.11	28.42	8.74	50.00	8.20	47.27	5.19
	女性	15.88	28.24	10.59	47.06	9.41	41.18	4.12

续表

类别		人数占比 / %						
		国内收入待遇更好	国内发展机会更多	国内科研条件更好	与家人团聚	不适应国外的生活	报效祖国	其他
入职单位	大中型企业	19.30	19.30	5.26	43.86	7.02	50.88	3.51
	科技中小企业	14.29	35.71	21.43	50.00	7.14	21.43	7.14
	科研院所	20.69	35.63	18.39	41.38	4.60	29.89	3.45
	高校	7.31	25.58	5.98	56.15	10.63	53.16	2.66
	中学	11.11	44.44	0	33.33	22.22	33.33	11.11
	医疗卫生机构	16.98	41.51	16.98	37.74	3.77	37.74	3.77
	农业服务机构	25.00	25.00	25.00	50.00	25.00	25.00	0
学历	博士研究生	5.42	28.14	6.44	56.27	8.47	54.24	2.71
	硕士研究生	21.50	33.64	14.02	45.79	8.41	36.45	2.80
	本科	20.21	28.72	14.89	36.17	6.38	38.30	4.26
	大专	13.04	17.39	8.70	43.48	17.39	17.39	17.39
职称	正高级	1.89	32.08	5.66	55.66	9.43	49.06	5.66
	副高级	9.76	29.27	8.54	52.44	7.32	54.88	1.83
	中级	15.15	27.27	13.33	49.09	8.48	41.82	3.03
	初级	23.40	27.66	8.51	38.30	14.89	34.04	2.13
	无职称	21.28	25.53	8.51	40.43	6.38	34.04	8.51
职业	工程技术人员	21.88	28.13	10.94	40.63	6.25	31.25	6.25
	医务工作者	17.74	43.55	19.35	43.55	4.84	32.26	3.23
	科学研究人员	8.33	20.83	6.25	54.17	2.08	62.50	2.08
	大学教师	7.25	26.09	6.16	56.88	11.23	51.81	2.90
	中学教师	18.18	54.55	9.09	9.09	9.09	27.27	9.09
	推广人员 / 科普工作者	44.44	33.33	11.11	44.44	22.22	33.33	0
	科研 / 教学辅助人员	10.00	35.00	25.00	45.00	5.00	30.00	5.00
	科技管理人员	18.52	22.22	11.11	33.33	7.41	48.15	0
	智库研究人员	0	66.67	33.33	0	0	33.33	0
区域	赣北区域	10.76	27.56	8.40	51.71	7.61	47.51	4.20
	赣南区域	14.62	31.54	9.23	45.38	11.54	46.92	2.31

表 15-1　每月工资情况

类别		人数占比 / %								
		3000 元以下	3000～5000 元	5001～10 000 元	10 001～15 000 元	15 001～20 000 元	20 001～30 000 元	30 001～50 000 元	50 001～100000 元	100 000 元以上
总计		11.73	39.34	38.64	7.46	2.03	0.53	0.08	0.04	0.15
年龄	35 岁以下	16.74	46.28	30.86	4.91	0.98	0.09	0	0.05	0.09
	35～44 岁	8.17	35.10	44.70	8.54	2.49	0.69	0.12	0	0.19
	45 岁及以上	6.43	31.12	45.85	11.41	3.53	1.14	0.21	0.10	0.21
性别	男性	8.91	35.07	43.43	9.11	2.41	0.72	0.10	0.07	0.18
	女性	16.96	47.25	29.75	4.41	1.33	0.18	0.06	0	0.06
入职单位	大中型企业	7.19	38.35	40.37	10.79	2.55	0.52	0.07	0	0.16
	科技中小企业	14.78	54.64	23.02	4.81	1.72	0.69	0	0	0.34
	科研院所	9.46	40.91	43.86	4.67	0.74	0.25	0	0.11	0
	高校	7.67	31.04	50.85	7.94	1.43	0.71	0.18	0	0.18
	中学	18.38	68.80	12.39	0.43	0	0	0	0	0
	医疗卫生机构	24.64	27.23	32.58	9.72	4.86	0.65	0.16	0	0.16
	农业服务机构	11.22	68.37	17.35	1.02	1.02	0	0	0	1.02

续表

类别		人数占比 / %								
		3000 元以下	3000～5000 元	5001～10 000 元	10 001～15 000 元	15 001～20 000 元	20 001～30 000 元	30 001～50 000 元	50 001～100 000 元	100 000 元以上
学历	博士研究生	2.14	20.43	60.96	12.09	2.89	1.07	0.32	0	0.10
	硕士研究生	14.33	38.85	37.09	6.67	2.45	0.38	0	0.08	0.15
	本科	12.37	43.40	35.23	6.68	1.60	0.50	0.06	0.06	0.10
	大专	16.57	52.99	22.54	5.97	1.35	0.19	0	0	0.39
职称	正高级	2.80	11.18	51.24	23.91	6.52	2.48	0.93	0.31	0.63
	副高级	4.37	26.19	55.46	9.52	3.27	0.89	0.10	0.10	0.10
	中级	9.24	40.82	42.00	6.34	1.24	0.16	0	0	0.20
	初级	18.46	53.44	22.32	4.46	0.97	0.35	0	0	0
	无职称	24.93	50.42	19.30	3.52	1.55	0.28	0	0	0
职业	工程技术人员	7.50	40.10	39.37	10.12	2.11	0.44	0.07	0.15	0.14
	医务工作者	25.27	26.21	32.45	10.14	4.84	0.62	0.16	0	0.31
	科学研究人员	6.81	30.10	56.81	4.71	1.05	0.52	0	0	0
	大学教师	6.29	31.66	51.50	8.23	1.36	0.68	0.19	0	0.09
	中学教师	17.15	69.04	12.97	0.84	0	0	0	0	0
	推广人员/科普工作者	15.82	63.92	18.35	1.27	0.63	0	0	0	0.01
	科研/教学辅助人员	10.08	48.45	35.27	5.43	0.38	0.39	0	0	0
	科技管理人员	10.18	40.35	37.89	6.67	2.81	1.75	0	0	0.35
	智库研究人员	6.25	18.75	68.75	0	6.25	0	0	0	0
区域	赣北区域	11.00	35.67	41.31	8.75	2.37	0.59	0.12	0.06	0.13
	赣南区域	13.21	46.54	33.76	4.80	1.13	0.42	0	0	0.14

表 15-2 每月固定工资外其他收入（如稿费、劳务费、年终奖、兼职收入等）情况

类别		人数占比 / %								
		3000 元以下	3000～5000 元	5001～10 000 元	10 001～15 000 元	15 001～20 000 元	20 001～30 000 元	30 001～50 000 元	50 001～100 000 元	100 000 元以上
总计		67.47	16.80	9.49	2.75	1.54	0.89	0.55	0.30	0.21
年龄	35 岁以下	67.93	18.37	8.79	2.06	0.98	0.84	0.51	0.33	0.19
	35～44 岁	65.27	16.90	11.35	2.81	1.62	1.06	0.56	0.19	0.24
	45 岁及以上	70.12	13.28	7.99	4.05	2.59	0.73	0.62	0.41	0.21
性别	男性	66.85	16.04	10.54	2.93	1.66	0.81	0.49	0.42	0.26
	女性	68.62	18.23	7.54	2.41	1.33	1.03	0.66	0.06	0.12
入职单位	大中型企业	72.21	13.33	9.59	2.02	1.65	0.52	0.30	0.22	0.16
	科技中小企业	71.13	14.09	9.28	2.75	0.34	1.03	0	0.69	0.69
	科研院所	67.20	18.67	8.23	2.33	1.47	1.11	0.61	0.37	0.01
	高校	64.85	18.64	9.90	2.41	1.43	1.07	1.07	0.27	0.36
	中学	76.50	19.23	3.42	0.43	0.42	0	0	0	0
	医疗卫生机构	51.86	20.91	15.56	6.65	2.76	1.30	0.65	0.16	0.15
	农业服务机构	76.53	12.24	6.12	1.02	1.02	1.02	0	2.04	0.01
学历	博士研究生	63.32	15.94	11.55	4.39	1.82	1.39	1.28	0.21	0.10
	硕士研究生	64.29	17.93	10.27	2.68	1.61	1.53	0.92	0.46	0.31
	本科	68.30	16.73	9.99	2.60	1.44	0.44	0.11	0.28	0.11
	大专	76.69	15.41	4.43	1.16	1.54	0.19	0	0	0.58
职称	正高级	54.66	13.35	12.11	7.45	5.28	1.55	3.73	1.24	0.63
	副高级	64.58	16.17	10.81	4.17	2.28	1.39	0.40	0.20	0
	中级	66.92	17.78	10.85	1.83	1.13	0.70	0.32	0.21	0.26
	初级	70.69	18.09	7.60	1.69	0.84	0.72	0.36	0	0.01
	无职称	75.07	15.21	5.07	2.25	0.70	0.56	0.14	0.56	0.44

续表

类别		人数占比 / %								
		3000 元以下	3000~5000元	5001~10 000元	10 001~15 000元	15 001~20 000元	20 001~30 000元	30 001~50 000元	50 001~100 000元	100 000元以上
职业	工程技术人员	72.93	13.61	7.64	2.47	1.67	0.73	0.36	0.44	0.15
	医务工作者	50.55	21.84	15.44	6.55	2.96	1.40	0.62	0.16	0.48
	科学研究人员	69.11	13.87	9.69	2.88	2.09	1.57	0.52	0.26	0.01
	大学教师	65.92	18.30	10.07	2.32	0.97	0.87	1.16	0.29	0.10
	中学教师	71.97	23.01	4.18	0.42	0.42	0	0	0	0
	推广人员 / 科普工作者	70.89	24.68	1.90	1.90	0.63	0	0	0	0
	科研 / 教学辅助人员	59.30	22.48	13.18	1.94	1.16	0.39	0.78	0.39	0.38
	科技管理人员	68.42	12.28	13.33	2.46	1.40	1.40	0	0.70	0.01
	智库研究人员	68.75	18.75	6.25	0	0	0	6.25	0	0
区域	赣北区域	67.32	16.45	9.03	3.02	1.93	1.09	0.62	0.31	0.23
	赣南区域	68.36	17.16	10.45	2.19	0.71	0.42	0.28	0.28	0.15

表 15-3 对个人收入水平的自我评价情况

类别		人数占比 / %					
		上等	中上等	中等	中下等	下等	不知道
总计		0.34	7.88	38.70	35.11	10.80	7.17
年龄	35 岁以下	0.23	4.49	32.07	39.27	15.01	8.93
	35~44 岁	0.25	8.73	43.77	32.98	8.42	5.85
	45 岁及以上	0.62	14.00	45.23	29.36	5.39	5.40
性别	男性	0.39	9.34	41.09	34.03	9.82	5.33
	女性	0.24	5.19	34.28	37.12	12.61	10.56
入职单位	大中型企业	0.37	6.52	36.55	35.06	12.43	9.07
	科技中小企业	1.03	7.22	24.74	40.89	18.56	7.56
	科研院所	0.37	6.27	36.73	40.17	11.55	4.91
	高校	0.36	9.90	46.12	31.04	5.26	7.32
	中学	0	4.27	35.04	41.88	13.25	5.56
	医疗卫生机构	0.16	11.83	43.60	28.53	9.24	6.64
	农业服务机构	0	5.10	47.96	37.76	9.18	0

续表

类别		人数占比 / %					
		上等	中上等	中等	中下等	下等	不知道
学历	博士研究生	0.21	12.62	47.70	29.63	5.13	4.71
	硕士研究生	0.08	7.28	42.53	33.87	8.12	8.12
	本科	0.55	7.45	35.62	38.10	11.04	7.24
	大专	0.39	4.05	28.52	38.54	20.81	7.69
职称	正高级	1.86	27.64	49.69	13.98	1.86	4.97
	副高级	0	11.71	49.60	29.86	3.67	5.16
	中级	0.27	6.18	40.76	37.81	8.92	6.06
	初级	0.36	2.90	28.83	43.18	15.92	8.81
	无职称	0.28	3.80	24.37	35.63	23.94	11.98
职业	工程技术人员	0.29	6.91	35.37	37.05	12.08	8.30
	医务工作者	0.62	12.48	43.37	27.93	8.27	7.33
	科学研究人员	0	7.59	35.86	40.84	8.90	6.81
	大学教师	0.29	9.97	47.14	31.27	5.03	6.30
	中学教师	0	4.18	36.40	41.84	12.13	5.45
	推广人员 / 科普工作者	0	5.06	39.87	41.14	10.13	3.80
	科研 / 教学辅助人员	0	3.10	39.15	39.53	13.18	5.04
	科技管理人员	1.40	9.82	38.25	33.33	10.88	6.32
	智库研究人员	0	12.50	43.75	37.50	6.25	0
区域	赣北区域	0.22	7.73	38.82	35.67	9.97	7.59
	赣南区域	0.42	8.40	38.98	34.04	12.22	5.94

表 15-4　其他单位的兼职收入情况

类别		人数占比 / %	
		有	没有
总计		5.62	94.38
年龄	35 岁以下	6.12	93.88
	35～44 岁	4.86	95.14
	45 岁及以上	5.50	94.50
性别	男性	5.95	94.05
	女性	5.01	94.99

类别		人数占比 / %	
		有	没有
入职单位	大中型企业	3.97	96.03
	科技中小企业	7.22	92.78
	科研院所	6.14	93.86
	高校	7.40	92.60
	中学	6.84	93.16
	医疗卫生机构	4.86	95.14
	农业服务机构	6.12	93.88
学历	博士研究生	6.10	93.90
	硕士研究生	5.59	94.41
	本科	5.69	94.31
	大专	4.82	95.18
职称	正高级	7.76	92.24
	副高级	4.37	95.63
	中级	5.53	94.47
	初级	4.83	95.17
	无职称	7.61	92.39
职业	工程技术人员	4.22	95.78
	医务工作者	5.93	94.07
	科学研究人员	3.98	96.02
	大学教师	7.36	92.64
	中学教师	6.28	93.72
	推广人员 / 科普工作者	8.23	91.77
	科研 / 教学辅助人员	6.59	93.41
	科技管理人员	5.61	94.39
	智库研究人员	6.25	93.75
区域	赣北区域	5.45	94.55
	赣南区域	5.37	94.63

表 15-5　收入结构分布情况

类别		人数占比 / %				
		基本工资	绩效津贴	年终绩效奖励	股权收益	其他
总计		97.76	82.56	68.61	2.92	1.04
年龄	35 岁以下	97.05	77.70	65.36	2.06	1.12
	35~44 岁	95.26	86.60	71.82	2.68	0.69
	45 岁及以上	97.93	86.83	71.06	5.08	1.45
性别	男性	97.89	82.73	70.17	3.68	1.24
	女性	97.53	82.26	65.72	1.51	0.66
入职单位	大中型企业	98.58	79.40	69.74	5.54	0.75
	科技中小企业	96.22	64.60	52.92	6.87	1.72
	科研院所	97.54	84.77	73.10	1.60	1.47
	高校	97.95	89.21	72.79	0.98	1.25
	中学	98.29	84.19	52.14	0.43	0.43
	医疗卫生机构	96.60	90.11	71.15	1.62	0.65
	农业服务机构	96.94	75.51	57.14	5.10	0
学历	博士研究生	97.75	89.73	74.65	0.86	1.39
	硕士研究生	97.93	85.59	75.17	1.69	0.84
	本科	98.12	81.61	67.75	4.53	0.94
	大专	96.92	72.25	53.56	3.66	1.35
职称	正高级	96.89	94.10	80.43	4.66	2.48
	副高级	97.92	90.58	75.79	3.08	0.79
	中级	98.12	84.69	71.86	2.52	0.81
	初级	98.43	79.86	66.22	2.05	1.09
	无职称	96.20	63.52	47.32	3.94	1.27
职业	工程技术人员	98.54	78.46	68.56	5.68	1.16
	医务工作者	94.70	88.46	70.05	2.03	1.09
	科学研究人员	98.95	86.39	79.06	0.26	1.57
	大学教师	98.64	90.61	74.06	0.97	1.16
	中学教师	97.91	87.03	52.30	0.42	0
	推广人员 / 科普工作者	97.47	72.15	61.39	3.16	0
	科研 / 教学辅助人员	96.90	83.72	71.32	1.16	0
	科技管理人员	98.95	76.14	72.98	7.02	1.05
	智库研究人员	87.50	75.00	56.25	0	0
区域	赣北区域	97.60	84.30	73.18	3.08	1.03
	赣南区域	98.73	79.38	59.96	2.40	0.92

表 15-6　收入结构中最大比重分布情况

类别		人数占比 / %				
		基本工资	绩效津贴	年终绩效奖励	股权收益	其他
总计		62.27	28.87	8.03	0.55	0.28
年龄	35 岁以下	62.13	27.12	9.91	0.37	0.47
	35~44 岁	59.41	32.73	7.23	0.56	0.07
	45 岁及以上	66.91	26.87	5.19	0.83	0.20
性别	男性	62.23	29.47	7.32	0.72	0.26
	女性	62.34	27.76	9.35	0.24	0.31
入职单位	大中型企业	57.53	32.43	9.36	0.52	0.16
	科技中小企业	71.48	19.93	6.19	1.72	0.68
	科研院所	75.31	17.32	6.76	0.25	0.36
	高校	61.91	25.78	11.60	0.45	0.26
	中学	91.45	4.70	3.85	0	0
	医疗卫生机构	31.77	63.86	3.57	0.49	0.31
	农业服务机构	86.73	8.16	3.06	2.04	0.01
学历	博士研究生	61.39	34.12	3.96	0.32	0.21
	硕士研究生	53.64	32.34	13.49	0.31	0.22
	本科	64.55	26.73	7.73	0.72	0.27
	大专	71.87	22.93	4.24	0.58	0.38
职称	正高级	52.17	38.51	7.76	1.24	0.32
	副高级	60.42	32.84	6.35	0.39	0
	中级	61.71	29.81	8.11	0.32	0.05
	初级	61.40	27.38	10.62	0.12	0.48
	无职称	71.97	18.17	7.32	1.55	0.99
职业	工程技术人员	60.19	30.28	8.88	0.51	0.14
	医务工作者	32.92	61.47	4.21	0.62	0.78
	科学研究人员	74.87	19.37	5.76	0	0
	大学教师	60.89	26.14	12.58	0.39	0
	中学教师	92.05	4.18	3.77	0	0
	推广人员 / 科普工作者	84.18	10.13	4.43	1.26	0
	科研 / 教学辅助人员	70.54	20.54	8.91	0	0.01
	科技管理人员	67.72	21.05	9.12	1.40	0.71
	智库研究人员	81.25	18.75	0	0	0

续表

类别		人数占比 / %				
		基本工资	绩效津贴	年终绩效奖励	股权收益	其他
区域	赣北区域	57.98	32.43	8.75	0.56	0.28
	赣南区域	71.75	21.12	6.50	0.42	0.21

表 15-7　收入结构中最小比重分布情况

类别		人数占比 / %				
		基本工资	绩效津贴	年终绩效奖励	股权收益	其他
总计		33.16	31.68	33.23	1.33	0.60
年龄	35 岁以下	38.38	31.79	28.00	1.12	0.71
	35~44 岁	31.36	31.05	36.03	1.12	0.44
	45 岁及以上	24.38	32.37	40.56	2.07	0.62
性别	男性	32.24	30.77	34.84	1.56	0.59
	女性	34.88	33.37	30.24	0.91	0.60
入职单位	大中型企业	36.78	29.89	30.26	2.70	0.37
	科技中小企业	38.49	27.49	29.21	3.44	1.37
	科研院所	21.25	36.61	40.54	0.74	0.86
	高校	31.13	34.43	33.45	0.45	0.54
	中学	15.38	53.85	29.91	0.43	0.43
	医疗卫生机构	51.54	16.05	31.77	0.32	0.32
	农业服务机构	21.43	43.88	32.65	2.04	0
学历	博士研究生	28.02	29.73	41.39	0.43	0.43
	硕士研究生	38.85	30.42	29.43	0.69	0.61
	本科	31.14	32.25	33.79	2.21	0.61
	大专	33.14	33.91	30.83	1.35	0.77
职称	正高级	31.37	24.84	42.24	0.93	0.62
	副高级	27.68	30.75	39.38	1.69	0.50
	中级	30.99	31.90	35.39	1.24	0.48
	初级	35.59	34.74	27.99	0.97	0.71
	无职称	44.65	31.97	20.85	1.69	0.84
职业	工程技术人员	35.15	28.24	32.75	3.20	0.66
	医务工作者	50.70	17.63	30.27	0.62	0.78
	科学研究人员	17.80	32.98	48.17	1.05	0
	大学教师	31.07	34.95	33.20	0.10	0.68
	中学教师	12.97	57.32	29.29	0.42	0
	推广人员 / 科普工作者	27.22	39.87	32.28	0.63	0
	科研 / 教学辅助人员	29.84	40.70	28.68	0.78	0

续表

类别		人数占比 / %				
		基本工资	绩效津贴	年终绩效奖励	股权收益	其他
职业	科技管理人员	29.82	30.18	37.89	1.40	0.71
	智库研究人员	25.00	37.50	37.50	0	0
区域	赣北区域	35.45	28.07	34.67	1.25	0.56
	赣南区域	27.90	39.69	30.51	1.41	0.49

表 15-8　带薪假期情况

类别		人数占比 / %	
		没有	有
总计		46.88	53.12
年龄	35 岁以下	48.01	51.99
	35~44 岁	45.82	54.18
	45 岁及以上	46.27	53.73
性别	男性	47.59	52.41
	女性	45.56	54.44
入职单位	大中型企业	29.89	70.11
	科技中小企业	52.92	47.08
	科研院所	31.94	68.06
	高校	74.31	25.69
	中学	77.35	22.65
	医疗卫生机构	41.17	58.83
	农业服务机构	36.73	63.27
学历	博士研究生	60.32	39.68
	硕士研究生	46.97	53.03
	本科	40.64	59.36
	大专	43.55	56.45
职称	正高级	54.97	45.03
	副高级	44.64	55.36
	中级	45.22	54.78
	初级	47.29	52.71
	无职称	50.28	49.72

续表

类别		人数占比 / %	
		没有	有
职业	工程技术人员	34.72	65.28
	医务工作者	43.99	56.01
	科学研究人员	27.23	72.77
	大学教师	74.64	25.36
	中学教师	79.50	20.50
	推广人员 / 科普工作者	43.04	56.96
	科研 / 教学辅助人员	34.50	65.50
	科技管理人员	26.32	73.68
	智库研究人员	56.25	43.75
区域	赣北区域	43.02	56.98
	赣南区域	55.37	44.63

表 15-9　带薪休假天数情况

类别		平均天数 / 天
总体		17.03
年龄	35 岁以下	15.64
	35～44 岁	16.03
	45 岁及以上	20.11
性别	男性	17.33
	女性	15.68
入职单位	大中型企业	12.38
	科技中小企业	13.35
	科研院所	10.65
	高校	52.92
	中学	46.70
	医疗卫生机构	11.17
	农业服务机构	26.62
学历	博士研究生	25.60
	硕士研究生	15.88

续表

类别		平均天数 / 天
学历	本科	14.38
	大专	14.37
职称	正高级	22.10
	副高级	18.10
	中级	16.23
	初级	14.20
	无职称	16.70
职业	工程技术人员	12.04
	医务工作者	11.51
	科学研究人员	11.34
	大学教师	54.04
	中学教师	50.25
	推广人员 / 科普工作者	17.06
	科研 / 教学辅助人员	14.45
	科技管理人员	12.22
	智库研究人员	7.86
区域	赣北区域	15.96
	赣南区域	19.04

表 15-10　实际休假天数情况

类别		平均天数 / 天
总体		12.41
年龄	35 岁以下	12.66
	35～44 岁	11.63
	45 岁及以上	13.26
性别	男性	12.18
	女性	12.78
入职单位	大中型企业	9.08
	科技中小企业	13.14

续表

类别		平均天数 / 天
入职单位	科研院所	6.62
	高校	34.47
	中学	40.38
	医疗卫生机构	6.89
	农业服务机构	25.32
学历	博士研究生	13.30
	硕士研究生	12.87
	本科	11.28
	大专	11.60
职称	正高级	12.10
	副高级	11.18
	中级	12.13
	初级	13.77
	无职称	13.58
职业	工程技术人员	8.98
	医务工作者	6.91
	科学研究人员	5.76
	大学教师	35.28
	中学教师	40.50
	推广人员 / 科普工作者	12.57
	科研 / 教学辅助人员	10.36
	科技管理人员	12.06
	智库研究人员	2.14
区域	赣北区域	10.95
	赣南区域	18.15

表 15-11 签订聘用或劳动合同情况

类别		人数占比 / %			
		没有签	签了，有期限	签了，无固定期限	不清楚
总计		15.10	41.63	33.45	9.82
年龄	35 岁以下	12.11	56.76	22.67	8.46
	35~44 岁	14.41	35.43	39.55	10.61
	45 岁及以上	22.82	18.57	46.99	11.62
性别	男性	12.59	43.01	36.40	8.00
	女性	19.75	39.07	27.96	13.22
入职单位	大中型企业	2.17	46.89	47.87	3.07
	科技中小企业	8.25	50.52	35.05	6.18
	科研院所	20.39	41.28	26.04	12.29
	高校	13.29	50.22	25.51	10.98
	中学	27.35	20.09	32.91	19.65
	医疗卫生机构	25.32	29.38	28.41	16.89
	农业服务机构	50.00	17.35	28.57	4.08
学历	博士研究生	7.59	61.82	23.53	7.06
	硕士研究生	16.72	40.03	31.06	12.19
	本科	16.95	33.52	39.04	10.49
	大专	16.18	37.76	38.54	7.52
职称	正高级	25.47	22.98	37.58	13.97
	副高级	14.48	31.35	42.16	12.01
	中级	12.74	42.02	36.32	8.92
	初级	11.46	54.89	25.21	8.44
	无职称	21.69	48.17	21.27	8.87
职业	工程技术人员	6.04	45.34	43.52	5.10
	医务工作者	26.09	26.88	30.16	16.87
	科学研究人员	17.80	53.40	20.94	7.86
	大学教师	11.71	51.31	25.75	11.23
	中学教师	24.69	18.41	34.31	22.59
	推广人员 / 科普工作者	39.87	20.25	32.28	7.60
	科研 / 教学辅助人员	17.05	40.31	32.95	9.69

续表

类别		人数占比 / %			
		没有签	签了，有期限	签了，无固定期限	不清楚
职业	科技管理人员	15.79	30.88	47.37	5.96
	智库研究人员	31.25	43.75	18.75	6.25
区域	赣北区域	14.80	39.73	34.75	10.72
	赣南区域	14.83	46.40	31.29	7.48

表 15-12　签订聘用或劳动合同的年限

类别		平均年限 / 年
总体		4.82
年龄	35 岁以下	4.59
	35~44 岁	5.28
	45 岁及以上	5.01
性别	男性	4.93
	女性	4.60
入职单位	大中型企业	4.40
	科技中小企业	3.57
	科研院所	4.36
	高校	5.99
	中学	4.60
	医疗卫生机构	5.24
	农业服务机构	2.59
学历	博士研究生	6.49
	硕士研究生	4.26
	本科	4.31
	大专	3.38
职称	正高级	5.30
	副高级	6.00
	中级	5.19
	初级	4.28
	无职称	3.53

续表

类别		平均年限 / 年
职业	工程技术人员	4.36
	医务工作者	5.34
	科学研究人员	5.06
	大学教师	6.00
	中学教师	4.55
	推广人员 / 科普工作者	2.52
	科研 / 教学辅助人员	3.95
	科技管理人员	4.11
	智库研究人员	5.86
区域	赣北区域	5.01
	赣南区域	4.48

表 15-13　社会保障情况

类别		人数占比 / %					
		企事业单位养老保险	企事业单位医疗保险	社会失业保险	商业保险	无任何社会保障	不清楚
总体		89.35	86.51	61.13	14.69	1.35	4.54
年龄	35 岁以下	86.16	84.71	63.11	17.20	1.96	6.08
	35～44 岁	91.96	88.28	58.35	14.40	0.94	3.30
	45 岁及以上	92.12	88.07	61.00	9.85	0.73	3.22
性别	男性	89.98	87.41	62.52	14.96	1.27	4.16
	女性	88.17	84.85	58.54	14.18	1.51	5.25
入职单位	大中型企业	94.61	92.43	79.33	16.93	0.67	1.80
	科技中小企业	79.73	80.07	65.64	15.46	4.47	6.19
	科研院所	89.93	86.36	47.79	12.65	1.23	4.18
	高校	90.90	87.07	59.77	14.72	0.54	4.37
	中学	89.32	82.91	56.84	11.97	0.43	4.70
	医疗卫生机构	80.23	81.04	49.59	13.78	1.13	10.53
	农业服务机构	80.61	76.53	36.73	12.24	8.16	6.12
学历	博士研究生	91.02	87.59	57.01	14.22	0.86	4.06

续表

类别		人数占比 / %					
		企事业单位养老保险	企事业单位医疗保险	社会失业保险	商业保险	无任何社会保障	不清楚
学历	硕士研究生	88.28	86.28	59.08	15.94	0.77	5.90
	本科	91.22	88.74	63.78	15.35	1.05	3.53
	大专	87.67	82.85	66.09	11.37	3.08	4.62
职称	正高级	91.30	87.27	51.55	10.25	0	3.73
	副高级	92.26	88.79	57.24	13.79	0.40	4.07
	中级	92.21	89.04	64.18	15.36	0.32	3.01
	初级	89.14	88.90	66.83	15.92	1.69	3.74
	无职称	77.04	73.52	56.34	14.79	5.63	10.56
职业	工程技术人员	93.01	91.19	75.76	17.54	1.09	2.18
	医务工作者	77.38	78.78	46.80	13.10	1.56	11.39
	科学研究人员	94.50	89.53	51.05	11.26	0.79	2.88
	大学教师	92.35	88.48	60.79	15.20	0.39	3.78
	中学教师	89.96	82.85	58.58	12.13	0	4.60
	推广人员 / 科普工作者	85.44	76.58	47.47	15.19	3.16	5.06
	科研 / 教学辅助人员	87.98	87.98	46.90	10.47	2.71	3.88
	科技管理人员	91.58	87.37	59.30	14.74	2.11	1.75
	智库研究人员	68.75	68.75	37.50	0	0	18.75
区域	赣北区域	90.62	87.82	61.68	14.74	1.03	4.58
	赣南区域	87.78	84.75	60.73	15.04	2.05	4.10

表 15-14 单位定期组织体检情况

类别		人数占比 / %					
		从没组织过体检	一年至少一次	两年一次	三年一次	不定期	不知道
总计		4.69	61.85	21.96	1.37	6.47	3.66
年龄	35 岁以下	6.31	60.40	20.29	1.03	5.98	5.99
	35~44 岁	3.55	63.34	24.00	1.50	6.05	1.56
	45 岁及以上	3.01	62.76	22.41	1.76	8.20	1.86
性别	男性	5.11	61.68	21.89	1.40	6.64	3.28
	女性	3.92	62.16	22.09	1.33	6.16	4.34

续表

类别		人数占比 / %					
		从没组织过体检	一年至少一次	两年一次	三年一次	不定期	不知道
入职单位	大中型企业	5.77	51.99	32.58	1.35	5.47	2.84
	科技中小企业	15.81	37.46	27.49	1.72	11.34	6.18
	科研院所	4.18	69.53	13.76	1.23	7.62	3.68
	高校	1.87	82.52	9.46	0.62	2.32	3.21
	中学	6.41	41.03	26.92	2.99	20.51	2.14
	医疗卫生机构	2.59	60.29	27.71	0.65	4.05	4.71
	农业服务机构	4.08	46.94	9.18	8.16	21.43	10.21
学历	博士研究生	1.07	83.96	8.77	0.43	3.10	2.67
	硕士研究生	2.91	67.13	20.23	0.77	5.06	3.90
	本科	5.96	52.35	29.04	2.10	7.07	3.48
	大专	7.51	46.63	26.20	1.54	13.29	4.83
职称	正高级	1.24	83.23	10.87	0.62	3.73	0.31
	副高级	1.69	67.16	21.63	1.79	6.05	1.68
	中级	4.35	61.87	24.17	1.07	6.50	2.04
	初级	5.55	55.13	26.78	1.81	6.15	4.58
	无职称	10.42	52.39	16.06	1.41	8.59	11.13
职业	工程技术人员	6.84	48.33	33.77	1.46	6.04	3.56
	医务工作者	3.12	59.91	27.15	1.09	4.21	4.52
	科学研究人员	1.57	75.65	11.26	1.31	7.59	2.62
	大学教师	1.74	83.06	9.78	0.48	2.23	2.71
	中学教师	5.86	41.00	26.36	3.77	20.08	2.93
	推广人员 / 科普工作者	5.06	48.73	13.92	5.06	21.52	5.71
	科研 / 教学辅助人员	4.26	72.09	11.63	0	5.81	6.21
	科技管理人员	6.32	65.26	21.75	1.05	3.51	2.11
	智库研究人员	12.50	81.25	6.25	0	0	0
区域	赣北区域	3.18	60.44	25.92	1.18	5.51	3.77
	赣南区域	7.63	65.96	13.49	1.62	7.98	3.32

表 15-15　对自身身体健康状况的自我评价情况

类别		人数占比 / %				
		非常健康	比较健康	一般	不太健康	非常不健康
总计		12.45	51.13	27.58	8.35	0.49
年龄	35 岁以下	15.57	52.03	25.53	6.36	0.51
	35~44 岁	9.54	50.75	29.18	10.04	0.49
	45 岁及以上	10.37	49.69	29.36	10.17	0.41
性别	男性	13.21	51.30	26.32	8.72	0.45
	女性	11.04	50.81	29.93	7.66	0.56
入职单位	大中型企业	13.11	49.59	28.61	8.09	0.60
	科技中小企业	20.27	47.42	24.05	7.90	0.36
	科研院所	10.20	56.51	23.34	9.83	0.12
	高校	12.13	50.58	29.88	7.23	0.18
	中学	9.83	47.01	31.62	10.26	1.28
	医疗卫生机构	9.72	50.73	29.98	8.75	0.82
	农业服务机构	27.55	51.02	14.29	7.14	0
学历	博士研究生	9.73	54.55	27.27	8.13	0.32
	硕士研究生	10.73	50.96	29.58	8.43	0.30
	本科	12.53	50.91	27.44	8.56	0.56
	大专	15.61	49.13	25.63	8.67	0.96
职称	正高级	11.18	52.80	27.02	8.39	0.61
	副高级	7.64	50.69	29.07	12.20	0.40
	中级	10.53	51.83	29.75	7.30	0.59
	初级	14.48	51.75	25.69	7.84	0.24
	无职称	22.54	48.45	22.25	6.20	0.56
职业	工程技术人员	11.50	50.22	28.89	8.95	0.44
	医务工作者	10.30	50.70	28.86	9.20	0.94
	科学研究人员	7.07	58.38	23.82	10.47	0.26
	大学教师	11.52	51.69	29.62	6.97	0.20
	中学教师	10.46	46.86	31.38	10.46	0.84
	推广人员 / 科普工作者	20.25	55.70	15.82	7.59	0.64
	科研 / 教学辅助人员	16.28	50.00	26.74	6.98	0

续表

类别		人数占比 / %				
		非常健康	比较健康	一般	不太健康	非常不健康
职业	科技管理人员	16.84	51.93	23.51	7.37	0.35
	智库研究人员	37.50	31.25	25.00	0	6.25
区域	赣北区域	10.72	51.81	27.91	9.00	0.56
	赣南区域	15.82	50.21	26.62	6.99	0.36

表 15-16　过去一年由于身体健康原因影响工作或日常活动情况

类别		人数占比 / %				
		总是	经常	有时	很少	从未出现
总计		1.35	4.46	27.82	45.38	20.99
年龄	35 岁以下	1.96	4.44	28.10	44.83	20.67
	35～44 岁	0.94	4.86	28.80	46.51	18.89
	45 岁及以上	0.73	3.84	25.52	44.61	25.30
性别	男性	1.56	3.84	26.06	45.84	22.70
	女性	0.97	5.61	31.08	44.54	17.80
入职单位	大中型企业	1.27	2.40	23.00	50.26	23.07
	科技中小企业	1.37	4.81	22.34	45.70	25.78
	科研院所	1.84	7.37	28.87	44.10	17.82
	高校	1.61	4.64	31.13	43.09	19.53
	中学	0.85	4.70	41.88	38.03	14.54
	医疗卫生机构	0.81	5.83	30.15	41.82	21.39
	农业服务机构	1.02	3.06	18.37	43.88	33.67
学历	博士研究生	1.28	4.71	30.27	46.31	17.43
	硕士研究生	1.15	4.90	29.50	44.98	19.47
	本科	1.49	4.42	27.39	45.33	21.37
	大专	0.96	3.66	23.70	45.86	25.82
职称	正高级	0.62	4.97	26.40	46.27	21.74
	副高级	0.99	4.66	28.87	45.44	20.04
	中级	1.02	5.21	28.84	45.92	19.01
	初级	2.17	3.74	29.55	44.03	20.51
	无职称	2.11	2.82	22.25	45.07	27.75

续表

类别		人数占比 / %				
		总是	经常	有时	很少	从未出现
职业	工程技术人员	1.31	2.47	25.98	45.71	24.53
	医务工作者	1.09	7.80	29.49	40.87	20.75
	科学研究人员	1.05	3.40	29.06	46.86	19.63
	大学教师	1.36	4.45	31.66	43.08	19.45
	中学教师	1.26	6.69	40.59	36.40	15.06
	推广人员 / 科普工作者	1.27	9.49	17.72	47.47	24.05
	科研 / 教学辅助人员	2.71	5.04	28.29	51.55	12.41
	科技管理人员	1.05	3.51	21.75	56.84	16.85
	智库研究人员	6.25	25.00	6.25	31.25	31.25
区域	赣北区域	1.50	4.74	28.26	44.33	21.17
	赣南区域	0.99	3.39	27.05	48.16	20.41

表 15-17 过去一年由于心情抑郁或情绪不好影响工作或日常活动情况

类别		人数占比 / %				
		总是	经常	有时	很少	从未出现
总计		2.45	7.33	35.15	37.48	17.59
年龄	35 岁以下	3.41	8.09	35.95	35.81	16.74
	35~44 岁	1.56	7.54	37.16	38.09	15.65
	45 岁及以上	1.87	5.19	30.08	40.04	22.82
性别	男性	2.60	7.19	34.87	37.90	17.44
	女性	2.17	7.60	35.67	36.69	17.87
入职单位	大中型企业	1.80	5.32	33.78	40.22	18.88
	科技中小企业	3.44	8.93	26.12	38.14	23.37
	科研院所	3.69	9.71	34.03	37.71	14.86
	高校	2.14	7.14	37.56	36.22	16.94
	中学	0.85	6.41	40.17	40.17	12.4
	医疗卫生机构	2.43	10.53	39.22	34.52	13.3
	农业服务机构	2.04	2.04	21.43	37.76	36.73
学历	博士研究生	1.71	8.77	38.50	37.33	13.69

续表

类别		人数占比 / %				
		总是	经常	有时	很少	从未出现
学历	硕士研究生	2.84	7.74	38.01	36.02	15.39
	本科	2.54	7.07	34.57	38.65	17.17
	大专	1.93	5.20	28.90	39.50	24.47
职称	正高级	2.48	6.52	33.23	38.82	18.95
	副高级	1.39	6.75	38.19	38.49	15.18
	中级	2.09	7.79	35.12	39.53	15.47
	初级	3.02	8.56	37.03	35.22	16.17
	无职称	4.23	5.92	29.58	32.68	27.59
职业	工程技术人员	2.26	5.53	35.30	37.77	19.14
	医务工作者	3.12	11.23	37.91	33.54	14.2
	科学研究人员	2.09	7.33	36.91	39.53	14.14
	大学教师	1.94	7.07	37.75	36.30	16.94
	中学教师	1.26	7.11	39.33	39.75	12.55
	推广人员 / 科普工作者	2.53	10.76	18.99	41.14	26.58
	科研 / 教学辅助人员	3.49	8.14	34.88	42.64	10.85
	科技管理人员	2.11	6.32	29.82	43.51	18.24
	智库研究人员	6.25	18.75	25.00	37.50	12.5
区域	赣北区域	2.62	8.32	35.51	35.51	18.04
	赣南区域	1.98	5.01	34.75	41.95	16.31

表 15-18　在生活中面临的主要问题或困难情况

类别		人数占比 / %									
		收入低	住房困难	上下班交通不便	工作忙、不能照顾家庭	找对象难	子女入学难	就医看病难	夫妻两地分居	照顾老人有困难	其他
总计		61.23	22.02	20.06	49.88	9.32	15.20	9.89	8.60	32.57	2.22
年龄	35 岁以下	69.52	30.72	22.02	43.62	17.81	13.42	7.99	10.24	24.40	1.78
	35～44 岁	56.67	17.21	18.58	61.10	2.99	22.32	11.28	6.80	37.78	2.24
	45 岁及以上	50.52	10.68	18.26	45.54	1.14	7.26	12.03	7.78	41.91	3.11

续表

类别		人数占比 / %									
		收入低	住房困难	上下班交通不便	工作忙、不能照顾家庭	找对象难	子女入学难	就医看病难	夫妻两地分居	照顾老人有困难	其他
性别	男性	61.29	24.17	17.05	51.82	9.76	16.36	9.82	8.46	36.66	2.08
	女性	61.13	18.04	25.65	46.29	8.51	13.04	10.02	8.87	24.98	2.47
入职单位	大中型企业	59.10	20.60	17.23	53.86	11.39	13.71	11.91	10.11	40.67	1.87
	科技中小企业	63.57	22.68	16.49	37.80	11.68	7.90	6.87	7.56	25.09	2.06
	科研院所	67.69	31.08	26.66	38.45	9.95	13.39	10.07	9.95	29.36	2.46
	高校	59.50	19.63	18.38	47.99	6.16	22.84	10.70	8.65	30.24	2.85
	中学	62.39	20.51	25.64	54.27	10.68	8.55	11.11	5.13	27.35	0
	医疗卫生机构	55.11	20.58	23.34	65.32	9.40	16.86	6.16	6.00	29.50	1.94
	农业服务机构	71.43	12.24	12.24	45.92	4.08	5.10	6.12	6.12	37.76	2.04
学历	博士研究生	59.68	24.17	14.97	56.15	4.92	21.93	9.20	8.66	34.01	3.32
	硕士研究生	59.92	25.13	24.44	49.66	11.80	18.70	9.27	9.35	31.03	1.84
	本科	60.46	19.44	21.48	48.32	10.60	11.71	10.60	8.45	33.90	1.71
	大专	66.67	20.62	15.99	46.44	7.51	8.86	11.18	6.74	31.79	2.89
职称	正高级	33.23	7.14	20.19	56.21	2.48	9.32	9.94	5.28	42.24	3.73
	副高级	53.17	13.89	19.54	55.46	2.08	21.63	12.00	6.55	41.57	2.48
	中级	63.00	22.88	20.30	53.81	6.39	17.67	10 53	9.40	32.81	1.88
	初级	71.05	31.60	21.11	43.31	18.82	10.37	7.00	10.25	27.99	2.05
	无职称	69.30	26.90	18.87	36.48	19.30	7.89	8.59	9.01	20.14	2.25
职业	工程技术人员	61.57	22.85	17.76	52.26	11.86	12.15	11.06	10.55	38.36	2.04
	医务工作者	52.11	19.34	24.65	64.90	9.20	16.07	6.71	6.08	28.55	2.50
	科学研究人员	68.85	30.10	20.68	41.88	8.38	12.04	10.99	8.64	37.43	2.09
	大学教师	59.63	19.07	18.39	48.79	6.10	23.62	10.75	8.91	30.49	2.61
	中学教师	59.83	20.92	29.29	54.39	10.46	9.21	10.46	4.18	25.94	0.42

续表

类别		人数占比 / %									
		收入低	住房困难	上下班交通不便	工作忙、不能照顾家庭	找对象难	子女入学难	就医看病难	夫妻两地分居	照顾老人有困难	其他
职业	推广人员/科普工作者	70.25	17.72	20.89	44.30	3.80	10.76	10.76	4.43	27.22	0.63
	科研/教学辅助人员	67.44	36.05	22.87	32.56	13.57	19.77	8.53	8.53	32.56	2.33
	科技管理人员	52.28	18.95	21.05	42.81	8.07	16.84	9.82	8.42	35.44	2.11
	智库研究人员	68.75	31.25	25.00	31.25	12.50	12.50	6.25	12.50	12.50	6.25
区域	赣北区域	59.07	23.18	21.56	50.40	9.03	14.11	10.28	8.85	33.80	2.27
	赣南区域	66.38	19.63	16.81	49.15	9.60	18.15	8.90	7.91	29.80	2.19

表 15-19　对生活幸福感的评价情况

类别		人数占比 / %				
		很幸福	比较幸福	一般	不太幸福	很不幸福
总计		5.96	40.94	46.08	6.05	0.97
年龄	35 岁以下	5.05	38.71	48.01	7.15	1.08
	35~44 岁	6.05	40.96	45.76	6.11	1.12
	45 岁及以上	7.88	45.75	42.43	3.53	0.41
性别	男性	5.27	38.00	48.21	7.42	1.10
	女性	7.24	46.41	42.12	3.50	0.73
入职单位	大中型企业	6.67	37.60	47.64	6.52	1.57
	科技中小企业	5.15	36.43	50.17	7.56	0.69
	科研院所	3.81	41.65	47.54	6.63	0.37
	高校	5.62	46.21	42.91	4.37	0.89
	中学	6.41	49.57	38.89	3.85	1.28
	医疗卫生机构	3.89	38.25	48.95	7.94	0.97
	农业服务机构	25.51	38.78	31.63	4.08	0

续表

类别		人数占比 / %				
		很幸福	比较幸福	一般	不太幸福	很不幸福
学历	博士研究生	3.96	42.03	47.27	5.88	0.86
	硕士研究生	4.29	41.15	46.97	6.82	0.77
	本科	5.69	42.68	44.95	5.74	0.94
	大专	10.21	35.65	46.24	6.17	1.73
职称	正高级	9.94	51.86	34.16	4.04	0
	副高级	3.17	44.64	46.43	4.86	0.90
	中级	5.75	40.87	45.81	6.71	0.86
	初级	4.70	37.64	49.58	6.27	1.81
	无职称	10.14	34.79	47.61	6.62	0.84
职业	工程技术人员	3.86	36.39	50.36	8.01	1.38
	医务工作者	5.30	39.00	47.11	7.64	0.95
	科学研究人员	3.14	36.13	53.66	6.28	0.79
	大学教师	5.23	46.95	42.69	4.26	0.87
	中学教师	6.69	48.54	39.33	4.18	1.26
	推广人员 / 科普工作者	15.82	36.71	43.67	3.16	0.64
	科研 / 教学辅助人员	8.53	43.41	42.64	5.43	0
职业	科技管理人员	8.77	50.53	37.89	2.81	0
	智库研究人员	12.50	25.00	50.00	12.50	0
区域	赣北区域	5.11	41.59	46.60	5.70	1.00
	赣南区域	7.42	39.69	45.27	6.78	0.84

表 15-20　影响生活幸福的主要因素

类别		人数占比 / %						
		事业成功	父母身体健康	收入稳步上升	子女懂事听话	有真挚的朋友	有知心爱人	其他
总计		64.89	81.97	73.87	59.73	45.89	59.42	1.25
年龄	35 岁以下	67.65	84.48	79.15	46.75	48.01	61.80	1.03
	35~44 岁	64.34	82.54	71.51	69.64	43.77	58.17	1.25
	45 岁及以上	59.96	75.62	66.18	71.68	44.71	56.43	1.76
性别	男性	69.23	80.19	73.98	57.09	43.53	57.97	1.37
	女性	56.85	85.27	73.69	64.63	50.27	62.10	1.03

类别		人数占比 / %						
		事业成功	父母身体健康	收入稳步上升	子女懂事听话	有真挚的朋友	有知心爱人	其他
入职单位	大中型企业	64.04	84.04	75.21	59.85	46.07	60.00	1.12
	科技中小企业	58.42	80.41	76.63	54.30	47.42	56.70	0.69
	科研院所	63.27	81.08	74.69	54.18	40.79	52.46	1.47
	高校	69.49	81.09	73.06	58.61	46.48	62.89	1.69
	中学	57.69	78.63	63.68	60.68	41.03	50.43	0.43
	医疗卫生机构	70.50	85.58	78.44	68.56	53.81	64.99	0.49
	农业服务机构	53.06	68.37	56.12	61.22	26.53	44.90	1.02
学历	博士研究生	74.55	80.53	74.01	55.51	42.14	61.39	2.03
	硕士研究生	68.89	85.67	78.16	59.00	49.04	63.14	0.84
	本科	62.12	81.72	72.34	60.91	46.99	57.48	0.83
	大专	52.99	81.31	71.87	63.78	44.32	56.45	2.12
职称	正高级	71.74	73.91	63.98	71.43	41.93	59.63	1.55
	副高级	66.07	82.74	72.02	71.23	48.21	59.82	1.39
	中级	63.86	83.30	75.19	60.63	43.39	58.59	1.07
	初级	65.62	83.59	77.32	48.85	48.61	62.61	1.09
	无职称	61.97	79.15	73.52	48.45	47.75	57.18	1.55
职业	工程技术人员	64.12	83.55	78.09	57.79	46.65	61.57	1.02
	医务工作者	68.02	84.09	77.07	66.30	51.17	61.62	0.16
	科学研究人员	70.68	81.41	77.23	57.07	41.10	57.85	2.09
	大学教师	70.18	81.70	73.09	58.86	46.27	63.02	1.74
	中学教师	56.90	76.15	64.85	60.25	40.17	47.28	0.42
	推广人员 / 科普工作者	54.43	75.95	60.13	57.59	31.01	41.77	0.63
	科研 / 教学辅助人员	63.57	82.95	73.26	49.61	41.47	50.78	1.94
	科技管理人员	63.51	78.95	65.26	62.81	44.56	55.79	1.40
	智库研究人员	75.00	87.50	75.00	37.50	31.25	50.00	0
区域	赣北区域	65.58	82.37	74.61	60.19	47.20	61.00	1.31
	赣南区域	64.05	81.43	73.02	58.97	42.80	56.14	1.20

第十六章

社会参与

表 16-1 对国家出台政策的关注度

类别		人数占比 / %				
		非常关注	比较关注	不太关注	完全不关注	说不清
总计		17.84	61.87	17.50	0.66	2.13
年龄	35 岁以下	15.52	59.93	21.97	0.70	1.88
	35～44 岁	18.52	63.53	15.46	0.44	2.05
	45 岁及以上	21.89	63.49	11.00	0.83	2.79
性别	男性	21.21	61.68	14.57	0.72	1.82
	女性	11.59	62.22	22.93	0.54	2.72
入职单位	大中型企业	15.81	60.30	20.07	0.82	3.00
	科技中小企业	14.09	56.36	25.77	2.06	1.72
	科研院所	19.53	65.85	12.41	0.49	1.72
	高校	19.98	63.43	14.72	0.45	1.42
	中学	17.09	57.69	23.08	0.43	1.71
	医疗卫生机构	17.02	61.43	19.45	0.32	1.78
	农业服务机构	25.51	58.16	10.20	0	6.13
学历	博士研究生	20.21	64.92	13.26	0.43	1.18
	硕士研究生	17.47	62.76	17.62	0.15	2.00
	本科	16.84	62.01	18.50	0.66	1.99
	大专	18.50	56.84	20.04	1.35	3.27
职称	正高级	29.81	59.01	9.32	0.93	0.93

续表

类别		人数占比 / %				
		非常关注	比较关注	不太关注	完全不关注	说不清
职称	副高级	20.24	65.48	12.40	0.50	1.38
	中级	17.02	63.32	17.29	0.27	2.10
	初级	14.72	61.16	21.59	0.48	2.05
	无职称	14.79	55.07	24.23	1.97	3.94
职业	工程技术人员	16.52	59.53	20.23	1.24	2.48
	医务工作者	16.07	62.87	19.34	0.31	1.41
	科学研究人员	17.80	69.63	11.52	0	1.05
	大学教师	20.14	63.99	13.94	0.48	1.45
	中学教师	19.25	55.65	23.43	0.42	1.25
	推广人员 / 科普工作者	20.25	60.76	13.29	0.63	5.07
	科研 / 教学辅助人员	14.73	65.50	18.60	0	1.17
	科技管理人员	17.54	66.32	12.63	0.35	3.16
	智库研究人员	31.25	50.00	18.75	0	0
区域	赣北区域	17.38	62.65	17.20	0.59	2.18
	赣南区域	18.93	60.31	17.80	0.85	2.11

表 16-2　参与国家或地方公共事务管理的愿意程度

类别		人数占比 / %			
		非常愿意	比较愿意	不愿意	说不清
	总计	26.76	56.90	6.38	9.96
年龄	35 岁以下	28.42	56.76	6.12	8.70
	35~44 岁	26.50	56.36	7.61	9.53
	45 岁及以上	23.44	57.99	4.98	13.59
性别	男性	29.05	56.21	6.05	8.69
	女性	22.51	58.18	7.00	12.31
入职单位	大中型企业	26.74	57.15	4.72	11.39
	科技中小企业	28.87	54.98	6.19	9.96
	科研院所	27.15	57.37	6.88	8.60
	高校	24.71	58.79	8.03	8.47
	中学	26.92	55.56	7.69	9.83

续表

类别		人数占比 / %			
		非常愿意	比较愿意	不愿意	说不清
入职单位	医疗卫生机构	25.45	56.73	6.81	11.01
	农业服务机构	37.76	51.02	5.10	6.12
学历	博士研究生	26.20	57.01	9.30	7.49
	硕士研究生	25.82	58.54	6.51	9.13
	本科	26.23	58.59	4.97	10.21
	大专	31.41	49.13	6.36	13.10
职称	正高级	27.95	54.66	6.52	10.87
	副高级	24.40	58.13	8.04	9.43
	中级	26.91	57.52	5.80	9.77
	初级	26.06	59.23	6.03	8.68
	无职称	30.00	51.83	5.92	12.25
职业	工程技术人员	28.24	55.60	5.09	11.07
	医务工作者	25.12	56.94	6.86	11.08
	科学研究人员	24.87	56.28	8.38	10.47
	大学教师	24.78	58.76	7.94	8.52
	中学教师	25.94	56.90	7.95	9.21
	推广人员 / 科普工作者	26.58	58.23	5.06	10.13
	科研 / 教学辅助人员	20.54	66.67	5.43	7.36
	科技管理人员	26.32	60.00	5.26	8.42
	智库研究人员	56.25	37.50	6.25	0
区域	赣北区域	25.67	57.41	6.39	10.53
	赣南区域	28.81	56.07	6.43	8.69

表 16-3　参政议政或参与公共事务的渠道畅通性情况

类别		人数占比 / %				
		非常畅通	比较畅通	不太畅通	很缺乏	说不清
总计		5.62	30.84	33.52	17.44	12.58
年龄	35 岁以下	5.89	29.78	33.89	19.31	11.13
	35～44 岁	4.55	31.73	32.79	17.96	12.97
	45 岁及以上	6.74	32.05	33.61	12.34	15.26

续表

类别		人数占比 / %				
		非常畅通	比较畅通	不太畅通	很缺乏	说不清
性别	男性	5.82	31.62	33.51	17.18	11.87
	女性	5.25	29.39	33.55	17.92	13.89
入职单位	大中型企业	3.82	26.22	33.63	22.02	14.31
	科技中小企业	3.78	25.43	34.36	21.65	14.78
	科研院所	7.00	33.17	33.17	14.62	12.04
	高校	5.44	33.10	36.84	14.36	10.26
	中学	5.13	34.62	35.04	13.25	11.96
	医疗卫生机构	6.48	30.47	32.25	18.48	12.32
	农业服务机构	14.29	52.04	19.39	5.10	9.18
学历	博士研究生	5.13	30.59	37.22	15.94	11.12
	硕士研究生	4.44	30.88	35.86	17.78	11.04
	本科	6.07	31.53	32.91	16.84	12.65
	大专	6.94	29.87	26.20	19.85	17.14
职称	正高级	8.07	32.92	34.78	13.66	10.57
	副高级	4.56	31.35	37.10	15.87	11.12
	中级	4.40	30.50	33.08	18.96	13.06
	初级	7.00	30.64	32.69	16.77	12.90
	无职称	7.61	30.28	30.00	18.17	13.94
职业	工程技术人员	4.22	23.73	35.95	22.13	13.97
	医务工作者	7.64	31.36	31.98	16.38	12.64
	科学研究人员	4.45	28.53	36.13	16.75	14.14
	大学教师	5.42	34.37	36.21	14.23	9.77
	中学教师	6.69	33.89	33.89	12.97	12.56
	推广人员 / 科普工作者	9.49	43.04	25.95	9.49	12.03
	科研 / 教学辅助人员	5.81	41.47	28.29	15.50	8.93
	科技管理人员	3.51	37.19	31.93	15.44	11.93
	智库研究人员	25.00	18.75	50.00	0	6.25
区域	赣北区域	5.02	29.16	34.98	17.38	13.46
	赣南区域	6.50	34.46	30.44	17.73	10.87

表 16-4　近三年来就单位的管理问题公开发表意见的情况

类别		人数占比 / %		
		没有	有时	经常
总计		58.04	39.17	2.79
年龄	35 岁以下	64.66	33.66	1.68
	35～44 岁	57.48	39.96	2.56
	45 岁及以上	44.50	49.79	5.71
性别	男性	55.50	40.92	3.58
	女性	62.76	35.91	1.33
入职单位	大中型企业	59.18	37.98	2.84
	科技中小企业	66.32	29.21	4.47
	科研院所	51.60	45.58	2.82
	高校	58.25	39.34	2.41
	中学	61.11	36.32	2.57
	医疗卫生机构	60.13	38.25	1.62
	农业服务机构	53.06	39.80	7.14
学历	博士研究生	55.83	41.50	2.67
	硕士研究生	59.69	38.16	2.15
	本科	58.03	39.04	2.93
	大专	56.07	40.46	3.47
职称	正高级	38.82	53.73	7.45
	副高级	52.28	45.04	2.68
	中级	58.11	39.37	2.52
	初级	63.57	34.98	1.45
	无职称	68.31	28.59	3.10
职业	工程技术人员	61.21	36.32	2.47
	医务工作者	58.97	39.16	1.87
	科学研究人员	56.02	41.88	2.10
	大学教师	57.41	40.17	2.42
	中学教师	61.92	34.73	3.35
	推广人员 / 科普工作者	55.70	39.87	4.43
	科研 / 教学辅助人员	55.43	42.64	1.93

类别		人数占比 / %		
		没有	有时	经常
职业	科技管理人员	45.96	47.72	6.32
	智库研究人员	68.75	31.25	0
区域	赣北区域	58.10	39.16	2.74
	赣南区域	57.98	39.12	2.90

表 16-5　近三年来向单位领导（部门）提建议 / 意见的情况

类别		人数占比 / %		
		没有	有时	经常
总计		42.46	53.52	4.02
年龄	35 岁以下	47.41	49.46	3.13
	35～44 岁	42.02	54.24	3.74
	45 岁及以上	32.26	61.20	6.54
性别	男性	38.81	56.15	5.04
	女性	49.25	48.64	2.11
入职单位	大中型企业	37.98	57.00	5.02
	科技中小企业	45.36	48.80	5.84
	科研院所	36.36	58.35	5.29
	高校	46.30	51.29	2.41
	中学	53.42	46.15	0.43
	医疗卫生机构	50.73	46.84	2.43
	农业服务机构	36.73	52.04	11.23
学历	博士研究生	42.78	54.22	3.00
	硕士研究生	46.82	50.19	2.99
	本科	39.20	55.99	4.81
	大专	40.85	54.14	5.01
职称	正高级	27.33	63.04	9.63
	副高级	38.99	57.64	3.37
	中级	42.91	53.33	3.76
	初级	43.91	53.32	2.77
	无职称	51.41	44.08	4.51

类别		人数占比 / %		
		没有	有时	经常
职业	工程技术人员	39.16	56.26	4.58
	医务工作者	50.23	47.11	2.66
	科学研究人员	37.96	57.33	4.71
	大学教师	45.69	51.89	2.42
	中学教师	54.39	44.35	1.26
	推广人员 / 科普工作者	38.61	54.43	6.96
	科研 / 教学辅助人员	40.31	56.20	3.49
	科技管理人员	25.96	65.61	8.43
	智库研究人员	50.00	50.00	0
区域	赣北区域	42.93	53.08	3.99
	赣南区域	41.81	54.31	3.88

表 16-6 近三年来向新闻媒体提建议 / 意见的情况

类别		人数占比 / %		
		没有	有时	经常
总计		87.74	11.18	1.08
年龄	35 岁以下	87.28	11.55	1.17
	35～44 岁	89.78	9.54	0.68
	45 岁及以上	85.48	12.97	1.55
性别	男性	87.15	11.68	1.17
	女性	88.84	10.26	0.90
入职单位	大中型企业	91.69	7.79	0.52
	科技中小企业	90.38	8.25	1.37
	科研院所	80.71	16.34	2.95
	高校	88.40	11.15	0.45
	中学	87.18	12.39	0.43
	医疗卫生机构	87.20	11.99	0.81
	农业服务机构	77.55	17.35	5.10
学历	博士研究生	88.66	10.27	1.07
	硕士研究生	86.51	12.80	0.69

续表

类别		人数占比 / %		
		没有	有时	经常
学历	本科	87.47	11.15	1.38
	大专	89.60	9.44	0.96
职称	正高级	80.75	16.77	2.48
	副高级	88.10	11.11	0.79
	中级	88.40	10.26	1.34
	初级	88.18	11.46	0.36
	无职称	88.17	10.85	0.98
职业	工程技术人员	90.90	8.22	0.88
	医务工作者	84.40	14.51	1.09
	科学研究人员	88.74	10.47	0.79
	大学教师	88.38	11.04	0.58
	中学教师	84.52	13.81	1.67
	推广人员 / 科普工作者	79.75	17.09	3.16
	科研 / 教学辅助人员	82.95	14.73	2.32
	科技管理人员	85.96	13.33	0.71
	智库研究人员	68.75	18.75	12.50
区域	赣北区域	87.85	11.09	1.06
	赣南区域	88.63	10.45	0.92

表 16-7　近三年来向政府提建议 / 意见的情况

类别		人数占比 / %		
		没有	有时	经常
总计		85.54	13.46	1.00
年龄	35 岁以下	86.07	12.90	1.03
	35～44 岁	87.22	11.97	0.81
	45 岁及以上	81.64	17.22	1.14
性别	男性	84.87	14.15	0.98
	女性	86.78	12.19	1.03

续表

类别		人数占比 / %		
		没有	有时	经常
入职单位	大中型企业	90.11	9.29	0.60
	科技中小企业	83.85	13.40	2.75
入职单位	科研院所	77.03	21.74	1.23
	高校	86.62	12.49	0.89
	中学	86.32	13.25	0.43
	医疗卫生机构	88.33	10.86	0.81
	农业服务机构	72.45	24.49	3.06
学历	博士研究生	86.42	12.73	0.85
	硕士研究生	84.67	14.79	0.54
	本科	86.03	12.53	1.44
	大专	84.78	14.84	0.38
职称	正高级	74.53	22.67	2.80
	副高级	86.21	13.29	0.50
	中级	86.31	12.89	0.80
	初级	87.58	11.58	0.84
	无职称	85.21	13.24	1.55
职业	工程技术人员	89.01	10.19	0.80
	医务工作者	84.87	14.04	1.09
	科学研究人员	83.77	15.45	0.78
	大学教师	86.06	13.07	0.87
	中学教师	84.52	14.23	1.25
	推广人员/科普工作者	77.85	19.62	2.53
	科研/教学辅助人员	82.56	15.89	1.55
	科技管理人员	79.30	20.35	0.35
	智库研究人员	56.25	37.50	6.25
区域	赣北区域	85.95	12.93	1.12
	赣南区域	85.81	13.49	0.70

表 16-8　是否是学术团体或基层科协组织的会员情况

类别		人数占比 / %	
		是	不是
总计		42.80	57.20
年龄	35 岁以下	29.22	70.78
	35~44 岁	50.87	49.13
	45 岁及以上	59.44	40.56
性别	男性	44.57	55.43
	女性	39.53	60.47
入职单位	大中型企业	37.23	62.77
	科技中小企业	16.15	83.85
	科研院所	49.02	50.98
	高校	48.44	51.56
	中学	29.06	70.94
	医疗卫生机构	55.11	44.89
	农业服务机构	53.06	46.94
学历	博士研究生	62.03	37.97
	硕士研究生	43.60	56.40
	本科	38.27	61.73
	大专	26.97	73.03
职称	正高级	81.06	18.94
	副高级	66.07	33.93
	中级	42.37	57.63
	初级	22.44	77.56
	无职称	17.32	82.68
职业	工程技术人员	38.50	61.50
	医务工作者	55.69	44.31
	科学研究人员	59.16	40.84
	大学教师	48.89	51.11
	中学教师	25.94	74.06
	推广人员 / 科普工作者	46.20	53.80
	科研 / 教学辅助人员	33.33	66.67

续表

类别		人数占比 / %	
		是	不是
职业	科技管理人员	42.11	57.89
	智库研究人员	50.00	50.00
区域	赣北区域	48.63	51.37
	赣南区域	30.08	69.92

表 16-9 学术团体或基层科协组织会员参加组织活动的积极性情况

类别		人数占比 / %		
		经常	偶尔	几乎不参加
总计		30.75	61.11	8.14
年龄	35 岁以下	24.44	65.34	10.22
	35~44 岁	30.64	62.13	7.23
	45 岁及以上	37.35	55.32	7.33
性别	男性	32.41	60.15	7.44
	女性	27.29	63.11	9.60
入职单位	大中型企业	22.13	62.98	14.89
	科技中小企业	21.28	61.70	17.02
	科研院所	27.57	65.66	6.77
	高校	31.12	62.62	6.26
	中学	36.23	55.07	8.70
	医疗卫生机构	43.82	52.94	3.24
	农业服务机构	38.46	57.69	3.85
学历	博士研究生	36.03	59.31	4.66
	硕士研究生	27.24	64.15	8.61
	本科	29.44	61.47	9.09
	大专	28.37	56.03	15.60
职称	正高级	50.96	45.21	3.83
	副高级	31.83	61.11	7.06
	中级	23.54	66.58	9.88
	初级	25.27	63.98	10.75
	无职称	36.59	55.28	8.13

类别		人数占比 / %		
		经常	偶尔	几乎不参加
职业	工程技术人员	23.63	61.81	14.56
	医务工作者	42.30	54.34	3.36
	科学研究人员	27.43	68.58	3.99
	大学教师	30.50	62.77	6.73
	中学教师	34.92	55.56	9.52
	推广人员 / 科普工作者	42.47	54.79	2.74
	科研 / 教学辅助人员	29.07	62.79	8.14
	科技管理人员	25.83	63.33	10.84
	智库研究人员	37.50	37.50	25.00
区域	赣北区域	31.45	60.35	8.20
	赣南区域	29.04	63.23	7.73

表 16-10 是否参加其他社会团体或协会组织情况

类别		人数占比 / %	
		参加了	没有参加
总计		27.82	72.18
年龄	35 岁以下	26.32	73.68
	35~44 岁	27.81	72.19
	45 岁及以上	31.12	68.88
性别	男性	29.67	70.33
	女性	24.38	75.62
入职单位	大中型企业	22.62	77.38
	科技中小企业	20.27	79.73
	科研院所	30.59	69.41
	高校	28.72	71.28
	中学	31.20	68.80
	医疗卫生机构	33.39	66.61
	农业服务机构	43.88	56.12
学历	博士研究生	33.05	66.95
	硕士研究生	28.28	71.72

续表

类别		人数占比 / %	
		参加了	没有参加
学历	本科	25.35	74.65
	大专	26.20	73.80
职称	正高级	39.13	60.87
	副高级	29.17	70.83
	中级	27.34	72.66
	初级	26.06	73.94
	无职称	24.08	75.92
职业	工程技术人员	23.73	76.27
	医务工作者	33.23	66.77
	科学研究人员	30.63	69.37
	大学教师	29.24	70.76
	中学教师	26.36	73.64
	推广人员 / 科普工作者	42.41	57.59
	科研 / 教学辅助人员	25.19	74.81
	科技管理人员	28.77	71.23
	智库研究人员	12.50	87.50
区域	赣北区域	28.63	71.37
	赣南区域	25.92	74.08

表 16-11 近三年为科普场馆提供服务的次数情况

类别		人数占比 / %					
		0 次	1～3 次	4～6 次	7～9 次	10～12 次	12 次以上
总计		72.69	22.36	3.00	0.66	0.47	0.82
年龄	35 岁以下	76.53	19.78	2.29	0.51	0.33	0.56
	35～44 岁	72.19	23.50	2.43	0.87	0.44	0.57
	45 岁及以上	65.46	25.83	5.39	0.62	0.83	1.87
性别	男性	72.25	22.97	2.73	0.72	0.52	0.81
	女性	73.51	21.24	3.50	0.54	0.36	0.85
入职单位	大中型企业	84.42	14.46	0.75	0.22	0.07	0.08
	科技中小企业	83.85	13.40	1.72	0.69	0	0.34

续表

类别		人数占比 / %					
		0 次	1～3 次	4～6 次	7～9 次	10～12 次	12 次以上
入职单位	科研院所	62.53	29.61	4.79	1.11	0.49	1.47
	高校	74.58	21.94	2.50	0.54	0.18	0.26
	中学	69.23	23.50	4.27	0.43	0.43	2.14
	医疗卫生机构	60.94	30.63	5.35	0.81	1.62	0.65
	农业服务机构	35.71	39.80	8.16	5.10	3.06	8.17
学历	博士研究生	70.27	24.60	3.53	0.75	0.43	0.42
	硕士研究生	72.11	22.53	3.30	0.84	0.61	0.61
	本科	74.16	21.65	2.43	0.44	0.39	0.93
	大专	74.18	20.62	3.28	0.77	0.19	0.96
职称	正高级	57.14	32.30	7.14	0.93	0.93	1.56
	副高级	68.15	26.19	3.17	0.89	0.69	0.91
	中级	74.97	20.78	2.69	0.64	0.21	0.71
	初级	78.65	18.58	1.69	0.48	0.36	0.24
	无职称	73.24	20.99	3.24	0.42	0.70	1.41
职业	工程技术人员	82.24	16.01	1.09	0.29	0.15	0.22
	医务工作者	60.22	30.73	5.46	1.09	1.56	0.94
	科学研究人员	65.97	28.27	2.88	1.05	0.79	1.04
	大学教师	74.64	21.49	2.81	0.48	0.19	0.39
	中学教师	73.22	20.50	3.35	0	0.42	2.51
	推广人员 / 科普工作者	39.24	41.14	8.86	3.16	1.90	5.70
	科研 / 教学辅助人员	71.32	22.09	4.26	1.55	0	0.78
	科技管理人员	67.02	27.02	4.21	0.70	0.35	0.70
	智库研究人员	62.50	31.25	6.25	0	0	0
区域	赣北区域	73.15	22.31	2.80	0.69	0.37	0.68
	赣南区域	72.95	21.54	3.04	0.56	0.71	1.20

表 16-12 近三年举办科普讲座或培训的次数情况

类别		人数占比 / %					
		0 次	1～3 次	4～6 次	7～9 次	10～12 次	12 次以上
总计		62.44	30.61	4.38	1.04	0.61	0.92
年龄	35 岁以下	69.47	26.09	2.76	0.89	0.33	0.46
	35～44 岁	59.04	34.79	3.87	0.75	0.75	0.80
	45 岁及以上	52.80	33.51	8.61	1.87	1.04	2.17
性别	男性	61.81	31.29	4.39	1.07	0.49	0.95
	女性	63.61	29.33	4.35	0.97	0.84	0.90
入职单位	大中型企业	76.18	21.12	2.17	0.30	0.15	0.08
	科技中小企业	80.41	17.87	1.37	0	0.34	0.01
	科研院所	51.23	37.59	6.14	1.97	0.98	2.09
	高校	62.36	32.65	4.10	0.36	0.09	0.44
	中学	68.80	24.79	2.99	1.28	0.85	1.29
	医疗卫生机构	43.11	44.89	7.13	2.27	1.46	1.14
	农业服务机构	34.69	37.76	13.27	3.06	3.06	8.16
学历	博士研究生	54.22	38.29	5.45	0.86	0.53	0.65
	硕士研究生	61.61	31.34	3.83	1.46	0.77	0.99
	本科	64.94	28.11	4.53	0.77	0.61	1.04
	大专	70.13	24.47	3.66	1.35	0.19	0.20
职称	正高级	39.75	42.55	11.18	1.86	0.62	4.04
	副高级	53.27	37.00	6.45	1.59	0.89	0.80
	中级	63.48	31.04	3.33	0.97	0.54	0.64
	初级	73.58	23.16	1.93	0.72	0.24	0.37
	无职称	70.00	23.66	3.94	0.42	0.85	1.13
职业	工程技术人员	73.87	22.63	2.55	0.44	0.22	0.29
	医务工作者	42.75	44.93	7.33	2.03	1.72	1.24
	科学研究人员	50.52	36.39	6.54	2.36	1.31	2.88
	大学教师	61.86	33.20	4.07	0.39	0.10	0.38
	中学教师	70.29	22.59	3.77	1.67	0.42	1.26
	推广人员 / 科普工作者	37.97	39.24	12.03	3.16	1.90	5.70
	科研 / 教学辅助人员	63.18	30.62	2.71	1.55	0.78	1.16

类别		人数占比 / %					
		0 次	1～3 次	4～6 次	7～9 次	10～12 次	12 次以上
职业	科技管理人员	62.11	31.23	4.91	0.70	0.70	0.35
	智库研究人员	50.00	37.50	6.25	6.25	0	0
区域	赣北区域	61.31	31.90	4.24	1.03	0.56	0.96
	赣南区域	65.75	27.40	4.17	0.99	0.78	0.91

表 16-13　近三年企业提供科技咨询或服务的次数情况

类别		人数占比 / %					
		0 次	1～3 次	4～6 次	7～9 次	10～12 次	12 次以上
总计		59.33	30.18	5.26	1.61	0.74	2.88
年龄	35 岁以下	66.81	26.41	3.74	1.17	0.47	1.40
	35～44 岁	55.61	32.67	5.86	1.62	0.62	3.62
	45 岁及以上	49.07	34.34	7.68	2.49	1.45	4.97
性别	男性	56.28	31.75	5.66	1.89	0.88	3.54
	女性	65.00	27.28	4.53	1.09	0.48	1.62
入职单位	大中型企业	68.39	27.64	2.25	0.37	0.30	1.05
	科技中小企业	72.85	22.34	3.44	0	0.34	1.03
	科研院所	33.42	38.57	12.04	4.55	1.72	9.70
	高校	55.66	34.70	6.07	1.43	0.45	1.69
	中学	82.91	14.10	1.28	0.85	0	0.86
	医疗卫生机构	68.88	25.61	2.76	1.46	0.81	0.48
	农业服务机构	33.67	32.65	13.27	4.08	4.08	12.25
学历	博士研究生	44.39	38.29	8.77	2.57	0.96	5.02
	硕士研究生	60.08	29.73	4.83	1.92	1.00	2.44
	本科	64.16	27.11	4.64	1.10	0.55	2.44
	大专	66.09	27.94	3.08	0.96	0.19	1.74
职称	正高级	33.85	39.75	10.87	3.73	2.48	9.32
	副高级	49.60	34.13	8.73	2.48	0.79	4.27
	中级	59.67	31.15	4.78	1.24	0.75	2.41
	初级	71.41	25.21	1.69	0.84	0.12	0.73
	无职称	69.72	23.52	3.24	1.27	0.56	1.69

续表

类别		人数占比 / %					
		0 次	1~3 次	4~6 次	7~9 次	10~12 次	12 次以上
职业	工程技术人员	68.05	26.06	3.28	0.58	0.29	1.74
	医务工作者	66.77	27.15	3.12	1.72	0.78	0.46
	科学研究人员	26.44	36.13	14.66	4.97	2.88	14.92
	大学教师	54.21	35.33	6.39	1.65	0.48	1.94
	中学教师	83.26	11.72	3.35	0.42	0.42	0.83
	推广人员 / 科普工作者	38.61	39.24	9.49	3.16	1.90	7.60
	科研 / 教学辅助人员	44.96	41.47	6.98	2.33	0.78	3.48
	科技管理人员	48.42	41.75	4.91	2.11	1.05	1.76
	智库研究人员	43.75	37.50	6.25	6.25	0	6.25
区域	赣北区域	58.44	30.12	5.55	1.74	0.75	3.40
	赣南区域	61.79	29.80	4.52	1.20	0.78	1.91

表 16-14　近三年就科技问题接受大众媒体采访的次数情况

类别		人数占比 / %					
		0 次	1~3 次	4~6 次	7~9 次	10~12 次	12 次以上
	总计	84.51	12.64	1.94	0.51	0.19	0.21
年龄	35 岁以下	87.05	10.66	1.50	0.47	0.19	0.13
	35~44 岁	84.04	13.28	2.18	0.31	0.12	0.07
	45 岁及以上	80.19	15.46	2.59	0.83	0.31	0.62
性别	男性	83.96	12.98	2.05	0.52	0.26	0.23
	女性	85.52	12.01	1.75	0.48	0.06	0.18
入职单位	大中型企业	93.03	6.37	0.52	0.07	0	0.01
	科技中小企业	89.00	10.65	0	0	0.34	0.01
	科研院所	75.06	19.29	4.30	0.49	0.61	0.25
	高校	84.75	12.85	1.61	0.62	0	0.17
	中学	83.76	13.25	1.28	0.85	0.43	0.43
	医疗卫生机构	76.66	18.31	3.40	1.13	0	0.50
	农业服务机构	69.39	16.33	7.14	3.06	2.04	2.04
学历	博士研究生	80.00	16.47	2.03	1.07	0.21	0.21
	硕士研究生	82.61	14.18	2.38	0.54	0.08	0.21

类别		人数占比 / %					
		0 次	1～3 次	4～6 次	7～9 次	10～12 次	12 次以上
学历	本科	87.47	9.88	1.93	0.22	0.28	0.22
	大专	88.05	10.60	0.96	0.19	0.19	0.01
职称	正高级	67.70	24.84	4.97	1.55	0	0.94
	副高级	81.25	14.88	2.58	0.79	0.20	0.30
	中级	86.31	11.28	1.77	0.32	0.21	0.11
	初级	90.11	8.69	0.97	0.23	0	0
	无职称	85.49	12.11	1.27	0.42	0.42	0.29
职业	工程技术人员	91.63	7.06	1.02	0	0.22	0.07
	医务工作者	73.48	20.59	3.59	1.40	0.47	0.47
	科学研究人员	79.58	17.02	3.14	0	0	0.26
	大学教师	84.61	12.68	1.74	0.77	0.10	0.10
	中学教师	83.68	13.39	1.67	0.84	0	0.42
	推广人员 / 科普工作者	72.78	18.35	5.70	1.27	1.27	0.63
	科研 / 教学辅助人员	83.72	13.57	2.33	0	0	0.38
	科技管理人员	82.46	14.74	1.40	1.05	0	0.35
	智库研究人员	68.75	18.75	12.50	0	0	0
区域	赣北区域	84.30	12.99	1.87	0.47	0.12	0.25
	赣南区域	86.02	11.16	1.91	0.56	0.21	0.14

表 16-15　近三年下乡（利用专业知识为农村、农民服务）的次数情况

类别		人数占比 / %					
		0 次	1～3 次	4～6 次	7～9 次	10～12 次	12 次以上
总计		67.62	21.31	4.57	1.99	1.04	3.47
年龄	35 岁以下	73.49	19.03	3.51	1.40	0.56	2.01
	35～44 岁	62.47	24.75	5.49	2.37	1.00	3.92
	45 岁及以上	62.97	20.85	5.19	2.70	2.18	6.11
性别	男性	66.30	21.70	4.78	2.18	1.30	3.74
	女性	70.07	20.58	4.16	1.63	0.54	3.02
入职单位	大中型企业	86.74	10.94	1.20	0.45	0.22	0.45
	科技中小企业	85.22	12.37	2.06	0	0	0.35

续表

类别		人数占比 / %					
		0次	1~3次	4~6次	7~9次	10~12次	12次以上
入职单位	科研院所	40.91	27.64	10.44	5.65	2.58	12.78
	高校	71.45	23.10	2.85	1.34	0.54	0.72
	中学	79.91	15.81	1.71	0.85	0.43	1.29
	医疗卫生机构	48.62	37.28	8.75	2.76	1.30	1.29
	农业服务机构	17.35	29.59	12.24	6.12	8.16	26.54
学历	博士研究生	59.14	25.78	6.84	3.10	0.96	4.18
	硕士研究生	63.98	24.44	4.90	1.99	1.07	3.62
	本科	72.34	18.33	3.59	1.49	1.05	3.20
	大专	74.76	15.41	3.28	2.12	1.16	3.27
职称	正高级	51.86	23.29	7.45	5.28	2.80	9.32
	副高级	59.03	25.10	6.25	3.17	1.69	4.76
	中级	68.42	21.48	4.40	1.50	1.07	3.13
	初级	75.51	18.94	3.14	0.72	0.12	1.57
	无职称	75.63	17.32	2.96	1.55	0.28	2.26
职业	工程技术人员	86.10	10.77	1.53	0.87	0.15	0.58
	医务工作者	46.33	39.16	9.05	2.50	1.56	1.40
	科学研究人员	33.51	23.04	10.47	6.81	3.93	22.24
	大学教师	70.76	23.52	3.29	1.36	0.48	0.59
	中学教师	79.92	14.23	2.09	1.67	0.84	1.25
	推广人员 / 科普工作者	36.71	25.95	10.13	3.80	5.70	17.71
	科研 / 教学辅助人员	50.00	30.23	10.08	3.10	0.78	5.81
	科技管理人员	65.96	24.91	4.21	2.46	0.35	2.11
	智库研究人员	75.00	6.25	6.25	6.25	6.25	0
区域	赣北区域	68.41	20.06	4.64	1.96	1.12	3.81
	赣南区域	66.60	23.52	4.38	1.84	0.78	2.88

表 16-16 近三年利用专业知识为政府部门提供决策咨询的次数情况

类别		人数占比 / %					
		0 次	1～3 次	4～6 次	7～9 次	10～12 次	12 次以上
总计		77.76	17.18	2.92	1.12	0.40	0.62
年龄	35 岁以下	82.14	13.88	2.20	1.12	0.28	0.38
	35～44 岁	76.31	18.70	2.93	0.94	0.19	0.93
	45 岁及以上	70.54	21.99	4.36	1.45	1.04	0.62
性别	男性	76.15	18.35	3.25	1.14	0.39	0.72
	女性	80.75	15.03	2.29	1.09	0.42	0.42
入职单位	大中型企业	89.66	8.69	1.05	0.45	0	0.15
	科技中小企业	84.54	13.75	1.03	0.68	0	0
	科研院所	61.55	27.89	5.41	2.58	0.86	1.71
	高校	75.74	20.07	2.85	0.89	0.09	0.36
	中学	84.19	11.97	2.56	0.85	0.00	0.43
	医疗卫生机构	77.96	16.53	3.08	0.97	0.97	0.49
	农业服务机构	43.88	34.69	10.20	5.10	3.06	3.07
学历	博士研究生	71.34	22.67	3.96	1.18	0.11	0.74
	硕士研究生	75.86	19.16	2.68	1.07	0.61	0.62
	本科	80.67	14.19	2.93	1.05	0.50	0.66
	大专	83.43	13.10	1.93	1.16	0.19	0.19
职称	正高级	52.48	34.16	7.14	3.11	0.93	2.18
	副高级	72.02	21.53	3.97	0.79	0.79	0.90
	中级	80.34	15.36	2.52	1.13	0.21	0.44
	初级	85.40	11.94	1.69	0.48	0.24	0.25
	无职称	81.69	14.23	1.97	1.41	0.28	0.42
职业	工程技术人员	86.24	10.33	1.89	0.66	0.22	0.66
	医务工作者	75.82	18.25	3.12	1.25	1.09	0.47
	科学研究人员	67.54	25.13	3.93	1.05	0.52	1.83
	大学教师	74.64	20.52	3.29	1.16	0.10	0.29
	中学教师	84.10	12.55	2.51	0.42	0	0.42
	推广人员 / 科普工作者	59.49	26.58	6.96	3.80	2.53	0.64
	科研 / 教学辅助人员	69.38	23.26	3.88	1.94	0.39	1.15

续表

类别		人数占比 / %					
		0次	1~3次	4~6次	7~9次	10~12次	12次以上
职业	科技管理人员	69.12	24.91	3.16	2.46	0	0.35
	智库研究人员	43.75	18.75	25.00	6.25	6.25	0
区域	赣北区域	77.60	17.26	2.90	0.97	0.53	0.74
	赣南区域	78.60	16.81	2.90	1.34	0.07	0.28

表 16-17 参与科普活动的主要途径情况

类别		人数占比 / %					
		个人参与	单位组织	学会等科技社团组织	组织单位邀请	没参与过	其他
总计		14.10	44.18	7.63	6.11	27.77	0.21
年龄	35 岁以下	14.77	45.07	5.47	4.25	30.34	0.10
	35~44 岁	13.90	44.14	8.04	7.17	26.56	0.19
	45 岁及以上	12.76	42.22	11.83	8.51	24.17	0.51
性别	男性	14.87	42.65	7.71	7.12	27.46	0.19
	女性	12.67	47.01	7.48	4.22	28.36	0.26
入职单位	大中型企业	12.66	45.24	4.04	3.67	34.38	0.01
	科技中小企业	11.34	28.87	6.19	5.84	47.42	0.34
	科研院所	12.04	53.69	9.83	7.99	16.34	0.11
	高校	18.64	33.81	9.10	7.85	30.33	0.27
	中学	19.23	39.74	8.12	3.85	29.06	0
	医疗卫生机构	14.10	50.08	10.21	6.97	17.99	0.65
	农业服务机构	5.10	70.41	8.16	9.18	7.14	0.01
学历	博士研究生	15.61	35.61	11.02	10.05	27.38	0.33
	硕士研究生	15.56	45.21	8.43	5.67	24.83	0.30
	本科	13.25	48.92	6.57	5.36	25.79	0.11
	大专	11.56	41.23	4.82	4.05	38.34	0
职称	正高级	13.66	29.19	18.63	17.08	21.12	0.32
	副高级	15.18	42.16	12.60	7.54	22.12	0.40
	中级	13.96	47.15	6.07	5.80	26.85	0.17
	初级	13.87	48.25	3.14	2.53	32.21	0
	无职称	13.38	41.27	4.93	4.08	36.06	0.28

续表

类别		人数占比 / %					
		个人参与	单位组织	学会等科技社团组织	组织单位邀请	没参与过	其他
职业	工程技术人员	13.39	42.72	5.60	4.08	34.13	0.08
	医务工作者	14.82	49.61	11.23	7.18	16.54	0.62
	科学研究人员	9.95	47.12	11.52	10.73	20.68	0
	大学教师	19.07	33.20	8.71	7.94	30.78	0.30
	中学教师	16.74	42.26	8.79	3.35	28.86	0
	推广人员 / 科普工作者	8.86	62.03	9.49	7.59	12.03	0
	科研 / 教学辅助人员	11.63	58.14	6.59	5.04	18.60	0.00
	科技管理人员	7.72	60.70	4.91	6.67	19.65	0.35
	智库研究人员	18.75	37.50	18.75	6.25	18.75	0
区域	赣北区域	13.74	44.30	8.91	6.20	26.60	0.25
	赣南区域	14.69	44.49	4.38	6.00	30.30	0.14

表 16-18　参与科普活动的主要障碍情况

类别		人数占比 / %										
		本人没有兴趣	没有时间 / 精力	缺乏经费	没有科普能力	缺乏相关训练	缺乏相关渠道	缺乏科普设施	缺乏激励	单位不重视	公众缺乏兴趣	其他
总计		9.83	50.73	28.56	17.08	37.37	41.64	15.41	17.23	13.42	12.47	0.49
年龄	35 岁以下	12.06	49.60	28.61	21.55	38.85	41.51	15.90	17.34	12.25	13.65	0.42
	35～44 岁	7.67	53.68	27.68	13.59	37.66	44.45	14.59	18.20	14.78	11.28	0.44
	45 岁及以上	8.40	47.93	29.88	13.07	33.40	37.66	15.46	15.15	13.69	11.72	0.73
性别	男性	9.76	53.06	30.74	14.61	33.99	41.28	14.74	18.80	14.25	13.53	0.42
	女性	9.96	46.41	24.50	21.67	43.63	42.31	16.66	14.30	11.89	10.50	0.60
入职单位	大中型企业	12.06	51.54	19.48	22.17	42.55	42.17	14.23	15.96	13.03	13.63	0.30
	科技中小企业	14.09	48.11	24.05	20.96	30.24	37.46	14.09	16.15	13.40	13.40	1.37
	科研院所	8.85	42.87	39.80	16.46	37.10	37.84	14.25	19.29	11.79	13.14	0.49
	高校	7.31	51.56	32.83	11.86	32.65	46.92	14.90	20.25	17.93	10.53	0.71
	中学	14.53	53.85	26.50	22.22	41.03	37.18	15.81	10.26	12.82	9.83	0
	医疗卫生机构	8.27	63.05	27.23	11.02	33.55	41.98	16.37	17.18	11.18	11.99	0
	农业服务机构	7.14	40.82	35.71	15.31	36.73	26.53	26.53	11.22	7.14	15.31	0

续表

类别		人数占比 / %										
		本人没有兴趣	没有时间/精力	缺乏经费	没有科普能力	缺乏相关训练	缺乏相关渠道	缺乏科普设施	缺乏激励	单位不重视	公众缺乏兴趣	其他
学历	博士研究生	5.78	54.55	34.55	6.74	29.20	47.27	14.33	22.57	17.01	12.83	0.53
	硕士研究生	8.43	52.49	29.58	14.71	38.16	46.44	17.16	19.08	15.48	10.88	0.38
	本科	10.60	50.14	26.45	21.04	39.20	38.65	13.80	15.90	11.87	14.25	0.33
	大专	14.84	43.35	25.63	24.86	41.81	34.49	19.65	10.40	10.02	12.14	0.96
职称	正高级	5.59	55.28	26.40	6.83	24.22	36.96	12.11	17.08	13.04	15.53	1.24
	副高级	7.04	52.98	30.46	10.42	33.33	44.05	14.78	20.93	15.48	10.71	0.30
	中级	8.27	53.28	30.08	16.54	39.37	44.41	16.00	17.56	15.41	11.82	0.32
	初级	13.15	49.58	26.06	22.80	41.98	39.08	13.99	14.35	11.46	14.60	0.48
	无职称	15.92	40.14	25.77	25.92	38.45	36.06	17.89	14.51	7.75	12.82	0.85
职业	工程技术人员	11.35	53.64	23.36	17.76	38.65	46.29	15.50	18.12	14.41	11.35	0.36
	医务工作者	8.89	62.09	28.24	11.86	32.61	39.94	15.13	16.85	10.76	11.08	0
	科学研究人员	6.81	41.36	40.05	11.52	36.91	43.46	14.66	21.73	13.35	18.06	0.79
	大学教师	7.07	52.08	32.82	10.84	32.24	46.47	14.91	20.91	18.01	10.45	0.77
	中学教师	16.74	54.39	29.29	21.76	38.91	34.73	16.32	8.37	11.72	8.79	0
	推广人员/科普工作者	5.06	36.71	36.71	18.35	43.04	25.95	25.32	12.03	5.70	15.82	0.63
	科研/教学辅助人员	8.14	38.37	29.84	29.84	48.06	36.05	12.79	15.50	8.53	21.71	0.39
	科技管理人员	8.77	44.21	26.32	25.61	44.91	31.58	13.33	12.28	14.04	15.44	0.35
	智库研究人员	18.75	43.75	31.25	25.00	25.00	25.00	12.50	12.50	25.00	18.75	0
区域	赣北区域	9.50	51.15	27.41	15.02	35.98	43.27	14.42	17.73	14.27	12.27	0.50
	赣南区域	10.24	50.00	31.21	21.96	40.47	38.42	17.58	16.88	11.94	12.85	0.49

表 16-19　对于科协组织的了解程度

类别		人数占比 / %			
		非常了解	比较了解	不太了解	完全不了解
总计		3.61	30.31	55.74	10.34
年龄	35 岁以下	2.71	24.08	59.23	13.98
	35~44 岁	3.43	32.67	56.42	7.48
	45 岁及以上	5.81	40.04	46.99	7.16

续表

类别		人数占比 / %			
		非常了解	比较了解	不太了解	完全不了解
性别	男性	4.16	33.25	52.77	9.82
	女性	2.60	24.86	61.26	11.28
入职单位	大中型企业	2.40	29.29	56.70	11.61
	科技中小企业	1.72	25.09	53.26	19.93
	科研院所	4.18	35.01	53.19	7.62
	高校	3.75	30.51	57.18	8.56
	中学	4.70	29.06	57.26	8.98
	医疗卫生机构	2.43	25.61	60.45	11.51
	农业服务机构	18.37	51.02	28.57	2.04
学历	博士研究生	3.74	33.48	55.61	7.17
	硕士研究生	2.45	26.67	59.69	11.19
	本科	4.31	32.80	53.23	9.66
	大专	3.85	27.17	54.14	14.84
职称	正高级	6.52	46.89	43.17	3.42
	副高级	3.67	36.71	53.67	5.95
	中级	2.85	30.02	58.70	8.43
	初级	3.02	23.88	59.23	13.87
	无职称	4.93	21.97	52.54	20.56
职业	工程技术人员	2.47	25.84	58.95	12.74
	医务工作者	2.81	27.77	59.13	10.29
	科学研究人员	2.36	33.25	57.59	6.80
	大学教师	3.68	30.01	57.70	8.61
	中学教师	6.69	28.87	55.23	9.21
	推广人员 / 科普工作者	15.82	53.16	28.48	2.54
	科研 / 教学辅助人员	2.71	39.53	50.00	7.76
	科技管理人员	4.91	46.67	42.46	5.96
	智库研究人员	12.50	43.75	37.50	6.25
区域	赣北区域	3.46	30.53	56.70	9.31
	赣南区域	3.88	29.59	53.81	12.72

表 16-20　对科协组织影响力的评价情况

类别		人数占比 / %					
		很强	较强	一般	较弱	没有	不清楚
总计		6.70	27.80	39.57	9.03	2.71	14.19
年龄	35 岁以下	6.64	27.07	38.43	7.39	2.71	17.76
	35~44 岁	6.36	28.05	40.59	10.35	2.68	11.97
	45 岁及以上	7.47	28.94	40.04	10.58	2.80	10.17
性别	男性	7.06	27.23	40.05	10.31	3.16	12.19
	女性	6.04	28.85	38.68	6.64	1.87	17.92
入职单位	大中型企业	6.37	25.24	41.27	9.59	3.00	14.53
	科技中小企业	4.81	24.74	36.08	6.87	3.78	23.72
	科研院所	6.14	30.34	40.42	10.44	2.95	9.71
	高校	3.57	27.74	43.26	10.44	2.50	12.49
	中学	9.40	31.62	34.19	3.42	1.71	19.66
	医疗卫生机构	8.59	28.20	35.01	7.62	2.92	17.66
	农业服务机构	29.59	42.86	16.33	6.12	0	5.10
学历	博士研究生	4.49	26.95	43.42	11.12	3.21	10.81
	硕士研究生	4.75	27.97	40.46	8.81	2.84	15.17
	本科	8.23	28.82	38.21	9.11	2.21	13.42
	大专	9.25	26.40	36.22	6.74	3.28	18.11
职称	正高级	8.07	28.88	45.96	8.39	2.17	6.53
	副高级	6.45	26.98	43.25	12.00	2.58	8.74
	中级	5.64	29.22	38.35	10.42	3.17	13.20
	初级	7.36	27.02	39.20	5.79	2.29	18.34
	无职称	8.45	25.63	35.07	5.21	2.39	23.25
职业	工程技术人员	7.13	22.42	41.85	10.70	3.13	14.77
	医务工作者	7.64	30.11	35.26	7.18	3.43	16.38
	科学研究人员	3.40	29.32	42.15	10.73	3.66	10.74
	大学教师	3.68	26.52	43.47	11.52	2.23	12.58
	中学教师	8.37	32.22	34.73	4.18	2.09	18.41
	推广人员 / 科普工作者	20.25	38.61	29.11	3.16	0.63	8.24
	科研 / 教学 辅助人员	5.43	38.76	33.33	8.14	3.10	11.24
	科技管理人员	7.02	38.95	38.25	7.37	2.11	6.30
	智库研究人员	12.50	25.00	50.00	6.25	6.25	0
区域	赣北区域	6.48	28.29	39.78	9.53	2.40	13.52
	赣南区域	7.13	26.41	39.41	7.98	3.32	15.75

表 16-21　最希望科协组织提供的帮助或服务情况

类别		人数占比 / %												
		信息、技术服务	法律政策咨询服务	就业服务	进修培训服务	职称评审	资助研究	解决生活困难	提供科技人员内部交流的机会	提供与社会各界交流的机会	向政府反映意见	保障权益	表彰奖励	其他
总计		58.76	25.17	16.74	44.71	37.65	21.86	12.37	41.64	29.68	13.08	15.45	12.43	0.40
年龄	35 岁以下	56.19	25.29	21.83	47.83	40.86	21.41	16.27	37.59	27.54	11.92	17.39	13.18	0.47
	35~44 岁	59.16	24.63	12.53	44.20	39.96	24.94	9.29	44.58	31.61	13.72	13.97	12.22	0.25
	45 岁及以上	63.90	25.41	12.03	38.59	26.56	17.53	8.40	45.85	31.43	14.32	13.59	11.00	0.52
性别	男性	59.27	24.01	15.84	42.13	37.22	23.91	12.75	43.53	29.93	13.83	14.87	12.69	0.33
	女性	57.82	27.34	18.41	49.49	38.44	18.04	11.65	38.14	29.21	11.71	16.54	11.95	0.54
入职单位	大中型企业	63.52	24.12	18.05	52.36	34.83	11.46	14.38	46.22	29.36	10.19	14.08	12.13	0.52
	科技中小企业	53.61	21.99	28.52	44.67	25.09	16.15	17.53	34.71	26.12	13.40	20.27	11.34	1.37
	科研院所	56.27	25.18	15.48	41.40	37.47	29.12	11.06	42.75	28.87	14.37	13.39	14.25	0.49
	高校	54.77	23.37	11.86	39.61	40.05	34.17	8.92	42.11	34.43	14.72	14.54	11.69	0.27
	中学	49.57	24.36	17.52	43.59	45.30	11.97	12.82	23.08	19.66	11.97	13.68	14.10	0
	医疗卫生机构	61.10	31.77	18.15	41.33	46.52	23.66	13.61	42.14	28.69	14.42	19.61	1.62	0
	农业服务机构	75.51	24.49	14.29	40.82	29.59	10.20	8.16	34.69	29.59	16.33	16.33	67.35	0
学历	博士研究生	56.90	18.40	7.49	32.41	34.87	42.78	8.24	46.74	36.15	18.93	13.90	13.37	0.21
	硕士研究生	59.69	26.51	18.47	46.28	47.20	25.44	11.80	45.29	31.26	12.72	16.78	14.79	0.08
	本科	58.48	27.22	17.01	49.48	36.17	13.20	12.09	40.86	29.76	11.82	14.47	11.37	0.44
	大专	61.85	27.36	24.47	47.98	31.41	9.83	17.73	33.72	20.04	9.63	17.53	10.79	0.96
职称	正高级	55.90	24.22	7.14	32.92	12.11	31.06	3.73	51.86	40.99	23.60	12.73	13.04	0.31
	副高级	64.19	22.62	9.52	40.08	36.31	26.98	7.74	50.00	35.42	15.77	14.09	14.48	0.10
	中级	58.86	25.35	13.75	47.15	45.22	21.75	10.42	41.35	28.68	10.69	13.37	11.60	0.32
	初级	56.09	25.81	23.88	49.22	41.01	16.28	18.58	37.15	25.69	11.82	21.11	12.06	0.24
	无职称	55.21	28.03	30.85	44.93	27.32	17.18	20.70	31.13	23.66	12.25	17.46	11.83	1.27

续表

类别		人数占比 / %												
		信息、技术服务	法律政策咨询服务	就业服务	进修培训服务	职称评审	资助研究	解决生活困难	提供科技人员内部交流的机会	提供与社会各界交流的机会	向政府反映意见	保障权益	表彰奖励	其他
职业	工程技术人员	66.01	21.76	17.76	51.46	38.72	13.90	13.90	47.53	29.77	11.86	15.21	13.25	0.22
	医务工作者	60.06	33.70	20.75	41.19	44.93	24.18	12.79	39.47	27.30	14.20	18.25	9.98	0
	科学研究人员	60.47	16.23	8.38	35.34	36.39	40.58	9.16	48.17	35.60	17.80	15.18	17.80	0
	大学教师	55.57	23.43	10.84	39.11	40.85	34.17	8.03	42.79	34.95	14.42	14.23	11.42	0.29
	中学教师	45.61	26.36	18.41	43.51	43.10	11.72	12.13	20.50	16.32	10.46	12.13	12.55	0
	推广人员/科普工作者	61.39	28.48	22.78	39.87	23.42	7.59	8.86	34.18	22.15	10.13	12.66	10.13	0.63
	科研/教学辅助人员	49.22	30.23	17.44	49.22	34.50	23.26	15.89	40.70	34.88	13.57	15.50	15.12	0.39
	科技管理人员	55.44	25.61	11.23	53.33	29.47	14.04	11.23	48.42	31.93	12.28	12.63	11.93	0.70
	智库研究人员	31.25	43.75	25.00	25.00	43.75	18.75	18.75	43.75	37.50	25.00	18.75	12.50	0.00
区域	赣北区域	59.94	24.55	14.55	43.77	39.66	21.96	11.50	44.14	31.31	14.27	15.42	13.52	0.47
	赣南区域	56.29	25.85	20.97	46.54	33.97	22.25	14.27	37.08	26.55	10.73	15.54	10.45	0.28

第十七章
观念态度

表 17-1　对我国实现"在 2049 年时成为世界科技强国"的战略目标的信心情况

类别		人数占比 / %				
		很有信心	比较有信心	不太有信心	完全没信心	说不清
总计		47.28	41.66	5.60	0.78	4.68
年龄	35 岁以下	49.46	39.18	5.75	0.75	4.86
	35~44 岁	45.89	43.77	5.42	0.81	4.11
	45 岁及以上	44.81	43.78	5.39	0.83	5.19
性别	男性	50.16	39.43	5.76	0.85	3.80
	女性	41.94	45.81	5.31	0.66	6.28
入职单位	大中型企业	52.81	37.23	4.04	0.67	5.25
	科技中小企业	48.45	36.43	5.84	0.69	8.59
	科研院所	43.61	45.58	7.25	0.86	2.70
	高校	43.98	44.96	6.51	0.80	3.75
	中学	47.86	40.17	5.56	0.85	5.56
	医疗卫生机构	38.74	47.33	6.97	0.65	6.31
	农业服务机构	62.24	33.67	1.02	1.02	2.05
学历	博士研究生	39.89	48.77	6.95	0.86	3.53
	硕士研究生	43.22	45.98	6.21	0.46	4.13
	本科	51.08	38.71	4.58	0.88	4.75
	大专	52.99	34.49	5.39	0.96	6.17

类别		人数占比 / %				
		很有信心	比较有信心	不太有信心	完全没信心	说不清
职称	正高级	45.03	44.72	6.21	0.62	3.42
	副高级	42.46	48.41	5.56	0.50	3.07
	中级	46.51	42.70	5.21	0.81	4.77
	初级	51.51	37.03	6.27	0.72	4.47
	无职称	52.25	33.38	5.63	1.27	7.47
职业	工程技术人员	50.80	38.65	5.09	0.87	4.59
	医务工作者	38.38	47.74	7.18	0.78	5.92
	科学研究人员	43.72	45.03	7.33	0.52	3.40
	大学教师	44.24	45.30	6.10	0.68	3.68
	中学教师	46.86	41.00	5.86	0.84	5.44
	推广人员/科普工作者	50.63	38.61	5.06	0.63	5.07
	科研/教学辅助人员	45.74	44.96	4.26	1.16	3.88
	科技管理人员	51.58	38.95	5.61	0.35	3.51
	智库研究人员	56.25	37.50	6.25	0	0
区域	赣北区域	45.64	43.55	5.39	0.81	4.61
	赣南区域	50.71	37.92	5.79	0.78	4.80

表 17-2　对社会主义核心价值观的了解程度

类别		人数占比 / %			
		非常了解	比较了解	不太了解	完全不了解
总计		44.32	47.92	6.72	1.04
年龄	35 岁以下	43.20	47.17	8.42	1.21
	35~44 岁	47.38	47.13	5.05	0.44
	45 岁及以上	41.80	50.83	5.71	1.66
性别	男性	46.75	46.97	5.17	1.11
	女性	39.83	49.67	9.60	0.90
入职单位	大中型企业	35.88	53.86	9.06	1.20
	科技中小企业	35.74	46.05	15.46	2.75
	科研院所	46.68	47.91	4.67	0.74
	高校	52.01	44.42	3.12	0.45

续表

类别		人数占比 / %			
		非常了解	比较了解	不太了解	完全不了解
入职单位	中学	50.43	44.44	4.70	0.43
	医疗卫生机构	47.81	44.41	6.48	1.30
	农业服务机构	38.78	52.04	8.16	1.02
学历	博士研究生	50.70	46.31	2.57	0.42
	硕士研究生	50.19	46.05	3.30	0.46
	本科	42.30	49.64	6.96	1.10
	大专	31.98	51.45	14.07	2.50
职称	正高级	56.21	40.99	2.48	0.32
	副高级	47.12	48.91	3.37	0.60
	中级	44.36	49.46	5.53	0.65
	初级	41.86	48.25	8.93	0.96
	无职称	37.75	45.21	13.94	3.10
职业	工程技术人员	38.28	52.98	7.28	1.46
	医务工作者	46.96	45.87	6.55	0.62
	科学研究人员	51.31	46.07	2.36	0.26
	大学教师	53.24	43.66	2.52	0.58
	中学教师	48.95	44.35	5.86	0.84
	推广人员 / 科普工作者	37.97	51.27	8.23	2.53
	科研 / 教学辅助人员	40.70	51.16	7.36	0.78
	科技管理人员	37.54	52.63	9.47	0.36
	智库研究人员	62.50	31.25	6.25	0
区域	赣北区域	45.05	48.26	5.73	0.96
	赣南区域	42.66	47.88	8.33	1.13

表 17-3　对江西省科技创新政策的了解程度

类别		人数占比 / %			
		非常了解	比较了解	不太了解	完全不了解
总计		8.45	35.81	49.57	6.17
年龄	35 岁以下	9.44	34.55	49.42	6.59
	35～44 岁	7.67	37.03	49.50	5.80
	45 岁及以上	7.37	36.51	50.21	5.91

续表

类别			人数占比 / %			
			非常了解	比较了解	不太了解	完全不了解
性别		男性	9.24	36.96	47.43	6.37
		女性	7.00	33.68	53.53	5.79
入职单位		大中型企业	6.44	30.49	54.83	8.24
		科技中小企业	4.81	27.84	54.64	12.71
		科研院所	10.81	45.70	41.03	2.46
		高校	9.46	38.36	47.90	4.28
		中学	9.40	32.05	51.28	7.27
		医疗卫生机构	8.59	33.39	51.05	6.97
		农业服务机构	16.33	55.10	27.55	1.02
学历		博士研究生	8.34	40.86	47.06	3.74
		硕士研究生	9.43	37.62	47.74	5.21
		本科	8.39	33.74	50.80	7.07
		大专	6.94	31.79	52.22	9.05
职称		正高级	10.56	47.20	39.44	2.80
		副高级	7.34	39.78	48.31	4.57
		中级	7.84	34.32	51.66	6.18
		初级	9.41	32.21	50.78	7.60
		无职称	9.58	33.10	49.01	8.31
职业		工程技术人员	6.48	28.75	55.17	9.60
		医务工作者	9.36	34.01	50.86	5.77
		科学研究人员	9.42	42.67	46.86	1.05
		大学教师	9.49	39.11	47.14	4.26
		中学教师	10.04	33.05	49.37	7.54
		推广人员 / 科普工作者	13.29	47.47	36.71	2.53
		科研 / 教学辅助人员	7.36	50.00	38.76	3.88
		科技管理人员	9.82	44.21	42.81	3.16
		智库研究人员	31.25	50.00	18.75	0
区域		赣北区域	8.85	35.33	50.16	5.66
		赣南区域	7.42	36.79	48.23	7.56

表 17-4 导致江西省科技人才流失的主要原因情况

类别		人数占比 / %						
		收入水平太低,不能体现工作价值	工作平台不高,设备条件不好,个人成长遇到障碍	工作氛围不优,人际关系难以处理	工作环境不好,受到不公对待	区位和产业优势不显,缺少发展空间	对生活环境不满意	其他
总计		77.91	66.50	23.34	15.41	47.50	6.74	1.16
年龄	35 岁以下	79.48	66.01	20.52	14.96	49.28	6.73	0.98
	35~44 岁	78.43	68.45	24.25	16.71	46.45	6.36	1.31
	45 岁及以上	73.86	64.73	27.90	14.21	45.54	7.16	1.35
性别	男性	78.76	65.68	24.79	16.33	46.52	7.03	1.20
	女性	76.34	68.01	20.64	13.70	49.31	6.22	1.09
入职单位	大中型企业	77.75	58.50	20.82	12.88	54.91	7.94	1.20
	科技中小企业	78.69	51.89	20.27	13.40	44.33	8.93	2.75
	科研院所	80.22	69.41	24.69	18.30	46.56	7.13	0.86
	高校	77.70	72.61	23.28	16.32	46.21	4.82	1.25
	中学	69.23	64.10	23.93	17.09	38.89	10.68	0.43
	医疗卫生机构	80.39	77.80	29.17	16.53	39.38	5.19	0.16
	农业服务机构	69.39	63.27	17.35	15.31	53.06	7.14	1.02
学历	博士研究生	80.53	74.55	23.85	20.64	45.56	6.10	1.60
	硕士研究生	80.77	72.72	24.67	14.25	48.97	6.05	0.61
	本科	75.37	62.78	21.87	13.58	49.70	7.12	1.16
	大专	75.72	54.91	24.66	16.38	43.55	8.67	0.96
职称	正高级	74.53	69.57	27.95	14.91	44.10	7.14	1.24
	副高级	77.98	70.93	25.79	16.47	47.82	5.36	0.99
	中级	79.27	68.15	24.01	15.41	47.74	6.50	0.86
	初级	79.98	62.73	21.35	15.92	46.44	7.84	1.45
	无职称	73.38	58.87	18.31	13.52	49.15	7.89	1.83
职业	工程技术人员	80.06	60.04	21.76	13.25	52.91	7.13	1.16
	医务工作者	77.07	77.38	30.73	19.19	36.19	5.30	0.16
	科学研究人员	88.22	72.25	22.25	19.63	49.21	10.21	0.52
	大学教师	77.73	72.60	23.23	15.88	46.37	4.94	1.26

续表

类别		人数占比 / %						
		收入水平太低，不能体现工作价值	工作平台不高，设备条件不好，个人成长遇到障碍	工作氛围不优，人际关系难以处理	工作环境不好，受到不公对待	区位和产业优势不显，缺少发展空间	对生活环境不满意	其他
职业	中学教师	65.69	64.44	23.85	17.99	38.08	9.62	0.42
	推广人员/科普工作者	68.35	58.86	22.78	22.15	50.00	6.96	0.63
	科研/教学辅助人员	77.91	66.67	23.26	12.79	52.33	10.85	1.16
	科技管理人员	73.68	62.81	22.81	11.23	52.98	5.26	1.75
	智库研究人员	81.25	62.50	25.00	18.75	62.50	0	6.25
区域	赣北区域	78.57	67.41	23.27	15.17	48.75	7.17	1.31
	赣南区域	77.05	65.25	22.95	16.24	45.13	5.65	0.92

表 17-5　影响江西省科技人才引进的主要因素情况

类别		人数占比 / %											
		个人发展前景	工作平台条件	工作和生活环境	人才支持政策	个人收入待遇	评价激励机制	人才政策兑现度	研究团队建设	住房保障情况	发展空间机会	配偶安置或子女入学	其他
总计		54.51	48.57	20.29	30.54	53.10	17.46	8.52	9.49	8.50	12.53	7.69	0.51
年龄	35 岁以下	56.62	43.48	19.07	31.42	56.71	14.73	8.88	8.37	11.41	13.09	7.67	0.37
	35~44 岁	52.68	51.93	20.01	30.11	50.87	19.89	9.04	11.47	6.73	11.35	8.42	0.50
	45 岁及以上	53.11	54.36	23.34	29.36	48.76	19.61	6.85	8.92	5.08	13.28	6.22	0.83
性别	男性	54.59	48.11	20.62	29.31	55.30	17.92	9.17	9.40	8.46	12.43	6.60	0.52
	女性	54.38	49.43	19.67	32.83	49.00	16.60	7.30	9.66	8.57	12.73	9.72	0.48
入职单位	大中型企业	56.18	45.77	19.63	28.46	56.93	15.51	8.39	9.29	9.96	14.76	7.34	0.75
	科技中小企业	51.89	38.83	21.31	27.84	55.67	9.97	6.87	7.90	6.19	13.75	7.90	2.41
	科研院所	54.30	46.93	20.88	29.73	56.39	21.38	7.74	8.85	9.83	11.55	5.77	0.12
	高校	50.31	49.60	18.02	31.67	52.45	19.18	11.24	11.06	7.76	11.15	10.88	0.09
	中学	58.97	47.86	27.78	30.34	43.59	14.96	5.13	3.85	5.56	10.68	6.84	0.43
	医疗卫生机构	58.67	61.10	21.23	34.85	48.62	17.50	7.13	11.51	5.35	9.40	6.65	0
	农业服务机构	51.02	47.96	25.51	30.61	40.82	13.27	12.24	11.22	8.16	18.37	3.06	1.02

续表

类别		人数占比 / %											
		个人发展前景	工作平台条件	工作和生活环境	人才支持政策	个人收入待遇	评价激励机制	人才政策兑现度	研究团队建设	住房保障情况	发展空间机会	配偶安置或子女入学	其他
学历	博士研究生	50.16	52.41	16.15	31.44	56.79	19.68	10.91	11.02	8.02	12.41	11.55	0.11
	硕士研究生	56.40	49.58	18.39	36.09	53.41	19.77	9.50	9.96	9.58	11.72	6.44	0.15
	本科	56.38	48.81	22.25	26.84	51.35	16.51	7.01	9.61	7.84	12.42	6.52	0.61
	大专	53.95	41.04	25.24	30.25	51.83	14.26	7.51	6.17	8.48	15.03	6.74	0.77
职称	正高级	49.69	56.21	21.43	27.95	50.93	21.74	11.18	11.18	4.35	13.35	8.70	0
	副高级	53.37	57.04	20.34	30.06	49.21	23.02	6.85	10.22	5.95	12.00	7.14	0.60
	中级	54.51	48.44	19.55	31.42	55.37	17.51	8.22	9.99	7.95	12.03	8.81	0.27
	初级	57.66	41.86	21.11	31.24	56.69	14.11	8.93	8.44	11.22	12.18	6.39	0.48
	无职称	54.65	41.27	20.70	29.30	49.44	11.41	10.00	7.61	12.25	14.65	6.62	1.27
职业	工程技术人员	56.77	43.60	19.14	30.28	58.59	16.59	8.95	7.28	10.04	14.63	7.06	0.73
	医务工作者	56.32	61.47	22.93	35.10	46.33	17.16	7.33	10.45	4.06	8.74	6.08	0
	科学研究人员	57.85	46.07	13.35	26.44	65.71	26.18	7.07	11.52	10.73	13.87	6.54	0
	大学教师	50.92	50.24	18.39	32.04	51.89	19.36	11.04	10.94	7.74	10.94	11.13	0.10
	中学教师	56.07	44.35	29.71	29.29	42.68	15.06	6.28	3.35	5.86	9.21	7.53	0.42
	推广人员 / 科普工作者	50.63	47.47	29.11	33.54	38.61	17.72	5.70	6.33	5.70	13.92	7.59	1.27
	科研 / 教学辅助人员	48.06	53.49	23.26	22.48	56.20	13.18	6.98	18.99	12.40	10.85	4.26	0
	科技管理人员	53.33	53.68	21.75	30.18	44.91	14.04	8.77	11.23	7.02	14.74	6.32	0.35
	智库研究人员	62.50	56.25	18.75	25.00	50.00	18.75	6.25	0	0	25.00	0	0
区域	赣北区域	55.23	48.85	19.72	30.12	53.36	18.82	8.91	8.88	9.41	13.30	7.63	0.53
	赣南区域	53.18	48.02	21.19	31.78	52.90	14.90	7.34	11.44	6.50	10.88	7.70	0.49

表 17-6　江西省在人才评价激励方面存的问题情况

类别		人数占比 / %					
		标准不够多元	评价不够科学	评价受人情等外因干预较多	评价对资历称号标签等过于看重	评价对业绩与贡献的突出不够	其他
总计		50.67	44.56	51.81	45.64	35.24	1.56
年龄	35 岁以下	52.55	43.38	51.10	47.03	33.33	1.50
	35~44 岁	49.56	46.57	51.68	46.95	35.54	1.25
	45 岁及以上	48.13	43.78	53.73	40.66	38.80	2.28
性别	男性	49.64	46.13	52.64	46.52	35.20	1.50
	女性	52.56	41.64	50.27	44.00	35.30	1.69
入职单位	大中型企业	50.94	38.65	46.22	45.77	36.78	2.25
	科技中小企业	47.77	36.77	51.89	42.27	29.90	4.81
	科研院所	51.11	50.12	52.09	47.05	35.38	0.37
	高校	49.06	49.96	54.50	47.55	30.87	0.80
	中学	46.58	48.72	56.41	38.89	35.47	1.28
	医疗卫生机构	54.29	47.00	61.75	47.97	36.47	0.65
	农业服务机构	58.16	40.82	29.59	41.84	54.08	2.04
学历	博士研究生	45.67	53.69	58.29	48.77	32.41	1.18
	硕士研究生	53.49	47.97	53.87	49.43	34.18	0.61
	本科	52.18	41.14	48.48	42.57	35.45	2.10
	大专	46.82	36.80	49.90	45.09	40.46	1.73
职称	正高级	48.14	49.07	56.52	36.34	35.71	1.55
	副高级	49.60	49.90	54.86	43.75	35.71	1.29
	中级	49.73	45.27	52.26	49.14	35.82	1.24
	初级	55.01	41.13	51.63	45.96	33.29	1.57
	无职称	50.70	37.04	44.37	42.96	35.07	2.82
职业	工程技术人员	50.80	40.98	49.34	46.07	36.17	2.40
	医务工作者	53.35	47.89	60.84	45.55	34.63	0.94
	科学研究人员	48.17	52.09	54.19	54.19	38.74	0.52
	大学教师	49.47	49.66	55.18	48.02	30.20	0.77
	中学教师	45.19	49.79	55.65	37.24	32.64	1.26

续表

类别		人数占比 / %					
		标准不够多元	评价不够科学	评价受人情等外因干预较多	评价对资历称号标签等过于看重	评价对业绩与贡献的突出不够	其他
职业	推广人员/科普工作者	50.63	41.14	44.30	44.94	43.67	0.63
	科研/教学辅助人员	56.59	44.96	44.96	50.00	33.33	0
	科技管理人员	52.28	42.46	43.51	41.05	40.70	1.05
	智库研究人员	56.25	37.50	50.00	37.50	31.25	6.25
区域	赣北区域	50.87	45.05	53.30	45.02	34.52	1.65
	赣南区域	50.00	43.79	49.08	47.60	37.15	1.41

表 17-7 吸引留住科技人才的重点举措情况

类别		人数占比 / %										
		加强知识产权保护	营造创新氛围	提高工资待遇	改善生活环境	完善人才管理和培训体系	完善社会保障	营造尊重人才的良好氛围	完善人才绩效评价奖励机制	提供住房保障	打造高水平的创新平台	其他
总计		23.17	32.47	73.28	22.83	30.21	8.12	24.24	28.24	12.43	16.89	0.47
年龄	35 岁以下	24.54	31.51	75.22	22.25	32.91	9.35	20.57	23.61	15.24	13.88	0.47
	35~44 岁	21.76	31.17	72.38	20.70	29.80	6.92	27.93	32.23	11.35	19.76	0.44
	45 岁及以上	22.51	36.93	70.33	27.90	24.90	7.37	26.24	31.95	7.78	18.78	0.52
性别	男性	21.93	31.85	74.46	23.49	27.81	7.87	26.22	29.34	11.97	17.79	0.52
	女性	25.47	33.61	71.09	21.61	34.64	8.57	20.58	26.19	13.28	15.21	0.36
入职单位	大中型企业	24.04	37.23	74.16	22.25	33.33	8.39	22.25	23.82	12.51	17.30	0.45
	科技中小企业	22.34	29.90	67.35	23.37	32.65	12.71	17.18	18.56	12.37	13.40	2.75
	科研院所	19.90	29.85	77.64	22.36	24.57	8.11	24.08	31.57	16.83	18.06	0.12
	高校	17.31	27.30	74.22	25.25	26.14	5.53	30.87	34.17	11.86	19.00	0.09
	中学	36.75	35.90	64.96	26.07	26.92	7.69	17.95	23.08	9.83	9.40	0
	医疗卫生机构	27.88	33.39	71.15	20.26	36.95	9.40	24.47	30.15	8.91	16.37	0.32
	农业服务机构	36.73	36.73	65.31	24.49	35.71	12.24	18.37	25.51	6.12	14.29	2.04
学历	博士研究生	11.66	23.74	76.47	22.35	22.78	5.13	37.65	39.14	14.65	24.06	0.32
	硕士研究生	22.76	32.87	75.86	22.22	32.11	7.51	24.37	30.11	13.26	15.94	0.23
	本科	25.90	37.00	70.96	22.97	32.08	8.39	19.88	24.46	10.60	16.57	0.39
	大专	32.18	33.72	70.13	25.43	31.79	13.10	17.34	21.19	13.10	8.67	0.58

续表

类别		加强知识产权保护	营造创新氛围	提高工资待遇	改善生活环境	完善人才管理和培训体系	完善社会保障	营造尊重人才的良好氛围	完善人才绩效评价奖励机制	提供住房保障	打造高水平的创新平台	其他
		人数占比 / %										
职称	正高级	12.73	31.06	72.98	26.09	20.50	6.52	36.02	40.99	9.01	20.81	0.31
	副高级	19.35	32.04	73.31	22.02	26.09	6.05	30.56	35.12	9.03	21.73	0.40
	中级	22.77	31.69	75.03	23.52	30.83	7.41	24.01	29.00	12.67	17.13	0.38
	初级	25.45	35.95	74.67	20.75	33.78	10.62	20.87	21.35	14.11	12.79	0.24
	无职称	31.69	31.69	67.18	23.10	34.65	10.70	14.51	18.73	16.20	12.39	1.13
职业	工程技术人员	23.36	33.77	75.25	23.22	30.42	9.46	23.58	25.84	13.54	14.34	0.87
	医务工作者	28.86	34.95	69.73	20.59	36.04	9.20	23.40	28.71	7.96	15.13	0.16
	科学研究人员	12.83	22.77	81.41	18.06	21.99	6.54	33.51	43.72	19.90	25.13	0.26
	大学教师	16.75	27.40	74.64	25.94	26.43	6.00	30.69	33.59	11.91	19.36	0.10
	中学教师	34.31	33.89	64.85	26.78	25.94	7.95	15.90	20.92	10.46	7.95	0
	推广人员 / 科普工作者	31.65	40.51	67.72	22.15	38.61	8.86	13.92	19.62	5.70	10.13	0.63
	科研 / 教学辅助人员	19.38	39.92	75.97	20.93	32.17	5.81	19.77	24.42	13.95	21.71	0
	科技管理人员	21.05	41.05	67.72	18.25	35.79	8.77	21.05	23.51	9.82	25.26	0
	智库研究人员	37.50	25.00	68.75	12.50	12.50	12.50	25.00	31.25	12.50	18.75	0
区域	赣北区域	23.61	32.37	74.58	22.96	27.73	8.16	24.42	30.12	13.02	17.20	0.53
	赣南区域	21.96	32.27	71.33	22.60	35.66	7.91	24.08	24.44	11.09	16.81	0.35

表 17-8 科技工作者追求的人生目标的情况

类别		个人事业成功	获得足够的财富	为国家科学事业做出贡献	其他
		人数占比 / %			
总计		80.15	52.48	72.04	2.45
年龄	35 岁以下	79.29	59.00	70.59	2.76
	35~44 岁	82.54	46.76	75.56	2.18
	45 岁及以上	78.42	47.61	69.71	2.18
性别	男性	81.49	50.72	75.80	1.72
	女性	77.67	55.76	65.06	3.80

类别		人数占比 / %			
		个人事业成功	获得足够的财富	为国家科学事业做出贡献	其他
入职单位	大中型企业	81.57	59.33	67.57	2.02
	科技中小企业	75.60	59.11	63.92	3.78
	科研院所	76.54	50.37	77.89	2.58
	高校	80.11	43.98	76.63	2.68
	中学	77.78	53.42	61.54	2.56
	医疗卫生机构	86.39	56.24	77.80	2.11
	农业服务机构	78.57	45.92	60.20	0
学历	博士研究生	82.57	40.75	85.45	2.35
	硕士研究生	81.99	53.33	75.94	2.91
	本科	78.24	56.65	67.31	2.43
	大专	80.15	55.68	61.85	1.54
职称	正高级	77.95	36.34	81.37	1.86
	副高级	82.74	46.63	77.68	2.38
	中级	80.72	51.72	73.36	2.69
	初级	78.77	61.76	66.95	2.41
	无职称	77.61	59.30	62.25	2.25
职业	工程技术人员	79.48	57.93	69.43	2.55
	医务工作者	84.56	56.16	76.13	1.87
	科学研究人员	81.41	45.81	87.96	2.09
	大学教师	80.06	43.27	76.86	2.42
	中学教师	73.22	52.30	61.09	2.51
	推广人员 / 科普工作者	76.58	54.43	63.29	0
	科研 / 教学辅助人员	81.40	50.39	74.03	3.88
	科技管理人员	81.40	50.88	69.12	2.46
	智库研究人员	75.00	75.00	75.00	6.25
区域	赣北区域	80.47	51.74	73.64	2.59
	赣南区域	80.16	54.24	69.07	2.26

表 17-9　科技工作者努力工作的动力情况

类别		人数占比 / %			
		实现自我价值	在困难中磨炼提高自己	追求经济收入	其他
总计		87.34	52.78	63.79	1.04
年龄	35 岁以下	84.20	54.65	70.31	0.94
	35~44 岁	90.90	51.56	60.10	0.87
	45 岁及以上	88.59	50.21	55.60	1.56
性别	男性	87.64	52.41	64.12	0.91
	女性	86.78	53.47	63.19	1.27
入职单位	大中型企业	85.24	53.63	72.58	0.75
	科技中小企业	78.01	48.11	72.16	0.34
	科研院所	86.73	50.00	65.23	1.72
	高校	91.26	48.26	55.04	1.16
	中学	88.46	56.41	56.84	0
	医疗卫生机构	92.06	60.45	58.83	1.13
	农业服务机构	85.71	61.22	56.12	0
学历	博士研究生	93.37	46.74	54.33	1.50
	硕士研究生	89.89	53.95	65.13	1.00
	本科	86.31	52.84	66.70	0.83
	大专	78.03	60.89	68.02	0.39
职称	正高级	94.41	44.72	42.86	1.55
	副高级	91.67	51.39	58.43	1.29
	中级	89.37	52.52	64.61	1.24
	初级	83.35	55.49	72.01	0.84
	无职称	77.32	55.92	69.15	0.14
职业	工程技术人员	84.93	51.82	72.13	0.87
	医务工作者	90.95	59.44	58.50	1.09
	科学研究人员	92.67	49.48	65.18	1.57
	大学教师	91.67	48.02	54.50	1.16
	中学教师	82.01	58.16	56.07	0
	推广人员 / 科普工作者	85.44	53.80	59.49	0

类别		人数占比 / %			
		实现自我价值	在困难中磨炼提高自己	追求经济收入	其他
职业	科研 / 教学辅助人员	87.21	54.65	68.60	1.16
	科技管理人员	86.67	52.28	64.56	1.40
	智库研究人员	87.50	50.00	81.25	6.25
区域	赣北区域	88.82	50.93	62.87	1.28
	赣南区域	84.75	57.27	66.10	0.49

表 17-10　在工作和生活中不能接受的事情情况

类别		人数占比 / %					
		被人欺骗	家人失和	付出与回报成反比	社会动荡	生活失去目标	其他
	总计	61.74	54.70	69.03	36.50	47.92	0.53
年龄	35 岁以下	61.24	58.02	72.04	34.55	50.58	0.65
	35~44 岁	60.22	54.49	67.21	36.97	50.44	0.44
	45 岁及以上	65.46	47.72	65.77	40.04	37.55	0.41
性别	男性	60.96	53.94	69.32	35.59	47.20	0.52
	女性	63.19	56.13	68.50	38.20	49.25	0.54
入职单位	大中型企业	65.62	57.15	69.06	33.18	49.44	0.37
	科技中小企业	59.79	46.74	68.38	31.27	52.58	0
	科研院所	54.05	52.09	70.27	35.63	44.10	1.11
	高校	59.59	52.01	66.90	42.28	48.26	0.71
	中学	63.25	58.12	62.82	33.76	35.47	0
	医疗卫生机构	64.51	59.32	77.15	40.52	52.35	0.16
	农业服务机构	62.24	53.06	59.18	30.61	44.90	0
学历	博士研究生	56.90	50.27	71.98	38.29	50.70	1.07
	硕士研究生	59.39	57.32	73.64	39.62	50.50	0.46
	本科	63.00	55.60	66.21	34.84	46.99	0.33
	大专	69.94	52.60	65.90	33.14	42.58	0.39
职称	正高级	64.29	40.99	62.73	41.61	42.86	0.62
	副高级	59.92	54.56	69.44	39.78	48.41	0.30
	中级	60.85	55.80	70.30	36.47	47.58	0.59
职称	初级	65.86	57.06	70.69	31.85	50.18	0.12
	无职称	60.70	55.49	66.06	35.07	47.75	1.13

类别		人数占比 / %					
		被人欺骗	家人失和	付出与回报成反比	社会动荡	生活失去目标	其他
职业	工程技术人员	63.17	54.51	71.40	33.99	47.89	0.36
	医务工作者	62.25	59.13	75.51	39.00	50.55	0.16
	科学研究人员	54.71	50.79	75.65	32.98	48.17	1.31
	大学教师	60.31	51.69	65.92	42.69	47.73	0.68
	中学教师	61.51	57.32	59.41	35.15	33.47	0
	推广人员 / 科普工作者	60.13	60.13	58.23	27.22	44.30	0
	科研 / 教学辅助人员	62.79	56.59	68.22	29.07	57.75	0.78
	科技管理人员	58.25	52.63	62.11	40.00	50.53	0.35
	智库研究人员	50.00	50.00	75.00	31.25	31.25	6.25
区域	赣北区域	60.59	54.17	70.34	36.92	47.26	0.53
	赣南区域	63.91	56.50	67.02	36.58	50.00	0.56

表 17-11　江西省对科技工作者的重视程度情况

类别		人数占比 / %				
		非常重视	比较重视	一般	不太重视	非常不重视
总计		10.12	38.43	39.80	9.32	2.33
年龄	35 岁以下	10.14	38.52	39.97	9.02	2.35
	35～44 岁	9.73	37.84	39.65	9.98	2.80
	45 岁及以上	10.37	39.42	39.63	9.02	1.56
性别	男性	10.34	36.96	39.46	10.18	3.06
	女性	9.72	41.16	40.43	7.72	0.97
入职单位	大中型企业	12.21	38.28	39.10	8.54	1.87
	科技中小企业	9.62	39.86	39.18	8.59	2.75
	科研院所	7.49	34.52	41.77	12.41	3.81
	高校	6.24	37.38	42.64	11.42	2.32
	中学	13.68	44.02	38.46	2.99	0.85
	医疗卫生机构	8.59	41.17	39.71	8.27	2.26
	农业服务机构	33.67	45.92	13.27	6.12	1.02

续表

类别		人数占比 / %				
		非常重视	比较重视	一般	不太重视	非常不重视
学历	博士研究生	4.49	31.55	45.45	15.19	3.32
	硕士研究生	6.28	37.32	42.15	11.42	2.83
	本科	13.03	41.47	37.82	6.02	1.66
	大专	15.80	41.43	34.68	6.17	1.92
职称	正高级	6.21	38.82	40.37	11.49	3.11
	副高级	7.24	37.30	42.26	10.81	2.39
	中级	9.56	37.49	40.87	9.88	2.20
	初级	11.70	41.62	36.79	7.12	2.77
	无职称	15.63	38.59	36.76	7.32	1.70
职业	工程技术人员	9.61	36.32	41.70	9.61	2.76
	医务工作者	9.83	41.50	39.00	7.96	1.71
	科学研究人员	3.40	28.27	46.34	16.75	5.24
	大学教师	6.39	37.85	42.69	10.84	2.23
	中学教师	13.81	44.35	38.91	2.09	0.84
	推广人员 / 科普工作者	23.42	50.63	20.89	3.80	1.26
	科研 / 教学辅助人员	13.57	32.95	39.15	12.40	1.93
	科技管理人员	10.88	48.07	32.63	7.37	1.05
	智库研究人员	6.25	37.50	37.50	18.75	0
区域	赣北区域	8.88	37.94	40.53	10.28	2.37
	赣南区域	12.64	39.12	38.35	7.56	2.33

表 17-12　科技工作者的社会地位情况

类别		人数占比 / %			
		受人尊敬	平常对待	较少关注	很难判断
总计		21.50	47.96	23.53	7.01
年龄	35 岁以下	20.24	46.14	26.41	7.21
	35~44 岁	20.89	49.38	22.69	7.04
	45 岁及以上	25.21	49.38	18.67	6.74
性别	男性	20.33	49.12	23.52	7.03
	女性	23.66	45.81	23.54	6.99

续表

类别		人数占比 / %			
		受人尊敬	平常对待	较少关注	很难判断
入职单位	大中型企业	24.94	43.97	22.70	8.39
	科技中小企业	18.21	47.42	27.49	6.88
	科研院所	14.13	55.90	24.69	5.28
	高校	20.79	48.88	23.28	7.05
	中学	26.50	46.15	21.79	5.56
	医疗卫生机构	19.29	48.30	24.96	7.45
	农业服务机构	39.80	39.80	17.35	3.05
学历	博士研究生	13.48	51.34	26.84	8.34
	硕士研究生	17.47	50.88	25.36	6.29
	本科	24.68	47.05	21.92	6.35
	大专	29.67	41.81	20.04	8.48
职称	正高级	19.88	52.17	22.05	5.90
	副高级	17.86	54.96	20.04	7.14
	中级	20.41	47.37	25.35	6.87
	初级	23.76	45.48	24.37	6.39
	无职称	27.61	40.56	23.38	8.45
职业	工程技术人员	18.49	48.11	24.31	9.09
	医务工作者	19.81	48.67	24.49	7.03
	科学研究人员	9.95	53.14	31.15	5.76
	大学教师	20.43	49.37	23.23	6.97
	中学教师	26.36	48.95	19.67	5.02
	推广人员 / 科普工作者	32.91	43.67	20.89	2.53
	科研 / 教学辅助人员	24.42	47.67	24.42	3.49
	科技管理人员	31.93	48.77	16.84	2.46
	智库研究人员	12.50	56.25	18.75	12.50
区域	赣北区域	19.28	49.56	23.99	7.17
	赣南区域	25.92	44.21	22.95	6.92

表 17-13　对于针对科技工作者的表彰奖励和新闻宣传的满意度情况

类别		人数占比 / %					
		非常满意	比较满意	一般	不太满意	非常不满意	不清楚
总计		7.38	30.92	44.92	7.10	1.35	8.33
年龄	35 岁以下	7.11	31.88	42.73	7.53	1.22	9.53
	35～44 岁	7.48	29.55	47.76	6.30	1.50	7.41
	45 岁及以上	7.68	31.22	44.81	7.57	1.45	7.27
性别	男性	7.32	29.67	45.84	8.33	1.66	7.18
	女性	7.48	33.25	43.21	4.83	0.78	10.45
入职单位	大中型企业	7.57	28.39	44.49	7.19	1.05	11.31
	科技中小企业	3.44	29.21	45.02	7.22	2.06	13.05
	科研院所	5.16	32.06	48.40	7.99	2.21	4.18
	高校	5.53	31.04	47.81	7.49	1.43	6.70
	中学	12.82	35.47	40.17	4.27	0.85	6.42
	医疗卫生机构	7.94	29.98	42.95	8.75	0.97	9.41
	农业服务机构	28.57	46.94	18.37	3.06	0	3.06
学历	博士研究生	3.42	28.02	51.66	9.41	1.71	5.78
	硕士研究生	4.90	30.27	47.28	8.05	1.61	7.89
	本科	9.39	31.42	43.18	6.35	1.10	8.56
	大专	11.37	34.68	36.42	4.05	0.96	12.52
职称	正高级	6.21	31.99	46.89	8.07	2.48	4.36
	副高级	5.16	28.97	51.29	7.54	1.19	5.85
	中级	7.09	31.04	44.74	7.36	1.34	8.43
	初级	8.81	31.48	41.98	6.88	1.33	9.52
	无职称	10.14	32.25	38.87	5.63	1.13	11.98
职业	工程技术人员	5.68	26.42	47.96	7.50	1.89	10.55
	医务工作者	8.89	30.89	42.75	8.27	0.78	8.42
	科学研究人员	2.36	25.65	58.38	7.07	2.88	3.66
	大学教师	5.61	31.66	46.66	7.45	1.45	7.17
	中学教师	13.81	35.15	39.33	4.60	0.84	6.27

续表

类别		人数占比 / %					
		非常满意	比较满意	一般	不太满意	非常不满意	不清楚
职业	推广人员 / 科普工作者	17.72	44.94	31.01	3.80	0.63	1.90
职业	科研 / 教学辅助人员	7.75	33.72	40.31	11.24	0.78	6.20
	科技管理人员	7.02	44.56	37.89	5.26	0.35	4.92
	智库研究人员	12.50	6.25	62.50	18.75	0	0
区域	赣北区域	6.32	30.47	46.20	7.48	1.21	8.32
	赣南区域	9.11	31.99	42.44	6.36	1.62	8.48

表 17-14　提高科技工作者社会地位的举措情况

类别		人数占比 / %							
		加大宣传力度，营造尊重知识，尊重人才的社会风尚	建立公平、公正的科技评价体系	建立科学的利益驱动机制，切实提高科技工作者的物质待遇	拓宽科技工作者参政议政的渠道	加大科技工作者在科研开发中的自主权和话语权	为科技工作者营造良好的工作和生活环境	科技工作者通过自身努力获得社会认同	其他
总计		59.08	53.90	59.59	12.79	31.37	29.76	11.08	0.34
年龄	35 岁以下	58.25	52.17	60.59	13.84	31.04	27.40	10.75	0.33
	35～44 岁	59.35	53.99	60.29	11.78	32.11	31.17	12.03	0.37
	45 岁及以上	60.48	57.37	56.12	12.14	31.33	32.57	10.06	0.31
性别	男性	58.07	54.49	60.41	12.52	31.00	29.80	11.42	0.36
	女性	60.95	51.72	58.06	13.28	32.05	29.69	10.44	0.30
入职单位	大中型企业	63.82	49.89	56.10	11.24	31.91	30.94	15.06	0.30
	科技中小企业	54.98	47.77	54.64	13.06	31.62	25.09	11.00	2.41
	科研院所	51.23	54.05	66.95	13.88	36.24	28.01	10.93	0.25
	高校	53.43	60.12	61.82	11.69	31.13	31.13	7.85	0.09
	中学	61.54	49.57	54.27	17.09	25.21	29.91	8.55	0.43
	医疗卫生机构	65.64	59.00	60.78	16.69	27.71	27.07	8.27	0
	农业服务机构	70.41	45.92	58.16	10.20	32.65	26.53	14.29	1.02

续表

类别		人数占比 / %							
		加大宣传力度，营造尊重知识，尊重人才的社会风尚	建立公平、公正的科技评价体系	建立科学的利益驱动机制，切实提高科技工作者的物质待遇	拓宽科技工作者参政议政的渠道	加大科技工作者在科研开发中的自主权和话语权	为科技工作者营造良好的工作和生活环境	科技工作者通过自身努力获得社会认同	其他
学历	博士研究生	49.09	59.36	63.53	11.66	35.61	36.15	8.88	0.11
	硕士研究生	60.92	56.70	63.83	14.10	33.10	26.74	8.20	0.08
	本科	60.41	50.14	57.48	12.87	30.20	29.43	12.98	0.50
	大专	63.78	54.91	52.79	13.29	26.78	27.75	14.45	0.77
职称	正高级	55.28	61.18	52.48	12.73	35.71	34.78	7.76	0
	副高级	59.33	57.04	63.29	12.00	32.34	31.45	8.63	0.10
	中级	58.00	53.22	60.85	14.02	32.44	29.75	12.08	0.48
	初级	62.24	52.71	57.54	11.10	29.07	28.71	12.06	0.24
	无职称	59.58	49.30	56.62	12.68	27.89	26.34	12.25	0.56
职业	工程技术人员	59.83	52.26	59.32	12.23	32.46	28.82	12.37	0.51
	医务工作者	64.59	58.97	58.81	18.10	26.99	25.27	7.96	0
	科学研究人员	50.00	52.88	70.16	10.21	43.98	35.86	12.57	0.26
	大学教师	54.31	59.92	61.47	11.71	31.36	30.30	7.65	0.10
	中学教师	58.16	49.79	54.39	15.48	25.10	28.03	7.53	0.42
	推广人员 / 科普工作者	62.66	46.20	56.33	17.09	27.22	27.85	10.76	0
	科研 / 教学辅助人员	58.14	51.16	57.75	8.53	34.11	33.72	18.60	0
	科技管理人员	60.00	45.26	58.95	11.58	31.23	32.63	18.60	0.70
	智库研究人员	68.75	50.00	62.50	18.75	25.00	18.75	0	0
区域	赣北区域	58.41	55.51	60.72	12.46	31.87	30.78	10.62	0.31
	赣南区域	60.45	51.06	57.63	13.63	30.30	28.04	11.94	0.42

表 17-15　评价科技工作者是否优秀的重要标准情况

人数占比/%

类别		获得同行认可	获得产业界认可	获得政府部门认可	获得科技奖励	具有较高的公众知名度	有团队合作精神	发表论文数	科研项目级别和经费	教学水平	科学普及能力	与产业界结合的能力	组织管理能力	科学道德高尚	具有爱国奉献精神	其他
总计		60.52	44.60	23.34	27.18	13.57	18.92	5.41	8.92	6.70	6.53	16.34	2.43	18.24	18.05	0.27
年龄	35 岁以下	58.20	46.56	24.08	29.36	13.04	16.55	5.61	9.63	7.06	8.13	16.32	2.76	16.32	15.38	0.23
	35～44 岁	62.72	43.39	21.57	24.19	13.78	19.33	5.92	9.54	6.42	5.11	16.90	1.81	21.38	20.07	0.37
	45 岁及以上	62.14	42.12	24.38	27.07	14.32	23.34	4.25	6.54	6.33	5.29	15.46	2.80	17.63	20.75	0.21
性别	男性	62.36	45.80	23.42	26.61	13.40	17.27	5.69	8.91	6.18	5.50	17.21	2.28	17.70	18.90	0.36
	女性	57.09	42.37	23.17	28.24	13.88	21.97	4.89	8.93	7.66	8.45	14.73	2.72	19.25	16.48	0.12
入职单位	大中型企业	58.43	49.36	21.80	29.66	12.88	22.17	3.75	5.84	4.79	7.19	19.25	3.82	17.83	16.78	0.07
	科技中小企业	46.05	43.30	22.68	29.21	17.18	18.90	3.44	4.12	2.06	8.59	19.59	3.09	12.03	23.02	2.41
	科研院所	61.18	43.12	23.34	30.84	12.41	17.57	6.02	11.67	2.95	5.28	19.04	1.84	20.52	16.09	0.12
	高校	66.28	43.35	18.64	19.98	11.78	14.27	7.85	13.74	13.02	4.01	15.70	0.80	21.23	17.66	0.27
	中学	52.14	39.74	36.32	27.35	21.37	14.53	2.56	5.98	10.68	10.26	8.12	1.71	12.82	17.52	0
	医疗卫生机构	69.04	41.33	25.77	28.20	14.10	20.58	6.65	8.75	6.48	6.32	11.35	2.11	17.83	19.29	0.16
	农业服务机构	39.80	43.38	46.94	29.59	15.31	25.51	4.08	5.10	3.06	16.33	7.14	5.10	12.24	21.43	0
学历	博士研究生	76.79	36.47	16.79	22.03	10.70	13.90	10.48	17.11	8.98	3.53	15.40	0.86	24.60	18.07	0.53
	硕士研究生	58.85	46.67	22.61	28.97	13.87	16.02	5.52	10.42	7.89	5.98	19.54	2.22	19.31	16.70	0.08
	本科	56.71	47.38	24.13	27.89	14.96	22.20	3.59	4.97	5.19	8.01	16.73	3.15	16.23	17.12	0.33
	大专	51.06	44.70	29.67	29.87	15.03	21.97	3.08	5.39	5.59	8.48	10.98	2.50	14.64	23.89	0.19

续表

类别		获得同行认可	获得产业界认可	获得政府部门认可	获得科技奖励	具有较高的公众知名度	有团队合作精神	发表论文数	科研项目级别和经费	教学水平	科学普及能力	与产业界结合的能力	组织管理能力	科学道德高尚	具有爱国奉献精神	其他
职称	正高级	71.12	42.86	18.63	23.29	15.22	18.94	4.66	8.39	8.70	4.04	17.39	0.62	18.94	18.94	0
	副高级	66.47	39.48	21.92	25.30	14.09	19.64	6.05	10.81	6.75	5.46	16.27	1.88	19.74	18.95	0.40
	中级	61.01	45.81	21.80	28.20	12.94	18.64	5.69	8.70	6.39	6.07	17.29	3.17	19.98	18.26	0.32
	初级	56.09	45.48	25.93	30.64	14.96	19.30	5.07	8.20	6.15	7.96	16.41	1.69	14.23	16.16	0.24
	无职称	51.13	48.45	28.45	24.93	12.11	18.17	4.51	7.89	7.18	8.73	13.38	2.96	15.92	18.03	0.14
职业	工程技术人员	59.75	46.87	22.63	31.59	13.25	19.80	4.22	5.82	3.78	7.64	20.74	3.64	14.92	18.49	0.44
	医务工作者	67.08	41.34	26.21	27.77	13.57	19.66	6.40	8.11	5.93	6.08	12.01	2.03	17.32	19.03	0.16
	科学研究人员	66.23	40.84	13.61	28.80	13.87	17.28	8.12	15.71	2.88	6.54	22.25	1.31	28.80	18.32	0.26
	大学教师	66.41	43.47	19.36	20.04	12.29	14.33	7.16	13.36	13.65	3.87	15.68	0.87	20.52	17.62	0.29
	中学教师	51.88	38.91	38.49	28.45	19.25	13.81	1.67	5.86	10.04	9.62	6.28	2.09	11.30	15.48	0
	推广人员/科普工作者	45.57	46.20	40.51	28.48	21.52	14.56	3.80	6.96	3.16	12.66	6.96	1.27	10.13	15.82	0
	科研/教学辅助人员	51.55	48.45	17.05	26.74	9.30	26.36	7.75	10.85	6.98	4.26	17.44	3.10	31.01	11.63	0
	科技管理人员	49.82	48.77	20.35	27.37	14.39	26.67	4.56	7.02	3.16	4.91	15.79	3.86	21.75	18.25	0.35
区域	智库区域	68.75	43.75	18.75	18.75	18.75	12.50	0	12.50	12.50	6.25	18.75	6.25	18.75	18.75	0
	赣北区域	62.68	44.36	21.81	27.35	13.71	18.50	5.45	9.28	6.79	6.32	17.38	2.40	18.41	18.04	0.34
	赣南区域	56.29	45.55	26.77	26.41	12.99	20.06	5.37	8.12	6.43	7.13	14.27	2.47	17.80	17.94	0.14

表 17-16　事业取得成功的关键情况

类别		人数占比 / %				
		自身努力	个人基本素质好	国家政策好	社会环境优	其他
总计		82.63	57.45	70.92	54.75	0.25
年龄	35 岁以下	82.14	64.61	68.86	53.95	0.33
	35～44 岁	84.16	53.55	73.32	57.04	0.25
	45 岁及以上	81.22	47.93	71.47	52.59	0.10
性别	男性	82.79	54.16	69.84	53.94	0.33
	女性	82.32	63.55	72.90	56.25	0.12
入职单位	大中型企业	85.39	54.98	71.24	53.11	0.22
	科技中小企业	76.98	62.54	64.26	49.48	0.69
	科研院所	79.98	55.41	72.24	55.28	0.61
	高校	85.28	58.25	71.63	55.75	0.18
	中学	73.50	60.26	64.96	48.29	0
	医疗卫生机构	82.82	64.02	73.91	59.48	0
	农业服务机构	70.41	43.88	78.57	60.20	0
学历	博士研究生	86.10	56.79	73.26	57.86	0.53
	硕士研究生	84.21	61.07	74.25	58.85	0.23
	本科	82.05	54.94	69.46	52.68	0.17
	大专	78.42	59.34	64.55	50.10	0.19
职称	正高级	83.23	46.27	73.29	54.35	0
	副高级	84.62	51.88	72.92	57.14	0.20
	中级	83.46	58.38	71.59	55.85	0.21
	初级	82.15	61.76	68.76	52.71	0.36
	无职称	77.89	62.96	67.75	50.99	0.42
职业	工程技术人员	84.21	56.33	68.41	55.31	0.36
	医务工作者	80.81	63.81	73.32	57.41	0
	科学研究人员	85.34	51.57	78.27	63.09	0.52
	大学教师	85.19	58.37	71.64	56.24	0.19
	中学教师	73.22	56.90	61.92	46.03	0
	推广人员 / 科普工作者	66.46	55.70	75.95	47.47	0

续表

类别		人数占比 / %				
		自身努力	个人基本素质好	国家政策好	社会环境优	其他
职业	科研 / 教学辅助人员	82.17	58.53	73.64	49.22	0
	科技管理人员	85.26	50.18	71.93	51.23	0.70
	智库研究人员	81.25	43.75	87.50	56.25	0
区域	赣北区域	83.36	58.13	71.21	56.67	0.31
	赣南区域	81.64	56.21	70.69	51.27	0.07

表 17-17 对科研能力的自我评价情况

类别		人数占比 / %				
		更好	总体上差不多	有点落后	落后很多	说不清
总计		4.63	21.35	50.94	15.56	7.52
年龄	35 岁以下	4.91	23.47	48.01	15.90	7.71
	35~44 岁	3.99	19.08	54.30	15.96	6.67
	45 岁及以上	4.77	20.23	52.18	14.11	8.71
性别	男性	4.55	20.07	51.69	17.66	6.03
	女性	4.77	23.72	49.55	11.65	10.31
入职单位	大中型企业	5.02	20.22	50.49	13.48	10.79
	科技中小企业	3.78	21.99	40.55	18.21	15.47
	科研院所	3.69	23.10	51.72	17.69	3.80
	高校	3.57	20.96	53.79	17.40	4.28
	中学	8.97	23.08	47.01	10.26	10.68
	医疗卫生机构	3.40	19.45	54.13	17.83	5.19
	农业服务机构	17.35	29.59	35.71	8.16	9.19
学历	博士研究生	2.14	17.33	56.04	21.28	3.21
	硕士研究生	2.61	22.07	53.18	17.62	4.52
	本科	5.41	21.70	50.03	13.36	9.50
	大专	8.48	22.54	44.51	10.40	14.07
职称	正高级	3.42	18.94	56.21	18.32	3.11
	副高级	1.79	20.54	55.46	18.06	4.15
	中级	3.97	20.14	52.95	15.36	7.58

续表

类别		人数占比 / %				
		更好	总体上差不多	有点落后	落后很多	说不清
职称	初级	7.00	23.28	46.20	14.60	8.92
	无职称	8.17	24.51	42.39	12.39	12.54
职业	工程技术人员	4.22	19.58	49.20	16.38	10.62
	医务工作者	3.90	21.22	52.57	17.00	5.31
	科学研究人员	1.57	20.42	53.14	21.99	2.88
	大学教师	3.10	21.39	53.34	17.72	4.45
	中学教师	8.79	23.85	47.28	9.21	10.87
	推广人员 / 科普工作者	11.39	35.44	41.77	6.33	5.07
	科研 / 教学辅助人员	4.26	18.99	57.36	15.12	4.27
	科技管理人员	4.21	20.70	57.89	12.28	4.92
	智库研究人员	12.50	18.75	43.75	18.75	6.25
区域	赣北区域	4.08	20.56	51.78	16.54	7.04
	赣南区域	5.58	22.53	49.36	13.91	8.62

表 17-18　影响科技工作者发挥作用的最重要因素情况

类别		人数占比 / %											
		发展平台	良性氛围	支持政策	收入待遇	团队建设	评价激励	工作条件	人岗相适	单位主要领导	公平环境	特别机遇	其他
总计		66.67	36.59	52.61	55.57	29.15	29.44	18.90	11.41	14.25	18.28	6.38	0.47
年龄	35 岁以下	65.54	37.26	52.73	58.16	30.15	28.28	19.07	12.86	13.28	17.81	8.18	0.47
	35~44 岁	67.21	36.72	52.99	53.87	29.55	31.36	19.95	11.85	14.59	19.14	4.86	0.37
	45 岁及以上	68.15	34.65	51.56	52.39	26.04	28.73	16.60	7.26	15.77	17.84	4.56	0.62
性别	男性	65.71	36.86	50.78	58.23	26.94	30.55	20.20	11.13	14.83	18.48	6.05	0.59
	女性	68.44	36.09	56.00	50.63	33.25	27.40	16.48	11.95	13.16	17.92	7.00	0.24
入职单位	大中型企业	68.09	38.43	51.09	57.30	26.44	28.91	18.73	12.73	11.76	17.60	7.42	0.60
	科技中小企业	59.45	34.71	45.36	52.92	28.18	21.65	19.93	12.37	11.34	16.49	10.65	3.09
	科研院所	63.51	35.14	50.86	58.85	32.43	32.31	16.83	11.79	17.32	18.30	5.04	0.12
	高校	68.42	34.43	55.49	57.36	30.15	32.29	20.79	9.63	15.70	19.54	5.00	0.18
	中学	57.69	36.75	50.43	47.44	19.66	30.34	14.10	5.56	10.26	15.81	4.27	0

类别		人数占比 / %											
		发展平台	良性氛围	支持政策	收入待遇	团队建设	评价激励	工作条件	人岗相适	单位主要领导	公平环境	特别机遇	其他
入职单位	医疗卫生机构	70.34	38.90	59.00	54.29	34.04	26.90	18.96	11.99	16.86	19.12	6.00	0.16
	农业服务机构	65.31	35.71	52.04	43.88	24.49	26.53	20.41	12.24	10.20	21.43	8.16	0
学历	博士研究生	68.34	32.62	53.90	62.03	32.83	35.40	23.10	9.84	19.89	22.03	4.60	0.21
	硕士研究生	68.89	38.24	58.16	57.62	28.74	30.42	17.78	12.41	14.64	19.16	6.74	0.08
	本科	64.27	38.32	49.59	52.68	28.77	27.55	16.34	11.43	12.48	16.45	6.24	0.72
	大专	66.86	36.22	49.52	52.60	26.01	27.55	21.77	12.33	12.14	17.34	9.06	0.77
职称	正高级	71.43	27.64	53.73	54.66	26.71	25.78	19.88	8.07	17.70	19.57	3.42	0
	副高级	67.66	35.81	53.47	55.36	29.37	35.81	16.87	11.21	18.45	19.05	5.16	0.40
	中级	66.33	36.25	52.85	57.52	29.54	30.56	18.85	10.96	13.43	17.83	5.91	0.48
	初级	67.43	40.05	50.42	54.89	28.95	25.93	20.27	12.55	13.03	19.54	7.48	0.36
	无职称	63.10	38.59	52.82	51.97	29.15	23.24	19.86	13.10	10.28	16.34	9.44	0.85
职业	工程技术人员	67.54	38.94	51.60	58.52	25.40	30.42	18.12	12.81	13.46	18.49	7.71	0.87
	医务工作者	68.17	37.75	57.72	53.04	33.54	25.27	18.41	11.70	16.07	19.03	6.55	0.16
	科学研究人员	68.32	29.06	52.36	66.75	33.25	40.05	21.47	14.92	21.47	22.25	3.66	0
	大学教师	68.83	34.66	54.99	57.21	30.69	32.82	20.62	9.58	16.17	19.94	5.32	0.10
	中学教师	54.39	37.24	48.95	46.03	21.76	25.94	13.81	5.44	8.79	12.97	3.35	0
	推广人员 / 科普工作者	60.13	41.14	50.00	44.94	24.05	20.25	13.29	7.59	8.23	12.66	6.96	0
	科研 / 教学辅助人员	58.53	36.43	51.16	58.91	37.60	25.58	21.32	10.47	14.34	12.02	3.88	0.39
	科技管理人员	68.42	38.25	51.58	48.07	31.58	26.67	20.35	14.04	10.18	18.25	6.67	0.35
	智库研究人员	68.75	62.50	50.00	56.25	18.75	31.25	6.25	0	12.50	6.25	6.25	0
区域	赣北区域	67.66	37.01	52.93	55.61	28.69	30.84	18.66	11.84	15.48	18.94	6.01	0.56
	赣南区域	65.25	36.09	52.19	56.00	30.58	27.12	19.49	10.73	11.79	16.67	7.06	0.28

表 17-19　科技工作者不安心做科研的问题严重程度情况

类别		人数占比 / %				
		非常严重	比较严重	不太严重	基本没有	不清楚
总计		7.82	35.85	28.26	8.73	19.34
年龄	35 岁以下	8.88	33.29	28.14	8.93	20.76
	35~44 岁	7.67	38.65	27.87	9.35	16.46
	45 岁及以上	5.81	36.83	28.94	7.16	21.26
性别	男性	8.69	36.82	28.33	9.37	16.79
	女性	6.22	34.04	28.12	7.54	24.08
入职单位	大中型企业	7.49	31.46	24.49	11.31	25.25
	科技中小企业	9.28	31.62	25.43	6.19	27.48
	科研院所	9.71	38.57	32.06	9.34	10.32
	高校	7.85	41.12	32.11	7.23	11.69
	中学	6.41	33.33	30.77	5.56	23.93
	医疗卫生机构	7.29	39.87	25.61	5.83	21.40
	农业服务机构	1.02	27.55	32.65	21.43	17.35
学历	博士研究生	8.56	45.78	29.52	6.42	9.72
	硕士研究生	7.59	39.92	29.66	6.90	15.93
	本科	8.28	31.47	28.22	10.33	21.70
	大专	5.78	27.17	24.08	10.21	32.76
职称	正高级	6.52	44.10	28.26	7.76	13.36
	副高级	8.13	43.85	28.37	5.95	13.70
	中级	7.68	36.63	29.05	9.08	17.56
	初级	9.41	30.28	27.02	10.74	22.55
	无职称	6.48	25.21	27.46	9.86	30.99
职业	工程技术人员	8.52	35.23	23.73	7.86	24.66
	医务工作者	8.27	39.16	25.90	5.62	21.05
	科学研究人员	8.12	41.36	36.13	7.33	7.06
	大学教师	7.84	41.53	31.27	7.26	12.10
	中学教师	7.11	30.96	32.22	5.86	23.85
	推广人员 / 科普工作者	6.96	28.48	33.54	14.56	16.46
	科研 / 教学辅助人员	7.36	32.17	29.84	20.54	10.09

类别		人数占比 / %				
		非常严重	比较严重	不太严重	基本没有	不清楚
职业	科技管理人员	5.96	30.88	34.39	15.79	12.98
	智库研究人员	43.75	12.50	31.25	12.50	0
区域	赣北区域	8.01	37.94	27.63	7.01	19.41
	赣南区域	6.78	31.57	29.66	12.71	19.28

表 17-20 科技工作者研究脱离实际需求的问题严重程度情况

类别		人数占比 / %				
		非常严重	比较严重	不太严重	基本没有	不清楚
总计		6.17	30.61	32.74	10.25	20.23
年龄	35 岁以下	6.64	27.40	33.99	10.47	21.50
	35~44 岁	6.36	33.23	32.42	10.72	17.27
	45 岁及以上	4.98	33.30	30.71	8.71	22.30
性别	男性	6.77	31.16	33.21	10.96	17.90
	女性	5.07	29.57	31.86	8.93	24.57
入职单位	大中型企业	5.39	24.94	30.26	13.11	26.30
	科技中小企业	7.22	24.40	29.55	5.15	33.68
	科研院所	5.77	36.24	37.10	11.18	9.71
	高校	7.85	35.68	36.57	7.58	12.32
	中学	5.13	30.77	31.62	7.69	24.79
	医疗卫生机构	6.00	35.66	29.34	6.81	22.19
	农业服务机构	1.02	14.29	33.67	34.69	16.33
学历	博士研究生	6.52	39.25	36.90	7.17	10.16
	硕士研究生	6.90	35.17	34.87	7.59	15.47
	本科	6.02	27.55	30.81	12.48	23.14
	大专	4.24	18.69	29.09	13.29	34.69
职称	正高级	5.90	41.93	29.81	9.32	13.04
	副高级	6.45	38.79	33.13	7.44	14.19
	中级	6.23	30.13	34.21	10.47	18.96
	初级	6.39	25.81	31.48	12.79	23.53
	无职称	5.49	20.70	31.13	11.13	31.55

类别		人数占比 / %				
		非常严重	比较严重	不太严重	基本没有	不清楚
职业	工程技术人员	6.62	27.73	29.84	9.61	26.20
	医务工作者	7.02	35.73	28.86	6.71	21.68
	科学研究人员	4.71	38.74	41.36	8.90	6.29
	大学教师	7.74	36.11	35.91	7.36	12.88
	中学教师	5.44	28.03	31.80	10.46	24.27
	推广人员 / 科普工作者	2.53	22.78	35.44	22.78	16.47
	科研 / 教学辅助人员	3.88	25.97	39.53	20.16	10.46
	科技管理人员	3.86	24.56	39.30	17.89	14.39
	智库研究人员	25.00	37.50	12.50	18.75	6.25
区域	赣北区域	6.17	32.49	32.34	8.75	20.25
	赣南区域	6.14	26.41	33.40	13.70	20.35

表 17-21　科技工作者急功近利、学风浮躁的问题严重程度情况

类别		人数占比 / %				
		非常严重	比较严重	不太严重	基本没有	不清楚
总计		9.78	33.65	27.67	9.29	19.61
年龄	35 岁以下	9.72	30.62	28.14	10.00	21.52
	35～44 岁	10.35	35.22	27.87	8.92	17.64
	45 岁及以上	8.82	37.55	25.62	7.99	20.02
性别	男性	10.96	35.13	27.03	9.43	17.45
	女性	7.48	30.54	28.55	8.93	24.50
入职单位	大中型企业	7.87	27.57	26.07	11.69	26.80
	科技中小企业	8.59	31.27	23.02	6.53	30.59
	科研院所	12.16	37.47	29.98	9.83	10.56
	高校	11.78	41.93	28.81	6.69	10.79
	中学	5.98	33.33	29.91	8.97	21.81
	医疗卫生机构	10.05	34.85	25.77	6.32	23.01
	农业服务机构	4.08	16.33	40.82	24.49	14.28
学历	博士研究生	14.65	43.74	26.42	5.99	9.20
	硕士研究生	9.20	38.62	29.43	6.44	16.31
	本科	9.06	29.49	27.83	11.21	22.41
	大专	5.20	21.39	24.86	13.49	35.06

续表

类别		人数占比 / %				
		非常严重	比较严重	不太严重	基本没有	不清楚
职称	正高级	13.98	44.41	22.98	7.76	10.87
	副高级	11.61	42.66	25.99	6.55	13.19
	中级	9.61	33.89	29.00	8.86	18.64
	初级	9.17	26.66	28.95	10.25	24.97
	无职称	6.20	22.68	26.48	13.66	30.98
职业	工程技术人员	9.83	30.49	25.25	9.10	25.33
	医务工作者	10.61	34.79	26.21	6.40	21.99
	科学研究人员	12.83	44.50	26.44	8.12	8.11
	大学教师	12.49	41.34	28.85	6.39	10.93
	中学教师	7.11	30.96	31.38	9.21	21.34
	推广人员 / 科普工作者	5.70	24.68	34.81	18.35	16.46
	科研 / 教学辅助人员	7.36	30.62	29.84	14.73	17.45
	科技管理人员	4.56	27.37	37.89	15.09	15.09
	智库研究人员	18.75	37.50	25.00	12.50	6.25
区域	赣北区域	10.34	35.17	26.45	7.73	20.31
	赣南区域	8.47	30.01	29.52	12.36	19.64

表 17-22　科技工作者缺乏与公众沟通交流的问题严重程度情况

类别		人数占比 / %				
		非常严重	比较严重	不太严重	基本没有	不清楚
总计		6.79	32.61	30.23	9.62	20.75
年龄	35 岁以下	8.13	31.18	29.36	9.77	21.56
	35~44 岁	6.80	33.42	30.99	9.91	18.88
	45 岁及以上	3.73	34.85	30.60	8.40	22.42
性别	男性	7.71	33.93	30.16	10.21	17.99
	女性	5.07	30.18	30.36	8.51	25.88
入职单位	大中型企业	6.59	29.21	26.97	11.24	25.99
	科技中小企业	8.59	24.74	28.87	6.87	30.93

续表

类别		人数占比 / %				
		非常严重	比较严重	不太严重	基本没有	不清楚
入职单位	科研院所	7.00	37.84	33.54	10.81	10.81
	高校	6.87	39.43	31.49	7.23	14.98
	中学	5.56	28.63	31.62	10.68	23.51
	医疗卫生机构	7.13	31.93	30.63	6.65	23.66
	农业服务机构	3.06	18.37	35.71	29.59	13.27
学历	博士研究生	7.91	43.21	30.48	6.42	11.98
	硕士研究生	6.82	36.17	31.88	7.66	17.47
	本科	6.85	29.93	29.38	11.15	22.69
	大专	4.62	18.69	29.67	13.29	33.73
职称	正高级	5.59	37.58	34.16	9.32	13.35
	副高级	7.04	41.27	29.27	6.94	15.48
	中级	6.71	33.03	30.50	9.77	19.99
	初级	8.20	26.78	30.76	10.37	23.89
	无职称	5.49	23.80	28.45	12.25	30.01
职业	工程技术人员	8.01	30.64	27.58	8.44	25.33
	医务工作者	7.33	32.61	30.58	6.08	23.40
	科学研究人员	4.97	42.15	34.03	8.90	9.95
	大学教师	7.07	39.59	31.07	7.36	14.91
	中学教师	5.44	26.78	33.89	10.88	23.01
	推广人员 / 科普工作者	5.06	22.15	36.71	20.25	15.83
	科研 / 教学辅助人员	5.81	34.11	28.68	18.22	13.18
	科技管理人员	5.26	27.02	37.54	15.09	15.09
	智库研究人员	31.25	25.00	37.50	6.25	0
区域	赣北区域	7.07	33.74	29.44	7.85	21.90
	赣南区域	5.86	30.30	31.50	13.49	18.85

表 17-23　人才流失到发达省份或国外的问题严重程度情况

类别		人数占比 / %				
		非常严重	比较严重	不太严重	基本没有	不清楚
总计		18.94	42.89	15.81	5.14	17.22
年龄	35 岁以下	21.22	39.60	15.99	5.75	17.44
	35～44 岁	19.39	44.20	15.46	4.43	16.52
	45 岁及以上	13.07	48.44	15.77	4.56	18.16
性别	男性	21.44	43.43	15.45	5.34	14.34
	女性	14.30	41.88	16.48	4.77	22.57
入职单位	大中型企业	17.08	41.50	15.43	4.87	21.12
	科技中小企业	19.59	34.36	13.40	3.44	29.21
	科研院所	23.71	46.31	15.23	6.88	7.87
	高校	20.34	47.64	17.40	3.84	10.78
	中学	17.95	38.03	19.66	4.70	19.66
	医疗卫生机构	16.53	44.73	13.94	3.73	21.07
	农业服务机构	14.29	30.61	20.41	17.35	17.34
学历	博士研究生	24.49	52.73	11.76	3.32	7.70
	硕士研究生	21.46	45.44	15.79	3.83	13.48
	本科	16.95	40.36	17.45	5.74	19.50
	大专	11.95	32.18	16.18	7.90	31.79
职称	正高级	17.70	56.83	11.49	3.73	10.25
	副高级	20.83	49.21	14.48	3.37	12.11
	中级	18.21	45.22	15.20	5.16	16.21
	初级	19.30	36.91	17.73	5.67	20.39
	无职称	18.31	28.45	19.01	7.61	26.62
职业	工程技术人员	21.11	40.32	13.68	4.44	20.45
	医务工作者	16.85	43.84	15.29	3.43	20.59
	科学研究人员	26.70	50.79	12.57	4.71	5.23
	大学教师	20.23	47.82	17.13	4.07	10.75
	中学教师	16.32	37.66	20.92	5.02	20.08
	推广人员 / 科普工作者	13.92	31.65	22.78	12.03	19.62
	科研 / 教学辅助人员	20.93	47.29	16.67	6.20	8.91

续表

类别		人数占比 / %				
		非常严重	比较严重	不太严重	基本没有	不清楚
职业	科技管理人员	9.47	48.77	20.00	8.07	13.69
	智库研究人员	37.50	50.00	0	12.50	0
区域	赣北区域	19.84	44.83	14.05	4.11	17.17
	赣南区域	17.02	39.48	18.86	7.20	17.44

表 17-24　女性科技人员不受重视的问题严重程度情况

类别		人数占比 / %				
		非常严重	比较严重	不太严重	基本没有	不清楚
	总计	5.39	19.85	34.12	19.26	21.38
年龄	35 岁以下	6.50	20.57	32.68	17.53	22.72
	35～44 岁	5.17	20.26	34.91	20.70	18.96
	45 岁及以上	3.42	17.74	35.68	20.54	22.62
性别	男性	4.26	15.61	36.11	23.62	20.40
	女性	7.48	27.70	30.42	11.16	23.24
入职单位	大中型企业	6.07	19.70	29.89	19.03	25.31
	科技中小企业	7.22	17.87	30.24	12.03	32.64
	科研院所	4.67	22.48	37.10	24.08	11.67
	高校	4.73	20.61	38.09	20.70	15.87
	中学	6.84	16.24	38.03	14.10	24.79
	医疗卫生机构	4.70	18.96	34.68	16.37	25.29
	农业服务机构	1.02	17.35	32.65	31.63	17.35
学历	博士研究生	5.56	18.07	37.54	24.60	14.23
	硕士研究生	4.90	24.06	36.25	15.94	18.85
	本科	5.63	19.66	33.41	18.55	22.75
	大专	5.20	14.84	28.71	19.46	31.79
职称	正高级	5.59	15.22	41.30	23.60	14.29
	副高级	6.15	21.33	36.21	20.24	16.07
	中级	4.14	20.19	34.59	19.98	21.10
	初级	6.88	20.99	30.28	17.73	24.12
	无职称	5.77	17.61	31.13	15.77	29.72

续表

类别		人数占比 / %				
		非常严重	比较严重	不太严重	基本没有	不清楚
职业	工程技术人员	6.26	19.87	32.53	15.36	25.98
	医务工作者	5.62	19.03	34.95	15.13	25.27
	科学研究人员	3.93	19.37	36.65	29.32	10.73
	大学教师	5.03	20.23	37.46	21.49	15.79
	中学教师	6.28	15.90	38.91	14.23	24.68
	推广人员 / 科普工作者	2.53	17.09	39.24	23.42	17.72
	科研 / 教学辅助人员	4.26	22.87	33.72	25.58	13.57
	科技管理人员	4.56	23.16	34.39	23.86	14.03
	智库研究人员	6.25	37.50	18.75	37.50	0
区域	赣北区域	5.83	20.53	34.64	17.45	21.55
	赣南区域	4.24	17.80	33.05	23.66	21.25

表 17-25　科技工作者缺乏团队合作精神的问题严重程度情况

类别		人数占比 / %				
		非常严重	比较严重	不太严重	基本没有	不清楚
总计		5.35	26.17	35.11	12.26	21.11
年龄	35 岁以下	5.89	22.49	35.76	13.70	22.16
	35～44 岁	5.17	29.24	34.91	11.78	18.90
	45 岁及以上	4.46	29.46	33.92	9.54	22.62
性别	男性	5.76	26.61	36.08	12.59	18.96
	女性	4.59	25.35	33.31	11.65	25.10
入职单位	大中型企业	4.34	19.48	34.91	14.91	26.36
	科技中小企业	5.84	20.96	30.93	8.93	33.34
	科研院所	5.77	32.80	38.57	12.29	10.57
	高校	6.33	34.43	35.33	10.79	13.12
	中学	6.41	22.65	33.76	10.26	26.92
	医疗卫生机构	4.38	25.61	35.33	8.91	25.77
	农业服务机构	5.10	18.37	29.59	30.61	16.33

续表

类别		人数占比 / %				
		非常严重	比较严重	不太严重	基本没有	不清楚
学历	博士研究生	7.06	37.86	34.87	9.30	10.91
	硕士研究生	4.75	29.12	39.08	10.11	16.94
	本科	4.80	21.09	35.67	13.91	24.53
	大专	4.82	18.11	26.59	15.61	34.87
职称	正高级	4.97	37.89	36.65	7.45	13.04
	副高级	5.85	34.33	35.02	8.83	15.97
	中级	5.42	24.92	35.98	13.05	20.63
	初级	5.55	21.11	35.83	14.11	23.40
	无职称	4.37	18.45	31.41	15.07	30.70
职业	工程技术人员	5.53	20.38	35.95	11.86	26.28
	医务工作者	5.62	25.90	34.63	9.05	24.80
	科学研究人员	5.24	35.34	42.41	8.64	8.37
	大学教师	6.78	34.85	34.27	11.04	13.06
	中学教师	5.86	19.67	36.40	10.88	27.19
	推广人员/科普工作者	3.80	20.25	34.18	21.52	20.25
	科研/教学辅助人员	3.88	29.07	33.33	20.93	12.79
	科技管理人员	1.75	28.07	38.25	17.19	14.74
	智库研究人员	6.25	31.25	31.25	25.00	6.25
区域	赣北区域	5.76	26.92	35.55	10.16	21.61
	赣南区域	4.31	24.72	33.83	17.02	20.12

表 17-26　科技政策扶持力度不够的问题突出程度情况

类别		人数占比 / %			
		非常突出	比较突出	基本不存在	不清楚
总计		9.66	45.15	20.38	24.81
年龄	35 岁以下	9.54	43.57	21.27	25.62
	35~44 岁	11.66	46.63	18.77	22.94
	45 岁及以上	6.64	46.47	20.95	25.94
性别	男性	10.83	46.16	21.60	21.41
	女性	7.48	43.27	18.11	31.14

续表

类别		人数占比 / %			
		非常突出	比较突出	基本不存在	不清楚
入职单位	大中型企业	6.89	40.52	22.10	30.49
	科技中小企业	8.93	35.05	23.71	32.31
	科研院所	15.11	51.35	20.52	13.02
	高校	12.76	52.19	16.77	18.28
	中学	5.13	43.16	20.94	30.77
	医疗卫生机构	6.97	45.06	17.02	30.95
	农业服务机构	3.06	32.65	45.92	18.37
学历	博士研究生	16.26	57.75	11.55	14.44
	硕士研究生	9.73	50.57	18.39	21.31
	本科	7.56	40.53	24.13	27.78
	大专	5.59	30.64	26.01	37.76
职称	正高级	12.73	55.59	16.77	14.91
	副高级	12.40	51.39	15.77	20.44
	中级	8.97	46.67	19.71	24.65
	初级	8.81	39.32	24.97	26.90
	无职称	7.18	34.37	24.93	33.52
职业	工程技术人员	8.22	42.65	18.56	30.57
	医务工作者	7.80	43.84	17.47	30.89
	科学研究人员	18.59	58.12	14.66	8.63
	大学教师	12.88	51.50	17.13	18.49
	中学教师	5.44	40.17	23.01	31.38
	推广人员 / 科普工作者	5.06	37.97	33.54	23.43
	科研 / 教学辅助人员	11.24	47.29	27.52	13.95
	科技管理人员	7.02	41.40	35.09	16.49
	智库研究人员	18.75	62.50	12.50	6.25
区域	赣北区域	10.72	46.32	17.41	25.55
	赣南区域	7.13	43.15	26.20	23.52

表 17-27 企业没有确立技术创新主体地位的问题突出程度情况

类别		人数占比 / %			
		非常突出	比较突出	基本不存在	不清楚
总计		9.11	42.70	20.99	27.20
年龄	35 岁以下	8.74	42.64	21.18	27.44
	35～44 岁	10.72	41.27	20.76	27.25
	45 岁及以上	7.37	45.12	20.64	26.87
性别	男性	10.67	44.11	21.47	23.75
	女性	6.22	40.07	20.10	33.61
入职单位	大中型企业	7.79	38.05	25.84	28.32
	科技中小企业	7.90	34.71	23.71	33.68
	科研院所	13.14	49.88	18.55	18.43
	高校	10.53	50.31	16.32	22.84
	中学	8.12	34.62	21.79	35.47
	医疗卫生机构	6.00	41.98	15.88	36.14
	农业服务机构	6.12	25.51	45.92	22.45
学历	博士研究生	13.58	53.69	11.76	20.97
	硕士研究生	9.58	47.51	17.62	25.29
	本科	8.12	38.82	25.62	27.44
	大专	5.01	30.06	26.97	37.96
职称	正高级	8.70	57.14	14.29	19.87
	副高级	12.10	48.12	16.57	23.21
	中级	9.24	41.84	21.00	27.92
	初级	7.84	40.41	24.61	27.14
	无职称	6.20	33.38	26.06	34.36
职业	工程技术人员	8.44	39.81	22.93	28.82
	医务工作者	7.18	41.81	15.76	35.25
	科学研究人员	17.80	52.88	14.14	15.18
	大学教师	10.75	50.05	16.17	23.03
	中学教师	6.69	34.31	22.59	36.41
	推广人员 / 科普工作者	9.49	31.01	37.34	22.16

类别		人数占比 / %			
		非常突出	比较突出	基本不存在	不清楚
职业	科研 / 教学辅助人员	8.53	43.41	27.13	20.93
	科技管理人员	7.37	45.26	29.47	17.90
	智库研究人员	31.25	56.25	12.50	0
区域	赣北区域	10.09	43.77	18.26	27.88
	赣南区域	6.92	40.75	26.77	25.56

表 17-28 产学研结合不紧密的问题突出程度情况

类别		人数占比 / %			
		非常突出	比较突出	基本不存在	不清楚
总计		8.88	46.44	19.62	25.06
年龄	35 岁以下	7.99	44.41	21.55	26.05
	35~44 岁	11.28	46.45	18.58	23.69
	45 岁及以上	6.95	51.35	16.60	25.10
性别	男性	10.12	47.98	20.46	21.44
	女性	6.58	43.57	18.04	31.81
入职单位	大中型企业	6.67	40.30	23.30	29.73
	科技中小企业	8.93	35.05	21.31	34.71
	科研院所	12.53	55.28	19.78	12.41
	高校	11.51	55.31	15.61	17.57
	中学	4.27	39.32	20.94	35.47
	医疗卫生机构	6.97	46.35	14.59	32.09
	农业服务机构	3.06	37.76	36.73	22.45
学历	博士研究生	14.01	59.68	11.23	15.08
	硕士研究生	9.73	51.80	17.62	20.85
	本科	7.18	41.86	23.14	27.82
	大专	4.82	30.44	25.24	39.50
职称	正高级	11.18	60.25	13.66	14.91
	副高级	11.41	54.56	14.29	19.74
	中级	8.65	47.15	19.39	24.81
	初级	7.84	41.62	22.56	27.98
	无职称	6.06	32.39	27.04	34.51

续表

类别		人数占比 / %			
		非常突出	比较突出	基本不存在	不清楚
职业	工程技术人员	8.88	41.56	20.67	28.89
	医务工作者	7.80	45.71	14.51	31.98
	科学研究人员	12.57	64.40	13.35	9.68
	大学教师	12.00	55.86	15.20	16.94
	中学教师	3.77	37.24	23.01	35.98
	推广人员/科普工作者	6.96	37.97	31.01	24.06
	科研/教学辅助人员	9.69	43.41	31.01	15.89
	科技管理人员	6.32	45.26	27.02	21.40
	智库研究人员	25.00	62.50	12.50	0
区域	赣北区域	9.72	47.98	16.79	25.51
	赣南区域	6.92	43.64	25.42	24.02

表 17-29 原创性科技成果少的问题突出程度情况

类别		人数占比 / %			
		非常突出	比较突出	基本不存在	不清楚
总计		15.03	45.28	15.68	24.01
年龄	35 岁以下	12.76	44.23	18.14	24.87
	35~44 岁	17.21	46.01	14.40	22.38
	45 岁及以上	16.60	46.58	11.93	24.89
性别	男性	17.27	46.06	16.56	20.11
	女性	10.86	43.81	14.06	31.27
入职单位	大中型企业	10.86	43.15	17 38	28.61
	科技中小企业	13.40	38.14	14.09	34.37
	科研院所	21.01	49.14	16.71	13.14
	高校	19.45	50.94	14.01	15.60
	中学	11.54	36.75	17.52	34.19
	医疗卫生机构	13.45	45.22	11.18	30.15
	农业服务机构	9.18	29.59	33.67	27.56
学历	博士研究生	26.95	52.51	9.30	11.24
	硕士研究生	14.56	51.42	13.79	20.23

续表

类别		人数占比 / %			
		非常突出	比较突出	基本不存在	不清楚
学历	本科	11.93	41.69	18.94	27.44
	大专	8.09	34.49	17.92	39.50
职称	正高级	24.22	52.17	9.94	13.67
	副高级	20.73	51.79	10.42	17.06
	中级	14.55	45.76	15.74	23.95
	初级	11.70	42.70	17.97	27.63
	无职称	7.89	34.65	22.96	34.50
职业	工程技术人员	13.25	44.69	14.12	27.94
	医务工作者	14.35	42.75	12.17	30.73
	科学研究人员	28.27	52.09	12.04	7.60
	大学教师	19.26	51.60	13.75	15.39
	中学教师	10.46	32.64	21.34	35.56
	推广人员 / 科普工作者	9.49	35.44	26.58	28.49
	科研 / 教学辅助人员	13.95	50.39	22.48	13.18
	科技管理人员	10.18	47.37	22.46	19.99
	智库研究人员	50.00	37.50	12.50	0
区域	赣北区域	16.39	46.32	12.99	24.30
	赣南区域	12.29	43.43	21.12	23.16

表 17-30　关键技术自给率低的问题突出程度情况

类别		人数占比 / %			
		非常突出	比较突出	基本不存在	不清楚
总计		13.65	45.66	15.37	25.32
年龄	35 岁以下	12.44	45.07	16.78	25.71
	35～44 岁	14.90	45.20	15.27	24.63
	45 岁及以上	14.52	47.72	12.03	25.73
性别	男性	15.48	47.20	15.71	21.61
	女性	10.26	42.79	14.73	32.22

续表

类别		人数占比 / %			
		非常突出	比较突出	基本不存在	不清楚
入职单位	大中型企业	10.19	44.27	16.93	28.61
	科技中小企业	12.37	38.14	15.46	34.03
	科研院所	17.94	51.11	16.58	14.37
	高校	17.13	51.92	12.31	18.64
	中学	14.53	31.20	18.80	35.47
	医疗卫生机构	11.51	44.25	11.83	32.41
	农业服务机构	9.18	34.69	31.63	24.50
学历	博士研究生	21.82	55.08	8.45	14.65
	硕士研究生	14.10	50.42	13.03	22.45
	本科	11.32	42.90	18.50	27.28
	大专	7.90	32.76	18.88	40.46
职称	正高级	18.63	55.90	9.94	15.53
	副高级	17.76	52.58	10.22	19.44
	中级	13.69	45.49	15.68	25.14
	初级	11.70	41.62	17.49	29.19
	无职称	7.75	36.34	21.83	34.08
职业	工程技术人员	13.10	45.71	13.39	27.80
	医务工作者	12.32	42.12	13.26	32.30
	科学研究人员	18.85	59.16	11.78	10.21
	大学教师	17.62	51.89	12.10	18.39
	中学教师	13.81	27.62	22.18	36.39
	推广人员 / 科普工作者	12.66	34.81	25.32	27.21
	科研 / 教学辅助人员	13.57	46.12	22.09	18.22
	科技管理人员	9.47	49.47	21.05	20.01
	智库研究人员	50.00	37.50	6.25	6.25
区域	赣北区域	14.39	47.51	12.21	25.89
	赣南区域	11.86	42.23	21.82	24.09

表 17-31　科技资源配置效率不高的问题突出程度情况

类别		人数占比 / %			
		非常突出	比较突出	基本不存在	不清楚
总计		10.10	45.89	17.14	26.87
年龄	35 岁以下	9.96	44.79	18.37	26.88
	35～44 岁	11.72	45.57	16.71	26.00
	45 岁及以上	7.88	49.07	14.83	28.22
性别	男性	11.22	47.79	17.89	23.10
	女性	8.03	42.37	15.75	33.85
入职单位	大中型企业	7.42	41.35	19.10	32.13
	科技中小企业	7.56	41.24	16.15	35.05
	科研院所	13.51	53.56	18.30	14.63
	高校	14.09	52.90	13.92	19.09
	中学	6.84	39.74	19.23	34.19
	医疗卫生机构	8.59	42.63	13.78	35.00
	农业服务机构	4.08	35.71	35.71	24.50
学历	博士研究生	19.04	55.83	9.73	15.40
	硕士研究生	10.19	50.42	16.02	23.37
	本科	7.23	43.07	19.60	30.10
	大专	5.01	32.18	22.16	40.65
职称	正高级	13.04	58.70	11.49	16.77
	副高级	13.19	52.48	13.10	21.23
	中级	10.15	45.44	17.13	27.28
	初级	8.69	42.10	19.66	29.55
	无职称	5.92	36.34	22.54	35.20
职业	工程技术人员	9.02	43.74	16.16	31.08
	医务工作者	9.20	42.12	14.82	33.86
	科学研究人员	16.49	57.85	12.30	13.36
	大学教师	14.62	52.66	14.23	18.49
	中学教师	6.28	35.15	21.76	36.81
	推广人员 / 科普工作者	6.96	34.18	32.28	26.58
	科研 / 教学辅助人员	11.24	50.39	22.09	16.28
	科技管理人员	4.21	51.58	24.56	19.65
	智库研究人员	25.00	62.50	6.25	6.25

续表

类别		人数占比 / %			
		非常突出	比较突出	基本不存在	不清楚
区域	赣北区域	10.90	47.10	14.70	27.30
	赣南区域	8.26	43.71	22.25	25.78

表 17-32　对目前科研环境的满意程度情况

类别		人数占比 / %				
		非常满意	比较满意	一般	不太满意	很不满意
总计		4.33	28.70	54.45	9.98	2.54
年龄	35 岁以下	4.58	29.59	53.81	9.49	2.53
	35～44 岁	4.30	28.30	53.80	10.97	2.63
	45 岁及以上	3.84	27.28	56.95	9.54	2.39
性别	男性	4.33	30.06	52.77	10.05	2.79
	女性	4.35	26.19	57.57	9.84	2.05
入职单位	大中型企业	4.12	27.19	57.60	8.54	2.55
	科技中小企业	2.41	24.74	60.82	9.28	2.75
	科研院所	4.05	33.54	48.40	11.43	2.58
	高校	3.75	30.15	52.27	11.42	2.41
	中学	7.26	26.07	55.13	8.55	2.99
	医疗卫生机构	3.08	24.64	57.05	12.48	2.75
	农业服务机构	19.39	42.86	34.69	3.06	0
学历	博士研究生	2.67	31.44	51.66	11.98	2.25
	硕士研究生	3.37	29.81	51.65	12.80	2.37
	本科	4.86	27.77	55.99	8.95	2.43
	大专	6.74	24.66	59.54	5.20	3.86
职称	正高级	3.11	32.92	51.86	10.25	1.86
	副高级	3.67	28.47	55.56	10.62	1.68
	中级	3.81	29.11	53.71	10.53	2.84
	初级	3.98	27.50	55.61	10.49	2.42
	无职称	7.61	27.46	54.65	6.90	3.38

续表

类别		人数占比 / %				
		非常满意	比较满意	一般	不太满意	很不满意
职业	工程技术人员	3.06	25.69	58.08	9.75	3.42
	医务工作者	4.84	25.27	55.85	11.86	2.18
	科学研究人员	2.88	31.94	49.74	13.35	2.09
	大学教师	3.58	30.11	52.37	11.42	2.52
	中学教师	8.37	25.10	54.81	8.37	3.35
	推广人员 / 科普工作者	13.92	37.97	41.77	5.06	1.28
	科研 / 教学辅助人员	2.71	39.92	45.74	10.85	0.78
	科技管理人员	5.26	35.44	52.63	5.61	1.06
	智库研究人员	6.25	18.75	43.75	25.00	6.25
区域	赣北区域	3.89	28.88	54.52	10.40	2.31
	赣南区域	5.16	28.18	54.45	9.25	2.96

表 17-33　科技项目及经费管理不合理的问题突出程度情况

类别		人数占比 / %			
		非常突出	比较突出	基本不存在	不清楚
总计		9.11	39.53	21.92	29.44
年龄	35 岁以下	9.07	38.48	23.47	28.98
	35～44 岁	10.66	39.90	21.45	27.99
	45 岁及以上	6.74	41.29	19.19	32.78
性别	男性	10.28	41.02	22.74	25.96
	女性	6.94	36.75	20.40	35.91
入职单位	大中型企业	6.74	35.13	22.25	35.88
	科技中小企业	8.59	35.05	19.59	36.77
	科研院所	13.27	45.09	25.06	16.58
	高校	11.06	47.01	21.14	20.79
	中学	6.41	33.33	22.65	37.61
	医疗卫生机构	7.62	38.41	17.34	36.63
	农业服务机构	4.08	30.61	34.69	30.62
学历	博士研究生	14.97	48.45	20.32	16.26
	硕士研究生	9.73	43.45	20.31	26.51

续表

类别		人数占比 / %			
		非常突出	比较突出	基本不存在	不清楚
学历	本科	7.18	36.78	23.47	32.57
	大专	5.20	27.94	22.35	44.51
职称	正高级	10.56	48.76	19.88	20.80
	副高级	11.51	46.83	18.45	23.21
	中级	9.29	38.40	22.23	30.08
	初级	8.32	36.67	23.28	31.73
	无职称	5.49	31.27	25.35	37.89
职业	工程技术人员	8.81	36.75	19.65	34.79
	医务工作者	8.11	37.44	18.72	35.73
	科学研究人员	15.97	49.74	20.42	13.87
	大学教师	11.42	46.76	21.01	20.81
	中学教师	5.86	30.13	24.27	39.74
	推广人员 / 科普工作者	6.33	34.18	29.11	30.38
	科研 / 教学辅助人员	9.69	43.41	31.40	15.50
	科技管理人员	4.91	38.25	32.28	24.56
	智库研究人员	25.00	50.00	25.00	0
区域	赣北区域	9.91	40.44	19.75	29.90
	赣南区域	7.27	37.92	26.62	28.19

表 17-34　研发和成果转移转化效率不高的问题突出程度情况

类别		人数占比 / %			
		非常突出	比较突出	基本不存在	不清楚
总计		10.27	46.71	16.47	26.55
年龄	35 岁以下	9.40	44.09	19.26	27.25
	35～44 岁	11.66	49.69	14.15	24.50
	45 岁及以上	10.06	47.72	13.90	28.32
性别	男性	11.68	48.60	17.01	22.71
	女性	7.66	43.21	15.45	33.68

类别		人数占比 / %			
		非常突出	比较突出	基本不存在	不清楚
入职单位	大中型企业	7.64	41.65	18.28	32.43
	科技中小企业	7.22	42.61	14.78	35.39
	科研院所	14.99	54.91	17.20	12.90
	高校	13.65	53.79	14.09	18.47
	中学	5.98	38.89	21.79	33.34
	医疗卫生机构	8.75	43.60	11.83	35.82
	农业服务机构	4.08	32.65	34.69	28.58
学历	博士研究生	17.86	57.97	9.09	15.08
	硕士研究生	11.03	51.88	14.79	22.30
	本科	7.68	43.35	19.44	29.53
	大专	5.59	32.76	19.85	41.80
职称	正高级	11.49	59.63	10.25	18.63
	副高级	14.68	54.66	11.11	19.55
	中级	10.20	47.21	15.57	27.02
	初级	8.44	41.62	20.87	29.07
	无职称	5.77	34.23	24.08	35.92
职业	工程技术人员	9.02	45.05	14.85	31.08
	医务工作者	9.36	42.43	13.26	34.95
	科学研究人员	19.11	59.16	11.26	10.47
	大学教师	14.33	53.73	14.04	17.90
	中学教师	5.86	36.40	22.18	35.56
	推广人员 / 科普工作者	3.80	43.67	26.58	25.95
	科研 / 教学辅助人员	9.30	51.55	25.97	13.18
	科技管理人员	8.07	49.47	22.11	20.35
	智库研究人员	25.00	62.50	12.50	0
区域	赣北区域	11.00	48.79	13.24	26.97
	赣南区域	8.90	42.37	23.16	25.57

表 17-35　科技评价导向不合理的问题突出程度情况

类别		人数占比 / %			
		非常突出	比较突出	基本不存在	不清楚
总计		7.63	40.03	21.69	30.65
年龄	35 岁以下	7.90	38.20	23.19	30.71
	35~44 岁	8.42	42.58	20.26	28.74
	45 岁及以上	5.81	39.94	20.54	33.71
性别	男性	8.26	42.62	22.80	26.32
	女性	6.46	35.24	19.61	38.69
入职单位	大中型企业	5.54	34.23	23.30	36.93
	科技中小企业	5.50	32.65	20.96	40.89
	科研院所	12.16	47.79	22.11	17.94
	高校	10.08	48.88	19.36	21.68
	中学	4.27	36.75	20.94	38.04
	医疗卫生机构	5.51	37.76	18.64	38.09
	农业服务机构	5.10	20.41	41.84	32.65
学历	博士研究生	12.62	54.33	14.87	18.18
	硕士研究生	9.20	43.75	19.77	27.28
	本科	5.25	35.62	25.46	33.67
	大专	4.05	26.20	23.70	46.05
职称	正高级	7.45	50.31	18.94	23.30
	副高级	9.42	48.71	18.15	23.72
	中级	8.11	40.12	21.21	30.56
	初级	6.76	35.83	23.52	33.89
	无职称	4.93	27.75	27.04	40.28
职业	工程技术人员	6.62	36.83	21.25	35.30
	医务工作者	6.86	36.82	18.88	37.44
	科学研究人员	13.87	57.59	15.18	13.36
	大学教师	10.07	49.08	19.36	21.49
	中学教师	4.60	32.22	23.85	39.33
	推广人员 / 科普工作者	4.43	31.01	32.91	31.65

续表

类别		人数占比 / %			
		非常突出	比较突出	基本不存在	不清楚
职业	科研 / 教学辅助人员	12.02	37.60	30.23	20.15
	科技管理人员	4.56	36.14	32.28	27.02
	智库研究人员	6.25	81.25	12.50	0
区域	赣北区域	8.79	40.62	19.13	31.46
	赣南区域	5.08	38.98	26.98	28.96

表 17-36　科研诚信和创新文化建设薄弱的问题突出程度情况

类别		人数占比 / %			
		非常突出	比较突出	基本不存在	不清楚
总计		6.87	39.46	24.79	28.88
年龄	35 岁以下	7.20	38.34	25.62	28.84
	35~44 岁	6.73	40.84	25.06	27.37
	45 岁及以上	6.54	39.73	22.41	31.32
性别	男性	7.58	41.25	26.06	25.11
	女性	5.55	36.15	22.45	35.85
入职单位	大中型企业	6.07	35.73	24.49	33.71
	科技中小企业	6.53	32.65	22.68	38.14
	科研院所	8.23	46.07	28.01	17.69
	高校	7.76	44.87	26.32	21.05
	中学	7.26	32.91	26.50	33.33
	医疗卫生机构	5.83	39.22	18.96	35.99
	农业服务机构	6.12	29.59	34.69	29.60
学历	博士研究生	8.45	46.95	24.60	20.00
	硕士研究生	7.59	44.67	23.60	24.14
	本科	6.07	36.50	26.12	31.31
	大专	5.59	27.55	23.31	43.55
职称	正高级	6.21	48.14	22.05	23.60
	副高级	7.64	45.24	23.71	23.41
	中级	7.09	39.74	24.49	28.68
	初级	7.60	35.59	26.06	30.75
	无职称	4.65	31.13	26.90	37.32

续表

类别		人数占比 / %			
		非常突出	比较突出	基本不存在	不清楚
职业	工程技术人员	7.28	37.05	22.05	33.62
	医务工作者	7.33	38.53	19.66	34.48
	科学研究人员	7.59	52.62	26.96	12.83
	大学教师	8.13	45.30	25.75	20.82
	中学教师	6.28	30.13	28.03	35.56
	推广人员 / 科普工作者	4.43	35.44	32.91	27.22
	科研教学辅助人员	6.98	38.37	32.95	21.70
	科技管理人员	4.21	37.54	33.68	24.57
	智库研究人员	12.50	68.75	12.50	6.25
区域	赣北区域	7.35	40.40	22.46	29.79
	赣南区域	5.72	37.64	29.66	26.98

表 17-37 科技人员的积极性、创造性没有得到充分发挥的问题突出程度情况

类别		人数占比 / %			
		非常突出	比较突出	基本不存在	不清楚
总计		9.47	47.64	19.13	23.76
年龄	35 岁以下	9.21	44.65	20.52	25.62
	35~44 岁	10.66	49.94	18.20	21.20
	45 岁及以上	8.09	50.73	17.32	23.86
性别	男性	10.51	50.16	19.49	19.84
	女性	7.54	42.97	18.47	31.02
入职单位	大中型企业	7.87	44.27	19.93	27.93
	科技中小企业	8.93	38.14	17.87	35.06
	科研院所	12.65	55.90	19.41	12.04
	高校	11.78	53.70	18.38	16.14
	中学	7.26	38.46	22.65	31.63
	医疗卫生机构	7.13	45.71	15.24	31.92
	农业服务机构	5.10	35.71	39.80	19.39
学历	博士研究生	15.94	60.00	11.98	12.08
	硕士研究生	9.43	51.57	18.47	20.53

类别		人数占比 / %			
		非常突出	比较突出	基本不存在	不清楚
学历	本科	7.51	44.28	21.81	26.40
	大专	5.78	32.76	22.93	38.53
职称	正高级	9.01	59.94	14.91	16.14
	副高级	12.30	56.05	15.48	16.17
	中级	9.56	48.34	18.26	23.84
	初级	9.65	40.29	22.07	27.99
	无职称	5.21	36.90	25.07	32.82
职业	工程技术人员	9.24	46.65	16.30	27.81
	医务工作者	7.64	45.09	16.38	30.89
	科学研究人员	17.80	62.83	13.61	5.76
	大学教师	12.00	53.34	18.30	16.36
	中学教师	7.11	34.73	24.69	33.47
	推广人员 / 科普工作者	5.06	41.77	29.11	24.06
	科研 / 教学辅助人员	9.69	46.12	30.23	13.96
	科技管理人员	4.56	51.93	26.67	16.84
	智库研究人员	12.50	68.75	12.50	6.25
区域	赣北区域	9.84	50.16	16.04	23.96
	赣南区域	8.76	42.80	25.35	23.09

表 17-38　科技研发投入方面的创新环境情况

类别		人数占比 / %				
		非常好	较好	一般	不好	不知道
总计		5.83	21.12	47.41	8.31	17.33
年龄	35 岁以下	5.98	22.21	46.33	7.15	18.33
	35～44 岁	6.11	19.70	48.57	9.85	15.77
	45 岁及以上	4.88	20.95	48.03	8.30	17.84
性别	男性	6.41	20.53	49.06	9.92	14.08
	女性	4.77	22.21	44.36	5.31	23.35

续表

类别		人数占比 / %				
		非常好	较好	一般	不好	不知道
入职单位	大中型企业	7.19	20.30	44.94	4.42	23.15
	科技中小企业	4.12	21.99	41.92	4.47	27.50
	科研院所	5.16	23.22	52.33	12.29	7.00
	高校	4.01	19.71	52.10	14.45	9.73
	中学	8.12	27.35	37.18	2.14	25.21
	医疗卫生机构	3.40	18.96	48.95	6.81	21.88
	农业服务机构	28.57	27.55	28.57	3.06	12.25
学历	博士研究生	2.57	17.97	53.80	19.79	5.87
	硕士研究生	3.52	21.99	52.11	7.36	15.02
	本科	8.28	21.15	45.17	5.14	20.26
	大专	6.55	23.89	37.76	3.28	28.52
职称	正高级	4.97	18.32	52.17	14.91	9.63
	副高级	3.27	19.05	53.17	11.71	12.80
	中级	6.28	20.89	48.12	8.27	16.44
	初级	8.20	20.87	45.48	4.83	20.62
	无职称	5.92	26.20	37.46	4.65	25.77
职业	工程技术人员	4.22	19.14	47.60	5.75	23.29
	医务工作者	4.06	20.59	46.80	6.86	21.69
	科学研究人员	2.62	14.40	59.16	20.42	3.40
	大学教师	4.07	19.75	52.37	13.84	9.97
	中学教师	8.79	26.78	36.82	2.09	25.52
	推广人员 / 科普工作者	17.09	31.65	36.08	1.90	13.28
	科研 / 教学辅助人员	14.34	25.19	47.29	6.98	6.20
	科技管理人员	11.23	26.32	47.02	4.91	10.52
	智库研究人员	18.75	25.00	50.00	6.25	0
区域	赣北区域	3.96	21.25	48.35	8.91	17.53
	赣南区域	9.60	20.20	46.19	7.13	16.88

表 17-39　科技政策宣传方面的创新环境情况

类别		人数占比 / %				
		非常好	较好	一般	不好	不知道
总计		6.09	24.60	48.66	6.30	14.35
年龄	35 岁以下	5.89	23.19	48.11	7.34	15.47
	35~44 岁	6.42	25.31	48.88	6.11	13.28
	45 岁及以上	5.91	26.56	49.59	4.25	13.69
性别	男性	6.96	23.68	50.52	7.09	11.75
	女性	4.47	26.31	45.20	4.83	19.19
入职单位	大中型企业	7.27	23.07	44.87	5.62	19.17
	科技中小企业	5.15	21.65	46.05	2.75	24.40
	科研院所	4.79	26.04	54.79	8.48	5.90
	高校	3.84	24.89	55.22	7.23	8.82
	中学	9.83	28.21	40.17	4.27	17.52
	医疗卫生机构	3.73	23.01	47.49	7.29	18.48
	农业服务机构	32.65	37.76	22.45	1.02	6.12
学历	博士研究生	2.99	22.25	59.04	9.30	6.42
	硕士研究生	2.91	24.21	52.34	7.97	12.57
	本科	8.45	25.51	45.44	4.58	16.02
	大专	8.67	25.82	38.54	4.24	22.73
职称	正高级	4.97	27.95	52.48	6.83	7.77
	副高级	3.97	25.30	53.87	7.04	9.82
	中级	5.80	24.27	50.16	5.96	13.81
	初级	8.20	22.44	45.72	6.39	17.25
	无职称	7.89	25.49	39.01	5.77	21.84
职业	工程技术人员	4.29	21.98	47.96	6.70	19.07
	医务工作者	4.52	23.71	46.65	6.71	18.41
	科学研究人员	3.14	20.42	62.83	10.47	3.14
	大学教师	3.58	25.56	55.28	6.87	8.71
	中学教师	10.04	28.87	39.33	3.77	17.99
	推广人员 / 科普工作者	17.09	40.51	29.11	2.53	10.76

续表

类别		人数占比 / %				
		非常好	较好	一般	不好	不知道
职业	科研 / 教学辅助人员	16.28	19.38	50.39	6.59	7.36
	科技管理人员	12.28	31.23	44.56	4.56	7.37
	智库研究人员	6.25	37.50	56.25	0	0
区域	赣北区域	4.49	24.92	48.97	6.92	14.70
	赣南区域	9.68	23.59	48.52	4.87	13.34

表 17-40　人才引进与培养方面的创新环境情况

类别		人数占比 / %				
		非常好	较好	一般	不好	不知道
	总计	5.43	21.90	47.03	11.10	14.54
年龄	35 岁以下	5.42	21.74	45.63	11.87	15.33
	35~44 岁	5.67	21.57	48.57	11.03	13.15
	45 岁及以上	4.98	22.82	47.72	9.44	15.04
性别	男性	6.05	20.95	48.31	12.75	11.94
	女性	4.28	23.66	44.66	8.03	19.37
入职单位	大中型企业	6.29	21.12	43.30	9.74	19.55
	科技中小企业	3.44	18.21	44.67	8.25	25.43
	科研院所	3.93	21.74	51.47	17.57	5.28
	高校	4.01	22.30	52.72	13.11	7.85
	中学	8.97	26.92	37.61	6.41	20.09
	医疗卫生机构	3.08	21.72	49.11	7.46	18.64
	农业服务机构	30.61	28.57	26.53	3.06	11.22
学历	博士研究生	2.78	18.29	54.55	19.14	5.24
	硕士研究生	2.76	21.99	50.04	13.03	12.18
	本科	7.79	22.53	45.44	7.73	16.51
	大专	6.55	25.24	36.61	6.36	25.24
职称	正高级	3.42	22.05	50.93	14.91	8.70
	副高级	3.77	20.34	53.17	12.80	9.92
	中级	5.53	21.43	48.44	10.04	14.55
	初级	7.00	23.16	42.82	10.98	16.04
	无职称	6.62	23.80	37.75	9.86	21.97

类别		人数占比 / %				
		非常好	较好	一般	不好	不知道
职业	工程技术人员	3.64	19.36	46.72	10.77	19.51
	医务工作者	3.59	23.24	47.27	7.18	18.72
	科学研究人员	3.14	14.66	58.38	21.73	2.09
	大学教师	3.68	22.46	53.24	12.58	8.03
	中学教师	10.46	25.94	37.66	5.02	20.92
	推广人员 / 科普工作者	15.82	32.28	36.71	4.43	10.76
	科研 / 教学辅助人员	12.02	22.48	41.47	18.60	5.43
	科技管理人员	10.53	26.32	43.51	10.88	8.77
	智库研究人员	6.25	31.25	31.25	31.25	0
区域	赣北区域	3.83	21.09	47.85	12.31	14.92
	赣南区域	8.90	23.16	45.83	8.62	13.49

表 17-41　产学研合作方面的创新环境情况

类别		人数占比 / %				
		非常好	较好	一般	不好	不知道
总计		5.31	19.09	50.18	7.82	17.60
年龄	35 岁以下	5.75	20.10	48.53	6.97	18.65
	35~44 岁	5.42	19.01	51.50	8.54	15.53
	45 岁及以上	4.05	16.70	51.87	8.61	18.77
性别	男性	5.92	18.12	52.02	9.11	14.83
	女性	4.16	20.88	46.77	5.43	22.76
入职单位	大中型企业	6.97	18.80	44.87	6.14	23.22
	科技中小企业	3.44	18.21	49.48	3.78	25.09
	科研院所	3.69	21.13	57.86	10.07	7.25
	高校	4.01	18.55	55.75	11.42	10.27
	中学	8.55	23.50	39.74	4.70	23.51
	医疗卫生机构	2.59	14.91	51.05	7.29	24.16
	农业服务机构	23.47	29.59	29.59	3.06	14.29
学历	博士研究生	2.46	15.19	59.47	13.80	9.08
	硕士研究生	2.53	20.38	54.25	8.20	14.64

续表

类别		人数占比 / %				
		非常好	较好	一般	不好	不知道
学历	本科	7.90	19.00	47.65	5.96	19.49
	大专	6.17	21.58	39.31	4.62	28.32
职称	正高级	2.80	19.25	54.35	12.73	10.87
	副高级	3.87	15.97	57.74	10.12	12.30
	中级	5.37	18.96	50.48	7.36	17.83
	初级	7.00	19.66	46.68	6.39	20.27
	无职称	6.34	23.10	40.85	5.21	24.50
职业	工程技术人员	3.86	17.10	49.78	7.06	22.20
	医务工作者	3.43	16.54	50.23	5.93	23.87
	科学研究人员	2.62	15.45	64.40	12.04	5.49
	大学教师	3.68	18.68	55.95	11.33	10.36
	中学教师	9.62	23.01	38.91	4.18	24.28
	推广人员 / 科普工作者	12.03	30.38	43.04	1.90	12.65
	科研 / 教学辅助人员	14.73	18.22	49.61	10.08	7.36
	科技管理人员	9.82	24.91	45.61	7.72	11.94
	智库研究人员	6.25	37.50	50.00	6.25	0
区域	赣北区域	3.83	18.44	50.97	8.54	18.22
	赣南区域	8.55	19.92	49.22	6.29	16.02

表 17-42　知识产权保护方面的创新环境情况

类别		人数占比 / %				
		非常好	较好	一般	不好	不知道
总计		6.40	28.49	42.68	3.61	18.82
年龄	35 岁以下	6.64	27.21	42.45	3.83	19.87
	35~44 岁	6.61	28.99	43.89	3.80	16.71
	45 岁及以上	5.39	30.39	41.29	2.90	20.03
性别	男性	7.09	28.56	44.21	4.00	16.14
	女性	5.13	28.36	39.83	2.90	23.78
入职单位	大中型企业	8.09	28.09	38.50	3.22	22.10
	科技中小企业	4.12	25.09	40.21	4.12	26.46

续表

类别		人数占比 / %				
		非常好	较好	一般	不好	不知道
入职单位	科研院所	5.53	30.47	49.88	4.30	9.82
	高校	4.28	29.26	48.44	4.19	13.83
	中学	8.97	28.21	36.75	2.56	23.51
	医疗卫生机构	4.05	24.80	41.98	3.08	26.09
	农业服务机构	23.47	42.86	20.41	4.08	9.18
学历	博士研究生	2.78	27.91	50.27	5.03	14.01
	硕士研究生	3.52	28.97	47.28	4.06	16.17
	本科	9.17	27.72	40.42	3.26	19.43
	大专	8.09	31.79	30.06	1.93	28.13
职称	正高级	3.73	31.99	46.89	3.73	13.66
	副高级	4.46	27.88	48.21	4.37	15.08
	中级	6.61	28.89	42.86	3.28	18.36
	初级	8.32	28.35	39.57	3.14	20.62
	无职称	7.61	26.90	36.06	3.94	25.49
职业	工程技术人员	5.09	27.15	41.34	4.22	22.20
	医务工作者	4.99	25.43	41.65	2.96	24.97
	科学研究人员	4.45	31.15	52.36	4.45	7.59
	大学教师	3.68	29.14	49.18	3.97	14.03
	中学教师	10.04	26.78	37.24	1.67	24.27
	推广人员 / 科普工作者	13.29	39.24	32.28	3.16	12.03
	科研 / 教学辅助人员	15.89	25.19	43.41	4.26	11.25
	科技管理人员	11.23	33.33	41.75	3.16	10.53
	智库研究人员	6.25	43.75	43.75	6.25	0
区域	赣北区域	5.02	28.44	43.46	4.05	19.03
	赣南区域	9.39	28.39	41.67	2.61	17.94

表 17-43 信息、通信服务质量方面的创新环境情况

类别		人数占比 / %				
		非常好	较好	一般	不好	不知道
总计		6.76	30.10	42.53	4.21	16.40
年龄	35 岁以下	6.40	28.56	42.59	4.11	18.34
	35~44 岁	7.23	29.74	43.33	4.80	14.90
	45 岁及以上	6.64	34.13	40.87	3.53	14.83
性别	男性	7.42	30.09	43.95	4.94	13.60
	女性	5.55	30.11	39.89	2.84	21.61
入职单位	大中型企业	7.94	29.44	38.43	3.52	20.67
	科技中小企业	5.15	28.18	39.52	2.06	25.09
	科研院所	5.53	31.57	48.03	6.27	8.60
	高校	4.82	31.49	48.08	5.26	10.35
	中学	10.26	28.63	40.60	1.28	19.23
	医疗卫生机构	3.89	27.55	42.79	3.89	21.88
	农业服务机构	31.63	34.69	21.43	3.06	9.19
学历	博士研究生	3.42	28.13	51.87	7.38	9.20
	硕士研究生	3.83	29.58	47.59	4.29	14.71
	本科	9.39	31.25	38.05	3.09	18.22
	大专	8.48	31.60	33.72	2.70	23.50
职称	正高级	4.35	36.02	44.41	6.21	9.01
	副高级	5.26	30.95	47.42	4.76	11.61
	中级	7.04	29.54	42.64	4.30	16.48
	初级	7.36	28.35	41.74	3.62	18.93
	无职称	8.59	29.72	35.35	2.96	23.38
职业	工程技术人员	5.39	27.73	41.63	4.51	20.74
	医务工作者	4.68	27.93	42.59	3.28	21.52
	科学研究人员	3.93	27.23	56.28	6.54	6.02
	大学教师	4.45	31.85	48.11	5.13	10.46
	中学教师	11.30	28.03	39.75	0.84	20.08
	推广人员 / 科普工作者	17.72	36.71	32.91	2.53	10.13

续表

类别		人数占比 / %				
		非常好	较好	一般	不好	不知道
职业	科研 / 教学辅助人员	15.12	28.29	41.86	5.04	9.69
	科技管理人员	10.88	40.00	36.49	3.16	9.47
	智库研究人员	12.50	31.25	56.25	0	0
区域	赣北区域	5.39	30.56	42.46	4.67	16.92
	赣南区域	9.68	29.10	43.15	3.18	14.89

表 17-44　风险投资的可获得性方面的创新环境情况

类别		人数占比 / %				
		非常好	较好	一般	不好	不知道
总计		4.80	17.44	44.58	6.45	26.73
年龄	35 岁以下	5.28	18.98	44.93	5.38	25.43
	35~44 岁	5.05	16.58	44.51	7.23	26.63
	45 岁及以上	3.22	15.46	43.67	7.57	30.08
性别	男性	5.47	17.21	45.35	7.97	24.00
	女性	3.56	17.86	43.15	3.62	31.81
入职单位	大中型企业	6.22	17.83	42.17	4.49	29.29
	科技中小企业	2.41	17.53	41.92	6.19	31.95
	科研院所	4.42	16.71	49.02	8.97	20.88
	高校	3.39	16.59	48.71	8.56	22.75
	中学	7.26	21.37	38.03	4.27	29.07
	医疗卫生机构	1.94	16.86	43.92	5.67	31.61
	农业服务机构	19.39	23.47	34.69	3.06	19.39
学历	博士研究生	2.03	13.58	48.98	11.66	23.75
	硕士研究生	2.30	18.16	48.97	5.59	24.98
	本科	7.45	18.06	42.41	5.58	26.50
	大专	4.62	19.85	37.57	3.66	34.30
职称	正高级	1.86	15.22	45.96	10.56	26.40
	副高级	2.88	14.98	48.41	8.13	25.60
	中级	5.21	17.62	44.74	6.18	26.25
	初级	6.76	18.21	43.55	4.70	26.78
	无职称	5.49	20.56	39.30	4.93	29.72

续表

类别		人数占比 / %				
		非常好	较好	一般	不好	不知道
职业	工程技术人员	3.13	16.59	44.76	5.75	29.77
	医务工作者	2.81	18.25	43.37	4.99	30.58
	科学研究人员	2.88	8.38	54.45	10.99	23.30
	大学教师	3.10	17.04	48.79	8.42	22.65
	中学教师	8.79	20.92	37.24	3.35	29.70
	推广人员 / 科普工作者	12.03	25.32	43.04	3.80	15.81
	科研 / 教学辅助人员	12.79	18.22	43.80	6.20	18.99
	科技管理人员	9.82	20.35	42.46	6.67	20.70
	智库研究人员	12.50	31.25	37.50	12.50	6.25
区域	赣北区域	3.21	16.95	44.95	7.10	27.79
	赣南区域	8.33	17.80	44.70	4.80	24.37

表 17-45　宽容失败氛围方面的创新环境情况

类别		人数占比 / %				
		非常好	较好	一般	不好	不知道
	总计	4.80	20.57	43.14	9.64	21.85
年龄	35 岁以下	5.19	21.97	42.12	7.85	22.87
	35~44 岁	4.99	20.14	43.58	11.41	19.88
	45 岁及以上	3.53	17.95	44.81	10.68	23.03
性别	男性	5.47	19.78	45.19	11.16	18.40
	女性	3.56	22.03	39.35	6.82	28.24
入职单位	大中型企业	6.29	19.63	40.52	8.76	24.80
	科技中小企业	2.75	19.24	40.55	6.19	31.27
	科研院所	3.93	22.73	46.07	13.76	13.51
	高校	3.21	21.14	48.08	12.22	15.35
	中学	8.55	23.50	37.61	1.71	28.63
	医疗卫生机构	2.43	17.83	43.76	7.94	28.04
	农业服务机构	18.37	27.55	25.51	4.08	24.49
学历	博士研究生	2.25	18.82	49.84	14.87	14.22
	硕士研究生	2.30	21.99	45.98	10.27	19.46

续表

类别		人数占比 / %				
		非常好	较好	一般	不好	不知道
学历	本科	7.40	20.43	40.36	8.28	23.53
	大专	4.62	20.23	37.96	5.20	31.99
职称	正高级	2.17	19.25	49.07	14.60	14.91
	副高级	3.08	18.35	48.51	11.61	18.45
	中级	5.32	20.84	42.53	9.61	21.70
	初级	6.27	21.83	40.41	7.96	23.53
	无职称	5.35	22.11	37.61	6.62	28.31
职业	工程技术人员	3.71	19.07	42.94	9.10	25.18
	医务工作者	2.81	19.19	43.84	7.33	26.83
	科学研究人员	2.09	15.97	52.62	18.32	11.00
	大学教师	3.19	21.88	47.82	12.00	15.11
	中学教师	9.62	22.18	37.24	1.26	29.70
	推广人员 / 科普工作者	10.76	29.75	37.97	3.80	17.72
	科研 / 教学辅助人员	11.24	23.26	36.82	12.79	15.89
	科技管理人员	10.18	22.11	41.75	10.53	15.43
	智库研究人员	12.50	37.50	37.50	6.25	6.25
区域	赣北区域	3.33	20.40	43.89	10.44	21.94
	赣南区域	8.05	20.55	41.95	7.98	21.47

表 17-46　挑战学术权威的氛围方面的创新环境情况

类别		人数占比 / %				
		非常好	较好	一般	不好	不知道
总计		4.84	16.11	44.22	13.38	21.45
年龄	35 岁以下	5.24	16.83	43.53	12.25	22.15
	35～44 岁	5.05	15.84	44.70	14.34	20.07
	45 岁及以上	3.53	14.94	44.71	14.52	22.30
性别	男性	5.53	15.26	45.74	15.13	18.34
	女性	3.56	17.68	41.40	10.14	27.22
入职单位	大中型企业	6.37	16.55	41.20	10.49	25.39
	科技中小企业	2.75	15.81	41.24	8.59	31.61

续表

类别		人数占比 / %				
		非常好	较好	一般	不好	不知道
入职单位	科研院所	3.56	15.60	49.88	17.69	13.27
	高校	3.03	15.70	47.37	18.20	15.70
	中学	8.12	19.66	41.03	3.42	27.77
	医疗卫生机构	2.27	14.26	44.41	14.91	24.15
	农业服务机构	25.51	25.51	22.45	7.14	19.39
学历	博士研究生	1.50	12.41	51.44	21.60	13.05
	硕士研究生	2.38	16.02	46.74	15.25	19.61
	本科	7.07	16.73	42.52	10.66	23.02
	大专	6.55	19.46	34.87	6.74	32.38
职称	正高级	1.86	14.60	51.86	18.63	13.05
	副高级	2.98	13.49	48.71	17.46	17.36
	中级	5.10	15.41	44.04	13.59	21.86
	初级	6.39	18.46	41.86	10.25	23.04
	无职称	6.34	19.58	37.61	8.31	28.16
职业	工程技术人员	3.49	14.41	43.96	12.15	25.99
	医务工作者	2.96	15.76	43.68	14.35	23.25
	科学研究人员	2.36	7.07	56.28	22.77	11.52
	大学教师	2.71	16.17	47.53	17.52	16.07
	中学教师	8.37	19.67	40.59	2.93	28.44
	推广人员 / 科普工作者	13.92	27.85	38.61	4.43	15.19
	科研 / 教学辅助人员	12.79	15.89	43.80	14.73	12.79
	科技管理人员	9.82	20.35	40.35	12.98	16.50
	智库研究人员	12.50	31.25	37.50	18.75	0
区域	赣北区域	3.12	15.79	44.77	14.67	21.65
	赣南区域	8.62	16.45	43.43	10.73	20.77

表 17-47 学术独立、不受行政干预方面的创新环境情况

类别		人数占比 / %				
		非常好	较好	一般	不好	不知道
总计		4.90	17.90	41.09	15.05	21.06
年龄	35 岁以下	5.47	18.65	40.86	13.23	21.79
	35~44 岁	5.11	18.08	40.21	17.77	18.83
	45 岁及以上	3.22	15.87	42.95	14.83	23.13
性别	男性	5.63	17.57	41.48	17.57	17.75
	女性	3.56	18.53	40.37	10.38	27.16
入职单位	大中型企业	6.37	16.93	39.18	9.96	27.56
	科技中小企业	3.78	15.81	40.55	6.87	32.99
	科研院所	3.44	18.92	44.84	21.87	10.93
	高校	3.39	20.16	42.02	21.94	12.49
	中学	7.26	20.09	39.74	6.84	26.07
	医疗卫生机构	3.40	14.75	41.98	15.24	24.63
	农业服务机构	19.39	25.51	28.57	6.12	20.41
学历	博士研究生	1.71	17.33	42.25	28.77	9.94
	硕士研究生	3.07	17.78	44.21	17.01	17.93
	本科	7.23	17.39	41.19	10.55	23.64
	大专	5.01	20.42	34.49	5.01	35.07
职称	正高级	2.48	17.08	45.65	22.67	12.12
	副高级	3.08	16.57	43.85	20.93	15.57
	中级	5.42	17.29	40.49	15.84	20.96
	初级	6.15	19.06	41.25	9.41	24.13
	无职称	5.77	20.42	36.48	7.75	29.58
职业	工程技术人员	3.35	15.43	41.99	11.79	27.44
	医务工作者	3.74	15.91	42.28	14.04	24.03
	科学研究人员	3.14	11.52	47.64	28.80	8.90
	大学教师	3.10	20.52	42.01	21.68	12.69
	中学教师	7.53	20.92	38.49	6.69	26.37
	推广人员 / 科普工作者	11.39	27.22	38.61	5.70	17.08

续表

类别		人数占比 / %				
		非常好	较好	一般	不好	不知道
职业	科研 / 教学辅助人员	12.40	20.93	36.43	18.22	12.02
	科技管理人员	9.82	21.05	41.40	11.58	16.15
	智库研究人员	12.50	25.00	25.00	31.25	6.25
区域	赣北区域	3.33	17.69	41.21	16.17	21.60
	赣南区域	8.33	18.15	41.17	12.64	19.71

表 17-48 对江西省科技领域科研实力的评价情况

类别		人数占比 / %				
		很好	总体上差不多	有点落后	落后很多	说不清
	总计	3.76	16.93	50.37	17.14	11.80
年龄	35 岁以下	4.11	18.61	48.34	16.36	12.58
	35~44 岁	3.30	15.59	52.62	18.52	9.97
	45 岁及以上	3.63	15.15	51.35	16.60	13.27
性别	男性	3.81	15.26	51.85	19.71	9.37
	女性	3.68	20.04	47.62	12.37	16.29
入职单位	大中型企业	3.67	17.15	49.89	13.48	15.81
	科技中小企业	2.06	18.90	46.05	11.00	21.99
	科研院所	1.97	17.20	55.28	20.76	4.79
	高校	3.30	15.52	52.81	21.32	7.05
	中学	7.69	20.51	44.87	8.12	18.81
	医疗卫生机构	3.57	14.10	50.57	21.07	10.69
	农业服务机构	19.39	28.57	29.59	8.16	14.29
学历	博士研究生	1.93	10.16	57.22	27.17	3.52
	硕士研究生	2.15	16.86	53.49	18.47	9.03
	本科	4.58	18.33	49.31	14.14	13.64
	大专	5.20	21.77	41.04	9.83	22.16
职称	正高级	1.55	14.91	53.11	25.78	4.65
	副高级	2.48	13.59	57.04	19.54	7.35
	中级	3.33	15.95	51.77	17.83	11.12
	初级	4.58	19.18	47.65	13.99	14.60
	无职称	6.76	22.54	39.15	11.69	19.86

续表

类别		人数占比 / %				
		很好	总体上差不多	有点落后	落后很多	说不清
职业	工程技术人员	3.28	16.01	49.49	15.72	15.50
	医务工作者	4.06	16.38	48.52	20.28	10.76
	科学研究人员	0.52	9.69	60.73	26.44	2.62
	大学教师	3.29	15.30	53.24	20.81	7.36
	中学教师	8.37	19.67	44.77	8.37	18.82
	推广人员 / 科普工作者	9.49	36.71	32.91	6.96	13.93
	科研 / 教学辅助人员	1.55	15.12	61.24	16.67	5.42
	科技管理人员	2.81	18.60	56.84	15.44	6.31
	智库研究人员	0	31.25	31.25	31.25	6.25
区域	赣北区域	3.18	15.89	51.25	18.22	11.46
	赣南区域	4.80	18.86	48.94	15.11	12.29

表 17-49　相比过去五年，科技工作者的生活水平提高情况

类别		人数占比 / %					
		好很多	好一些	没有变化	差一些	差很多	不知道
总计		16.80	57.22	14.50	4.38	1.37	5.73
年龄	35 岁以下	16.83	55.21	14.59	4.72	1.73	6.92
	35~44 岁	16.15	59.66	14.65	4.30	1.06	4.18
	45 岁及以上	17.84	58.09	13.59	3.73	1.04	5.71
性别	男性	16.69	57.84	14.83	4.62	1.43	4.59
	女性	17.02	56.07	13.88	3.92	1.27	7.84
入职单位	大中型企业	16.33	56.85	14.01	4.34	1.27	7.20
	科技中小企业	15.81	51.89	14.78	5.15	3.09	9.28
	科研院所	14.86	59.46	14.86	5.90	1.97	2.95
	高校	15.97	58.43	16.59	4.64	1.07	3.30
	中学	25.21	52.99	10.26	1.71	0.85	8.98
	医疗卫生机构	14.42	60.94	14.26	2.92	1.30	6.16
	农业服务机构	31.63	53.06	8.16	3.06	0	4.09

续表

类别		人数占比 / %					
		好很多	好一些	没有变化	差一些	差很多	不知道
学历	博士研究生	14.65	61.18	16.47	4.71	0.86	2.13
	硕士研究生	13.56	59.54	15.79	5.06	1.69	4.36
	本科	18.61	55.60	13.80	4.14	1.21	6.64
	大专	22.16	50.87	11.18	3.47	2.12	10.20
职称	正高级	19.25	60.87	15.22	1.86	1.24	1.56
	副高级	14.98	63.19	12.90	4.46	0.99	3.48
	中级	15.41	59.67	14.66	4.40	1.18	4.68
	初级	19.78	51.87	15.08	4.34	1.69	7.24
	无职称	18.45	46.90	15.35	5.35	2.11	11.84
职业	工程技术人员	16.67	54.59	15.07	5.53	1.60	6.54
	医务工作者	15.76	59.28	14.04	2.96	1.56	6.40
	科学研究人员	13.09	64.66	15.45	3.93	1.05	1.82
	大学教师	15.88	58.76	16.36	4.45	1.16	3.39
	中学教师	23.01	52.72	12.13	2.09	0.84	9.21
	推广人员 / 科普工作者	27.85	48.73	11.39	4.43	0	7.60
	科研 / 教学辅助人员	12.02	63.18	15.89	3.49	2.33	3.09
	科技管理人员	15.09	65.61	11.23	5.26	0.70	2.11
	智库研究人员	12.50	68.75	18.75	0	0	0
区域	赣北区域	16.48	58.29	14.52	3.99	1.31	5.41
	赣南区域	17.09	55.51	14.48	5.30	1.41	6.21

表 17-50 展望未来五年，科技工作者的生活水平是否会提高

类别		人数占比 / %					
		好很多	好一些	没有变化	差一些	差很多	不知道
总计		19.93	55.80	9.96	2.73	0.82	10.76
年龄	35 岁以下	22.72	53.81	9.63	2.62	0.98	10.24
	35~44 岁	18.52	57.67	10.41	2.62	0.50	10.28
	45 岁及以上	16.29	57.16	9.75	3.11	1.04	12.65
性别	男性	19.26	57.97	9.82	2.83	0.81	9.31
	女性	21.18	51.78	10.20	2.53	0.84	13.47

续表

类别		人数占比 / %					
		好很多	好一些	没有变化	差一些	差很多	不知道
入职单位	大中型企业	19.93	55.81	8.54	2.62	0.75	12.35
	科技中小企业	22.68	50.52	8.25	4.47	1.03	13.05
	科研院所	18.43	56.51	11.43	3.19	1.35	9.09
	高校	18.73	56.82	11.24	3.39	0.62	9.20
	中学	25.21	52.99	8.97	1.71	0.43	10.69
	医疗卫生机构	16.37	60.94	10.53	1.13	0.97	10.06
	农业服务机构	36.73	50.00	5.10	1.02	0	7.15
学历	博士研究生	14.44	61.71	10.91	3.32	0.64	8.98
	硕士研究生	18.31	58.08	10.80	2.45	1.00	9.36
	本科	22.20	54.28	9.44	2.87	0.61	10.60
	大专	23.70	48.75	8.48	2.12	1.35	15.60
职称	正高级	16.77	61.80	11.49	2.48	0.62	6.84
	副高级	15.08	61.61	8.93	3.87	0.60	9.91
	中级	19.33	56.23	10.20	2.79	0.97	10.48
	初级	22.20	53.80	11.10	2.05	0.72	10.13
	无职称	27.18	46.06	8.73	1.83	0.99	15.21
职业	工程技术人员	20.16	53.35	10.33	3.35	1.02	11.79
	医务工作者	17.78	58.66	10.45	1.40	1.25	10.46
	科学研究人员	15.71	61.78	11.52	1.83	0.79	8.37
	大学教师	18.39	57.31	10.75	3.58	0.58	9.39
	中学教师	23.43	53.97	9.62	1.67	0.42	10.89
	推广人员 / 科普工作者	31.65	48.73	6.33	2.53	0	10.76
	科研 / 教学辅助人员	17.83	60.47	10.47	2.71	1.16	7.36
	科技管理人员	18.60	61.40	8.77	3.16	0.35	7.72
	智库研究人员	18.75	56.25	12.50	6.25	0	6.25
区域	赣北区域	19.16	56.23	10.22	2.71	0.84	10.84
	赣南区域	20.34	56.00	9.39	2.75	0.78	10.74

第十八章

科研活动

表 18-1　近三年主持参与的研究或开发项目的项数情况

类别		人数占比 / %					
		0 项	1~3 项	4~6 项	7~9 项	10~12 项	12 项以上
总计		41.09	44.71	10.40	2.33	0.68	0.79
年龄	35 岁以下	47.17	41.51	8.56	1.54	0.56	0.66
	35~44 岁	31.17	50.12	12.97	3.87	0.87	1.00
	45 岁及以上	44.19	42.43	10.37	1.56	0.62	0.83
性别	男性	37.83	46.16	12.00	2.50	0.72	0.79
	女性	47.13	42.00	7.42	1.99	0.60	0.86
入职单位	大中型企业	53.03	37.08	7.12	1.20	0.75	0.82
	科技中小企业	57.04	32.30	6.19	2.41	0.69	1.37
	科研院所	26.90	49.39	16.34	5.04	1.11	1.22
	高校	19.09	60.93	15.70	2.94	0.71	0.63
	中学	75.21	22.65	1.71	0	0	0.43
	医疗卫生机构	37.12	50.89	9.56	1.94	0.49	0
	农业服务机构	71.43	21.43	5.10	0	0	2.04
学历	博士研究生	8.56	61.82	22.35	4.92	1.39	0.96
	硕士研究生	27.82	57.32	10.73	2.68	0.61	0.84
	本科	54.67	35.67	7.01	1.49	0.50	0.66
	大专	72.64	23.31	2.50	0.39	0.39	0.77

续表

类别		人数占比 / %					
		0 项	1～3 项	4～6 项	7～9 项	10～12 项	12 项以上
职称	正高级	11.80	56.83	23.60	4.04	1.86	1.87
	副高级	22.42	55.26	15.77	4.66	0.99	0.90
	中级	38.08	48.28	10.47	1.72	0.64	0.81
	初级	57.18	35.71	4.95	1.21	0.48	0.47
	无职称	70.00	25.35	2.96	1.13	0	0.56
职业	工程技术人员	45.27	42.36	8.30	1.97	0.87	1.23
	医务工作者	36.51	50.70	10.45	1.87	0.47	0
	科学研究人员	9.69	56.54	21.73	8.12	2.36	1.56
	大学教师	17.52	62.25	16.07	2.90	0.58	0.68
	中学教师	76.57	20.92	2.51	0	0	0
	推广人员 / 科普工作者	65.82	27.85	5.70	0	0	0.63
	科研 / 教学辅助人员	46.90	40.31	8.53	2.33	0.39	1.54
	科技管理人员	59.30	32.63	5.96	1.05	0.35	0.71
	智库研究人员	18.75	62.50	18.75	0	0	0
区域	赣北区域	38.88	46.36	10.53	2.68	0.87	0.68
	赣南区域	45.34	41.53	10.31	1.48	0.28	1.06

表 18-2　近三年主持参与的产学研合作项目及合作对象情况

类别		人数占比 / %								
		没有	大学	科研院所	国有企业	海外机构	民营企业	外资企业	社会组织及团体	其他机构
	总计	42.59	31.40	26.48	15.68	2.12	20.99	1.90	4.52	0.29
年龄	35 岁以下	41.42	33.36	27.79	18.50	2.74	18.58	1.95	3.63	0.09
	35～44 岁	43.48	31.16	25.63	12.50	1.54	22.28	1.45	3.71	0.36
	45 岁及以上	43.49	27.70	25.28	16.36	1.86	23.23	2.79	8.18	0.56
性别	男性	40.71	31.55	28.00	16.90	2.09	22.29	1.57	4.45	0.26
	女性	46.69	31.05	23.17	13.01	2.17	18.15	2.63	4.68	0.34
入职单位	大中型企业	31.26	42.26	34.93	29.35	0.80	18.34	1.75	2.07	0
	科技中小企业	34.40	41.60	26.40	20.00	2.40	25.60	4.80	2.40	0
	科研院所	28.57	33.45	41.68	14.79	2.69	35.46	2.02	6.72	0.50

续表

类别		人数占比 / %								
		没有	大学	科研院所	国有企业	海外机构	民营企业	外资企业	社会组织及团体	其他机构
入职单位	高校	49.83	26.35	16.87	11.47	2.43	19.96	1.43	4.08	0.33
	中学	70.69	17.24	8.62	3.45	1.72	8.62	3.45	8.62	0
	医疗卫生机构	65.21	22.42	13.14	5.41	2.84	4.12	1.55	3.61	0.52
	农业服务机构	25.00	35.71	32.14	21.43	3.57	42.86	10.71	35.71	0
学历	博士研究生	47.95	26.32	22.81	10.99	1.87	21.99	1.17	3.04	0.70
	硕士研究生	42.64	35.17	27.71	13.42	2.38	20.45	1.95	5.09	0.11
	本科	38.12	33.62	29.48	22.17	1.95	20.95	1.95	4.75	0.12
	大专	42.96	31.69	26.76	18.31	2.82	19.01	2.82	7.75	0
职称	正高级	34.15	34.51	28.17	19.37	4.23	28.87	2.46	7.04	1.06
	副高级	42.71	31.84	26.60	12.53	1.41	23.66	1.79	4.86	0.38
	中级	46.23	28.62	26.19	14.40	1.65	18.21	1.21	3.90	0.17
	初级	42.54	34.93	23.38	17.75	1.97	20.56	1.41	3.38	0
	无职称	33.80	34.74	30.52	25.82	4.69	16.43	6.10	5.16	0
职业	工程技术人员	34.71	36.70	33.24	26.73	1.20	19.68	1.99	3.19	0
	医务工作者	62.41	23.34	14.00	6.63	3.44	4.91	1.47	3.93	0.49
	科学研究人员	29.57	32.75	44.06	11.88	0.87	41.45	1.16	5.80	0.58
	大学教师	50.35	26.06	16.67	10.80	2.11	20.07	1.41	4.11	0.35
	中学教师	64.29	19.64	10.71	7.14	7.14	12.50	8.93	8.93	0
	推广人员 / 科普工作者	20.37	38.89	22.22	24.07	1.85	29.63	5.56	25.93	0
	科研 / 教学辅助人员	24.82	43.07	39.42	16.06	5.11	29.20	1.46	3.65	0.73
	科技管理人员	24.14	49.14	43.10	18.97	1.72	25.00	2.59	3.45	0
	智库研究人员	46.15	38.46	23.08	38.46	0	15.38	0	7.69	0
区域	赣北区域	41.18	31.35	28.44	17.18	2.24	20.44	1.48	4.23	0.36
	赣南区域	47.29	31.01	21.96	11.63	1.55	22.09	2.45	5.04	0.13

表 18-3　近三年在学术期刊上发表学术论文的篇数情况

类别		人数占比 / %					
		0 篇	1～3 篇	4～6 篇	7～9 篇	10～12 篇	12 篇以上
总计		39.04	41.56	12.45	3.51	1.69	1.75
年龄	35 岁以下	44.04	41.19	10.29	2.38	1.40	0.70
	35～44 岁	29.43	43.95	16.33	5.36	2.12	2.81
	45 岁及以上	43.36	38.59	11.10	3.01	1.66	2.28
性别	男性	36.96	41.61	13.57	3.71	1.79	2.36
	女性	42.91	41.46	10.38	3.14	1.51	0.60
入职单位	大中型企业	57.15	36.78	5.24	0.45	0.15	0.23
	科技中小企业	74.57	23.37	1.03	0.69	0	0.34
	科研院所	23.46	47.67	18.80	5.53	2.33	2.21
	高校	15.08	45.14	22.84	7.85	4.28	4.81
	中学	57.26	37.61	5.13	0	0	0
	医疗卫生机构	26.58	54.46	12.80	4.05	1.46	0.65
	农业服务机构	58.16	32.65	6.12	0	2.04	1.03
学历	博士研究生	3.85	41.39	32.09	10.91	4.92	6.84
	硕士研究生	21.84	58.16	14.02	3.07	2.07	0.84
	本科	54.00	38.82	5.30	1.21	0.39	0.28
	大专	78.03	20.23	1.16	0.39	0	0.19
职称	正高级	12.42	35.09	28.26	9.32	6.52	8.39
	副高级	20.54	49.31	18.75	5.95	2.38	3.07
	中级	32.44	48.34	13.53	3.01	1.61	1.07
	初级	57.78	36.19	4.10	1.21	0.36	0.36
	无职称	72.82	21.97	3.24	1.41	0.28	0.28
职业	工程技术人员	49.49	43.01	6.19	0.29	0.36	0.66
	医务工作者	26.52	53.98	12.95	3.90	1.87	0.78
	科学研究人员	8.12	44.50	29.06	11.52	3.40	3.40
	大学教师	13.07	46.27	24.10	7.45	4.16	4.95
	中学教师	58.16	36.40	5.44	0	0	0
	推广人员 / 科普工作者	67.09	27.22	4.43	0	1.26	0

续表

类别		人数占比 / %					
		0 篇	1～3 篇	4～6 篇	7～9 篇	10～12 篇	12 篇以上
职业	科研 / 教学辅助人员	39.15	42.25	11.24	3.88	1.94	1.54
	科技管理人员	62.11	33.68	2.81	1.40	0	0
	智库研究人员	25.00	56.25	6.25	6.25	0	6.25
区域	赣北区域	34.42	43.93	13.80	3.86	1.96	2.03
	赣南区域	48.09	36.72	9.96	2.82	1.20	1.21

表 18-4　近三年获得专利的件数情况

类别		人数占比 / %					
		0 件	1～3 件	4～6 件	7～9 件	10～12 件	12 件以上
总计		70.75	22.81	4.21	1.27	0.42	0.54
年龄	35 岁以下	73.02	21.51	3.79	1.22	0.23	0.23
	35～44 岁	65.27	26.87	5.11	1.43	0.62	0.70
	45 岁及以上	74.69	19.19	3.53	1.14	0.41	1.04
性别	男性	66.46	25.96	4.91	1.46	0.49	0.72
	女性	78.70	16.96	2.90	0.91	0.30	0.23
入职单位	大中型企业	70.79	22.40	4.04	1.72	0.37	0.68
	科技中小企业	73.20	18.90	5.15	1.37	0.34	1.04
	科研院所	57.86	34.64	5.04	1.35	0.49	0.62
	高校	60.12	30.15	6.51	1.69	0.80	0.73
	中学	91.88	5.56	1.71	0.43	0.42	0
	医疗卫生机构	87.68	11.35	0.81	0.16	0	0
	农业服务机构	86.73	12.24	1.02	0	0	0.01
学历	博士研究生	53.80	35.08	7.59	1.71	0.96	0.86
	硕士研究生	65.59	27.36	4.60	1.46	0.46	0.53
	本科	76.75	18.11	3.09	1.16	0.28	0.61
	大专	86.51	10.98	1.93	0.58	0	0
职称	正高级	56.52	29.81	8.39	2.17	0.93	2.18
	副高级	59.23	30.16	6.65	1.98	1.09	0.89
	中级	69.33	24.97	3.92	1.07	0.32	0.39
	初级	81.54	15.92	1.81	0.72	0	0.01
	无职称	84.65	11.55	2.39	0.99	0	0.42

续表

类别		人数占比 / %					
		0 件	1～3 件	4～6 件	7～9 件	10～12 件	12 件以上
职业	工程技术人员	66.30	25.84	4.88	1.82	0.51	0.65
	医务工作者	86.58	11.86	1.25	0.31	0	0
	科学研究人员	44.24	45.29	7.07	1.57	1.31	0.52
	大学教师	59.34	30.69	6.68	1.84	0.68	0.77
	中学教师	92.05	5.44	1.67	0.42	0.42	0
	推广人员 / 科普工作者	87.97	10.13	1.27	0.63	0	0
	科研 / 教学辅助人员	69.77	24.03	4.26	0.39	0	1.55
	科技管理人员	79.30	15.79	2.81	1.05	0	1.05
	智库研究人员	56.25	37.50	6.25	0	0	0
区域	赣北区域	69.16	23.96	4.52	1.34	0.44	0.58
	赣南区域	74.44	19.84	3.60	1.20	0.42	0.50

表 18-5　近三年获得应用技术成果的项数情况

类别		人数占比 / %					
		0 项	1～3 项	4～6 项	7～9 项	10～12 项	12 项以上
	总计	76.47	20.25	2.13	0.70	0.19	0.26
年龄	35 岁以下	80.08	17.11	1.87	0.56	0.19	0.19
	35～44 岁	72.69	23.50	2.37	0.94	0.31	0.19
	45 岁及以上	74.79	21.78	2.28	0.62	0	0.53
性别	男性	72.54	23.75	2.41	0.75	0.23	0.32
	女性	83.77	13.76	1.63	0.60	0.12	0.12
入职单位	大中型企业	73.41	23.15	2.62	0.45	0.07	0.30
	科技中小企业	80.41	17.53	0.69	0.69	0	0.68
	科研院所	63.51	31.45	2.83	1.60	0.37	0.24
	高校	76.63	19.45	2.50	0.80	0.36	0.26
	中学	94.87	3.85	0.85	0.43	0	0
	医疗卫生机构	85.90	12.80	0.81	0.32	0	0.17
	农业服务机构	75.51	20.41	3.06	0	1.02	0
学历	博士研究生	68.98	27.27	2.46	0.53	0.43	0.33
	硕士研究生	72.95	23.22	2.22	1.15	0.15	0.31

续表

类别		人数占比 / %					
		0 项	1～3 项	4～6 项	7～9 项	10～12 项	12 项以上
学历	本科	78.58	18.00	2.43	0.66	0.11	0.22
	大专	87.09	11.56	0.96	0.19	0	0.20
职称	正高级	56.83	36.02	5.28	1.24	0	0.63
	副高级	65.77	29.27	2.98	1.49	0.40	0.09
	中级	76.85	20.41	1.72	0.43	0.21	0.38
	初级	86.73	11.58	1.33	0.24	0	0.12
	无职称	87.61	10.00	1.55	0.56	0.14	0.14
职业	工程技术人员	69.80	26.71	2.40	0.58	0.15	0.36
	医务工作者	84.24	14.04	0.94	0.47	0.16	0.15
	科学研究人员	54.45	39.27	3.93	2.09	0.26	0
	大学教师	76.57	19.55	2.52	0.39	0.39	0.39
	中学教师	93.31	5.02	0.84	0.83	0	0
	推广人员 / 科普工作者	82.28	15.19	1.90	0.63	0	0
	科研 / 教学辅助人员	79.07	18.22	1.55	0.77	0.39	0
	科技管理人员	78.95	17.19	2.46	0.70	0	0.70
	智库研究人员	62.50	25.00	12.50	0	0	0
区域	赣北区域	74.27	22.52	2.18	0.75	0.12	0.16
	赣南区域	81.36	15.40	2.05	0.49	0.28	0.42

表 18-6　近三年是否有科研成果转化为产品或应用于生产的情况

类别		人数占比 / %	
		有	没有
总计		20.90	79.10
年龄	35 岁以下	19.26	80.74
	35～44 岁	22.88	77.12
	45 岁及以上	21.16	78.84
性别	男性	25.44	74.56
	女性	12.49	87.51

续表

类别		人数占比 / %	
		有	没有
入职单位	大中型企业	31.61	68.39
	科技中小企业	29.90	70.10
	科研院所	23.59	76.41
	高校	15.17	84.83
	中学	5.98	94.02
	医疗卫生机构	9.40	90.60
	农业服务机构	14.29	85.71
学历	博士研究生	18.61	81.39
	硕士研究生	21.84	78.16
	本科	23.25	76.75
	大专	17.53	82.47
职称	正高级	33.23	66.77
	副高级	23.51	76.49
	中级	21.70	78.30
	初级	17.49	82.51
	无职称	13.52	86.48
职业	工程技术人员	35.88	64.12
	医务工作者	9.98	90.02
	科学研究人员	29.58	70.42
	大学教师	14.71	85.29
	中学教师	5.02	94.98
	推广人员 / 科普工作者	12.66	87.34
	科研 / 教学辅助人员	16.67	83.33
	科技管理人员	18.95	81.05
	智库研究人员	31.25	68.75
区域	赣北区域	21.81	78.19
	赣南区域	19.07	80.93

表 18-7　科研成果转化获益情况

类别		人数占比 / %						
		没有收益	技术入股	期权	出售专利或技术	奖金	社会声誉	其他
总计		37.01	11.12	5.76	11.12	38.93	18.40	2.02
年龄	35 岁以下	38.59	12.86	8.01	9.22	40.78	12.62	2.43
	35~44 岁	36.51	9.26	3.54	12.81	37.87	18.53	1.63
	45 岁及以上	34.31	10.78	5.39	12.25	37.25	30.39	1.96
性别	男性	35.68	10.49	4.48	10.61	41.69	18.41	2.05
	女性	42.03	13.53	10.63	13.04	28.50	18.36	1.93
入职单位	大中型企业	37.68	5.45	2.61	4.27	53.55	13.03	1.18
	科技中小企业	37.93	5.75	1.15	5.75	47.13	14.94	2.30
	科研院所	42.71	9.90	8.33	18.23	26.04	21.88	1.56
	高校	25.88	21.76	10.59	23.53	25.29	25.88	4.12
	中学	35.71	28.57	21.43	7.14	21.43	28.57	0
	医疗卫生机构	37.93	22.41	10.34	12.07	13.79	31.03	1.72
	农业服务机构	42.86	42.86	0	0	21.43	21.43	0
学历	博士研究生	28.74	18.39	5.17	24.71	24.71	25.29	3.45
	硕士研究生	39.30	10.18	7.37	11.93	35.09	17.19	3.51
	本科	39.90	7.60	5.46	6.18	45.37	16.86	0.95
	大专	34.07	10.99	3.30	4.40	48.35	14.29	0
职称	正高级	28.04	13.08	6.54	21.50	29.91	37.38	0
	副高级	37.13	8.44	3.80	11.39	34.60	23.21	2.11
	中级	40.84	10.89	6.19	9.41	40.59	13.12	2.48
	初级	35.86	8.97	7.59	9.66	46.21	13.10	2.07
	无职称	32.29	19.79	5.21	8.33	41.67	15.63	2.08
职业	工程技术人员	38.54	5.27	3.45	5.27	49.90	13.39	1.22
	医务工作者	37.50	23.44	10.94	17.19	12.50	28.13	1.56
	科学研究人员	45.13	7.08	4.42	17.70	32.74	19.47	1.77
	大学教师	25.00	20.39	10.53	21.71	24.34	29.61	4.61
	中学教师	33.33	33.33	33.33	16.67	16.67	16.67	0
	推广人员 / 科普工作者	45.00	20.00	5.00	5.00	15.00	25.00	0

续表

类别		人数占比 / %						
		没有收益	技术入股	期权	出售专利或技术	奖金	社会声誉	其他
职业	科研 / 教学辅助人员	39.53	18.60	9.30	20.93	25.58	13.95	4.65
	科技管理人员	37.04	12.96	1.85	5.56	46.30	16.67	3.70
	智库研究人员	20.00	20.00	0	20.00	60.00	20.00	0
区域	赣北区域	36.71	10.71	4.71	11.57	40.14	18.71	1.86
	赣南区域	40.00	10.74	7.04	8.15	37.04	16.67	2.59

表 18-8 科研成果没有实现转化的最主要原因情况

类别		人数占比 / %				
		不关心成果转化	找不到技术需求市场	受到政策法规限制	缺少成果转化中介	其他
总计		20.29	45.64	7.02	23.25	3.80
年龄	35 岁以下	19.21	48.48	7.29	21.93	3.09
	35~44 岁	19.76	44.39	6.86	24.63	4.36
	45 岁及以上	23.55	41.39	6.43	24.07	4.56
性别	男性	20.20	45.19	7.09	23.26	4.26
	女性	20.46	46.47	6.88	23.23	2.96
入职单位	大中型企业	21.12	48.46	5.39	21.87	3.16
	科技中小企业	20.96	40.21	6.19	27.15	5.49
	科研院所	16.22	48.03	10.93	20.02	4.80
	高校	20.25	45.32	6.07	23.55	4.81
	中学	23.50	44.44	6.84	24.79	0.43
	医疗卫生机构	20.75	41.82	8.43	26.74	2.26
	农业服务机构	22.45	41.84	6.12	23.47	6.12
学历	博士研究生	18.82	44.81	5.88	23.74	6.75
	硕士研究生	17.93	46.82	7.66	24.83	2.76
	本科	21.31	46.05	6.63	22.92	3.09
	大专	21.97	44.70	8.86	21.58	2.89

续表

类别		人数占比 / %				
		不关心成果转化	找不到技术需求市场	受到政策法规限制	缺少成果转化中介	其他
职称	正高级	18.01	41.61	10.25	23.29	6.84
	副高级	20.04	42.56	6.15	26.98	4.27
	中级	20.03	46.35	6.93	23.47	3.22
	初级	19.42	49.46	7.36	20.87	2.89
	无职称	23.38	45.49	6.62	20.14	4.37
职业	工程技术人员	20.82	45.92	6.04	23.80	3.42
	医务工作者	20.44	40.56	9.67	26.99	2.34
	科学研究人员	13.87	50.52	8.90	20.42	6.29
	大学教师	20.33	45.21	6.29	23.81	4.36
	中学教师	25.10	41.42	8.37	24.69	0.42
	推广人员 / 科普工作者	24.05	40.51	7.59	26.58	1.27
	科研 / 教学辅助人员	13.95	54.65	6.98	20.16	4.26
	科技管理人员	20.00	51.93	6.67	17.54	3.86
	智库研究人员	18.75	50.00	6.25	18.75	6.25
区域	赣北区域	20.59	44.61	6.76	23.96	4.08
	赣南区域	20.41	47.67	7.13	21.40	3.39

表 18-9　承担科研项目对提高经济收入的改善和提升作用情况

类别		人数占比 / %		
		作用非常大	作用比较大	基本没有作用
总计		20.99	46.35	32.66
年龄	35 岁以下	24.50	47.31	28.19
	35～44 岁	19.83	44.39	35.78
	45 岁及以上	15.46	47.41	37.13
性别	男性	20.85	46.94	32.21
	女性	21.24	45.26	33.50
入职单位	大中型企业	20.45	48.91	30.64
	科技中小企业	22.34	51.20	26.46
	科研院所	18.43	45.58	35.99
	高校	21.05	44.78	34.17
	中学	29.06	48.72	22.22
	医疗卫生机构	17.18	43.60	39.22
	农业服务机构	32.65	51.02	16.33

续表

类别		人数占比 / %		
		作用非常大	作用比较大	基本没有作用
学历	博士研究生	19.14	43.96	36.90
	硕士研究生	18.54	42.84	38.62
	本科	21.81	48.76	29.43
	大专	26.78	49.71	23.51
职称	正高级	13.66	40.68	45.66
	副高级	15.97	44.05	39.98
	中级	20.25	46.89	32.86
	初级	25.57	48.25	26.18
	无职称	28.03	48.59	23.38
职业	工程技术人员	21.11	46.07	32.82
	医务工作者	17.32	44.46	38.22
	科学研究人员	12.30	43.46	44.24
	大学教师	21.10	44.14	34.76
	中学教师	28.03	50.21	21.76
	推广人员 / 科普工作者	27.22	50.63	22.15
	科研 / 教学辅助人员	18.60	55.43	25.97
	科技管理人员	22.11	50.18	27.71
	智库研究人员	18.75	50.00	31.25
区域	赣北区域	19.69	45.11	35.20
	赣南区域	23.87	48.87	27.26

表 18-10　承担科研项目对提升研究水平的改善和提升作用情况

类别		人数占比 / %		
		作用非常大	作用比较大	基本没有作用
总计		28.77	59.86	11.37
年龄	35 岁以下	31.04	57.74	11.22
	35~44 岁	28.74	60.60	10.66
	45 岁及以上	24.07	63.07	12.86
性别	男性	29.51	59.76	10.73
	女性	27.40	60.05	12.55

类别		人数占比 / %		
		作用非常大	作用比较大	基本没有作用
入职单位	大中型企业	25.17	61.05	13.78
	科技中小企业	23.71	60.48	15.81
	科研院所	30.96	61.30	7.74
	高校	32.92	58.61	8.47
	中学	33.33	54.70	11.97
	医疗卫生机构	24.47	64.34	11.19
	农业服务机构	37.76	51.02	11.22
学历	博士研究生	36.36	59.04	4.60
	硕士研究生	26.74	62.45	10.81
	本科	26.34	60.41	13.25
	大专	29.48	55.68	14.84
职称	正高级	33.85	58.07	8.08
	副高级	25.89	64.68	9.43
	中级	27.39	61.12	11.49
	初级	31.48	56.82	11.70
	无职称	30.99	54.08	14.93
职业	工程技术人员	25.33	61.14	13.53
	医务工作者	24.65	63.34	12.01
	科学研究人员	33.51	61.78	4.71
	大学教师	32.33	59.15	8.52
	中学教师	33.05	55.23	11.72
	推广人员 / 科普工作者	29.11	53.16	17.73
	科研 / 教学辅助人员	28.29	65.89	5.82
	科技管理人员	25.26	64.21	10.53
	智库研究人员	50.00	43.75	6.25
区域	赣北区域	28.75	59.81	11.44
	赣南区域	29.10	59.60	11.30

表 18-11　承担科研项目对发表科研成果的改善和提升作用情况

类别		人数占比 / %		
		作用非常大	作用比较大	基本没有作用
总计		28.60	59.02	12.38
年龄	35 岁以下	30.62	57.55	11.83
	35～44 岁	29.36	60.10	10.54
	45 岁及以上	23.13	60.06	16.81
性别	男性	28.82	59.53	11.65
	女性	28.18	58.06	13.76
入职单位	大中型企业	22.85	61.12	16.03
	科技中小企业	21.31	58.76	19.93
	科研院所	32.56	59.34	8.10
	高校	35.59	55.49	8.92
	中学	32.48	53.85	13.67
	医疗卫生机构	23.34	65.96	10.70
	农业服务机构	33.67	56.12	10.21
学历	博士研究生	40.32	55.08	4.60
	硕士研究生	26.59	61.69	11.72
	本科	24.41	61.13	14.46
	大专	28.52	54.53	16.95
职称	正高级	33.23	56.21	10.56
	副高级	26.88	63.10	10.02
	中级	27.66	59.83	12.51
	初级	30.52	56.57	12.91
	无职称	29.15	55.21	15.64
职业	工程技术人员	23.44	60.41	16.15
	医务工作者	24.18	64.90	10.92
	科学研究人员	36.39	58.64	4.97
	大学教师	35.33	55.76	8.91
	中学教师	30.13	56.07	13.80
	推广人员 / 科普工作者	30.38	52.53	17.09

续表

类别		人数占比 / %		
		作用非常大	作用比较大	基本没有作用
职业	科研 / 教学辅助人员	28.29	64.34	7.37
	科技管理人员	25.61	61.75	12.64
	智库研究人员	43.75	56.25	0
区域	赣北区域	28.26	58.97	12.77
	赣南区域	29.38	58.97	11.65

表 18-12　承担科研项目对完成业绩考核的改善和提升作用情况

类别		人数占比 / %		
		作用非常大	作用比较大	基本没有作用
总计		29.21	59.48	11.31
年龄	35 岁以下	30.29	59.28	10.43
	35～44 岁	30.61	59.04	10.35
	45 岁及以上	24.90	60.27	14.83
性别	男性	29.15	59.76	11.09
	女性	29.33	58.96	11.71
入职单位	大中型企业	22.62	61.42	15.96
	科技中小企业	20.62	60.82	18.56
	科研院所	30.96	60.93	8.11
	高校	39.16	55.66	5.18
	中学	33.33	53.85	12.82
	医疗卫生机构	24.15	65.64	10.21
	农业服务机构	36.73	54 08	9.19
学历	博士研究生	41.82	54.76	3.42
	硕士研究生	27.05	63.07	9.88
	本科	24.90	61.07	14.03
	大专	28.13	56.26	15.61
职称	正高级	35.09	55.90	9.01
	副高级	27.38	61.51	11.11
	中级	28.89	61.22	9.89
	初级	29.67	58.62	11.71
	无职称	29.44	54.65	15.91

续表

类别		人数占比 / %		
		作用非常大	作用比较大	基本没有作用
职业	工程技术人员	22.34	61.06	16.60
	医务工作者	24.34	64.59	11.07
	科学研究人员	36.91	57.85	5.24
	大学教师	39.11	56.05	4.84
	中学教师	31.38	56.49	12.13
	推广人员 / 科普工作者	29.75	52.53	17.72
	科研 / 教学辅助人员	27.91	66.28	5.81
	科技管理人员	24.91	63.16	11.93
	智库研究人员	37.50	56.25	6.25
区域	赣北区域	28.69	59.81	11.50
	赣南区域	30.01	59.11	10.88

表 18-13　承担科研项目对职务 / 职称晋升的改善和提升作用情况

类别		人数占比 / %		
		作用非常大	作用比较大	基本没有作用
总计		35.00	53.86	11.14
年龄	35 岁以下	35.25	55.31	9.44
	35～44 岁	37.41	52.31	10.28
	45 岁及以上	30.81	53.01	16.18
性别	男性	34.68	53.84	11.48
	女性	35.61	53.89	10.50
入职单位	大中型企业	25.54	57.90	16.56
	科技中小企业	22.34	59.11	18.55
	科研院所	38.45	53.69	7.86
	高校	44.96	48.08	6.96
	中学	35.04	51.28	13.68
	医疗卫生机构	40.03	55.11	4.86
	农业服务机构	41.84	51.02	7.14
学历	博士研究生	47.70	46.95	5.35
	硕士研究生	36.70	54.94	8.36

续表

类别		人数占比 / %		
		作用非常大	作用比较大	基本没有作用
学历	本科	30.15	55.66	14.19
	大专	27.36	58.00	14.64
职称	正高级	40.99	46.89	12.12
	副高级	36.31	53.17	10.52
	中级	36.09	54.51	9.40
	初级	34.02	55.49	10.49
	无职称	28.73	54.37	16.90
职业	工程技术人员	26.49	56.91	16.60
	医务工作者	39.78	54.29	5.93
	科学研究人员	46.34	46.86	6.80
	大学教师	44.92	49.08	6.00
	中学教师	33.89	53.56	12.55
	推广人员 / 科普工作者	31.01	53.16	15.83
	科研 / 教学辅助人员	30.62	60.47	8.91
	科技管理人员	27.72	60.70	11.58
	智库研究人员	43.75	50.00	6.25
区域	赣北区域	35.48	53.24	11.28
	赣南区域	34.46	54.94	10.60

表 18-14 承担科研项目对获得科技奖励的改善和提升作用情况

类别		人数占比 / %		
		作用非常大	作用比较大	基本没有作用
总计		28.51	55.68	15.81
年龄	35 岁以下	30.48	54.28	15.24
	35~44 岁	28.30	56.67	15.03
	45 岁及以上	24.90	56.95	18.15
性别	男性	28.37	56.28	15.35
	女性	28.79	54.56	16.65
入职单位	大中型企业	23.15	57.30	19.55
	科技中小企业	20.27	58.42	21.31

续表

类别		人数占比 / %		
		作用非常大	作用比较大	基本没有作用
入职单位	科研院所	32.92	55.53	11.55
	高校	31.76	54.68	13.56
	中学	31.20	53.42	15.38
	医疗卫生机构	27.23	58.35	14.42
	农业服务机构	43.88	47.96	8.16
学历	博士研究生	33.58	56.68	9.74
	硕士研究生	28.81	53.72	17.47
	本科	25.62	56.93	17.45
	大专	28.71	56.45	14.84
职称	正高级	30.43	56.52	13.05
	副高级	25.99	58.53	15.48
	中级	28.25	55.53	16.22
	初级	29.19	56.33	14.48
	无职称	31.13	50.85	18.02
职业	工程技术人员	23.73	56.26	20.01
	医务工作者	26.52	58.66	14.82
	科学研究人员	36.13	53.40	10.47
	大学教师	31.66	54.99	13.35
	中学教师	30.96	53.97	15.07
	推广人员 / 科普工作者	33.54	50.00	16.46
	科研 / 教学辅助人员	28.29	60.85	10.86
	科技管理人员	26.32	58.60	15.08
	智库研究人员	31.25	50.00	18.75
区域	赣北区域	27.88	55.45	16.67
	赣南区域	29.80	56.36	13.84

表 18-15 承担科研项目对提高学术声望的改善和提升作用情况

类别		人数占比 / %		
		作用非常大	作用比较大	基本没有作用
总计		27.50	55.53	16.97
年龄	35 岁以下	28.75	54.18	17.07
	35～44 岁	27.81	56.05	16.14
	45 岁及以上	24.48	57.78	17.74
性别	男性	28.14	55.73	16.13
	女性	26.31	55.16	18.53
入职单位	大中型企业	22.77	54.91	22.32
	科技中小企业	18.90	54.98	26.12
	科研院所	28.26	57.74	14.00
	高校	32.74	55.22	12.04
	中学	31.62	52.99	15.39
	医疗卫生机构	26.74	59.97	13.29
	农业服务机构	35.71	52.04	12.25
学历	博士研究生	34.22	57.11	8.67
	硕士研究生	26.97	54.94	18.09
	本科	24.08	56.87	19.05
	大专	29.09	51.45	19.46
职称	正高级	31.68	59.01	9.31
	副高级	24.11	60.52	15.37
	中级	27.87	54 40	17.73
	初级	28.71	52.96	18.33
	无职称	28.03	52.82	19.15
职业	工程技术人员	22.78	53.20	24.02
	医务工作者	27.61	59.13	13.26
	科学研究人员	30.63	56.54	12.83
	大学教师	32.14	55.95	11.91
	中学教师	30.96	54.39	14.65
	推广人员 / 科普工作者	29.11	50.00	20.89

续表

类别		人数占比 / %		
		作用非常大	作用比较大	基本没有作用
职业	科研 / 教学辅助人员	24.42	60.85	14.73
	科技管理人员	25.26	60.35	14.39
	智库研究人员	37.50	56.25	6.25
区域	赣北区域	27.29	55.20	17.51
	赣南区域	28.11	55.79	16.10

表 18-16　承担科研项目对获得同行认可的改善和提升作用情况

类别		人数占比 / %		
		作用非常大	作用比较大	基本没有作用
总计		28.49	57.75	13.76
年龄	35 岁以下	29.36	56.66	13.98
	35~44 岁	28.49	58.85	12.66
	45 岁及以上	26.76	58.40	14.84
性别	男性	29.64	57.45	12.91
	女性	26.37	58.30	15.33
入职单位	大中型企业	23.30	58.28	18.42
	科技中小企业	23.71	58.76	17.53
	科研院所	29.61	60.07	10.32
	高校	33.27	57.00	9.73
	中学	35.47	50.00	14.53
	医疗卫生机构	26.74	62.07	11.19
	农业服务机构	35.71	48.98	15.31
学历	博士研究生	36.15	57.75	6.10
	硕士研究生	26.36	59.92	13.72
	本科	25.79	57.98	16.23
	大专	29.09	54.34	16.57
职称	正高级	34.47	59.01	6.52
	副高级	26.19	61.71	12.10
	中级	28.30	57.41	14.29
	初级	29.43	56.69	13.88
	无职称	28.45	53.66	17.89

续表

类别		人数占比 / %		
		作用非常大	作用比较大	基本没有作用
职业	工程技术人员	23.65	58.15	18.20
	医务工作者	27.30	61.15	11.55
	科学研究人员	31.41	59.16	9.43
	大学教师	33.40	57.12	9.48
	中学教师	33.05	53.14	13.81
	推广人员 / 科普工作者	28.48	47.47	24.05
	科研 / 教学辅助人员	24.81	65.50	9.69
	科技管理人员	27.02	60.70	12.28
	智库研究人员	43.75	50.00	6.25
区域	赣北区域	28.35	57.54	14.11
	赣南区域	28.74	58.33	12.93

表 18-17　承担科研工作中遇到的最大困难和问题情况

类别		人数占比 / %								
		缺乏经费支持	自己研究水平有限	研究辅助人员太少	行政事务繁忙	找不到合适的合作伙伴	研究任务与自己兴趣不符	缺少仪器设备	难以跟踪科学前沿进展	其他
总计		21.90	36.61	10.17	10.65	4.54	2.85	3.64	7.65	1.99
年龄	35 岁以下	21.13	38.90	7.99	10.05	4.68	3.74	4.07	7.34	2.10
	35~44 岁	24.38	32.54	13.97	10.54	4.24	1.93	3.62	7.23	1.55
	45 岁及以上	19.19	38.80	8.51	12.14	4.77	2.39	2.70	9.02	2.48
性别	男性	24.01	33.12	10.96	10.77	5.34	2.57	4.13	7.42	1.68
	女性	17.98	43.09	8.69	10.44	3.08	3.38	2.72	8.09	2.53
入职单位	大中型企业	15.88	41.20	6.97	10.64	4.34	3.97	2.70	11.69	2.61
	科技中小企业	18.21	39.18	9.62	9.62	6.19	2.41	1.72	9.62	3.43
	科研院所	28.99	27.40	16.22	10.32	3.44	2.58	4.91	4.91	1.23
	高校	25.51	29.26	11.33	13.38	5.71	2.05	5.71	6.07	0.98
	中学	18.38	49.57	7.26	3.85	5.13	4.70	2.14	6.41	2.56
	医疗卫生机构	20.26	44.41	10.70	10.86	3.73	1.78	2.76	5.19	0.31
	农业服务机构	24.49	51.02	5.10	4.08	2.04	5.10	1.02	6.12	1.03

续表

类别		人数占比 / %								
		缺乏经费支持	自己研究水平有限	研究辅助人员太少	行政事务繁忙	找不到合适的合作伙伴	研究任务与自己兴趣不符	缺少仪器设备	难以跟踪科学前沿进展	其他
学历	博士研究生	33.48	14.12	22.25	10.80	4.71	0.86	8.24	4.39	1.15
	硕士研究生	22.45	36.86	8.43	11.49	5.52	3.14	2.68	8.74	0.69
	本科	16.12	45.83	7.18	10.88	3.75	3.59	2.32	8.39	1.94
	大专	20.04	43.74	4.82	8.86	4.05	2.31	2.31	8.67	5.20
职称	正高级	18.01	26.09	17.08	19.57	4.66	0.62	4.97	8.07	0.93
	副高级	25.99	30.36	15.58	9.13	4.46	1.98	3.08	8.04	1.38
	中级	23.85	37.33	8.81	10.53	3.71	2.95	4.03	7.57	1.22
	初级	15.08	46.08	7.36	10.25	5.79	3.38	3.50	6.88	1.68
	无职称	20.70	37.32	6.20	9.58	5.35	4.23	2.96	8.03	5.63
职业	工程技术人员	17.10	40.39	7.57	9.68	5.02	3.42	2.91	12.08	1.83
	医务工作者	19.34	45.55	9.98	10.45	3.74	2.34	2.81	5.15	0.64
	科学研究人员	32.98	16.49	25.92	6.02	3.66	2.36	6.54	5.24	0.79
	大学教师	26.43	29.24	10.36	13.26	6.00	1.94	5.91	6.10	0.76
	中学教师	17.57	48.95	9.62	3.77	4.60	5.44	2.51	5.02	2.52
	推广人员 / 科普工作者	23.42	48.73	5.06	7.59	5.70	3.80	0.63	3.80	1.27
	科研 / 教学辅助人员	24.42	36.43	13.57	11.63	2.71	1.94	2.71	6.59	0
	科技管理人员	19.65	41.40	9.12	15.44	2.46	2.11	1.40	6.67	1.75
	智库研究人员	37.50	12.50	18.75	18.75	6.25	0	0	0	6.25
区域	赣北区域	21.93	35.92	10.59	10.69	4.70	2.87	3.49	8.04	1.77
	赣南区域	21.75	37.71	9.18	10.95	4.24	2.90	3.95	6.92	2.40

表 18-18　在财政支持的研究或开发项目中遇到基础研究不受重视的问题的情况

类别		人数占比 / %		
		没有	有	不知道
总计		32.17	35.83	32.00
年龄	35 岁以下	31.74	36.09	32.17
	35～44 岁	33.54	38.09	28.37
	45 岁及以上	30.81	31.54	37.65
性别	男性	32.17	39.26	28.57
	女性	32.17	29.45	38.38
入职单位	大中型企业	28.84	31.46	39.70
	科技中小企业	29.55	24.05	46.40
	科研院所	33.29	47.17	19.54
	高校	32.47	43.18	24.35
	中学	31.62	29.06	39.32
	医疗卫生机构	35.33	30.63	34.04
	农业服务机构	56.12	27.55	16.33
学历	博士研究生	29.73	53.58	16.69
	硕士研究生	31.65	41.00	27.35
	本科	32.14	29.93	37.93
	大专	36.42	18.50	45.08
职称	正高级	28.57	42.55	28.88
	副高级	31.55	43.06	25.39
	中级	32.49	37.59	29.92
	初级	33.41	30.04	36.55
	无职称	32.39	24.65	42.96
职业	工程技术人员	25.55	34.86	39.59
	医务工作者	37.75	29.64	32.61
	科学研究人员	28.53	57.33	14.14
	大学教师	31.85	43.37	24.78
	中学教师	36.40	27.20	36.40
	推广人员 / 科普工作者	46.84	26.58	26.58
	科研 / 教学辅助人员	42.64	37.98	19.38

续表

类别		人数占比 / %		
		没有	有	不知道
职业	科技管理人员	40.35	29.47	30.18
	智库研究人员	43.75	43.75	12.50
区域	赣北区域	29.69	37.13	33.18
	赣南区域	37.43	33.47	29.10

表 18-19　在财政支持的研究或开发项目中遇到企业申报财政项目受歧视的问题的情况

类别		人数占比 / %		
		没有	有	不知道
总计		34.22	16.40	49.38
年龄	35 岁以下	33.29	18.09	48.62
	35～44 岁	35.79	16.08	48.13
	45 岁及以上	33.61	13.28	53.11
性别	男性	35.59	17.47	46.94
	女性	31.68	14.42	53.90
入职单位	大中型企业	36.55	15.73	47.72
	科技中小企业	31.96	14.78	53.26
	科研院所	33.78	20.64	45.58
	高校	32.11	16.50	51.39
	中学	32.91	16.24	50.85
	医疗卫生机构	29.82	14.91	55.27
	农业服务机构	59.18	12.24	28.58
学历	博士研究生	29.73	16.79	53.48
	硕士研究生	32.26	20.15	47.59
	本科	36.22	15.57	48.21
	大专	39.50	10.98	49.52
职称	正高级	30.43	13.98	55.59
	副高级	30.56	18.15	51.29
	中级	35.61	16.22	48.17
	初级	35.46	16.89	47.65
	无职称	36.06	14.93	49.01

续表

类别		人数占比 / %		
		没有	有	不知道
职业	工程技术人员	32.53	17.03	50.44
	医务工作者	31.83	16.22	51.95
	科学研究人员	29.84	16.23	53.93
	大学教师	31.75	16.65	51.60
	中学教师	35.98	15.48	48.54
	推广人员 / 科普工作者	46.84	19.62	33.54
	科研 / 教学辅助人员	42.64	18.60	38.76
	科技管理人员	44.91	17.54	37.55
	智库研究人员	37.50	31.25	31.25
区域	赣北区域	31.43	17.35	51.22
	赣南区域	40.40	14.19	45.41

表 18-20　在财政支持的研究或开发项目中遇到招标信息不公开的问题的情况

类别		人数占比 / %		
		没有	有	不知道
总计		36.40	16.23	47.37
年龄	35 岁以下	36.14	16.55	47.31
	35～44 岁	36.47	17.02	46.51
	45 岁及以上	36.51	14.42	49.07
性别	男性	37.41	17.31	45.28
	女性	34.52	14.24	51.24
入职单位	大中型企业	37.30	12.96	49.74
	科技中小企业	33.68	12.71	53.61
	科研院所	38.33	21.13	40.54
	高校	32.65	19.63	47.72
	中学	35.04	12.82	52.14
	医疗卫生机构	33.23	16.05	50.72
	农业服务机构	62.24	15.31	22.45

续表

类别		人数占比 / %		
		没有	有	不知道
学历	博士研究生	29.52	21.07	49.41
	硕士研究生	36.70	19.23	44.07
	本科	38.21	13.53	48.26
	大专	41.23	11.18	47.59
职称	正高级	31.99	19.57	48.44
	副高级	32.84	18.45	48.71
	中级	37.11	17.08	45.81
	初级	38.24	13.99	47.77
	无职称	39.44	11.97	48.59
职业	工程技术人员	35.15	14.63	50.22
	医务工作者	34.01	16.38	49.61
	科学研究人员	34.55	19.37	46.08
	大学教师	32.33	20.04	47.63
	中学教师	37.24	12.13	50.63
	推广人员 / 科普工作者	56.96	12.66	30.38
	科研 / 教学辅助人员	45.35	21.32	33.33
	科技管理人员	44.91	15.09	40.00
	智库研究人员	37.50	18.75	43.75
区域	赣北区域	34.14	17.10	48.76
	赣南区域	41.31	14.48	44.21

表 18-21　在财政支持的研究或开发项目中遇到申报手续复杂的问题的情况

类别		人数占比 / %		
		没有	有	不知道
总计		32.38	29.93	37.69
年龄	35 岁以下	31.60	28.85	39.55
	35～44 岁	34.85	31.17	33.98
	45 岁及以上	29.67	30.50	39.83
性别	男性	33.12	31.55	35.33
	女性	31.02	26.92	42.06

类别		人数占比 / %		
		没有	有	不知道
入职单位	大中型企业	30.04	23.75	46.21
	科技中小企业	27.49	21.65	50.86
	科研院所	37.35	36.86	25.79
	高校	32.65	36.93	30.42
	中学	33.33	21.79	44.88
	医疗卫生机构	29.34	32.09	38.57
	农业服务机构	51.02	25.51	23.47
学历	博士研究生	32.09	42.35	25.56
	硕士研究生	32.18	34.02	33.80
	本科	31.97	25.57	42.46
	大专	35.07	15.80	49.13
职称	正高级	27.33	41.61	31.06
	副高级	31.55	36.21	32.24
	中级	34.80	29.16	36.04
	初级	31.36	25.21	43.43
	无职称	30.70	23.24	46.06
职业	工程技术人员	27.66	26.56	45.78
	医务工作者	30.89	32.14	36.97
	科学研究人员	35.34	41.36	23.30
	大学教师	32.43	36.79	30.78
	中学教师	35.56	22.18	42.26
	推广人员 / 科普工作者	42.41	25.95	31.64
	科研 / 教学辅助人员	43.02	27.13	29.85
	科技管理人员	40.35	29.47	30.18
	智库研究人员	25.00	31.25	43.75
区域	赣北区域	29.84	31.65	38.51
	赣南区域	37.85	26.27	35.88

表 18-22 在财政支持的研究或开发项目中遇到申报周期过长的问题的情况

类别		人数占比 / %		
		没有	有	不知道
总计		30.33	32.28	37.39
年龄	35 岁以下	29.64	31.00	39.36
	35~44 岁	31.36	35.54	33.10
	45 岁及以上	29.98	29.77	40.25
性别	男性	30.45	34.61	34.94
	女性	30.11	27.94	41.95
入职单位	大中型企业	29.29	24.19	46.52
	科技中小企业	24.74	25.77	49.49
	科研院所	33.91	41.15	24.94
	高校	28.46	42.11	29.43
	中学	34.62	20.94	44.44
	医疗卫生机构	28.36	32.41	39.23
	农业服务机构	51.02	22.45	26.53
学历	博士研究生	25.13	50.48	24.39
	硕士研究生	30.73	35.02	34.25
	本科	31.58	26.39	42.03
	大专	33.53	17.53	48.94
职称	正高级	27.33	43.79	28.88
	副高级	26.39	41.27	32.34
	中级	33.19	31.53	35.28
	初级	29.92	26.54	43.54
	无职称	30.28	22.96	46.76
职业	工程技术人员	26.56	27.87	45.57
	医务工作者	30.11	32.29	37.60
	科学研究人员	29.32	49.74	20.94
	大学教师	28.36	41.82	29.82
	中学教师	36.40	20.50	43.10
	推广人员 / 科普工作者	43.67	24.05	32.28

续表

类别		人数占比 / %		
		没有	有	不知道
职业	科研 / 教学辅助人员	39.92	30.23	29.85
	科技管理人员	36.84	31.23	31.93
	智库研究人员	31.25	43.75	25.00
区域	赣北区域	28.04	33.96	38.00
	赣南区域	35.17	28.74	36.09

表 18-23　在财政支持的研究或开发项目中遇到审批程序不透明的问题的情况

类别		人数占比 / %		
		没有	有	不知道
总计		31.79	24.31	43.90
年龄	35 岁以下	31.51	23.19	45.30
	35～44 岁	32.48	26.31	41.21
	45 岁及以上	31.12	23.55	45.33
性别	男性	32.21	25.63	42.16
	女性	31.02	21.85	47.13
入职单位	大中型企业	32.88	15.66	51.46
	科技中小企业	28.52	16.15	55.33
	科研院所	33.78	32.19	34.03
	高校	26.85	35.15	38.00
	中学	32.91	17.52	49.57
	医疗卫生机构	30.47	23.82	45.71
	农业服务机构	56.12	21.43	22.45
学历	博士研究生	22.67	40.32	37.01
	硕士研究生	31.88	27.59	40.53
	本科	34.73	17.84	47.43
	大专	36.61	13.10	50.29
职称	正高级	27.95	33.54	38.51
	副高级	27.88	30.75	41.37
	中级	33.14	24.49	42.37
	初级	33.05	19.90	47.05
	无职称	34.08	15.63	50.29

续表

类别		人数占比 / %		
		没有	有	不知道
职业	工程技术人员	30.13	17.98	51.89
	医务工作者	31.05	25.43	43.52
	科学研究人员	27.23	38.48	34.29
	大学教师	26.62	35.24	38.14
	中学教师	35.56	17.15	47.29
	推广人员 / 科普工作者	46.20	19.62	34.18
	科研 / 教学辅助人	40.70	26.74	32.56
	科技管理人员	45.61	17.54	36.85
	智库研究人员	50.00	18.75	31.25
区域	赣北区域	29.60	25.26	45.14
	赣南区域	36.30	22.25	41.45

表 18-24　在财政支持的研究或开发项目中遇到评审时拉关系、走后门的问题的情况

类别		人数占比 / %		
		没有	有	不知道
总计		27.18	23.86	48.96
年龄	35 岁以下	28.14	22.81	49.05
	35～44 岁	27.12	25.31	47.57
	45 岁及以上	25.00	24.17	50.83
性别	男性	27.39	25.31	47.30
	女性	26.80	21.18	52.02
入职单位	大中型企业	30.11	14.83	55.06
	科技中小企业	27.49	15.12	57.39
	科研院所	26.41	32.92	40.67
	高校	23.10	32.83	44.07
	中学	28.21	16.24	55.55
	医疗卫生机构	21.88	25.61	52.51
	农业服务机构	56.12	19.39	24.49

类别		人数占比 / %		
		没有	有	不知道
学历	博士研究生	17.33	37.65	45.02
	硕士研究生	25.52	28.05	46.43
	本科	30.76	17.89	51.35
	大专	34.10	13.10	52.80
职称	正高级	21.12	31.06	47.82
	副高级	20.24	31.05	48.71
	中级	28.14	24.01	47.85
	初级	31.36	19.18	49.46
	无职称	32.39	15.49	52.12
职业	工程技术人员	26.49	17.83	55.68
	医务工作者	23.24	26.99	49.77
	科学研究人员	17.80	35.86	46.34
	大学教师	23.14	33.49	43.37
	中学教师	30.54	15.90	53.56
	推广人员 / 科普工作者	45.57	17.72	36.71
	科研 / 教学辅助人员	38.37	25.58	36.05
	科技管理人员	40.00	16.49	43.51
	智库研究人员	25.00	50.00	25.00
区域	赣北区域	24.14	24.89	50.97
	赣南区域	33.33	21.40	45.27

表 18-25　在财政支持的研究或开发项目中遇到资金到位不及时的问题的情况

类别		人数占比 / %		
		没有	有	不知道
总计		35.87	22.38	41.75
年龄	35 岁以下	33.52	22.21	44.27
	35～44 岁	39.28	23.63	37.09
	45 岁及以上	35.48	20.75	43.77
性别	男性	36.43	23.88	39.69
	女性	34.82	19.61	45.57

类别		人数占比 / %		
		没有	有	不知道
入职单位	大中型企业	31.91	16.18	51.91
	科技中小企业	28.87	17.87	53.26
	科研院所	43.86	29.98	26.16
	高校	37.20	28.81	33.99
	中学	27.35	16.67	55.98
	医疗卫生机构	36.47	19.61	43.92
	农业服务机构	50.00	25.51	24.49
学历	博士研究生	39.25	31.76	28.99
	硕士研究生	37.78	24.14	38.08
	本科	33.90	18.55	47.55
	大专	33.14	16.96	49.90
职称	正高级	41.61	28.88	29.51
	副高级	38.29	26.59	35.12
	中级	36.09	21.86	42.05
	初级	32.69	20.27	47.04
	无职称	32.96	17.32	49.72
职业	工程技术人员	29.69	19.00	51.31
	医务工作者	37.29	20.28	42.43
	科学研究人员	45.29	32.20	22.51
	大学教师	37.08	28.27	34.65
	中学教师	30.13	17.57	52.30
	推广人员 / 科普工作者	41.14	26.58	32.28
	科研 / 教学辅助人员	47.67	24.42	27.91
	科技管理人员	42.81	19.30	37.89
	智库研究人员	43.75	43.75	12.50
区域	赣北区域	33.96	23.46	42.58
	赣南区域	39.97	19.84	40.19

表 18-26　在财政支持的研究或开发项目中遇到项目经费的违规使用、挪用的问题的情况

类别		人数占比 / %		
		没有	有	不知道
总计		37.12	13.65	49.23
年龄	35 岁以下	35.90	14.59	49.51
	35～44 岁	39.59	12.66	47.75
	45 岁及以上	35.68	13.38	50.94
性别	男性	37.57	14.54	47.89
	女性	36.27	12.01	51.72
入职单位	大中型企业	33.41	10.71	55.88
	科技中小企业	32.30	11.34	56.36
	科研院所	44.72	18.06	37.22
	高校	37.73	16.50	45.77
	中学	29.49	11.97	58.54
	医疗卫生机构	34.04	12.16	53.80
	农业服务机构	62.24	16.33	21.43
学历	博士研究生	39.57	15.40	45.03
	硕士研究生	37.55	16.25	46.20
	本科	35.62	12.53	51.85
	大专	36.99	9.63	53.38
职称	正高级	40.06	14.29	45.65
	副高级	36.61	14.68	48.71
	中级	38.40	13.53	48.07
	初级	35.59	13.39	51.02
	无职称	34.93	12.54	52.53
职业	工程技术人员	31.44	12.52	56.04
	医务工作者	35.88	13.42	50.70
	科学研究人员	45.29	16.75	37.96
	大学教师	37.17	15.97	46.86
	中学教师	32.22	12.13	55.65
	推广人员 / 科普工作者	49.37	15.19	35.44

类别		人数占比 / %		
		没有	有	不知道
职业	科研 / 教学辅助人员	49.22	15.50	35.28
	科技管理人员	43.86	12.63	43.51
	智库研究人员	50.00	31.25	18.75
区域	赣北区域	35.45	14.05	50.50
	赣南区域	40.68	12.57	46.75

表 18-27　在财政支持的研究或开发项目中遇到项目限定的人员费比例太低的问题的情况

类别		人数占比 / %		
		没有	有	不知道
总计		27.92	27.46	44.62
年龄	35 岁以下	29.03	24.26	46.71
	35～44 岁	28.43	30.99	40.58
	45 岁及以上	24.38	28.94	46.68
性别	男性	28.04	29.90	42.06
	女性	27.70	22.93	49.37
入职单位	大中型企业	28.76	17.98	53.26
	科技中小企业	26.12	18.21	55.67
	科研院所	29.73	39.68	30.59
	高校	25.96	38.18	35.86
	中学	26.07	13.68	60.25
	医疗卫生机构	24.96	25.61	49.43
	农业服务机构	47.96	22.45	29.59
学历	博士研究生	23.32	44.60	32.08
	硕士研究生	27.59	31.80	40.61
	本科	29.04	20.32	50.64
	大专	32.18	14.64	53.18
职称	正高级	19.25	48.45	32.30
	副高级	25.60	34.62	39.78
	中级	29.00	26.64	44.36

续表

类别		人数占比 / %		
		没有	有	不知道
职称	初级	30.40	20.75	48.85
	无职称	29.44	17.75	52.81
职业	工程技术人员	24.89	21.69	53.42
	医务工作者	26.83	26.99	46.18
	科学研究人员	28.27	44.50	27.23
	大学教师	24.98	38.72	36.30
	中学教师	29.29	13.39	57.32
	推广人员 / 科普工作者	36.08	24.05	39.87
	科研 / 教学辅助人员	39.15	25.58	35.27
	科技管理人员	37.19	24.21	38.60
	智库研究人员	31.25	43.75	25.00
区域	赣北区域	25.05	30.06	44.89
	赣南区域	34.32	22.10	43.58

表 18-28　在财政支持的研究或开发项目中遇到科研经费报销手续烦琐的问题的情况

类别		人数占比 / %		
		没有	有	不知道
总计		27.33	37.71	34.96
年龄	35 岁以下	28.85	33.01	38.14
	35～44 岁	27.24	43.33	29.43
	45 岁及以上	23.86	39.21	36.93
性别	男性	28.07	39.10	32.83
	女性	25.95	35.12	38.93
入职单位	大中型企业	28.09	21.72	50.19
	科技中小企业	27.15	21.65	51.20
	科研院所	32.06	48.89	19.05
	高校	20.70	61.20	18.10
	中学	28.63	22.65	48.72
	医疗卫生机构	25.61	36.63	37.76
	农业服务机构	51.02	25.51	23.47

续表

类别		人数占比 / %		
		没有	有	不知道
学历	博士研究生	20.53	66.84	12.63
	硕士研究生	26.59	43.83	29.58
	本科	29.49	26.34	44.17
	大专	32.56	16.57	50.87
职称	正高级	17.70	62.42	19.88
	副高级	23.21	50.10	26.69
	中级	29.05	37.27	33.68
	初级	30.64	26.78	42.58
	无职称	29.15	22.82	48.03
职业	工程技术人员	25.47	24.75	49.78
	医务工作者	27.15	37.13	35.72
	科学研究人员	28.27	59.16	12.57
	大学教师	20.43	61.47	18.10
	中学教师	30.96	22.18	46.86
	推广人员 / 科普工作者	40.51	24.05	35.44
	科研 / 教学辅助人员	41.47	39.53	19.00
	科技管理人员	35.79	32.63	31.58
	智库研究人员	43.75	43.75	12.50
区域	赣北区域	24.30	40.12	35.58
	赣南区域	33.83	32.98	33.19

表 18-29　在财政支持的研究或开发项目中遇到结项验收走形式、走过场的问题的情况

类别		人数占比 / %		
		没有	有	不知道
总计		34.83	22.85	42.32
年龄	35 岁以下	33.85	21.60	44.55
	35~44 岁	38.40	22.88	38.72
	45 岁及以上	31.02	25.93	43.05
性别	男性	35.13	24.50	40.37
	女性	34.28	19.79	45.93

续表

类别		人数占比 / %		
		没有	有	不知道
入职单位	大中型企业	32.28	17.38	50.34
	科技中小企业	29.55	16.49	53.96
	科研院所	41.15	30.84	28.01
	高校	35.77	28.99	35.24
	中学	30.34	14.96	54.70
	医疗卫生机构	30.47	22.85	46.68
	农业服务机构	57.14	18.37	24.49
学历	博士研究生	36.26	31.02	32.72
	硕士研究生	34.71	27.82	37.47
	本科	33.74	18.66	47.60
	大专	36.03	14.07	49.90
职称	正高级	34.78	33.85	31.37
	副高级	34.23	28.17	37.60
	中级	36.20	22.56	41.24
	初级	34.38	19.18	46.44
	无职称	32.68	15.35	51.97
职业	工程技术人员	29.62	19.94	50.44
	医务工作者	31.83	22.93	45.24
	科学研究人员	43.46	32.98	23.56
	大学教师	35.33	28.94	35.73
	中学教师	32.64	14.23	53.13
	推广人员 / 科普工作者	45.57	21.52	32.91
	科研 / 教学辅助人员	46.51	24.42	29.07
	科技管理人员	43.86	20.35	35.79
	智库研究人员	43.75	31.25	25.00
区域	赣北区域	32.71	24.33	42.96
	赣南区域	39.62	19.63	40.75

表 18-30　在财政支持的研究或开发项目中成果不具有转化或应用价值的问题的情况

类别		人数占比 / %		
		没有	有	不知道
总计		27.31	29.74	42.95
年龄	35 岁以下	27.86	27.82	44.32
	35～44 岁	28.68	31.67	39.65
	45 岁及以上	23.55	31.02	45.43
性别	男性	28.14	31.85	40.01
	女性	25.77	25.83	48.40
入职单位	大中型企业	30.11	21.12	48.77
	科技中小企业	25.77	19.93	54.30
	科研院所	27.40	43.12	29.48
	高校	23.37	39.61	37.02
	中学	26.92	20.09	52.99
	医疗卫生机构	23.34	27.39	49.27
	农业服务机构	57.14	17.35	25.51
学历	博士研究生	21.07	44.17	34.76
	硕士研究生	25.44	36.25	38.31
	本科	29.16	23.63	47.21
	大专	34.30	14.64	51.06
职称	正高级	21.74	43.48	34.78
	副高级	21.83	39.78	38.39
	中级	29.38	28.79	41.83
	初级	29.31	24.49	46.20
	无职称	29.86	17.89	52.25
职业	工程技术人员	26.78	24.53	48.69
	医务工作者	24.65	28.08	47.27
	科学研究人员	22.51	51.31	26.18
	大学教师	23.04	39.88	37.08
	中学教师	30.54	19.67	49.79
	推广人员 / 科普工作者	43.04	22.15	34.81

续表

类别		人数占比 / %		
		没有	有	不知道
职业	科研 / 教学辅助人员	37.98	27.52	34.50
	科技管理人员	36.14	26.32	37.54
	智库研究人员	18.75	56.25	25.00
区域	赣北区域	24.89	31.59	43.52
	赣南区域	32.56	25.78	41.66

表 18-31 对江西省政府的科技资源分配结果是否公平的看法

类别		人数占比 / %		
		同意	不同意	说不清
总计		43.88	10.93	45.19
年龄	35 岁以下	43.62	10.89	45.49
	35～44 岁	44.14	12.41	43.45
	45 岁及以上	43.98	8.82	47.20
性别	男性	44.76	12.00	43.24
	女性	42.25	8.93	48.82
入职单位	大中型企业	45.47	5.92	48.61
	科技中小企业	38.14	6.19	55.67
	科研院所	42.63	18.67	38.70
	高校	39.88	16.15	43.97
	中学	47.86	5.56	46.58
	医疗卫生机构	46.68	9.24	44.08
	农业服务机构	67.35	5.10	27.55
学历	博士研究生	36.90	20.96	42.14
	硕士研究生	43.07	11.65	45.28
	本科	46.88	7.23	45.89
	大专	47.21	5.59	47.20
职称	正高级	39.75	14.60	45.65
	副高级	42.36	14.29	43.35
	中级	44.36	11.17	44.47
	初级	45.11	8.20	46.69
	无职称	45.21	7.04	47.75

续表

类别		人数占比 / %		
		同意	不同意	说不清
职业	工程技术人员	41.92	7.71	50.37
	医务工作者	47.74	9.36	42.90
	科学研究人员	34.29	21.99	43.72
	大学教师	39.59	16.07	44.34
	中学教师	51.05	4.60	44.35
	推广人员 / 科普工作者	61.39	5.06	33.55
	科研 / 教学辅助人员	50.39	12.79	36.82
	科技管理人员	52.63	8.77	38.60
	智库研究人员	43.75	18.75	37.50
区域	赣北区域	42.09	11.21	46.70
	赣南区域	47.53	10.10	42.37

表 18-32　对江西省政府的科技资源分配过程是否公平的看法

类别		人数占比 / %		
		同意	不同意	说不清
总计		44.37	10.67	44.96
年龄	35 岁以下	44.60	10.71	44.69
	35~44 岁	44.45	11.41	44.14
	45 岁及以上	43.88	9.44	46.68
性别	男性	45.19	11.52	43.29
	女性	42.85	9.11	48.04
入职单位	大中型企业	45.17	6.07	48.76
	科技中小企业	39.18	7.22	53.60
	科研院所	44.47	17.57	37.96
	高校	39.96	15.34	44.70
	中学	48.29	5.56	46.15
	医疗卫生机构	46.84	9.89	43.27
	农业服务机构	71.43	2.04	26.53
学历	博士研究生	35.83	19.79	44.38
	硕士研究生	44.60	11.42	43.98

续表

类别		人数占比 / %		
		同意	不同意	说不清
学历	本科	47.38	7.34	45.28
	大专	47.40	5.78	46.82
职称	正高级	39.75	14.60	45.65
	副高级	42.26	13.59	44.15
	中级	44.58	10.63	44.79
	初级	47.04	8.32	44.64
	无职称	45.77	7.61	46.62
职业	工程技术人员	41.78	7.28	50.94
	医务工作者	47.43	10.30	42.27
	科学研究人员	36.39	20.94	42.67
	大学教师	39.88	15.39	44.73
	中学教师	50.63	5.02	44.35
	推广人员 / 科普工作者	62.66	5.06	32.28
	科研 / 教学辅助人员	52.33	12.79	34.88
	科技管理人员	55.09	8.07	36.84
	智库研究人员	43.75	25.00	31.25
区域	赣北区域	42.80	11.15	46.05
	赣南区域	47.67	9.53	42.80

表 18-33 对江西省政府的科技资源使用是否有效率的看法

类别		人数占比 / %		
		同意	不同意	说不清
总计		44.22	10.61	45.17
年龄	35 岁以下	44.09	10.80	45.11
	35~44 岁	44.95	11.35	43.70
	45 岁及以上	43.46	9.02	47.52
性别	男性	44.11	11.71	44.18
	女性	44.42	8.57	47.01
入职单位	大中型企业	45.17	6.74	48.09
	科技中小企业	38.49	8.25	53.26

续表

类别		人数占比 / %		
		同意	不同意	说不清
入职单位	科研院所	43.12	17.08	39.80
	高校	38.89	15.88	45.23
	中学	50.00	6.84	43.16
	医疗卫生机构	49.11	7.13	43.76
	农业服务机构	70.41	2.04	27.55
学历	博士研究生	35.29	19.79	44.92
	硕士研究生	44.75	10.50	44.75
	本科	47.32	7.68	45.00
	大专	46.24	6.55	47.21
职称	正高级	38.51	13.35	48.14
	副高级	43.65	13.00	43.35
	中级	43.50	10.69	45.81
	初级	46.68	9.41	43.91
	无职称	46.62	7.18	46.20
职业	工程技术人员	41.78	7.64	50.58
	医务工作者	49.77	7.02	43.21
	科学研究人员	36.39	21.73	41.88
	大学教师	38.92	15.68	45.40
	中学教师	52.30	5.44	42.26
	推广人员 / 科普工作者	60.13	7.59	32.28
	科研 / 教学辅助人员	47.29	10.85	41.86
	科技管理人员	54.74	9.47	35.79
	智库研究人员	43.75	18.75	37.50
区域	赣北区域	42.43	11.00	46.57
	赣南区域	48.23	9.60	42.17

表 18-34 对江西省政府的科研激励制度较完善、执行是否较好的看法

类别		人数占比 / %		
		同意	不同意	说不清
总计		42.38	12.53	45.09
年龄	35 岁以下	42.31	13.04	44.65
	35~44 岁	43.14	12.72	44.14
	45 岁及以上	41.29	11.20	47.51
性别	男性	42.58	13.76	43.66
	女性	42.00	10.26	47.74
入职单位	大中型企业	43.82	8.09	48.09
	科技中小企业	36.77	9.28	53.95
	科研院所	39.43	20.76	39.81
	高校	38.18	17.04	44.78
	中学	48.29	7.69	44.02
	医疗卫生机构	46.03	10.53	43.44
	农业服务机构	71.43	3.06	25.51
学历	博士研究生	33.58	22.89	43.53
	硕士研究生	42.15	13.41	44.44
	本科	45.44	8.89	45.67
	大专	46.05	6.94	47.01
职称	正高级	38.51	15.22	46.27
	副高级	40.87	16.57	42.56
	中级	41.46	12.41	46.13
	初级	45.96	10.37	43.67
	无职称	44.51	8.45	47.04
职业	工程技术人员	39.67	8.95	51.38
	医务工作者	46.33	11.08	42.59
	科学研究人员	33.77	25.92	40.31
	大学教师	38.33	16.17	45.50
	中学教师	49.37	7.95	42.68
	推广人员 / 科普工作者	62.03	6.33	31.64

续表

类别		人数占比 / %		
		同意	不同意	说不清
职业	科研 / 教学辅助人员	44.19	18.60	37.21
	科技管理人员	53.33	10.18	36.49
	智库研究人员	43.75	18.75	37.50
区域	赣北区域	40.50	13.40	46.10
	赣南区域	46.40	10.52	43.08

表 18-35　对抄袭剽窃他人成果行为是否属于普遍现象的看法

类别		人数占比 / %				
		相当普遍	比较普遍	有，但不普遍	极个别	不清楚
总计		5.35	10.19	36.19	17.06	31.21
年龄	35 岁以下	5.98	11.78	34.32	15.19	32.73
	35~44 岁	4.99	8.60	36.72	19.76	29.93
	45 岁及以上	4.67	9.23	39.94	16.29	29.87
性别	男性	5.73	10.80	36.34	17.83	29.30
	女性	4.65	9.05	35.91	15.63	34.76
入职单位	大中型企业	5.39	11.01	31.84	14.01	37.75
	科技中小企业	7.56	9.97	28.18	11.34	42.95
	科研院所	5.28	10.44	40.05	21.87	22.36
	高校	4.55	7.58	38.98	22.66	26.23
	中学	8.12	14.10	38.89	11.11	27.78
	医疗卫生机构	4.70	11.51	42.95	12.16	28.68
	农业服务机构	5.10	7.14	31.63	21.43	34.70
学历	博士研究生	2.99	6.63	42.35	23.10	24.93
	硕士研究生	4.29	11.19	39.16	19.08	26.28
	本科	6.79	11.65	34.90	14.19	32.47
	大专	6.55	9.63	27.17	12.91	43.74
职称	正高级	4.04	6.52	43.48	24.22	21.74
	副高级	4.27	8.93	42.96	19.05	24.79
	中级	5.32	11.22	35.82	17.08	30.56
	初级	5.91	11.82	34.26	13.39	34.62
	无职称	6.90	9.01	26.48	15.21	42.40

类别		人数占比 / %				
		相当普遍	比较普遍	有，但不普遍	极个别	不清楚
职业	工程技术人员	5.82	12.15	33.55	14.41	34.07
	医务工作者	6.55	11.70	42.12	11.86	27.77
	科学研究人员	1.57	7.59	42.67	25.13	23.04
	大学教师	4.55	7.65	38.53	23.43	25.84
	中学教师	9.62	13.39	40.17	10.04	26.78
	推广人员 / 科普工作者	7.59	11.39	31.01	18.35	31.66
	科研 / 教学辅助人员	4.65	8.91	33.72	18.22	34.50
	科技管理人员	3.86	8.42	34.04	20.00	33.68
	智库研究人员	18.75	6.25	50.00	12.50	12.50
区域	赣北区域	5.23	10.62	36.64	17.48	30.03
	赣南区域	5.23	9.32	35.24	16.53	33.68

表 18-36　对弄虚作假（如伪造数据）行为是否属于普遍现象的看法

类别		人数占比 / %				
		相当普遍	比较普遍	有，但不普遍	极个别	不清楚
总计		4.69	10.59	34.01	18.18	32.53
年龄	35 岁以下	5.70	12.67	32.26	16.36	33.01
	35～44 岁	3.99	9.10	34.66	20.95	31.30
	45 岁及以上	3.63	8.40	37.24	17.32	33.41
性别	男性	5.14	10.70	35.04	19.16	29.96
	女性	3.86	10.38	32.11	16.35	37.30
入职单位	大中型企业	4.49	11.09	30.49	17.60	36.33
	科技中小企业	5.15	9.97	26.46	9.28	49.14
	科研院所	3.81	12.41	35.87	22.85	25.06
	高校	4.37	7.67	38.72	21.68	27.56
	中学	7.69	14.96	34.62	11.97	30.76
	医疗卫生机构	5.19	12.64	37.12	13.94	31.11
	农业服务机构	4.08	6.12	25.51	25.51	38.78
学历	博士研究生	3.32	6.95	40.00	22.78	26.95
	硕士研究生	3.91	12.64	38.08	17.70	27.67

类别		人数占比 / %				
		相当普遍	比较普遍	有，但不普遍	极个别	不清楚
学历	本科	5.58	11.65	31.86	18.00	32.91
	大专	5.20	9.83	25.24	14.45	45.28
职称	正高级	3.73	6.83	39.13	22.67	27.64
	副高级	3.08	9.42	39.58	20.44	27.48
	中级	4.67	11.39	34.10	18.42	31.42
	初级	5.91	13.27	31.36	16.28	33.18
	无职称	6.06	8.73	26.62	14.51	44.08
职业	工程技术人员	4.80	12.81	31.00	15.14	36.25
	医务工作者	5.77	13.73	36.66	12.79	31.05
	科学研究人员	1.83	9.16	40.05	24.08	24.88
	大学教师	4.16	7.94	38.24	21.88	27.78
	中学教师	8.37	15.06	35.15	12.13	29.29
	推广人员 / 科普工作者	6.33	10.76	27.85	21.52	33.54
	科研 / 教学辅助人员	4.65	8.53	34.11	27.91	24.80
	科技管理人员	3.51	5.61	33.33	24.91	32.64
	智库研究人员	12.50	18.75	31.25	25.00	12.50
区域	赣北区域	4.70	11.06	34.14	17.26	32.84
	赣南区域	4.31	9.68	33.76	20.62	31.63

表 18-37 对一稿多投、多发行为是否属于普遍现象的看法

类别		人数占比 / %				
		相当普遍	比较普遍	有，但不普遍	极个别	不清楚
总计		3.76	9.41	28.66	20.86	37.31
年龄	35 岁以下	4.35	10.75	27.26	19.87	37.77
	35～44 岁	3.18	7.17	29.36	23.32	36.97
	45 岁及以上	3.32	10.06	31.12	18.88	36.62
性别	男性	3.94	9.21	29.86	21.99	35.00
	女性	3.44	9.78	26.43	18.77	41.58

续表

类别		人数占比 / %				
		相当普遍	比较普遍	有，但不普遍	极个别	不清楚
入职单位	大中型企业	4.12	10.94	26.89	17.15	40.90
	科技中小企业	5.50	10.31	20.96	11.68	51.55
	科研院所	2.70	8.60	28.87	27.89	31.94
	高校	2.85	6.42	31.13	26.76	32.84
	中学	6.41	15.38	32.91	11.11	34.19
	医疗卫生机构	3.40	9.72	31.28	19.45	36.15
	农业服务机构	5.10	9.18	27.55	17.35	40.82
学历	博士研究生	1.82	4.60	31.12	28.66	33.80
	硕士研究生	2.61	9.20	30.96	24.98	32.25
	本科	4.75	11.71	28.60	17.45	37.49
	大专	5.20	10.60	22.16	12.52	49.52
职称	正高级	3.42	4.66	33.23	28.26	30.43
	副高级	2.58	7.64	31.35	24.40	34.03
	中级	3.22	9.61	29.65	21.32	36.20
	初级	5.07	11.94	27.14	17.73	38.12
	无职称	5.49	10.56	21.97	14.93	47.05
职业	工程技术人员	3.78	11.79	27.29	16.81	40.33
	医务工作者	4.21	10.45	31.98	18.56	34.80
	科学研究人员	0.52	4.19	26.44	31.15	37.70
	大学教师	2.42	6.10	31.36	27.59	32.53
	中学教师	7.11	15.90	32.64	11.30	33.05
	推广人员 / 科普工作者	8.86	11.39	33.54	14.56	31.65
	科研 / 教学辅助人员	4.26	6.98	24.42	30.23	34.11
	科技管理人员	3.86	7.72	29.82	23.51	35.09
	智库研究人员	12.50	6.25	31.25	18.75	31.25
区域	赣北区域	3.71	10.22	28.50	20.47	37.10
	赣南区域	3.60	7.06	29.45	22.18	37.71

表 18-38　对在没有参与的科研成果上挂名的行为是否属于普遍现象的看法

类别		人数占比 / %				
		相当普遍	比较普遍	有，但不普遍	极个别	不清楚
总计		8.05	17.69	28.03	13.44	32.79
年龄	35 岁以下	8.51	17.48	25.85	13.18	34.98
	35～44 岁	8.42	17.14	30.11	14.09	30.24
	45 岁及以上	6.54	19.19	29.88	12.34	32.05
性别	男性	8.95	18.64	29.38	13.27	29.76
	女性	6.40	15.93	25.53	13.76	38.38
入职单位	大中型企业	7.27	16.55	24.19	13.63	38.36
	科技中小企业	6.53	14.09	20.27	9.62	49.49
	科研院所	9.83	21.25	32.19	15.11	21.62
	高校	8.47	17.84	33.10	14.90	25.69
	中学	6.84	19.66	30.77	9.40	33.33
	医疗卫生机构	8.27	18.15	27.71	11.51	34.36
	农业服务机构	4.08	13.27	18.37	20.41	43.87
学历	博士研究生	9.30	20.96	34.22	12.83	22.69
	硕士研究生	8.66	18.77	31.57	13.95	27.05
	本科	7.79	17.34	25.95	14.36	34.56
	大专	5.39	13.29	19.46	11.37	50.49
职称	正高级	8.39	20.81	32.61	16.77	21.42
	副高级	8.23	20.24	33.23	13.10	25.20
	中级	8.38	18.37	29.00	13.16	31.09
	初级	8.56	16.41	24.49	13.39	37.15
	无职称	6.20	12.39	20.14	13.24	48.03
职业	工程技术人员	7.86	17.98	25.76	12.15	36.25
	医务工作者	8.89	18.41	29.17	10.30	33.23
	科学研究人员	9.16	23.04	37.96	12.83	17.01
	大学教师	8.23	18.10	32.14	15.78	25.75
	中学教师	7.11	19.67	31.38	10.46	31.38
	推广人员 / 科普工作者	8.23	12.03	22.15	15.82	41.77

续表

类别		人数占比 / %				
		相当普遍	比较普遍	有，但不普遍	极个别	不清楚
职业	科研 / 教学辅助人员	9.30	18.60	24.42	15.89	31.79
	科技管理人员	7.37	14.04	24.91	21.75	31.93
	智库研究人员	12.50	25.00	31.25	6.25	25.00
区域	赣北区域	8.32	19.16	28.16	12.62	31.74
	赣南区域	7.63	14.41	27.61	15.54	34.81

表 18-39　造成学术不端行为的主要原因

类别		人数占比 / %							
		研究者自律不够	学术规范教育不够	学术规范、规章不明确	监督机制不健全	处罚不严厉	现行评价制度驱使	社会大环境	其他
	总计	54.11	29.25	34.66	51.53	32.34	32.23	26.99	0.89
年龄	35 岁以下	53.90	32.45	37.31	49.65	32.07	28.71	28.85	0.94
	35~44 岁	53.80	27.93	33.04	51.56	29.93	36.28	26.00	0.75
	45 岁及以上	55.39	24.17	31.95	55.29	37.03	33.51	24.59	1.04
性别	男性	55.20	27.55	32.60	52.47	33.44	33.86	27.29	0.88
	女性	52.08	32.41	38.50	49.79	30.30	29.21	26.43	0.91
入职单位	大中型企业	52.66	27.34	35.06	53.11	35.81	23.67	28.61	0.82
	科技中小企业	45.02	25.77	30.93	47.42	33.33	25.77	27.49	3.44
	科研院所	56.27	27.64	35.75	52.46	31.82	36.86	22.85	0.74
	高校	59 68	28.99	32.11	47.19	30.51	42.37	26.58	0.45
	中学	45.73	45.30	41.88	47.44	29.49	23.50	17.95	0.43
	医疗卫生机构	52.51	33.06	37.12	55.11	30.15	37.44	35.01	0.16
	农业服务机构	56.12	22 45	36.73	66.33	26.53	19.39	16.33	1.02
学历	博士研究生	63.32	25.67	29.52	49.30	31.98	48.45	26.74	0.75
	硕士研究生	55.56	33.49	36.70	54.02	31.72	37.16	28.12	0.23
	本科	51.19	28.66	34.95	52.35	32.74	25.95	27.72	0.94
	大专	46.82	26.78	36.99	48.17	33.53	19.08	23.89	1.54

类别		人数占比 / %							
		研究者自律不够	学术规范教育不够	学术规范、规章不明确	监督机制不健全	处罚不严厉	现行评价制度驱使	社会大环境	其他
职称	正高级	59.94	22.98	31.68	54.66	32.61	40.99	26.40	0
	副高级	56.25	26.59	34.13	53.67	33.23	40.28	24.60	0.60
	中级	55.10	29.48	31.69	52.85	31.85	34.05	27.60	0.59
职称	初级	52.23	32.69	38.60	49.34	31.97	24.73	30.04	0.97
	无职称	48.03	31.27	40.00	46.20	32.68	20.85	25.49	2.39
职业	工程技术人员	51.31	25.84	30.71	55.46	35.15	27.15	30.06	0.73
	医务工作者	50.86	33.23	38.53	52.89	28.39	34.95	32.76	0.16
	科学研究人员	63.61	21.20	32.72	52.09	30.89	52.62	24.61	0.52
	大学教师	59.05	29.82	31.46	48.11	30.69	42.40	27.30	0.39
	中学教师	43.93	44.35	41.84	47.28	29.71	22.18	16.74	0.42
	推广人员 / 科普工作者	48.73	26.58	41.14	56.96	32.91	21.52	15.19	0.63
	科研 / 教学辅助人员	62.02	35.66	49.22	46.90	27.52	27.91	19.77	0.39
	科技管理人员	58.60	29.82	33.33	53.33	39.65	23.51	23.51	0.70
	智库研究人员	50.00	37.50	43.75	56.25	37.50	31.25	25.00	0
区域	赣北区域	54.27	28.32	33.89	51.43	32.12	34.08	27.73	0.87
	赣南区域	54.17	31.07	36.51	51.98	33.76	28.53	25.85	0.85

表 18-40 对关于科研道德和学术规范的知识了解程度

类别		人数占比 / %			
		了解比较多	了解一些	了解很少	基本不了解
总计		16.85	49.76	21.86	11.53
年龄	35 岁以下	15.80	47.97	23.28	12.95
	35～44 岁	19.33	51.68	19.76	9.23
	45 岁及以上	15.25	50.52	21.99	12.24
性别	男性	18.18	51.92	19.91	9.99
	女性	14.36	45.75	25.47	14.42

续表

类别		人数占比 / %			
		了解比较多	了解一些	了解很少	基本不了解
入职单位	大中型企业	6.89	43.30	31.39	18.42
	科技中小企业	3.78	42.96	27.49	25.77
	科研院所	21.99	58.97	14.62	4.42
	高校	33.01	53.79	9.81	3.39
	中学	8.97	41.03	35.04	14.96
入职单位	医疗卫生机构	15.56	56.40	18.15	9.89
	农业服务机构	13.27	51.02	29.59	6.12
学历	博士研究生	40.11	51.98	5.99	1.92
	硕士研究生	18.70	59.16	16.93	5.21
	本科	8.01	47.54	29.65	14.80
	大专	4.62	36.61	33.14	25.63
职称	正高级	34.16	52.48	9.63	3.73
	副高级	21.63	55.56	16.57	6.24
	中级	16.22	52.69	21.91	9.18
	初级	10.49	44.39	29.43	15.69
	无职称	11.27	38.87	25.92	23.94
职业	工程技术人员	6.55	46.51	30.86	16.08
	医务工作者	15.76	57.25	17.47	9.52
	科学研究人员	32.98	54.97	9.95	2.10
	大学教师	33.01	54.11	9.87	3.01
	中学教师	10.04	41.00	34.31	14.65
	推广人员 / 科普工作者	8.86	53.16	26.58	11.40
	科研 / 教学辅助人员	18.60	57.75	17.83	5.82
	科技管理人员	11.58	54.39	23.86	10.17
	智库研究人员	25.00	56.25	12.50	6.25
区域	赣北区域	17.45	49.97	21.87	10.71
	赣南区域	15.96	49.86	21.19	12.99